武警工程大学教材建设系列教材

电子技术基础

吴薇 主编
李宗强 朱维杰 副主编

人民邮电出版社
北京

图书在版编目（CIP）数据

电子技术基础 / 吴薇主编. -- 北京 : 人民邮电出版社, 2015.3 (2019.1重印)
ISBN 978-7-115-38638-0

Ⅰ. ①电… Ⅱ. ①吴… Ⅲ. ①电子技术 Ⅳ. ①TN

中国版本图书馆CIP数据核字(2015)第040674号

内 容 提 要

本书系统地介绍了电子技术的基本内容，把培养学生的专业能力作为首要目标，内容系统连贯，深入浅出；“拓展知识”中列出了常用电子器件的型号参数及使用方法，具有基础性、先进性、实用性等特点。主要内容包括：半导体二极管及其基本应用电路，晶体三极管及其放大电路基础，模拟集成运算放大电路，放大电路中的反馈，集成运算放大电路的线性应用、波形发生电路和集成运放的非线性应用电路，功率放大电路，直流稳压电源，逻辑代数基础，组合逻辑电路，时序逻辑电路，555 定时器及其应用，数/模和模/数转换电路。每章都配有一定量的例题和习题。与一般电子技术基础教材不同的是，本书注重基本概念介绍和定性分析，尽量精简定量分析中的复杂公式推导和计算。在具体内容上，突出了各功能电路的原理和应用，并配合各功能电路的 Multisim 仿真实验。另外，本书还适当介绍了电子技术领域最新的研究成果和技术发展状况。

本书可作为高等工科院校非电类各专业“电子技术基础”课程的教材，也可供有关工程技术人员参考。

◆ 主　　编　吴　薇
副 主 编　李宗强　朱维杰
责任编辑　吴宏伟
责任印制　张佳莹　彭志环
◆ 人民邮电出版社出版发行　　北京市丰台区成寿寺路 11 号
邮编　100164　　电子邮件　315@ptpress.com.cn
网址　http://www.ptpress.com.cn
北京隆昌伟业印刷有限公司印刷
◆ 开本：787×1092　1/16
印张：20.75　　2015 年 3 月第 1 版
字数：541 千字　　2019 年 1 月北京第 2 次印刷

定价：49.80 元

读者服务热线：(010)81055256　印装质量热线：(010)81055316
反盗版热线：(010)81055315

本书编委会

主　编　吴　薇

副主编　李宗强　朱维杰

参　编　陈岚岚　刘立军　张娟子

檀蕊莲　李　梅

前言 FOREWORD

“电子技术基础”是高等学校工科非电类专业的一门重要技术基础课。它研究各种电子器件的性能及其组成的电路与应用，是培养学生学习现代电子技术理论和实践知识的入门性课程，具有较强的理论性，也具有较强的工程实践性。学生通过学习本课程，将掌握电子技术的基本理论、基本知识和基本技能，掌握电子电路的功能、特点和基本分析方法，掌握常用数字、模拟集成电路的使用方法，培养阅读、分析、估算电子电路的能力，并具有一定的电子识图、方案选定和安装调试能力等电子技术实践技能，为后续课程的学习和电子技术在工作中的应用打下良好的理论和实践基础。

“电子技术基础”课程是高等院校非电类专业重要的技术基础课程之一。目前国内相应的教材很多，并各有特色。我们根据武警工程大学教材建设的总体规划，并结合现代科学技术发展的形势与当今的应用环境，在多年教学实践的基础上组织编写了这本教材。“电子技术基础”是从理论体系比较严谨的基础课向工程性比较强的专业课过渡的一门搭桥性课程；教学内容庞杂，概念性强、分析方法多，初学者往往感觉入门难。为此，本书在编写过程中，力求做到循序渐进、深入浅出，重点突出理论与应用相结合。全书共分“模拟电子技术”和“数字电子技术”两大部分，本书的主要特点如下。

（1）注重理论联系实际。不讲过深的理论知识，不涉及高等数学方面的公式。对各种电子器件以讲述其外部特性、功能和应用为主。在介绍电路的内部结构时，淡化电路内部的分析和计算，以能够理解外部功能为限度。

（2）引入 Multisim 仿真实验。在讲述各功能电路的原理和应用时，配合计算机仿真软件的仿真实验，使学习内容形象、直观，富有趣味。

（3）及时把握新技术。电子技术发展日新月异，新技术、新器件不断出现。为了使学生在学习电子技术基本理论的同时，了解电子技术发展的趋势；本书在“拓展知识”部分对电子技术的新技术做了适当介绍。

全书可供 70~90 学时教学使用。书中标有“*”的内容为加宽、加深内容，教师可根据学生专业特点和学时安排进行取舍，学有余力和感兴趣的同学也可参阅。

本书由武警工程大学电子技术基础教研室组织编写。吴薇担任主编，李宗强、朱维杰担任副主编。编写人员分工为李宗强、朱维杰、吴薇、刘立军编写第一章 ~ 第五章；陈岚岚、张娟子、檀蕊莲、李梅编写第六章～第十一章。全书由吴薇统稿。张伯虎教授审阅了本书的初稿，并提出了许多宝贵的修改意见，在此深表感谢。由于编者学识有限，本书难免有不妥和错误之处，敬请使用本书的教师、学生和其他读者批评指正。

编　者

2015 年 1 月

目录 CONTENTS

第一章　半导体二极管及其应用 / 1

第一节　PN结 / 1

一、PN结的形成 / 1

二、PN结的单向导电性 / 4

三、PN结的伏安关系 / 5

第二节　半导体二极管 / 6

一、半导体二极管的结构和类型 / 6

二、半导体二极管的伏安特性 / 7

三、温度对半导体二极管特性的影响 / 8

四、半导体二极管的主要电参数 / 8

第三节　二极管的应用 / 9

一、分析方法 / 9

二、应用电路 / 9

三、二极管整流电路的Multisim仿真 / 11

第四节　特殊二极管 / 12

一、硅稳压二极管 / 12

二、发光二极管 / 15

三、其他二极管 / 15

本章小结 / 17

习题 / 18

第二章　半导体三极管及放大电路基础 / 22

第一节　半导体三极管 / 22

一、三极管的结构和种类 / 23

二、三极管的伏安特性 / 24

三、三极管在电路中的作用 / 27

四、三极管的主要参数 / 28

第二节　放大电路概述 / 32

一、放大电路的基本概念 / 32

二、基本放大电路的组成原则 / 33

三、放大电路的主要性能指标 / 33

第三节　共射极放大电路 / 35

一、共射极放大电路的组成 / 35

二、放大电路的静态工作点 / 36

三、共射极放大电路的工作原理 / 39

四、共射极放大电路的静态分析 / 40

五、共射极放大电路的动态分析 / 41

第四节　其他放大电路 / 47

一、共集电极放大电路 / 47

*二、共基极放大电路 / 50

三、三种基本放大电路的性能比较 / 51

四、多级放大电路 / 52

***第五节　放大电路的频率特性 / 54**

一、频率特性的一般概念 / 54

二、共射极放大电路的频率特性 / 57

第六节　放大电路的Multisim仿真 / 60
一、放大电路静态工作点的测试与调整 / 60
二、共射极放大电路和共集电极放大电路 / 62
本章小结 / 64
习题 / 65
第三章　集成运算放大器 / 69
第一节　集成电路概述 / 69
一、集成电路及其发展 / 69
二、集成电路的特点及分类 / 70
第二节　集成运算放大器的基本组成及功能 / 72
一、偏置电路 / 73
二、输入级——差动放大电路 / 74
三、差分放大器Multisim仿真 / 75
四、输出级——推挽放大电路 / 77
第三节　集成运算放大器的主要参数及使用 / 78
一、集成运算放大器的主要参数 / 78
二、集成运算放大器的选择 / 79
三、集成运算放大器使用中注意的问题 / 80
四、集成运算放大器的保护 / 80
第四节　集成运算放大器中的反馈电路 / 81
一、反馈的基本概念 / 81
二、反馈放大器放大倍数的一般分析 / 83
三、负反馈的四种基本组态 / 84
四、负反馈对放大电路性能的影响 / 87
第五节　集成运算放大器的分析方法 / 89
一、集成运算放大器的工作状态 / 89
二、集成运放的应用基础 / 90
三、集成运放应用电路的一般分析方法 / 91
第六节　集成运算放大器的运算电路 / 91
一、比例运算电路 / 91
二、加减运算电路 / 94
三、积分和微分运算电路 / 97
*四、模拟乘法器及其应用 / 99
*五、运算电路的Multisim仿真 / 101
*第七节　滤波器 / 102
一、滤波电路概述 / 102
二、无源滤波器 / 103
三、有源滤波器 / 103
第八节　电压比较器 / 106
一、电压比较器概述 / 106
二、单限比较器 / 107
*第九节　非正弦波发生器 / 112
一、基本方波发生电路 / 112
二、三角波发生器 / 113
本章小结 / 114
习题 / 115
第四章　功率放大电路 / 124
第一节　功率放大电路概述 / 124

一、功率放大电路的特点 / 124
二、功率放大电路的主要性能指标 / 125
三、功率放大电路的分类 / 125
第二节　互补推挽功率放大电路 / 127
一、乙类互补推挽功率放大电路 / 127
二、甲乙类互补推挽功率放大电路 / 130
三、单电源功率放大电路 / 131
四、功率放大电路的Multisim仿真 / 132
第三节　集成功率放大器 / 133
一、集成功率放大器概述 / 133
二、常用的集成功率放大器 / 134
本章小结 / 139
习题 / 140
第五章　直流稳压电源 / 142
第一节　直流稳压电源的组成 / 142
第二节　整流电路 / 143
一、单相全波整流电路 / 143
二、单相桥式全波整流电路 / 144
三、整流电路的主要参数 / 145
第三节　滤波电路 / 146
一、电容滤波电路 / 146
二、其他类型的滤波电路 / 148
三、整流滤波电路的Multisim仿真 / 149
第四节　串联型直流稳压电路 / 151
一、稳压电路的主要性能指标 / 151
二、串联型直流稳压工作原理 / 152
三、改进的串联型直流稳压电源 / 152
四、输出电压的调节范围 / 153
第五节　集成串联型直流稳压电路 / 154
一、集成稳压电路概述 / 154
二、三端集成稳压器简介 / 154
三、三端稳压器的参数 / 155
四、三端稳压器的应用 / 155
本章小结 / 158
习题 / 158
第六章　逻辑代数基础 / 163
一、按电路类型分类 / 164
二、按集成度分类 / 164
三、按电路所用器件的不同分类 / 164
第一节　数制与代码 / 164
一、进位计数制的基本概念 / 165
二、常用进位计数制 / 165
三、常用进位计数制的转换 / 166
四、常用代码 / 168
第二节　逻辑代数基础 / 172
一、基本逻辑运算 / 172
二、逻辑代数的基本公式和常用公式 / 176
三、逻辑函数的基本定理 / 177
第三节　逻辑函数的化简 / 179
一、代数化简法 / 180
二、卡诺图化简法 / 181

第四节　门电路 / 187
一、TTL与非门 / 187
二、OC门和三态门 / 190
本章小结 / 195
习题 / 196
第七章　组合逻辑电路 / 199
第一节　组合逻辑电路分析 / 200
第二节　组合逻辑电路设计 / 201
第三节　常用中规模组合逻辑电路 / 204
一、加法器 / 204
二、编码器 / 207
三、译码器 / 210
四、数据选择器 / 216
五、组合逻辑电路的仿真练习 / 220
*第四节　组合逻辑电路中的竞争—冒险现象 / 222
一、竞争-冒险现象及其成因 / 221
二、消除竞争-冒险现象的方法 / 222
本章小结 / 226
习题 / 227
第八章　触发器 / 230
第一节　概述 / 230
第二节　RS触发器 / 231
一、基本RS触发器 / 231
二、钟控RS触发器 / 234
三、边沿RS触发器 / 237
第三节　其他常用触发器 / 239
一、JK触发器 / 239
二、D触发器 / 243
三、T触发器与T′触发器 / 245
第四节　触发器的使用 / 246
一、触发器的逻辑符号 / 246
二、触发器的选用 / 247
本章小结 / 248
习题 / 248
第九章　时序逻辑电路 / 252
第一节　概述 / 252
一、时序逻辑电路的组成 / 252
二、时序逻辑电路的特点 / 253
三、时序电路的分类 / 253
第二节　时序逻辑电路的分析方法 / 253
一、同步时序逻辑电路的分析方法 / 254
*二、异步时序逻辑电路的分析方法 / 257
*第三节　同步时序逻辑电路的设计方法 / 259
第四节　计数器 / 262
一、常用集成计数器 / 263
二、集成计数器的级联 / 267
三、任意进制计数器 / 269
第五节　寄存器 / 275
一、数据寄存器 / 276
二、移位寄存器 / 277
三、移位寄存器的应用 / 279
本章小结 / 284
习题 / 284

第十章　555定时器及其应用 / 288
第一节　555定时器 / 288
一、555定时器的组成 / 289
二、555定时器的功能 / 290
第二节　单稳态触发器 / 290
一、CC7555构成的单稳态触发器 / 290
二、单稳态触发器的应用 / 291
三、集成单稳态触发器 / 292
第三节　施密特触发器 / 295
一、施密特触发器工作原理 / 295
二、施密特触发器的应用 / 296
本章小结 / 300
习题 / 300
第十一章　数/模与模/数转换器 / 303
第一节　概述 / 303
第二节　数/模转换器 / 304
一、倒T型DAC / 304
二、DAC的主要技术指标 / 306
三、集成DAC / 307
第三节　模/数转换器 / 309
一、模/数转换的一般过程 / 310
二、逐次比较型ADC / 312
三、ADC的主要技术指标 / 313
四、集成ADC / 314
本章小结 / 318
习题 / 318
参考文献 / 320

第一章　半导体二极管及其应用

【内容导读】

半导体器件是现代电子技术的重要组成部分，由于它具有体积小、重量轻、使用寿命长、输入功率小和功率转换效率高等优点而得到了广泛应用。本章主要讲述半导体基础知识、半导体二极管的主要特性和常见应用电路。

自然界的各种物质根据导电性通常分为导体、绝缘体和半导体三种。导体是很容易传导电流的物质，如大多数金属、电解液等；绝缘体是几乎不传导电流的物质，如橡胶、陶瓷、塑料等；而半导体的导电能力介于导体和绝缘体之间，如硅（Si）、锗（Ge）、砷化镓（GaAs）等。半导体除了导电能力方面与导体和绝缘体不同外，它还具有不同于其他物质的特点，如当受外界光、热刺激时，其导电能力将发生显著的变化，掺入微量杂质时也能够发生显著变化。这些特点使得它们成为半导体元器件的重要材料。

第一节　PN 结

一、PN 结的形成

1．本征半导体

本征半导体是一种完全纯净的、结构完整的半导体晶体，多由四价元素硅和锗构成。硅和锗形成晶体后，每个原子外层的 4 个价电子分别与邻近 4 个原子的外层价电子组成共价键，使原子之间具有很强的结合力。在 T=0 K 和没有外界激发时，由于每一个原子的外层价电子被共价键所束缚，不能自由移动，这时本征半导体不易导电。但是半导体共价键中的价电子并不像绝缘体中价电子束缚得那样紧。在室温下（T=300 K），由于热激发，使一些价电子挣脱共价键的束缚，成为自由电子，如图 1.1.1 所示。这种现象称为本征激发。

当电子脱离共价键后，共价键中就留下一个空位，这个空位叫做空穴。由于原子为电中性，空穴是由原子失去了带负电的价电子后形成的，所以可认为空穴是一个带正电的粒子，它所带电荷量与电子相等。空穴的出现是半导体区别于导体的一个重要特点。

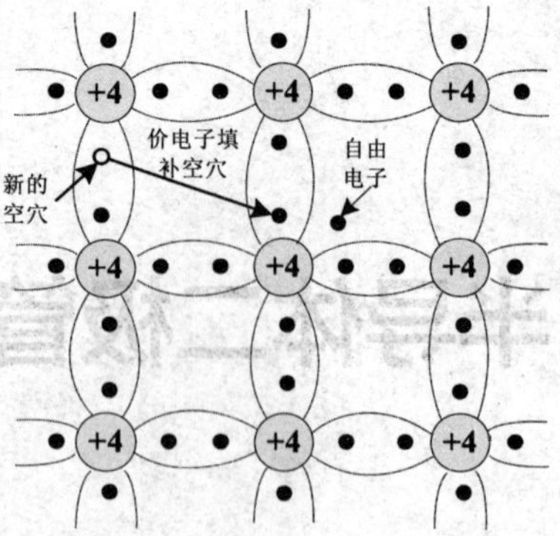

图 1.1.1　空穴和自由电子的运动

由于共价键中出现了空穴，在外加电场或其他能量的作用下，邻近价电子就可填补到这个空位上，而在这个电子原来的位置上又留下新的空位，之后其他电子又可转移到这个新的空位，这样就使共价键中出现一定的电荷迁移，空穴的移动方向和电子移动的方向是相反的。所以，在半导体中有两种可以自由移动的带电粒子（载流子）：带负电的自由电子和带正电的空穴。

在本征半导体中，本征激发使空穴和自由电子成对产生；当它们相遇复合后，又成对消失。在任何时候，本征半导体中的自由电子和空穴数目总是相等的。

2．杂质半导体

由于本征半导体的电阻率较大，而且对温度变化十分敏感，故不能在半导体器件制造中直接使用。可以人工掺杂少量其他合适的元素来大大改善其导电能力，这类半导体称为杂质半导体。根据掺杂元素的不同，分为 N 型半导体和 P 型半导体。

（1）N 型半导体

在本征半导体中掺入少量的五价元素，如砷（As）或磷（P）。本征半导体中某些半导体原子被杂质取代，杂质原子的最外层有 5 个价电子，其中 4 个与相邻的半导体原子形成共价键后，还多余一个价电子。多出的价电子几乎不受束缚，很容易受激发脱离原子核的束缚成为自由电子。在室温下，几乎每个杂质原子都能提供一个自由电子。相应的杂质原子因失去一个电子而成为不能自由移动的带正电的粒子——正离子，如图 1.1.2 所示。这种提供自由电子的杂质原子称为施主原子或施主杂质。整个半导体由于正离子和自由电子的同时存在，仍保持电中性。需要注意的是，在产生自由电子的同时，并不产生相应的空穴。

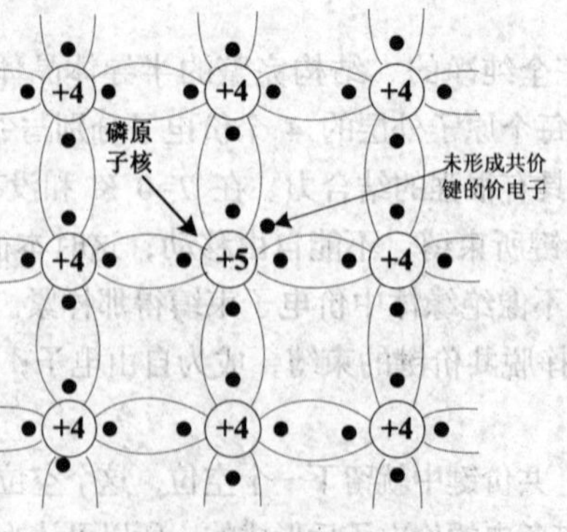

图 1.1.2　N 型半导体结构示意图

当掺入元素浓度足够大时，将有大量的自由电子产生，电子是多数载流子，简称多子。

因为自由电子带负电，故称这种半导体为 N 型半导体或电子型半导体。在 N 型半导体中，还有少量因本征激发而产生的空穴，成为少数载流子，简称少子。

（2）P 型半导体

在本征半导体中掺入少量的三价元素杂质，如硼（B）或铟（In）等，本征半导体中的某些半导体原子被杂质原子取代，杂质原子的最外层有 3 个价电子，与相邻的半导体原子形成共价键时，因缺少一个电子，在晶体中便产生一个空穴。这个空穴常吸引附近半导体原子的价电子来填补，使得杂质原子成为不能移动的带负电的离子，而原来半导体原子的共价键因缺少一个电子，形成了空穴，整个半导体呈中性，如图 1.1.3 所示。由于杂质原子接受电子，故称为受主原子或受主杂质。需要注意的是，在产生空穴的同时，并不产生新的自由电子，只是原来的本征半导体原子还有少量因本征激发而产生的电子-空穴对。掺入杂质的浓度足够大时，将产生大量的空穴，因此空穴是多数载流子，这样的杂质半导体称为 P 型半导体或空穴型半导体。

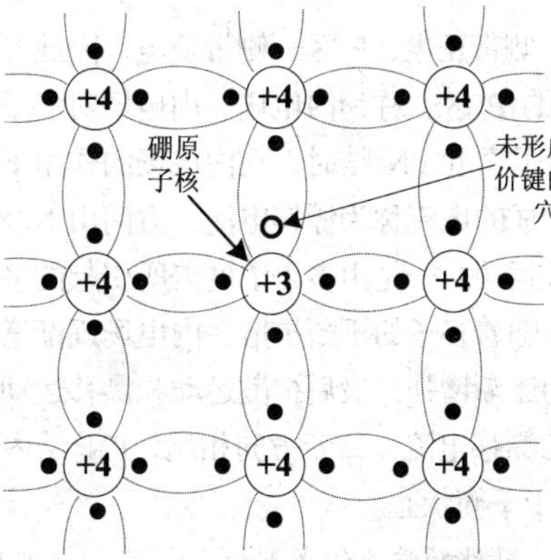

图 1.1.3　P 型半导体结构示意图

综上所述，N 型半导体和 P 型半导体均属于杂质半导体。在掺入杂质后，载流子的数目都有相当程度的增加，其中多子的浓度取决于掺入杂质原子的浓度；少子的浓度主要取决于温度；而所产生的离子，不能够在外界电场作用下移动，也不参与导电，不属于载流子。

若对 N 型半导体再掺入三价杂质元素，且其浓度大于原掺杂的五价杂质，可将 N 型转型为 P 型半导体；反之，P 型半导体也可以通过掺入足够的五价元素而转型为 N 型半导体，也就是说杂质半导体可以通过掺入杂质浓度的不同而相互转型。

3．PN 结的形成

在同一片本征半导体基片上，一端做成 P 型半导体，另一端做成 N 型半导体。当 P 型半导体和 N 型半导体交接在一起时，由于交界面处存在载流子浓度的差异，N 型区内电子很多而空穴很少，P 型区内空穴很多而电子很少。这样，电子和空穴将会从浓度高的区域向浓度低的区域扩散，即 P 区的空穴向 N 区扩散，并被自由电子复合；而 N 区的自由电子向 P 区扩散，被空穴复合。多子扩散运动所形成的电流称为扩散电流，方向由 P 区指向 N 区。电子和空穴都是载流子，它们扩散的结果使 P 区和 N 区中原来保持的电中性被破坏了。P 区一边失去空穴，留下了带负电的杂质离子；N 区一边失去电子，留下了带正电的杂质离子。半导体中的离子虽然也带电，但由于物质结构的关系，它们不能任意移动，因此并不参与导电。这些不能移动的带电粒子通常称为空间电荷，它们集中在 P 区和 N 区交界面附近，形成了一个很薄的空间电荷区，这就是 PN 结，如图 1.1.4 所示。在这个区域内，多数载流子已被复合掉了，或者说消耗尽了，因此空间电荷区又称耗尽层。

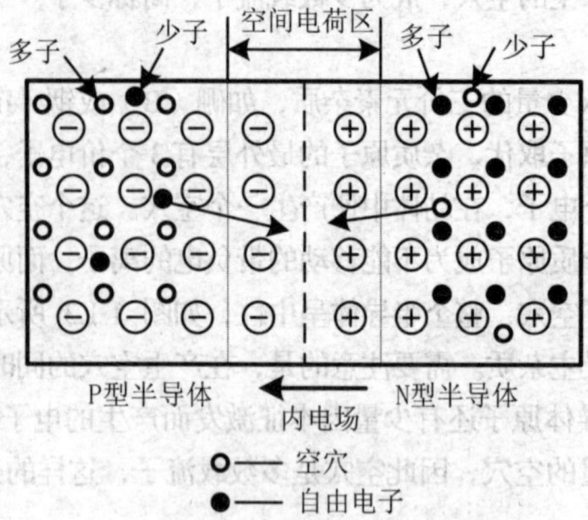

图 1.1.4　PN 结的形成

在空间电荷区中，N 区一侧带正电，P 区一侧带负电，因此形成了一个电场，其方向是从带正电的 N 区指向带负电的 P 区，称为内电场。内电场对多子的扩散运动起阻碍作用；同时，当 N 区及 P 区中的少子靠近 PN 结时，在内电场的作用下有规则地向另一侧漂移，称为漂移运动。漂移运动所形成的电流称为漂移电流，方向由 N 区指向 P 区。可见，在 PN 结内同时存在着载流子的两种运动，一是由多子浓度差所引起的多子的扩散运动，二是少子在内电场作用下的漂移运动。随着多子的不断扩散，内电场逐渐增强，导致多子的扩散运动逐渐减弱，而少子的漂移运动逐渐增强，最后扩散运动和漂移运动达到动态平衡，即多子形成的扩散电流等于少子形成的漂移电流，二者方向相反，PN 结内的净电流为零，空间电荷区的宽度不再变化，PN 结处于平衡状态。

提示：PN 结是许多半导体器件的重要组成部分。它不是一块 P 型半导体和一块 N 型半导体的简单拼合，而是二者在原子级上的结合。它可以是在 P 型半导体的一侧用特定工艺掺入更多的五价杂质形成 N 区，也可以是在 N 型半导体的一侧用特定工艺掺入更多的三价杂质形成 P 区。

二、PN 结的单向导电性

PN 结具有单向导电性，这一特性只有在外加电压时才能显现出来。

1．PN 结外加正向偏压

如图 1.1.5 所示，将外加电压的正极接 PN 结的 P 区、负极接 N 区，这种接法称为 PN 结正向偏置，简称正偏。PN 结正偏时，外加电场与 PN 结内电场方向相反，因此内电场被削弱。此时，PN 结的平衡状态被打破，P 区和 N 区中能扩散的多数载流子大大增加，扩散运动强于漂移运动。P 区空穴不断扩散到 N 区，N 区电子不断扩散到 P 区，在外电路上形成一个比较大的由 P 区到 N 区的电流。

总之，PN 结正偏时，由多子扩散形成了比较大的正向电流，而此时 PN 结两端的电压并不高，硅材料为 0.5 V~0.7 V，锗材料为 0.2 V~0.3 V，该电压称为正向压降。所以，PN 结呈现的电阻很小，此时 PN 结处于正向导通状态。

2．PN 结外加反向偏压

如图 1.1.6 所示，将外加电压的正极接 PN 结的 N 区、负极接 P 区，这种接法称为 PN 结反向偏置，简称反偏。PN 结反偏时，外加电场方向与 PN 结内电场方向相同，因而增强了内电场的作用。此时，PN 结的平衡状态被打破，P 区中的空穴和 N 区中的电子都要远离 PN 结，使空间电荷区厚度加宽，抑制了扩散电流的进行。但是，由于结内电场的增加，使 P 区和 N 区中的少数载流子更容易产生漂移运动，形成漂移电流，漂移电流的方向与扩散电流方向相反，表现在外电路上有一个由 N 区到 P 区的反向电流。由于少数载流子数量很少，所以反向电流很小，一般为微安数量级。在一定温度下，少数载流子的数量是一定的，当反向电压在一定范围内变化时，反向电流基本保持不变，故称为反向饱和电流，用 I_S 表示。所以 PN 结在反向偏置时，呈现出一个很大的电阻，此时 PN 结处于反向截止状态。

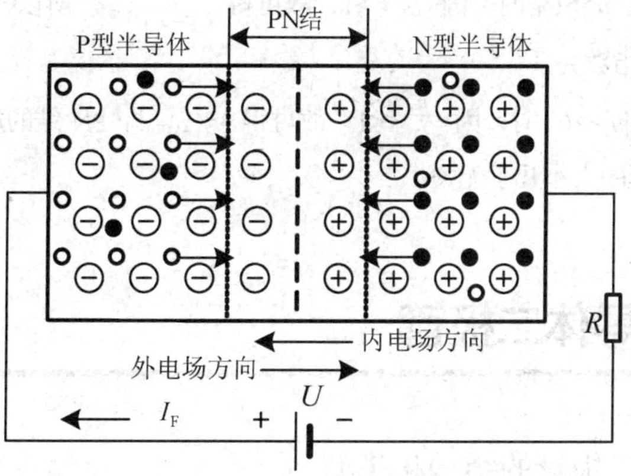

图 1.1.5　PN 结加正向电压

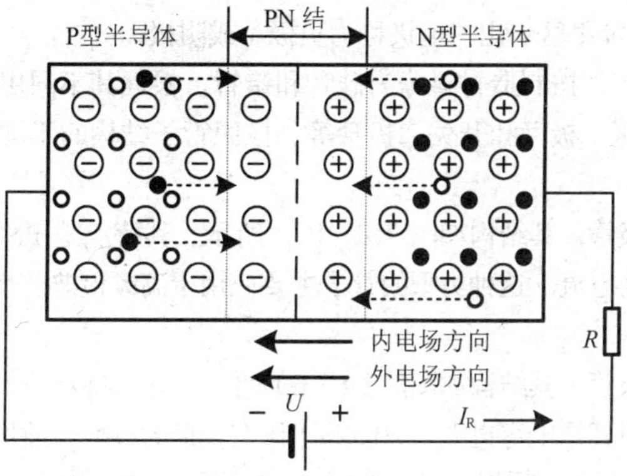

图 1.1.6　PN 结加反向电压

综上所述，当 PN 结正向偏置时，电阻很小，回路中产生一个较大的正向电流，PN 结处于导通状态；当 PN 结反向偏置时，电阻很大，回路中的反向电流很小，几乎为零，PN 结处于截止状态，这就是 PN 结的单向导电性。

但是，PN 结所加的反向电压不能太大。当反向电压增大到某一数值时，外电场的强度会破坏硅或锗元素组成的共价键，使回路电流急剧增大，PN 结失去单向导电性，这种现象称为 PN 结的反向击穿。

三、PN 结的伏安关系

PN 结的单向导电性说明了 PN 结的电压与电流具有非线性关系，这种关系可由下列方程描述

$$i = I_s(e^{\frac{u}{U_T}} - 1) \quad (1.1.1)$$

其中，I_s 为反向饱和电流；U_T 为热电压，也称为温度电压当量，$U_T = \frac{kT}{q}$，其值与 PN 结的绝对温度 T 和波尔兹曼常数 k 成正比，与电子电量 q 成反比，始终为正数。需要注意 u 和 i 的规定方向：u 的规定方向为 P 型半导体一端为“正”，N 型半导体一端为“负”；P 区向 N 区的电流方向为 i 的规定正方向。

（1）当 $u=0$ 时，由式可知 $i=0$。

（2）当 $u>0$，且 $u>>U_T$ 时，因 $e^{\frac{u}{U_T}}>>1$，故可得 $i = I_s e^{\frac{u}{U_T}}$。所以，当 PN 结正向偏置时，$i$ 和 u 基本上成指数关系。

（3）当 $u<0$，且$|u|>>U_T$时，因 $e^{\frac{u}{U_T}}<<1$，故可得 $i\approx -I_s$。即 PN 结的反向电流等于反向饱和电流，与反向电压的大小几乎无关。

第二节　半导体二极管

一、半导体二极管的结构和类型

半导体二极管是由 PN 结加上引线和管壳封装构成的。从 PN 结的 P 型区引出的电极称为正极（或阳极），从 N 型区引出的电极称为负极（或阴极）。

二极管的种类很多，按制造材料分为硅管和锗管。根据其不同用途，可分为检波二极管、整流二极管、稳压二极管和开关二极管等。按照管子结构的不同，又可分为以下几种类型。

（1）点接触型二极管。其结构如图 1.2.1（a）所示。其特点是 PN 结面积很小，不能承受高的反向电压和大的电流。这种类型的管子主要应用于高频检波、小电流整流和脉冲数字电路的开关元件中。

（2）面接触型二极管。其结构如图 1.2.1（b）所示，它的特点是 PN 结面积很大，因而能通过较大的电流，但其结电容也大，只能够工作在较低的频率，适用于整流电路。

（3）硅平面型二极管。其结构如图 1.2.1（c）所示。该结构中，结面积大的能够通过较大的电流，适用于大功率整流；结面积小的，结电容小，适用于在脉冲数字电路中作开关管。

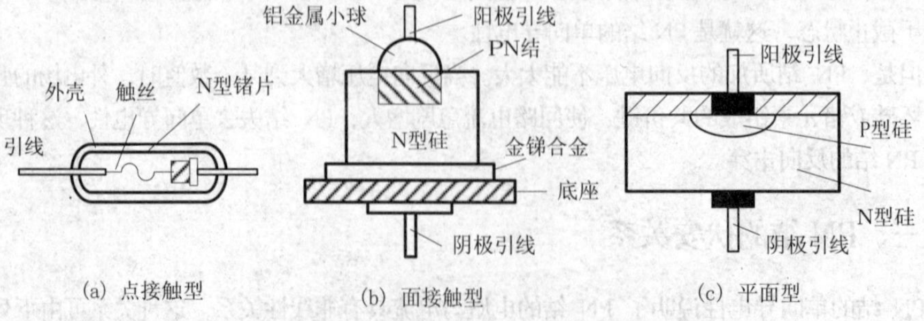

图 1.2.1　半导体二极管的结构示意图

半导体二极管的图形符号、外型及实物如图 1.2.2 和图 1.2.3 所示。

提示：电路符号中，箭头的方向表示正向电流的方向；所以标 “+” 极的一端是 P 区，标 “−” 极的一端是 N 区。沿袭电子管的习惯，“+” 极也称为阳极，“−” 极相应称为阴极。

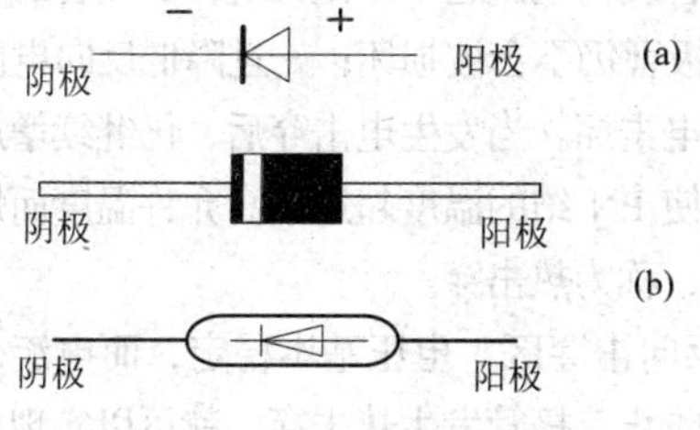

(a) 二极管的表示符号　　(b) 二极管的外型

图 1.2.2　半导体二极管

图 1.2.3　普通二极管实物图

二、半导体二极管的伏安特性

半导体二极管两端的电压 u_D 与流过它的电流 i_D 之间的关系称为伏安特性。由于半导体二极管是由 PN 结构成的，因此其伏安特性与 PN 结的伏安特性很接近，但是由于二极管有引线的接触电阻、P 区和 N 区的体电阻以及表面漏电流等原因，二者稍有区别。若忽略这些差异，则可用 PN 结的伏安关系来描述二极管伏安特性，即：

$$i_D = I_s(e^{\frac{u_D}{U_T}} - 1) \tag{1.2.1}$$

其中，i_D 为流过二极管的电流，u_D 为二极管两端的电压，其他同式（1.1.1）。

图 1.2.4 分别画出了硅、锗不同材料的二极管伏安特性曲线。

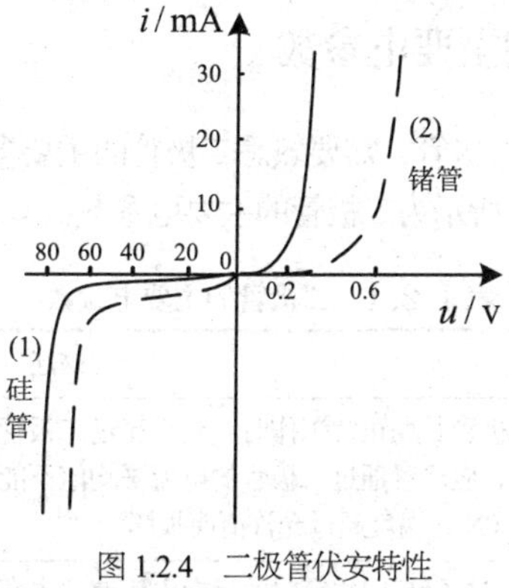

图 1.2.4　二极管伏安特性

1. 正向特性

二极管正向偏置时，整个特性曲线近似呈现为指数曲线。不管是硅管还是锗管，当正向偏置电压较小时，外电场还不足以克服 PN 结的内电场，正向电流 i_D 几乎为零，二极管呈现为一个大电阻，这一电压区域称为死区。硅管的死区电压 V_{th} 约为 0.5 V，锗管的 V_{th} 约为 0.1 V。当正向电压大于 V_{th} 时，内电场大大削弱，电流会迅速增加。需要注意的是，二极管工作在死区时，电流极小，一般可以忽略不计。

2. 反向特性

在反向电压作用下，半导体中的少数载流子很容易通过 PN 结，形成反向饱和电流。但由于少数载流子的数目很少，且基本不变，所以反向电流很小。硅管的反向饱和电流为纳安

（nA）数量级，锗管为微安数量级。

3．反向击穿特性

当反向电压增加到某一数值时，反向电流急剧增大，这种现象叫做二极管的反向击穿，此时对应的击穿电压称为反向击穿电压。当二极管反向电流还不是太大时，二极管的功耗不大，PN 结的结温还不会超过最高结温，此时二极管仍不会被损坏；一旦降低反向电压，二极管仍能够正常工作，这种击穿是可逆的，称为电击穿。当发生电击穿后，仍继续增加反向电压，反向电流也随之增大，管子会因功耗过大使 PN 结的温度超过最高允许温度而烧坏，造成二极管永久性的损坏，这种击穿是不可逆的，称为热击穿。

从二极管的反向击穿特性区可以看出：在反向击穿区，电压基本稳定，而电流变化很大，即元件此时具有稳压特性。这时，只要有效防止二极管发生热击穿，就可以实现电路的稳压，稳压管就是依据这一原理制成的。

三、温度对半导体二极管特性的影响

二极管的特性对温度很敏感。当温度升高时，二极管的正向特性曲线将左移，反向特性曲线下移，致使死区电压和正向电压降低。在室温附近，温度每升高 1℃，二极管的正向压降减小 2~2.5 mV。

由于二极管的反向电流是由少子的漂移形成的，少子的浓度又受温度影响，所以二极管的反向特性也与温度有关。除了上面提到的击穿电压与温度有关外，二极管的反向饱和电流也随温度的改变而改变。一般温度每升高 10℃，反向电流约增大 1 倍。设温度为 T_0，反向饱和电流为 $I_s(T_0)$，则当温度上升到 T 时，其反向饱和电流 $I_s(T)$ 近似为：

$$I_s(T) = 2^{\frac{T-T_0}{10}} I_s(T_0) \tag{1.2.2}$$

四、半导体二极管的主要电参数

为了合理选择和正确使用二极管，需要熟悉二极管的主要参数，必须使选用的二极管参数指标满足工作要求。表 1.2.1 所示为二极管的主要电参数。

表 1.2.1　二极管的主要电参数

主要参数	表示	描述
最大整流电流	I_F	二极管长期正常工作时，允许流过二极管的最大正向平均电流。使用管子时，应注意通过二极管的电流平均值不能大于这一值，否则会使二极管中的 PN 结温度超过允许值而损坏
反向击穿电压	$U_{(BR)}$	指二极管反向击穿时的反向电压值。击穿时反向电流剧增，二极管的单向导电性被破坏，甚至过热而烧坏
最高允许反向工作电压	U_R	为确保管子安全工作，不至于击穿，一般将 $U_{(BR)}$ 的一半定义为 U_R。管子长期工作时，其实际承受的最高反向工作电压不应该超过此值
反向电流	I_R	指在常温下，管子未被击穿时的反向电流。反向电流大，说明管子的单向导电性差，故反向电流越小越好。反向电流受温度的影响，温度越高反向电流越大。硅管的反向电流较小，锗管的反向电流要比硅管大几十到几百倍
正向电压降	U_F	指二极管工作于半波整流电路、流过额定整流电流时，在管子两端测得的正向导通期间管子电压降的平均值

第三节 二极管的应用

一、分析方法

半导体二极管的单向导电性使它在电子电路中获得了广泛应用。但半导体二极管是一种非线性器件，因而由半导体二极管构成的电路一般要采用非线性电路的分析方法，关键是判断二极管的导通或截止。常采用模型分析法（非线性器件线性化处理）。

（1）理想二极管模型。正向导通时，压降为零；反向截止时，电流为零。

（2）恒压降模型。正向导通时，其两端电压为常数，可用电压源代替（通常硅管取 0.7 V，锗管取 0.2 V）；反向截止时，一般将二极管断开，即认为二极管反向电阻为无穷大。

（3）交流小信号模型。若电路中除有直流电源外，还有交流小信号，则对电路进行交流分析时，二极管可等效为交流电阻 r_d=26 mV/I_{DQ}（I_{DQ}为二极管静态电流）。

提示：半导体二极管的极性表明了 PN 结加正向电压时的实际方向。可以根据二极管的极性与外加电压是否一致来判断二极管是否导通。

例 1.1 试判断图 1.3.1 中二极管是导通还是截止？并求出 AO 两端电压 V_{A0}。设二极管为理想的。

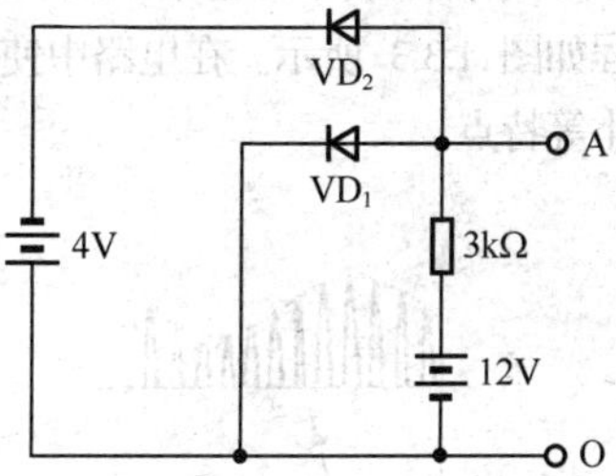

图 1.3.1 例 1.1 电路

解：分析方法为（1）将 VD_1 、VD_2 从电路中断开，分别求出 VD_1 、$VD2$ 两端的电压；（2）根据二极管的单向导电性，二极管承受正向电压则导通，反之则截止。若两管都承受正向电压，则正向电压大的管子优先导通，然后再按以上方法分析其他管子的工作情况。

本题中，VD_1 =12 V，VD_2 =12+4=16 V，所以 VD_2 优先导通，此时，VD_2 =−4 V，所以 VD_1 管子截止。V_{A0} = −4 V。

二、应用电路

1. 二极管整流电路

利用二极管正偏导通、反偏截止的单向导电特性，可将交流电变成单向脉动的直流电，此过程称为整流。如果输出信号只保留输入信号的正半周或负半周波形，称为半波整流，如图 1.3.2（b）所示。如果输出信号不但保留了输入信号的正半周信号，还将其负半周信号对折到正半周一并输出；或者保留了输入信号的负半周信号，将其正半周信号对折到负半周一并输出，称为全波整流。这里以半波整流电路为例进行说明，电路如图 1.3.2（a）所示。

当 u_i 为正弦波时，在 0~π 区间内，u_i 为上正下负，二极管 VD 因正偏而导通，正半周交流电压通过 VD 加到负载 R_L 上，u_o=u_i；在 π~2π 区间内，u_i 为上负下正，二极管 VD 因反偏而截止，负载 R_L 上没有输出电压，u_o=0；所以 u_o 的波形只有 u_i 的正半周波形，波形如图 1.3.2（b）所示。

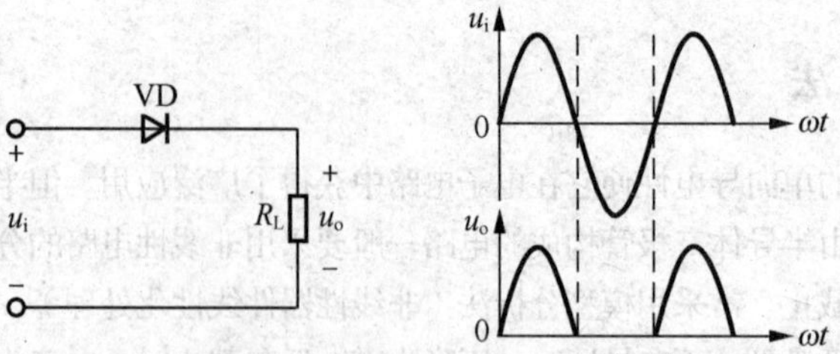

（a）电路　　（b）波形

图 1.3.2　二极管半波整流电路

2．二极管检波电路

所谓检波，就是通常所说的解调，是调制的逆过程，即从已调波的包络中提取调制信号的过程，一般多用于通信广播和电视领域中。常采用的检波电路是大信号二极管检波器，它具有经济实用、使用方便的优点。

大信号二极管检波电路的工作原理如下：已调信号属于高频信号承载一个低频信号，它的包络即为基带低频信号。让已调信号经过检波二极管，得到半个周期的已调信号，再经过低通滤波器滤掉高频分量后，得到了低频信号的包络，最后经过电容滤波，得到了低频信号，实现了检波功能，整个过程如图 1.3.3 所示。在电路中使用的检波二极管一般具有结电容低、工作频率高和反向电流小等特点。

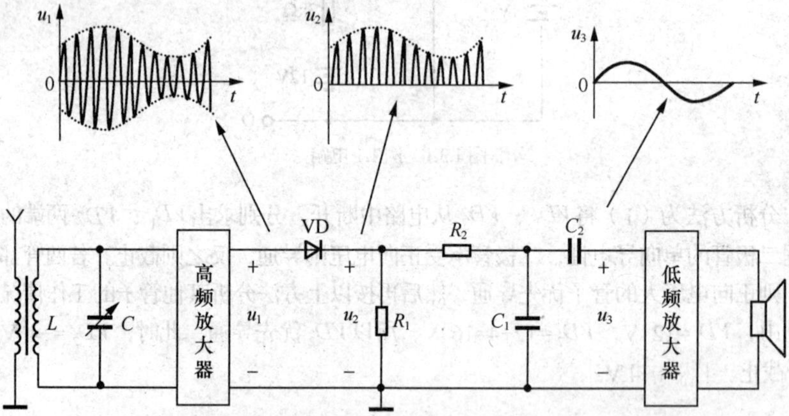

图 1.3.3　二极管检波电路

3．限幅电路

在电子技术中，常用限幅电路对各种信号进行处理。它是用来让信号在预置的电平范围内，有选择地传输一部分信号。

限幅电路利用二极管正向导通和反向截止限制信号的幅度，分为上限幅电路、下限幅电路和双限幅电路。二极管双限幅电路及波形如图 1.3.4 所示。忽略二极管正向导通压降，当输入信号 u_i 使 VD_1 处于正向导通时，输出电压 u_o 保持在 5V；当输入信号 u_i 使 VD_2 处于正向导通时，输出电压 u_o 保持在−5V，这样限幅电路将输入信号 u_i 的波峰和波谷部分削掉，使输出电压 u_o 被限制在+5V ~ −5V 间。

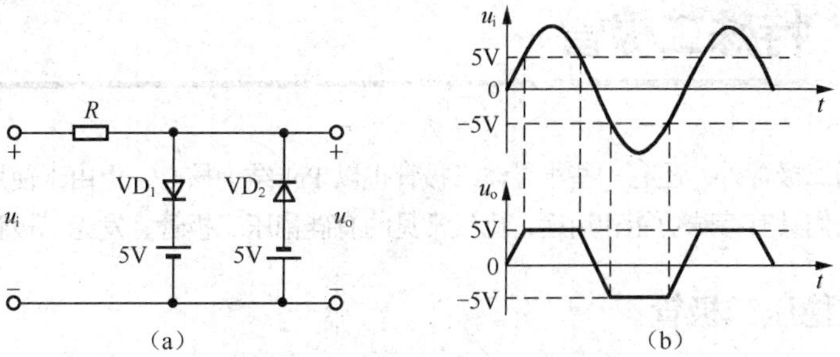

图 1.3.4　二极管双限幅电路及波形

三、二极管整流电路的 Multisim 仿真

应用 Multisim 软件可对含半导体二极管的整流电路进行仿真。

1．半波整流电路

图 1.3.5 所示是一个典型的半波整流电路，交流电源电压 V_1 经二极管 VD_1 与负载 R_1 后，输出波形如图 1.3.6 所示。从仿真结果可知，二极管 VD_1 对电源电压的负半周信号进行了抑制，体现了二极管的单向导电性。但半波整流电路的输出信号仅占电源电压的一半，利用率较低。

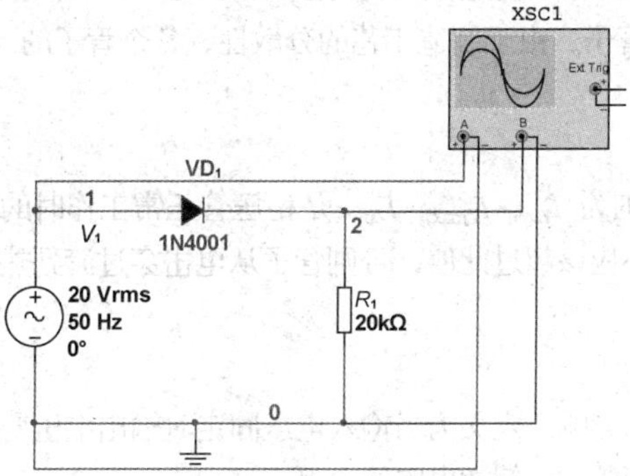

图 1.3.5　半波整流电路

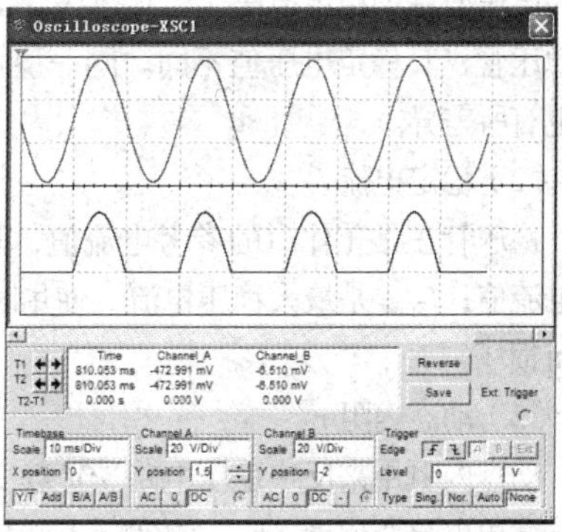

图 1.3.6　半波整流电路仿真

2．桥式整流电路

图 1.3.7 所示是一个典型的桥式整流电路，交流电源电压 V_1 经桥式整流电路及负载 R_1 后，输出波形如图 1.3.8 所示。由仿真波形可知，输出信号能将电源电压的正、负半周信号输出，故又称绝对值电路，该电路的利用率比半波整流电路有所提高。

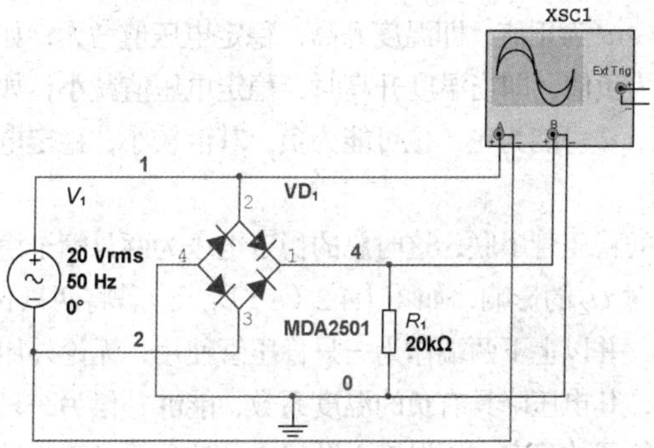

图 1.3.7　桥式整流电路

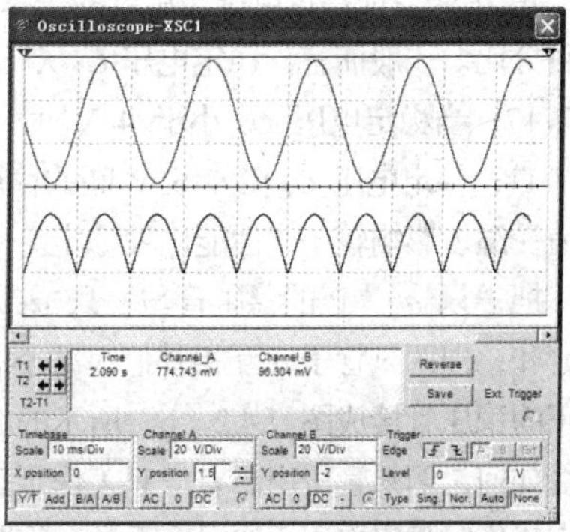

图 1.3.8　桥式整流电路仿真

第四节　特殊二极管

除了普通二极管外，还有一些半导体二极管也以 PN 结为核心，但由于使用的材料和工艺特殊，使它们具有特殊功能和用途，比较常见的有硅稳压二极管、发光二极管等。

一、硅稳压二极管

利用二极管反向击穿特性实现稳压功能的二极管称为稳压二极管，又称齐纳二极管。这种管子具有很陡的反向击穿特性，当其工作在反向击穿区时，反向电流在很大的范围内变化，而其两端电压几乎不变，即具有“稳压”的特性。稳压管实质上是一个二极管，但它通常工作于反向电击穿状态，其正向特性与普通二极管相似。稳压管的电路符号如图 1.4.1 所示。

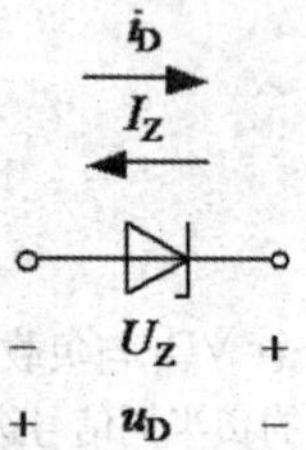

图 1.4.1　稳压管电路符号

1．硅稳压管的主要电参数

（1）稳定电压 U_Z

当流过稳压管的反向电流为规定的测试电流 I_Z 时，稳压管两端的电压值称为稳定电压。稳定电压 U_Z 是根据要求挑选稳压管的主要依据之一。不同型号的稳压管，其稳定电压值不同。同一型号的管子，由于制造工艺的分散性，各个管子的 U_Z 值也有所差异。

（2）稳定电流 I_Z

稳压管正常工作时的参考电流值，其范围为 I_{Zmin}~I_{Zmax}。I_{Zmin} 是稳压管正常工作时的最小电流值；I_{Zmax} 是最大稳压电流，使用时，不应该超过此值，否则管子从电击穿过渡到热击穿而损坏。

（3）动态内阻 r_Z

动态内阻用来反映稳压电路受负载变化的影响。定义为当输入电压固定时输出电压变化量与输出电流变化量之比。它实际上就是电源戴维南等效电路的内阻。

$$r_Z = \left.\frac{\Delta V_O}{\Delta I_O}\right|_{\Delta V_I=0};\Delta T = 0 \qquad (1.4.1)$$

（4）最大耗散功率 P_Z

它等于稳定电压 U_Z 和最大稳定电流 I_{Zmax} 的乘积。

（5）稳定电压的温度系数 α

用 α 来表征稳定电压与温度的关系。α 指稳压管温度变化 1℃时引起稳定电压 U_Z 变化的百分比。一般而言，稳定电压 U_Z 大于 6 V，α 为正值，即温度升高，稳定电压值增大，如 2CW17；当稳定电压 U_Z 小于 4 V 时，α 为负值，即当温度升高时，稳定电压值减小，如 2CW11；稳定电压 U_Z 在 4~6 V 间的稳压管，α 可能为正，也可能为负，其值较小，稳定电压值受温度影响较小，性能比较稳定。

把一只 α 为正的稳压管与一只 α 为负的稳压管串联，这时总的稳定电压为两只管子稳压之和，但两只管子 α 互相补偿，减小温度对 U_Z 的影响，如图 1.4.2（a）所示。若将两只 α 为正的稳压管接成图 1.4.2（b）所示的结构，并以上下两端作为一只稳压管使用，无论外加极性如何，两只管子中总有一只工作于正向，其电压降具有负的温度系数，能够补偿另一只反向工作时稳定电压正的温度系数，使整个管子的稳定电压温度系数极小，这种管子称为具有温度补偿的硅稳压管，如2CW7。

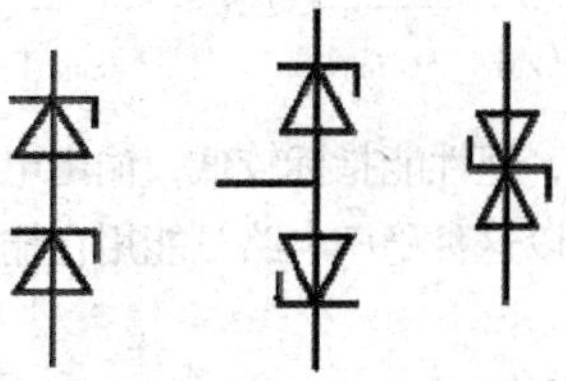

图 1.4.2 具有温度补偿的稳压管

2．硅稳压管稳压电路

典型的硅稳压管稳压电路如图 1.4.3 所示。其中 U_I 为未经稳定的直流电压，R 为限流电阻，R_L 为负载，U_o 为输出电压。

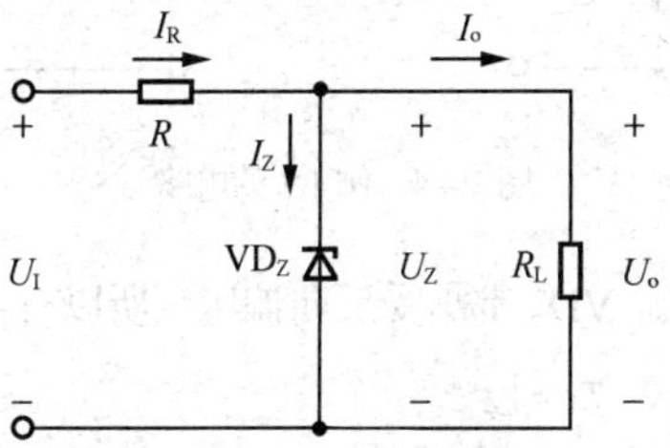

图 1.4.3 稳压管稳压电路

（1）稳压原理

使 U_o 不稳定的原因有两个：一是 U_I 的变化，另一个是 R_L 的变化。下面对这两个因素变化时，电路如何稳定输出电压分别进行分析。

① U_I 不稳定：设 U_I 增加，这将使 U_o 有增加的趋势；但 U_o 的增加使稳压管两端反向电压增加，导致流过稳压管的电流急剧增加，于是 $I_R=I_Z+I_o$ 增加，限流电阻 R 上电压降随之增加，使得 U_I 增量的大部分转移到限流电阻 R 两端，而 U_o 几乎不增加，稳定在 U_Z 的数值上。这一过程可表示如下：

$$U_I\uparrow \rightarrow U_o\uparrow \rightarrow U_Z\uparrow \rightarrow I_Z\uparrow \rightarrow I\uparrow \rightarrow IR\uparrow$$
$$U_o\downarrow \leftarrow$$

② R_L 改变：设 R_L 减小，这将使 U_o 有降低的趋势，使 U_Z 也随之降低，由于硅稳压管的动态电阻极小，这将使 I_Z 大大减小，I 也随之减小，R 上的电压降减小，补偿了 U_o 的下降，使 U_o 几乎不变，稳定在 U_Z 的数值。这一过程可表示如下：

$$R_L\downarrow \rightarrow U_o\downarrow \rightarrow U_Z\downarrow \rightarrow I_Z\downarrow \rightarrow I\downarrow \rightarrow IR\downarrow$$
$$U_o\uparrow \leftarrow$$

（2）限流电阻的选择

在图 1.4.3 所示的硅稳压管稳压电路中，只有当硅稳压管工作于反向电击穿状态时，才能使输出电压稳定，因此，硅稳压管稳压电路使输出电压稳压的条件是：

$$\frac{R_L}{R+R_L}U_I \geqslant U_Z \quad (1.4.2)$$

而稳压管正常工作的条件是 $I_{Z(min)} \leqslant I_Z \leqslant I_{ZM}$，限流电阻必须同时满足这两个条件，最终得出限流电阻的取值范围为：

$$\frac{U_{\mathrm{I(max)}}-U_{\mathrm{Z}}}{I_{\mathrm{ZM}}+I_{\mathrm{O(min)}}}\leqslant R\leqslant\frac{U_{\mathrm{I(min)}}-U_{\mathrm{Z}}}{I_{\mathrm{Zmin}}+I_{\mathrm{O(max)}}} \qquad (1.4.3)$$

硅稳压管稳压电路结构简单，但性能指标较低，输出电压不能调节，输出电流受硅稳压管最大稳压电流 I_{ZM} 的限制，所以这种稳压电路只能用在输出电压固定和输出电流变化不大的场合。

例 1.2　两个稳压管的稳压值 V_{Z1}=5V，V_{Z2}=7V，它们的正向导通压降均为 0.6V，电路在以下两种接法时，输出电压 V_o 为多少?

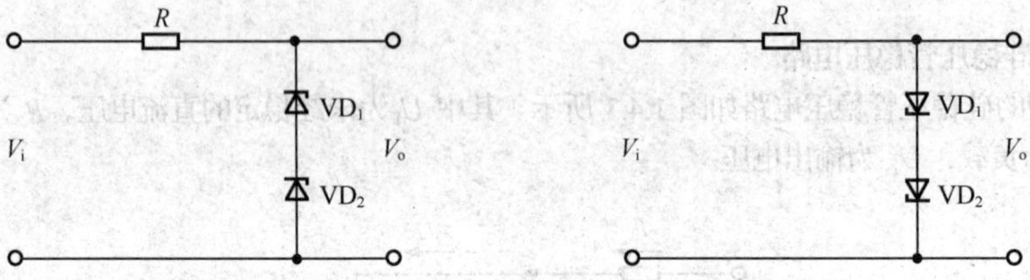

（a）　　　　（b）

图 1.4.4　例 1.2 的电路

解：图 1.4.4（a）中 VD_1、VD_2 都承受反向偏压，所以有：

输出电压 $V_o = V_{Z1} + V_{Z2}$=5V+7V=12V。

图 1.4.4（b）中 VD_1 承受正向电压、VD_2 承受反向偏压，所以有：

输出电压 V_o =0.6 V+7 V=12.6 V 。

例 1.3　如图 1.4.5 所示电路，稳压二极管稳压值 U_Z=10 V，I_{zmax}=12 mA，I_{zmin}=2 mA。负载电阻 R_L=2 kΩ，输入电压 U_I=12 V，限流电阻 R=200 Ω，求 I_Z。若负载电阻 R_L 变化范围为 1.5 kΩ ~ 4 kΩ，稳压管是否还能稳压?

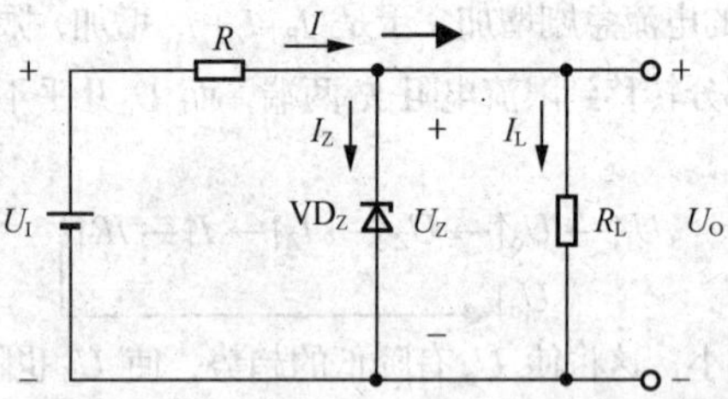

图 1.4.5　例 1.3 的电路

解：先判断稳压管是否电击穿：

$\dfrac{R_L}{R+R_L}U_I=\dfrac{2000}{2000+200}\times 12\geqslant 10$ V，稳压管 VD_Z 被击穿。所以，

$I_L = U_o / R_L = U_Z / R_L = 10/2 = 5\,(\text{mA})$

$I = (U_I - U_Z)/R = (12-10)/0.2 = 10\,(\text{mA})$

$I_Z = I - I_L = 10 - 5 = 5\,(\text{mA})$

当 R_L=1.5 kΩ 时，I_L= 10/1.5= 6.7（mA），I_Z =10−6.7= 3.3（mA）

当 R_L= 4 kΩ 时，I_L= 10/4= 2.5（mA），I_Z = 10−2.5= 7.5（mA）

结果表明，负载 R_L 变化时，I_Z 仍在 2 mA~12 mA 之间，所以稳压管仍能起稳压作用。

二、发光二极管

发光二极管（Light Emitting Diode，LED）是一种将电能转换成光能的半导体器件，主要是由 III~V 族化合物半导体构成，如砷化镓（GaAs）、磷化镓（GaP），其符号如图 1.4.6 所示。

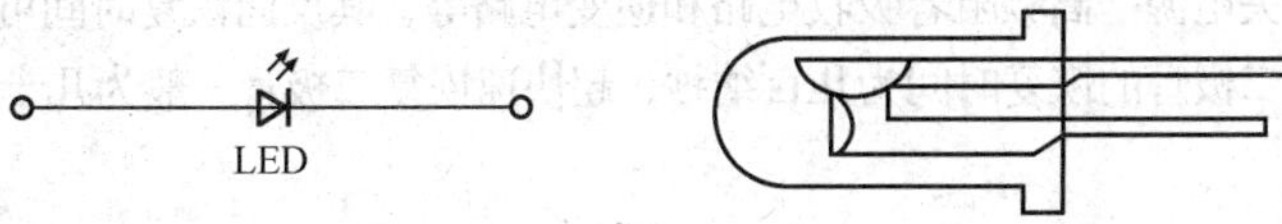

图 1.4.6 发光二极管符号及外形

与普通二极管一样，它由一个 PN 结组成，也具有单向导电性。当加正向电压时，P 区和 N 区的多数载流子扩散至对方与多数载流子复合，复合过程中，有一部分以光子的形式放出，使二极管发光。根据半导体材料中电子与空穴所处的能量状态不同，发出的光波可以为红外光或可见光。复合过程中，释放的能量越多，则发出的光的波长越短，常见的是发红光、绿光和黄光。砷化镓发射的是红外光，如在砷化镓中掺入一些磷，即可发出红色可见光；而磷化镓可出发绿光。

发光二极管常用作显示器件，如指示灯、七段数码管、矩阵显示器等。发光二极管的供电电源既可以是直流的也可以是交流的，但必须注意的是，发光二极管是一种电流控制器件，应用中只要保证发光二极管的正向工作电流在所规定的范围之内，它就可以正常发光。工作时加正向电压，并接入限流电阻，工作电流一般为几毫安至几十毫安（如图 1.4.7 所示）。电流越大，发出的光越强，但是会出现亮度衰退的老化现象，使用寿命将缩短。一般二极管导通时管压降在 1.8 V~2.2 V 间。

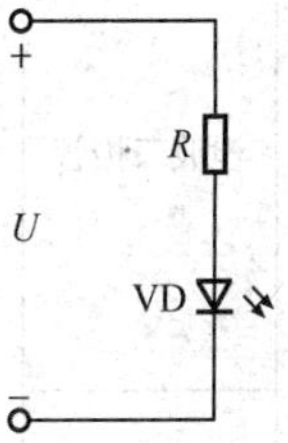

图 1.4.7 发光二极管应用电路

三、其他二极管

1. 光电二极管

光电二极管又称为光敏二极管，是将光能转换成电能的半导体器件。光电二极管的外形、符号及应用电路如图 1.4.8 所示。

光电二极管的结构与普通二极管相似，不同之处是它的 PN 结处，通过管壳上的一个玻璃窗口能接收外部的光照。这种器件的 PN 结在反向偏置状态下运行，它的反向电流随光照强度的增加而上升。光电二极管可用来作为光的测量，是将光信号转化为电信号的常用器件。

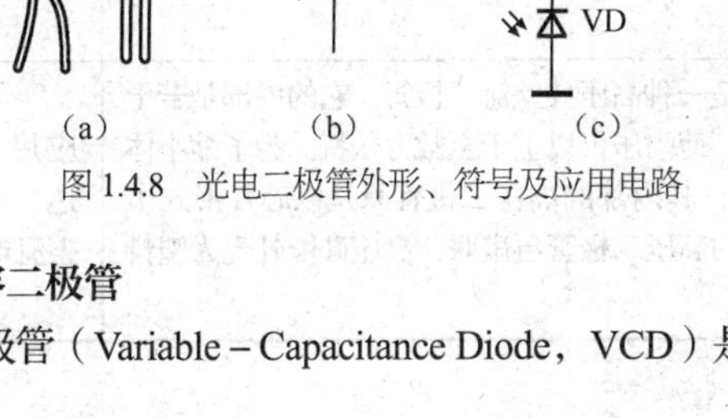

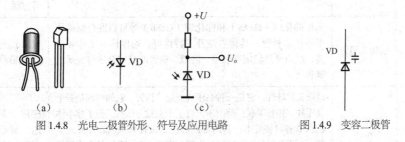

图 1.4.8 光电二极管外形、符号及应用电路

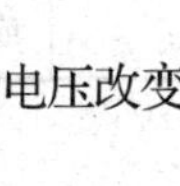

图 1.4.9 变容二极管

2. 变容二极管

变容二极管（Variable – Capacitance Diode，VCD）是利用外加反向电压改变二极管结电

容容量的特殊二极管，与普通二极管相比，其结电容变化范围较大。电路符号如图 1.4.9 所示。变容二极管主要用于高频电子线路，如电子调谐、频率调制等。

3．快速二极管

快速二极管的工作原理与普通二极管相同，但由于普通二极管工作在开关状态下的反向恢复时间较长，约 4～5 ms，不能适应高频开关电路的要求。快速二极管主要应用于高频整流电路、高频开关电源、高频阻容吸收电路和逆变电路等，其反向恢复时间可达 10 ns。普通快速恢复整流二极管的恢复时间为几百纳秒，超快速恢复二极管一般为几十纳秒。

【拓展知识】

二极管的分类

按结构材料分为：硅管（正向导通压降约 0.7 V）；锗管（正向导通压降约 0.2 V）。

按制作工艺分为：点接触型、面接触型。

按功能用途分为：检波管、整流管、稳压管、开关管、光电管、发光管等。除了上述讲述的二极管外，还有如表 1.1 所示的几类。

表 1.1　其他几种二极管类型及特性

分类	名称	性能描述	应用场合
按功能用途分为	检波二极管	把调制在高频电磁波上的低频信号检出来。检波二极管要求结电容小，反向电流也小，所以检波二极管采用点接触式二极管，常用的检波二极管有 2AP1~2AP7 及 2AP9~2AP17 等型号。除了一般二极管参数外，还有一个特殊参数：检波效率，检波效率会随工作频率的增高而下降。检波二极管的封装多采用玻璃陶瓷外壳，以保证良好的高频特性，检波二极管也可以用于小电流整流	广播通信、无线传输领域
	肖特基二极管	基本原理是：在金属（例如铅）和半导体（N 型硅片）的接触面上，用已形成的肖特基来阻挡反向电压。其耐压程度只有 40 V 左右。特点是：开关速度非常快，反向恢复时间特别地短	用于开关二极管和低压大电流整流二极管中
	阻尼二极管	具有较高的反向工作电压和峰值电流，正向压降小，高频高压整流二极管	用在电视机行扫描电路作阻尼和升压整流用
	磁敏二极管	是一种磁-电转换半导体器件，可在较弱的磁场作用下，产生较高的输出电压，并随磁场方向的变化同步输出变化的正、负电压	应用于磁场检测、电流测量、无触点开关及无电刷直流电动机的自动控制等方面
	隧道二极管	采用砷化镓（GaAs）和锑化镓（GaSb）等材料混合制成的半导体二极管，其优点是开关特性好，速度快、工作频率高；缺点是热稳定性较差。隧道二极管的文字符号与普通二极管相同	应用于开关电路或高频振荡电路中
	硅堆高压二极管	硅堆又称硅柱，它是一种高压硅整流二极管。它的内部是若干高压硅二极管串联，使耐压可以上千至数万伏特。为了缩小体积和节省封装成本，其内部的高压二极管只是以芯片形式串联，而不是封装好的高压二极管再串联，高压硅堆外壳为塑料或高频陶瓷封装	应用于彩电、雷达、显示器高压整流电路中

【相关链接】

1．半导体的发现

1833 年，英国巴拉迪最先发现硫化银的电阻随着温度的变化情况不同于一般金属，一般情况下，金属的电阻随温度升高而增加，但巴拉迪发现硫化银材料的电阻是随着温度的上升而降低。这是半导体现象的首次发现。

不久，1839 年法国的贝克莱尔发现半导体和电解质接触形成的结，在光照下会产生一个电压，这就是后来人们熟知的光生伏特效应，这是被发现的半导体的第二个特征。

在 1874 年，德国的布劳恩观察到某些硫化物的电导与所加电场的方向有关，即它的导电有方向性，在它两端加一个正向电压，它是导通的；如果把电压极性反过来，它就不导电，这就是半导体的整流效应，也是半导体所特有的第三种特性。同年，舒斯特又发现了铜与氧化铜的整流效应。

1873 年，英国的史密斯发现硒晶体材料在光照下电导增加的光电导效应，这是半导体又一个特有的性质。半导体的这 4 个效应，虽在 1880 年以前就先后被发现了，但半导体这个名词大概到 1911 年才被考尼白格和维斯首次使用。而总结出半导体的这 4 个特性一直到 1947 年 12 月才由贝尔实验室完成。

很多人会疑问，为什么半导体被认可需要这么多年呢？主要原因是当时的材料不纯。没有好的材料，很多与材料相关的问题就难以说清楚。

半导体于室温时电导率约在 10^{-10} ~ 10 000/Ω•cm 之间，纯净的半导体温度升高时电导率按指数上升。半导体材料有很多种，按化学成分可分为元素半导体和化合物半导体两大类。除上述晶态半导体外，还有非晶态的有机物半导体等和本征半导体。

2．电子二极管的发明

电子管又称真空管，它是电子设备工作的心脏，电子管的发展又是电子工业发展的起点。世界上第一只电子管是英国弗莱明发明的二极管。

1882 年，弗莱明曾担任爱迪生电光公司技术顾问。1884 年，弗莱明出访美国时拜会了爱迪生，共同讨论了电发光的问题。爱迪生向弗莱明展示了一年前他在进行白炽灯研究时，发现的一个有趣现象（人们称之为爱迪生效应）：把一根电极密封在碳丝灯泡内，靠近灯丝，当电流通过灯丝使之发热时，金属板极上就有电流流过。爱迪生进一步试验让板极通过电流计与灯丝的阳极相连时有电流，而与灯丝阴极相连时则没有电流。弗莱明对这一现象非常感兴趣，回国后，他对此进行了一些研究，认为：在灯丝板极之间的空间是电的单行路。

1896 年，马可尼无线电报公司成立，弗莱明被聘为顾问。在研究改进无线电报接收机中的检波器时，他就设想采用爱迪生效应进行检波。弗莱明在真空玻璃管内封装入两个金属片，给阳极板加上高频交变电压后，出现了爱迪生效应，在交流电通过这个装置时被变成了直流电。弗莱明把这种装有两个电极的管子叫做真空二极管，它具有整流和检波两种作用，这是人类历史上第一只电子器件。弗莱明将此项发明用于无线电检波，并于 1904 年 11 月 16 日在英国取得专利。

本章小结

1. 本征半导体就是完全纯净的具有晶体结构的半导体，最常见的本征半导体是硅和锗两种材料。本征激发产生的自由电子和空穴成对出现，其数量取决于环境温度。

2. 本征半导体中掺入一定的少量杂质元素，就可以制成 N 型或 P 型半导体。N 型半导体是掺入五价元素（如磷、砷）构成的杂质半导体，其多数载流子（简称多子）是自由电子，少数载流子（少子）是空穴，掺入的杂质称为施主杂质；P 型半导体是掺入少量三价元素（如硼、铝、钾、铟等）而构成的杂质半导体，其多子是空穴，少子是电子，掺入的杂质称为受主杂质。多子的浓度与掺入的杂质元素的浓度有关，少子的浓度与温度有关。N 型半导体与 P 型半导体可以随掺入浓度的不同而发生转型。

3. PN 结是半导体二极管和其他二极管的核心，它具有单向导电性。当 PN 结正向偏置（P 区接电源的正极，N 区接电源的负极）时，PN 结变薄，呈现低电阻导通状态；当 PN 结反向偏置（P 区接电源的负极，N 区接电源的正极）时，PN 结变宽，呈现高电阻截止状态。

4. 将 PN 结封装，并引出两个电极就构成了半导体二极管。它的伏安关系式为 $i = I_S(e^{\frac{u}{U_T}} - 1)$，伏安特性曲线呈现非线性关系，正向特性近似指数曲线，反向电压不大时，电流很小；反向电压过大时，电流突然增大，出现击穿。

5. 二极管的主要电参数有额定整流电压、最高允许反向工作电压、反向击穿电压和反向电流等。二极管特性受温度影响，当温度升高时，二极管的正向电压降降低，反向电流增大。

6. 在电子线路中，二极管常用来组成整流、检波、限幅和开关等电路。

7. 特殊二极管主要有硅稳压管、发光二极管、光电二极管、电容二极管和快速二极管等。硅稳压管通常工作在反向电压状态，用来稳定输出直流电压，而其正向特性与一般二极管相似。发光二极管与光电二极管正好相反，发光二极管是将电能转化成光能，而光电二极管是将光能转化成电能的元件。

习题

1.1 填空题：

（1）N 型半导体是在本征半导体中掺入_______价元素，其多数载流子是_______，少数载流子是_______；P 型半导体是在本征半导体中掺入_______价元素，其多数载流子是_______，少数载流子是_______。

（2）在室温附近，温度升高，杂质半导体中的_______浓度增加。

（3）PN 结未加外部电压时，扩散电流_______漂移电流；加正向电压时，扩散电流_______漂移电流，其耗尽层_______；加反向电压时，扩散电流_______漂移电流，其耗尽层_______。

1.2 什么是本征半导体和杂质半导体？它们各自有什么特点？

1.3 什么叫载流子的扩散运动和漂移运动？它们的大小主要与什么有关？

1.4 判断题：

（1）P 型半导体中空穴占多数，因此它带正电荷。

（2）PN 结加反向电压时电流很小，是因为空间电荷减小了。

（3）二极管正向偏置时，PN 结的电流主要是多数载流子的扩散运动形成的。

（4）稳压管可以稳定比稳压值 U_Z 小的输出电压。

1.5 如何用指针式万用表的“欧姆”挡来判别一只二极管的正、负极？

1.6 题图 1.1 所示电路中，交流电源的电压 U=220 V，现有 3 只半导体二极管 VD_1、VD_2、VD_3 和 3 只 220 V/40 W 的灯泡 L_1、L_2、L_3，接通电源。问哪只（或哪些）灯泡发光最亮？哪只（或哪些）二极管承受的反向电压最大？

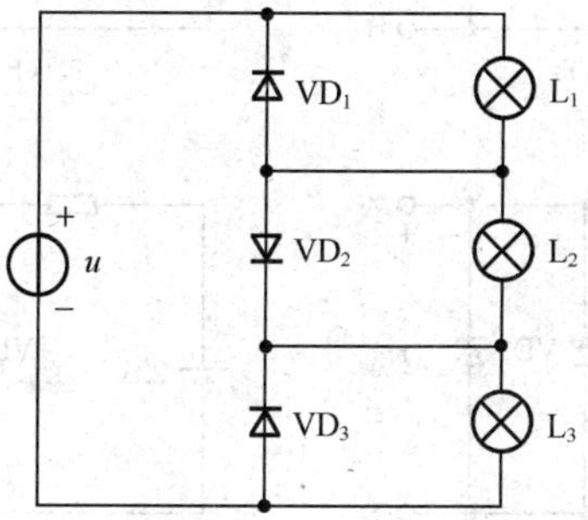

题图 1.1

1.7 二极管电路如题图 1.2 所示，设 U_D=0.7 V，试写出各电路的输出电压值。

1.8 如题图 1.3 所示电路，设二极管为理想二极管，求 U_{AB} 的值。

1.9 电路如题图 1.4 所示，限流电阻 R=2 kΩ，硅稳压管 VD_{Z1}、VD_{Z2} 的稳定电压 U_{Z1}、U_{Z2} 分别为 6 V 和 8 V，正向压降为 0.7 V。试求各电路输出端 A、B 两端之间电压 U_{AB} 的值。

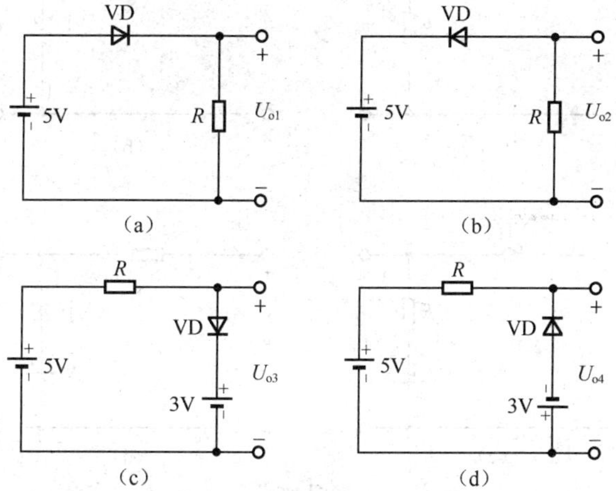

题图 1.2

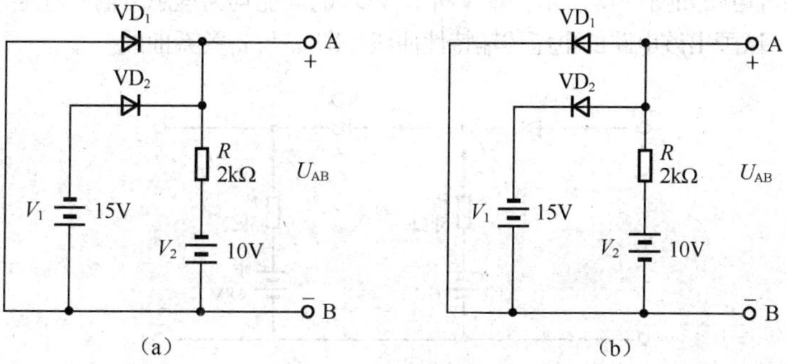

题图 1.3

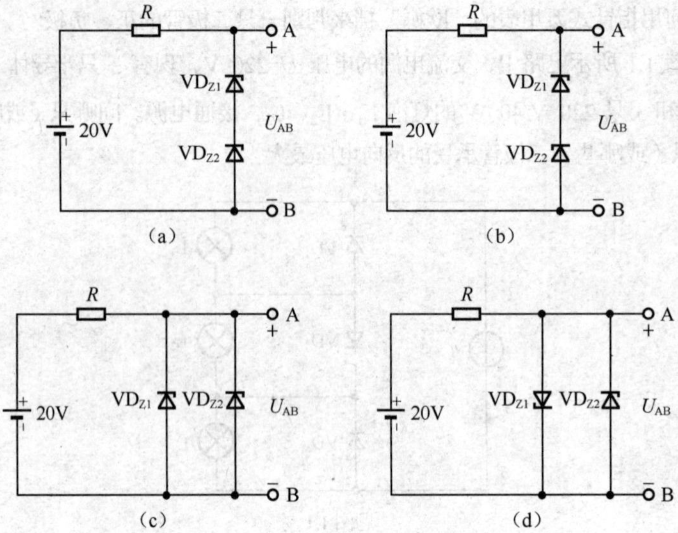

题图 1.4

1.10　二极管电路如题图 1.5 所示，已知输入电压 u_i =30sinωt（V），二极管的正向压降和反向电流均可忽略，试画出输出电压 u_o 的波形。

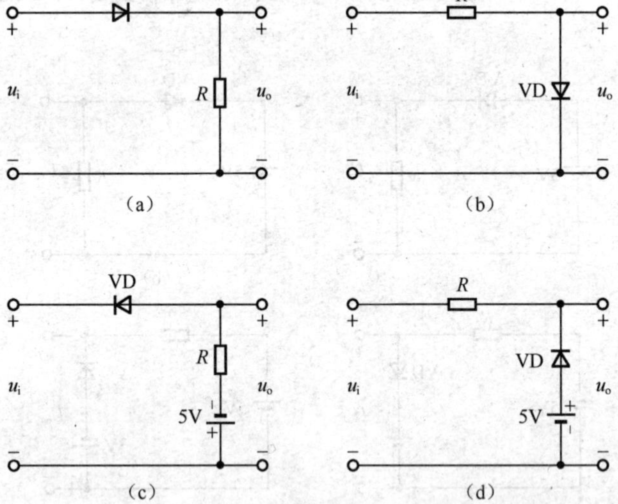

题图 1.5

1.11　限幅电路如图 1.6 所示，设 VD_1、VD_2 的性能均为理想，输入电压 u_I 的变化范围为 0~30 V，试画出该电路的电压传输特性曲线，即 u_o 与 u_I 关系曲线。

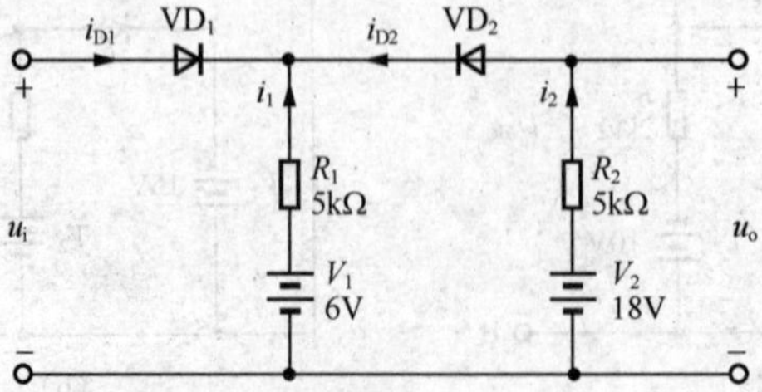

题图 1.6

1.12 由理想二极管组成的电路如题图 1.7 所示，试确定各电路的输出电压 U_o。

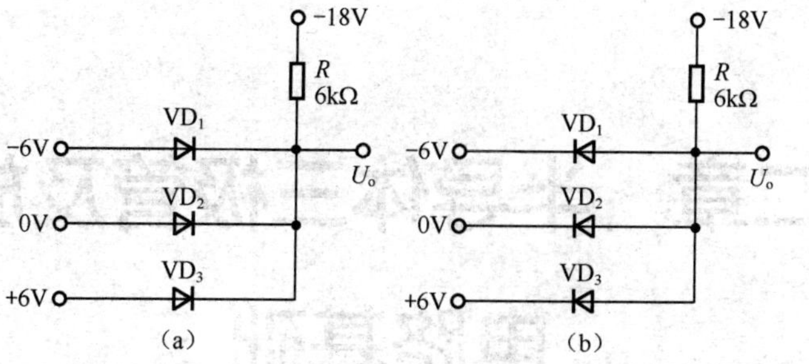

题图 1.7

1.13 硅稳压管稳压电路如题图 1.8 所示。其中硅稳压管 D_Z 的稳定电压 U_Z=8 V，U_I=20 V，求：

（1）U_o、I_o、I 及 I_Z 的值；

（2）当 U_I 降低为 15 V 时的 U_o、I_o、I 及 I_Z。

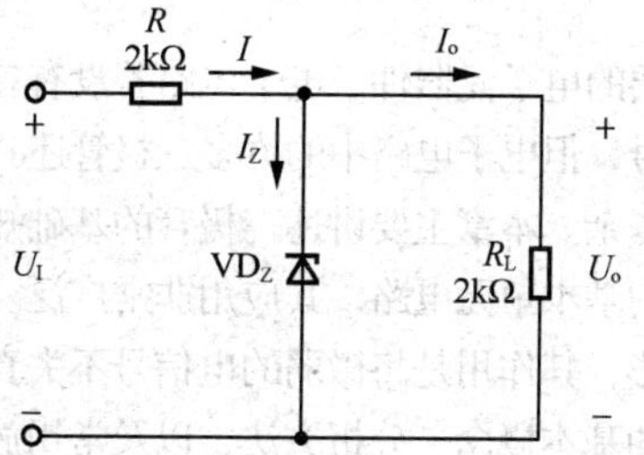

题图 1.8

第二章 半导体三极管及放大电路基础

【内容导读】

半导体三极管是非常重要的电子元器件，电子电路若没有三极管，将“一事无成”。三极管的主要功能是放大电信号，但电子电路中的许多三极管还具有信号控制和处理等作用，因此，三极管电路的分析很复杂。本章主要讲述三极管的基础知识、重要特性和实用技能。

放大电路是电子设备中的基本单元电路，其应用非常广泛。扩音器、手机、电视机等电子产品中都有放大电路的身影，其作用是将微弱的电信号不失真地进行放大。

本章主要讲述放大电路的基本概念、分析方法，以及常用放大电路的工作原理和应用。为突出基本概念和分析方法，本章将交流信号的频率限制在一定范围内（中频区）。在这个范围内，电路中所有外加电容可视为短路，而三极管的极间电容则视为开路。

放大是对模拟信号最基本的处理，因此，本章所涉及的基本概念、基本电路和基本分析方法，是模拟电子技术学习的重点内容。

第一节 半导体三极管

半导体三极管是电子电路中的“放大镜”，在现代电子系统中起非常重要的作用。通信及信号检测系统中，三极管主要用来放大电信号。在数字和开关电路中，三极管经常被用作电子控制开关。此外，三极管在电子线路中还起振荡、检波、钳位等作用，具有体积小、重量轻、使用寿命长、功耗低等优点，应用非常广泛。由于工作时，其内部两种载流子均参与导电，因此它也被称为双极型晶体管（常用英文缩写 BJT 表示），简称三极管或晶体管。

三极管实质上是通过一定的半导体制作工艺，将两个 PN 结背对背结合在一起构成的电子器件。由于 PN 结之间的相互影响，使三极管表现出不同于单个 PN 结的特性而具有电流放大特性，从而使 PN 结的应用发生了质的飞跃。图 2.1.1 所示为半导体三极管的实物图。从外形看，三极管是一种三端器件，有 3 个引出电极，分别称为基极（B）、集电极（C）和发射极（E），各引脚不能互相代替。

图 2.1.1 半导体三极管实物图

一、三极管的结构和种类

1. 三极管的结构

三极管由两个 PN 结、三层杂质半导体制成。根据内部结构不同，三极管可分为 NPN 型和 PNP 型。图 2.1.2（a）是 NPN 型三极管的结构示意图及电路符号。从图中可以看出，NPN 型三极管中间是一块很薄的 P 型半导体，称为基区；两边各为一块 N 型半导体，分别是发射区和集电区。从 3 个区各自引出三极管的 3 个电极：基极 B、集电极 C 和发射极 E。当 N 型半导体和 P 型半导体结合在一起时，它们的交界处会形成 PN 结，因此三极管内部有两个 PN 结：发射区与基区交界处的 PN 结称为发射结，集电区与基区交界处的 PN 结称为集电结。当三极管工作时，3 个电极会有工作电流，分别为：基极电流 I_B、集电极电流 I_C 和发射极电流 I_E。

为使三极管具有电流放大作用，在制作三极管时工艺上要求：（1）基区很薄（一般只有几微米），且掺杂浓度最低；（2）发射区掺杂浓度最高；（3）集电结面积比发射结面积大。所以，三极管并不是两个 PN 结的简单组合，它不能用两个二极管代替，其发射极和集电极也不可随意交换。

同样，PNP 型三极管也是由三层杂质半导体制成，其中间是一块很薄的 N 型半导体，两边各为一块 P 型半导体。PNP 型和 NPN 型三极管具有几乎等同的特性，只是各电极端电压的极性和电流流向不同而已。图 2.1.2（b）给出了 PNP 型三极管的结构示意图及电路符号。

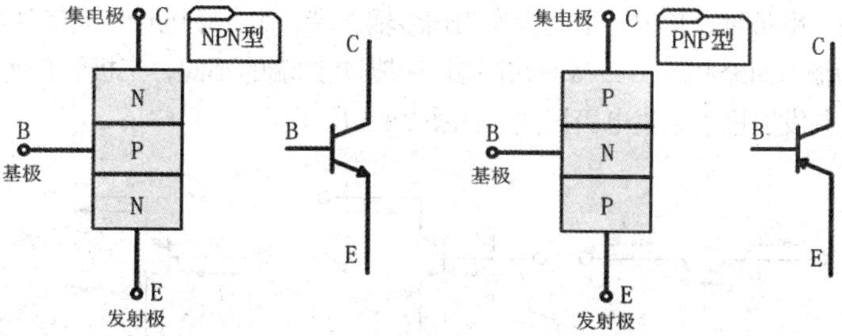

（a）NPN型　　（b）PNP型

图 2.1.2 三极管结构示意图及电路符号

提示：电路符号中，箭头端对应的是三极管的发射极，且箭头的方向表明了发射结加正向电压时，发射极电流的实际方向。可以据此判断出三极管的类型（箭头朝外的是 NPN 型，箭头朝内的是 PNP 型），并进一步推断三极管基极和集电极的电流方向（流入三极管的电流等于流出三极管的电流）。

2．三极管的种类

三极管是一个大家族，种类非常多，且有不同的划分方法。表 2.1.1 所示是三极管的种类。

表 2.1.1 三极管的种类

划分方法及名称		说明
按极性划分	NPN 型三极管	这是目前常用的三极管，电流从集电极流向发射极
	PNP 型三极管	电流从发射极流向集电极。NPN 型三极管与 PNP 型三极管可通过电路符号区分，两者的不同之处是发射极的箭头方向不同
按材料划分	硅三极管	简称硅管，这是目前常用的三极管，工作稳定性好
	锗三极管	简称锗管，反向电流大，受温度影响较大
按工作频率划分	低频三极管	工作频率比较低，用于直流放大器、音频放大器
	高频三极管	工作频率比较高，用于高频放大器
按功率划分	小功率三极管	输出功率很小，用于前级放大器
	中功率三极管	输出功率较大，用于功率放大输出级或末级电路
	大功率三极管	输出功率很大，用于功率放大器输出级
按封装材料划分	塑料封装三极管	小功率三极管常采用这种封装
	金属封装三极管	一部分大功率三极管和高频三极管采用这种封装
按安装形式划分	普通方式三极管	大量的三极管采用这种形式，3 根引脚通过电路板上引脚孔伸到背后铜箔线路上，用焊锡焊接
	贴片三极管	三极管引脚非常短，三极管直接装在电路板铜箔线路一面，用焊锡焊接
按用途划分	放大管、开关管、振荡管	用来构成各种功能电路

二、三极管的伏安特性

1．三极管的连接方式

三极管接入电路时，其中一个电极作为信号输入端，另一个电极作为信号输出端，剩余一个电极作为输入回路和输出回路的共同端。根据共同端的不同，三极管分为 3 种连接方式：共基极、共发射极和共集电极接法，如图 2.1.3 所示。

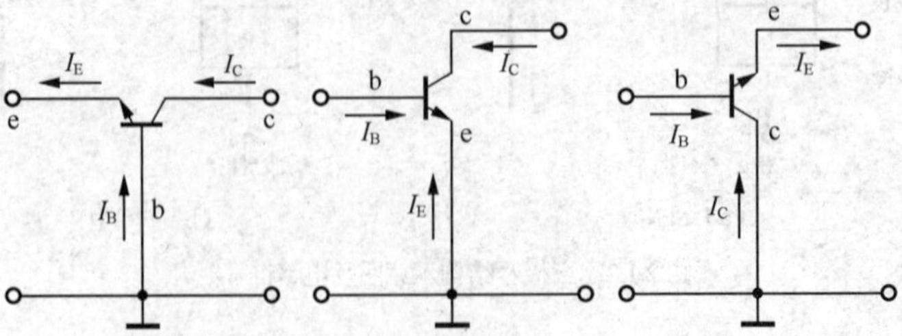

（a）共基极　（b）共发射极　（c）共集电极

图 2.1.3 三极管的连接方式

2．三极管的电流放大特性

三极管是一个电流控制器件，其特点是具有电流放大作用。要实现电流放大，除了在制作工艺上满足内部条件外，还必须提供一定的外部条件，即给三极管外加合适的工作电压（也称为外部偏置电压），使三极管的发射结正向偏置、集电结反向偏置。对于 NPN 型三极管，要满足此条件，三极管 3 个电极的电位关系应为 $V_C>V_B>V_E$；对于 PNP 型三极管，则应满足 $V_C<V_B<V_E$。根据上述原则，NPN 型三极管按共发射极接法连接的电路如图 2.1.4 所示，图中 V_{BB} 约几伏，V_{CC} 约十几伏，且 $R_B>R_C$。在这种外加电压条件下，三极管的发射结正偏、集电结反偏。

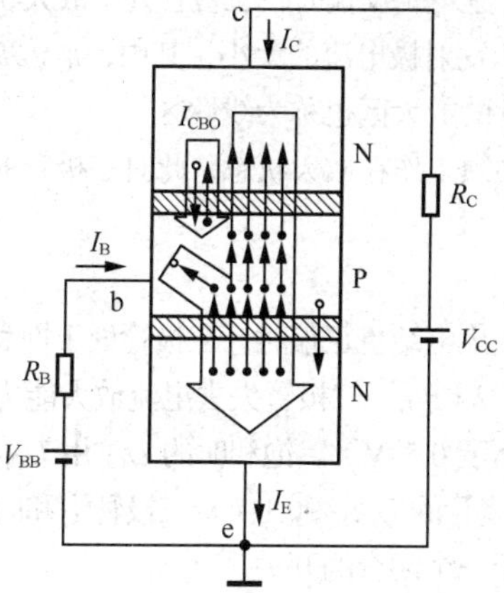

图 2.1.4 三极管各电极之间的电流关系

当外部偏置条件满足时，3 个电极会有工作电流，其中，发射极电流 I_E 最大，集电极电流 I_C 其次，基极电流 I_B 最小（且远小于另外两个电极的电流）。基极此时充当控制引脚，三极管可以用较小的基极电流去控制较大的集电极（或发射极）电流。三极管工作在放大电路时，各电极之间的电流关系有以下 3 个特点。

（1）基极电流与集电极电流之和等于发射极电流，

即 $I_E=I_B+I_C$；

（2）基极电流很小，集电极电流近似等于发射极电流，即 $I_C\approx I_E$；

（3）集电极电流的大小及变化与基极电流的大小及变化呈线性比例关系，具体表现为 $I_C=\overline{\beta}\,I_B$，$\Delta I_C=\beta\Delta I_B$。

其中，$\overline{\beta}$ 和 β 是三极管非常重要的特性参数，前者称为共发射极直流电流放大系数，后者称为共发射极交流电流放大系数，两者数值相近，一般为几十甚至更大。也就是说，只要有一个很小的基极输入电流，就会产生一个较大的集电极输出电流，因此三极管具有电流放大特性，它是一个电流控制器件。在各种放大电路中，就是利用三极管的这一特性来放大电信号的。

3．三极管的工作状态

三极管在工作时，其两个 PN 结可以加不同的偏置电压，这样三极管会工作在不同的状态。通常有 3 种工作状态：截止状态、放大状态和饱和状态。三极管工作在不同状态时，表现出不同的特点。在模拟电子线路中，主要应用三极管的放大状态；而在数字电路中，主要应用三极管的饱和与截止两种状态。

（1）截止状态

当三极管的集电结反偏、发射结反偏或零偏（PN 结外部偏置电压为零）时，三极管处于截止状态。此时，三极管基极电流 I_B 近似为零，集电极电流 I_C 和发射极电流 I_E 也很小，可忽略不计。截止时，由于 $I_C\approx 0$，集电极与发射极之间的等效电阻很大，三极管相当于一个断开的开关。

用来放大信号的三极管不能工作在截止状态，否则会使电路的输出信号产生非线性失真。所谓非线性失真可以这样理解，即输入一个标准的正弦信号，被放大后的输出信号已不是标准的正弦信号；输出信号与输入信号不同，产生了失真。

提示：利用各电极电流近似为零的特征，可判断三极管处于截止状态。

（2）放大状态

当三极管的发射结正偏、集电结反偏时，三极管处于放大状态。此时，三极管的基极电流能够有效控制集电极电流和发射极电流的大小，其中，$I_C=\beta I_B$，$I_E=(1+\beta)I_B$。由于此时 I_C 与 I_B 呈线性关系，故三极管的放大区也称为线性区。

三极管用来放大信号时必须工作在放大状态，此时三极管的特性近似线性，输出信号不会出现非线性失真。

（3）饱和状态

当三极管的发射结正偏、集电结也正偏时，三极管处于饱和状态。此时，三极管的集电极电流不再受基极电流控制，$I_C<\beta I_B$，三极管失去电流放大能力；同时，三极管集电极与发射极之间的电压 U_{CE} 很小（小于 0.5 V）。饱和时的 U_{CE} 用 U_{CES} 表示，称为饱和压降。通常小功率硅管的 $U_{CES}\leqslant 0.3$ V，锗管的 $U_{CES}\leqslant 0.1$ V。三极管饱和时，由于 I_C 很大、U_{CES} 很小，其集电极与发射极之间相当于一个闭合的开关。

放大信号时，三极管不能工作在饱和状态，否则也会使电路的输出信号产生非线性失真。

4．三极管的伏安特性曲线

三极管的特性曲线是指三极管各电极电压与电流之间的关系曲线，它反映了三极管的性能，是分析放大电路的重要依据。由于三极管有 3 个电极，它的伏安特性就不像二极管那样简单，工程上最常用的是它的输入特性曲线和输出特性曲线。特性曲线可以用晶体管特性图示仪直观地显示出来，也可以用实验法测定。下面以最常用的共发射极电路的特性曲线为例说明。

（1）输入特性曲线

输入特性曲线是指当三极管集电极与发射极之间的电压 u_{CE} 保持不变时，基极电流 i_B 与基极、发射极之间的电压 u_{BE} 之间的关系曲线，函数关系表示为：

$$i_B=f(u_{BE})|_{u_{CE}=\text{常数}} \tag{2.1.1}$$

图 2.1.5（a）是 NPN 型硅三极管的输入特性曲线。从图中可以看出，由于三极管的发射结正向偏置，所以三极管的输入特性和二极管的正向特性相似，是非线性的，且存在死区电压和发射结正向导通压降。另外，输入特性曲线的位置与集电极和发射极之间的电压 u_{CE} 有关。当 $u_{CE}=0$ 时，曲线在最左端，说明有较小的发射结正向电压，就会有基极电流；随着 u_{CE} 的增大，输入特性曲线略向右平移；当 $u_{CE}\geqslant 1$ V 后，不同 u_{CE} 值对应的输入特性曲线几乎重合在一起，表明 u_{CE} 对输入特性的影响已明显减弱。

重要提示：三极管输入特性曲线表明，三极管正常工作时，u_{BE} 变化范围较小，硅管为 0.5 V ~ 0.7 V，锗管为 0.2 V ~ 0.3 V。此外，基极和发射极之间不能加过高的正向电压，否则会因 i_B 过大而烧坏管子。

（2）输出特性曲线

输出特性曲线是在基极电流 i_B 一定的情况下，三极管的输出回路中，集电极电流 i_C 与集电极、发射极之间电压 u_{CE} 的关系曲线，用函数表示为：

$$i_C=f(u_{CE})|_{i_B=\text{常数}} \tag{2.1.2}$$

i_B 取值不同时，可得到不同的特性曲线，所以三极管的输出特性是一簇曲线。图 2.1.5

（b）所示为某型号 NPN 型硅三极管的输出特性曲线。

根据三极管的 3 种工作状态，其输出特性曲线也被划分为 3 个区域：截止区、放大区和饱和区。

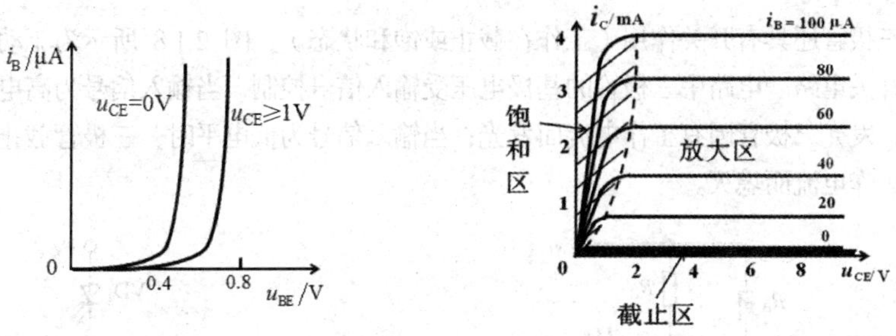

（a）输入特性

（b）输出特性

图 2.1.5　NPN 型硅三极管共发射极的特性曲线

输出特性曲线的起始部分（u_{CE} 较小的部分）定义为饱和区，对应三极管的饱和状态。饱和区曲线很陡，表明 u_{CE} 较小时，i_C 不受 i_B 控制，但受 u_{CE} 的影响很大。随着 u_{CE} 趋零，i_C 也趋零；u_{CE} 略有增加时，i_C 增加很快；当 u_{CE} 超过某一数值后（即饱和压降 U_{CES}），i_C 几乎不再跟随 u_{CE} 的增加而变化，特性曲线变得较为平坦，与横坐标几乎平行。该区域定义为放大区，对应三极管的放大状态。在放大区时，i_C 只由 i_B 控制，而与 u_{CE} 基本无关。i_B 不变，i_C 也基本不变，三极管具有恒流特性；而当 i_B 变化时，i_C 成倍变化，即 $\Delta I_C=\beta\Delta I_B$，此时，三极管具有电流放大特性。曲线 i_B=0 以下的区域定义为截止区，对应三极管的截止状态。

例 2.1　在图 2.1.6 中，用万用表直流电压挡测得三极管各电极的对地电位，试判断这些三极管是硅管还是锗管，分别处于哪种工作状态（饱和、截止、放大或已损坏）？

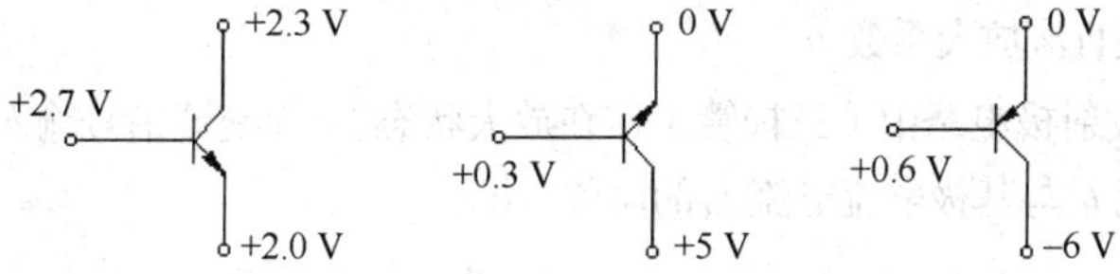

（a）　（b）　（c）

图 2.1.6　例 2.1 图

解：在图 2.1.6（a）中，三极管为 NPN 型，因为 U_{BE}=0.7 V，所以三极管发射结正偏，且为硅管；又因为 $V_B>V_C$，集电结也正偏，故三极管工作在饱和状态。

在图 2.1.6（b）中，三极管为 NPN 型，因为 U_{BE}=0.3 V，所以三极管发射结正偏，且为锗管；又因为 $V_B<V_C$，集电结反偏，故三极管工作在放大状态。

在图 2.1.6（c）中，三极管为 PNP 型，因为 U_{BE}=0.6 V，所以三极管发射结反偏；又因为 $V_B>V_C$，集电结也反偏，故三极管工作在截止状态；但无法判断三极管是硅管还是锗管。

三、三极管在电路中的作用

三极管电路种类很多，三极管在电路中的主要作用是放大，但还具有振荡、电子开关、可变电阻和阻抗变换的作用。

1．放大作用

三极管最基本的作用是放大，图 2.1.7 所示为单级晶体三极管共射极放大电路，电路中，三极管工作在放大状态（工作原理详见本章第三节）。

2．电子开关

晶体三极管还具有开关作用（工作在截止或饱和状态），图 2.1.8 所示为驱动发光二极管的电子开关电路。电路中三极管的基极电压受输入信号控制，当输入信号为高电平时，三极管导通，发光二极管因有工作电流而发光；当输入信号为低电平时，三极管截止，发光二极管因无工作电流而熄灭。

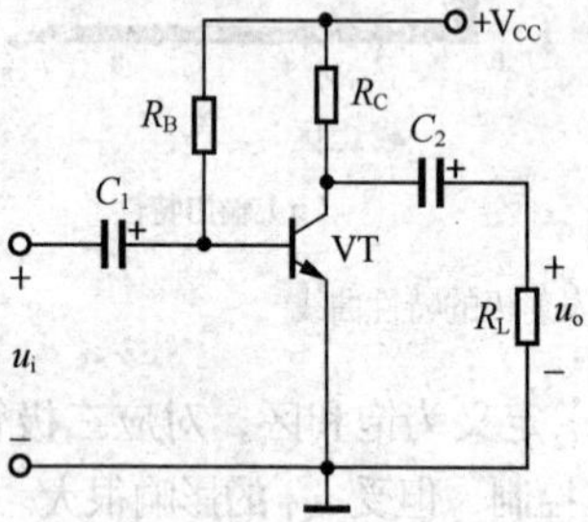

图 2.1.7　单级晶体三极管共射极放大电路

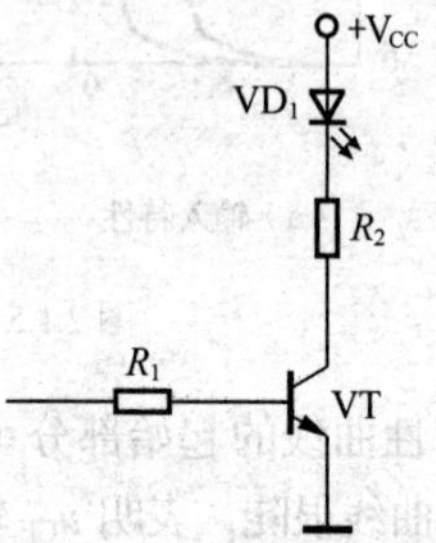

图 2.1.8　一种电子开关

此外，三极管还可以用来构成振荡电路和保护电路等。

四、三极管的主要参数

三极管的参数很多，主要分为 3 类：直流参数、交流参数和极限参数，分别用来表征管子的性能优劣和适用范围。了解这些参数的意义，对于合理使用和充分利用三极管达到设计电路的经济性和可靠性是十分必要的。

1．直流参数

（1）共发射极直流放大系数 $\overline{\beta}$

$\overline{\beta}$ 是指在共发射极电路中（三极管工作在放大状态），无交流信号输入的情况下，三极管集电极直流电流 I_C 与基极电流电流 I_B 的比值，即：

$$\overline{\beta}=\frac{I_C}{I_B} \tag{2.1.3}$$

（2）集电极-基极反向饱和电流 I_{CBO}

集电极-基极反向饱和电流 I_{CBO} 表示发射极开路时，集电极与基极间加入反向电压时的反向电流。它实际上和单个 PN 结的反向电流一样，只决定于温度和少数载流子的浓度。在一定温度下，这个反向电流基本上是个常数，所以称为反向饱和电流。通常要求反向饱和电流越小越好。

（3）集电极-发射极反向饱和电流 I_{CEO}

集电极-发射极反向饱和电流 I_{CEO} 表示基极开路时，集电极与发射极间加入反向电压时的集电极电流。由于这个电流从集电区穿过基区流至发射区，所以又叫穿透电流。

$$I_{CEO}=(1+\beta)\,I_{CBO} \tag{2.1.4}$$

极间反向电流受温度的影响大，它们随温度的增加而增加，温度每升高 10℃，I_{CEO} 增大一倍，对三极管的工作影响较大。通常应选用 I_{CEO} 小、且受温度影响小的管子。

2．交流参数

（1）共发射极交流放大系数β

β是指三极管接成共发射极电路时的交流电流放大系数，β定义为三极管集电极电流变化量ΔI_C与基极电流变化量ΔI_B的比值，即：

$$\alpha=\frac{\Delta I_C}{\Delta I_B} \tag{2.1.5}$$

β是衡量三极管在动态时电流放大能力的一个重要参数。对于同一个三极管而言，$\overline{\beta}$和β的含义是不同的，但通常情况下，多数三极管的$\overline{\beta}$和β近似相等，故在实际应用时不再区分，均用β表示。温度对三极管β值的影响较大；实验测定，温度每升高 1℃，β增加0.5%～1.0%。

（2）共基极交流电流放大系数α

α是指三极管接成共基极电路时的交流电流放大系数，α定义为三极管电流变化量ΔI_C与ΔI_E的比值，即：

$$\alpha=\frac{\Delta i_C}{\Delta i_E} \tag{2.1.6}$$

根据α和β的定义，以及三极管 3 个电极电流的关系，可得：

$$\alpha=\frac{\beta}{1+\beta} \tag{2.1.7}$$

（3）截止频率f_α、f_β和特征频率f_T以及最高振荡频率f_m

三极管工作在高频状态时，要考虑f_α、f_β和f_T以及f_m。

f_α称为共基极截止频率。在共基极电路中，当因工作频率增高而使α下降到低频值α_0的 0.707 倍时所对应的频率为f_α。

f_β称为共发射极截止频率。在共发射极电路中，当三极管因工作频率增高而使β下降到低频值β_0的 0.707 倍时所对应的频率为f_β。

f_T称为特征频率，当三极管因工作频率增高而使β下降为 1 时，所对应的频率为f_T。当$f=f_T$时，三极管完全失去电流放大能力。

f_m称为最高振荡频率，定义为三极管功率增益等于 1 时所对应的频率。

3．极限参数

加在三极管上的电压或电流是有一定限度的，当三极管工作时的电压或电流超过限度时，会影响三极管正常工作，甚至会损坏管子。三极管的主要极限参数如下。

（1）集电极最大允许电流I_{CM}

I_{CM}是指三极管的参数变化不超过允许值时集电极允许的最大电流。当电流超过I_{CM}时，管子性能将显著下降，甚至有烧坏管子的可能。

（2）集电极最大允许功耗P_{CM}

当电流流过三极管集电结时，会因消耗功率而使集电结温度升高。P_{CM}表示集电结上允许耗散功率的最大值。超过此值就会使管子性能变坏或烧毁。集电极最大允许功耗

$$P_{CM}=i_C u_{CE} \tag{2.1.8}$$

P_{CM}值与环境温度有关，温度愈高，则P_{CM}值愈小。因此三极管在使用时受到环境温度的限制，必要时可加装散热装置。

（3）集电极反向击穿电压

如果三极管两个 PN 结的反向电压超过规定值，就会发生击穿，其击穿原理与二极管类似。但三极管的击穿电压不仅与管子本身特性有关，而且还取决于外部电路的接法，常用的

有下列几种。

$U_{(BR)CBO}$：发射极开路时，集电极-基极间的反向击穿电压，它决定于集电结的雪崩击穿电压，其数值较高。

$U_{(BR)CEO}$：基极开路时，集电极-发射极间的反向击穿电压。这个电压的大小与三极管的穿透电流 I_{CEO} 直接相联系，当管子的 U_{CE} 增加时，I_{CEO} 明显增大，导致集电结出现雪崩击穿。

实际电路中，三极管常常在发射极-基极间接有电阻，这时集电极-发射极间的击穿电压用 $U_{(BR)CER}$ 表示，反向击穿电压增大，这是因为基极电阻对发射结有分流作用，延缓了集电结雪崩击穿的产生。

需要说明的是，温度对半导体器件的影响很大。温度变化将使三极管的参数发生改变而导致电路工作不稳定。所以在实际电路中，常采取各种措施来消除这种影响。

三极管的命名方法见本节补充知识。根据三极管的型号可以确定三极管的类型、材料、工作频率及功率的大小。例如 3AX31 表示低频小功率 PNP 型锗管。各种型号三极管的参数可从半导体器件手册中查到。

【拓展知识】

1．三极管为什么具有电流放大作用？

在图 2.1.9（a）所示实验电路中，基极电源 V_{BB} 使三极管发射结正偏，因此发射区内的多数载流子（自由电子）不断越过发射结向基区扩散，同时，自由电子不断从电源 V_{BB} 的负极得到补充，从而形成发射极电流 I_E（电流方向向下）。由于基区很薄，其空穴浓度又很低，注入基区的电子只有少数与基区的空穴复合，复合掉的空穴由电源 V_{BB} 不断补充，从而形成很小的基极电流 I_B（电流方向向右）。绝大部分电子扩散到集电结附近时，由于集电极电源 V_{CC} 大于基极电源 V_{BB}，使集电结反偏；大量电子受电源 V_{CC} 吸引，越过集电结，被集电区收集，形成集电极电流 I_C（电流方向向下）。另外，基区的少子自由电子和集电区的少子空穴在集电结进行漂移运动，成为集电极电流 I_C 的一部分。

而三极管在制造工艺上的特点是：发射区高掺杂，利于发射载流子；基区很薄且低掺杂，可减少载流子复合的机会与数量，利于控制载流子；集电区掺杂浓度低于发射区，但集电结面积大，利于收集载流子。这些制造工艺特点和外部偏置条件保证了三极管具有电流放大作用。

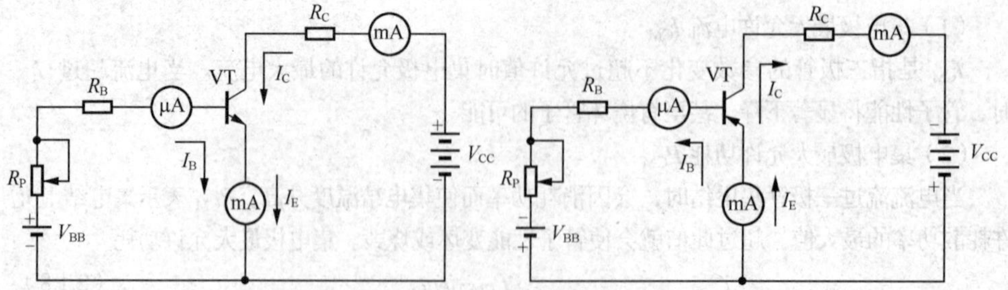

（a）NPN 管实验电路　　（b）PNP 管实验电路

图 2.1.9　三极管电流分配实验电路

由以上分析可知，三极管内部有两种载流子参与导电，故称为双极型晶体管。

改变可变电阻 R_P，电路中的基极电流 I_B、集电极电流 I_C 和发射极电流 I_E 都发生变化，其测试结果如表 2.1.2 所示。

表 2.1.2 实验测试结果

I_B/mA	0	0.02	0.04	0.06	0.08	0.10
I_C/mA	0.01	0.80	1.62	2.45	3.30	4.15
I_E/mA	0.01	0.82	1.66	2.51	3.38	4.25

表 2.1.2 表明，三极管 3 个电极的电流关系满足基尔霍夫电流定律，即 $I_E = I_B + I_C$，且 I_B 与 I_C、I_E 相比小很多，其中 $I_C = \beta I_B$，$I_E = (1+\beta) I_B$。I_B 增大时，I_C 按比例增大，因此，当基极电流有较小的变化时，可以引起集电极电流较大的变化，从而实现电流放大作用。

2．三极管的主要封装形式及管脚判别

目前，国内的半导体三极管有许多种类，三极管的外形封装也是多种多样（金属外形封装、塑料外形封装以及陶瓷外形封装等），如图 2.1.10 所示。常用封装形式有金属封装和塑料封装两大类，其引脚的排列方式具有一定的规律，底视图位置放置，使 3 个引脚构成等腰三角形的顶点上，从左向右依次为 e、b、c。

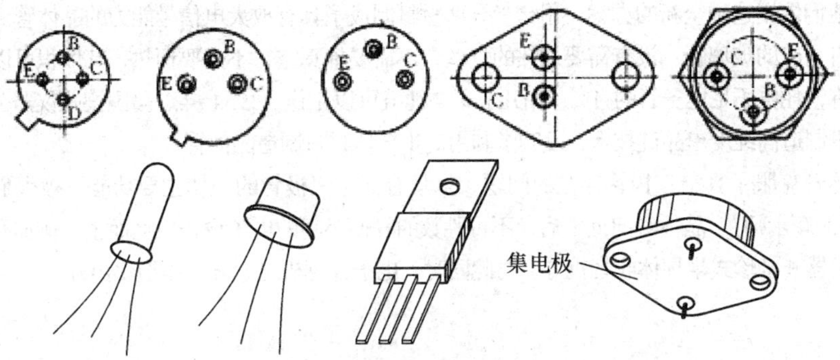

图 2.1.10 从外型结构判断三极管的管脚

3．半导体器件的命名方法

半导体器件型号由 5 部分（场效应器件、半导体特殊器件、复合管、PIN 型管、激光器件的型号命名只有第三、四、五部分）组成。5 个部分意义如下。

第一部分：用数字表示半导体器件有效电极数目。2-二极管，3-三极管。

第二部分：用汉语拼音字母表示半导体器件的材料和极性。表示二极管时：A-N 型锗材料，B-P 型锗材料，C-N 型硅材料，D-P 型硅材料。表示三极管时：A-PNP 型锗材料，B-NPN 型锗材料，C-PNP 型硅材料，D-NPN 型硅材料。

第三部分：用汉语拼音字母表示半导体器件的类型。常用的如：P-普通管，W-稳压管，Z-整流管，U-光电器件，K-开关管，X-低频小功率管（f<3 MHz，P_C<1 W），G-高频小功率管（f>3 MHz，P_C<1 W），D-低频大功率管（f<3 MHz，P_C>1 W），A-高频大功率管（f>3 MHz，P_C>1 W），CS-场效应管等。

第四部分：用数字表示序号。

第五部分：用汉语拼音字母表示规格号。

例如：3DG18 表示 NPN 型硅材料高频小功率三极管。

【相关链接】

晶体管的发明

从 20 世纪中期开始，人们对电子的兴趣渐渐从真空环境转向物质内部。1947 年 12 月，电子技术发生了一次重大变革，3 位科学家在实验室里发明了晶体管，人们找到了优于真空三极管的放大电信号器件。

真空三极管在此前的 40 年间一直是各种电子设备的核心器件，然而一系列严重问题亦逐渐显现。一是耗电太多。每个电子管都需通电流加热灯丝，使阴极达到 1 000℃左右才能发射电子正常工作，1 万个电子管构成的计算机耗电大约 100 kW，相当于 500 户人家的照明用电功率。二是体积大。电子管的电极必须装在抽成真空的密封玻璃壳里，稍复杂一些的电子设备即大得像一间房子，无法随身携带，使用很不方便。三是不耐用。灯丝有一定的使用寿命，玻璃壳容易破碎。四是启动迟缓，需预热。电子管灯丝必须加热一段时间才能发射电子，不能做到开机即工作。上述问题是电子管固有的缺陷，不可能通过改进工艺解决，人们急切希望找到替代它们的新发明。

美国理论物理学家巴丁（公元 1908 ~ 1991 年）和肖克莱（公元 1910 ~ 1989 年），深入分析了电子在半导体材料中运动的规律。通过理论计算，他们提出了设计制造晶体管的构想，在半导体材料中通过 3 个金属电极控制电子运动。在实验物理学家布拉顿（公元 1902 ~ 1987 年）的配合下，他们依据这种全新的方案，用锗半导体材料制成了具有放大电信号能力的晶体管。这种晶体管没有易碎的玻璃管，没有需要加热的灯丝，不需要抽真空，不需要预热，其体积可以小得像一粒芝麻，耗电不足电子管的 1%，用几节干电池就可以工作。1954 年，美国德州仪器公司的工程师改进制造高纯度单晶硅技术，发明了利用硅半导体材料制造晶体管。

晶体管克服了真空三极管存在的问题，且具有真空三极管的一切主要功能，被人们戏称为“三条腿的魔术师”。晶体管问世之后，不可胜数的轻便小巧的电子设备应运而生，例如心脏起搏器、助听器和袖珍式半导体收音机等。与此同时，电子计算机迅速开始小型化历程。

第二节　放大电路概述

一、放大电路的基本概念

放大电路是一种用途非常广泛的模拟电路，是电子设备的基本单元，在电视、通信、测量仪表及其他电子设备中，放大电路是必不可少的重要组成单元，含有放大电路的部分电子设备如图 2.2.1 所示。放大电路的功能是利用三极管的电流控制作用或场效应管的电压控制作用，把微弱的电信号（指变化的电压、电流或功率）不失真地放大到所需要的数值，以便驱动电子设备中的执行元件（负载）工作。

图 2.2.1　含有放大电路的电子设备

常见的扩音器就是一个能够放大声音的放大电路，其放大原理如图 2.2.2 所示。首先，较小的声音信号经过话筒转换为微弱的电信号并输入到放大电路中，放大电路利用三极管的电流控制作用，把直流电源的能量部分地转化为按输入信号规律变化且有较大能量的电信号输出至扬声器中，被放大的电信号再经过扬声器转换为较大的声音信号，从而实现了声音的放大。因此，放大电路实质上是用较小的能量去控制较大能量的能量转换装置，电路中的三极管（或场效应管）充当控制元件，是放大电路的核心器件。

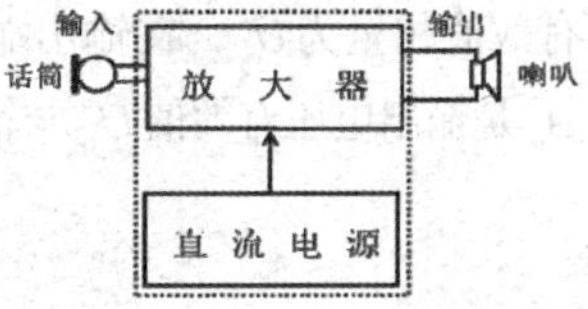

图 2.2.2 放大原理图

二、基本放大电路的组成原则

基本放大电路是指由一个放大管构成的放大电路，又称为单管放大电路，它是构成多级放大电路的基础。组成一个正常工作的基本放大电路，首先必须要有核心器件：放大管（三极管或场效应管）和直流电源。其中放大管起能量控制作用；电源则是输出能量的来源，而且电源极性和大小的设置应保证三极管（或场效应管）工作在线性放大状态。其次，其他元件的安排要保证信号的顺利传输，即保证输入信号能够有效地加入到放大电路的输入端，使输入端的电流或电压随输入信号成比例变化；经过放大的输出信号能够有效作用于负载上。最后，还要求电路中各元件参数的选择要保证信号能不失真地放大，并满足放大电路的性能指标要求。

三、放大电路的主要性能指标

电路的性能指标通常能够综合评价电路质量的优劣。放大电路的性能指标很多，这里只介绍最基本的几个。

图 2.2.3 是放大电路示意图，左边输入端口外接正弦信号源$\dot{U}_S$，R_S为其内阻；在$\dot{U}_S$的作用下，放大电路输入端得到输入电压$\dot{U}_i$，并产生输入电流$\dot{I}_i$。右边为放大电路的输出端口，外接负载R_L。在输出端口可以得到输出电压$\dot{U}_o$和输出电流$\dot{I}_o$。下面以图 2.2.3 为例来简述放大电路的主要性能指标。

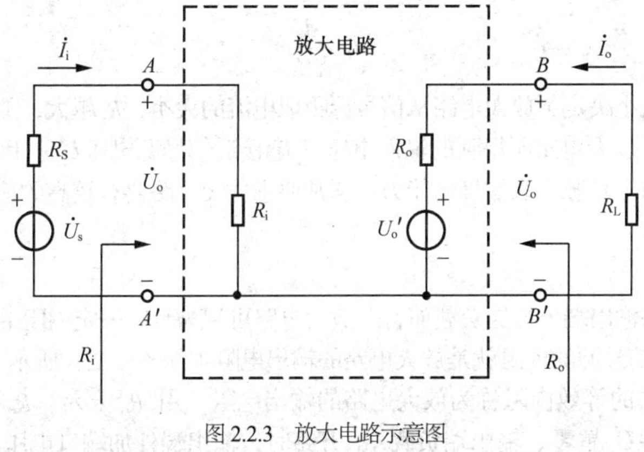

图 2.2.3 放大电路示意图

1．放大电路的放大倍数

放大倍数（又称为增益）是直接衡量放大电路放大电信号能力的重要指标，用字母 A 表示。放大倍数表明电路输出信号与输入信号之间的幅值关系，其定义是指在输出信号不失真的情况下，输出信号（电压或电流）与输入信号（电压或电流）的变化量之比。分为电压放大倍数、电流放大倍数和功率放大倍数等，其中电压放大倍数最常用。通常情况下，放大倍数是由电路元件值确定的一个常量，放大倍数越大，电路的放大能力越强。

（1）电压放大倍数。测试时，通常在放大电路输入端输入一个正弦电压信号，并假设其有效值相量为$\dot{U}_i$，在输出端得到的输出电压的有效值相量为$\dot{U}_o$，则电路的电压放大倍数$\dot{A}_u$是输出电压有效值$\dot{U}_o$与输入电压有效值$\dot{U}_i$的比值，即

$$\dot{A}_u=\frac{\dot{U}_o}{\dot{U}_i} \tag{2.2.1}$$

提示： $\dot{A}_u$是一个复数，它的模表示电压放大倍数的大小，幅角表示输出电压与输入电压的相位差。也可用电压有效值之比表示电压放大倍数，即$A_u=U_o/U_i$。

（2）电流放大倍数。同理，可用输出电流有效值相量$\dot{I}_o$与输入电流有效值相量$\dot{I}_i$的比值表示电流放大倍数$\dot{A}_i$，即：

$$\dot{A}_i=\frac{\dot{I}_o}{\dot{I}_i} \tag{2.2.2}$$

同样，也可用有效值之比$A_i=I_o/I_i$表示电流放大倍数。

（3）功率放大倍数。功率放大倍数A_p定义为电路输出功率P_o与输入功率P_i之比，即：

$$A_p=\frac{P_o}{P_i} \tag{2.2.3}$$

工程上常用分贝（即 dB）数表示放大倍数的大小。用分贝表示的电压放大倍数、电流放大倍数和功率放大倍数定义为：

$$A_u(\text{dB})=20\lg A_u$$
$$A_i(\text{dB})=20\lg A_i$$
$$A_p(\text{dB})=10\lg A_p$$

2．输入电阻

放大电路的输入端通常外接信号源。对信号源来说，放大电路相当于它的负载，可以用一个等效电阻代替（如图 2.2.3 所示）。因此，从放大电路输入端看进去的等效电阻被称为放大电路的输入电阻，用 R_i 表示。R_i 是一个动态电阻，定义为输入电压有效值U_i和输入电流有效值I_i之比，即：

$$R_i=\frac{U_i}{I_i} \tag{2.2.4}$$

输入电阻的大小决定了放大电路从信号源吸取电流的大小，R_i越大，放大电路从信号源索取的电流越小，放大电路所得到的输入电压U_i越接近信号源电压U_s。因此，输入电阻用来衡量放大电路向信号源索取信号的能力，通常要求放大电路要有较高的输入电阻。

3．输出电阻

对于放大电路输出端外接的负载而言，放大电路可视为具有一定内阻的信号源（依据戴维南定理），这个信号源的内阻就是放大电路的输出电阻（如图 2.2.3 所示）。因此，从放大电路输出端看进去的等效内阻称为放大电路的输出电阻，用 R_o 表示。R_o 也是一个动态电阻，定义为信号源U_s置零、输出端负载 R_L 开路时，输出端外加端口电压U与相应端口电流I的比值，即：

$$R_o=\left.\frac{U}{I}\right|_{\substack{U_s=0\\R_L=\infty}} \tag{2.2.5}$$

实际工作中，也可通过实验方法测量得到放大电路的输出电阻。首先，分别测出放大电路空载时（即$R_L=\infty$）的输出电压$U_{o\infty}$和带负载时的输出电压U_{oL}，则可由下式求得放大电路的输出电阻R_o：

$$R_o = (\frac{U_{o\infty}}{U_{oL}} - 1)R_L \tag{2.2.6}$$

输出电阻是衡量放大电路带负载能力的一项指标，R_o 愈小，负载电阻 R_L 变化时，输出电压 U_o 的变化愈小，放大电路的带负载能力愈强。

4．放大电路的通频带

放大电路只能放大特定频率范围的信号。当输入信号频率太低或太高时，由于电路中耦合电容、三极管极间电容以及其他电抗元件的存在，使电路的放大倍数有所下降；而在中间一段频率范围内（中频段），由于各种电抗元件的作用可以忽略，放大倍数基本不变。因此，电路的放大倍数是输入信号频率的函数。放大倍数的数值与输入信号频率的关系曲线，称为放大电路的幅频特性曲线，如图 2.2.4 所示。

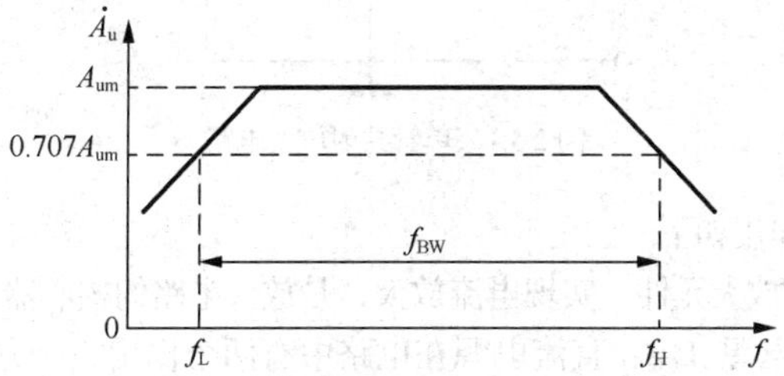

图 2.2.4　放大电路的幅频特性曲线

把放大倍数下降到中频放大倍数 A_{um} 的 0.707 倍（即 $1/\sqrt{2}$ ）的两个点所限定的频率范围定义为放大电路的通频带，用 f_{BW} 表示，如图 2.2.4 所示。其中，曲线中的 f_L 称为下限截止频率，f_H 称为上限截止频率，f_L 与 f_H 之间的频率范围即为通频带，因此

$$f_{BW}=f_H-f_L \tag{2.2.7}$$

通频带是衡量一个放大电路对不同频率的输入信号适应能力的指标，通频带越宽，表明放大电路对不同频率信号的适应能力越强。

***5．最大不失真输出电压**

最大不失真输出电压定义为当输入电压再增大就会使输出波形产生非线性失真时的输出电压。

放大电路的性能指标还有最大功率与效率等。

例 2.2　已知放大电路中有如下数据：U_o=72 mV，U_i=300 μV，计算电路的电压放大倍数。

解：

$$A_u = \frac{U_o}{U_i} = \frac{72\text{mV}}{300\mu\text{V}} = 240$$

第三节　共射极放大电路

为了了解放大电路的工作原理，先从最基本、应用最广泛的单管共射极放大电路讨论。

一、共射极放大电路的组成

由 NPN 型硅晶体管组成的典型单管共发射极放大电路如图 2.3.1 所示。左边为放大电路的输入端，外接待放大的输入信号 u_i；右边为放大电路的输出端，外接负载 R_L，R_L 两端的电压 u_o 为放大电路的输出电压。V_{CC} 是集电极直流电源，R_C 是集电极电阻，R_B 是基极偏置电阻，C_1 和 C_2 为耦合电容。由于放大电路的信号从三极管基极输入、从集电极输出，发射极是输入回路和输出回路的公共端（通常交流接地），所以该电路被称为共发射极基本放大电路。

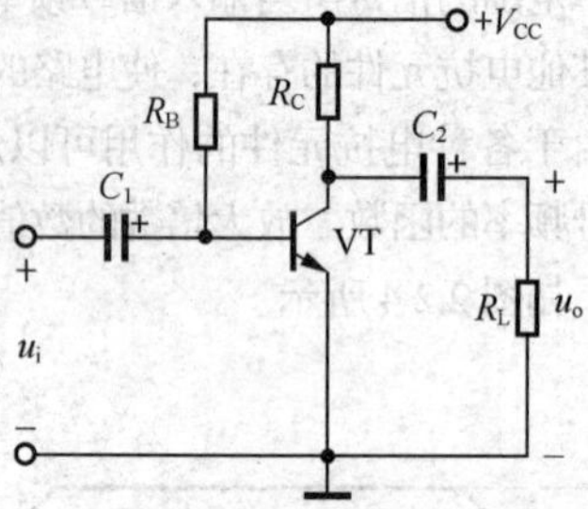

图 2.3.1　单管共射放大电路

电路中各元件的作用如下。

（1）三极管 VT：放大元件，实现电流放大，是放大电路的核心器件。

（2）集电极直流电源 V_{CC}：直流电源在电路中有两个作用，一方面与电阻 R_B、R_C 配合，使三极管发射结正偏、集电结反偏，确保三极管工作在放大状态；另一方面将直流能量转换为交流能量，提供给负载。V_{CC} 的数值一般为几伏至十几伏。

（3）基极偏置电阻 R_B：与直流电源 V_{CC} 配合，为三极管基极提供合适的直流工作电流，使三极管工作在放大状态。通常 R_B 的取值比较大，一般为几十至几百千欧。

（4）集电极负载电阻 R_C：一方面为三极管集电极提供合适的直流工作电压和电流，使三极管工作在放大状态；另一方面将三极管集电极电流的变化转换为电压的变化，以实现电压放大。R_C 的取值一般为几千欧至几十千欧。

（5）耦合电容 C_1 和 C_2：起"隔直流、通交流"的作用。一方面隔离放大电路与信号源、负载的直流通路，保证三极管的直流工作状态（也称为静态工作点）不因输入信号和负载的接入而改变；另一方面，在信号源、放大电路和负载之间建立一条交流通路，使交流信号畅通无阻地通过。C_1 和 C_2 多采用电解电容，取值一般为几微法至几十微法。

二、放大电路的静态工作点

放大电路在正常工作时，由于电路中既有直流电源 V_{CC}，也有交流信号源 u_s，各处的电压和电流是交直流并存的，即在直流信号上附加了小的交流分量。其中，直流是基础，交流是放大对象。为了便于分析电路，通常将直流信号和交流信号分开讨论，即分别进行静态分析和动态分析。

由于放大电路中电压和电流名称较多、符号不同，为避免混淆，表 2.3.1 给出了常用符号，以便于区别。

表 2.3.1　电压和电流常用符号

名称	直流分量	交流分量		总电压或电流瞬时值
		瞬时值	有效值	
基极电流	I_B	i_b	I_b	i_B
集电极电流	I_C	i_c	I_c	i_C

续表

名称	直流分量	交流分量		总电压或电流瞬时值
		瞬时值	有效值	
发射极电流	I_E	i_e	I_e	i_E
基-射极电压	U_{BE}	u_{be}	U_{be}	u_{BE}
集-射极电压	U_{CE}	u_{ce}	U_{ce}	u_{CE}

1．放大电路的直流通路

大多数放大电路都存在耦合电容和旁路电容，如图 2.3.2（a）所示，由于这些元件对交、直流信号作用不同，对交流短路、而对直流可以看成开路。这样，交直流信号在电路中所走的通道是不同的。信号的不同分量可以分别在不同的通道进行分析。

直流通路是指输入信号 u_i=0 时，只考虑直流信号的分电路，又称直流偏置电路。此时，可将电路中的所有电容视为开路，其余元器件不变。以基本共射极放大电路为例，其直流通路如图 2.3.2（b）所示。

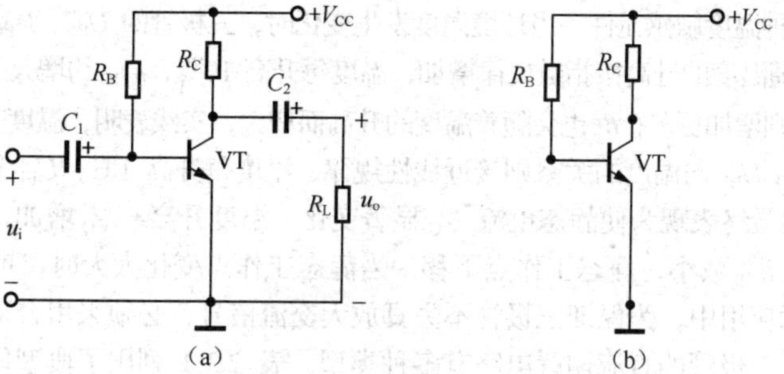

图 2.3.2　共射放大电路及其直流通路

2．电路的静态工作点

当放大电路没有交流输入信号（u_i=0）、只有直流电源起作用时，电路中没有交流成分，各处的电压、电流都是不变的直流信号，电路此时称为直流工作状态或静止状态，简称静态。静态工作点是指放大电路处于静态时，三极管各极的直流电压和直流电流数值，分别用 I_{BQ}、U_{BEQ} 和 I_{CQ}、U_{CEQ} 4 个物理量表示。由于这组数值分别代表三极管输入特性曲线和输出特性曲线上的一个点，故称为静态工作点，用字母 Q 表示。

3．静态工作点的设置

三极管在放大电路中的工作状态取决于其静态工作点的大小。如果静态工作点设置的不合适，三极管不能正常工作，放大电路会出现非线性失真，无法正常放大信号，因此建立合适的静态工作点是电路对交流信号进行不失真放大的必要条件。三极管静态工作点的大小由电路的直流通路决定。设置合适的静态工作点，有两层含义：一是必须设置静态工作点，以保证三极管工作在线性放大区，能够实现电流放大作用；二是静态工作点在放大区的位置要合适，即所加直流量的大小要适中。当电路输入交流信号 u_i 后，交流分量会叠加在原有直流量上，使三极管各极的电压和电流（简称工作点）数值发生改变，此时电路应保证三极管仍工作在线性放大区，以免放大后的信号出现非线性失真。如果静态工作点的位置太高（集电极电流 I_{CQ} 数值过大、Q 点靠近饱和区），则 i_C 可以减小，但没有增加的空间。当电路输入信号 u_i 后，随着 u_i 的增大，三极管的工作点会随着 i_C 的增大进入饱和区，导致放大后的信号出现饱和失真，如图 2.3.3（b）所示。如果静态工作点的位置太低（电流 I_{CQ} 数值过小、Q 点靠近截止区），则 i_C 可以增大，但没有减小的空间。当电路加入 u_i 后，随着 u_i 的减小，三极管的工作点会随着 i_C 的减小进入截止区，导致放大后的信号出现截止失真，如图 2.3.3（c）所示。图 2.3.3（d）所示波形为输入信号 u_i 过大，导致输出信号上、下半周同时失真的情况（称为双向失真）。静态工作点位于放大区的中间位置时，放大电路可以得到最大不失真输出电压，电路的交流工作处于最佳状态。调节直流通路中基极偏置电阻 R_B 的阻值，可以找到放大电路的最佳静态工作点。

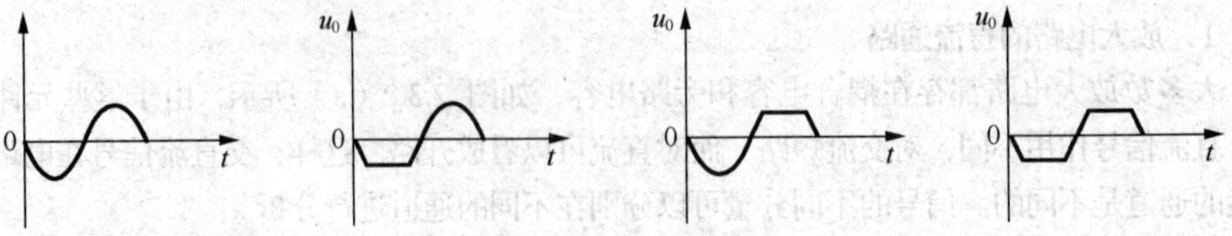

（a）正常波形　（b）饱和失真波形　（c）截止失真波形　（d）双向失真

图 2.3.3　NPN 型三极管共发射极放大电路的输出波形

4．温度对静态工作点的影响

三极管是一种温度敏感元件。当环境温度发生变化时，三极管的 U_{BE}、I_{CBO} 和 β 会随之改变。其中，I_{CBO} 随温度的升高按指数规律增加，温度每升高 10℃，I_{CBO} 约增大 1 倍；穿透电流 $I_{CEO}=(1+\beta)I_{CBO}$ 则增加更多；β 也会随着温度的升高而增大，实践表明，温度升高 1℃，β 增加 0.5%~1%；而 U_{BE} 与温度的关系则接近线性规律，温度每升高 1℃，U_{BE} 约下降 2 mV。这些参数的变化最终表现为使静态电流 I_{CQ} 显著变化。温度升高，I_{CQ} 增加，静态工作点上移；温度降低，I_{CQ} 减小，静态工作点下移。当静态工作点变化太大时，可能引起输出信号失真。在实际应用中，为保证三极管不失真放大交流信号，必须采用合适的偏置电路稳定静态工作点。三极管的直流偏置电路有多种类型，表 2.3.2 列出了典型偏置电路的种类和特点。

表 2.3.2　典型偏置电路的种类和特点

种类	偏置电路	直流通路	特点
固定式偏置	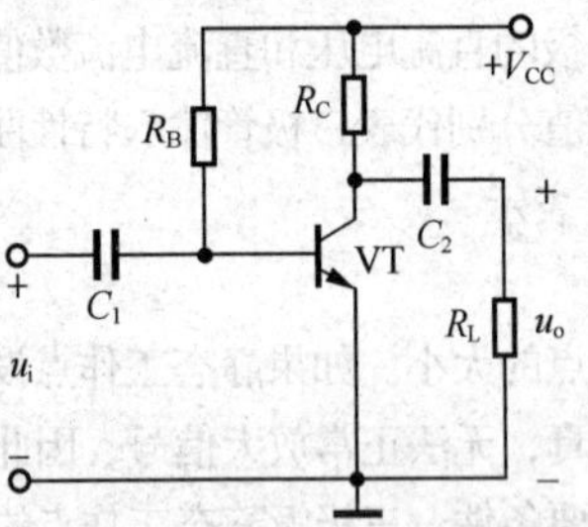	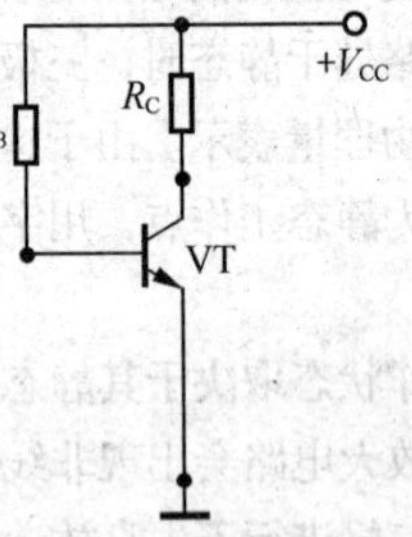	1. 电路结构简单，偏置电阻 R_B 较大，阻值一般为几百千欧； 2. 电流由集电极电源 V_{CC} 流入电路，一部分注入基极电路，另一部分注入三极管的集电极。直流电源 V_{CC} 和电阻 R_B 的数值确定后，三极管基极电流就是固定的，因此称为固定式偏置； 3. 温度稳定性差，I_{CQ} 变化大
分压式偏置	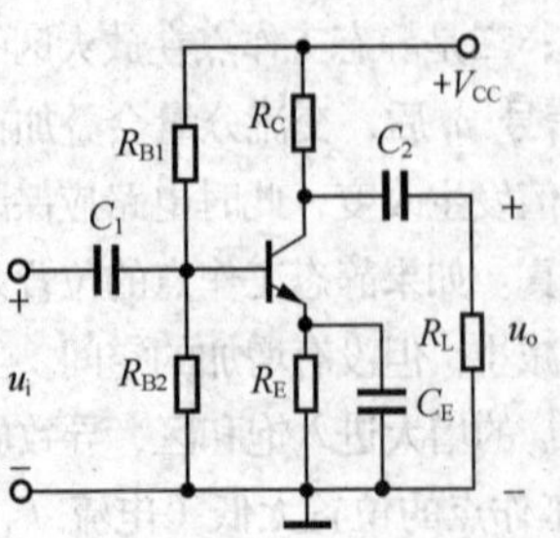	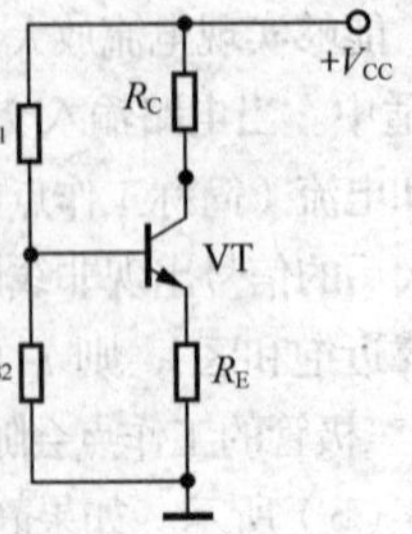	1. 电路结构复杂、应用广泛。上偏置电阻 R_{B1} 和下偏置电阻 R_{B2} 阻值为几十千欧； 2. R_{B1} 和 R_{B2} 构成分压器，对直流电源 V_{CC} 分压后，为三极管基极提供直流电压，因此电路称为分压式偏置。在发射极电阻 R_E 确定的情况下，该电压大小决定了基极电流的大小； 3. 温度稳定性好，I_{CQ} 变化小

续表

种类	偏置电路	直流通路	特点
集电极-基极负反馈式偏置	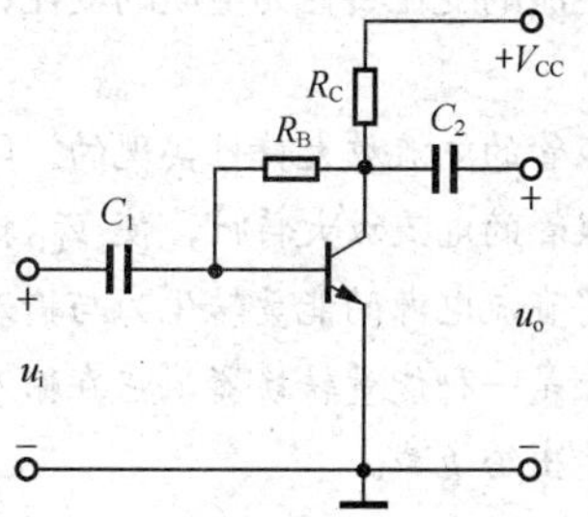	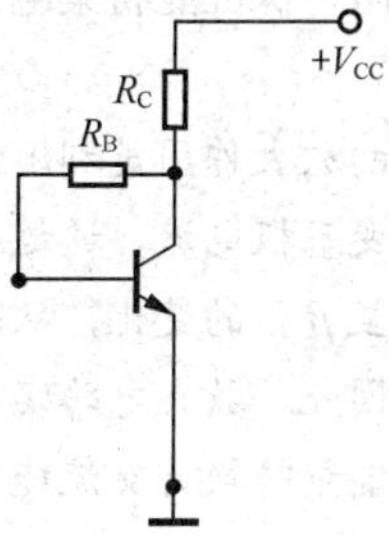	1. 电路结构简单、应用广泛。偏置电阻 R_B 跨接在三极管基极和集电极之间，阻值一般为一百千欧左右； 2. R_B 具有负反馈作用，因此电路的温度稳定性好，I_{CQ} 变化小。 3. 不适用于 R_C 很小的放大电路

三、共射极放大电路的工作原理

在图 2.3.1 所示共射极放大电路中，当电路加入交流信号 u_i 后，交流信号将叠加在原有直流量上，即电路各处的电压、电流将在静态工作点上按照输入信号的变化规律作相应改变。电路的这种工作状态称为动态。传输并放大交流信号才是放大电路的根本目的。

放大电路处于动态时，输入信号 u_i 经过耦合电容 C_1 直接加在三极管的基极和发射极之间，引起基极电流 i_B 作相应的改变。此时，三极管工作在线性放大区，i_B 的变化引起集电极电流 i_C 呈 β 倍变化（三极管的电流放大特性）。当电流 i_C 变化时，由于集电极电阻 R_C 的压降作用，导致三极管集电极和发射极之间的电压 u_{CE} 变化。最后，电压 u_{CE} 中的交流分量 u_{ce} 经过耦合电容 C_2 畅通地传送给负载 R_L，形成输出交流电压 u_o。由此，电路在输出端得到一个放大的交流电压信号，从而实现了交流电压放大作用。

基本共射极放大电路中，信号的传递过程如下：

$$u_{CE}=U_{CEQ}+u_i \Longrightarrow i_B=I_{BQ}+i_b \Longrightarrow i_C=I_{CQ}+i_c \Longrightarrow u_{CE}=U_{CEQ}+u_{ce} \Longrightarrow$$

$$u_o=u_{ce}=-i_cR_C$$

电路中各处的信号波形如图 2.3.4 所示。

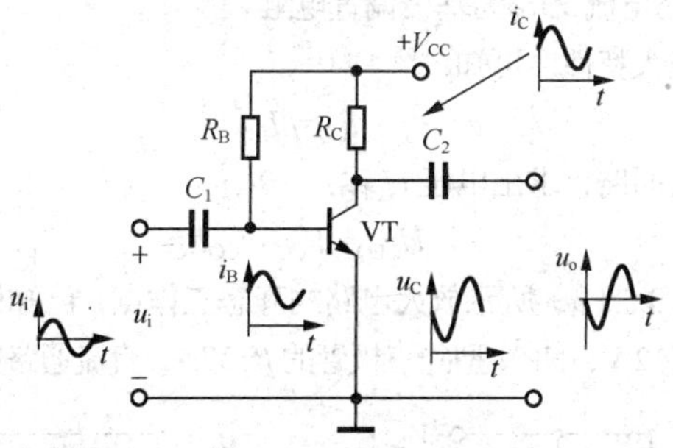

图 2.3.4　共射极放大电路各处的信号波形图

从信号的波形图中可以看出，如果 u_i 增大（即基极的输入电压），则基极电流 i_B 增大，同时集电极电流 i_C 呈 β 倍增大，导致集电极电阻 R_C 两端的电压也随之增大；而集电极电压 u_C 等于电源电压 V_{CC} 减去电阻 R_C 上的压降，因此 u_C 随之减小、u_o 亦减小；反之，如果 u_i 减小，则集电极电压 u_C 随之升高、u_o 亦升高。所以，共射极放大电路中输出电压 u_o 与输入电压 u_i 频率相同、相位相反（产生 180°相移），且信号幅值被放大，即共射极放大电路实际上是一个反相放大器。

综上所述，共射极放大电路实现放大作用的前提是：（1）三极管工作在放大区，即管子的发射结正偏，集电结反偏。(2)输入信号应加至三极管发射结，保证输入信号变化时发射结电压变化、基极电流变化，经管子的放大作用使集电极电流变化。(3)电路有交流电压输出，即要有合适的集电极负载电阻，保证能将集电极电流的变化转化为电压的变化，从而有放大的交流输出电压。

提示： 放大电路对输入信号的放大作用是利用三极管的电流放大特性实现的。即在电路的输入端加一个小能量信号来改变基极电流，通过三极管的电流放大特性，使 V_{CC} 提供的集电极电流按基极电流的变化规律呈 β 倍的变化，从而将直流电源的能量转化为与输入信号具有相同形式的能量提供给负载。因此，放大电路实质上是一种能量转换器，它在输入信号的控制下，将直流电源提供的直流能量转换为交流能量输出给负载。

四、共射极放大电路的静态分析

放大电路的静态分析主要是讨论如何设置和计算静态工作点，即确定 I_{BQ}、U_{BEQ} 和 I_{CQ}、U_{CEQ} 的数值，其分析对象是放大电路的直流通路。工程上进行电路分析时，通常采用简单实用的近似估算法。

从图 2.3.2（b）所示电路可以看出，三极管基极的直流回路（即输入回路）为：直流电源 V_{CC} 的正极→基极偏置电阻 R_B→三极管基极→三极管发射极→V_{CC} 的负极；集电极的直流回路（即输出回路）为：V_{CC} 的正极→集电极负载电阻 R_C→三极管集电极→三极管发射极→V_{CC} 的负极。

因此，可列出输入回路方程为：

$$V_{CC}=I_{BQ}R_B+U_{BEQ} \tag{2.3.1}$$

由三极管的输入特性可知：发射结正偏时，U_{BEQ} 的变化范围很小，通常硅管为 0.6 V ~ 0.8 V，锗管为 0.1 V ~ 0.3 V。近似计算时，可视 U_{BEQ} 为已知量，硅管取 0.7 V，锗管取 0.2 V。因此，由式（2.3.1）可得：

$$I_{BQ}=\frac{V_{CC}-U_{BEQ}}{R_B}=\frac{V_{CC}-0.7}{R_B}\approx\frac{V_{CC}}{R_B} \tag{2.3.2}$$

其中，I_{BQ} 为基极静态电流，R_B 为基极偏置电阻。

根据三极管的电流放大特性，可知：

$$I_{CQ}=\beta I_{BQ} \tag{2.3.3}$$

再由电路的输出直流回路，求出电压 U_{CEQ}：

$$U_{CEQ}=V_{CC}-I_{CQ}R_C \tag{2.3.4}$$

例 2.3 试估算图 2.3.5（a）所示放大电路的静态工作点，已知该电路中 R_B=300 kΩ，R_C=4 kΩ，R_L=4 kΩ，V_{CC}=12 V，NPN 型硅三极管的 β=37.5，直流通路如图 2.3.5（b）所示。

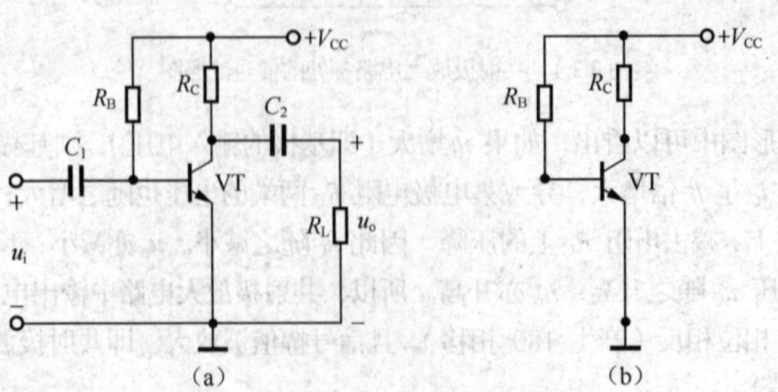

图 2.3.5 共射极基本放大电路及其直流通路

解：用估算法求静态工作点，取 U_{BEQ}=0.7 V。根据式（2.3.2），可得：

$$I_{BQ}=\frac{V_{CC}-U_{BEQ}}{R_B}\approx\frac{12}{300\times10^3}=0.04(\text{mA})=40(\mu\text{A})$$

$$\therefore I_{CQ}=\beta I_{BQ}=1.5\text{ mA}$$

根据式（2.3.4），可得：

$$U_{CEQ}=V_{CC}-I_{CQ}R_C=12-1.5\times4=6(\text{V})$$

即电路的静态工作点 Q 是：I_{BQ}=40 μA，I_{CQ}=1.5 mA，U_{CEQ}=6(V)。

五、共射极放大电路的动态分析

如前所述，放大电路的根本目的是放大交流信号。因此，当放大电路输入交流信号后，我们需要知道该电路的放大倍数（信号被放大了多少倍），以及输入电阻（放大电路对信号源的影响）和输出电阻（放大电路对外接负载有何要求）等动态性能指标，这些量的分析称为放大电路的动态分析。动态分析需要借助电路的交流通路。

1．放大电路的交流通路

所谓交流通路是指只考虑交流信号的分电路，是放大电路的交流等效电路。画交流通路时，由于耦合电容的容抗和直流电源的内阻都很小，所以将耦合电容短路、直流电源对地短接，其余元器件不变。图 2.3.6 所示为基本共射极放大电路及其交流通路。

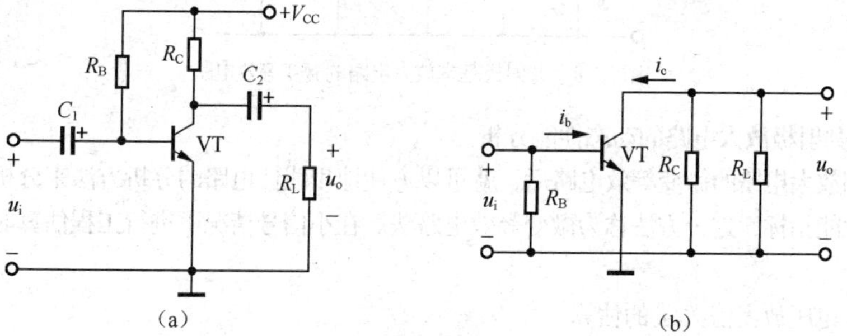

图 2.3.6　共射极放大电路及其交流通路

2．三极管的微变等效电路

利用放大电路的交流通路进行动态分析时，还需要对电路中的非线性器件——三极管做线性化处理，即建立其线性化等效模型（又称为微变等效电路或低频小信号模型），从而将放大电路转化为线性电路，简化分析过程。这种分析方法称为微变等效电路法。

将三极管近似等效为线性元件的前提条件是三极管必须在小信号（微变量）情况下工作。分析三极管的特性曲线可知（如图 2.1.13 所示），当外加直流电压使三极管工作在放大状态时，三极管的伏安特性在一定范围内（信号电压 u_{be} 的幅值不超过 7 mV）可近似看成是线性的。其输入特性曲线在静态工作点附近基本上是一条直线，因此可用一个线性交流电阻等效，该电阻称为三极管的输入电阻，用 r_{be} 表示。常温时，小功率三极管在低频放大条件下，常用式（2.3.5）估算 r_{be}：

$$r_{be}=r_{bb'}+(1+\beta)\frac{26(\text{mV})}{I_{EQ}(\text{mA})}(\Omega) \qquad (2.3.5)$$

其中，I_{EQ} 为发射极静态电流，$r_{bb'}$为三极管的基区体电阻，对于小功率管，$r_{bb'}\approx$ 300 Ω。

提示：只有在低频小信号条件下，且三极管选定了合适的静态工作点后，其输入回路才可等效为由线性电阻 r_{be} 构成的线性电路。r_{be} 一般为几十到几千欧，在手册中一般用 h_{ie} 表示。

而三极管工作在放大区时，其输出特性曲线几乎与横坐标平行，即集电极电流 i_C 的大小只由基极电流 i_B 控制，与电压 u_{CE} 基本无关。因此，三极管输出回路可以用一个受控电流源等效，以反映三极管基极电流对集电极电流的控制特性。

综上所述，三极管及其微变等效电路如图 2.3.7 所示。

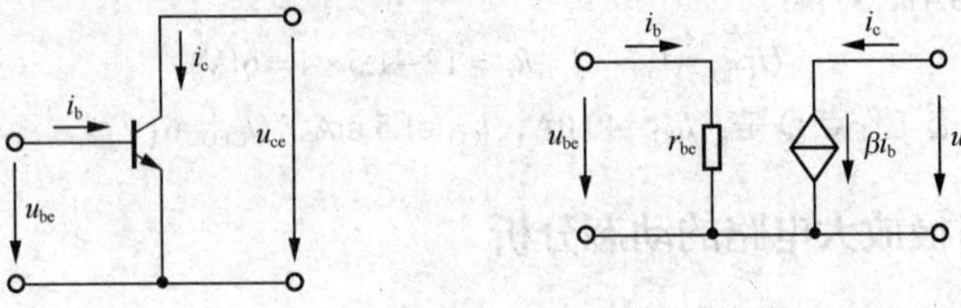

图 2.3.7　三极管及其微变等效电路

3．放大电路的微变等效电路

用三极管的微变等效电路替代放大电路交流通路中的三极管，就可得到放大电路的微变等效电路。图 2.3.4（a）所示共射极放大电路的微变等效电路如图 2.3.8 所示。

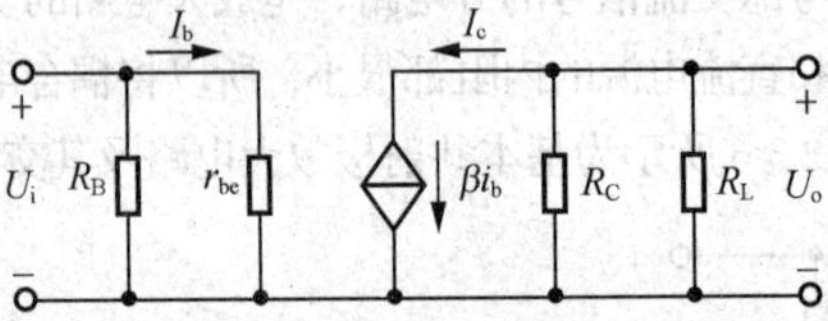

图 2.3.8　共射极基本放大电路的微变等效电路

4．共射极放大电路的动态性能分析

得到放大电路的微变等效电路后，就可以方便地用线性电路的分析方法来分析放大电路的动态性能指标，这一方法称为微变等效电路法。在小信号情况下进行工程估算时，常采用此方法。

（1）电压放大倍数 A_u 的估算

分析图 2.3.8 所示微变等效电路可知，放大电路的输入电压 $U_i=I_b \cdot r_{be}$，输出电压 $U_o=-I_c \cdot (R_C//R_L)=-\beta I_b R'_L$，所以，按照电压放大倍数的定义，可得：

$$A_u=\frac{U_o}{U_i}=\frac{-\beta I_b R'_L}{I_b r_{be}}=-\beta\frac{R'_L}{r_{be}} \qquad (2.3.6)$$

其中，$R'_L=R_C//R_L$。

由于 β 和 R_C 远大于 1，且 $R_C>r_{be}$，所以 A_u 远大于 1，说明共射极放大电路有电压放大能力。

提示：电压放大倍数为负，表明输出电压产生了 180°的相移，其相位与输入电压相反。

（2）输入电阻 R_i

输入电阻是指放大电路输入端的等效电阻，分析图 2.3.8 可知，放大电路的输入回路包括基极偏置电阻 R_B 和三极管的基极，因此，输入电阻为 R_B 与三极管输入电阻 r_{be} 相并联的等效电阻，即：

$$R_i=R_B//r_{be} \qquad (2.3.7)$$

（3）输出电阻 R_o

已知

$$R_o=\left.\frac{U}{I}\right|_{\substack{U_S=0\\R_L=\infty}}$$

根据输出电阻的定义，可得图 2.3.9 所示等效电路，由图可知，当 $U_i=0$ 时，$I_b=0$，$I_c=\beta I_b=0$，故电路的输出电阻为：

$$R_o = R_C \tag{2.3.8}$$

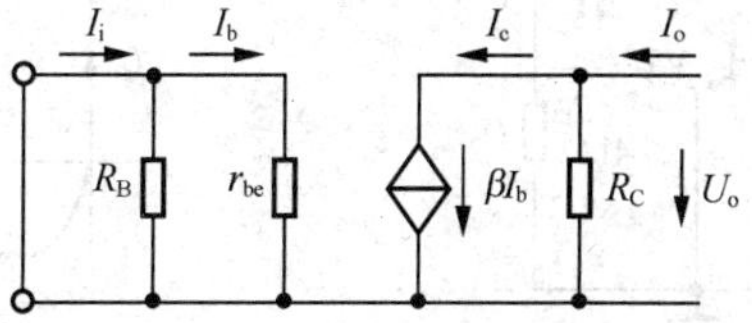

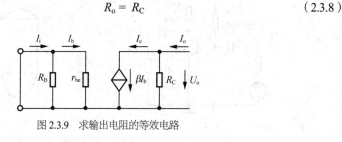

图 2.3.9　求输出电阻的等效电路

5．放大电路的非线性失真

在应用放大电路时，一般要求输出信号尽可能得大。但由于三极管元件非线性的限制，有时输入信号过大或静态工作点选择不合适，输出电压波形会产生失真。这种失真是由三极管的非线性所引起的，因此被称为放大电路的非线性失真。

截止失真：由于三极管在输入信号的一个周期内有一段时间工作在截止区而引起的失真（如图 2.3.10 所示）。截止失真通常是由于三极管的静态工作电流 I_{BQ} 设置过小引起的。

饱和失真：由于三极管在输入信号的一个周期内有一段时间工作在饱和区而引起的失真。饱和失真是由于三极管的静态工作电流 I_{BQ} 设置过大引起的。

截止失真和饱和失真都属于非线性失真，可通过调节基极偏置电阻 R_B、增大或减小基极电流 i_{BQ} 来改善。为了减小和避免非线性失真，必须合理地选择静态工作点 Q 的位置，并适当限制输入信号 u_i 的幅度。一般情况下，Q 点应大致选在放大区的中间位置（交流负载线的中点）；当输入信号 u_i 的幅度较小时，为了减小管子的功耗，Q 点可适当选低些。若电路输出波形出现了截止失真，通常可采用提高静态工作点的办法来消除，即通过减小基极偏置电阻 R_B 的阻值来实现；若输出波形出现了饱和失真，则反向操作，增大 R_B 的阻值。

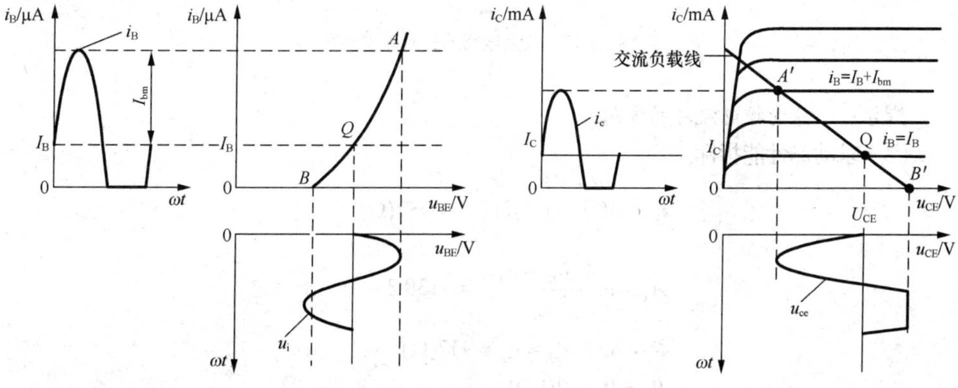

图 2.3.10　放大电路截止失真波形图

例 2.4　电路如图 2.3.11（a）所示，已知 $V_{CC}=-12$ V，三极管的 $\beta=100$，$V_{BE}=-0.7$ V，

（1）试计算该电路的 Q 点。

（2）画出电路的微变等效电路。

（3）求该电路的电压增益 A_u，输入电阻 R_i，输出电阻 R_o。

（4）若 U_o 中的交流成分出现如图 2.3.11（b）所示的失真现象，问是截止失真还是饱和失真？为消除此失真，应调节电路中的哪个元件，如何调整？

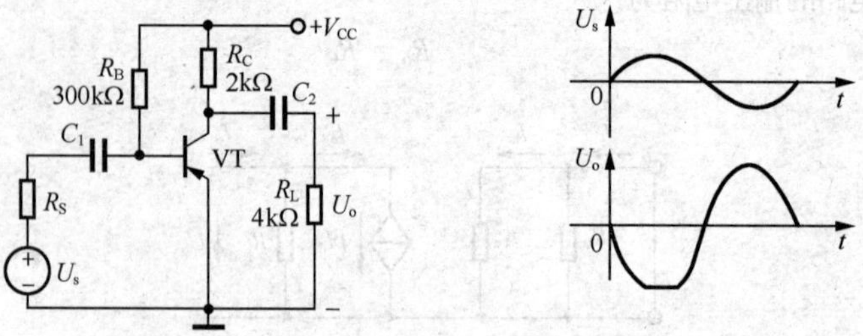

（a）　　　　（b）

图 2.3.11　例 2.4 图

解：（1）静态分析。

$$I_{BQ} \approx \frac{V_{CC}}{R_B} = -40\mu A, I_{CQ} = \beta I_{BQ} = -4(mA);$$

$$V_{CEQ} = V_{CC} - I_{CQ}R_C = -12 + 4 \times 2 = -4(V)。$$

（2）画电路的微变等效电路。步骤：先画出放大电路的交流通路；再将三极管用微变等效电路模型代替；并将电路中电量用瞬时值或相量符号表示，即得到放大电路的微变等效电路，如图 2.3.12 所示。

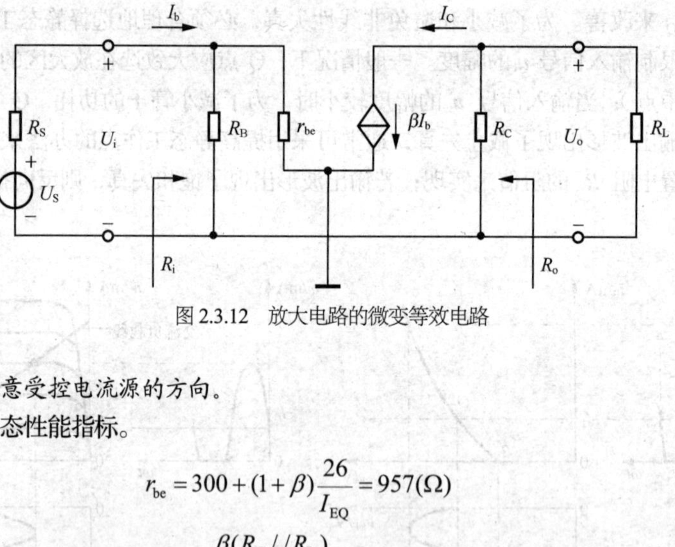

图 2.3.12　放大电路的微变等效电路

提示：注意受控电流源的方向。

（3）求动态性能指标。

$$r_{be} = 300 + (1+\beta)\frac{26}{I_{EQ}} = 957(\Omega)$$

$$A_u = -\frac{\beta(R_C // R_L)}{r_{be}} = -139.3$$

$$R_i = R_B // r_{be} \approx r_{be} = 957(\Omega)$$

$$R_o = R_C = 2(k\Omega)$$

（4）从输出波形可以看出，输出波形对应 U_S 正半周出现失真，也即对应 u_{EB} 减小部分出现失真，即为截止失真。减小 R_b、提高静态工作点，可消除此失真。

说明：分析这类问题时，要注意发生饱和失真或截止失真与发射结的电压有关（对于 NPN 型管子为 u_{BE}，对于 PNP 型管子为 u_{EB}），发射结电压过大，发生饱和失真；过小则发生截止失真。

例 2.5　分压式电路如图 2.3.13（a）所示，已知三极管为硅管，其 β=70，V_{BE}= 0.7 V，

V_{CC}=12 V，R_{B1}=10 kΩ，R_{B2}=20 kΩ，R_C=2 kΩ，R_E=2 kΩ，R_L=4 kΩ，C_1、C_2、C_E足够大。求：（1）电路的静态工作点；（2）求该电路的电压放大倍数 A_u、输入电阻 R_i、输出电阻 R_o；（3）若电路更换一个 β=100 的三极管，此时静态工作点有何变换？

解：（1）求静态工作点。首先画出电路的直流通路，如图 2.3.12（b）所示。由于三极管基极电流 I_{BQ} 很小，可忽略不计，所以有 $I_1 \approx I_2$，即 R_{B1}、R_{B2} 近似为串联，对直流电源 V_{CC} 分压。根据分压公式，可得：

$$U_{BQ}=\frac{R_{B1}}{R_{B1}+R_{B2}}V_{CC}=\frac{10\times12}{10+20}=4(\mathrm{V})$$

当 U_{BQ} 已知时，发射极电位 U_{EQ} 为：

$$U_{EQ}=U_{BQ}-V_{BE}=4-0.7=3.3(\mathrm{V})$$

此时，发射极电流为：

$$I_{EQ}=\frac{U_{EQ}}{R_E}=\frac{3.3}{2}=1.65(\mathrm{mA})$$

$$I_{BQ}=\frac{I_{EQ}}{1+\beta}=23.2(\mu\mathrm{A})$$

$$I_{CQ}=\beta I_{BQ}=1.63(\mathrm{mA})$$

$$V_{CEQ}\approx V_{CC}-I_{CQ}(R_C+R_E)=12-1.63\times4=5.48(\mathrm{V})$$

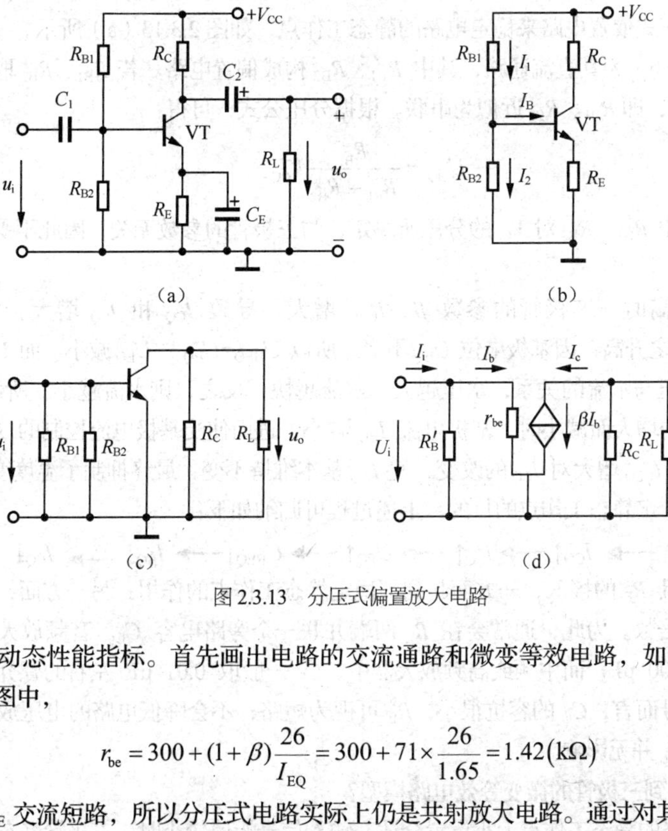

图 2.3.13　分压式偏置放大电路

（2）求动态性能指标。首先画出电路的交流通路和微变等效电路，如图 2.3.13（c）、（d）所示。图中，

$$r_{be}=300+(1+\beta)\frac{26}{I_{EQ}}=300+71\times\frac{26}{1.65}=1.42(\mathrm{k}\Omega)$$

由于 C_E 交流短路，所以分压式电路实际上仍是共射放大电路。通过对其微变等效电路分析可知，

$$A_u=-\frac{\beta(R_C\,//\,R_L)}{r_{be}}=-\frac{70\times1.33}{1.42}=-65.6$$

$$R_i = R_{B1} // R_{B2} // r_{be} = 1.17(\text{k}\Omega)$$
$$R_o = R_C = 2(\text{k}\Omega)$$

（3）当 β=100 时，

$$U_{BQ} = \frac{R_{B1}}{R_{B1} + R_{B2}} V_{CC} = \frac{10 \times 12}{10 + 20} = 4(\text{V})$$
$$I_{EQ} = \frac{U_{EQ}}{R_E} = \frac{U_{BQ} - V_{BE}}{R_E} = \frac{4 - 0.7}{2} = 1.65(\text{mA})$$
$$I_{BQ} = \frac{I_{EQ}}{1 + \beta} = 16.3(\mu\text{A})$$
$$I_{CQ} = \beta I_{BQ} = 1.63(\text{mA})$$
$$V_{CEQ} \approx V_{CC} - I_{CQ}(R_C + R_E) = 12 - 1.63 \times 4 = 5.48(\text{V})$$

与（1）的结果比较可知，更换三极管后，虽然 I_{BQ} 由于 β 的增大从 23.2 μA 下降到 16.3 μA，但 I_{CQ} 和 U_{CEQ} 基本保持不变。说明分压式电路具有稳定静态工作点的作用。

【拓展知识】

1．分压式偏置电路为什么能够使放大电路的静态工作点稳定?

三极管是温度敏感元件，当环境温度变化时，三极管的参数（如 β、I_{CEO} 等）会随之发生改变，从而导致静态时，放大电路中三极管的集电极直流电流变化、静态工作点漂移。为此，常采用分压式偏置电路来稳定电路的静态工作点，如图 2.3.13（a）所示。

图 2.3.13（b）为其直流通路，其中 R_{B1}、R_{B2} 构成偏置电路。若 R_{B1}、R_{B2} 取值适当，则有 $I_2 >> I_B$，$I_1 \approx I_2$，即 R_{B1}、R_{B2} 近似为串联。根据分压公式，可得：

$$U_{BQ} = \frac{R_{B1}}{R_{B1} + R_{B2}} V_{CC} \tag{2.3.9}$$

即 U_{BQ} 仅由 R_{B1}、R_{B2} 对 V_{CC} 的分压所决定，与三极管的参数无关，因此不受温度变化的影响。

当温度升高时，三极管的参数 β、I_{CEO} 增大，导致 I_{CQ} 和 I_{EQ} 增大，发射极电位 $U_{EQ}=I_{EQ}R_E$ 也随之升高；因基极电位 U_{BQ} 不变，所以 $U_{BEQ}=U_{BQ}-U_{EQ}$ 减小。而 U_{BEQ} 与 I_{BQ} 的关系就好比水压与水流的关系，水压越大，水流越快；反之，则水流越小。所以，当 U_{BEQ} 因 I_{CQ} 和 I_{EQ} 的增大而减小时，基极电流 I_{BQ} 减小，进而使受基极电流控制的 I_{CQ} 也随之减小，抵消了 β、I_{CEO} 增大对 I_{CQ} 的改变，使 I_{CQ} 基本维持不变，最终抑制了温度变化对 I_{CQ} 的影响，达到了稳定静态工作点的目的。上述过程可归纳如下：

$$T\uparrow \longrightarrow I_{CQ}\uparrow \longrightarrow I_{EQ}\uparrow \longrightarrow U_{EQ}\uparrow \longrightarrow U_{BEQ}\downarrow \longrightarrow I_{BQ}\downarrow \longrightarrow I_{CQ}\downarrow$$

发射极电阻 R_E 的接入，一方面起到了稳定静态工作点的作用；另一方面，也降低了电路的电压放大倍数。为此，通常会在 R_E 两端并联一个旁路电容 C_E。音频放大器中，电容 C_E 取 30 μF~100 μF；而中频或高频放大器中，C_E 一般取 0.01 μF 左右的瓷介电容器。这样，对交流信号而言，C_E 的容抗很小，R_E 可视为短路，不会降低电路的电压放大倍数；而对直流分量，C_E 并无影响。

2．如何得到三极管的微变等效电路模型?

当放大电路的静态工作点大小设置合适，输入信号幅值较小时，三极管静态工作点附近的特性曲线非常接近线性。因此，可以用线性化模型（又称为微变等效电路）来替换，从而把放大电路当作线性电路来分析。

三极管共射极连接时，基极与发射极之间为输入回路，集电极与发射极为输出回路，如图 2.3.6（a）所示。当输入信号幅值很小时，三极管输入特性在静态工作点附近的微小范围内可认为是线性的，即ΔI_B随ΔU_{BE}作线性变化，如图 2.3.14（a）所示。将两者的比值定义为三极管的输入电阻，用 r_{be} 表示。

$$r_{be}=\frac{\Delta U_{BE}}{\Delta I_B}=\frac{u_{be}}{i_b} \tag{2.3.10}$$

r_{be} 实际上是三极管在静态工作点处的动态电阻。在小信号情况下，近似为常数。常温下，低频小功率三极管的 r_{be} 可用式（2.3.5）计算，其数值一般在几百欧姆到几千欧姆。

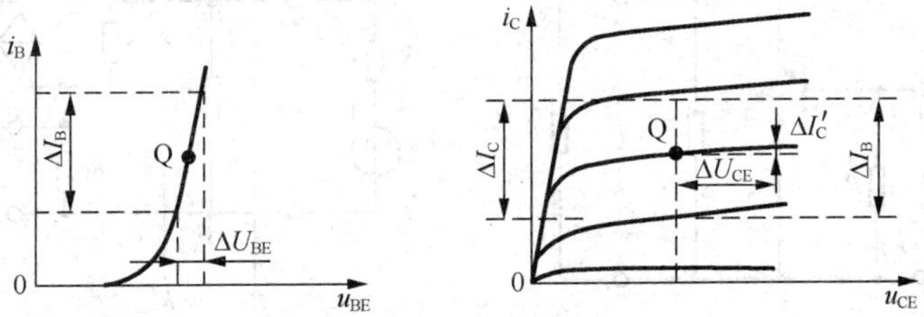

图 2.3.14　三极管共射极特性曲线

三极管工作在放大区时，其共射极输出特性曲线是一簇近似平行于横坐标的直线，如图 2.3.14（b）所示。此时可认为集电极电流的变化ΔI_C 只取决于基极电流的变化ΔI_B，与电压 u_{CE} 基本无关，即$\Delta I_C=\beta\Delta I_B$。因此，三极管的输出端可等效为一个受 i_B 控制的电流源，即 $i_C\approx\beta i_B$。

综上所述，工作在交流小信号条件下的三极管，其动态特性可用图 2.3.6（b）所示的微变等效电路表示。

第四节　其他放大电路

在三极管放大电路中，根据公共端接地电极的不同，可以组成 3 种基本放大电路，分别是共射极放大电路、共集电极放大电路和共基极放大电路。上一节介绍了共射极放大电路的工作原理，本节学习其他两种放大电路。

一、共集电极放大电路

共集电极放大电路的主要作用是实现交流电流放大，提高整个放大电路的带负载能力。实用中，一般用作输出级或隔离级。

共集电极放大电路的组成如图 2.4.1（a）所示，从图中可以看出，输入电压 u_i 从三极管的基极输入，输出电压 u_o 从三极管的发射极输出。对交流信号而言，集电极相当于接地，是输入回路和输出回路的公共端，因此被称为共集电极放大电路。图 2.4.1（b）、（c）分别是共集电极放大电路的直流通路和交流通路。电路中各元件的作用与共射极放大电路基本相同，只是电阻 R_E 除具有稳定静态工作点的作用外，还作为放大电路空载时的负载。

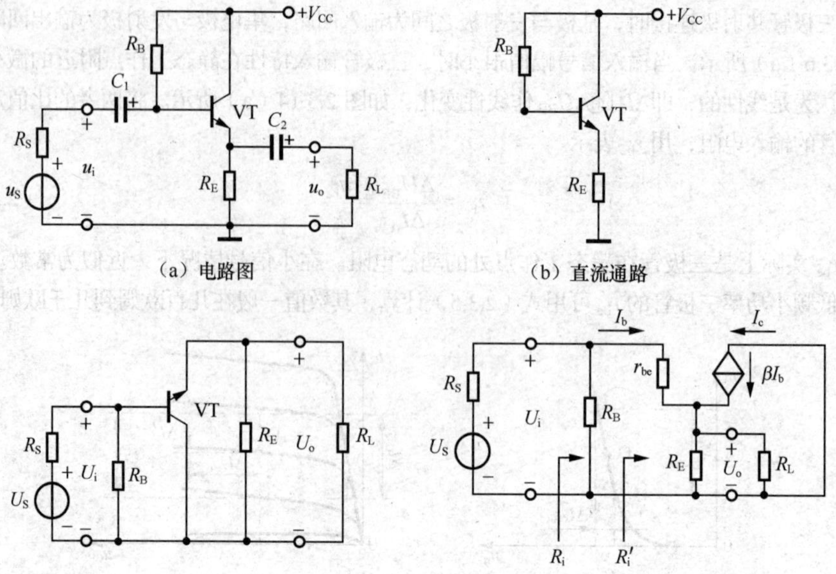

（a）电路图　（b）直流通路

（c）交流通路　（d）微变等效电路

图 2.4.1　共集电极放大电路

1．电路的静态分析

根据图 2.4.1（b）的直流通路，可列出输入回路方程为：

$$V_{CC}=I_{BQ}R_B+U_{BEQ}+(1+\beta)I_{BQ}R_E \tag{2.4.1}$$

因此基极静态电流为：

$$I_{BQ}=\frac{V_{CC}-U_{BEQ}}{R_B+(1+\beta)R_E} \tag{2.4.2}$$

集电极静态电流为：

$$I_{CQ}=\beta I_{BQ} \tag{2.4.3}$$

$$\text{电压 } U_{CEQ}=V_{CC}-I_{EQ}R_E\approx V_{CC}-I_{CQ}R_E \tag{2.4.4}$$

2．动态分析

（1）电压放大倍数

分析图 2.4.1（d）所示的微变等效电路可知，

$$U_o=I_eR'_L=(1+\beta)I_bR'_L \tag{2.4.5}$$

其中，$R'_L=R_E//R_L$。

$$U_i=I_br_{be}+U_o=I_b[r_{be}+(1+\beta)R'_L] \tag{2.4.6}$$

所以，电压放大倍数为：

$$A_u=\frac{U_o}{U_i}=\frac{(1+\beta)I_bR'_L}{I_b[r_{be}+(1+\beta)R'_L]}=\frac{(1+\beta)R'_L}{r_{be}+(1+\beta)R'_L} \tag{2.4.7}$$

由式（2.4.7）可知，共集电极放大电路的 A_u 大于 0 且小于 1，表明电路的输出电压和输入电压同相。通常$(1+\beta)R'_L>>r_{be}$，故 $A_u\approx1$，即 $U_o\approx U_i$。因此，共集电极放大电路具有电压跟随作用，也称为射极跟随器或射极输出器。

（2）输入电阻 R_i

分析图 2.4.1（d）所示的微变等效电路可知，

$$R_i' = \frac{U_i}{I_b} = \frac{I_b r_{be} + (1+\beta) I_b R_L'}{I_b} = r_{be} + (1+\beta) R_L' \quad (2.4.8)$$

所以输入电阻为：

$$R_i = R_B // R'_i = R_B // [r_{be} + (1+\beta) R'_L] \quad (2.4.9)$$

由于 R_B 和$(1+\beta)R'_L$ 数值都较大，因此，共集电极放大电路的输入电阻较高，可达几十千欧姆到几百千欧姆。

（3）输出电阻 R_o

根据输出电阻的定义，求输出电阻的等效电路如图 2.4.2 所示。

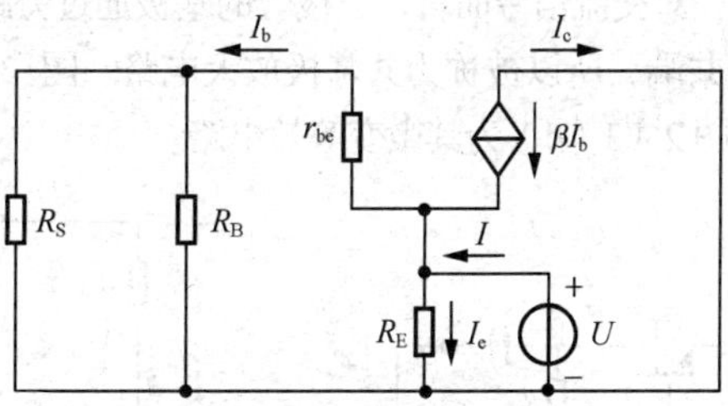

图 2.4.2　计算输出电阻的等效电路

由图 2.4.2 可得：

$$I = I_e + I_b + \beta\ I_b = I_e + (1+\beta) I_b$$
$$= \frac{U}{R_E} + (1+\beta)\frac{U}{r_{be} + R_S'}$$

其中，$R'_S = R_s // R_B$，故

$$R_o = \frac{U}{I} = R_E // \frac{r_{be} + R_S'}{1+\beta} \quad (2.4.10)$$

通常 $R_E >> \frac{r_{be} + R_S'}{1+\beta}$，所以

$$R_o \approx \frac{r_{be} + R_S'}{1+\beta} = \frac{r_{be} + (R_S // R_B)}{1+\beta} \quad (2.4.11)$$

由式（2.4.11）可知，共集电极放大电路的输出电阻很小，一般为十几欧姆到几十欧姆，因此电路带负载能力强。

3．电路的特点及应用

综上所述，共集电极放大电路（射极输出器）的主要特点是：（1）输入电阻高，传递信号源信号效率高；（2）输出电阻低，带负载能力强；（3）电压放大倍数小于且接近于 1，即输出电压与输入电压大小基本相等且相位相同，电路具有电压跟随特性。

射极输出器的突出优点是具有较高的输入电阻和较低的输出电阻。因此在多级放大电路中，被广泛用作输出级或中间隔离级，也可用作电路的输入级，以提高电路的性能。

（1）用作输出级

由于其输出电阻很小，当负载电流变化较大时，输出电压变化较小，因此带负载能力强。功率放大器的输出级采用的就是射极输出器。

（2）用作中间隔离级

由于具有电压跟随特性，射极输出器也常被用作前后两级放大电路的隔离级，实现阻抗变换，以减小后级电路对前级的影响，提高整个电路的放大能力。

（3）用作输入级

共集电极放大电路的输入电阻较高，用作多级放大电路的输入级时，信号源提供给电路的输入电流较小，从而减小了放大电路对信号源的影响。在电子测量电路中，利用这一优点可提高电路的测量精度。

提示：射极输出器虽然没有电压放大作用，但仍有电流放大作用，因而有功率放大作用。

*二、共基极放大电路

共基极放大电路的组成如图 2.4.3（a）所示，输入电压从三极管的发射极输入，输出电压从三极管的集电极输出。对交流信号而言，三极管的基极通过旁路电容 C_B 短路接地，是输入回路和输出回路的公共端，所以被称为共基极放大电路。图 2.4.3（b）、（c）分别是它的直流通路和交流通路，图 2.4.3（d）为其微变等效电路。

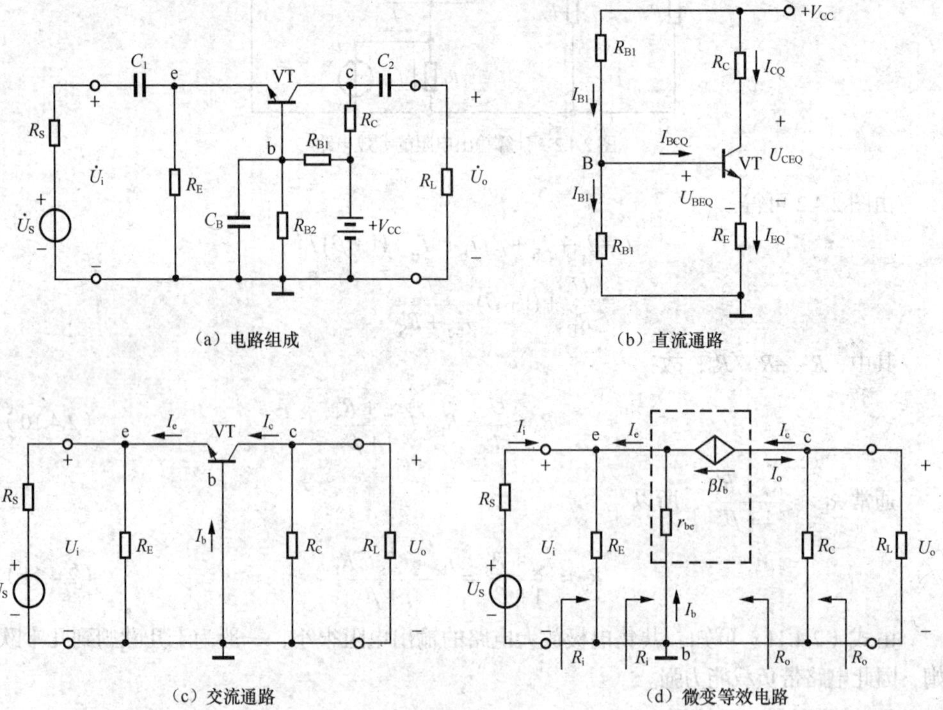

（a）电路组成　（b）直流通路　（c）交流通路　（d）微变等效电路

图 2.4.3　共基极放大电路

1．电路的静态分析

分析图 2.4.3（b）的直流通路，由于三极管基极电流 I_{BQ} 可忽略不计，即 R_{B1}、R_{B2} 近似为串联。根据分压公式，可得：

所以有：

$$U_{BQ}=\frac{R_{B1}}{R_{B1}+R_{B2}}V_{CC} \tag{2.4.12}$$

$$I_{EQ}=\frac{U_{EQ}}{R_E}=\frac{U_{BQ}-V_{BE}}{R_E} \tag{2.4.13}$$

$$I_{BQ}=\frac{I_{EQ}}{1+\beta} \tag{2.4.14}$$

$$I_{CQ}=\beta I_{BQ} \tag{2.4.15}$$

$$U_{CEQ}=V_{CC}-I_{CQ}R_C-I_{EQ}R_E\approx V_{CC}-I_{CQ}(R_C+R_E) \tag{2.4.16}$$

2．动态分析

（1）电压放大倍数

分析图 2.4.3（d）所示的微变等效电路可知：

$$U_o=-I_cR'_L=-\beta I_bR'_L$$

其中，$R'_L=R_C//R_L$

$$U_i=-I_br_{be}$$

所以

$$A_u=\frac{U_o}{U_i}=\frac{-\beta I_bR'_L}{-I_br_{be}}=\frac{\beta R'_L}{r_{be}} \tag{2.4.17}$$

由式（2.4.17）可知，共基极放大电路的电压放大倍数在数值上与共射极放大电路相同，但共基极放大电路的输出电压和输入电压同相。

（2）输入电阻 R_i

根据图 2.4.3（d）所示的微变等效电路可知：

$$R'_i=\frac{U_i}{-I_e}=\frac{-I_br_{be}}{-(1+\beta)I_b}=\frac{r_{be}}{1+\beta} \tag{2.4.18}$$

所以输入电阻为：

$$R_i=R_E//R'_i\approx R'_i \tag{2.4.19}$$

由上式可知，共基极放大电路的输入电阻很小，一般为几欧姆到十几欧姆。

（3）输出电阻 R_o

根据输出电阻的定义，求输出电阻的等效电路如图 2.4.4 所示。

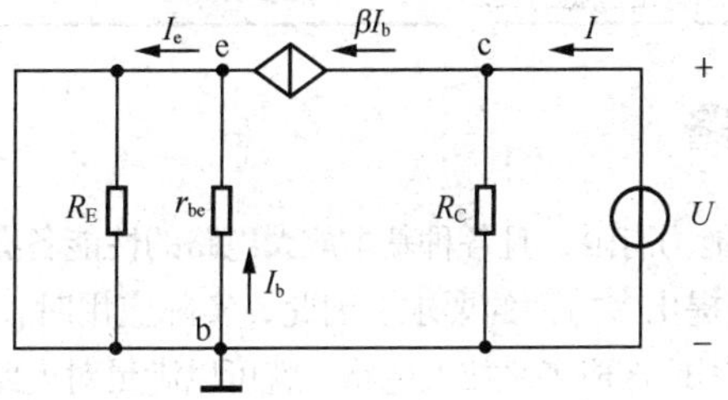

图 2.4.4　计算输出电阻的等效电路

由图 2.4.4 可得

$$R_o=R_C \tag{2.4.20}$$

3．电路的特点及应用

综上所述，共基极放大电路的主要特点是：输入电阻很小，输出电阻较大，电压放大倍数较高。该电路主要用于高频电压放大电路。

三、三种基本放大电路的性能比较

1．共射极放大电路的特点

（1）同时具有电压和电流放大能力。

（2）输出电压与输入电压相位相反。

（3）输入电阻大小一般。对于固定偏置电路，输入电阻 R_i 由基极偏置电阻 R_B 和三极管输入等效电阻 r_{be} 的并联值决定；对于分压式偏置电路，R_i 由基极偏置电阻 R_{B1}、R_{B2} 和三极

管输入等效电阻 r_{be} 的并联值决定。

（4）输出电阻大小一般。电路的输出电阻近似等于集电极电阻 R_C。

2．共集电极放大电路的特点

（1）只有电流放大能力，没有电压放大能力。

（2）输出电压与输入电压同相位。

（3）输入电阻大。

（4）输出电阻小，带负载能力强。

3．共基极放大电路的特点

（1）只有电压放大能力，没有电流放大能力。

（2）输出电压与输入电压同相位。

（3）输入电阻小。

（4）输出电阻大，带负载能力差。

（5）高频特性好。

三种组态的基本放大电路的性能比较如表 2.4.1。

表 2.4.1　三种组态基本放大电路的性能比较

接法	共发射极电路	共集电极电路	共基极电路
A_u	大（几十至一百以上）	小（小于且接近 1）	大（几十至一百以上）
A_i	大（β）	大（$1+\beta$）	小（α）
R_i	中（几百欧姆至几千欧姆）	大（几十千欧姆至上百千欧姆）	小（几十欧姆）
R_o	大（几千欧姆至十几千欧姆）	小（几十欧姆至几百欧姆）	大（几千欧姆至十几千欧姆）
通频带	窄	较宽	宽

四、多级放大电路

单级放大电路的放大能力有限，且各种基本放大电路的性能各有优缺点，而在实际应用中，常常需要对放大电路提出多方面的要求。因此，实际应用时，选择多个基本放大电路“扬长补短”，并将它们合理地连成多级放大电路，就可以满足对电路指标的各种要求。

1．多级放大电路的组成

多级放大电路的组成框图如图 2.4.5 所示，由两个或两个以上的单级放大电路连接而成。其中，与信号源相连接的第一级电路称为输入级，与负载相连接的最后一级电路称为输出级，其余各级统称为中间级。

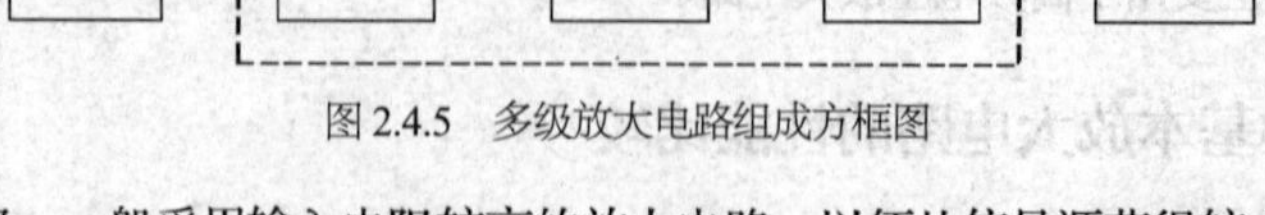

图 2.4.5　多级放大电路组成方框图

（1）输入级：一般采用输入电阻较高的放大电路，以便从信号源获得较大的输入电压，噪声和漂移应尽可能小。

（2）中间级：主要作用是进行电压放大，要求有足够高的电压放大倍数。

（3）输出级：主要任务是给负载提供较大的输出功率，同时为了提高电路的带负载能力，要求输出电阻较小。

2．级间耦合方式

在多级放大电路中，各级放大电路之间的连接方式称为耦合。级间耦合既要保证信号有效传输、避免信号失真，又要保证各级有合适的静态工作点。常见的耦合方式有阻容耦合、直接耦合和变压器耦合。

（1）阻容耦合。如图 2.4.6（a）所示，前后级电路通过耦合电容连接。耦合电容的取值较大，一般为几微法到几十微法。由于电容的隔直作用，各级静态工作点相互独立，便于电路的分析、设计和调试，且无零点漂移。但因有大容量耦合电容，不能放大直流信号和缓慢变化的信号，电路低频响应差，且不便于集成。阻容耦合方式通常仅在由分立元件构成的音频放大电路中采用，用于放大交流信号。

（2）直接耦合。前级放大电路的输出端与后级电路的输入端直接相连的耦合方式称为直接耦合，如图 2.4.6（b）所示。直接耦合的特点是：低频响应好，可以放大直流及缓慢变化的信号，且电路简单、便于集成；但各级静态工作点不独立，给设计、计算及调试带来不便。直接耦合带来的另一个问题是零点漂移，这是直接耦合电路最突出的问题。零点漂移是指直接耦合多级放大电路在输入端对地短接的条件下（即交流输入电压 $u_i=0$），输出端的电压不为零、且出现缓慢的不规则变化的现象。其原因主要是由于半导体器件的参数随着温度的变化而改变，导致各级电路的静态工作点不稳定；而放大级之间采用直接耦合方式，使静态工作点的变化逐级传递并放大，在输出端产生很大的漂移电压。通常，直接耦合放大电路的级数越多、放大倍数越高，零点漂移问题越严重。

抑制零点漂移的方法一般有：采用恒温措施，采用补偿法（即采用热敏元件来抵消放大管的变化或采用特性相同的放大管构成差分放大电路），采用直流负反馈稳定静态工作点，在各级之间采用阻容耦合或者采用特殊设计的调制解调式直流放大器等。

（3）变压器耦合。前后级通过变压器连接，各级静态工作点相互独立，如图 2.4.6（c）所示。改变变压器的变比，可实现级间阻抗匹配、提高信号的传输功率；但变压器体积大、成本高，不便于集成，且高频和低频响应差。变压器耦合常用于调谐放大电路或输出功率较大的功率放大电路。

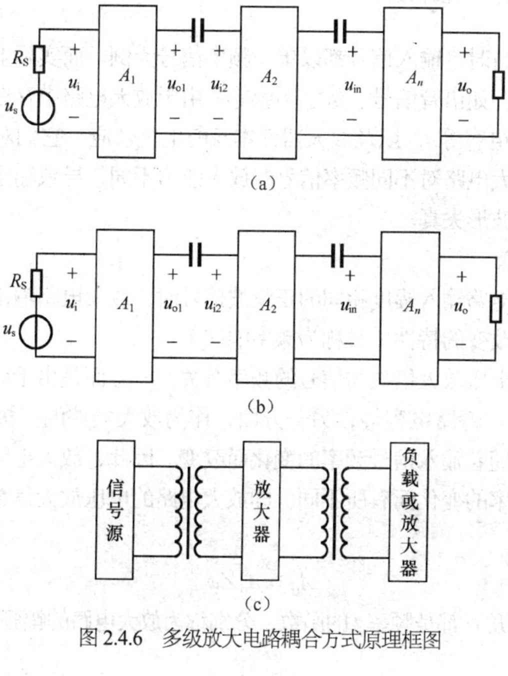

图 2.4.6　多级放大电路耦合方式原理框图

3．多级放大电路的动态分析

多级放大电路的主要动态指标与单级放大电路相同，为电压放大倍数、输入电阻和输出电阻。分析电路的动态性能时，各放大级是相互联系的。前级的输出电压是后级的输入电压，而后级的输入电阻又是前级的负载。对于一个 N 级放大电路，其总的电压放大倍数为各级电压放大倍数的乘积，即

$$A_u = \frac{U_{o1}}{U_{i1}} \cdot \frac{U_{o2}}{U_{i2}} \cdots \frac{U_{on}}{U_{in}} = A_{u1} \cdot A_{u2} \cdots A_{un} = \prod_{i=1}^{n} A_{ui} \tag{2.4.21}$$

在计算多级放大电路的电压放大倍数时，应把重点放在考虑前后级的相互影响上。具体说来，有两种分析计算方法：（1）在计算前一级增益时，把后一级的输入电阻视为前一级的负载。（2）在计算后一级增益时，先计算前一级空载时的电压增益和输出电阻，并把输出电阻作为后一级放大电路的信号源内阻，求各级的 A_{us} 作为各级的增益。

两种计算方法得到的各级电压增益虽然不同，但总的电压增益还是一样的。

根据输入电阻和输出电阻的定义可知，多级放大电路的输入电阻等于输入级的输入电阻，而电路的输出电阻则等于输出级的输出电阻。即：

$$R_i = R_{i1}, \quad R_o = R_{on} \tag{2.4.22}$$

*第五节　放大电路的频率特性

在第二节介绍放大电路主要性能指标时曾经指出，电路的放大倍数是输入信号频率的函数，即放大电路的输出会随输入信号频率的变化而改变，这就是放大电路的频率特性。频率特性是指放大电路对正弦输入信号的稳态响应特性，它反映了放大电路对各种不同频率信号的适应程度。本节将讨论放大电路的频率特性。

一、频率特性的一般概念

在前面分析放大电路时，输入信号都以单一频率信号为例。而实际上电子电路处理的信号通常都是多频率信号，如语音信号、数字图像等。由于放大电路中存在电抗元件（如级间耦合电容、发射极旁路电容等），以及放大器件本身的电抗效应，它们对不同频率信号产生的阻抗值不同，因此放大电路对不同频率信号的放大能力不同，导致输出信号波形与输入信号波形产生差异，出现波形失真。

1．频率特性的概念

频率特性是指放大电路输入幅度相同的正弦波信号时，放大电路输出信号的幅度与相位随输入信号频率变化而改变的特性（又称为频率响应）。

为什么放大电路的电压放大倍数与信号的频率有关？一方面是由于放大电路中接入了电抗性元件，如隔直电容、旁路电容等；另一方面，作为放大器件的三极管本身存在极间电容。这些电容的容抗会随着输入信号频率的变化而改变，因此，放大电路的电压放大倍数其幅值和相位都将随着频率的变化而有所不同。即放大电路的电压放大倍数可以用一个复数来表示：

$$\dot{A}_u = A_u \angle \varphi \tag{2.5.1}$$

其中，幅度 A_u 和相角 φ 都是频率 f 的函数，分别称为放大电路的幅频特性和相频特性。

图 2.5.1（a）和（b）给出了一个典型的单级共射基本放大电路的幅频特性和相频特性。从图中可以看出，在一定的中频范围内，电压放大倍数的幅值基本不变，为一常数；此时的放大倍数称为中频区放大倍数 A_{um}。电压放大倍数的相位角 $\varphi=180^{\circ}$，即输出电压和输入电压相位相反。当输入信号频率较低或较高时，电压放大倍数的幅值会下降。我们定义：当放大倍数下降到中频区放大倍数的 0.707 倍（即 $A_{ul}=(1/\sqrt{2})A_{um}$）时的低频频率为下限频率 f_L；同样，当放大倍数下降到中频区放大倍数的 0.707 倍（即 $A_{uh}=(1/\sqrt{2})A_{um}$）时的高频频率为上限频率 f_H。上、下限频率之差为通频带 f_{bw}，即

$$f_{bw}=f_H-f_L \qquad (2.5.2)$$

通频带的宽度表征放大电路对不同频率输入信号的适应能力，它是放大电路的重要技术指标之一。

2．频率失真

由于通频带不可能是无穷大，因此对于不同频率的信号，放大倍数的幅值不同，相位也不同。当输入信号包含有若干多次谐波成分时，经过放大电路后，其输出波形将产生频率失真。由于它是电抗元件引起的，而电抗元件是线性元件，且放大电路也工作在线性区，故这种失真属于线性失真。频率失真又分为相频失真和幅频失真。

相频失真是由于放大器对不同频率成分的相移不同，而使放大后的输出波形产生了失真。幅频失真则是由于放大器对不同频率成分的放大倍数不同，而使放大后的输出波形产生了失真。相频失真和幅频失真的波形分别如图 2.5.2（a）、（b）所示。

提示：频率失真与非线性失真相比，虽然从现象上看，都表现为输出信号不能如实反映输入信号的波形，但两种失真产生的根本原因不同。频率失真是由线性器件产生的，它是由于放大器对不同频率信号的放大不同和相位移不同，从而使输出信号与输入信号不同，但不产生新的频率成分；非线性失真是由非线性器件三极管产生的，当三极管工作在截止区或饱和区时，将产生截止失真或饱和失真，它的输出波形中将产生新的频率成分。

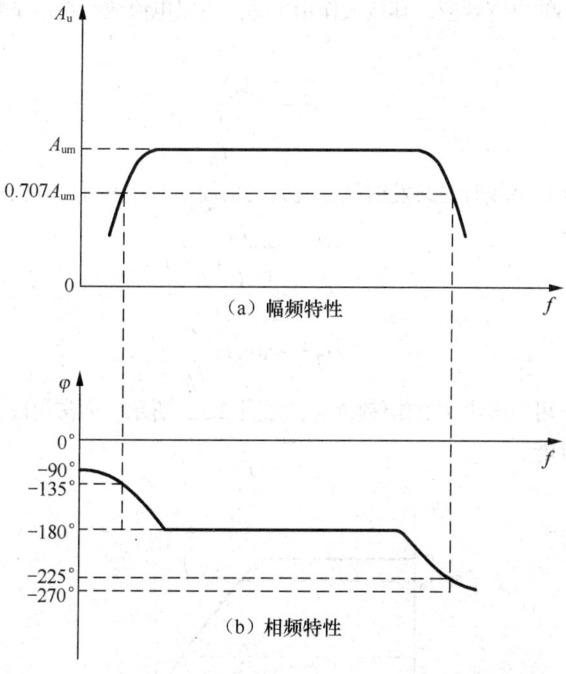

图 2.5.1　共射基本放大电路的频率特性

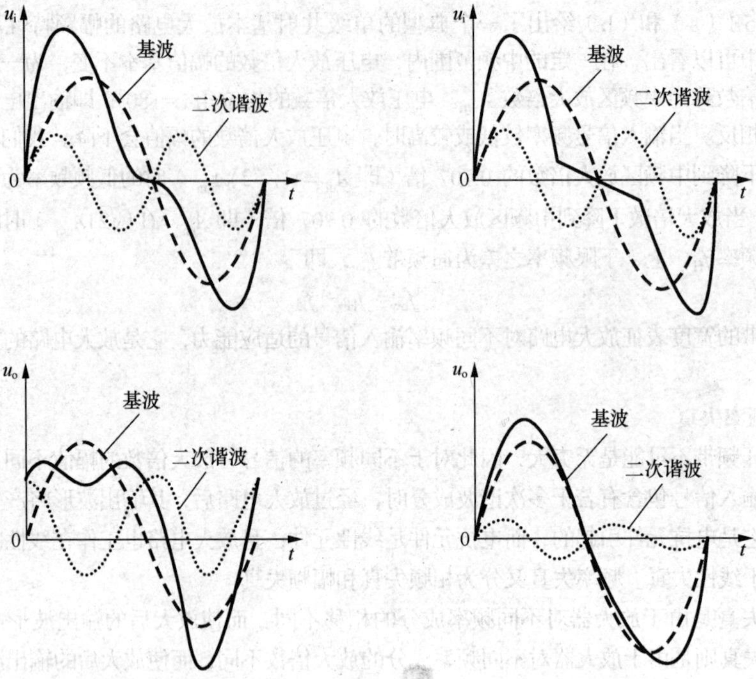

（a）相频失真　　（b）幅频失真

图 2.5.2　频率失真

3．三极管的频率参数

影响放大电路的频率特性，除了外电路的耦合电容和旁路电容外，还有三极管内部的极间电容或其他参数的影响。前者主要影响低频特性，后者主要影响高频特性。

中频时，认为三极管的共发射极放大电路的电流放大系数β是常数。实际上，当频率升高时，由于管子内部的电容效应，其放大作用下降。所以电流放大系数是频率的函数，可表示如下：

$$\dot{\beta}=\frac{\beta_0}{1+\mathrm{j}\dfrac{f}{f_\beta}} \tag{2.5.3}$$

其中，β_0是三极管中频时的共发射极电流放大系数。上式也可用β的模和相角来表示：

$$\left|\dot{\beta}\right|=\frac{\beta_0}{\sqrt{1+(\dfrac{f}{f_\beta})^2}} \tag{2.5.4}$$

$$\varphi_\beta=-\arctan\frac{f}{f_\beta} \tag{2.5.5}$$

根据式（2.5.4）可以画出β的幅频特性，如图 2.5.3 所示。通常用以下几个频率参数来表示三极管的高频性能。

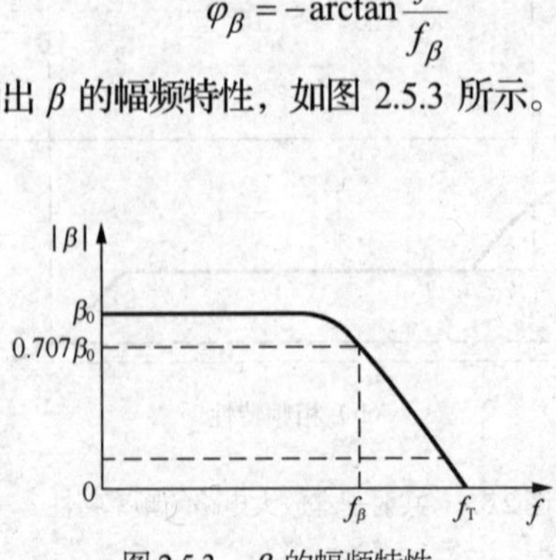

图 2.5.3　β的幅频特性

（1）共发射极电流放大系数β的截止频率f_β

将$|\dot{\beta}|$值下降到β_0的 0.707 倍时的频率f_β定义为β的截止频率。按式（2.5.4）也可计算出，当$f=f_\beta$时，$|\dot{\beta}|=(1/\sqrt{2})\beta_0\approx 0.707\beta_0$

（2）特征频率f_T

定义$|\dot{\beta}|$值降为 1 时的频率f_T为三极管的特征频率。将$f=f_T$和$|\dot{\beta}|=1$代入式（2.5.4），则得：

$$1=\frac{\beta_0}{\sqrt{1+\left(\frac{f_T}{f_\beta}\right)^2}}$$

由于通常$f_T/f_\beta>>1$，所以上式可简化为：

$$f_T\approx\beta_0 f_\beta \tag{2.5.6}$$

式（2.5.6）表示了f_T和f_β的关系。

二、共射极放大电路的频率特性

我们以共射极基本放大电路为例，定性分析一下当输入信号频率发生变化时，放大倍数会怎样变化。

在中频区，由于电路中耦合电容 C_1、C_2 和 C_e 较大，其对中频信号的容抗很小（$X_c=1/2\pi fC$），可看作短路；三极管极间电容很小，其对中频信号的容抗很大，可看作开路。所以，电路中的各种电容作用可以忽略，电压放大倍数 A_u 基本上不随频率而变化，此时的放大倍数为中频区放大倍数 A_{um}。由于不考虑电容，所以也无附加相移，输出电压和输入电压相位相反，即电压放大倍数的相位角$\varphi=180^\circ$。

当输入信号位于低频段时，三极管极间电容或分布电容的容抗很大（比中频段还大），仍可视为开路；但耦合电容的容抗变大，$1/\omega C=R$不再成立，此时考虑耦合电容影响的等效电路如图 2.5.4（a）所示，C_1是输入端耦合电容，R_i是放大电路输入电阻。显然当频率下降时，容抗增大，耦合电容分去信号源电压的一部分，使加至放大电路的输入电压信号变小；导致输出电压变小，电压放大倍数下降，同时也将在输出电压与输入电压间产生附加相移。实际上图 2.5.4（a）是一个 RC 高通电路，产生 0~+90°的超前相移。该电路允许高频信号顺利通过，对低频信号有衰减作用，且频率越低，电压放大倍数衰减越多。

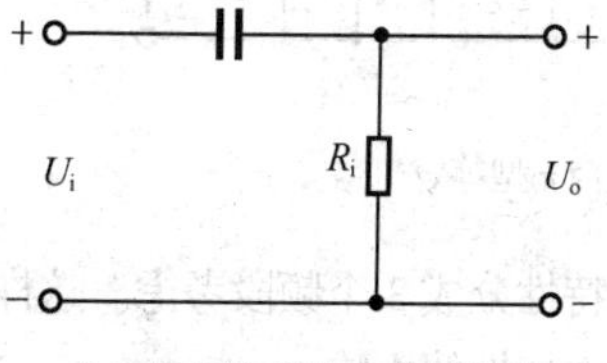

（a）低频段耦合电容的影响

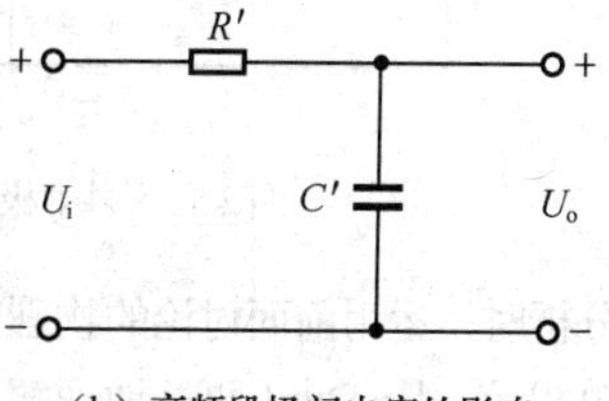

（b）高频段极间电容的影响

图 2.5.4　考虑频率特性时的等效电路

当输入信号位于高频段时，耦合电容的容抗更小，$1/\omega C=R$，仍可视为短路；而三极管极间电容或分布电容的容抗变小，其分流作用变大，不能再视为开路。此时考虑极间电容影响的等效电路如图 2.5.1（b）所示，R' 是输入回路总的等效电阻，C' 是并联在三极管发射极两端的极间电容的总的等效电容。当频率上升时，容抗减小，使加至放大电路的输入信号减小，输出电压减小，从而使放大倍数下降。同时也会在输出电压与输入电压间产生附加相移。实际上图 2.5.1（b）是一个 RC 低通电路，产生 0~−90°的滞后相移。该电路允许低频信号顺利通过，对高频信号有衰减作用，且频率越高，电压放大倍数衰减越多。

如果进一步定量分析，可画出单级共射极基本放大电路的频率特性。实际工作中，在绘制频率特性曲线时，人们常常采用对数坐标，即横坐标用 $\lg f$，幅频特性的纵坐标为 $G_u = 20\lg\left|\dot{A}_{us}\right|$，单位是分贝（dB）。对于相频特性，纵坐标仍为 φ，不取对数。这样得到的频率特性称为对数频率特性或称为波特图。

采用对数坐标绘制频率特性的优点主要是可以在较小的坐标范围内表示较宽频率范围的变化情况，使低频段和高频段的频率特性都表示得很清楚，而且将乘法运算转换为加法运算，做图方便。

定量分析的工具是混合 π 型等效电路，这种电路是根据三极管的结构，并考虑极间电容而得到的。图 2.5.5（a）的单级共射放大电路中，将 C_2 和 R_L 视为下一级的输入耦合电容和输入电阻，所以，画本级的混合 π 型等效电路时，不把它们包含在内，如图 2.5.5（b）所示。

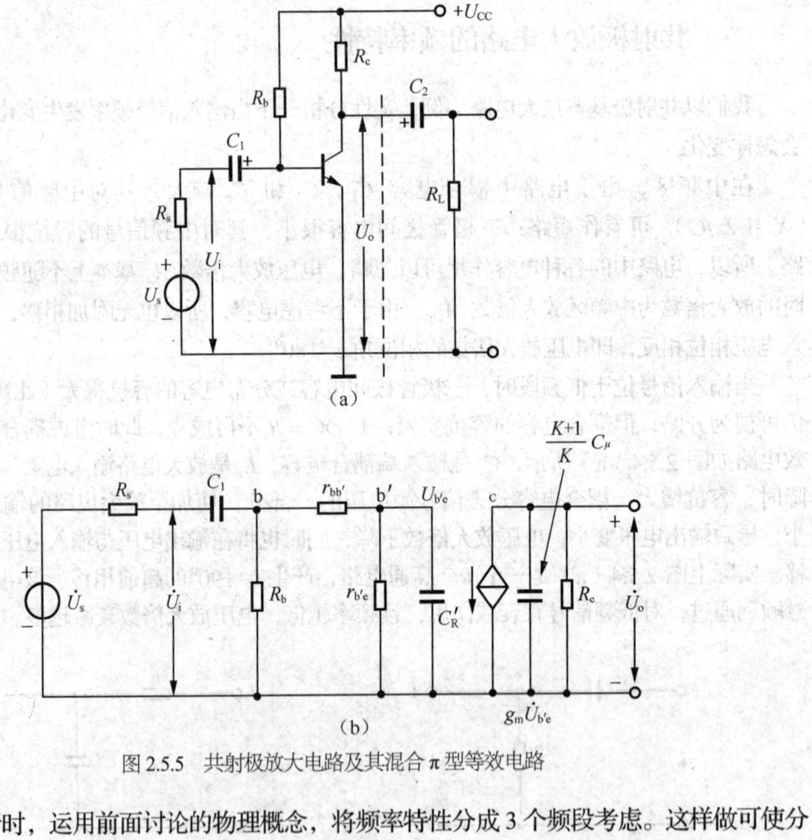

图 2.5.5　共射极放大电路及其混合 π 型等效电路

具体分析时，运用前面讨论的物理概念，将频率特性分成 3 个频段考虑。这样做可使分析过程简单明了，且有助于更好地理解各个参数对频率特性的影响。

（1）中频段。由于耦合电容较大，其对中频段信号的容抗很小，可看作短路；三极管极间电容很小，它对中频信号的容抗很大，可看作开路。因此，电容不影响中频段交流信号的传输，全部电容均不考虑。中频时电路的等效电路与图 2.3.8 所示的微变等效电路是一致的。

（2）低频段。由于信号频率较低，C_1、C_2 和 C_e 对交流信号的容抗较大，其分压作用不能忽略；而极间电容的容抗比中频时更大，仍视为开路。电路的低频响应主要取决于外接电容。

（3）高频段。由于 C_1、C_2 和 C_e 的容抗比中频时更小，故可看作短路而不予考虑；但极间电容的容抗将减小，其分流作用不能忽略。电路的高频响应主要受三极管极间电容影响。

这样求得 3 个频段的频率响应，然后再进行综合，可以得到单级共射极放大电路在全部频率范围内电压放大倍数的近似表达式为：

$$\dot{A}_{us}=\frac{\dot{A}_{um}}{(1-j\frac{f_L}{f})(1+j\frac{f}{f_H})} \tag{2.5.7}$$

根据式（2.5.7），可以画出电路完整的频率特性曲线。为了做图方便，画波特图时常常将曲线进行折线化处理。共发射极基本放大电路波特图的做图步骤如下。

（1）出中频电压放大倍数 A_{usm}、下限频率 f_L 和上限频率 f_H。其中：

$$f_L=\frac{1}{2\pi(R_s+R_i)C_1} \tag{2.5.8}$$

其中，R_s 为信号源内阻，R_i 为放大电路输入电阻，C_1 为输入端耦合电容。

$$f_H=\frac{1}{2\pi R'C'} \tag{2.5.9}$$

其中，R' 是输入回路总的等效电阻，C' 是并联在三极管发射极两端的极间电容的总的等效电容。

（2）在幅频特性的横坐标上找到对应的 f_L 和 f_H 的两个点，在 f_L 和 f_H 之间的中频区，作一条 G_u=20lg｜A_{usm}｜的水平线；从 $f=f_L$ 点开始，在低频区作一条斜率为 20 dB/10 倍频程的直线折向左下方；从 $f=f_H$ 点开始，在高频区作一条斜率为−20 dB/10 倍频程的直线折向右下方，即构成放大电路的幅频特性，如图 2.5.6（a）所示。

（3）在相频特性图上，$10f_L$~$0.1f_H$ 之间的中频区，φ=180°；$f<0.1f_L$ 时，φ=−90°；$f>10f_H$ 时，φ=−270°；在 $0.1f_L$~$10f_L$ 之间以及 $0.1f_H$~$10f_H$ 之间，相频特性分别为两条斜率为−45°/10 倍频程的直线。$f=f_L$ 时，φ=−135°；$f=f_H$ 时，φ=−225°。以上就构成放大电路的相频特性，如图 2.5.6（b）所示。

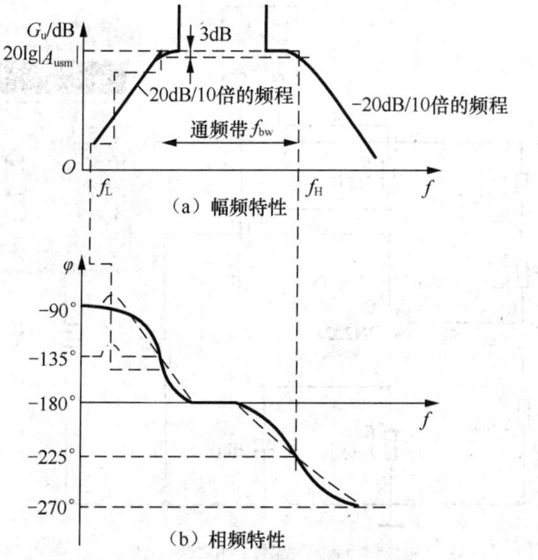

图 2.5.6　共射极基本放大电路的幅频和相频特性曲线

第六节　放大电路的 Multisim 仿真

一、放大电路静态工作点的测试与调整

应用 Multisim 10 仿真软件对放大电路的静态工作点进行测试，并观察静态工作点变化对电路输出波形的影响。

1．静态工作点的测试

在电子仿真软件 Multisim 10 基本界面的电子平台上组建图 2.6.1 所示的仿真电路，从虚拟仪表工具条中调出虚拟万用表，将其接入电路相关位置（如图 2.6.2 所示），分别测出 U_{Rc}、U_{CEQ}、U_{BEQ} 的值，并计算电路的静态工作电流 $I_{CQ}=\frac{U_{R_c}}{R}$，静态工作点测试结果如表 2.6.1 所示。

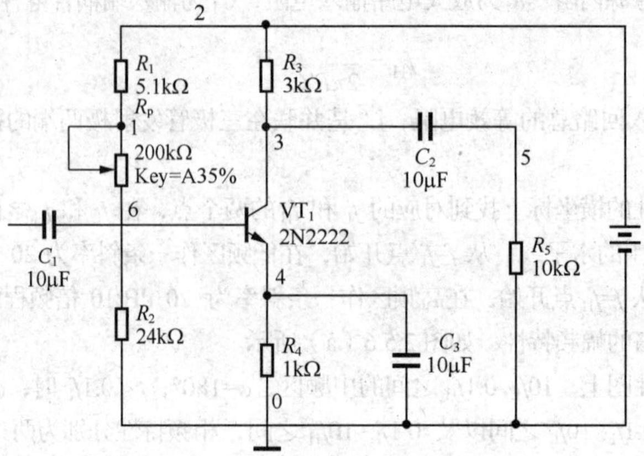

图 2.6.1　基本放大电路仿真图

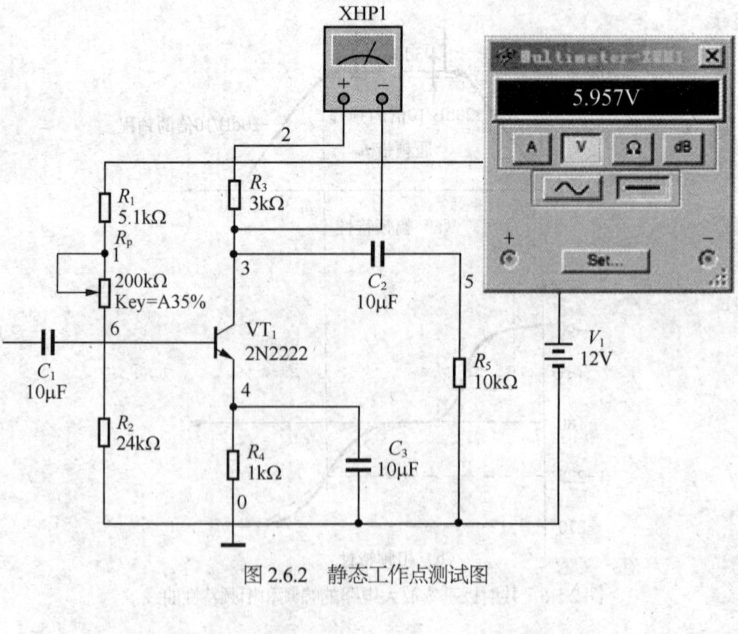

图 2.6.2　静态工作点测试图

表 2.6.1　静态工作点数据

V_1	U_{Rc}	I_{CQ}（mA）	U_{CEQ}（V）	U_{BEQ}（V）
12 V	5.597 V	2 mA	3.399 V	643.171 mV

2．放大电路的非线性失真

从虚拟仪表工具条中调出虚拟函数发生器和虚拟双踪示波器，将虚拟函数信号发生器接入信号输入端，将虚拟双踪示波器的两个通道分别接电路的输入端和输出端，如图 2.6.3 所示。

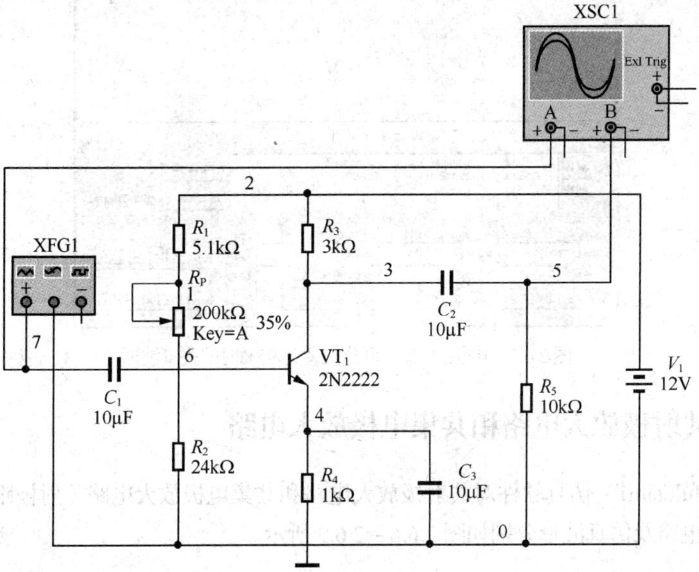

图 2.6.3　基本放大电路仿真图

（1）将图 2.6.3 所示电路中的电位器 R_p 的百分比调为 10%，观察此时电路的输入和输出波形如图 2.6.4 所示。从图中可以看出，由于电位器 R_p 的阻值太小，电路的静态工作点设置过高，导致电路输出波形出现底部失真（即饱和失真）。

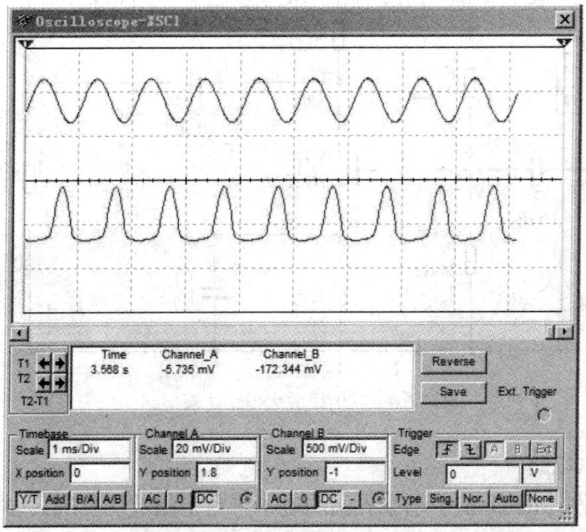

图 2.6.4　电位器 R_p 的百分比调为 10%时的失真波形

（2）将图 2.6.3 所示电路中的电位器 R_p 的百分比调为 95%，观察此时电路的输入和输出波形如图 2.6.5 所示。从图中可以看出，由于电位器 R_P 的阻值太大，电路的静态工作点设置过低，导致电路输出波形出现顶部失真（即截止失真）。

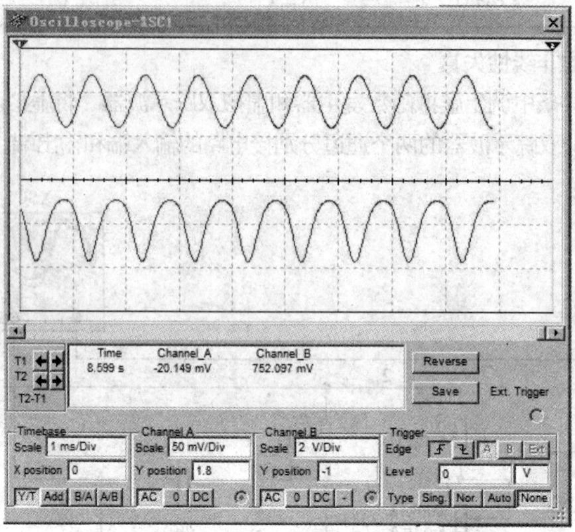

图 2.6.5　电位器 R_P 的百分比调为 95%时的失真波形

二、共射极放大电路和共集电极放大电路

应用 Multisim10 仿真软件对共射极放大电路和共集电极放大电路（射极跟随器）进行虚拟仿真，电路及仿真波形分别如图 2.6.6～2.6.9 所示。

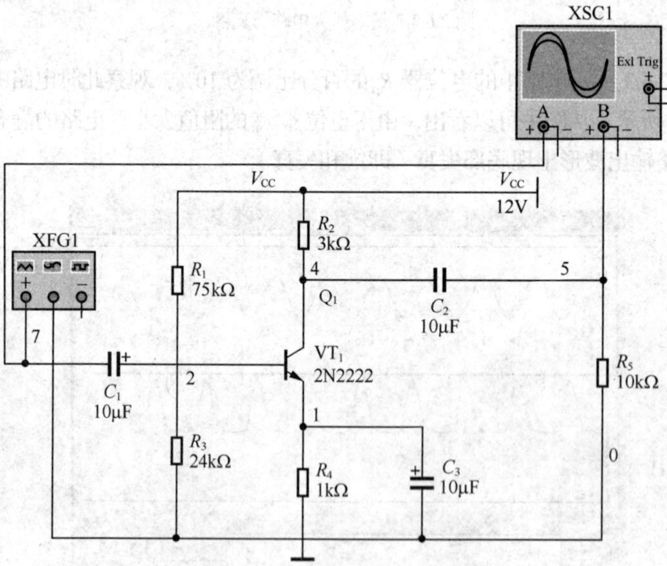

图 2.6.6　共射极放大电路仿真电路

1．共射极放大电路

在电子仿真软件 Multisim10 基本界面的电子平台上组建仿真的共射极放大电路，将虚拟函数信号发生器接入信号输入端，将虚拟双踪示波器的两个通道分别接电路的输入端和输出端，如图 2.6.6 所示。打开虚拟双踪示波器，可以看到输入信号和放大后的输出信号波形如图 2.6.7 所示。当输入端输入正弦信号时，在输出端负载 R_L 上也产生了正弦信号，但输出

电压产生了 180°的相移。从屏幕下方“T1”右侧“Channel_A”下方可读出输入信号的幅值为“9.993 mV”；从“T2”右侧“Channel_B”下方可读出输入信号的幅值为“923.378 mV”，从而得到该单级共射放大电路的电压放大倍数约为 92.4。

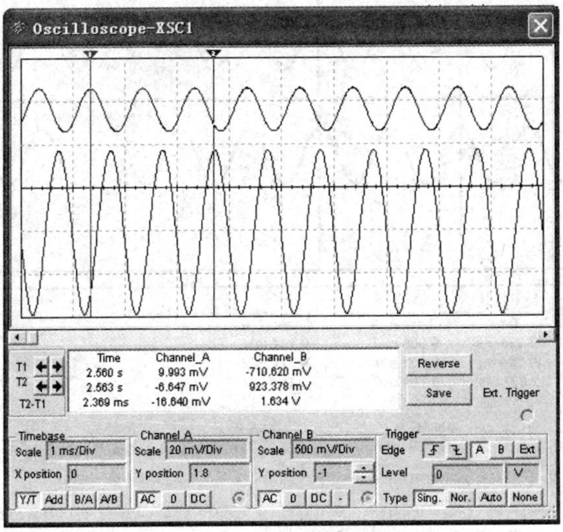

图 2.6.7　共射极放大电路仿真波形

2．共集电极放大电路

图 2.6.8、2.6.9 分别是在电子仿真软件 Multisim 10 基本界面的电子平台上组建的共集电极放大电路和其仿真波形。比较输入信号和放大后的输出信号波形，可以看到，当输入端输入正弦信号时，在输出端负载 R_L 上也产生了正弦信号，且输出电压的波形与输入电压同相。从屏幕下方“T1”右侧“Channel_A”下方可读出输入信号的幅值为“9.958 mV”；从“T2”右侧“Channel_B”下方可读出输入信号的幅值为“9.771 mV”，从而得到该单级共集电极放大电路的电压放大倍数约为 1，即发射极的交流信号几乎跟随基极的交流信号。

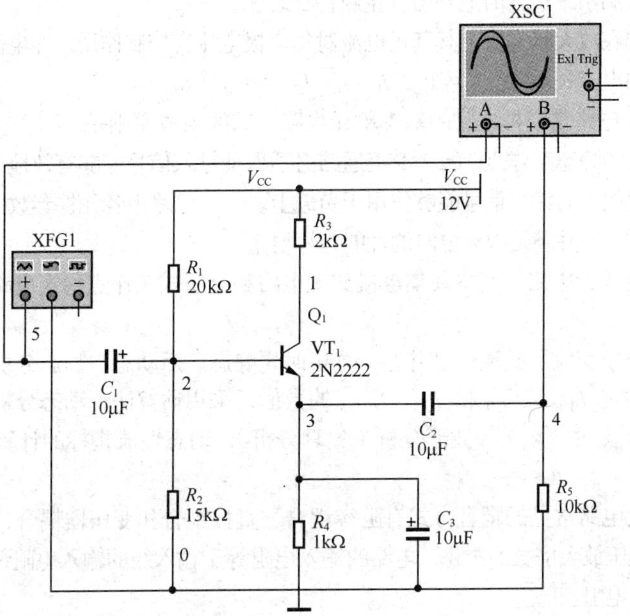

图 2.6.8　共集电极放大电路仿真电路

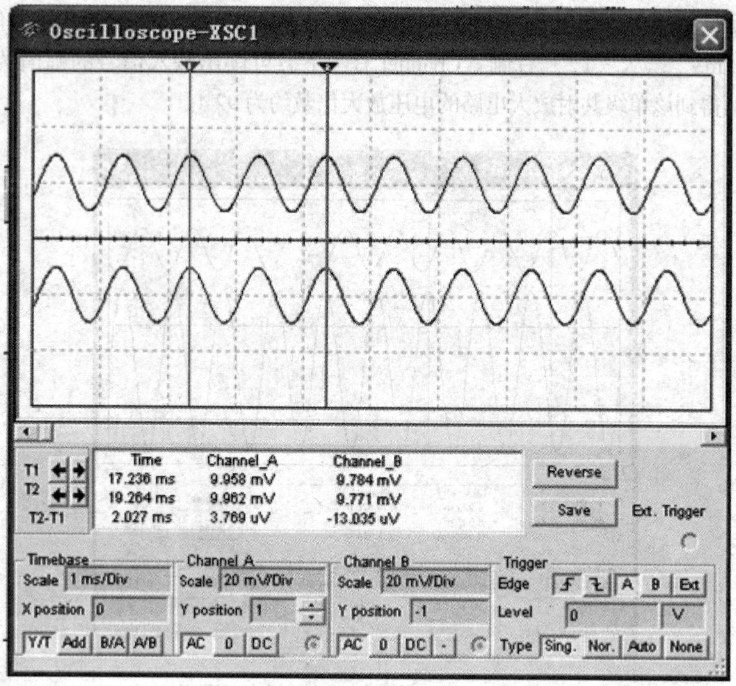

图 2.6.9　共集电极放大电路仿真波形

本章小结

♦ 三极管由两个 PN 结背对背构成，它有 3 种工作状态：截止、放大和饱和状态，各工作状态的偏置条件和特点均不同。在模拟电子线路中，主要利用三极管的放大状态；而在数字电路中，主要利用三极管的饱和与截止两种状态。

三极管工作在放大状态时，其基极电流对集电极电流有控制作用，即电流放大作用。三极管 3 个电极的电流关系为：$I_C \approx \beta I_B$，$I_E = I_B + I_C \approx (1+\beta) I_B$。

♦ 基本放大电路是模拟电路的基本单元电路，它的组成原则是：（1）直流通路必须保证三极管有合适的静态工作点。（2）交流通路必须保证输入信号能够有效地作用到放大电路的输入端，经过放大的输出信号能够作用于负载上。（3）电路中各元件参数的选择要保证信号能不失真地放大，并满足放大电路的性能指标要求。

♦ 基本共射放大电路、基本共集电极放大电路和分压式工作点稳定电路是常用的单管放大电路。

♦ 放大电路中交流、直流信号并存，分析时先静态、后动态。静态分析主要是计算静态工作点，即确定 I_{BQ}、U_{BEQ} 和 I_{CQ}、U_{CEQ} 的数值，采用估算法；动态分析则包括计算动态性能指标（$\dot{A}_u$、R_i、R_o）和波形分析（失真分析），动态性能指标的计算采用微变等效电路法。

♦ 多级放大电路常见的耦合方式有阻容耦合、直接耦合和变压器耦合，其总的电压放大倍数为各级电压放大倍数的乘积，电路的输入电阻等于输入级的输入电阻，输出电阻则等于输出级的输出电阻。

习题

2.1 填空题

(1)要使晶体管具有电流放大作用，必须满足发射结偏_______、集电结_______偏的条件。对于 NPN 型晶体管，3 个电极的电位要求是_______。

(2)三极管工作在饱和区时，发射结为_______，集电结为_______；工作在截止区时，发射结为_______，集电结为_______。

(3)在对放大电路进行静态分析时，由于电容具有隔直作用，所以电路中的电容可视为______路；进行动态分析时，耦合电容和旁路电容容量较大，容抗很小，可视为______路。

(4)晶体管放大电路中，根据公共端接地电极的不同，可以分为________、________和________3 种放大电路。

(5)当 NPN 型晶体管工作在放大区时，各极电位关系为 u_C_______u_B_______u_E。

(6)共射极放大电路中输出电压与输入电压相位_______，共集电极放大电路中输出电压与输入电压相位_______，共基极放大电路中输出电压与输入电压相位_______。

(7)由 NPN 晶体管组成的单级共射电压放大器，在正常的输入信号下，若输出电压波形正半周出现了失真，是由于工作点设置偏_______，出现的叫_______失真。

(8)共集电极放大电路具有电压放大倍数_______、输入电阻_______、输出电阻______等特点，所以常用在输入级、输出级或缓冲级。

(9)当信号频率等于放大电路的 f_L 或 f_H 时，放大倍数的值约下降到中频时的______倍。

2.2 简答题

(1)半导体三极管为什么可以作为放大器件来使用，其放大的原理是什么?

(2)什么是放大电路的静态工作点，如何设置合适的静态工作点？如静态工作点设置不当会出现什么问题?

(3)放大电路的组成原则是什么?

(4)对放大电路的输入电阻和输出电阻有何要求?

(5)3 种基本放大电路各有哪些特点?

(6)什么是耦合？多级放大电路的耦合方式有哪些？各有何特点?

2.3 有两只三极管，一只的 β=200，I_{CEO}=200 μA；另一只的 β=100，I_{CEO}=10 μA，其他参数大致相同。你认为应选用哪只管子？为什么?

2.4 已知两只三极管的电流放大系数 β 分别为 50 和 100，现测得放大电路中这两只管子两个电极的电流如题图 2.1 所示。试分别标出另一电极电流的实际方向，并在圆圈中画出管子的电路符号。

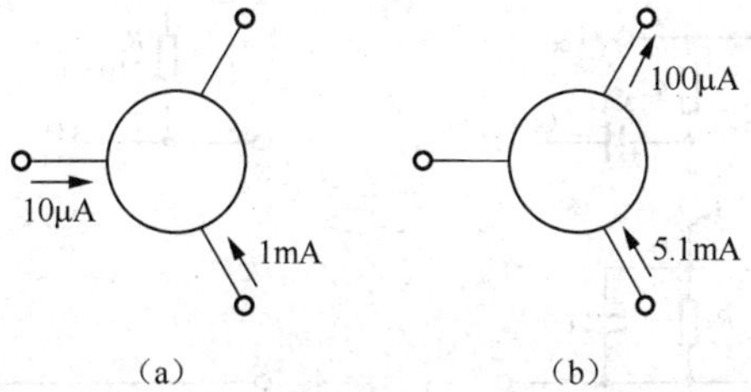

题图 2.1

2.5 测得放大电路中 6 只三极管的直流电位如题图 2.2 所示。在圆圈中画出管子，并分别说明它们是硅管还是锗管。

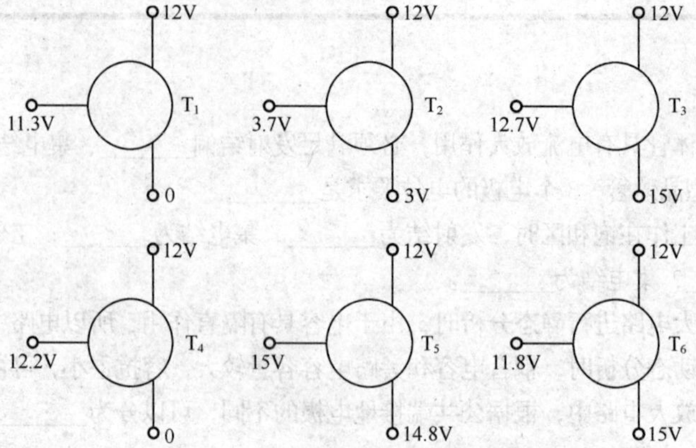

题图 2.2

2.6 用万用表直流电压挡测得电路中三极管各电极的对地电位如题图 2.3 所示，试判断这些晶体管分别处于那种工作状态（饱和、截止、放大或已损坏）。

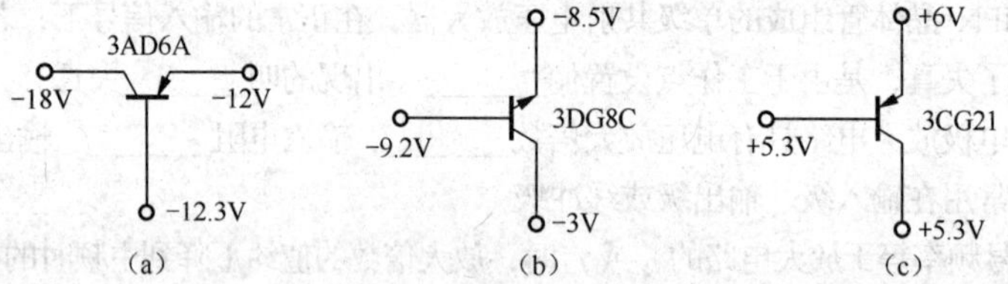

题图 2.3

2.7 电路如题图 2.4 所示，试分析各电路是否能够放大正弦交流信号，简述理由。设图中所有电容对交流信号均可视为短路。

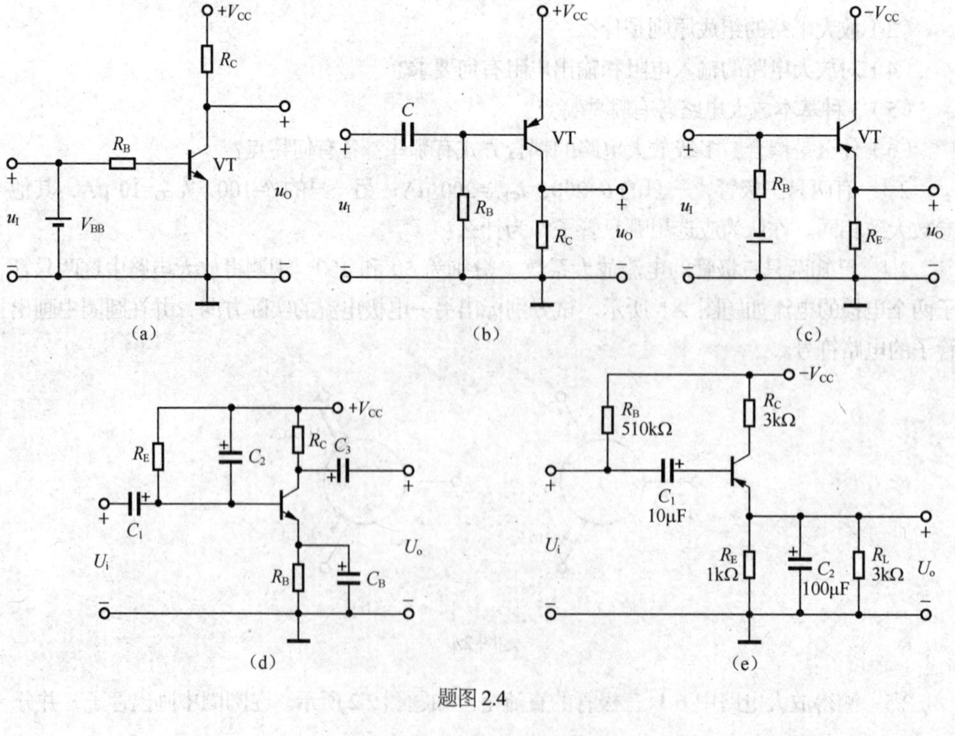

题图 2.4

2.8 在题图 2.5 所示电路中，已知 V_{CC}=12 V，晶体管的β=100，R_B=100 kΩ。（1）当 U_i=0 V 时，测得 U_{BEQ}=0.7 V，若要基极电流 I_{BQ}=20 μA，则 R_B 和 R_W 之和 R_B' 等于多少？若测得 U_{CEQ}=6 V，则 R_c 等于多少？（2）若测得输入电压有效值 U_i=5 mV 时，输出电压有效值 U_o=0.6 V，则电压放大倍数 A_u 等于多少？若负载电阻 R_L 值与 R_C 相等，则带上负载后输出电压有效值 U_o 又为多少？

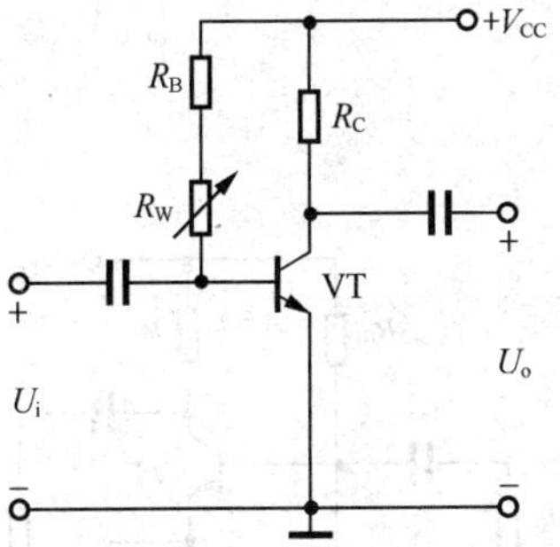

题图 2.5

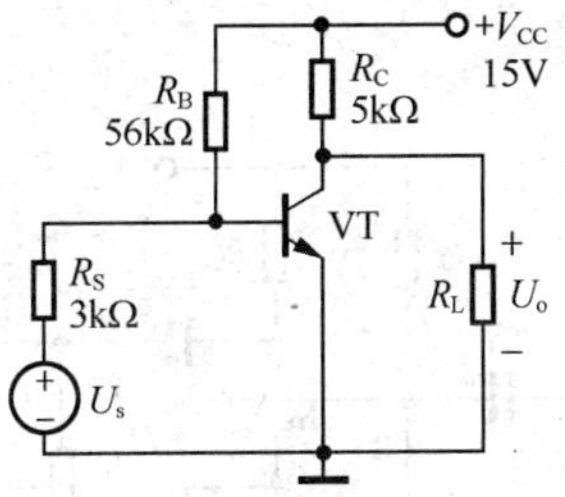

题图 2.6

2.9 电路如题图 2.6 所示，三极管的β=80，$r_{bb'}$ =100 Ω。分别计算 R_L=∞和 R_L=3 kΩ 时的 Q 点、A_u、R_i 和 R_o。

2.10 在题图 2.7 所示电路中，已知晶体管静态时 U_{BEQ}=0.7 V，电流放大系数为 β=80，r_{be}=1.2 kΩ，R_B=500 kΩ，R_C=R_L=5 kΩ，V_{CC}=12 V。

（1）估算电路的静态工作点、电压放大倍数、输入电阻和输出电阻。

（2）估算信号源内阻为 R_S=1.2 kΩ 时，$A_{us}=U_o/U_S$ 的数值。

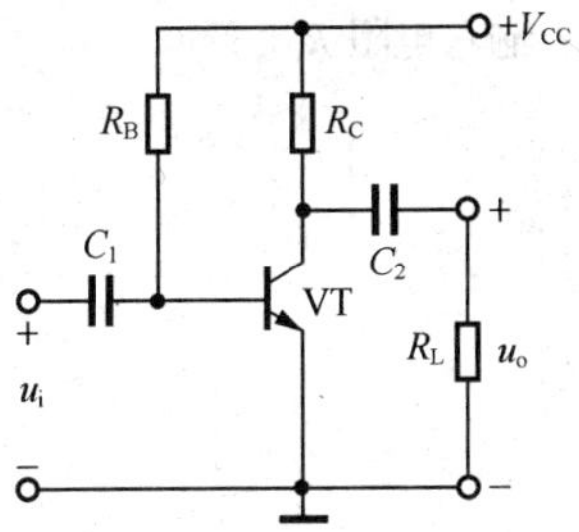

题图 2.7

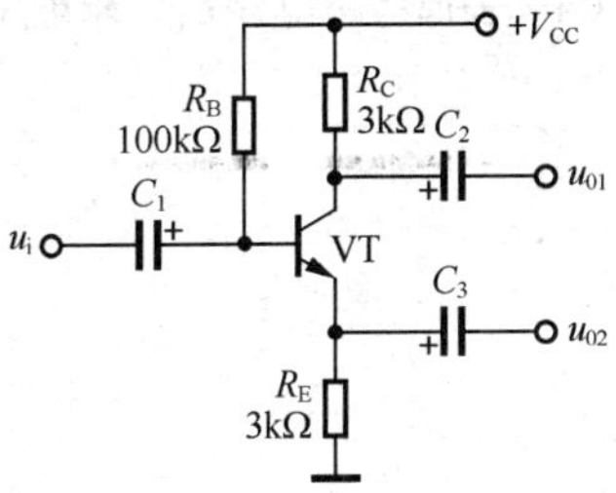

题图 2.8

2.11 设题图 2.8 所示电路所加输入电压为正弦波。

（1）计算 $A_{u1}=U_{o1}/U_i$ 和 $A_{u2}=U_{o2}/U_i$ 的数值；

（2）画出输入电压和输出电压 u_i、u_{o1}、u_{o2} 的波形。

2.12 在调试放大电路的过程中，对于图 2-9（a）所示的放大电路，当输入为正弦波时，曾出现过如图 2-9（b）、（c）、（d）所示 3 种不正常的输出电压波形。试判断这 3 种情况是分别产生了什么失真，应如何调整电路参数，才能消除失真？

2.13 若某放大电路的电压放大倍数为 100，则换算为对数电压增益是多少分贝（dB）？另一放大电路的对数电压增益为 80 dB，则相当于电压放大倍数为多少？

*2.14 在如题图 2.10 所示的放大电路中，已知三极管 β=50，设 V_{CC} =10 V，R_{b1}=4 kΩ，R_{b2}=6 kΩ，R_c=2 kΩ，R_e =3.3 kΩ，R_L=2 kΩ，$r_{bb'}$ 约为 200 Ω，电容 C_1、C_2 和 C_E 都足够大。试计算电路的静态工作点 Q 和电压放大倍数 A_u；若更换三极管，使 β 由 50 改为 100，则此放大电路的静态工作点 Q 和电压放大倍数 A_u 如何变化？

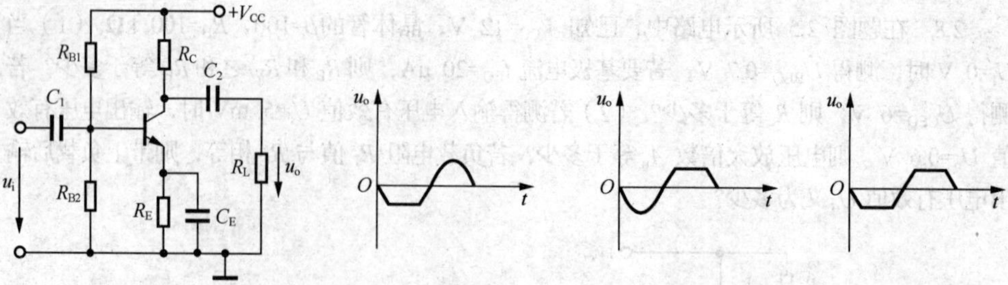

(a) (b) (c) (d)

题图 2.9

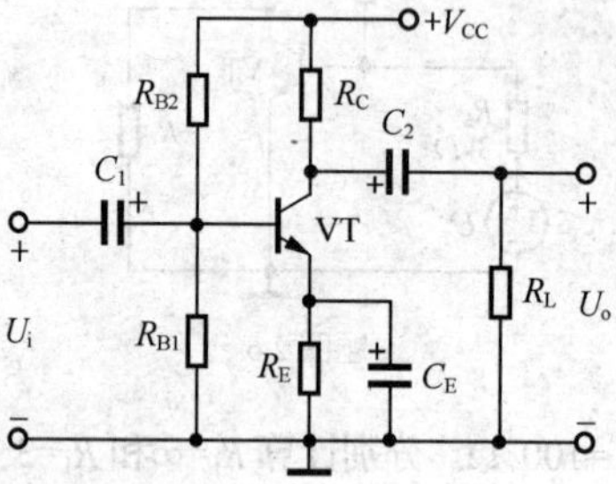

题图 2.10

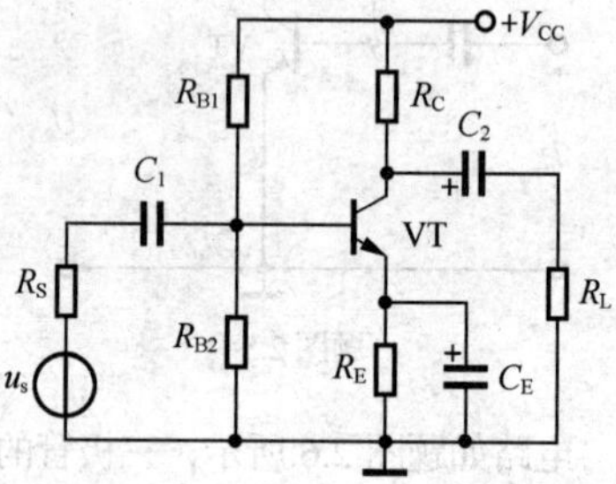

题图 2.11

*2.15 放大电路如题图 2.11 所示，已知三极管电流放大系数 β=50，设 V_{CC}=12 V，R_S=10 kΩ，R_{B1}=120 kΩ，R_{B2}=39 kΩ，R_C=3.9 kΩ，R_E=2.1 kΩ，R_L=3.9 kΩ，$r_{bb'}$ 约为 200 Ω，电路中电容容量足够大，要求：（1）求静态值 I_{BQ}、I_{CQ} 和 U_{CEQ}（设 U_{BEQ}=0.6 V）；（2）画出放大电路的微变等效电路；（3）求电压放大倍数 A_u，源电压放大倍数 A_{us}，输入电阻 R_i，输出电阻 R_o；（4）去掉旁路电容 C_E，求电压放大倍数 A_u、输入电阻 R_i。

第三章 集成运算放大器

【内容导读】

本章讲述集成运算放大器的组成及各部分的功能、集成运算放大器的主要性能指标、集成运算放大器的选择及理想运算放大器的工作特性。

在放大电路中引入负反馈可以提高增益的稳定性，扩展通频带，减少非线性失真及按需要调节放大电路的输入阻抗和输出阻抗。本章讲述反馈的基本概念及负反馈的 4 种基本类型，导出反馈的一般表示法，然后讨论负反馈对放大电路性能的影响。

集成运算放大器具有广泛的应用，本章讲述集成运算放大器应用电路的分析方法，讨论集成运算放大器构成的常见线性应用电路和非线性应用电路，它不仅用于信号的运算、处理、变换和测量，而且还常用于构成各种信号产生电路。

第一节 集成电路概述

集成电路分为模拟集成电路和数字集成电路两大类。模拟集成电路种类繁多，有集成运算放大器、集成电压比较器、集成功率放大器、集成乘法器、集成稳压器、集成锁相环路与频率合成器、集成模—数转换器与数—模转换器等。

一、集成电路及其发展

集成电路是 20 世纪 60 年代初期发展起来的一种新型电子器件。它采用硅平面制造工艺，将二极管、晶体管、电阻、电容等元器件以及它们之间的连线同时制造在一小块半导体基片上，构成具有特定功能的电子电路。

自从集成电路诞生以来，经历了以下几个发展阶段：小规模集成电路，即在一块半导体芯片上（常见的芯片是面积约为几个平方毫米，厚约 0.2 mm 的半导体硅片），集成的晶体管和元件数目小于 100；中规模集成电路，集成的元件数在 100 ~ 1 000 之间；大规模集成电路，集成的元件数在 $10^3 \sim 10^5$ 之间；超大规模集成电路，集成的元件数大于 10^5。

随着各种先进的半导体制造工艺，如 CB 工艺、Flash 双极工艺、亚微米双极工艺、BiMOS 工艺、LC^2MOS 工艺等的日趋成熟和发展，以及集成电路制造技术的发展和电流模电路理论与技术在集成电路设计中的应用，集成运算放大器及其他模拟集成电路的转换速率、频率和精度将会进一步提高，性能将日趋完善。集成电路的应用将越来越广泛。

二、集成电路的特点及分类

集成运算放大器采用集成电子技术制造而成。与分立元件所构成的电路相比，集成电路具有如下特点。

（1）利用集成制造工艺制作出来的元器件，参数精度不高，离散性较大，易受温度影响。但各元器件相距很近，故参数的一致性较好，温度性能基本上可保持一致，非常适合制造要求对称性很好的差动放大器的“对管”。

（2）电路中的二极管，常用作温度补偿或电平移动，由于集成电路中制造晶体管比较容易，所以常用晶体管的发射结构成二极管。

（3）集成电路中的电阻是利用硅半导体的体电阻构成的，优点是制造比较方便，但阻值范围受到限制，通常在几十欧至几十千欧之间。超出此范围的电阻和电位器要采用外接元件，在集成运放中，高阻值的电阻常用晶体管恒流源代替。

（4）集成电路中制造的电容容量一般小于 100 pF，而制造电感非常困难，所以在集成运放的电路中，各级间均采用直接耦合方式。

集成运放属于模拟集成电路，所以它也具有模拟集成电路的特点。例如，模拟集成电路的工作电压比数字集成电路要高，一般在 10 V～30 V，双电源的运放常要求正负对称的电源，所以对晶体管的击穿电压要求较高。另外，电路设计中常采用一些负反馈技术来减小元件参数的精度和分散性对电路指标的影响；非常重视对元件的匹配性及热平衡设计，以满足电路对参数匹配及温漂的要求。

与分立元件电路相比，集成电路具有的突出优点如下。

（1）体积、质量小。1946 年，美国制成了世界上第一台电子管电子计算机，用了 18 000 多只电子管，约 30 余吨，需要 170 多平方米的房屋面积才能放得下，但它的运算速度只有每秒 5 000 次左右。目前采用超大规模集成电路工艺制成的计算机的 CPU 芯片，质量才几十克，体积和一个火柴盒差不多，但它的运算速度可达每秒百万次以上。

（2）可靠性高，寿命长。半导体集成电路的可靠性与普通晶体管相比，可以说提高了几十万倍以上。例如，1964 年的晶体管电子计算机的故障间隔平均时间为 73 小时，而 1964 年的半导体集成电路电子计算机为 4 650 小时；到 1970 年时，达到了 12 400 小时；1985 年 Intel 公司生产的 8398 单片机，平均无故障工作时间为 3.8×10^7 小时（片内含有 12 万个晶体管）。显而易见，集成化程度越高，可靠性越高。

（3）速度高，功耗低。晶体管电子计算机运算速度为每秒几十万次，普通集成电路的运算速度每秒可达几百万次。目前，我国用大规模和超大规模集成电路组装的计算机，其运算速度每秒已达 10 亿次。

在功耗方面，一台晶体管收音机（交流电源供电）所消耗的功率不到 1 W，而集成单元电路的功耗只有几十微瓦，相当于一个晶体管功耗的 1‰。

（4）成本低。在应用上，如果要达到电子线路的同样功能，采用集成电路和采用分立元件电路相比，前者的成本要低许多。原因有二：第一，集成电路的器件价格比组成电路的分立元件低，一块集成电路中不论含有多少只晶体管，最后只需一只外壳来封装，而对分立元件，有多少只晶体管就要有多少只外壳封装，有时外壳的成本比管芯的成本还高。第二，分立元件电路投入安装调试的劳动力成本高出了集成电路很多。随着科学技术水平的不断提高，集成电路集成化程度将不断提高，制造成本也会日趋降低。

经过多年的发展，模拟运算放大器技术已经很成熟，性能日臻完善，品种极多。一般对集成模拟运算放大器的分类采用按工艺分类和按功能/性能分类两种方法。这里按照功能/性能进行分类，工艺分类见附录。

按照功能/性能分类，模拟运算放大器一般可分为通用运放、低功耗运放、精密运放、高输入阻抗运放、高速运放、宽带运放、高压运放。另外还有一些特殊运放，例如程控运放、电流运放、电压跟随器等。

需要说明的是，随着技术的进步，上述分类的门槛一直在变化。例如以前的 LM108 最初是归入精密运放类，现在只能归入通用运放了。另外，有些运放同时具有低功耗和高输入阻抗，或者与此类似，这样就可能同时归入多个类中。

通用运放实际就是具有最基本功能的最廉价的运放。这类运放用途广泛，使用量最大。

低功耗运放是在通用运放的基础上大大降低了功耗，可以用于对功耗有限制的场所，例如手持设备。它静态功耗低，工作电压可以低到接近电池电压，在低电压下还能保持良好的电气性能。随着 MOS 技术的进步，低功耗运放已经不是个别现象。低功耗运放的静态功耗一般低于 1 mW。

精密运放是指漂移和噪声非常低、增益和共模抑制比非常高的集成运放，也称作低漂移运放或低噪声运放。这类运放的温度漂移一般低于 1 μV/℃。由于技术进步的原因，早期的部分运放的失调电压比较高，可能达到 1 mV；现在精密运放的失调电压可以达到 0.1 mV；采用斩波稳零技术的精密运放的失调电压可以达到 0.005 mV。精密运放主要用于对放大处理精度有要求的地方，例如自控仪表等。

高输入阻抗运放一般是指采用结型场效应管或是 MOS 管作为输入级的集成运放，这包括了全 MOS 管做的集成运放。高输入阻抗运放的输入阻抗一般大于 $10^9\Omega$。作为高输入阻抗运放的一个附带特性就是转换速度比较高。高输入阻抗运放用途十分广泛，例如采样保持电路、积分器、对数放大器、测量放大器和带通滤波器等。

高速运放是指转换速度较高的运放，一般转换速度在 100 V/μs 以上。高速运放用于高速 A/D 或 D/A 转换器、高速滤波器、高速采样保持、锁相环电路、模拟乘法器和视频电路中。目前最高转换速度已经可以做到 6 000 V/μs。

宽带运放是指-3 dB 带宽（BW）比通用运放宽得多的集成运放。很多高速运放都具有较宽的带宽，也可以称作高速宽带运放。这个分类是相对的，同一个运放在不同使用条件下的分类可能有所不同。宽带运放主要用于处理输入信号带宽较宽的电路。

高压运放是为了解决高输出电压或高输出功率的要求而设计的。在设计中，主要解决电路的耐压、动态范围和功耗的问题。高压运放的电源电压可以高于±20 V DC，输出电压可以高于±20 V DC。当然，高压运放可以用通用运放在输出后面外扩晶体管/MOS 管来代替。

【拓展知识】

集成电路根据制造工艺可分为哪几类?

根据制造工艺，目前应用的集成模拟运算放大器可以分为标准硅工艺运算放大器、在标准硅工艺中加入了结型场效应管工艺的运算放大器、在标准硅工艺中加入了 MOS 工艺的运算放大器。运算放大器的制造工艺对放大器性能有着显著的影响。

标准硅工艺的集成模拟运算放大器的特点是开环输入阻抗低、输入噪声低、增益稍低、成本低、精度不太高、功耗较高。这是由于标准硅工艺的集成模拟运算放大器内部全部采用

NPN-PNP 管，它们是电流型器件，输入阻抗低、输入噪声低、增益低、功耗高的特点，即使输入级采用多种技术改进，仍然无法摆脱输入阻抗低的问题，典型开环输入阻抗在 1 MΩ 数量级。为了顾及频率特性，中间增益级不能过多，使得总增益偏小，一般在 80～110 dB 之间。标准硅工艺可以结合激光修正技术，使集成模拟运算放大器的精度大大提高，温度漂移指标目前可以达到 0.15 ppm。通过变更标准硅工艺，可以设计出通用运放和高速运放，典型代表是 LM324。

在标准硅工艺中加入了结型场效应管工艺的运算放大器，主要是将标准硅工艺的集成模拟运算放大器的输入级改进为结型场效应管，大大提高运放的开环输入阻抗，同时提高通用运放的转换速度，其他与标准硅工艺的集成模拟运算放大器类似。典型开环输入阻抗在 1 000 MΩ数量级，典型代表是 TL084。

在标准硅工艺中加入了 MOS 场效应管工艺的运算放大器分为三类，一类是将标准硅工艺的集成模拟运算放大器的输入级改进为 MOS 场效应管，比结型场效应管大大提高运放的开环输入阻抗，同时提高通用运放的转换速度，其他与标准硅工艺的集成模拟运算放大器类似。典型开环输入阻抗在 10^{12}Ω数量级，典型代表是 CA3140。第二类是采用全 MOS 场效应管工艺的模拟运算放大器，它大大降低了功耗，但是电源电压降低，功耗大大降低，它的典型开环输入阻抗在 10^{12}Ω数量级。第三类是采用全 MOS 场效应管工艺的模拟数字混合运算放大器，采用所谓斩波稳零技术，主要用于改善直流信号的处理精度，输入失调电压可以达到 0.01 μV，温度漂移指标目前可以达到 0.02 ppm。在处理直流信号方面接近理想运放特性。它的典型开环输入阻抗在 10^{12}Ω数量级，典型产品是 ICL7650。

第二节　集成运算放大器的基本组成及功能

从原理上说，集成运算放大电路（即集成运放）的内部实质上是一个高放大倍数的多级直接耦合放大电路。它通常包含 4 个基本组成部分，即输入级、中间级、输出级和偏置电路，如图 3.2.1 所示。

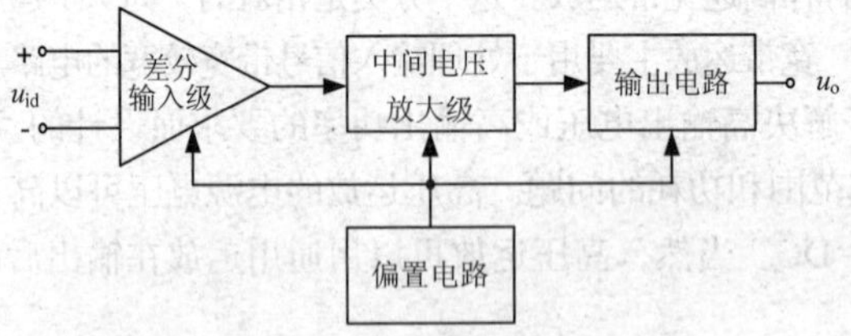

图 3.2.1　集成运算放大器的基本组成部分

偏置电路的作用是向各级放大电路提供合适的偏置电流，确定各级静态工作点。各个放大级对偏置电流的要求各不相同。对于输入级，通常要求提供一个比较小（一般为微安级）的偏置电流，而且非常稳定，以便提高集成运算放大器的输入电阻，降低输入偏置电流、输入失调电流及其温漂等。在集成电路中，大多采用电流源的形式作为偏置电路。

输入级由差动放大电路组成。它具有很高的输入电阻，能很好地克服零点漂移。

中间级由一至二级直接耦合的共发射极电路构成。信号的放大主要是在这一级完成，它的电压放大倍数非常高。

输出级大多采用互补对称功率放大电路。电路的输出电阻很低，输出功率大，带负载能力强。

一、偏置电路

偏置电路为各级电路提供合适的静态工作电流，它由各种电流源电路组成，常用的偏置电路有以下几种。

1．镜像电流源电路

镜像电流源是由三极管电流源演变而来，如图 3.2.2 所示，图中晶体管 VT_1 和 VT_2 具有完全相同的输入特性和输出特性，且由于两管的 b、e 极分别相连，$U_{BE1}=U_{BE2}$，$I_{B1}=I_{B2}$，因而就像照镜子一样，VT_1 的集电极电流和 VT_2 的相等，所以该电路称为镜像电流源。由图可知，VT_1 管的 b、c 极相连，VT_1 管处于临界放大状态，电阻 R 中电流 I_{REF} 为基准电流，可以表示为：

$$I_{REF}=\frac{V_{CC}-U_{BEQ}}{R} \tag{3.2.1}$$

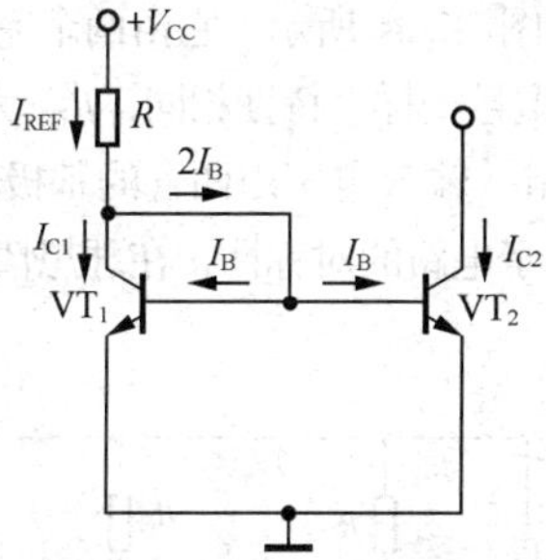

图 3.2.2　镜像电流源

且 $I_{REF}=I_{C1}+I_{B1}+I_{B2}=I_{C2}+2I_{B1}=(1+2/\beta)I_{C2}$，所以当 $\beta\gg 2$ 时，有：

$$I_{C2}\approx I_{REF}=\frac{V_{CC}\text{-}U_{BEQ}}{R} \tag{3.2.2}$$

可见，只要电源 V_{CC} 和电阻 R 确定，则 I_{C2} 就确定，恒定的 I_{C2} 可作为提供给某个放大级的静态偏置电流。另外，在镜像电流源中，T_1 的发射结对 T_2 具有温度补偿作用，可有效地抑制 I_{C2} 的温漂。例如，当温度升高使 T_2 的 I_{C2} 增大的同时，也使 T_1 的 I_{C1} 增大，从而使 U_{BE1}（U_{BE2}）减小，使得 I_{B2} 减小，这样就阻止了 I_{C2} 的增加。

镜像电流源的优点是结构简单，而且具有一定的温度补偿作用；缺点是当直流电源 V_{CC} 变化时，输出电流 I_{C2} 几乎按同样的规律波动，可见不适用于直流电源在大范围内变化的集成运算放大器。此外，若输入级要求微安级的偏置电流，则所用电阻 R 值将达兆欧级，在集成电路中无法实现。

2．微电流源

为了得到微安级的输出电流，同时又希望电阻值不太大，可以在镜像电流源的基础上，在 T_2 的射极电路接入电阻 R_{E2}，如图 3.2.3 所示。这种电流源称为微电流源。

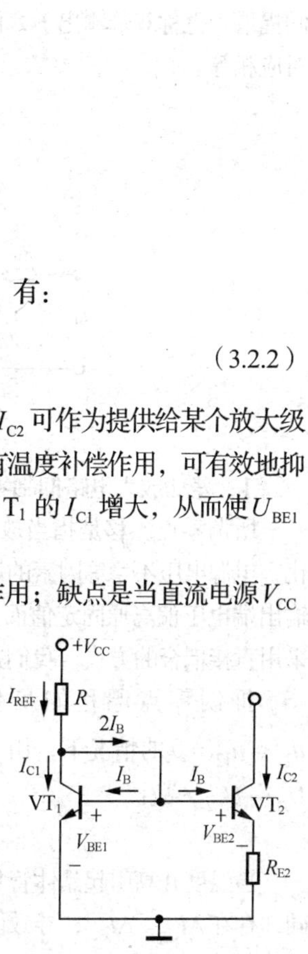

图 3.2.3　微电流源

当基准电流 I_{REF} 一定时，I_{C2} 可确定如下：

因为 $$U_{BE1}\text{-}U_{BE2}=\Delta U_{BE}=I_{E2}R_{E2}$$

所以

$$I_{C2} \approx I_{E2} = \frac{\Delta U_{BE}}{R_{E2}} \qquad (3.2.3)$$

由式（3.2.3）可知，利用两管发射结电压差ΔU_{BE}可以控制输出电流I_{C2}。由于ΔU_{BE}的数值较小，这样，用阻值不大的R_{E2}即可获得微小的工作电流，故称此电流源为微电流源。该电路由于 T_1、T_2是对管，两管基极又连在一起，当V_{CC}、R 和R_{E2}为已知时，基准电流$I_{REF} \approx V_{CC}/R$，当U_{BE1}、U_{BE2}一定时，I_{C2}也就确定了。在电路中，当电源电压V_{CC}发生变化时，I_{REF}以及ΔU_{BE}也将发生变化，由于R_{E2}的值一般为数千欧，使得$U_{BE2} \ll U_{BE1}$，以致 T_2的U_{BE2}值很小而工作在输入特性的弯曲部分，则I_{C2}的变化远小于I_{REF}的变化，故电源电压波动对工作电流I_{C2}的影响不大。

二、输入级——差动放大电路

从电路结构上说，差动放大电路由两个完全对称的单管放大电路组成。由于电路具有许多突出优点，因而成为集成运算放大器的基本组成单元。

最简单的差动放大电路如图 3.2.4 所示，它由两个完全对称的单管放大电路拼接而成。在该电路中，晶体管 T_1、T_2型号一样、特性相同，R_{B1}为输入回路限流电阻，R_{B2}为基极偏流电阻，R_C为集电极负载电阻。输入电压由两管的基极输入，输出电压从两管的集电极之间提取（也称双端输出），由于电路的对称性，在理想情况下，它们的静态工作点必然一一对应相等。

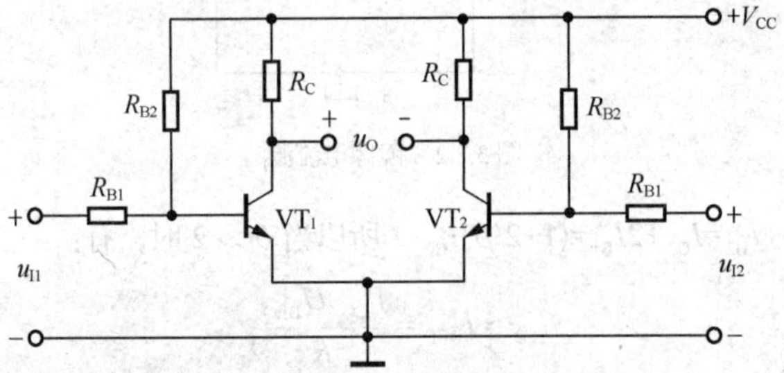

图 3.2.4　最简单的差动放大电路

1．差动放大电路抑制零点漂移作用

所谓零点漂移是指当放大电路输入信号为零（即没有交流电输入）时，由于受温度变化，电源电压不稳等因素的影响，使静态工作点发生变化，并被逐级放大和传输，导致电路输出端电压偏离原固定值而上下漂动的现象，它又被简称为"零漂"。运算放大器内部各级采用直接耦合的方式，我们知道直接耦合式放大电路的突出问题就是零点漂移。

抑制零点漂移的最佳方法之一就是采用差动放大器。在输入电压为零，$u_{I1} = u_{I2} = 0$的情况下，由于电路对称，存在$I_{C1} = I_{C2}$，所以两管的集电极电位相等，即$U_{C1} = U_{C2}$，故：

$$U_O = U_{C1} - U_{C2} = 0$$

当温度升高引起晶体管集电极电流增加时，由于电路对称，温度对两个晶体管的影响相同，存在$\Delta I_{C1} = \Delta I_{C2}$，导致两管集电极电位的下降量必然相等，即：

$$\Delta U_{C1} = \Delta U_{C2}$$

所以输出电压仍为零，即：

$$U_O = \Delta U_{C1} - \Delta U_{C2} = 0$$

由以上分析可知，在理想情况下，由于电路的对称性，输出信号电压采用从两管集电极间提取的双端输出方式，对于无论什么原因引起的零点漂移，均能有效地抑制。抑制零点漂移是差动放大电路最突出的优点。但必须注意，在这种最简单的差动放大电路中，每个管子的漂移仍然存在。

2．差动放大电路动态分析

差动放大电路的信号输入有共模输入、差模输入和比较输入 3 种类型，输出方式有单端输出和双端输出两种。下面主要对 3 种输入信号分别进行介绍。

（1）共模输入。在电路的两个输入端输入大小相等、极性相同的信号电压，这种输入方式称为共模输入。大小相等、极性相同的信号称为共模信号。

很显然，由于电路的对称性，在共模输入信号的作用下，两管集电极电位的大小、方向变化相同，输出电压为零（双端输出）。说明差动放大电路对共模信号无放大作用。共模信号的电压放大倍数为零。

（2）差模输入。在电路的两个输入端输入大小相等、极性相反的信号电压，即 $u_{I1} = -u_{I2}$，这种输入方式称为差模输入。大小相等、极性相反的信号称为差模信号。如图 3.2.4 所示电路中，设 $u_{I1} > 0$，$u_{I2} < 0$，则在 u_{I1} 的作用下，T_1 管的集电极电流 ΔI_{C1} 增大，导致集电极电位下降 ΔU_{C1}（为负值）；同理，在 u_{I2} 的作用下，T_2 管的集电极电流 ΔI_{C2} 减小，导致集电极电位升高 ΔU_{C2}（为正值），由于 $\Delta I_{C1} = -\Delta I_{C2}$，很显然，$\Delta U_{C1}$ 和 ΔU_{C2} 大小相等、一正一负，输出电压为：

$$U_O = \Delta U_{C1} - \Delta U_{C2}$$

例如，若 ΔU_{C1}=−2 V，ΔU_{C2}=2 V，则 $U_O = \Delta U_{C1} - \Delta U_{C2} = -2 - 2 = -4\text{V}$。

可见，差动放大电路对差模信号具有较好的放大作用，这也是其电路名称的由来。

（3）比较输入。两个输入信号电压大小和相对极性是任意的，既非差模，又非共模。这种比较输入的方式可以分解为上两种输入方式。

差动放大电路是依靠电路的对称性和采用双端输出方式，用双倍的元件换取有效抑制零漂的能力。对于每个单独的管子，零漂并未受到抑制。再者，电路的完全对称是不可能的。如果采用单端输出（从一个管子的集电极与地之间取输出电压）零点漂移就根本得不到抑制。为此，必须采用有效措施抑制每个管子的零点漂移。

三、差分放大器 Multisim 仿真

构建带有发射极回路调零电位器的差分放大电路，电路参数如图 3.2.5 所示，其中两个三极管的 β 均等于 100。通过仿真的方法来测量差分放大电路的直流工作点，观察输入与输出波形，测量差模电压放大倍数 A_{od} 和差模输入电阻 r_{id}。

利用 Multisim 的直流工作点分析功能测得电路的静态工作点如图 3.2.6 所示。

由上可知，$U_{BEQ1} = U_{BEQ2} = -7.05\text{mV} - (-746.53\text{mV}) \approx 0.74\text{V}$，$U_{CEQ1} = U_{CEQ2} = 5.60\text{V} - (-0.75\text{V}) = 6.35\text{V}$，故两管均工作在放大区。

加正弦输入电压，利用虚拟的示波器观察到输入电压 U_{i1} 和输出电压 U_{c1} 和 U_{c2} 的波形如图 3.2.7 所示。由图可见，U_{c1} 和 U_{c2} 的波形没有明显的非线性失真，且 U_{c1} 与 U_{i1} 反相，U_{c2} 与 U_{i1} 同相。

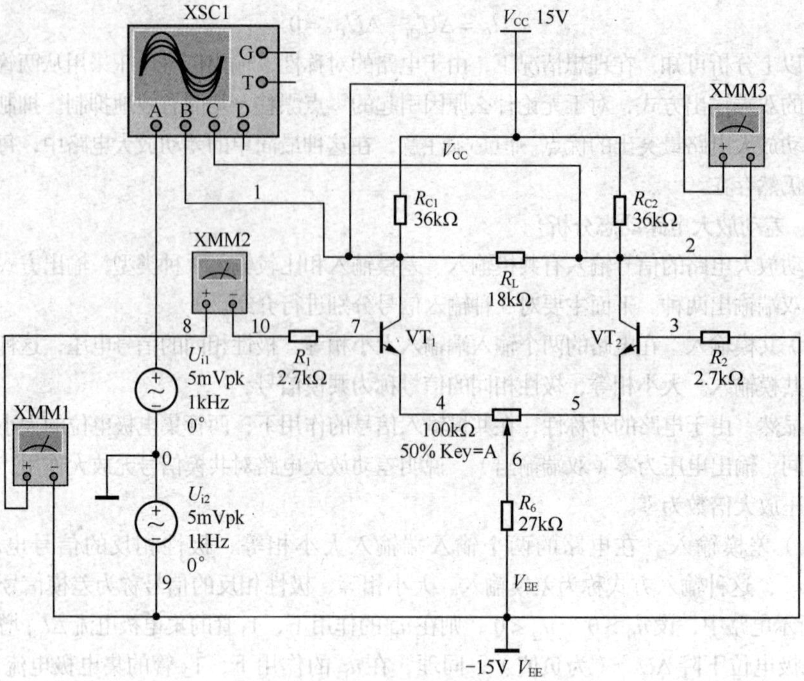

图 3.2.5　仿真电路图

Circuit1
DC Operating Point

	DC Operating Point	
1	V(5)	-746.52846 m
2	V(6)	-759.71391 m
3	V(4)	-746.52846 m
4	V(2)	5.60047
5	V(3)	-7.04963 m
6	V(1)	5.60047
7	V(7)	-7.04963 m

图 3.2.6　直流工作点

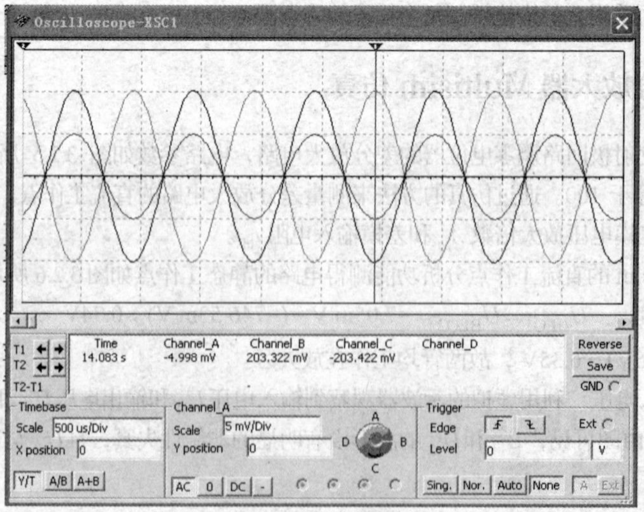

图 3.2.7　输入输出波形

由虚拟仪表测得输入电压、输入电流及输出电压的有效值如图 3.2.8 所示，其中 $U_{\rm i}=0.707\text{mV}$，$I_{\rm i}=200.295\text{nA}$，$U_{\rm o}=287.876\text{mV}$。

图 3.2.8　输入输出测量结果

由测量结果可以计算出：

$$A_{\rm od}=\frac{U_{\rm o}}{U_{\rm i1}}=\frac{287.876}{0.707}=40.7$$

$$r_{\rm id}=\frac{U_{\rm i}}{I_{\rm i}}=\frac{0.707\text{mV}}{200.295\text{nA}}=3.53\text{k}\Omega$$

四、输出级——推挽放大电路

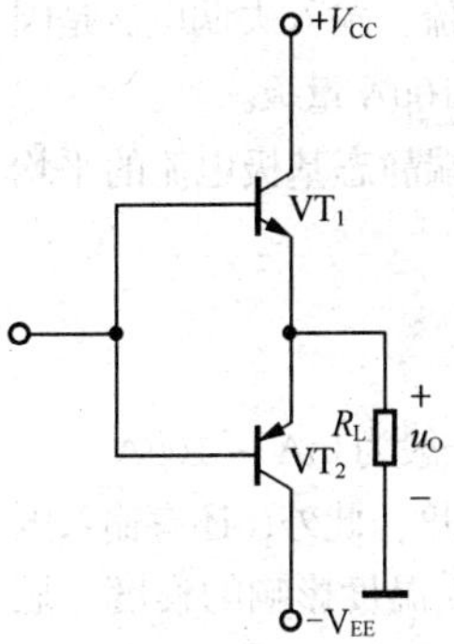

图 3.2.9　互补推挽放大电路

放大电路中的输出级应该有一定的带负载能力，输出电阻要小，动态范围要大。因此集成电路的输出级常采用互补推挽放大电路，如图 3.2.9 所示。图中 $\rm T_1$（NPN 型）和 $\rm T_2$（PNP 型）两个管子的参数相同，电源电压 $V_{\rm CC}=V_{\rm EE}$。静态时，输入信号为零，两管的发射结因零偏置而未导通，输出信号为零。在输入信号（正弦波）的正半周期间，$\rm T_1$ 导通，$\rm T_2$ 截止；负半周期间，$\rm T_2$ 导通、$\rm T_1$ 截止。在输入信号的一个完整周期内，两只管子轮流导通，各导通半个周期，负载上得到了一个完整波形的输出信号，所以称为互补推挽式放大电路。无论是 $\rm T_1$ 导通还是 $\rm T_2$ 导通，信号总是从基极输入、发射极输出。因而，该电路在正、负两个半周内均属于共集电极放大电路，它具有输出电压近似等于输入电压及输出电阻小的特点。当输入信号足够大时，$\rm T_1$（或 $\rm T_2$ 管）趋于饱和，输出电压的峰值将接近于电源电压，即：

$$U_{\rm op}=V_{\rm CC}-V_{\rm CES}$$

所以，双电源供电集成运放的输出动态范围将接近电源电压的两倍，即：

$$U_{\rm opp}=2(V_{\rm CC}-V_{\rm CES})$$

在实际应用中，当输入电压小于发射结死区电压时，两个管子都不导通，输出电压仍然等于零，所以，输出电压波形在过零点附近出现了失真，这种失真称为交越失真。为了克服交越失真，给 $\rm T_1$ 和 $\rm T_2$ 的发射结加一定的直流偏置，使其工作在微导通状态，只要有输入信号，$\rm T_1$（或 $\rm T_2$ 管）就能导通，输出电压波形就不会失真。克服交越失真的互补电路如图 3.2.10 所示。

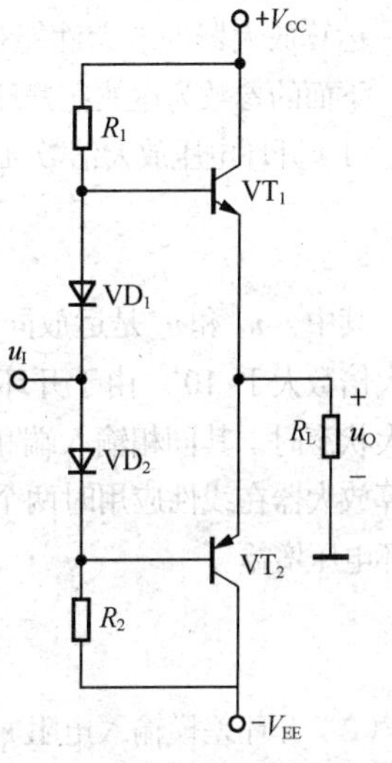

图 3.2.10　克服交越失真的互补电路

第三节 集成运算放大器的主要参数及使用

一、集成运算放大器的主要参数

为了正确、合理地选用集成运算放大器，首先必须了解其主要性能参数的含义。运放的参数繁多，为了易于理解，现分别从运放的静态特性、差模特性和共模特性等几个方面介绍。

1. 静态性能参数

对于理想的集成运放，当输入信号为零时，输出信号也应为零。但对于实际运放，由于制造工艺等问题，当输入信号为零时，输出端往往有一定的输出电压，这种现象称为失调。

（1）输入失调电压 U_{IO}。U_{IO} 是指当输入端直接接地时，将运放输出端存在的直流电压折算到输入端的电压值。换种说法，是使输出电压为零时，在两个输入端之间所加的补偿电压值。输入失调电压 U_{IO} 一般为 0.5 ~ 5 mV 量级。

（2）输入失调电流 I_{IO}。I_{IO} 是指当输入电压为零时，两个输入端静态基极电流的差值，即：

$$I_{IO} = I_{B+} - I_{B-}$$

其中，I_{B+}、I_{B-} 分别为同相输入端和反相输入端的静态基极电流。输入失调电流是因为差动输入级两个晶体管的 β 值不一致而引起的，一般 I_{IO} 为1nA ~ 10μA 量级。

（3）输入偏置电流 I_B。I_B 是指当输入信号为零时，两个输入端静态基极电流的平均值，即：

$$I_B = \frac{1}{2}\left(I_{B+} + I_{B-}\right)$$

输入偏置电流 I_B 的大小与输入级差分对管的类型和性能有关，一般为1nA ~ 10μA。

以上 3 个参数均为温度的函数，使用时应注意这些参数的测试温度。此外，还有输入电压温漂 dU_{IO}/dT，输入电流温漂 dI_{IO}/dT，这两个参数表明运放受温度影响的程度。显然，以上参数应越小越好。

2. 差模性能参数

运算放大器的放大性能是对放大差模信号而言，而对共模信号，其放大作用应越小越好。下面的参数为运放在开环状态（即不加反馈情况下）的技术指标。

（1）开环电压放大倍数 A_{od}。A_{od} 是指运放工作在线性状态下的差模电压放大倍数，即：

$$A_{od} = \frac{u_o}{u_i} = \frac{u_o}{u_+ - u_-}$$

其中，u_+ 和 u_- 是运放同相输入端和反相输入端所加的输入信号。多数运放的开环电压放大倍数大于 10^4。由于开环放大倍数很大，而运放输出的电压有限，所以运放工作在线性放大状态时，其同相输入端和反相输入端的电压近似相等，这种现象称为“虚短”，意思是运算放大器在线性应用时两个输入端的电压近似相同。习惯上用对数形式来表示 A_{od}，称为开环电压增益

$$A_{od} = 20\lg\frac{u_o}{u_i}(\text{dB})$$

（2）开环差模输入电阻 r_{id}。r_{id} 是指在输入端加差模信号时，运放的等效输入电阻（简称输入电阻）。r_{id} 越大，运放从信号源取用的电流越小。通用型运放的输入电阻一般为 20

千欧到几兆欧。由于运算放大器的输入电阻较大，当输入电压有限时，输入电流很小，近似为零，这种现象称为“虚断”，意思是从运算放大器的输入端看进去，运算放大器如同开路一样。“虚短”和“虚断”在运算放大器的分析计算中起到非常重要的作用。

（3）开环输出电阻 r_o。r_o 指无外接反馈时运放的输出电阻，它与内部电路的输出级的性能有关。r_o 越小，运放带负载能力越强。r_o 一般为几欧姆至几百欧姆。

（4）最大输出电压 U_{OM}。U_{OM} 是指运算放大器在额定负载的情况下，无明显失真的最大输出电压，亦称为运放的动态输出范围。

（5）转换速率（S_R）是运放的一个重要指标，单位是 V/μs。该指标越高，对信号的细节成分还原能力越强，否则会损失部分解析力。运放转换速率定义为：运放接成闭环条件下，将一个大信号（含阶跃信号）输入到运放的输入端，从运放的输出端测得运放的输出上升速率。由于在转换期间，运放的输入级处于开关状态，所以运放的反馈回路不起作用，也就是转换速率与闭环增益无关。转换速率对于大信号处理是一个很重要的指标，对于一般运放转换速率 $S_R \leqslant 10$ V/μs，高速运放的转换速率 $S_R > 10$ V/μs。

3．共模性能参数

（1）共模抑制比 K_{CMRR}。运放的共模抑制比为开环差模电压放大倍数 A_{od} 与共模电压放大倍数 A_{oc} 之比，即：

$$K_{CMRR} = \frac{A_{od}}{A_{oc}}$$

或

$$K_{CMRR} = 20\lg\left|\frac{A_{od}}{A_{oc}}\right| (dB)$$

K_{CMRR} 表明运放对共模信号的抑制能力，故越大越好，一般大于 100 dB。

（2）共模输入电压范围 U_{ICM}。U_{ICM} 指运放输入端所能承受的最大共模电压，输入共模电压超过这个值，K_{CMRR} 将明显下降。

除以上参数外，运算放大器还有其他一些参数，如频率参数和静态功耗等。在根据用途选择运放时，必须使运放的有关参数满足实际应用的要求。

二、集成运算放大器的选择

通常情况下，在设计集成运放的应用电路时，可根据设计要求寻求具有相应性能指标的芯片。因此，了解运放的类型，理解运放主要性能指标的物理意义，是正确选择运放的前提。应根据以下几方面的要求选择运放。

1．信号源的性质

根据信号源是电压源还是电流源、内阻大小、输入信号的幅值及频率的变化范围等，选择运放的差模输入电阻 r_{id}、−3 dB 带宽（或单位增益带宽）、转换速率 S_R 等指标参数。

2．负载的性质

根据负载电阻的大小，确定所需运放的输出电压和输出电流的幅值。对于容性负载或感性负载，还要考虑它们对频率参数的影响。

3．精度要求

对模拟信号的处理，如放大、运算等，往往提出精度要求，如电压比较，往往提出响应时间、灵敏度要求。根据这些要求选择运放的开环差模增益 A_{od}、失调电压 U_o、失调电流 I_I（值小表明直流特性好）及转换速率 S_R（越大反映交流特性好）等指标参数。例如对音频视频交流信号电路就应该选转换速率较大的运算放大器，而对处理微弱直流声信号电路宜选用失调电流、失调电压和温漂较小的运算放大器。

4．环境条件

根据环境温度的变化范围，可正确选择运放的失调电压及失调电流的温漂 dU_{IO}/dT、dI_{IO}/dT 等参数；根据所能提供的电源（如有些情况只能用干电池）选择运放的电源电压；根据对功耗有无限制，选择运放的功耗等。

通常情况下，为节约成本，应尽量采用通用型运放，只有在通用型运放不满足应用要求时才采用特殊型运放。

三、集成运算放大器使用中注意的问题

1．集成运放的外引脚（管脚）

目前，集成运放的常见封装方式有金属壳封装合双列直插式封装，而且以后者居多。双列直插式有 8、10、12、14、16 管脚等种类，虽然它们的外引线排列日趋标准化，但各制造厂仍略有区别。因此，使用运放前必须查阅有关手册，辨认管脚，以便正确连线。

2．参数测量

使用运放之前往往要用简易测试法判断其好坏，例如用万用表中间挡（“×100 Ω”或“×1 kΩ”挡，避免电流或电压过大）对照管脚测试有无短路和断路现象。必要时还可采用测试设备量测运放的主要参数。

3．调零或调整偏置电压

由于失调电压及失调电流的存在，输入为零时输出往往不为零。对于内部无自动稳零措施的运放需外加调零电路，使之在零输入时输出为零。

对于单电源供电的运放，有时还需在输入端加直流偏置电压，设置合适的静态输出电压，以便能放大正、负两个方向的变化信号。

4．消除自激振荡

自激振荡是经常出现的异常现象，表现为当输入信号等于零时，利用示波器可观察到运算放大器的输出端存在一个频率较高、近似为正弦波的输出信号。但是这个信号不稳定，当人体或金属物体靠近时，输出波形将产生显著的变化。为防止电路产生自激振荡，应在运放的电源端加去耦电容。有的集成运放还需外接合适容量的频率补偿电容 C。

四、集成运算放大器的保护

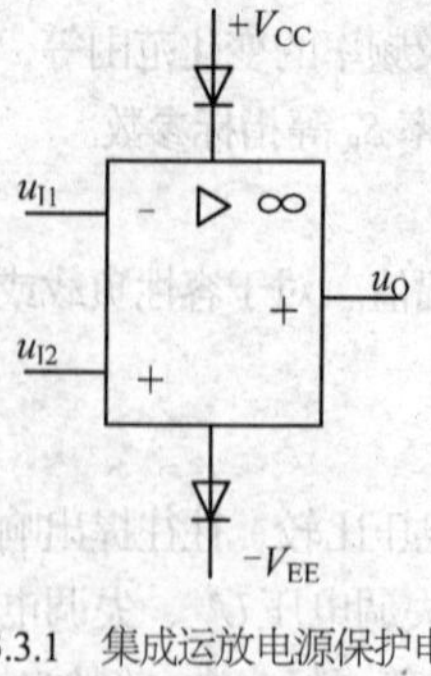

图 3.3.1　集成运放电源保护电路

使用集成运算放大器时，为了防止损坏器件，保证安全，除了应选用具有保护环节、质量合格的器件外，还常在电路中采取一定的保护措施，常用的有以下几种。

1．电源保护

利用二极管的单向导电特性防止由于电源极性接反而造成的损坏，如图 3.3.1 所示。当电源极性错接成上负下正时，两二极管均不导通，等于电源断路，从而起到保护作用。

2．输入保护

利用二极管的限幅作用对输入信号幅度加以限制，以免输入信号超过额定值损坏集成运放的内部结构，电路图如图 3.3.2 所示。无论是输入信号的正向电压或负向电压超过二极管导通电压，则 VD_1 或 VD_2 中就会有一个导通，从而限制了

输入信号的幅度，起到了保护作用。

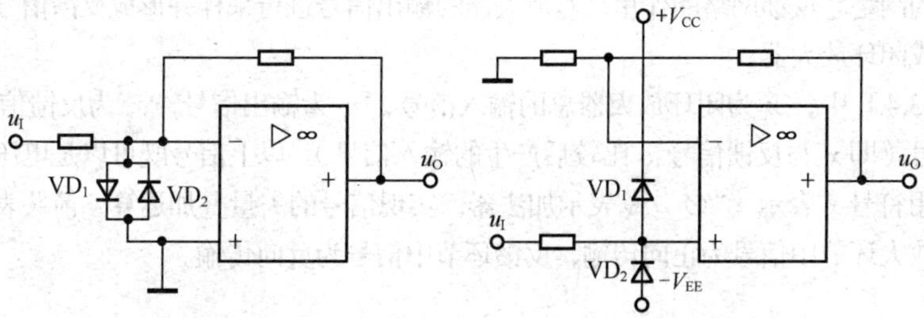

（a）反相输入　　　　（b）同相输入

图 3.3.2　输入保护电路

在图 3.3.2（a）中，输入信号 u_I 通过限流电阻接到运放输入端，同时运放的两个输入端之间接入了反向并联的两只二极管 VD_1 和 VD_2 构成的限幅电路。当$|u_I|$较小时，二极管 VD_1 和 VD_2 都不导通，不影响电路的正常工作；当$|u_I|$过大时，二极管 VD_1 或 VD_2 将信号短接到地，从而限制了运放输入端的电压。图 3.3.2（b）电路的工作原理类似图 3.3.2（a），只要输入信号 u_I 的大小在$-V_{EE}$~$+V_{CC}$ 范围之内时，输入信号电压才可以被正常放大；否则二极管 VD_1 或 VD_2 导通，将运放输入端信号限制在允许的范围之内，起到了保护作用。

3．输出保护

为了防止输出端的突然变化和其他原因造成的组件过载损坏，在集成运放的输出端可加输出保护电路，如图 3.3.3 所示，是利用稳压管 VD_1 和 VD_2 接成反向串联电路构成运放的输出保护电路。正常工作时，输出电压小于稳压管的稳压值，稳压管不导通，电路正常工作；若输出端出现过高电压（过载），集成运放输出端电压将受到稳压管稳压值的限制，从而避免了损坏。

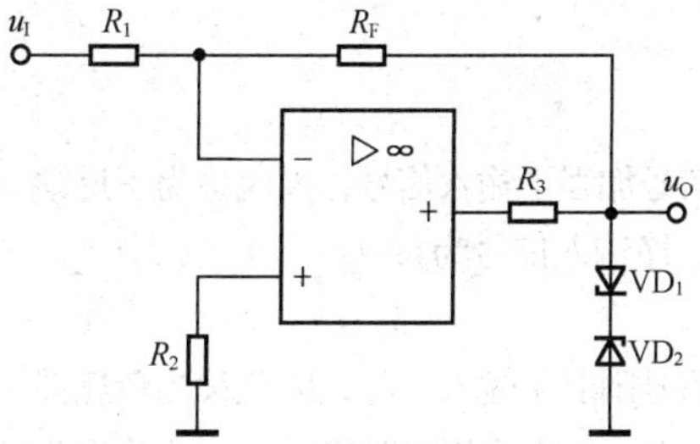

图 3.3.3　输出保护电路

第四节　集成运算放大器中的反馈电路

一、反馈的基本概念

1．什么是反馈

将放大器输出信号（电压或电流）的一部分或全部经反馈网络引回到输入端的过程，称为反馈。图 3.4.1 为反馈放大器原理框图。反馈放大器由无反馈的基本放大电路 A 和反馈电路 F 构成，基本放大电路是任意组态的各种放大电路，既可以是单级也可以是多级放大器；反馈电路可以是电阻、电感、电容、晶体管和变压器等单个元件及简单组合，也可以是较为复杂的网络。反馈网络的作用是对放大器的输出信号进行采样并形成反馈信号回送至输入端，形成闭环放大器。

在图 3.4.1 中，x_i 为闭环放大器总的输入信号，x_o 为输出信号，x_f 为反馈信号，x_d 为净输入信号（即 x_i 与反馈信号 x_f 比较后产生的输入信号）。以上信号既可以是电压也可以是电流，故用符号 x 表示。“⊗” ⊕表示加法器，实现信号的矢量叠加运算，箭头表示信号传递方向，放大环节中信号为正向传输，反馈环节中信号为反向传输。

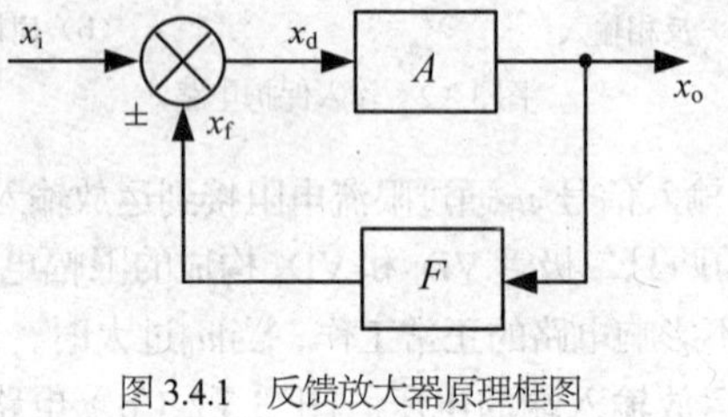

图 3.4.1　反馈放大器原理框图

2．开环和闭环

当图 3.4.1 中反馈环节开路，信号从放大器的输入端至输出端只有正向传输时，称为开环放大器。当放大环节和反馈环节共存，信号从输入端至输出端既有正向传输又有反向传输时，称为闭环放大器。

开环和闭环的概念也可以推广到其他系统。在现代社会中，大到经济、军事系统、管理系统，小到人体科学，反馈几乎无处不在。凡是将系统的输出与输入联系起来、由输出决定下一步输入状态的系统均是带有反馈的闭环系统。

3．正反馈和负反馈

根据反馈信号 x_f 的极性，将反馈分为正反馈和负反馈。当反馈信号 x_f 为正时，净输入信号为：

$$x_d = x_i + x_f \tag{3.4.1}$$

由于 $x_d > x_i$，即反馈信号加强了输入信号，因此称为正反馈。

当反馈信号 x_f 为负时，净输入信号为：

$$x_d = x_i - x_f \tag{3.4.2}$$

由于 $x_d < x_i$，即反馈信号削弱了输入信号，因此称为负反馈。

判断是正反馈还是负反馈，通常采用瞬时极性法。即首先假设输入信号某一时刻的瞬时极性为正（用“+”号表示），然后根据各级电路输入信号与输出信号的相位关系，逐步推断电路有关各点此时的极性，并最终确定回送到输入端的反馈信号的极性。最后根据反馈信号和输入信号的相位关系，分析净输入信号的变化。若反馈信号的加入使净输入信号增强，则引入的反馈为正反馈；反之，为负反馈。

正反馈使放大器工作不稳定，极易产生振荡，一般用于信号发生器等电路中；负反馈可使放大器稳定、可靠地工作，并能有效地改善放大器的各项性能指标。因此，为了提高放大器的性能指标，现代电子设备中的放大器，几乎都采用负反馈技术。

提示：在电路中假设信号在某一时刻的瞬时极性为正或负，实际表示在该瞬间信号是增大或减小；分析时，也可用“↑”表示信号的增大、用“↓”表示信号的减小。整个电路的瞬时极性分析应该成环路，即从整个电路的输入端开始分析，至整个电路的输出端，再经反馈网络回到电路的输入端。

4．直流反馈和交流反馈

根据反馈信号本身的交直流性质，可将其分为交流反馈与直流反馈。如果反馈信号只包含直流成分，称为直流反馈；如果反馈信号只包含交流成分，则称为交流反馈。直流负反馈在电路中的主要作用是稳定静态工作点，而交流负反馈的主要作用是改善放大器的性能。在很多情况下，交直流两种反馈同时存在。

5．电压反馈和电流反馈

根据反馈信号在放大电路输出端采样方式的不同，可以分为电压反馈和电流反馈。如果反馈信号取自输出电压，即反馈信号与输出电压成正比，称为电压反馈；如果反馈信号取自输出电流，即反馈信号与输出回路的电流成正比，则称为电流反馈。为了判断放大电路中引入的反馈是电压反馈还是电流反馈，一般可假设将输出端交流短路（即令输出电压等于零），观察此时是否仍有反馈信号。如果反馈信号不复存在，则为电压反馈；否则就是电流反馈。

重要提示：放大电路中引入电压负反馈，将使输出电压保持稳定，其效果是降低了电路的输出电阻；而电流负反馈将使输出电流保持稳定，因而提高了输出电阻。

6．串联反馈和并联反馈

根据反馈信号与输入信号在放大电路输入回路中求和形式的不同，可以分为串联反馈和关联反馈。如果反馈信号与输入信号在输入回路中以电压形式进行矢量求和（即反馈信号与输入信号串联），称之为串联反馈；如果二者以电流形式进行矢量求和（即反馈信号与输入信号并联），则称为并联反馈。

二、反馈放大器放大倍数的一般分析

1．闭环放大倍数 A_f 的一般表达式

基本放大电路的放大倍数 A 称为开环放大倍数，定义为：

$$A=\frac{x_o}{x_d} \tag{3.4.3}$$

反馈网络的输出信号与输入信号之比称为反馈系数 F，它表明反馈的强弱，定义为：

$$F=\frac{x_f}{x_o}\leqslant 1 \tag{3.4.4}$$

反馈放大器的放大倍数称为闭环放大倍数 A_f，定义为：

$$A_f=\frac{x_o}{x_i}$$

将式（3.4.2）、式（3.4.3）和式（3.4.4）代入上式得：

$$A_f=\frac{x_o}{x_d+x_f}=\frac{\dfrac{x_o}{x_d}}{\dfrac{x_d}{x_d}+\dfrac{x_f}{x_d}}=\frac{A}{1+AF} \tag{3.4.5}$$

式（3.4.5）表明了放大器的开环放大倍数 A、闭环放大倍数 A_f 和反馈系数 F 之间的关系，是反馈放大器的一般表达式，也是分析各种反馈放大器的基本公式。反馈放大器的信号 x_i、x_o 和 x_f 既可以是电压，又可以是电流，它们取不同量纲时组合成不同类型的反馈放大器，其中的 A、A_f 和 F 具有不同的量纲和含义。

2．反馈深度

从式（3.4.5）看出，闭环放大倍数 A_f 与（ $1+AF$ ）成反比，称（ $1+AF$ ）为反馈深度，它是衡量反馈程度的一个重要指标。从后面的讨论中可以看到，负反馈对放大器性能的改善都与反馈深度有关。当 $|1+AF|>1$ 时，$|A_f|<A$，电路引入负反馈；$|1+AF|$ 越大，则 A_f 下降得越多，即引入的负反馈程度越深。若 $|1+AF|\gg 1$，称放大器引入深度负反馈，此时闭环放大倍数为：

$$A_f=\frac{A}{1+AF}\approx\frac{A}{AF}=\frac{1}{F} \tag{3.4.6}$$

在深度负反馈的情况下，闭环放大倍数 A_f 与开环放大倍数 A 几乎无关，仅取决于反馈系数 F。开环放大倍数 A 越大，则式（3.4.6）越精确，放大器工作越稳定。集成运算放大器的开环电压放大倍数 A 一般都大于 10^4，只要反馈系数 F 取得不太小，均可用 $1/F$ 估算闭环放大倍数 A_f。

当 $|1+AF|<1$ 时，$|A_f|>A$，电路引入正反馈。特别地，当反馈深度 $1+AF=0$，$A_f\to\infty$，此时，放大器不再需要外加输入信号 x_i，而由反馈信号 x_f 充当输入信号 x_d，其输出端仍会有一定幅值和频率的输出信号。在这种情况下，放大器失去了放大作用，成为振荡器，这种现象称为自激振荡。

三、负反馈的四种基本组态

负反馈放大器的电路形式多种多样，但根据反馈信号在放大电路输出端的采样方式，以及反馈信号与输入信号在放大电路输入回路中求和形式的不同，归纳起来可分为 4 种典型的组态：电压串联负反馈、电压并联负反馈、电流串联负反馈和电流并联负反馈。下面以运放组成的负反馈放大器为例逐一进行介绍。

1．电压串联负反馈

电压串联负反馈电路的结构框图如图 3.4.2 所示。由图可看出，在放大器输出端，反馈网络与放大器并联，反馈信号取自输出电压，形成电压反馈；在放大器输入端，反馈信号与输入信号串联，并均以电压形式出现，净输入电压为：

$$u_d=u_i-u_f \tag{3.4.7}$$

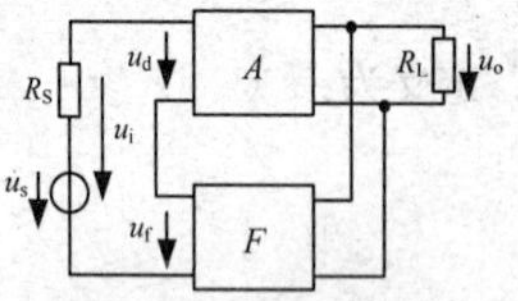

（a）框图

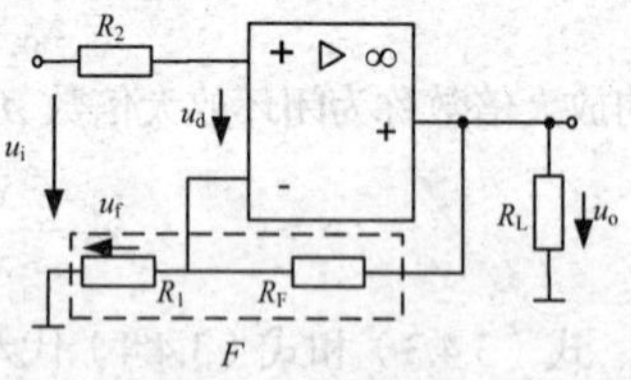

（b）电路

图 3.4.2　电压串联负反馈

因此为串联反馈。从式（3.4.7）可见，由于反馈电压 u_f 的引入使净输入信号减小，即 $u_d<u_i$，故反馈极性为负反馈。因此将这种反馈形式称为电压串联负反馈。

提示：这里借用了电阻串联的概念，用电压相加减时为串联；所不同的是，串联的两个电阻上流过的电流相等，而反馈中串联的两个电压 u_d 和 u_f 所对应的元件上流过的电流不一定相等。

图 3.4.2（b）是由运放构成的同相比例运算电路，其反馈类型即为电压串联负反馈。与图 3.4.2（a）相对照，基本放大电路为运算放大器，反馈网络由电阻 R_F 和 R_1 串联而成，当

反馈接到运算放大器的反相输入端时形成负反馈。

反馈信号是由 R_F 和 R_1 对输出电压 u_o 分压所形成的反馈电压 u_f，即将输出电压 u_o 的一部分回送至输入端，

$$u_f = \frac{R_1}{R_1 + R_F} u_o$$

反馈系数

$$F = \frac{u_f}{u_o} = \frac{R_1}{R_1 + R_F}$$

该电路具有稳定输出电压的作用，稳定过程表示如下：

$$u_o\downarrow \longrightarrow u_f\downarrow \longrightarrow u_d = u_i - u_f\uparrow \longrightarrow u_o\uparrow$$

2．电压并联负反馈

电压并联负反馈的结构框图和电路举例如图 3.4.3 所示。由图 3.4.3（a）可以清楚地看出，从输出端分析电路仍为电压反馈；而从输入端分析，反馈信号以电流的形式出现，净输入电流为：

$$i_d = i_i - i_f$$

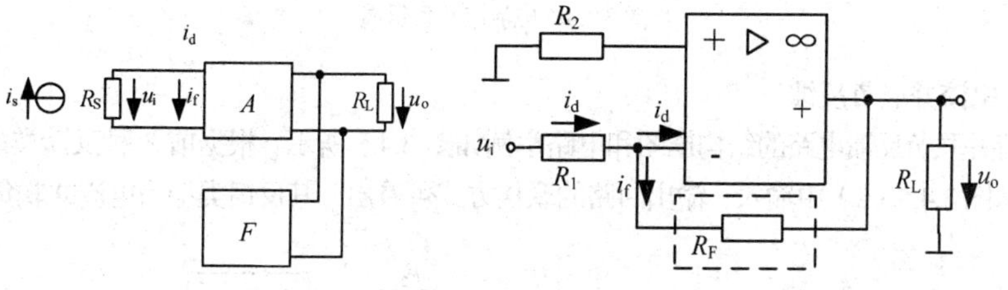

图 3.4.3　电压并联负反馈

由于反馈网络输出端与放大电路输入端并联，因此为并联反馈。反馈电流 i_f 的引入减小了输入信号，使 $i_d < i_i$，故反馈极性为负反馈。所以将电路的这种反馈形式称为电压并联负反馈。

图 3.4.3（b）所示为运放构成的反相比例运算电路，其反馈类型即为电压并联负反馈。放大电路仍为运算放大器，反馈网络仅由电阻 R_F 组成。它跨接在放大器输出端与反相输入端之间构成负反馈，将输出电压转换成反馈电流 i_f，与输入电流相减。

该电路同样具有稳定输出电压的作用，稳定过程表示如下：

$$|u_o|\downarrow \longrightarrow |i_f|\downarrow \longrightarrow |i_d = i_i - i_f|\uparrow \longrightarrow |u_o|\uparrow$$

3．电流串联负反馈

电流串联负反馈的结构框图和电路举例如图 3.4.4 所示。由图 3.4.4（a）可看出，在放大器输入端，反馈信号与输入信号串联，并均以电压形式出现，因此为串联反馈；由于反馈电压 u_f 的引入使净输入信号减小，即 $u_d < u_i$，故反馈极性为负反馈。在输出端，反馈信号取自输出电流 i_o（即负载电流），形成电流反馈，因此构成电流串联负反馈。

图 3.4.4（b）所示电路为一电压控制恒流源，或称电压—电流转换电路，反馈网络由电阻 R_1 构成。反馈电压 u_f 由输出电流 i_o 经电阻 R_1 转换而成，加到放大器的反相输入端，故为电流反馈。根据“虚断路”原则，反馈电压为：

$$u_f = i_o R_1 \tag{3.4.8}$$

式（3.4.8）说明反馈信号以电压的形式出现在输入端，与输入信号相减后形成净输入电压u_d，并且u_f与输出电流i_o成正比，所以形成电流串联负反馈，其反馈系数

$$F = \frac{u_f}{i_o} = R_1$$

可见，反馈系数F具有电阻的量纲，称为互阻反馈系数。

该电路具有稳定输出电流的作用，稳定过程表示如下：

$$i_o\downarrow \longrightarrow u_f\downarrow \longrightarrow u_d = u_i - u_f\uparrow \longrightarrow u_o\uparrow \longrightarrow i_o\uparrow$$

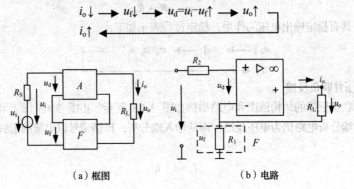

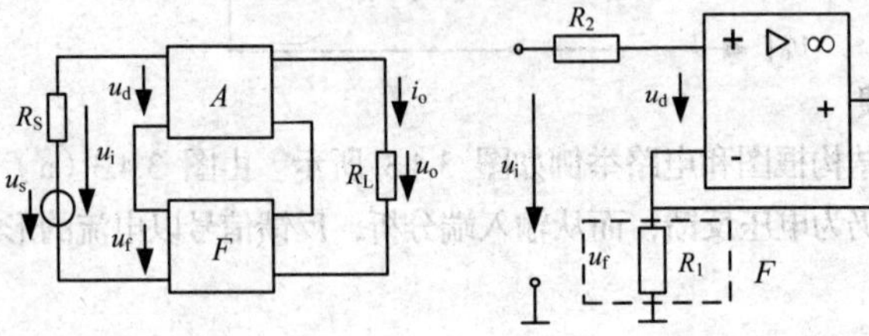

（a）框图　　（b）电路

图 3.4.4　电流串联负反馈

4．电流并联负反馈

电流并联负反馈电路的结构框图和电路举例如图 3.4.5 所示。根据前 3 种反馈类型的分析结论，从图 3.4.5（a）中输入、输出回路的联接方式可看出，其反馈类型为电流并联负反馈。

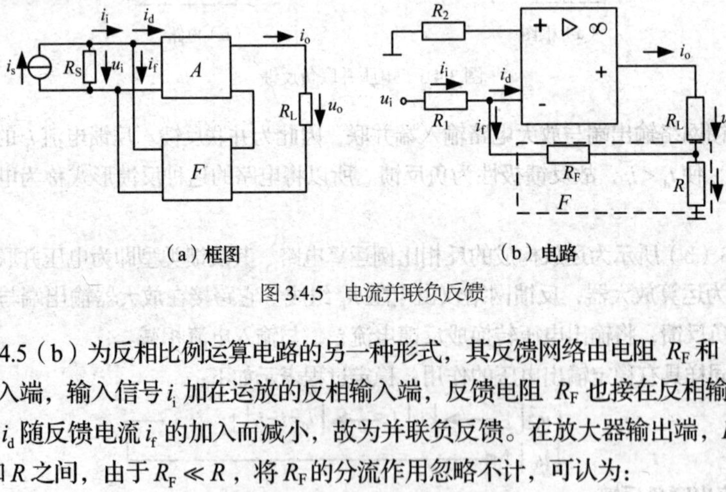

（a）框图　　（b）电路

图 3.4.5　电流并联负反馈

图 3.4.5（b）为反相比例运算电路的另一种形式，其反馈网络由电阻R_F和R组成。在放大器输入端，输入信号i_i加在运放的反相输入端，反馈电阻R_F也接在反相输入端，使净输入电流i_d随反馈电流i_f的加入而减小，故为并联负反馈。在放大器输出端，R_F接在负载电阻R_L和R之间，由于$R_F \ll R$，将R_F的分流作用忽略不计，可认为：

$$u_o = i_o R_L$$

因为

$$u_r \approx i_o R$$

根据“虚地”的概念，$u_- = u_+ = 0$，所以有反馈电流的表达式：

$$i_f = \frac{u_- - u_r}{R_F} \approx \frac{-u_r}{R_F} = -\frac{R}{R_F} i_o$$

上式表明，反馈电流i_f与输出电流i_o成正比，故为电流反馈。电路中R为采样电阻，因为u_r的变化反映了输出电流i_o的变化。

电流的反馈系数：

$$F=\frac{i_f}{i_o}=-\frac{R}{R_F}$$

可见，反馈系数为反馈电流与输出电流的比，是一个无量纲的数。该电路同样具有稳定输出电流的作用。

负反馈在放大器的电路构成中几乎无处不在，以上只列举了由运算放大器构成的 4 种反馈组态的电路。在由分立元件组成的放大器中，也存在形式繁多的反馈电路，其构成方式和分析方法与前面的介绍基本相同。

四、负反馈对放大电路性能的影响

1．提高增益的稳定性

稳定性是放大电路的重要指标之一。在输入一定的情况下，放大电路由于各种因素的变化，输出电压或电流会随之变化，因而引起增益的改变。如果电路中引入了负反馈，则输出信号的波动会及时通过负反馈网络反映到电路的输入端。由于负反馈信号与输入信号反相，所以若某种因素导致输出信号增大时，通过负反馈能使净输入信号相应减小，从而使输出信号稳定。总之，当输出信号发生变化时，通过负反馈网络可以及时地把这个变化反映到输入端，并通过改变净输入信号的大小，使输出信号尽量恢复到原来的数值，从而使放大电路工作稳定。负反馈程度越深，增益的稳定性越好。

在引入深度负反馈（$|1+AF|\gg 1$）时，负反馈放大器的增益为

$$A_f=\frac{A}{1+AF}\approx\frac{1}{F} \qquad (3.4.9)$$

上式表明：引入深度负反馈的情况下，负反馈放大器的增益只与反馈系数 F 有关，因此有很高的稳定性。由于增益的稳定性是用其绝对值的相对变化来表示的，因此上式两边对 A 求导得：

$$\frac{dA_f}{dA}=\frac{1}{(1+AF)^2}$$

因此有

$$\frac{dA_f}{dA}=\frac{A}{(1+AF)}\cdot\frac{1}{(1+AF)A}=A_f\cdot\frac{1}{(1+AF)A}$$

所以

$$\frac{dA_f}{A_f}=\frac{1}{(1+AF)}\cdot\frac{dA}{A} \qquad (3.4.10)$$

上式表明：引入负反馈以后，增益的稳定度提高了 $1+AF$ 倍。

2．扩展通频带

通频带是放大电路的一项重要指标，放大电路引入负反馈后，可展宽其通频带。从本质上说，频带限制是由于放大电路对不同频率的信号呈现出不同的放大倍数而造成的。负反馈具有稳定闭环增益的作用，因而对于频率增大（或减小）引起的放大倍数下降，同样具有稳定作用。具体来说，在反馈网络由纯电阻组成的负反馈放大电路中，电路中负反馈的强度随输出信号幅度变化，输出信号幅度大时负反馈强，反之则反馈弱。当低频区或高频区增益相对于中频区有下降趋势时，其输出信号 u_o 或 i_o 随着减小，反馈信号 u_f 或 i_f 也随着减小。在维持输入信号 u_i 或 i_i 不变的条件下，低频区或高频区的净输入信号 u_d 或 i_d 相对于中频区有

所增大，输出信号也就相应增大。因此，阻止了低频区或高频区增益下降的趋势，使电路的幅频特性在比较宽的频段上趋于平缓，比较稳定。电路的下限频率降低、而上限频率提高，即扩展了放大电路的通频带。

根据理论分析可得，负反馈放大电路的上、下限频率 f_{Hf} 、 f_{Lf} 与无反馈时放大电路的上、下限频率 f_H 、 f_L 之间的关系为：

$$f_{Hf} = |1 + A_m F| f_H$$

和

$$f_{Lf} = \frac{f_L}{|1 + A_m F|}$$

其中， A_m 为负反馈放大电路的中频开环增益。而负反馈放大电路的通频带 BW_f 与无反馈时放大电路的通频带 BW 之间的关系为：

$$BW_f = |1 + A_m F| BW \tag{3.4.11}$$

3．削弱非线性失真和抑制干扰

由于放大器核心元件晶体管伏安特性的非线性和运算放大器电压传输特性的非线性，均会导致在输出信号较大时产生非线性失真。当输入信号为正弦波时，输出信号的波形发生畸变，不再是一个真正的正弦波，如图 3.4.6 所示。加入负反馈以后，放大倍数下降，使输出电压进入非线性区的部分减小，从而削弱了失真。

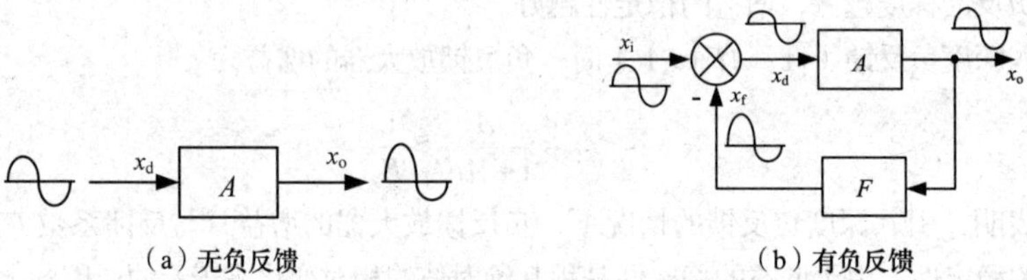

图 3.4.6　负反馈削弱非线性失真

可以利用图 3.4.6 定性说明负反馈抑制失真的原理。负反馈使放大器形成闭环，正、负半周不对称的失真波形经反馈网络采样，送到输入端与不失真的输入信号相减。设输出信号 x_o 的波形正半周大负半周小，反馈信号 x_f 也是正大负小，差值 x_d 则为正小负大，从而减小了 x_o 的波形失真，甚至完全消除了失真。减小失真的效果取决于失真的严重程度和反馈深度 $1+AF$ 的大小。

同理，负反馈放大器也可以有效地抑制闭环内部的干扰，但干扰混入输入信号加入放大器，负反馈也无能为力。

4．改变输入电阻和输出电阻

负反馈对放大电路输入电阻和输出电阻的影响与其反馈类型有关。

（1）负反馈对输入电阻的影响

根据反馈在输入端连接的方式，可分为串联反馈和并联反馈。两种负反馈电路对输入电阻的影响是不同的。

① 串联负反馈提高输入电阻。串联负反馈使闭环输入电阻 r_{if} 比开环输入电阻 r_i 增大（ $1+AF$ ）倍。

② 并联负反馈降低输入电阻。并联负反馈使闭环输入电阻 r_{if} 减小为开环输入电阻 r_i 的 $\frac{1}{1+AF}$。

提示：放大电路的负反馈对输入电阻的影响只取决于放大器输入端的连接方式是串联负

反馈还是并联负反馈，而与放大器输出端的连接方式——电压负反馈还是电流负反馈无关。

（2）负反馈对输出电阻的影响

负反馈对输出电阻的影响仅取决于放大器输出端的连接方式，而与输入端的连接方式无关。下面分别讨论电压负反馈和电流负反馈对输出电阻的影响。

① 电压负反馈减小输出电阻，从负反馈提高放大器放大倍数的稳定性分析可知，电压负反馈具有稳定输出电压的作用。如果将带有电压负反馈的放大电路对输出端等效成一个受控电压源，放大器的输出电阻即是受控电压源的内阻。在输入量不变的条件下，电压负反馈使输出电压在负载变动时保持稳定，提高了放大器带负载的能力，使之更趋向于受控恒压源，而理想恒压源的内阻值 $R_S = 0$，所以电压负反馈减小了放大器的输出电阻。

电压负反馈使闭环输出电阻 r_{of} 减小为开环输出电阻 r_o 的 $\dfrac{1}{1+A_oF}$。

② 电流负反馈增大输出电阻，在输入量不变的条件下，电流负反馈使输出电流保持稳定。若将放大器输出端等效成受控电流源，输出电阻即是与受控恒流源并联的内阻，电流负反馈使放大器更趋向于受控恒流源（对于理想恒流源，$R_S \to \infty$），所以增大了输出电阻。

电流负反馈使闭环输出电阻 r_{of} 比开环输出电阻 r_o 增大了 $(1+A_oF)$ 倍。

综上所述，负反馈使放大器的稳定性得到提高，失真和噪声减少，频率特性得到改善，因而是实现高质量放大电路的重要措施。而这些性能的改善是以牺牲放大电路放大倍数为代价换来的。在工程上，往往是先设计一个高放大倍数的基本放大器，再引入深度负反馈，就能得到一个性能优良的放大电路。

第五节 集成运算放大器的分析方法

一、集成运算放大器的工作状态

集成运算放大器常简称为集成运放，它由多级高增益直接耦合放大电路构成，在电阻、电容、电感等无源元件或有源元件组成的反馈网络配合下，便能构成实现多种功能的应用电路。集成运放在应用电路中有两个基本工作状态（又称为工作区），即线性工作状态和非线性工作状态。

当集成运放开环应用或正反馈闭环应用时，由于其开环电压增益 A_{od} 很大，只要外加到两输入端的差模信号电压有微小的差别，甚至受到一些干扰信号的影响，其输出电压将很快处于正向饱和或负向饱和（或截止），此时集成运放工作于非线性状态（或称非线性饱和状态），其输出电压与输入电压不满足线性关系。

当集成运放在外接负反馈网络配合下处于负反馈闭环应用时，只要反馈足够大，形成深度负反馈，则集成运放输出信号电压将随差模输入信号成比例变化，即输出信号与两输入端的差模信号成线性关系，集成运放工作于线性状态。因为集成运放是一种电压增益器件，所以集成运放中引入的负反馈几乎都是电压负反馈。至于反馈信号与外输入信号在输入端的比较方式，就单片集成运放的运用而言，取决于外加信号是从反相端加入，还是从同相端加入。若是前者，则为并联反馈；若是后者，则为串联反馈。

综上所述，若集成运放处于开环或正反馈闭环应用时，则工作于非线性饱和状态（或非线性区）；若集成运放处于负反馈闭环应用时，则工作于线性状态（或线性区）。

二、集成运放的应用基础

1. 理想运放

在分析集成运放应用电路时，往往把集成运放看成是一个理想器件，以简化应用电路的分析过程。理想运放的主要条件如下。

（1）差模开环电压增益 $A_{od}=\infty$；

（2）差模输入电阻 $r_{id}=\infty$；

（3）输出电阻 $r_o=0$；

（4）共模抑制比 $K_{CMRR}=\infty$；

（5）输入偏置电流 $I_B=0$；

（6）输入失调电压 U_{IO}、失调电流 I_{IO} 及其温漂均为零；

（7）单位增益带宽 $BW_G=\infty$；

（8）转换速率 $S_R=\infty$。

实际的集成运放当然不可能达到上述理想化条件，因此在分析估算集成运放应用电路时，将实际运放视为理想运放必然会存在一些误差。一般情况下，这种误差比较小，在工程上是允许的。

提示：随着半导体制作工艺的不断成熟，现在已出现了很多高性能的集成运算放大器，它们的性能指标已接近于理想条件。所以，利用理想运放对各种集成运放应用电路进行分析和计算，不会引起明显误差。

2. 理想运放的线性工作状态

如前所述，集成运放工作于线性状态时，其输出信号与两输入端的差模信号之间存在线性放大关系。图 3.5.1 所示运放的输出电压和输入电流分别为：

$$u_O = A_{od}u_{Id} = A_{od}(u_+ - u_-) \tag{3.5.1}$$

$$i_+ = -i_- = \frac{u_{Id}}{r_{id}} = \frac{u_+ - u_-}{r_{id}} \tag{3.5.2}$$

因为理想运放的 $A_{od}=\infty$，$r_{id}=\infty$，所以由上述两式可得：

$$u_+ - u_- = \frac{u_O}{A_{od}} = 0，即 u_+ = u_- \tag{3.5.3}$$

$$i_+ = -i_- = 0 \tag{3.5.4}$$

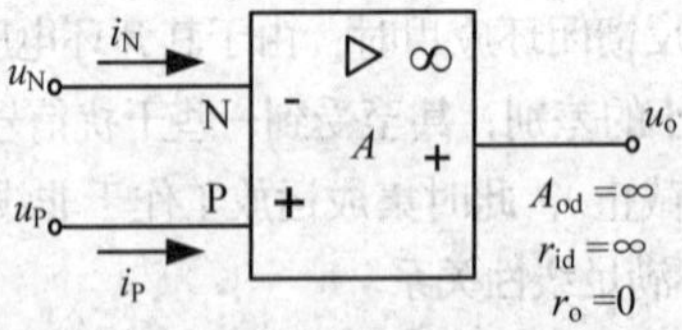

图 3.5.1　理想运放应用特性

式（3.5.3）表明，工作于线性状态的理想运放两输入端的电压相等，即 $u_+ - u_- = 0$，如同两输入端短路一样，这种特性称为“虚短”特性。式（3.5.4）表明，理想运放两输入端的电流都为零，如同两输入端断开一样，这种特性称为“虚断”特性。“虚短”和“虚断”是理想运放线性工作状态的两个重要特性。

3. 理想运放的非线性工作状态

如前所述，集成运放工作于非线性状态时，其输出、输入信号之间将不满足式（3.5.1）

所示的线性关系式。输出电压u_O只有两种可能：或等于运放输出的最高电平U_{OH}，或等于其输出的最低电平U_{OL}，分别称为正饱和、负饱和工作状态，如图3.5.2中的实线所示，即：

$$u_O = \begin{cases} U_{OH}, & u_+ > u_- \\ U_{OL}, & u_+ < u_- \end{cases}$$

高、低电平U_{OH}、U_{OL}值取决于集成运放输出级电路结构和电源供电电路。

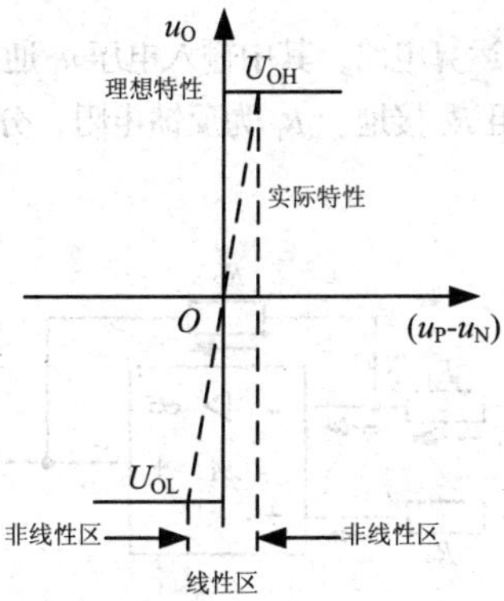

图3.5.2　集成运放的传输特性

当理想运放工作于非线性状态时，两输入端电压不相等，即$u_+ \neq u_-$，而且差别可能很大，不再有“虚短”特性。但是因为理想运放的$r_{id} = \infty$，所以式（3.5.4）所示关系式$i_+ = -i_- = 0$仍然成立，即两输入端仍有“虚断”特性。

输出电压只有U_{OH}（$u_+ > u_-$时）或U_{OL}（$u_+ < u_-$时）两个状态（$u_+ = u_-$时输出改变状态）和“虚断”是理想运放非线性工作状态时的两个重要特性。

实际运放，由于$A_{od} \neq \infty$，当其工作于非线性状态时，其输出状态的改变并不发生在$u_+ = u_-$时刻，仅当$|u_+ - u_-|$值足够大时，u_O才达到U_{OH}或U_{OL}值。也就是说，从U_{OH}到U_{OL}不是垂直下降，而是沿一条斜线下降（斜线的斜率与运放的电压放大倍数成正比），图3.5.2中的虚线所示，即存在一个微小的线性工作区域。

三、集成运放应用电路的一般分析方法

利用理想运放的应用特性，分析集成运放应用电路十分简便，其基本步骤如下。

（1）判断集成运放工作于线性状态还是非线性状态。① 若运放是负反馈闭环应用，则工作于线性状态；② 若运放是开环应用或是正反馈闭环应用，则工作于非线性状态。

（2）根据理想运放工作状态的相应特性进一步对电路进行分析。

第六节　集成运算放大器的运算电路

一、比例运算电路

比例运算电路的输出电压与输入电压成比例关系，即电路可以实现比例运算，它的一般表达式为：

$$u_O = Ku_I \qquad (3.6.1)$$

式（3.6.1）中的 K 称为比例系数（实际上就是比例电路的电压放大倍数），这个比例系数可以是正值，也可以是负值，取决于输入电压的接法。

比例电路是最基本的运算电路，它是其他各种运算电路的基础。随后介绍的各种运算电路，都是在比例电路的基础上加以扩展或演变得到的。根据输入信号接法的不同，比例电路有两种基本形式：反相输入和同相输入比例电路。

1．反相比例运算电路

如图 3.6.1 所示为反相比例运算电路，其中输入电压 u_I 通过电阻 R_1 接入运算放大器的反相输入端，同相输入端通过电阻 R_2 接地。R_F 为反馈电阻，分析可知，电路引入了电压并联负反馈。

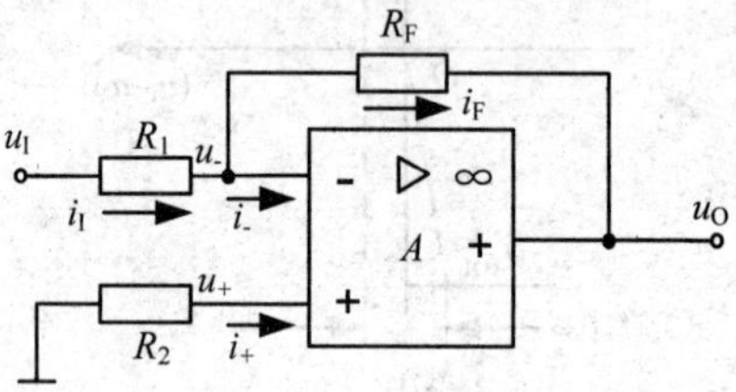

图 3.6.1　反向比例运算电路

提示：R_2 称为平衡电阻，为保证运算放大器输入级差动放大电路的对称性，要求两个输入端的电阻尽可能相等，即 $R_2 = R_1 // R_F$。

根据前面的分析，该电路的运算放大器工作在线性区，因此具有“虚短”和“虚断”的特点。由于“虚断”，故 $i_+ = 0$，即 R_2 上没有压降，则 $u_+ = 0$。又因“虚短”，可得：

$$u_+ = u_- = 0$$

上式说明在反相比例运算电路中，集成运算放大器的反相输入端与同相输入端两点的电位不仅相等，而且均等于零，如同这两点接地一样，这种现象称为“虚地”。“虚地”是反相比例运算电路的一个重要特点。

由于 $i_- = 0$，则由图可见 $i_1 = i_F$

即
$$\frac{u_I - u_-}{R_1} = \frac{u_- - u_O}{R_F}$$

上式中 $u_- = 0$，由此可求得反相比例电路输出电压与输入电压的关系为：

$$u_O = -\frac{R_F}{R_1} u_I \qquad (3.6.2)$$

则反相比例运算电路的电压放大倍数为：

$$A_u = \frac{u_O}{u_I} = -\frac{R_F}{R_1} \qquad (3.6.3)$$

式（3.6.3）中的负号表示输出电压与输入电压反相。若 $R_F = R_1$，则 $u_O = -u_I$，输出电压与输入电压大小相等，相位相反。这时，反相比例电路只起反相作用，称为反相器。

由于反相输入端“虚地”，故该电路的输入电阻为：

$$R_{IF} = R_1$$

可以看出，反相比例电路的输入电阻不高，这是由于电路中接入了电压并联负反馈的缘故（并联负反馈将降低输入电阻）。

反相比例运算电路引入了深度的电压并联负反馈，该电路输出电阻很小，具有很强的带负载能力。

例 3.2 如图 3.6.2 所示电路为另一种反相比例运算电路，通常称为 T 形反馈网络反相比例运算电路，试求该电路的电压放大倍数。

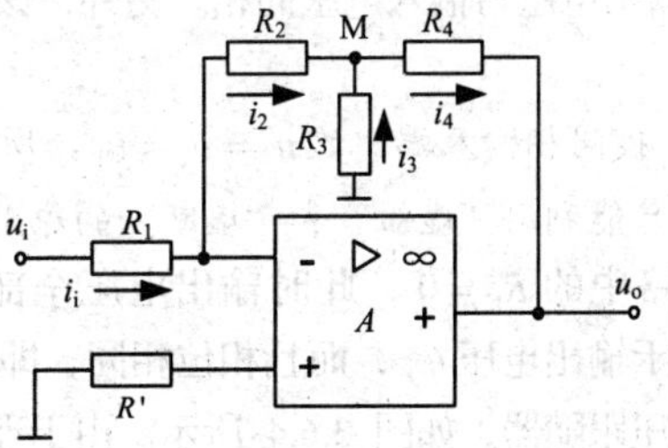

图 3.6.2 例 3.2 电路

解：利用“虚短”和“虚断”的特点可得：

$$i_2 = i_1 = \frac{u_i}{R_1}$$

$$u_M = 0 - i_2 R_2 = -\frac{R_2 u_i}{R_1}$$

$$i_3 = \frac{0 - u_M}{R_3} = \frac{R_2 u_i}{R_1 R_3}$$

电路的输出电压为：

$$u_o = -i_2 R_2 - i_4 R_4 = -i_2 R_2 - (i_2 + i_3) R_4$$

$$= -i_2 (R_2 + R_4) - i_3 R_4 = -\frac{u_i}{R_1}(R_2 + R_4) - \frac{u_i}{R_1} \cdot \frac{R_2 R_4}{R_3}$$

因此，电压放大倍数为：

$$A_{uF} = \frac{u_o}{u_i} = -\frac{R_2 + R_4}{R_1}\left(1 + \frac{R_2 // R_4}{R_3}\right)$$

上式表明，当 $R_3 \to \infty$ 时，电压放大倍数 A_u 与式（3.6.3）一致。T 形网络电路的输入电阻 $R_i = R_1$。若要求比例系数为−50 且 $R_i = 100\text{k}\Omega$，则 R_1 应取 $100\text{k}\Omega$；如果 R_2 和 R_4 也取 $100\text{k}\Omega$，那么只要 R_3 取 $1.02\text{k}\Omega$，即可得到−50 的比例系数。

因为 R_3 的引入使反馈系数减小，所以为保证足够的反馈深度，应选用开环增益更大的集成运算放大器。

2．同相比例运算电路

图 3.6.3 是同相比例运算电路，运算放大器的反相输入端通过电阻 R_1 接地，同相输入端则通过平衡电阻 R_2 接输入信号，$R_2 = R_1 // R_F$。电路通过电阻 R_F 引入了电压串联负反馈，运算放大器工作在线性区。同样，根据“虚短”和“虚断”的特点可知：

$$i_+ = i_- = 0$$

故

$$u_- = \frac{R_1}{R_1 + R_F} u_O$$

而且

$$u_+ = u_- = u_I$$

由以上两式可得：

$$u_O = \left(1 + \frac{R_F}{R_1}\right) u_I \qquad (3.6.4)$$

则同相比例运算电路的电压放大倍数为：

$$A_u=\frac{u_O}{u_I}=\left(1+\frac{R_F}{R_1}\right) \tag{3.6.5}$$

A_u 的值总为正，表示输出电压与输入电压同相。另外，该比值总是大于或等于 1，不可能小于 1。

提示：因为输入信号 u_I 接同相输入端，故 $u_-=u_+=u_I$，所以同相比例运算电路中不存在“虚地”，分析电路时，只能利用“虚短”和“虚断”的原则进行关系式的推导。

如果同相比例运算电路中的 $R_F=0$，此时输出电压全部反馈到反相输入端，从式（3.6.4）可得输入电压 u_I 等于输出电压 u_O，而且相位相同，即输出电压完全跟随输入电压而变化，故称这一电路为电压跟随器，如图 3.6.4 所示。由于理想运算放大器的开环差模增益为无穷大，因此电压跟随器的跟随特性比射极输出器更多。

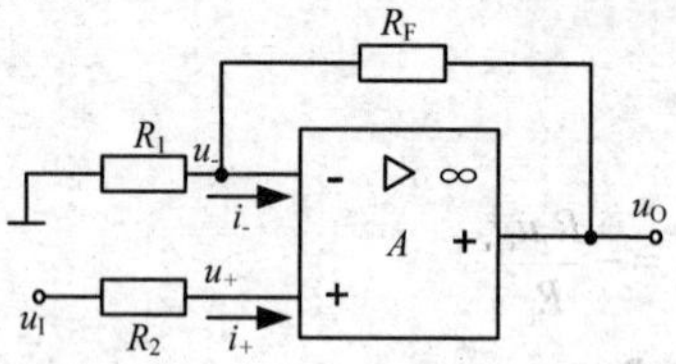

图 3.6.3　同相比例运算电路

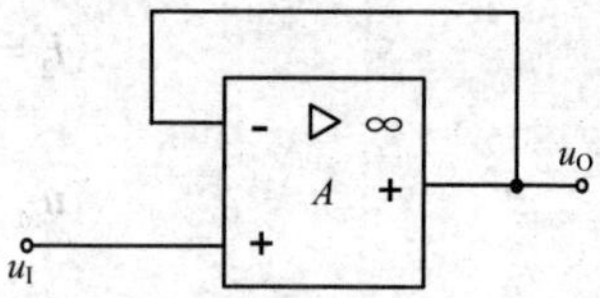

图 3.6.4　电压跟随器

同相比例运算电路引入的是电压串联负反馈，具有较高的输入电阻和很低的输出电阻，这是该电路的主要优点。

例 3.3　电路如图 3.6.5 所示，已知 $u_O=-55u_I$，其余参数如图中所标注，试求出 R_5 的值。

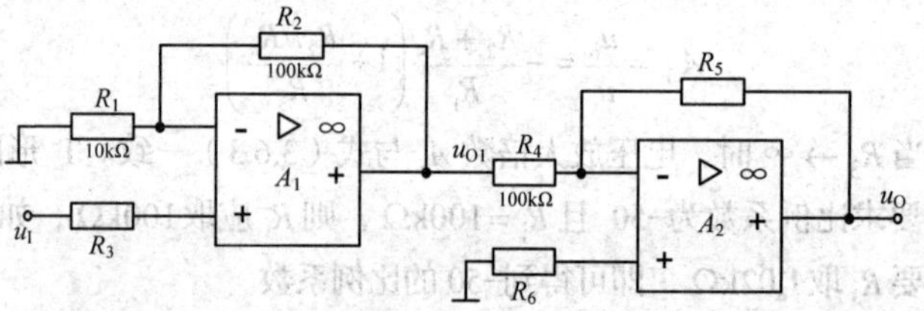

图 3.6.5　例 3.3 电路

解：在如图 3.6.5 所示的电路中，A_1 构成同相比例运算电路，A_2 构成反相比例运算电路。根据式（3.6.4）和式（3.6.2）可得：

$$u_{O1}=\left(1+\frac{R_2}{R_1}\right)u_I=\left(1+\frac{100}{10}\right)u_I=11u_I$$

$$u_O=-\frac{R_5}{R_4}u_{O1}=-\frac{R_5}{100}\times 11u_I=-55u_I$$

于是可计算出电阻 $R_5=500\text{k}\Omega$。

二、加减运算电路

实现多个输入信号按各自不同的比例求和或求差的电路统称为加减运算电路。若所有输入信号均作用于集成运算放大器的同一个输入端，则实现加法运算；若一部分输入信号作用于集成运算放大器的同相输入端，另一部分输入信号作用于反相输入端，则实现加减运算。

加减运算的一般表达式为：

$$u_O = K_1u_{I1} + K_2u_{I2} + \cdots + K_nu_{In} \tag{3.6.6}$$

式（3.6.6）中，K_1、K_2…、K_n 称为比例系数，其值可正可负，但在加法电路中，K_1、K_2…、K_n 均为正值或均为负值。

加法运算电路

加法运算电路的输出反映多个模拟输入信号相加的结果，它由比例电路加以扩展而得到。用运算放大器实现加法运算时，可以采用反相输入方式，也可采用同相输入方式。

（1）反相加法运算电路

图 3.6.6 所示为有 3 个输入端的反相加法运算电路。输入电压 u_{I1}、u_{I2} 和 u_{I3} 分别通过电阻 R_1、R_2 和 R_3 同时接到集成运算放大器的反相输入端。为了保证运算放大器两个输入端对地的电阻一致，图中 R' 的阻值应为 $R' = R_1//R_2//R_3//R_F$。

根据“虚短”和“虚断”的概念可得：

$$i_1 = \frac{u_{I1}}{R_1}, \quad i_2 = \frac{u_{I2}}{R_2}, \quad i_3 = \frac{u_{I3}}{R_3}$$

$$i_F = i_1 + i_2 + i_3$$

又因运算放大器的反相输入端“虚地”，故有：

$$u_O = -i_FR_F = -\left(\frac{R_F}{R_1}u_{I1} + \frac{R_F}{R_2}u_{I2} + \frac{R_F}{R_3}u_{I3}\right) \tag{3.6.7}$$

式（3.6.7）是三输入端反相加法运算电路输出电压表达式。当 $R_1=R_2=R_3=R$ 时，上式变为：

$$u_O = -\frac{R_F}{R}(u_{I1} + u_{I2} + u_{I3}) \tag{3.6.8}$$

当然，这种加法电路的输入端可以多于或少于 3 个。无论有多少个输入端，分析输出与输入关系的方法是相同的。

反相输入加法运算电路的优点是，当改变某一输入回路的电阻时，仅仅改变输出电压与该路输入电压之间的比例关系，对其他各路没有影响，调节比较灵活方便。另外，由于“虚地”，加在集成运算放大器输入端的共模电压很小。在实际工作中，反相输入方式的加法电路应用比较广泛。

（2）同相加法运算电路

如果将多个求和输入信号加到集成运算放大器的同相输入端，即可构成同相加法运算电路。图 3.6.7 所示为有 3 个输入信号的同相加法运算电路，利用理想运算放大器线性工作区的两个特点，可以推出输出电压与各输入电压之间的关系为：

$$u_O = \left(1 + \frac{R_F}{R_1}\right)\left(\frac{R_+}{R_1'}u_{I1} + \frac{R_+}{R_2'}u_{I2} + \frac{R_+}{R_3'}u_{I3}\right) \tag{3.6.9}$$

式（3.6.9）中 $R_+ = R_1'//R_2'//R_3'//R'$，也就是说，$R_+$ 与接在运算放大器同相输入端所有各路的输入电阻以及反馈电阻有关。如欲改变某一路输入电压与输出电压的比例关系，则当调节该路输入端电阻时，同时也将改变其他各路的比例关系，故常常需要反复调整，才能最后确定电路的参数，可见估算和调整的过程不太方便。另外，由于集成运算放大器两个输入端不“虚地”，所以对集成运算放大器的最大共模输入电压的要求比较高。在实际工作中，同相加法电路不如反相加法电路应用广泛。

实际上，同相加法电路可由反相加法电路与反相比例电路共同实现。通过前面的分析可以看出，反相加法电路与同相加法电路的u_O表达式只差一个负号。若在图 3.6.6 所示反相加法电路的基础上再加一个反相器，则可消除负号，变为同相加法电路，如图3.6.8所示。其中，

$$u_{O1}=-\frac{R_F}{R_1}u_{I1}-\frac{R_F}{R_2}u_{I2}-\frac{R_F}{R_3}u_{I3}$$

$$u_O=-\frac{R_4}{R_4}u_{O1}=\frac{R_F}{R_1}u_{I1}+\frac{R_F}{R_2}u_{I2}+\frac{R_F}{R_3}u_{I3}$$

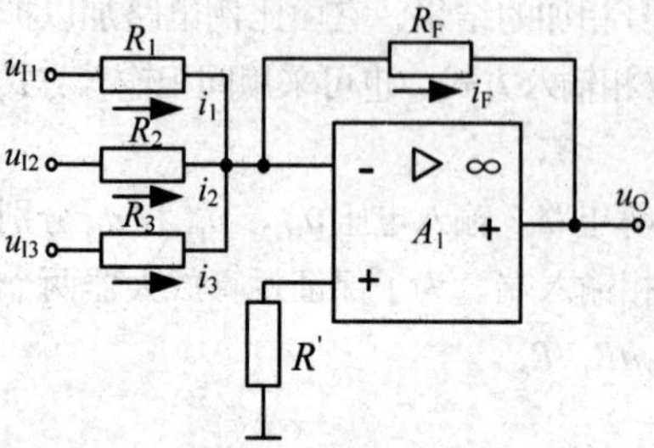

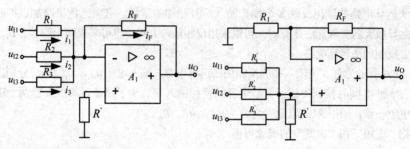

图 3.6.6　反相输入加法运算电路

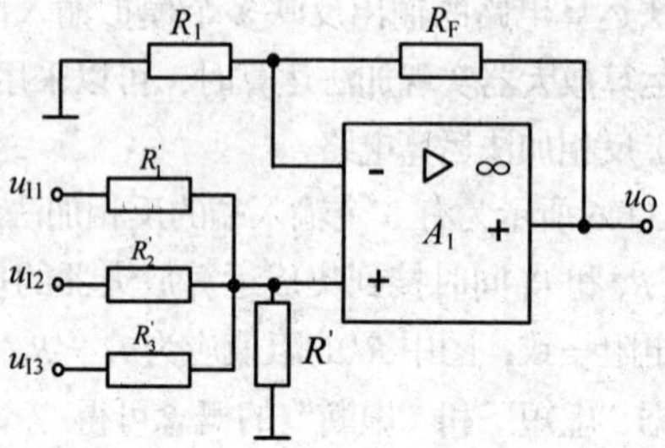

图 3.6.7　同相输入加法运算电路

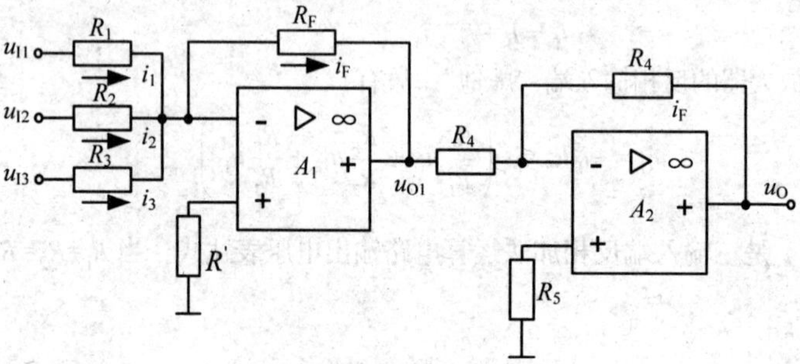

图 3.6.8　双运放同相加法运算电路

（3）加减混合运算电路

如果在反相加法运算电路的同相输入端也输入多个信号，就变成了一般的加减混合运算电路，如图 3.6.9 所示，图中$R_N=R_1//R_2//R_F$，$R_P=R_3//R_4//R_5$，取$R_N=R_P$，使电路参数对称。利用叠加定理可方便地得到这个电路的运算关系。

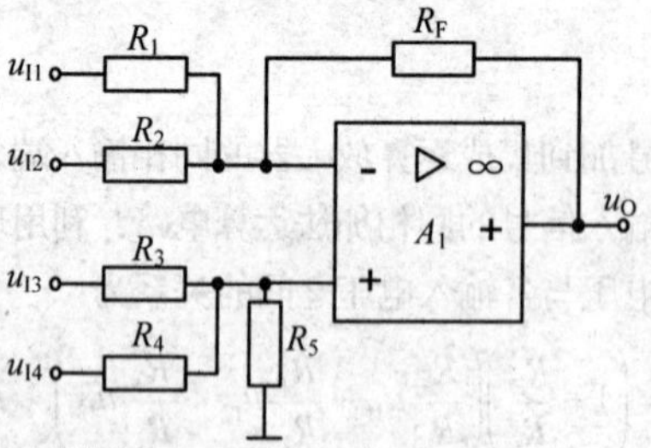

图 3.6.9　加减运算电路

当$u_{I3}=u_{I4}=0$时，$u_+=u_-=0$，电路为反相加法运算电路，设此时的输出电压为u_{O1}，根据式（3.6.7）得：

$$u_{O1}=-\left(\frac{R_F}{R_1}u_{I1}+\frac{R_F}{R_2}u_{I2}\right)$$

当$u_{I1}=u_{I2}=0$时，电路为同相求和运算电路，设此时的输出电压为u_{O2}，根据式

（3.6.9）得：

$$u_{O2}=\left(1+\frac{R_F}{R_1//R_2}\right)\left(\frac{R_P}{R_3}u_{I3}+\frac{R_P}{R_4}u_{I4}\right)$$

根据叠加定理，输出电压为：

$$u_O=u_{O1}+u_{O2}=-\left(\frac{R_F}{R_1}u_{I1}+\frac{R_F}{R_2}u_{I2}\right)+\left(1+\frac{R_F}{R_1//R_2}\right)\left(\frac{R_P}{R_3}u_{I3}+\frac{R_P}{R_4}u_{I4}\right)$$

利用 $R_N=R_P$，经整理可得：

$$u_O=-\frac{R_F}{R_1}u_{I1}-\frac{R_F}{R_2}u_{I2}+\frac{R_F}{R_3}u_{I3}+\frac{R_F}{R_4}u_{I4} \quad (3.6.10)$$

三、积分和微分运算电路

1．积分运算电路

积分运算电路是一种应用比较广泛的模拟信号运算电路，它不仅是模拟计算机的基本单元电路，而且在信号产生、信号变换以及控制和测量等领域都起到相当重要的作用。积分电路的输出电压与输入电压成积分关系，亦即输出电压与输入电压随时间的积分值成比例。

如果把反相输入比例电路的反馈电阻换成电容，利用电容两端的电压 u_C 与流过的电流 i_C 之间存在的积分关系，可以实现对输入信号的积分运算，电路如图 3.6.10 所示。由于电路存在深度负反馈，运放反相输入端为“虚地”；根据理想运放“虚断”的特性，流入运放输入端的电流近似为零，则可列出以下方程

$$i_C=i=\frac{u_C}{R}$$

$$u_O=-u_C=-\frac{1}{C}\int i_C\mathrm{d}t=-\frac{1}{RC}\int u_I\mathrm{d}t \quad (3.6.11)$$

式（3.6.11）表明输出电压 u_O 是输入电压 u_I 的积分，负号表明两者反相。

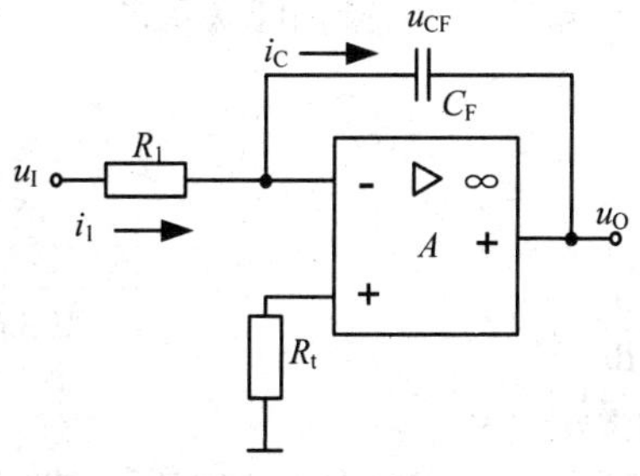

图 3.6.10　积分运算电路

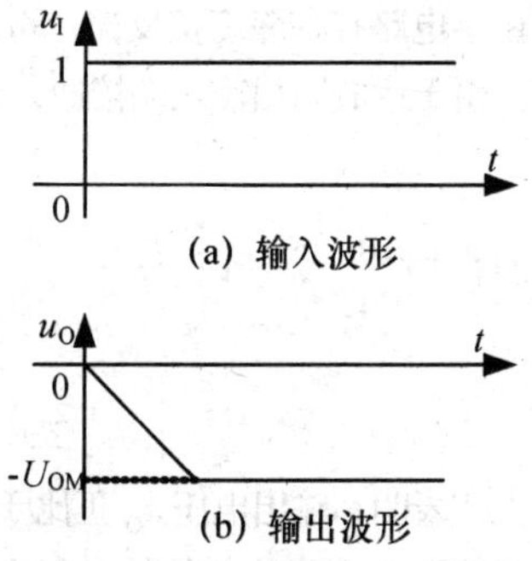

图 3.6.11　积分电路的阶跃响应

如果要计算一个时间段（$t_1\sim t_2$）的积分值时，式（3.6.11）可改写为：

$$u_O=-\frac{1}{RC}\int_{t_1}^{t_2}u_I\mathrm{d}t+u_O(t_1)$$

假定电容 C 的初始电压 $u_C(0)=0\mathrm{V}$，当电路输入如图 3.6.11（a）所示的单位阶跃信号时，电容近似以恒流充电，输出电压 u_O 与时间 t 的近似关系为：

$$u_O = -\frac{u_I}{RC}t = -\frac{u_I}{\tau}t$$

其中，$\tau = RC$ 称为积分时间常数。随着时间的推移，输出电压将线性负向增长。由于运放的输出电压受直流电源的限制，最终 $u_O = -U_{OM}$，此时运放进入饱和状态。u_O 保持不变，波形如图 3.6.11（b）所示。

当积分电路输入如图 3.6.12 中的方波信号 u_I 时，假定电容 C 的初始电压 $u_C(0) = 0V$，并且积分时间常数选择合适，不会使积分电路的输出电压达到运放的饱和值，则输出信号 u_O 为图 3.6.12 所示的三角波。也就是说，积分电路能够实现方波—三角波的变换。

提示： 利用积分电路中电容充放电的过程，可以实现延时、定时以及各种波形的产生。

实际上，集成运放会受输入失调电压和失调电流的影响，电容也会有漏电流存在，这些因素会使电路出现积分误差。在实际应用中可选用输入阻抗高、失调电压及失调电流小的运放。另外，当信号频率非常低时，电容 C 会呈现较大的容抗，这时积分电路的增益非常大，电路将有可能工作在临界开环状态。因而，实用积分电路常在电容 C 两端并联一个电阻 R_F，以减小低频增益，确保电路始终工作在闭环状态，改进后的积分电路如图 3.6.13 所示。

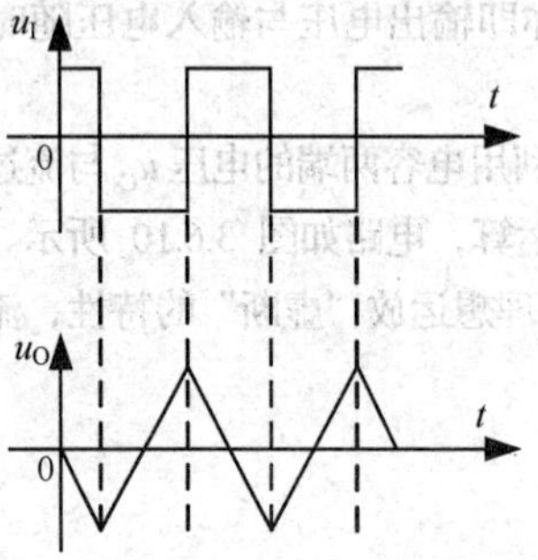

图 3.6.12　方波-三角波变换电路

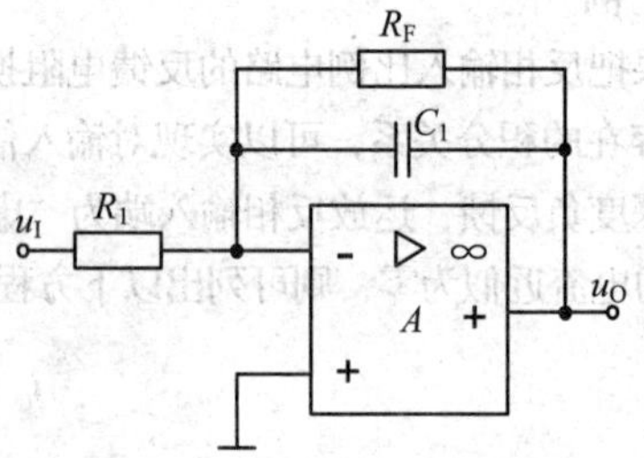

图 3.6.13　改进后的积分运算电路

2．微分电路

将积分电路的电阻与电容元件互换，可构成基本的微分电路，如图 3.6.14（a）所示。同样由于电路存在深度负反馈，可以用“虚短”和“虚断”分析。假定电容 C 的初始电压为零。由于运放同相输入端接地，则反相输入端为“虚地”，可得到如下关系式：

$$u_O = -i_F R = -i_C R$$

而 $i_C = C\frac{du_I}{dt}$，所以

$$u_O = -RC\frac{du_I}{dt} \tag{3.6.12}$$

上式表明，输出电压 u_O 正比于输入电压 u_I 的微分。

当输入电压为阶跃信号时，由于信号源有内阻，所示输出电压为有限值。随即由于电容 C 被充电，输出电压迅速衰减。当输入为单位阶跃信号时，输出波形如图 3.6.14（b）所示。

如果输入信号 $u_I = \sin\omega t$，则输出信号 $u_O = -RC\omega\cos\omega t$，表明输出电压的幅度随输入信号频率的增加而线性增加。因此，微分电路对高频噪声和干扰十分敏感。如果输入信号中含有高频噪声，输出信号中的噪声也会很大，并且电路可能不稳定。实际应用的微分电路常在电容支路串联一个小阻值的电阻 R_1，用以限制输入电流，且在反馈电阻 R 两端并联一个

小电容 C_1 以增强高频段的负反馈。改进后的微分电路如图 3.6.15 所示。

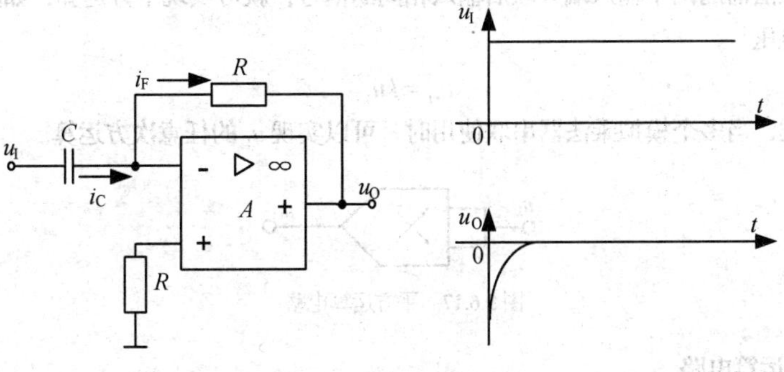

(a)微分电路　　(b)微分电路的阶跃响应

图 3.6.14　微分运算电路及其阶跃响应

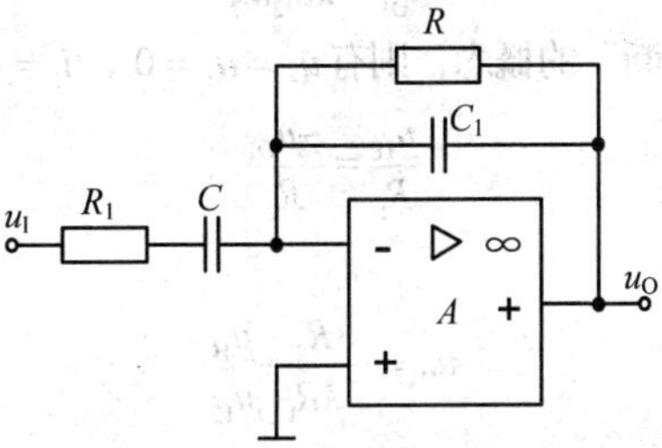

图 3.6.15　改进后的微分运算电路

*四、模拟乘法器及其应用

模拟乘法器是一种完成两个模拟信号相乘的电子器件。近年来，单片的集成模拟乘法器发展十分迅速，由于技术性能不断提高，且价格比较低廉，使用方便，所以应用十分广泛，不仅用于模拟信号的运算，同时也扩展到电子测量仪表、无线电通信等各个领域。

模拟乘法器的电路符号如图 3.6.16 所示，它有两个输入电压信号 u_X 、 u_Y 和一个输出电压信号 u_O 。输入和输出信号可以是连续的电流信号，也可以是连续的电压信号。对于一个理想的电压乘法器，其输出端的电压 u_O 仅与两个输入端的电压 u_X 、 u_Y 的乘积成正比。故乘法器的输出与输入关系为：

$$u_O = ku_Xu_Y$$

其中 k 是比例系数，其值可正、可负，若 k 大于 0 则为同相乘法器，若 k 值小于 0 则为反相乘法器。

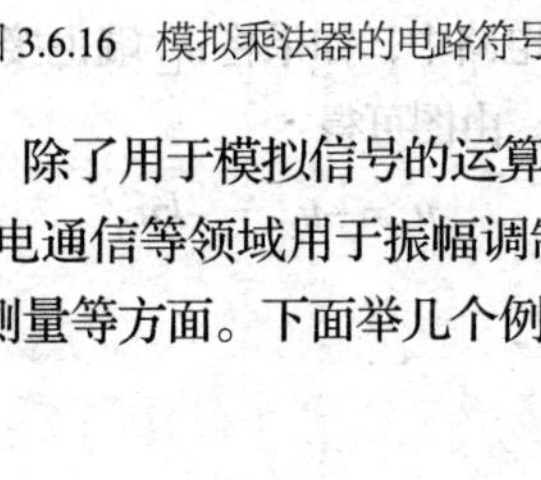

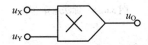

图 3.6.16　模拟乘法器的电路符号

模拟乘法器的用途十分广泛，除了用于模拟信号的运算，如乘法、平方、除法及开方等运算以外，还在电子测量及无线电通信等领域用于振幅调制、混频、倍频、同步检测、鉴相、鉴频、自动增益控制及功率测量等方面。下面举几个例子。

1．平方运算电路

将模拟乘法器的两个输入端并联后输入相同的信号，就可实现平方运算，如图 3.6.17 所示。其输出电压

$$u_O = ku_I{}^2$$

依此类推，当多个模拟乘法器串联使用时，可以实现 u_I 的任意次方运算。

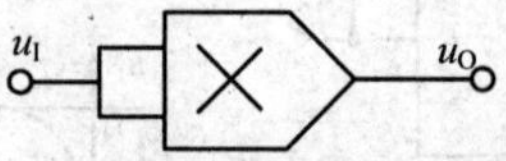

图 3.6.17　平方运算电路

2．除法运算电路

图 3.6.18 所示为除法运算电路，模拟乘法器放在反馈回路中，并形成深度负反馈。根据乘法规律可得：

$$u_{O1} = ku_{I2}u_O$$

而根据“虚短”和“虚断”的概念，则有 $u_- = u_+ = 0$ ，$i_1 = -i_2$ ，所以

$$\frac{u_{I1}}{R_1} = \frac{-u_{O1}}{R_2}$$

将 u_{O1} 代入，整理可得：

$$u_O = -\frac{R_2}{kR_1} \cdot \frac{u_{I1}}{u_{I2}}$$

若 $R_1 = R_2$ ，则上式变为：

$$u_O = -\frac{1}{k} \cdot \frac{u_{I1}}{u_{I2}}$$

从而实现了 u_{I1} 对 u_{I2} 的除法运算，$-\frac{1}{k}$ 是其比例系数。

必须指出，u_{I1} 和 u_{O1} 极性必须相反，才能保证运算放大器工作于深度负反馈状态，因此要求 u_{I2} 必须为正，u_{I1} 的极性可以是任意的，如图 3.6.18 所示电路属二象限除法运算电路。

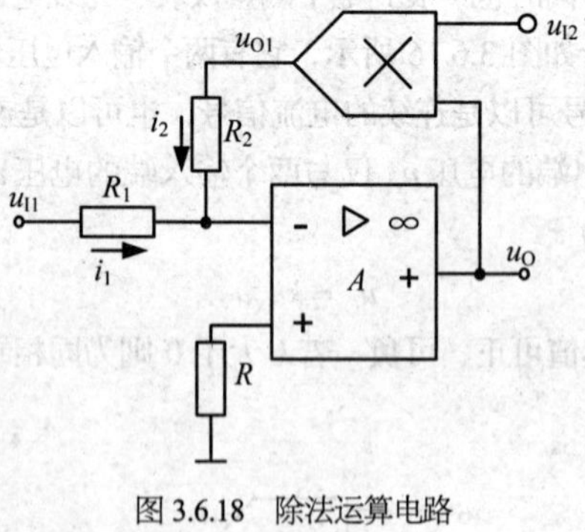

图 3.6.18　除法运算电路

3．开方运算电路

在图 3.6.18 所示的除法运算电路中，如果将 u_{I2} 端也接到 u_O 端，则除法运算电路变成了开方运算电路，如图 3.6.19 所示。由图可得：

$$u_I = -u_{O1} = -ku_O{}^2$$

所以

$$u_O = \sqrt{-\frac{u_I}{k}} \tag{3.6.13}$$

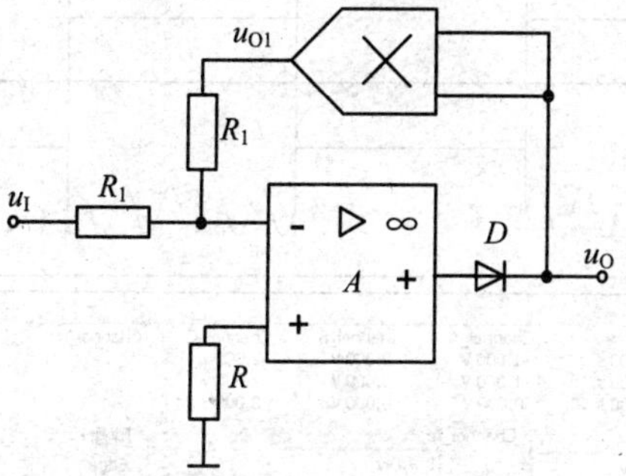

图 3.6.19　平方根运算电路

提示：只有当输入信号 u_I 为负值，才能满足负反馈条件。

图 3.6.19 中二极管的作用是防止出现当 u_I 因受干扰变为正值时，u_O 为负值的情况。此时 u_{O1} 与 u_I 都为正值，运算放大电路变为正反馈，电路不能正常工作，电路将出现锁定现象，加了二极管后，即可避免锁定现象的发生。

*五、运算电路的 Multisim 仿真

在 Multisim 构建反相比例求和电路，电路图及电路参数如图 3.6.20 所示，其中 U_1 是一方波信号，其最大值为 1 V，最小值为−1 V，占空比为 0.5，周期为 1 ms。U_2 为峰峰值等于 0.2 V、频率为 10 kHz 的正弦信号。利用虚拟仪器观察输入、输出波形。

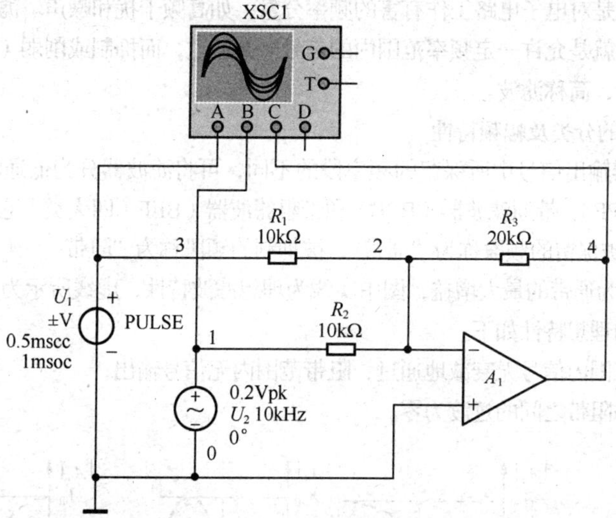

图 3.6.20　仿真电路图

将虚拟示波器的 3 路探头分别接在 U_1、U_2 和反向比例运算电路的输出端，观察输出波形如图 3.6.21 所示。可以看出，输出电压为两个输入电压求和的两倍，并且与输入电压相位相反，该电路实现了反相比例求和运算，因此以该电路称为反相比例求和电路。

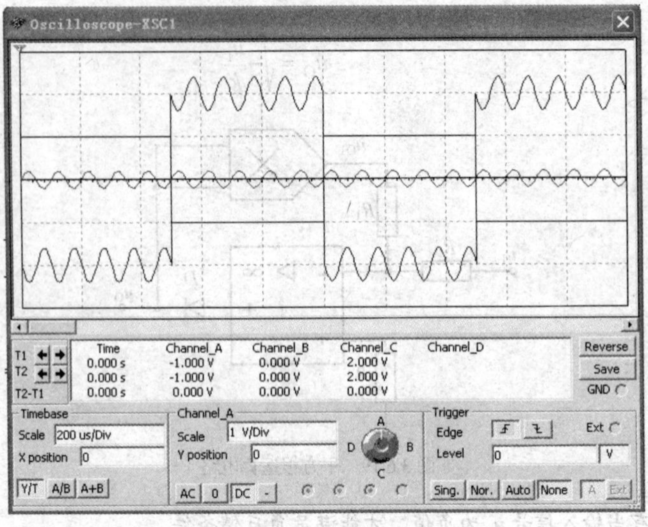

图 3.6.21　输入输出波形

*第七节　滤波器

一、滤波电路概述

1．滤波的概念

在电子电路传输的信号中，往往包含多种频率的正弦波分量，其中除有用频率分量外，还有无用的甚至是对电子电路工作有害的频率分量，如高频干扰和噪声。滤波器是一种选频电路，它的作用就是允许一定频率范围内的信号顺利通过，而抑制或削弱（即滤除）那些不需要的频率分量，简称滤波。

2．滤波器的分类及幅频特性

根据滤波器输出信号中所保留的频率段的不同，可将滤波器分为低通滤波器（LPF）、高通滤波器（HPF）、带通滤波器（BPF）和带阻滤波器（BEF）四大类。它们的幅频特性如图 3.7.1 所示，被保留的频段称为“通带”，被抑制的频段称为“阻带”。A_u 为各频率下滤波器的增益，A_{uP} 为通带的最大增益，图中实线为理想滤波特性，虚线所示为实际滤波特性。

滤波电路的理想特性如下。

（1）通带范围内信号无衰减地通过，阻带范围内无信号输出；

（2）通带与阻带之间的过渡为零。

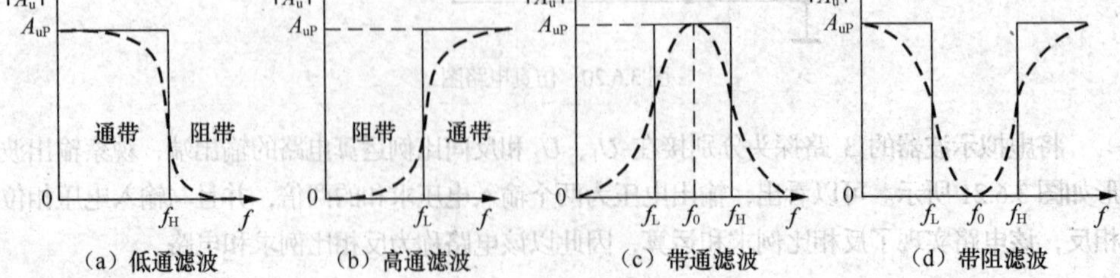

图 3.7.1　滤波器的幅频特性

二、无源滤波器

图 3.7.2 所示的 RC 电路就是一个简单的无源滤波器。

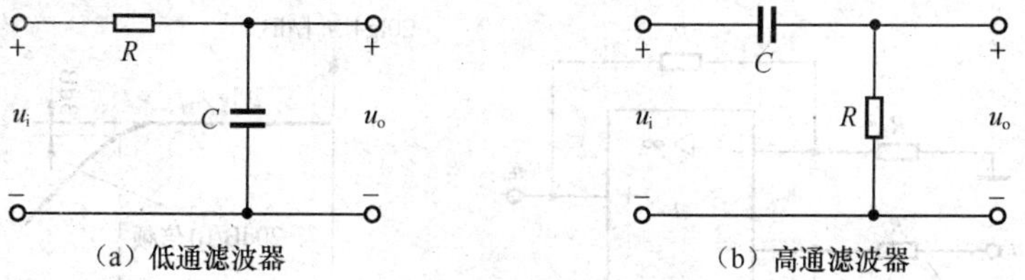

图 3.7.2　无源滤波器

在图 3.7.12（a）电路中，电容 C 上的电压为输出电压。对输入信号中的高频信号，电容的容抗 X_C 很小，则输出电压中的高频信号幅值很小，受到抑制，为低通滤波电路。如图 3.7.2（b）电路中，电阻 R 上的电压为输出电压。由于高频时容抗很小，则高频信号能顺利通过，而低频信号被抑制，因此为高通滤波电路。其幅频特性分别如图 3.7.1（a）、（b）所示。

无源滤波电路结构简单，但有以下缺点。

（1）R 及 C 上有信号压降，使输出信号幅值下降，降低了通带电压放大倍数；

（2）电路带负载能力差，当负载电阻 R_L 变化时，输出信号的幅值随之改变，滤波特性也随之变化；

（3）过滤带较宽，幅频特性不理想。

三、有源滤波器

为了克服无源滤波器的缺点，可将 RC 无源滤波器接到集成运算放大器的同相输入端。因为集成运算放大器为有源元件，故称这种滤波电路为有源滤波器。有源滤波器具有良好的选择性，对通带内信号不衰减，甚至还可进行放大，且输入电阻大、输出电阻小、带负载能力强，因此被广泛应用于无线通信、自动控制等系统。

1．有源低通滤波器

图 3.7.3（a）所示电路为低通滤波器，其中 RC 为无源低通滤波电路，输入信号通过它加到同相比例运算电路的输入端（即集成运算放大器的同相输入端），可见电路中引入了深度电压负反馈。

图 3.7.3（a）所示电路的电压放大倍数为：

$$\dot{A}_u=\frac{\dot{U}_o}{\dot{U}_i}=\left(1+\frac{R_F}{R_1}\right)\frac{\dot{U}_+}{\dot{U}_i}=\frac{1+\dfrac{R_F}{R_1}}{1+j\dfrac{f}{f_0}}=\frac{A_{up}}{1+j\dfrac{f}{f_0}}$$

其中，

$$A_{up}=1+\frac{R_F}{R_1}，\quad f_0=\frac{1}{2\pi RC}$$

在图 3.7.3（a）所示的电路中，当 $f=0$ 时，电容 C 相当于开路，此时的电压放大倍数 A_{up} 即为同相比例运算电路的电压放大倍数。一般情况下，$A_{up}>1$，与无源滤波器相比，合理选择 R_1 和 R_F 就可得到所需的放大倍数。由于电路引入了深度电压负反馈，输出电阻近似为零，因此电路带负载后，$\dot{U}_o$ 与 $\dot{U}_i$ 关系不变，即 R_L 不影响电路的频率特性。当信号频率 f 为通带截止频率 f_0 时，$|\dot{A}_u|=A_{up}/\sqrt{2}$；因此在如图 3.7.3（b）所示的对数幅频

特性中，当 $f = f_0$ 时的增益比通带增益 $20\lg A_{up}$ 下降 3 dB。当 $f > f_0$ 时，增益以-20 dB/10倍频的斜率下降，这是一阶低通滤波器的特点。而理想的低通滤波器则在 $f > f_0$ 时，增益立刻降到 0。

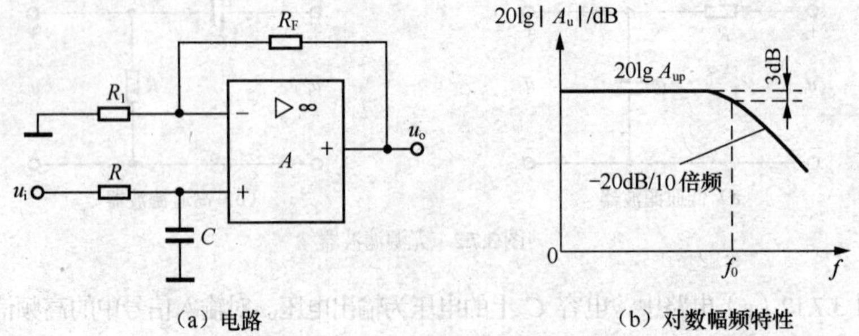

图 3.7.3　一阶有源低通滤波器

为了改善一阶低通滤波器的特性，使之更接近于理想情况，可利用多个 *RC* 环节构成多阶低通滤波器。具有两个 *RC* 环节的电路，称为二阶低通滤波器；具有 3 个 *RC* 环节的电路，称为三阶低通滤波器电路；依此类推，阶数越多，$f > f_0$ 时，$|\dot{A}_u|$ 下降越快，$\dot{A}_u$ 的频率特性越接近理想情况。图 3.7.4（a）所示电路就是一种二阶低通滤波器，图 3.7.4（b）所示为其不同 *Q*（品质因数）值下的幅频特性。由图可以看出，二阶低通滤波器的幅频特性比一阶的好。

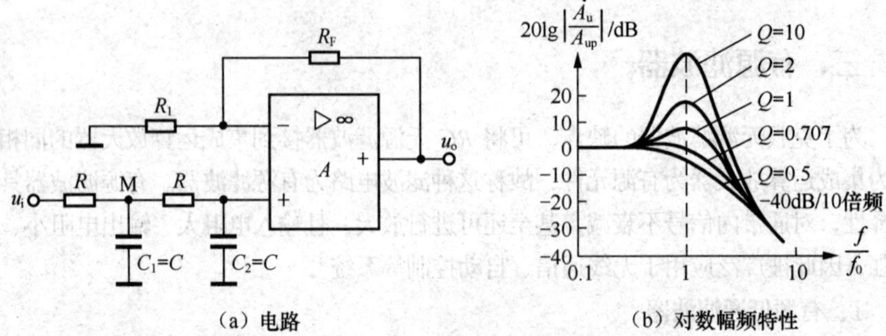

图 3.7.4　二阶低通滤波器

2．有源高通滤波器

将图 3.7.3（a）所示一阶低通滤波器中 *R* 和 *C* 的位置调换，就构成一阶有源高通滤波器，如图 3.7.5（a）所示。在图中，滤波电容接在集成运算放大器输入端，它将阻隔、衰减低频信号，而让高频信号顺利通过。

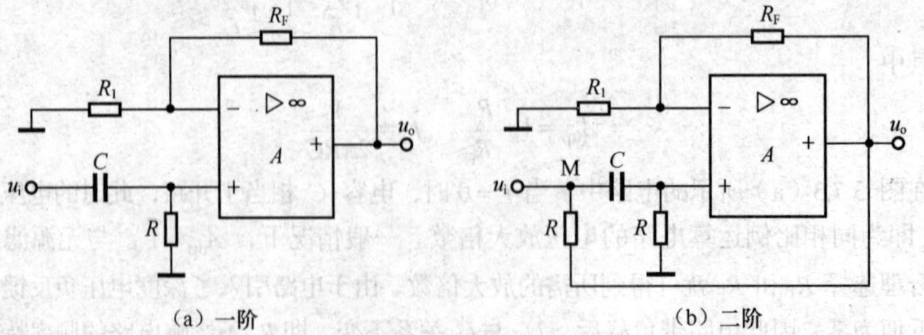

图 3.7.5　有源高通滤波器

同低通滤波器的分析类似，可以得出高通滤波器的下限截止频率为 $f_0 = 1/(2\pi RC)$，对于低于截止频率的低频信号，$|A_u| < 0.707|A_{up}|$。

一阶有源高通滤波器的带负载能力强，并能补偿 RC 网络上压降对通带增益的损失，但存在过渡带较宽、滤波性能较差的特点。采用二阶高通滤波，可以明显改善滤波性能。将如图 3.7.4（a）所示二阶低通滤波器中 R 和 C 的位置调换，就成为二阶有源高通滤波电路，如图 3.7.5（b）所示。

3．有源带通滤波器

将低通滤波器和高通滤波器串联，如图 3.7.6 所示，就可得到带通滤波器。设前者的截止频率为 f_{01}，后者的截止频率为 f_{02}（$f_{02} < f_{01}$），则通频带为（$f_{01} - f_{02}$）。实用电路中也常采用单个集成运算放大器构成压控电压源二阶带通滤波电路，如图 3.7.7（a）所示，图 3.7.7（b）是它的幅频特性。Q 值越大，通带放大倍数数值越大，频带越窄，选频特性越好。调整电路的 A_{up} 能够改变频带宽度。

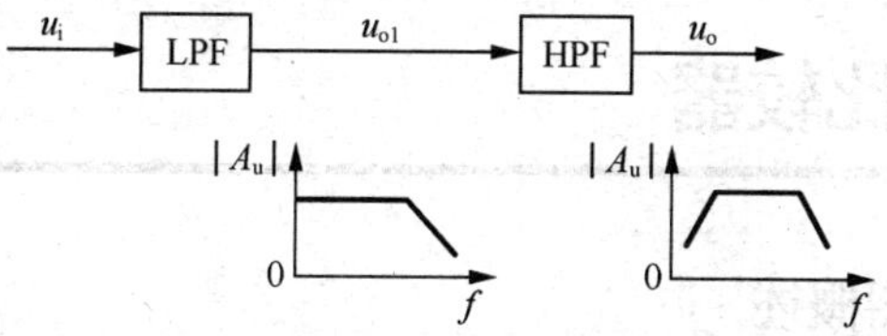

图 3.7.6　由低通滤波器和高通滤波器串联组成的带通滤波器

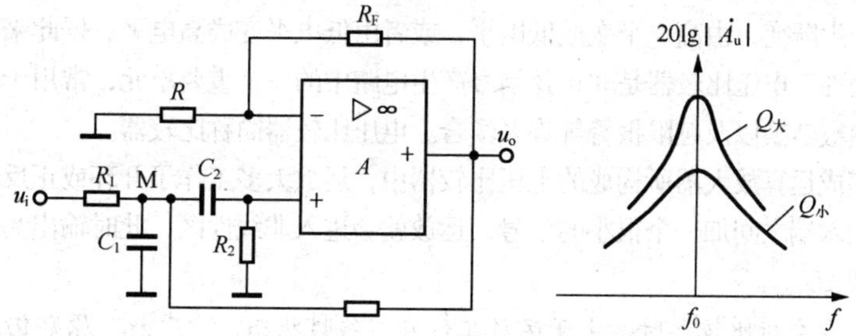

（a）电路　　（b）幅频特性

图 3.7.7　压控电压源二阶带通滤波器

4．有源带阻滤波器

将输入电压同时作用于低通滤波器和高通滤波器，再将两个电路的输出电压求和，就可得到带阻滤波器，如图 3.7.8 所示。其中低通滤波器的截止频率 f_{01} 应小于高通滤波器的截止频率 f_{02}，电路的阻带为（$f_{02} - f_{01}$）。

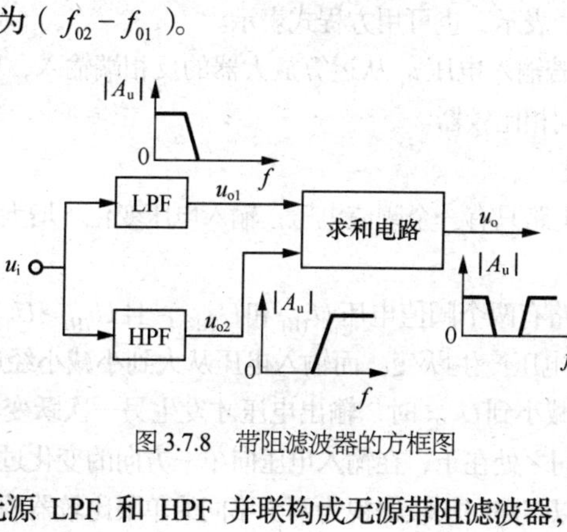

图 3.7.8　带阻滤波器的方框图

实用电路常利用无源 LPF 和 HPF 并联构成无源带阻滤波器，然后接同相比例运算电路，从而得到有源带阻滤波器，如图 3.7.9 所示。由于两个无源滤波器均由 3 个元件构成英文字母 T，故称之为双 T 网络。

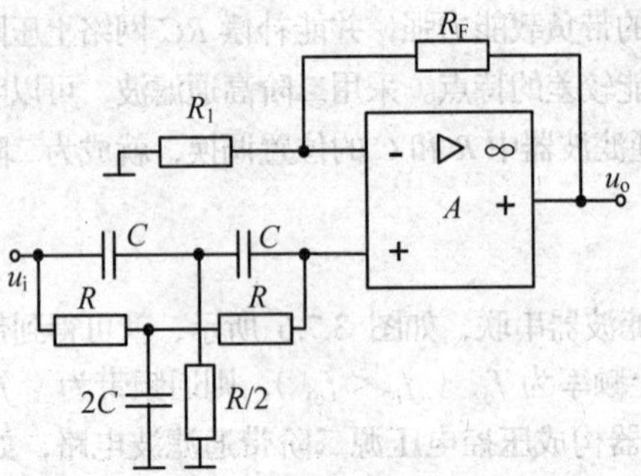

图 3.7.9　有源带阻滤波器

第八节　电压比较器

一、电压比较器概述

电压比较器的功能是将输入的模拟信号与一个参考电压进行比较，当二者幅度相等时，输出电压产生跃变，由高电平变成低电平，或者由低电平变成高电平。据此来判断输入信号的大小和极性。电压比较器是非正弦信号产生电路中的一个重要单元，常用于自动控制、波形变换、模数转换以及越限报警等许多场合。电压比较器简称比较器。

在由集成运算放大器所构成的电压比较器中，运放大多工作于开环或正反馈的状态。只要在两个输入端之间加一个很小的信号，运放就会进入非线性区，此时输出为正饱和值或负饱和值，即 $\pm U_{OM}$。

提示：在分析比较器时，由于运放工作在非线性状态，“虚断”原则仍成立，但“虚短”和“虚地”的原则不再适用。

1．电压比较器的 3 个要素

（1）比较器的阈值。比较器的输出状态发生跳变时，所对应的输入电压值称为比较器的阈值电压，简称阈值或门限电压，记为 U_{TH}。

（2）比较器的传输特性。比较器的输出电压 u_O 与输入电压 u_I 之间的对应关系称为比较器的传输特性，它可用曲线表示，也可用方程式表示。

（3）比较器的组态。若输入电压 u_I 从运算放大器的反相端输入，则称为反相比较器；若从同相端输入，则称为同相比较器。

2．电压比较器的种类

（1）单限比较器。即电路只有一个阈值电压，输入电压变化（增大或减小）经过阈值电压时，输出电压发生跃变。

（2）滞回比较器。电路有两个阈值电压 U_{TH1} 和 U_{TH2}，且 $U_{TH1} > U_{TH2}$。输入电压从小到大增加经过 U_{TH1} 时，输出电压产生跃变。而输入电压从大到小减小经过 U_{TH1} 时，输出电压并不发生变化，只有继续减小到 U_{TH2} 时，输出电压才发生另一次跃变，即电路具有滞回特性。它与单限比较器的相同之处在于，在输入电压向单一方向的变化过程中，输出电压只跃变一次，根据这一特点可以将滞回比较器视为两个不同的单限比较器的组合。

（3）双限比较器。电路有两个阈值电压 U_{TH1} 和 U_{TH2}，且 $U_{TH1} > U_{TH2}$，输入电压 u_I 从小变大（或从大变小）的过程中，经过 U_{TH1}（或 U_{TH2}）时输出电压 u_O 发生一次跃变，继续增大（或减小）经过 U_{TH2}（或 U_{TH1}）时，u_O 发生相反方向的跃变。即输入电压向单一方向的变化过程中，输出电压将发生两次跃变。

二、单限比较器

1．过零比较器

参考电压为零的比较器称为过零比较器（亦称零电平比较器）。按输入方式的不同可分为反相输入和同相输入两种过零比较器，分别如图 3.8.1 和图 3.8.2 所示。

（1）工作原理，以图 3.8.1（a）所示反相输入过零比较器为例，分析其工作原理。当 $u_I < 0$ 时，由于运放同相输入端接地，净输入信号 $u_D = u_+ - u_- = -u_I > 0$。运放处于开环工作状态，具有很高的开环电压增益。因此，只要加入很小的输入信号 u_I，便足以使输出电压达到运放的正向饱和值，即 $u_O = U_{OM}$。同理，当 $u_I > 0$ 时，$u_O = -U_{OM}$。

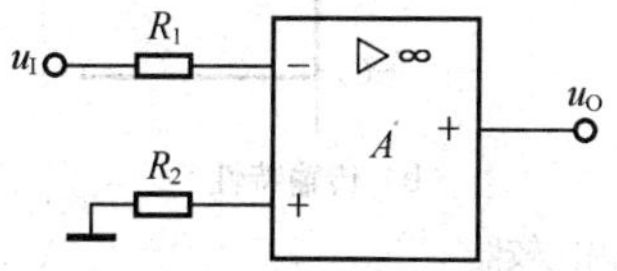

（a）电路图

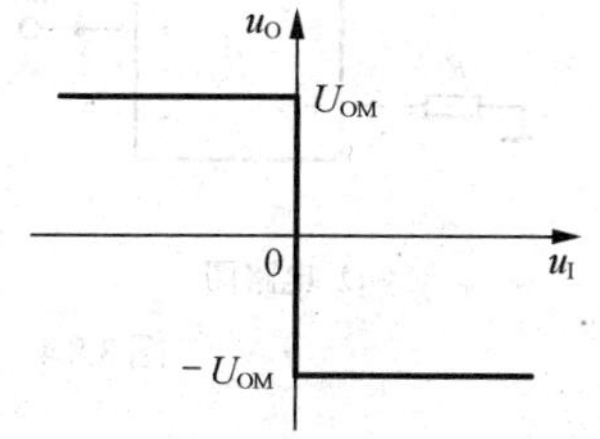

（b）传输特性

图 3.8.1　反相输入（下行）过零比较器

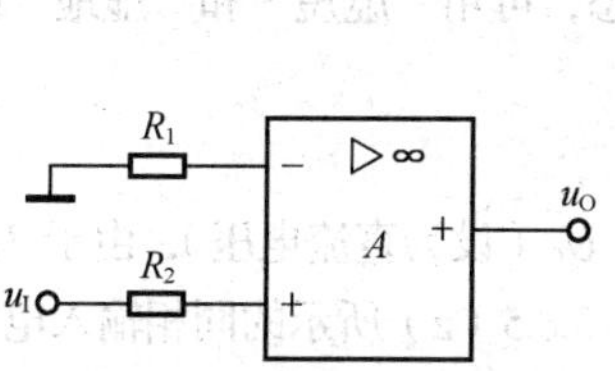

（a）电路图

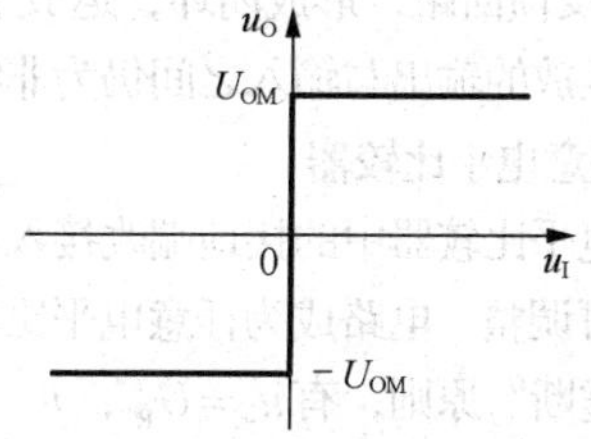

（b）传输特性

图 3.8.2　同相输入（上行）过零比较器

当输入信号从 $u_I < 0$ 向 $u_I > 0$ 变化时，输出电压 u_O 从正饱和值 U_{OM} 跃变到负饱和值 $-U_{OM}$；反之，当输入信号从 $u_I > 0$ 向 $u_I < 0$ 变化时，输出电压从 $u_O = -U_{OM}$ 跃变到 $u_O = U_{OM}$，其电压传输特性如图 3.8.1（b）所示。

同理，同相输入过零比较器的工作原理与上述反相输入比较器类似。二者的差别在于由于输入信号所接的输入端不同，图 3.8.1 所示电路加在运放反相端，图 3.8.2 所示电路加在运放同相端，故输出电压的极性相反。因此，当输入信号从 $u_I < 0$ 到 $u_I > 0$ 变化时，前者输出从 U_{OM} 到 $-U_{OM}$ 变化，故称下行特性；后者从 $-U_{OM}$ 到 U_{OM} 变化，故称上行特性。由于比较器在输入电压 $u_I = 0$ 时，输出电压 u_O 发生跃变，因此称作过零比较器。

（2）过零限幅比较器。上述电压比较器的结构很简单，但输出电平较高，接近正、负电源电压，且不能改变，为此，可用稳压管来限幅。输出电压由稳压管的稳压值决定，调整稳压管就能改变电路的输出电平。稳压管的接入有两种方式：① 接在运放的输出端；② 接在输出端和反相输入端之间，形成过零限幅比较器。两种接入方式的电路图以及传输特性如图 3.8.3 和

图 3.8.4 所示。若选择双向稳压管，则正、负向输出电压均被限幅，即 $u_O = \pm U_Z$。所形成的上行和下行电压传输特性如图 3.8.3（b）和图 3.8.4（b）所示，图中 R 为 D_Z 的限流电阻。

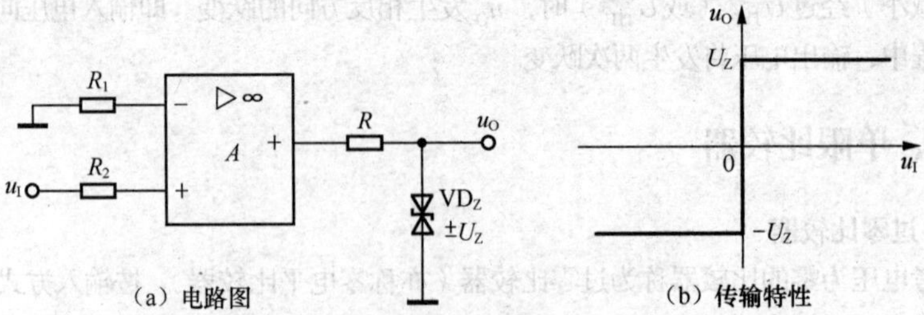

（a）电路图　　　　（b）传输特性

图 3.8.3　同相输入过零限幅比较器

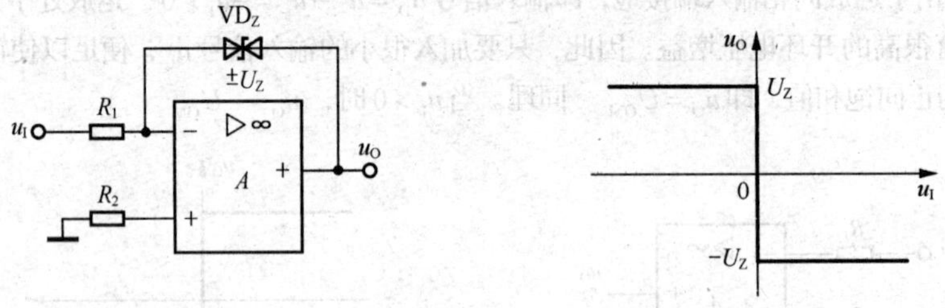

（a）电路图　　　　（b）传输特性

图 3.8.4　反相输入过零限幅比较器

应当指出，在两种不同接入方式构成的稳压管限幅过零比较器中，运放的工作状态是不同的。图 3.8.3 中，运放工作在开环状态，即处于非线性区；而图 3.8.4 中，由双向稳压管 D_Z 构成负反馈回路，形成闭环，运放工作在线性状态，可用“虚短”和“虚地”的原则来分析；但运放的输出与输入之间仍为非线性关系。

2．任意电平比较器

将零电平比较器中的接地端改接入一个参考电压 U_R（设为直流电压），由于 U_R 的大小和极性均可调整，电路成为任意电平比较器。在如图 3.8.5（a）所示的同相输入电平比较器中，由“虚断”原则，有 $u_- = U_R$，$u_+ = u_I$。与过零比较器的工作原理相同，当 $u_+ = u_-$，即 $u_I = U_R$ 时，输出电压发生跃变，所以又称此电路为电平检测器。根据 u_O 的数值，即可判断输入信号 u_I 与参考电压 U_R 的关系。例如：当 $u_I < U_R$ 时，$u_O = -U_Z$；而 $u_I > U_R$ 时，$u_O = U_Z$。若 $U_R > 0$，则电压传输特性曲线如图 3.8.5（b）所示，相当于将图 3.8.3（b）所示过零比较器的传输特性右移了 U_R 的距离；若 $U_R < 0$，电压传输特性如图 3.8.5（c）所示，相当于将图 3.8.3（b）的特性曲线左 U_R 的距离。

任意电平比较器亦可接成反相输入方式，只要将图 3.8.5（a）中 u_I 和 U_R 的接入位置对调即可。

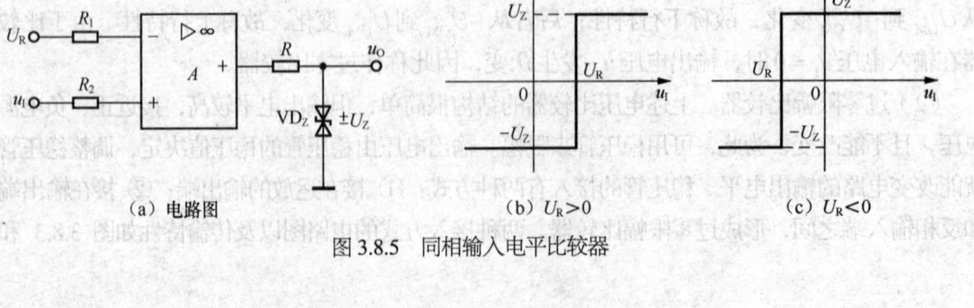

（a）电路图　　　　（b）$U_R>0$　　　　（c）$U_R<0$

图 3.8.5　同相输入电平比较器

提示：在这两种电路中，运放均工作在差动输入方式，输入端有较大的共模电压。

例 3.4　一比较电路如图 3.8.6 所示，设运放为理想运放，稳压管 VD_Z 的双向限幅值为 ±5V，$U_{REF}=-1V$。（1）求门限电压 U_T；（2）试画出该电路的传输特性。

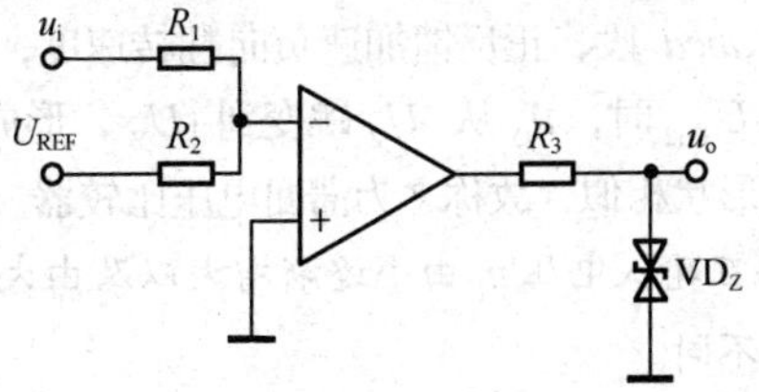

图 3.8.6　例 3.4 电路

解:（1）求门限电压 U_T:

$$u_- = \frac{R_1}{R_1+R_2}U_{REF} + \frac{R_2}{R_1+R_2}u_i$$

当 $u_+ = u_- = 0$ 时，比较器输出电压发生翻转，由此求得：

$$U_T = \frac{R_1}{R_2}U_{REF} = 1V$$

（2）电路的传输特性如下图所示。

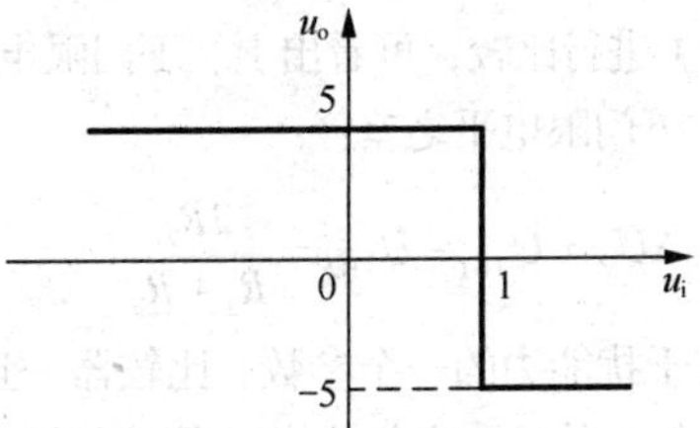

3．滞回比较器（施密特触发器）

以上所讨论的过零比较器和任意电平比较器具有电路结构简单、灵敏度较高的优点，但抗干扰能力较差。若输入信号 u_I 处于门限电平 U_{TH} 附近时，由于零点漂移或噪声干扰等因素的影响，可能会造成输出电压 u_O 的不断跃变，出现误翻转。为了解决这一问题，在运放中加入正反馈，形成具有滞回特性的比较器，可大大提高比较器的抗干扰能力。

（1）过零滞回比较器，图 3.8.7 所示为反相输入过零滞回比较器的电路图和传输特性。将反馈电阻 R_F 接在输出端与同相输入端之间，形成正反馈，R 为稳压管 D_Z 的限流电阻，同相输入端经电阻 R_2 接地。滞回比较器引入正反馈的目的一是为了加速比较器翻转的过程，使运放经过线性区过渡的时间缩短，传输特性更接近理想特性；二是给电路提供双极性参考电平。同理，也可构成同相输入滞回比较器。

由于同相输入端经电阻 R_2 接地，根据“虚断”原则，利用分压公式可求得同相端对地的电位为：

$$u_+ = \frac{R_2}{R_2+R_F}u_O$$

因输出端接有稳压管 D_Z 限幅，代入 $u_O=+U_Z$，可得上门限电平：

$$U_{TH1} = \frac{R_2}{R_2+R_F}U_Z \qquad (3.8.1)$$

代入 $u_O=-U_Z$，可得下门限电平：

$$U_{TH2}=-\frac{R_2}{R_2+R_F}U_Z \tag{3.8.2}$$

根据比较器输出的跃变条件$u_-=u_+$，在输出$u_O=+U_Z$时，只要$u_-=u_I<u_+=U_{TH1}$，u_O便维持$+U_Z$不变。只有当输入信号上行至$u_I\geqslant U_{TH1}$时，u_O从$+U_Z$跳变到$-U_Z$，形成图3.8.7（b）电压传输特性上 *abcd* 段，正反馈加速负向翻转速度，使波形边沿变得陡峭。同理，当输入信号下行至$u_I\leqslant U_{TH2}$时，u_O从$-U_Z$跳变到$+U_Z$，形成图 3.8.7（b）传输特性上 *defa* 段。由于它与磁滞回线形状相似，故称之为滞回电压比较器。

提示：滞回电压比较器在输入电压u_I由小逐渐增大以及由大逐渐减小两种情况下，输出电压发生跳变的参考电压不同。

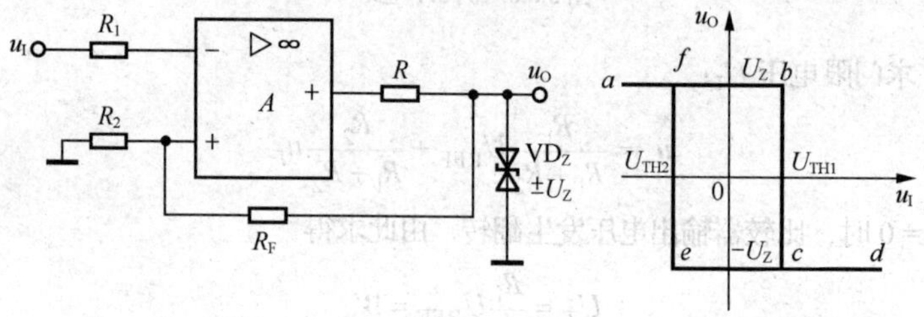

（a）电路图　　（b）滞回特性

图 3.8.7　反相输入过零滞回比较器

对式（3.8.1）和式（3.8.2）进行比较，可看出上、下门限电平是对称的。

定义回差电压ΔU_Z为上、下门限电平之差：

$$\Delta U_Z=U_{TH1}-U_{TH2}=\frac{2R_2}{R_2+R_F}U_Z$$

回差是表明滞回比较器抗干扰能力的一个参数。比较器一旦翻转进入某一状态后，u_+随即自动变化，使u_I必须发生较大的反向变化才能回到原状态。

（2）任意电平滞回比较器，只要将过零滞回比较器的接地端改接成参考信号U_R，即构成任意电平滞回比较器。图 3.8.8 即为反相输入任意电平滞回比较器。

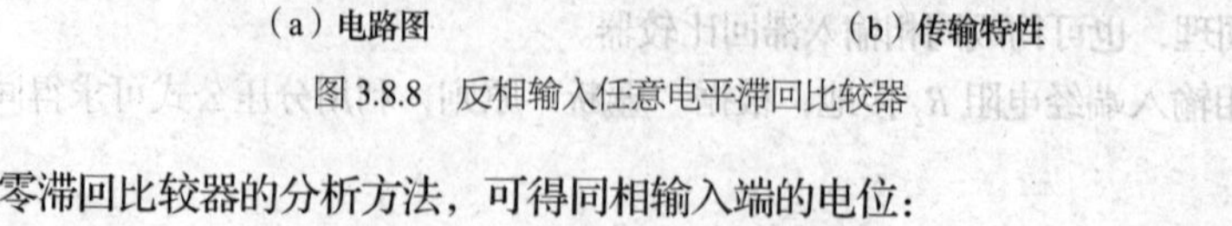

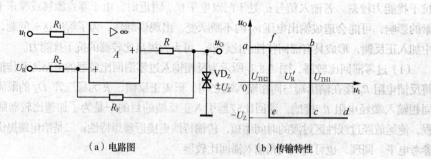

（a）电路图　　（b）传输特性

图 3.8.8　反相输入任意电平滞回比较器

仿照过零滞回比较器的分析方法，可得同相输入端的电位：

$$u_+=u_+'+u_+''=\frac{R_2}{R_2+R_F}u_O+\frac{R_F}{R_2+R_F}U_R$$

当运放的$u_+=u_-$时，u_O发生翻转，设输出为$u_O=\pm U_Z$，可推导出上、下门限电平：

$$U_{TH1}=\frac{R_2}{R_2+R_F}U_Z+\frac{R_F}{R_2+R_F}U_R=U_R+\frac{R_2}{R_2+R_F}(U_Z-U_R) \tag{3.8.3}$$

$$U_{\text{TH2}}=\frac{-R_2}{R_2+R_{\text{F}}}U_{\text{Z}}+\frac{R_{\text{F}}}{R_2+R_{\text{F}}}U_{\text{R}}=U_{\text{R}}-\frac{R_2}{R_2+R_{\text{F}}}(U_{\text{Z}}+U_{\text{R}}) \tag{3.8.4}$$

当输入信号上行，从$u_{\text{I}}<U_{\text{TH1}}$变到$u_{\text{I}}>U_{\text{TH1}}$时，$u_{\text{O}}$从$+U_{\text{Z}}$跃变至$-U_{\text{Z}}$，形成图 3.8.8（b）传输特性上 *abcd* 段；当输入信号下行，从$u_{\text{I}}>U_{\text{TH2}}$变到$u_{\text{I}}<U_{\text{TH2}}$时，$u_{\text{O}}$从$-U_{\text{Z}}$向$+U_{\text{Z}}$跃变，形成传输特性上 *defa* 段。当参考电压$U_{\text{R}}>0$时，相当于将图 3.8.8（b）过零滞回比较器的传输特性右移U_{R}'的距离；当$U_{\text{R}}<0$时，则左移$|U_{\text{R}}'|$的距离，$U_{\text{R}}'=\frac{R_2}{R_2+R_{\text{F}}}U_{\text{R}}$。

回差电压

$$\Delta U=U_{\text{TH1}}-U_{\text{TH2}}=\frac{2R_2}{R_2+R_{\text{F}}}U_{\text{Z}}$$

由以上分析可知：

① 调节R_2或R_{F}可改变回差电压ΔU的大小；

② 调整U_{R}可改变U_{TH1}和U_{TH2}，但不影响回差电压ΔU；

③ 若$U_{\text{R}}=0$，则门限电平为$\pm\frac{R_2}{R_2+R_{\text{F}}}U_{\text{Z}}$，成为过零滞回比较器。

滞回比较器由于有回差电压存在，大大提高了电路的抗干扰能力；但回差也导致了输出电压的滞后现象，使电平鉴别产生误差。比较器最重要的应用是把变化缓慢的输入电压转换成突变的输出波形。

例 3.5 越界报警电路可采用滞回比较器来实现，电路如图 3.8.9（a）所示，若输入信号u_{I}为一随机信号，波形如图 3.8.9（c）所示。试求输出u_{O}波形。

解：根据滞回比较器的电压传输特性，如图 3.8.9（b）所示，适当设定U_{R}和U_{TH1}、U_{TH2}，将传输特性与输入波形对应（为方便将传输特性的u_{I}与u_{O}轴对调），即可画出输出电压u_{O}的波形，如图 3.8.9（c）所示。比较器输出没有进行限幅，故为$\pm U_{\text{OM}}$。

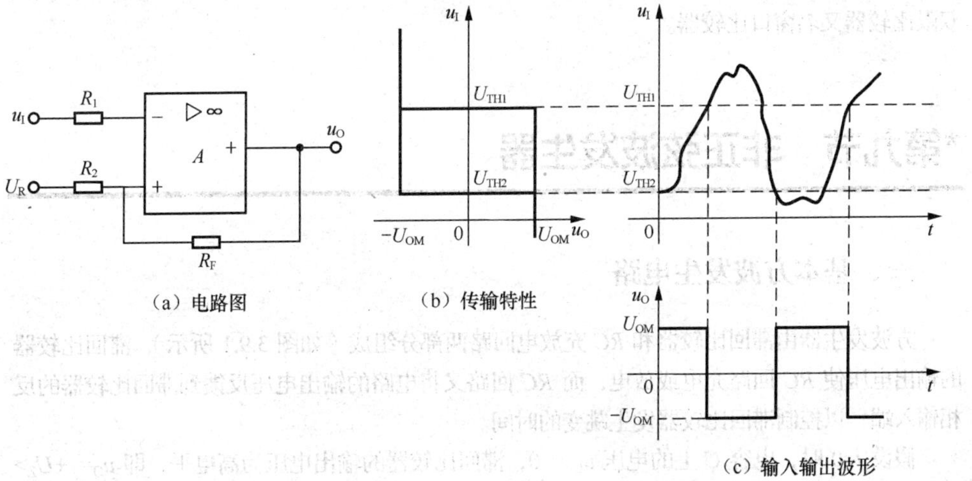

（a）电路图　（b）传输特性　（c）输入输出波形

图 3.8.9 例 3.5 的电压传输特性

4．双限电压比较器

单限比较器和滞回比较器在输入电压单一方向变化时，输出电压只跃变一次，因而不能检测出输入电压是否在两个给定电压之间，而双限比较器具有这一功能。双限比较器又称窗口比较器，其特点是电路有两个门限电平：上限U_{H}和下限U_{L}，当输入信号u_{I}在上限U_{H}和下限U_{L}之间时，输出电压为高电平；否则输出为低电平。或者，u_{I}在上、下限之间时，输出电压为低电平；否则输出为高电平。双限比较器常用于自动控制系统，检测输入信号（如温度、压力等）是否超出范围，并发出指示信号。

图 3.8.10（a）所示为一种双限比较器，它由两个运算放大器 A_1 和 A_2 组成。输入电压分别接到 A_1 的同相端和 A_2 的反相端，两个参考电压 U_H 和 U_L 分别接到 A_1 的反相端和 A_2 的同相端，并且 $U_H > U_L$，这两个参考电压就是比较器的两个阈值电压 U_{TH1} 和 U_{TH2}，$U_{TH1} = U_H$，$U_{TH2} = U_L$。电阻 R 和稳压管 D_Z 构成限幅电路。

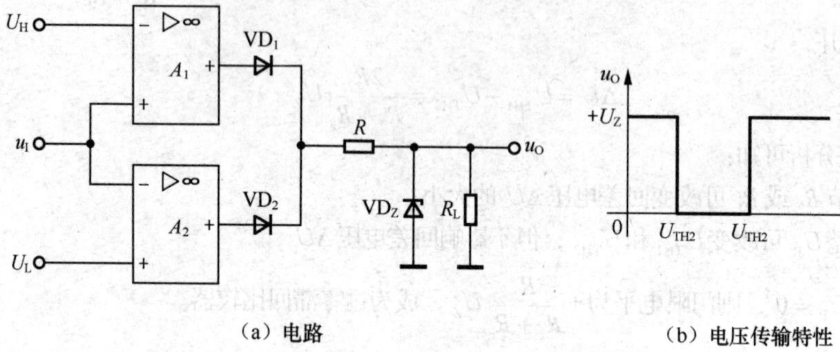

图 3.8.10　双限比较器

当输入电压 $u_I > U_H$ 时，必然大于 U_L，所以集成运算放大器 A_1 的输出 $u_{o1} = +U_{OM}$，A_2 的输出 $u_{o2} = -U_{OM}$，使得二极管 VD_1 导通、VD_2 截止，稳压管 VD_Z 工作在稳压状态，输出电压 $u_O = +U_Z$。当输入电压 $u_I < U_L$ 时，必然小于 U_H，所以集成运算放大器 A_1 的输出 $u_{O1} = -U_{OM}$，A_2 的输出 $u_{O2} = +U_{OM}$，使得二极管 VD_1 截止、VD_2 导通，稳压管 VD_Z 工作在稳压状态，输出电压仍为 $u_O = +U_Z$。当 $U_L < u_I < U_H$ 时，$u_{O1} = u_{O2} = -U_{OM}$，此时 VD_1 和 VD_2 均截止，稳压管截止，$u_O = 0$。

由以上分析可以画出电压传输特性，如图 3.8.10（b）所示，由于其形状如窗口，因此双限比较器又名窗口比较器。

*第九节　非正弦波发生器

一、基本方波发生电路

方波发生器由滞回比较器和 RC 充放电回路两部分组成（如图 3.9.1 所示），滞回比较器的输出电压使 RC 回路充电或放电；而 RC 回路又将电路的输出电压反馈到滞回比较器的反相输入端，以控制滞回比较器发生跳变的时间。

假设 t=0 时，电容 C 上的电压 $u_C = 0$，滞回比较器的输出电压为高电平，即 $u_O = +U_Z > 0$。则运放同相输入端的电位为 $u_+ = \frac{R_1}{R_1 + R_2} U_Z = U_H$。此时，滞回比较器的输出电压通过电阻 R 对电容 C 充电，运放反相输入端的电压 $u_- = u_C$ 按指数规律由零上升。当 u_- 升高至 $u_- = u_C = u_+$ 时（此时 $t = t_1$），滞回比较器的输出电压发生跳变，u_O 由 $+U_Z$ 跳变为 $-U_Z$，运放同相输入端的电位也随之跳变为 $u'_+ = -\frac{R_1}{R_1 + R_2} U_Z = U_L$。由于电路的输出电压 $u_O < 0$，电容 C 通过电阻 R 向运放的输出端放电，$u_- = u_C$ 逐渐下降。当 u_- 下降至 $u_- = u_C = u'_+$ 时（此时 $t = t_2$），

滞回比较器的输出电压再次发生跳变，u_O 由$-U_Z$ 跳变回$+U_Z$，电路重复上述过程。如此不断循环，滞回比较器的输出电压不断发生跳变，由此得到方波信号。滞回比较器输出电压 u_O 的波形以及电容电压 u_C 的波形如图 3.9.2 所示。

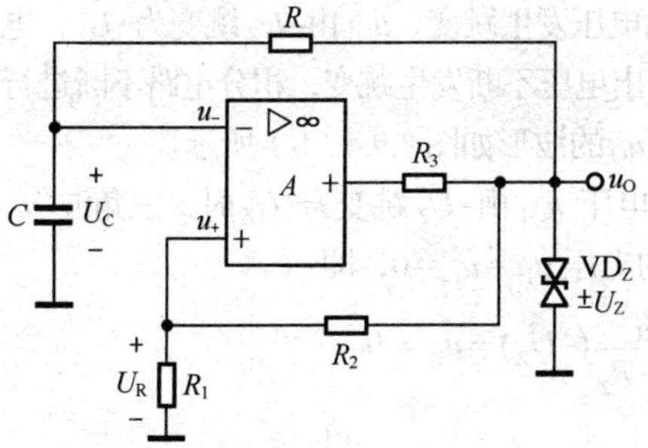

图 3.9.1 方波发生器

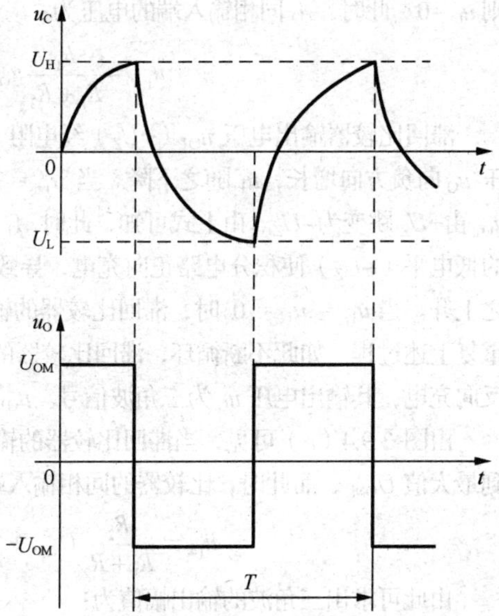

图 3.9.2 方波发生器输出电压与电容电压的波形图

由图 3.9.2 可见，方波的振荡频率与电容充放电过程有关。方波振荡周期的计算公式为：

$$T = 2RC\ln(1+\frac{2R_1}{R_2}) \quad (3.9.1)$$

如果将电容 C 的充电回路和放电回路分开（如图 3.9.3 所示），使其充、放电的时间常数不相等，就可在电路的输出端得到矩形波信号。矩形波信号占空比的调整，可通过改变电容充电和放电时间常数来实现。

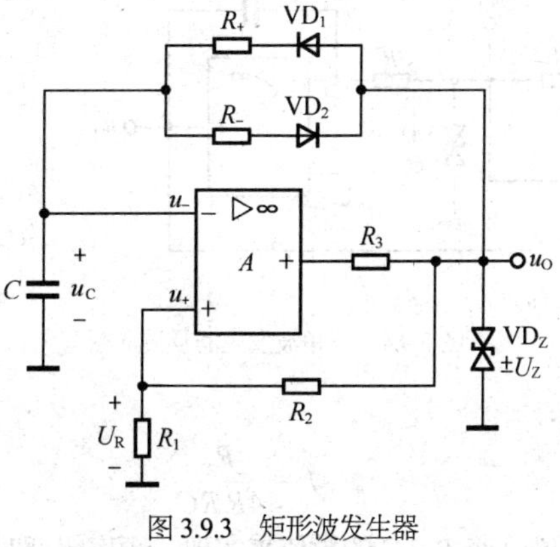

图 3.9.3 矩形波发生器

二、三角波发生器

三角波发生器由滞回比较器（A_1）和积分电路（A_2）两部分组成，如图 3.9.4（a）所示。图中，积分电路采用反相输入方式，而滞回比较器采用同相输入方式，比较器的反相输入端接地，同相输入端的电压 u_{1+} 由输出电压 u_{O1} 和积分电路的输出电压 u_O 共同决定，其输出电压则作为积分电路的输入电压。

假设 t=0 时滞回比较器的输出电压为高电平，即 $u_{O1}=+U_Z>0$。电容 C 上的电压 $u_C=0$，则 $u_O=0$。此时，A_1 同相输入端的电压为：

$$u_{1+}=\frac{R_1}{R_1+R_2}u_{O1}+\frac{R_2}{R_1+R_2}u_O>0$$

滞回比较器输出电压 u_{O1}（$+U_Z$）经电阻 R 向电容 C 反向充电，导致积分电路的输出电压 u_O 向负方向增长，u_{1+}随之下降。当 $u_{1+}=u_{1-}=0$ 时，滞回比较器的输出电压发生跳变，u_{O1} 由$+U_Z$ 跳变为$-U_Z$。由上式可知，此时 A_1 同相输入端的电压 $u_{1+}<0$；而滞回比较器输出的低电平（$-U_Z$）使积分电路正向充电，导致积分电路的输出电压 u_O 向正方向增长，u_{1+}随之上升。当 $u_{1+}=u_{1-}=0$ 时，滞回比较器的输出电压发生跳变，u_{O1} 由$-U_Z$ 跳变为$+U_Z$，电路重复上述过程。如此不断循环，滞回比较器的输出电压不断发生跳变，积分电路不断进行正反向充电，其输出电压 u_O 为三角波信号。u_{O1} 和 u_O 的波形如图 3.9.4（b）所示。

由图 3.9.4（b）可见，当滞回比较器的输出电压 u_{O1} 由$-U_Z$ 跳变为$+U_Z$ 时，三角波 u_O 达到最大值 U_{OM}，而此时，比较器的同相输入端的电压 $u_{1+}=u_{1-}=0$，即：

$$u_{1+}=\frac{R_2}{R_1+R_2}U_{OM}+\frac{R_1}{R_1+R_2}(-U_Z)=u_{1-}=0$$

由此可求出三角波的输出幅值为：

$$U_{OM}=\frac{R_1}{R_2}U_Z$$

当稳压管的稳压值确定后，改变 R_1 或 R_2 的阻值就可改变三角波的幅值。

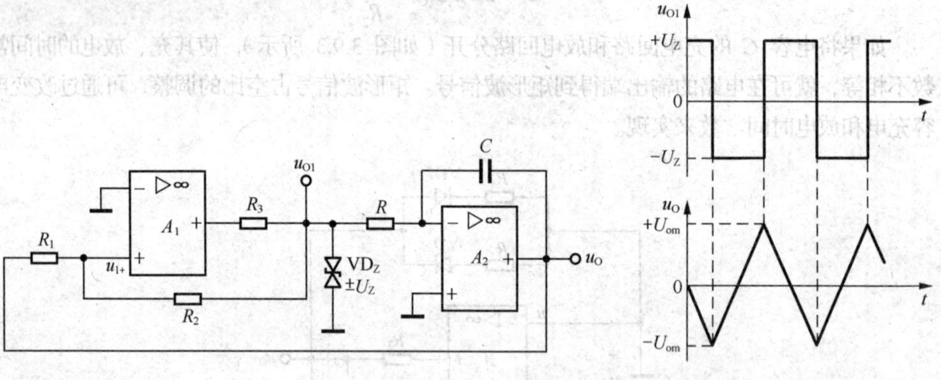

（a）　　（b）

图 3.9.4　三角波发生器及波形图

三角波的振荡频率为：

$$f=\frac{R_2}{4R_1RC} \tag{3.9.2}$$

振荡频率的调节可通过改变 R、C 的数值来实现，频率粗调时改变电容 C，频率细调时改变电阻 R。

本章小结

集成运算放大器的内部实质上是一个高放大倍数的多级直接耦合放大电路。它的内部通常包含4个基本组成部分，即输入级、中间级、输出级和偏置电路。为了有效地抑制零漂，运算放大器的输入级常采用差分放大电路。集成运算放大器的输出级基本上都采用各种形式的互补对称电路，以降低输出电阻，提高电路的带负载能力。同时，也希望有较高的输入电阻，以免影响中间级共射电路的电压放大倍数。

集成运算放大器的技术指标是其各种性能的定量描述，也是选用运算放大器产品的主要依据。

所谓放大电路中的反馈，就是将放大电路的输出量（电压或电流）的一部分或者全部，通过一定的电路形式（反馈网络）引回到它的输入端来影响输入量（电压或电流）的连接方式。按照不同的分类标准，反馈可分为正负反馈、交直流反馈、串并联反馈和电压电流反馈。交流负反馈有4种组态，分别是：电压串联负反馈、电压并联负反馈、电流串联负反馈和电流并联负反馈。如为简单的负反馈放大电路，可以利用微变等效电路法进行分析计算。如为复杂的负反馈放大电路，由于实际上比较容易满足$|1+AF|\gg 1$的条件，因此大多数属于深负反馈放大电路。本章主要介绍了深负反馈放大电路闭环电压放大倍数的近似估算。

电路引入负反馈后，放大电路的许多性能得到了改善，如提高了放大电路增益的稳定性，扩展了通频带，减小了非线性失真，改变了放大电路的输入、输出电阻。而这些性能的改善都是以牺牲负反馈放大电路的放大倍数作为代价的。

在分析集成运算放大器的各种应用电路时，常常将其中的集成运算放大器看作是一个理想的运算放大器。所谓理想运算放大器就是将集成运算放大器的各项技术指标理想化。在各种应用电路中，集成运算放大器的工作状态可能有线性和非线性两种状态，在其传输特性曲线上对应两个区域，即线性区和非线性区。在线性工作区时，理想运算放大器满足“虚短”和“虚断”的特点；而在非线性工作区，理想运算放大器的输出为正、负两个饱和值。

运算放大器电路是集成运算放大器最基本的应用之一，其输出电压是输入电压某种运算的结果，如比例、加减、积分和微分等，因而要求集成运算放大器工作在线性区。由于集成运算放大器具有高增益的特点，必须引入深度负反馈将净输入电压降到很小，才能保证输出电压和净输入电压呈线性关系，所以深度负反馈是判断运算电路的重要标志。

有源滤波电路是模拟信号的处理电路，通常由*RC*网络和集成运算放大器构成，且运算放大器工作在线性区。其主要性能指标有通带电压放大倍数、通带截止频率和通带宽度等。

电压比较器是集成运算放大器的基本应用之一，其输入信号为模拟信号，输出通常只有高电平和低电平两种状态。在电压比较器中，集成运算放大器多处于开环状态或仅引入正反馈，工作在非线性区。

非正弦信号发生器可以由电压比较器、反馈网络、积分或延迟环节等电路构成，其特点是振荡条件比较简单，只要反馈信号能使比较电路状态发生变化，即能产生周期性的振荡。

习题

3.1　填空题

（1）已知某差动放大电路A_{od}=100、K_{CMMR}=60 dB，则其A_{oc}=________。

（2）集成电路运算放大器一般由________、________、________、________4部分组成。

（3）差分式放大电路能放大直流和交流信号，它对________具有放大能力，它对________具有抑制能力。

（4）差动放大电路能够抑制______和______信号。

（5）为增大电压放大倍数，集成运放的中间级多采用______放大电路。

（6）正反馈是指______，负反馈是指______。

（7） 直流负反馈是指______，交流负反馈是指______。

（8）电流并联负反馈能稳定电路的______，同时使输入电阻______。

（9）负反馈对放大电路性能的改善体现在：提高______、减小______、抑制______、扩展______、改变______。

（10）为了稳定放大电路的输出电压，应引入______负反馈；为了稳定放大电路的输出电流，应引入______负反馈；为了增大放大电路的输入电阻，应引入______负反馈；为了减小放大电路的输入电阻，应引入______负反馈。

（11）电压串联负反馈能稳定电路的______，同时使输入电阻______。

（12）某负反馈放大电路的开环放大倍数 A=100 000，反馈系数 F=0.01，则闭环放大倍数 $A_f \approx$______。

（13）负反馈放大电路的 4 种基本类型是______、______、______、______。

（14）理想集成运算放大器的理想化条件是 A_{od}=______、r_{id}=______、K_{CMMR}=______、r_o=______。

（15）工作在线性区的理想集成运放有两条重要结论是______和______。

（16）在构成电压比较器时集成运放工作在______或______状态。

（17）有用信号频率高于 1 000 Hz，可选用______滤波器；希望抑制 50 Hz 的交流电源干扰，可选用______滤波器；如果希望只通过 500 Hz~1 kHz 的有用信号，可选用______滤波器。

（18）______运算电路可实现 $A_u > 1$ 的放大器，______运算电路可实现 $A_u < 0$ 的放大器。______运算电路可将三角波电压转换成方波电压。

（19）欲将正弦波电压移相+90°，应选用______；欲将正弦波电压转换成二倍频电压，应选用______；欲将正弦波电压叠加上一个直流量，应选用______；欲将方波电压转换成尖顶波电压，应选用______。

3.2　简答题

（1）何谓集成运算放大器？它有哪些特点？

（2）通用型集成运放一般由几部分电路组成，每一部分常采用哪种基本电路？通常对每一部分性能的要求分别是什么？

（3）集成运算放大器中为什么要采用直接耦合放大电路？直接耦合放大电路与阻容耦合放大电路相比有什么特点？

（4）什么是差模信号和共模信号，差分放大电路能放大哪种信号，抑制哪种信号？

（5）什么是零点漂移？产生零点漂移的原因是什么？它对放大电路有什么影响？采用什么手段来克服它？

（6）与实际运算放大器相比，理想运算放大器的性能指标有何特点？

（7）什么是放大电路中的反馈？什么是正反馈和负反馈？如何判断反馈的正负？放大电路中的负反馈通常分为哪 4 种组态？负反馈对放大电路有什么影响？

（8）集成运算放大器选型和使用时要注意哪些问题？

（9）为了能合理设计放大电路，根据信号源的类型（电压源、电流源）和负载对输出信号的要求（电压、电流输出），讨论正确引入负反馈的一般原则。

（10）在实际应用中，使用积分运算电路时需要注意哪些问题？使用微分运算电路时需要注意哪些问题？

（11）简述以下几种滤波器的功能，并画出它们的理想幅频特性：低通、高通、带通、带阻滤波器。

（12）什么是无源滤波器？什么是有源滤波器？各有什么优缺点？

（13）电压比较器的输出有哪几个稳定状态？

（14）滞回比较器和任意电平比较器相比，各有什么优缺点？

3.3 电路如图题 3.3 所示，已知 $\beta_1=\beta_2=\beta_3=100$。各管的 U_{BE} 均为 0.7 V，试求 I_{C2} 的值。

3.4 在图题 3.4 所示各电路中，试分析：

（1）是否引入了反馈，是直流反馈还是交流反馈，是正反馈还是负反馈。设图中所有电容对交流信号均可视为短路。

（2）分别判断图题 3.4（d）~（g）所示各电路中引入了哪种组态的交流负反馈，并计算它们的反馈系数。

（3）估算图题 3.4（d）~（g）所示各电路在深度负反馈条件下的电压放大倍数。

（4）分别说明图题 3.4（d）~（g）所示各电路因引入交流负反馈使得放大电路输入电阻和输出电阻所产生的变化。只需说明是增大还是减小即可。

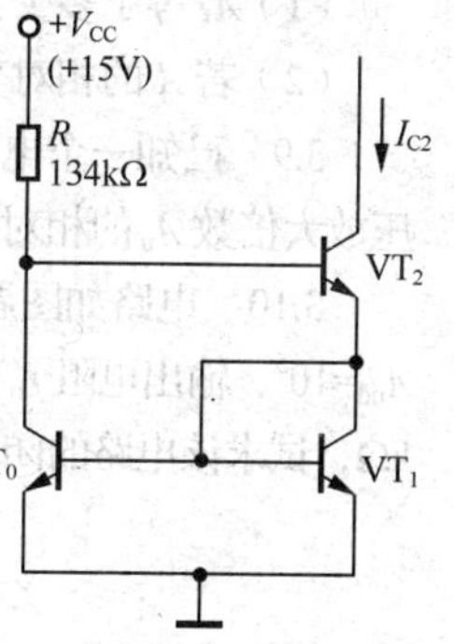

图题 3.3

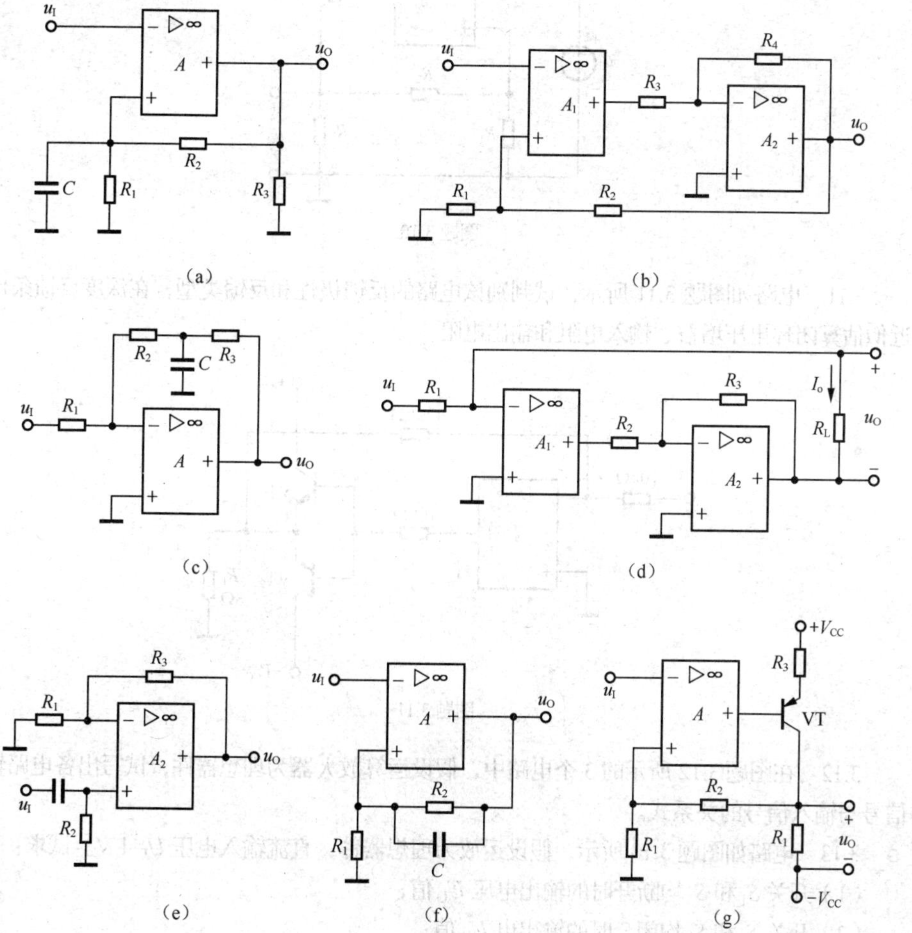

图题 3.4

3.5 某放大电路输入的正弦波电压有效值为 10 mV，开环时正弦波输出电压有效值为 10 V，试求引入反馈系数为 0.01 的电压串联负反馈后输出电压的有效值。

3.6 某电流并联负反馈放大电路中，输出电流为 i_o=5sinωt（mA），已知开环电流放大倍数为 A_i=200，电流反馈系数为 F_i=0.05，试求输入电流 i_i、反馈电流 i_f 和净输入电流 i_{id}。

3.7 某负反馈放大电路的闭环增益为 40 dB，当开环增益变化 10%时闭环增益的变化为 1%，试求其开环增益和反馈系数。

3.8 已知一个负反馈放大电路的 $A=10^5$，$F=2\times10^{-3}$。

（1）A_f 等于多少？

（2）若 A 的相对变化率为 20%，则 A_f 的相对变化率为多少？

3.9 已知一个电压串联负反馈放大电路的电压放大倍数 A_{uf}=20，其基本放大电路的电压放大倍数 A_u 的相对变化率为 10%，A_{uf} 的相对变化率小于 0.1%，试问 F 和 A_u 各为多少？

3.10 电路如图题 3.10 所示，图中运算放大器的输入电阻 r_{id}=500kΩ、电压放大倍数 $A_{ud}=10^5$、输出电阻 r_o=200 Ω，晶体管的电流放大系数 β=50、r_{be}=1 kΩ，$R_1=R_L$=1 kΩ，R_2=10 kΩ，试求该电路的闭环电压增益、输入电阻和输出电阻。

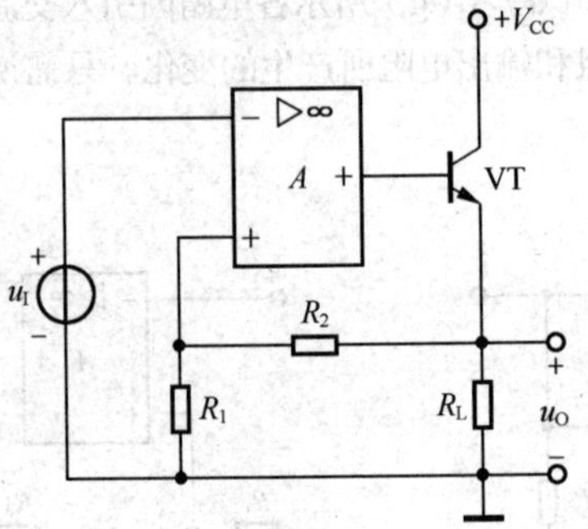

图题 3.10

3.11 电路如图题 3.11 所示，试判别该电路的反馈极性和反馈类型，在深度反馈条件下近似估算闭环电压增益、输入电阻和输出电阻。

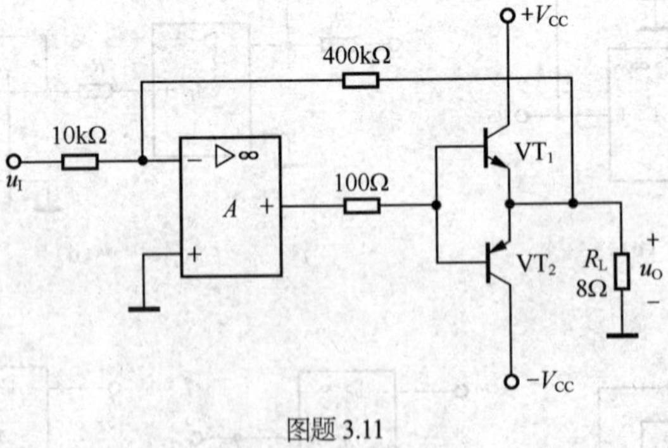

图题 3.11

3.12 在图题 3.12 所示的 3 个电路中，假设运算放大器为理想器件，试写出各电路输出信号与输入信号的关系式。

3.13 电路如图题 3.13 所示，假设运放为理想器件，直流输入电压 U_I=1 V。试求：

（1）开关 S_1 和 S_2 均断开时的输出电压 U_O 值；

（2）开关 S_1 和 S_2 均闭合时的输出电 U_O 值；

（3）开关 S_1 闭合，S_2 断开时的输出电压 U_O 值。

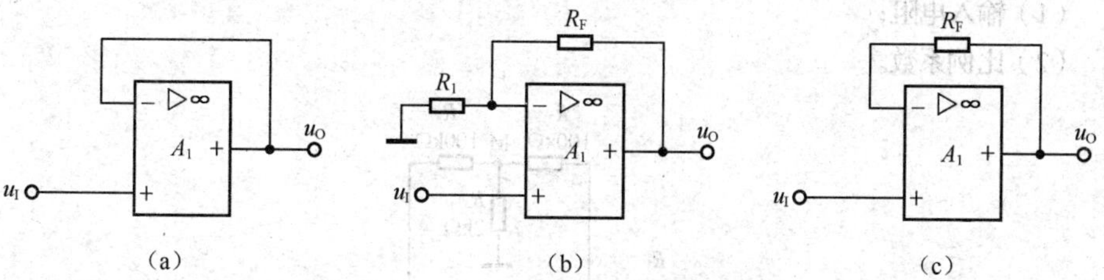

图题 3.12

3.14　电路如图题 3.14 所示。试问：若以稳压管的稳定电压 U_Z 作为输入电压，则当 R_2 的滑动端位置变化时，输出电压 U_O 的调节范围为多少？

3.15　电路如题 3.15 图所示，假设运放为理想器件。

（1）试分别写出 u_{O1}、u_O 与 u_I 的关系式（假设 R_w 的滑动端位于中间位置）。

（2）试问，当 R_w 的滑动端由下而上移动时 u_O 怎样变化？

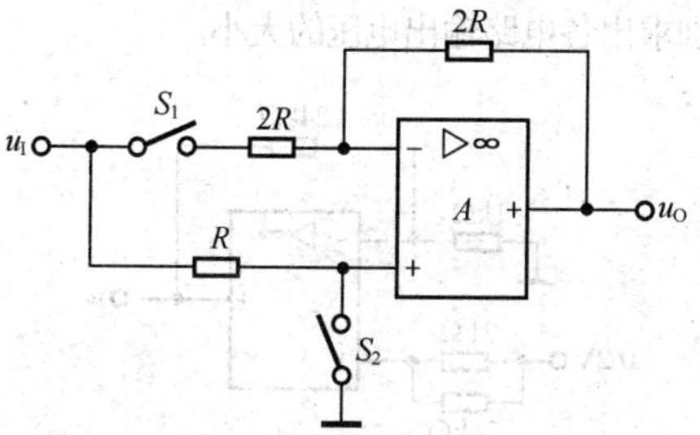

图题 3.13

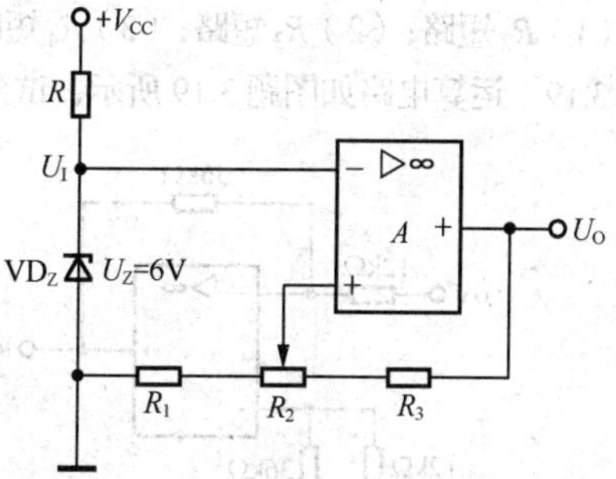

图题 3.14

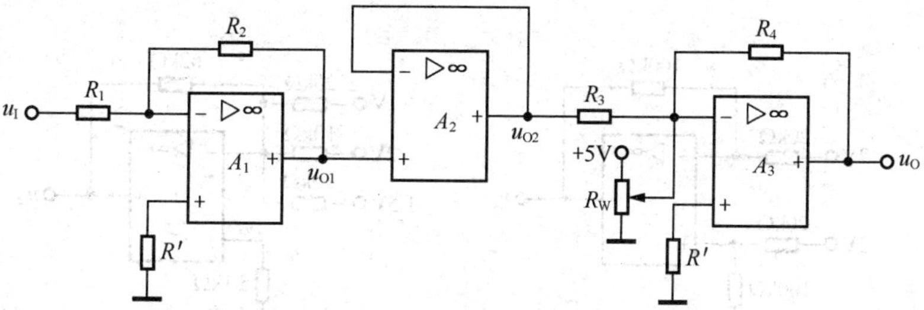

图题 3.15

3.16　已知图题 3.16 所示各电路中的集成运放均为理想运放，试求解各电路的运算关系。

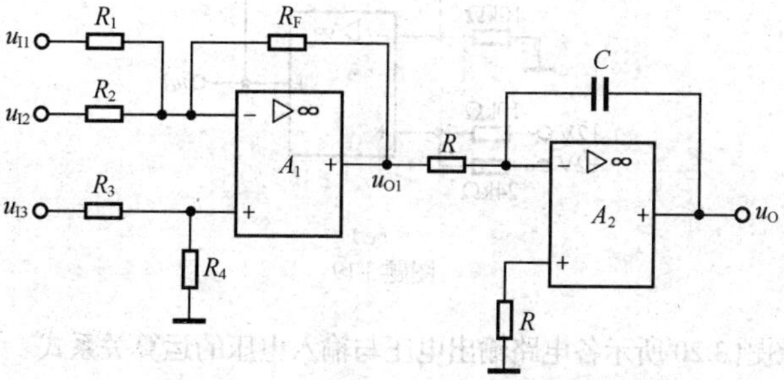

图题 3.16

3.17 电路如图题 3.17 所示，试求：

（1）输入电阻；

（2）比例系数。

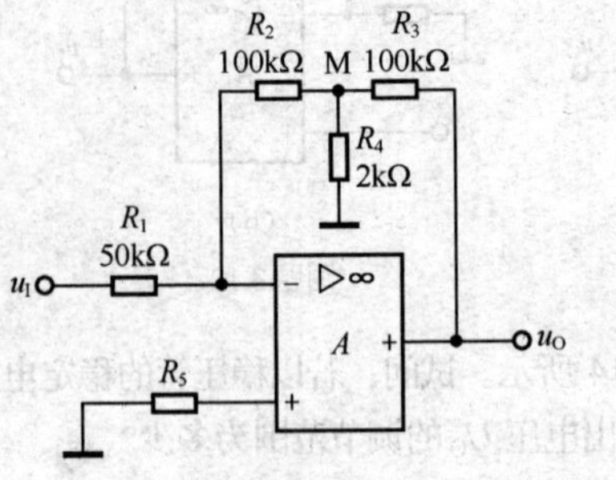

图题 3.17

3.18 图题 3.17 所示电路中，集成运放输出电压的最大幅值为±14 V，u_I为 2 V 的直流信号。分别求出下列各种情况下的输出电压。

（1）R_2短路；（2）R_3短路；（3）R_4短路；（4）R_4断路。

3.19 运算电路如图题 3.19 所示，试分别求出各电路输出电压的大小。

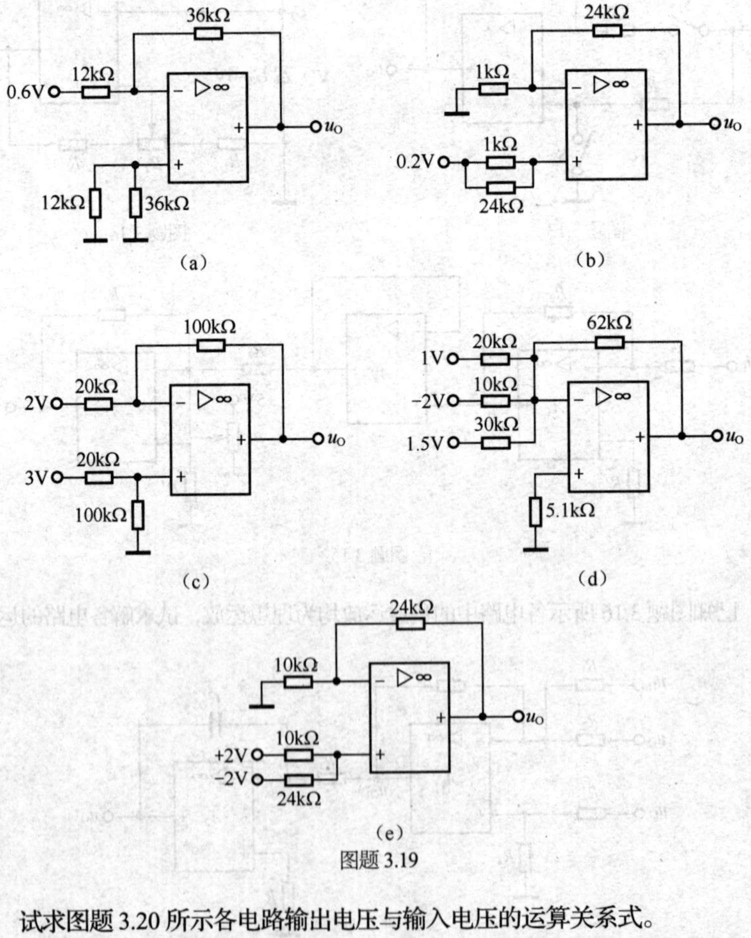

图题 3.19

3.20 试求图题 3.20 所示各电路输出电压与输入电压的运算关系式。

3.21 写出图题 3.21 所示各电路的名称，分别计算它们的电压放大倍数和输入电阻。

3.22 运放应用电路如图题 3.22 所示，试分别求出各电路的输出电压 U_O值。

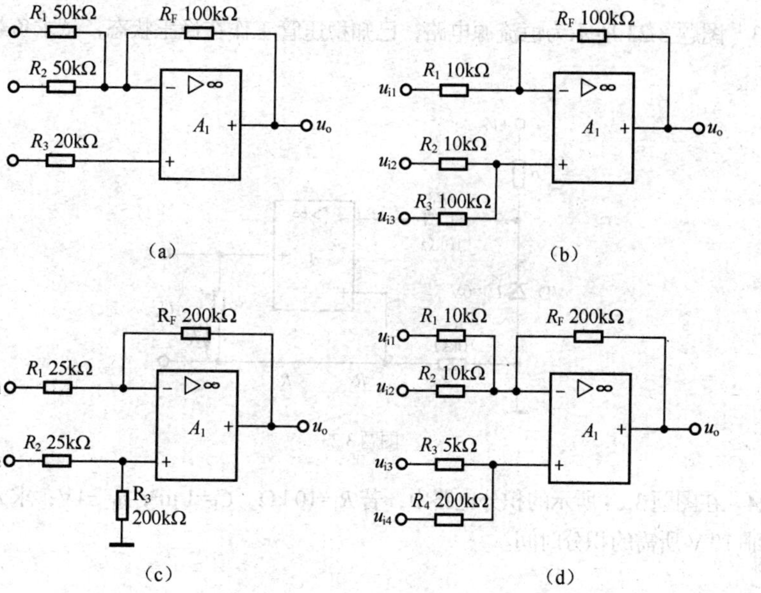

图题 3.20

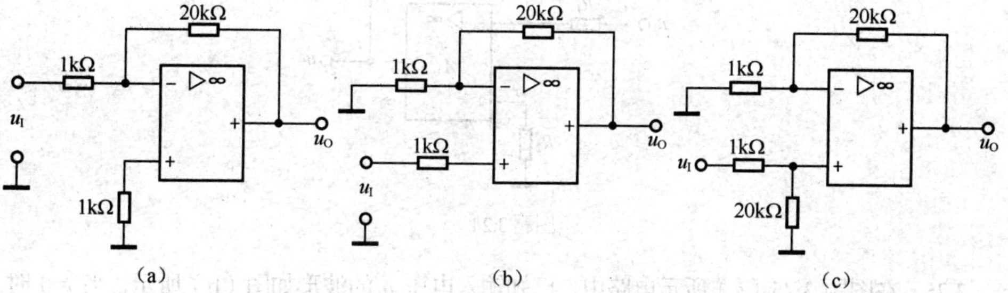

图题 3.21

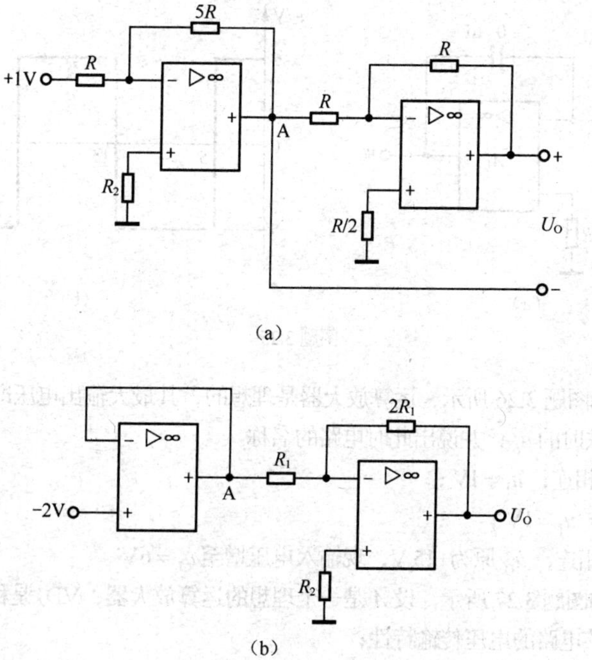

图题 3.22

3.23　图题 3.23 所示为恒流源电路，已知稳压管工作在稳压状态，试求负载电阻中的电流。

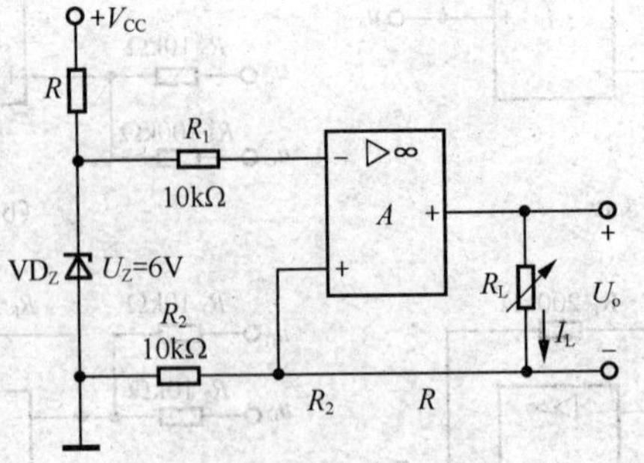

图题 3.23

3.24　在图题 3.24 所示的积分电路中，若 R_1=10 kΩ，C_F=1 μF，u_I=−1V，求 u_O 从起始值 0 V 达到+10 V 所需的积分时间。

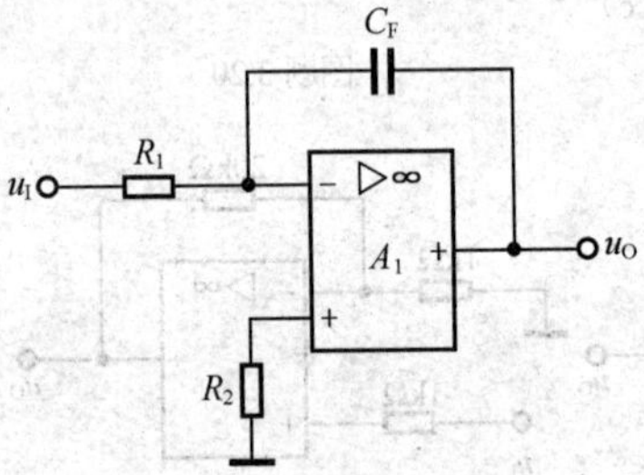

图题 3.24

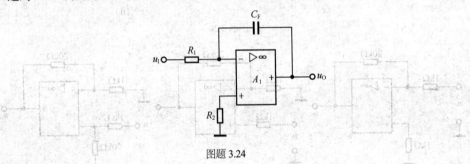

3.25　在图题 3.25（a）所示电路中，已知输入电压 u_I 的波形如图（b）所示，当 t=0 时 u_O=0。试画出输出电压 u_O 的波形。

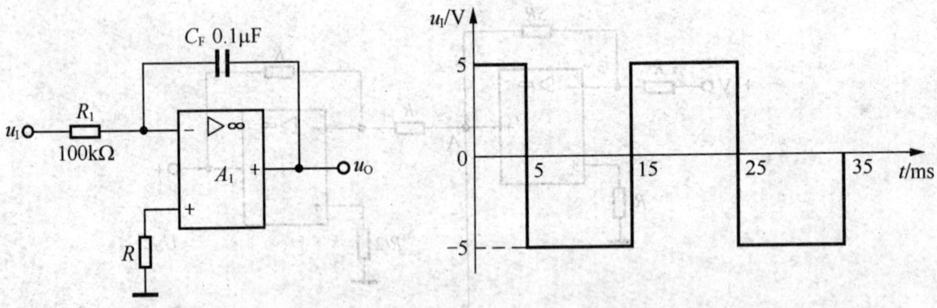

（a）　　（b）

图题 3.25

3.26　电路如图题 3.26 所示，运算放大器是理想的，其最大输出电压即为电源电压。试计算下列几种接法时的 u_o，并说出此时电路的名称。

（1）M 与 N 相连，$u_I = 1V$；

（2）M 悬空，$u_I = 1V$；

（3）M 与 P 相连，u_O 原为+15 V，现输入电压增至 $u_I = 6V$。

3.27　电路如图题 3.27 所示，设 A 是一个理想的运算放大器，VD_Z 是稳压管。

（1）试画出该电路的电压传输特性；

（2）如果输入正弦波信号的幅度足够大，画出输出、输入电压的波形图（按时间对应关系作图）。

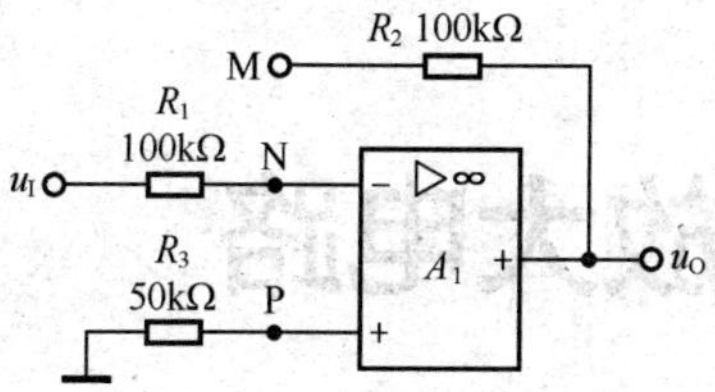

图题 3.26

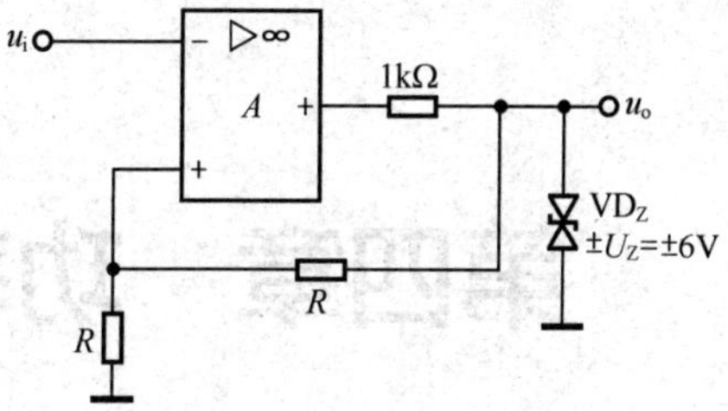

图题 3.27

3.28　试分别求出图题 3.28 所示各电路的电压传输特性。

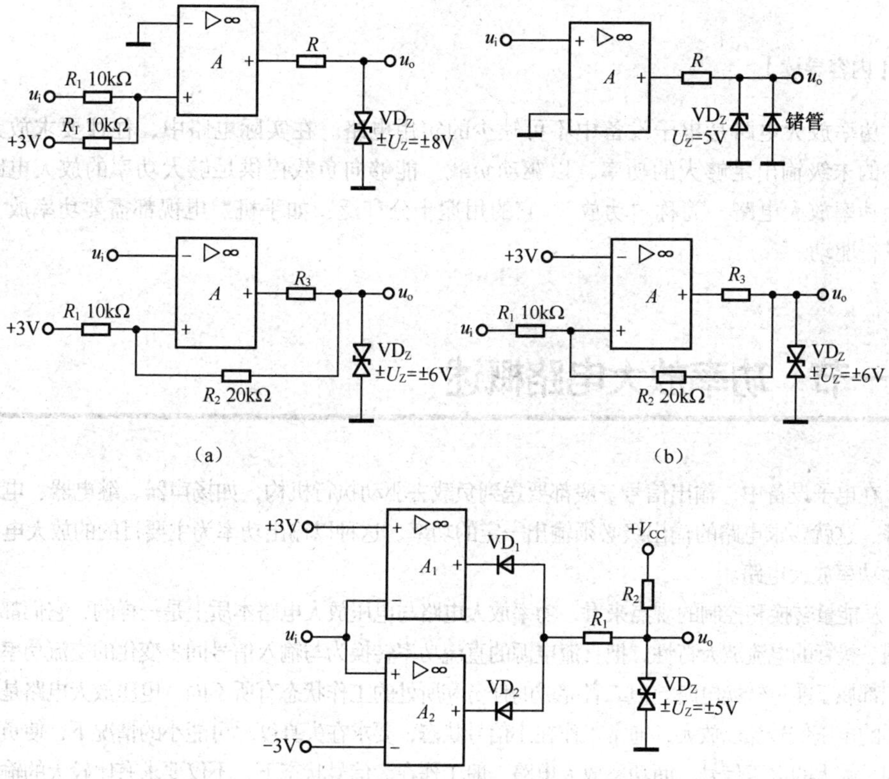

图题 3.28

3.29　图题 3.29 电路为方波—三角波产生电路，设 R_1=5.1 kΩ，R_2=15 kΩ，R_3=2 kΩ，R=5.1 kΩ，C=0.047 μF，U_Z=±8 V 。试求电路的振荡频率，并画出 u_{O1} 和 u_O 的波形。

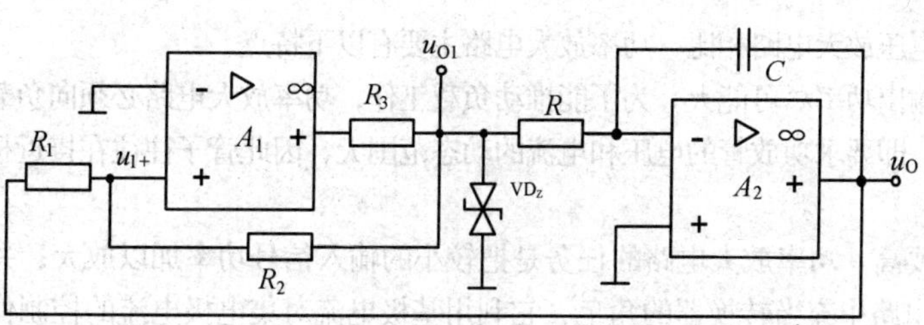

图题 3.29

第四章　功率放大电路

【内容导读】

功率放大电路是电子设备中不可缺少的实用电路。在实际电路中，往往要求放大电路的末级输出足够大的功率，以驱动负载。能够向负载提供足够大功率的放大电路称为功率放大电路，简称“功放”。它的用途十分广泛，如手机、电视都需要功率放大器进行驱动。

第一节　功率放大电路概述

在电子设备中，输出信号一般都要送到负载去驱动执行机构，如扬声器、继电器、电动机等，这就要求电路的输出级必须输出一定的功率。这种以输出功率为主要目的的放大电路称为功率放大电路。

从能量转换和控制的观点来看，功率放大电路与电压放大电路本质上是一样的，它们都是利用三极管的电流放大特性，把直流电源的直流功率转换为与输入信号同步变化的交流功率；它们都属于能量转换电路。但二者完成的任务和所处的工作状态有所不同。电压放大电路是把微弱的电压信号加以放大，通常工作在小信号状态，要求在失真度尽可能小的情况下，使负载得到足够大的电压信号。而功率放大电路一般工作在大信号状态下，不仅要求有比较大的输出电压，还要求有较大的输出电流，即获得较大的输出功率。另外，电压放大电路的主要指标是电压增益、输入电阻和输出阻抗；功率放大电路的主要指标是输出功率、效率和非线性失真。

一、功率放大电路的特点

与小信号电压放大电路相比，功率放大电路主要有以下特点。

（1）要求输出功率尽可能大。为了能推动负载工作，功率放大电路必须向负载提供足够大的输出功率，即要求功放管的电压和电流的动态范围大，因此管子往往在接近极限参数状态下工作。

（2）效率要高。功率放大电路的任务是把较小的输入信号功率加以放大，并传送给负载。三极管在电路中充当转换器的角色，它利用基极电流对集电极电流的控制作用，把电源提供的直流功率转换为交流输出功率。任何电路都只能将直流电能的一部分转换成交流能量输出，其余部分主要以热量的形式损耗在电路内的功放管和电阻上（主要是功放管的损耗）。对于电源提供的额定电能，若转换成交流输出能量越多，则功率放大电路的效率就越高。

（3）非线性失真要尽可能小。功率放大电路是在大信号状态下工作，电压、电流的动态范围大，往往超出器件的线性范围，不可避免地会产生非线性失真，这就使输出功率和非线性失真成为一对主要矛盾。在不同场合下，对非线性失真的要求不同。例如，在测量系统和电声设备中，非线性失真比较重要；而在工业控制系统中，则以输出功率为主要目的，对非线性失真的要求就降为次要问题了。

（4）电子器件要安全可靠工作。在功率放大电路中，电子器件接近极限运用状态，必须确保电子器件的电压、电流及耗散功率不超过额定值。同时，由于有相当大的功率消耗在管子的集电结上，使结温和管壳温度升高。为了充分利用允许的管耗而使管子输出足够大的功率，必须对放大器件的散热做合理设计，并采取过流过压保护措施，保证电子器件安全可靠地工作。

二、功率放大电路的主要性能指标

1．最大输出功率

最大输出功率，是指在正弦输入信号下，输出波形不超过规定的非线性失真指标时，放大电路最大输出电压和最大输出电流有效值的乘积。即：

$$P_{\mathrm{om}}=\frac{U_{\mathrm{om}}}{\sqrt{2}}\cdot\frac{I_{\mathrm{om}}}{\sqrt{2}}=\frac{1}{2}U_{\mathrm{om}}I_{\mathrm{om}} \tag{4.1.1}$$

2．效率

功率放大电路并不能把电源提供的直流功率全部转化成交流输出功率，电路元件在工作时也要消耗一定的功率。因此，必须考虑功率放大电路的效率问题。所谓功率放大电路的效率就是负载得到的有用交流信号功率和电源供给的直流功率的比值。它代表了电路将电源直流能量转换为输出交流能量的能力。

$$\eta=P_{\mathrm{o}}/P_{\mathrm{V}} \tag{4.1.2}$$

其中，P_{o}为放大电路输出给负载的交流功率，P_{V}为直流电源提供的直流功率。

三、功率放大电路的分类

根据放大电路中三极管的静态工作点的设置不同，功率放大电路可分为：甲类、乙类、甲乙类和丙类放大电路等。

1．甲类功率放大电路

在第二章讨论的放大电路中，为了得到最大的不失真输出电压，静态工作点应设置在放大区的中间位置，如图 4.1.1 所示。由图 4.1.1 可知，在输入正弦信号的一个周期内都有电流流过三极管，且输出这种信号的放大电路称为甲类功率放大电路，或称 A 类放大电路。甲类功率放大电路有以下特点：①电源始终向电路供电。在无输入信号时，电源供给的功率全部消耗在电路内部，并以热的形式释放；当有信号输入时，电源部分能量转换成有用的功率输出给负载，部分能量以热的形式释放。电路工作在静态和动态时，电源供给电路的能量不变。②由于电路中存在较大的静态功耗，所以该类电路能量转换率很低。③因为三极管在整个周期都有电流流过，故功率管的导电角$\theta=2\pi$。④电路输出波形与输入波形相同，失真小。即输入信号为正弦波时，输出信号也为正弦波。

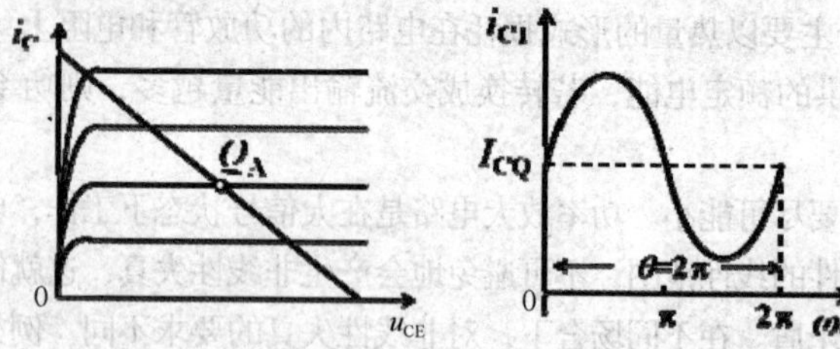

图 4.1.1 甲类功率放大电路

提示：静态功耗是造成甲类功率放大电路效率很低的主要原因。

2．乙类功率放大电路

当静态工作点下移到截止区时（如图 4.1.2 所示），静态偏置电流为零，三极管只在信号的半个周期内导通，而在另外半个周期内截止，这种放大电路称为乙类功率放大电路，或称 B 类放大电路。乙类功率放大电路有以下特点：①由于静态工作点位于截止区，故静态电流为零，静态功耗也为零。②由于没有静态功耗，故能量转换效率高。③功率管的导电角 θ=π。④由于三极管只在输入信号的半个周期内工作，另外半个周期内截止，故输出波形的非线性失真很大。为了解决提高效率和减小失真的矛盾，可用两个三极管组成互补对称功率放大器，在信号的正负半周分别用两个三极管来完成放大任务，然后将正负半周输出信号在负载上合成一个完整的信号。

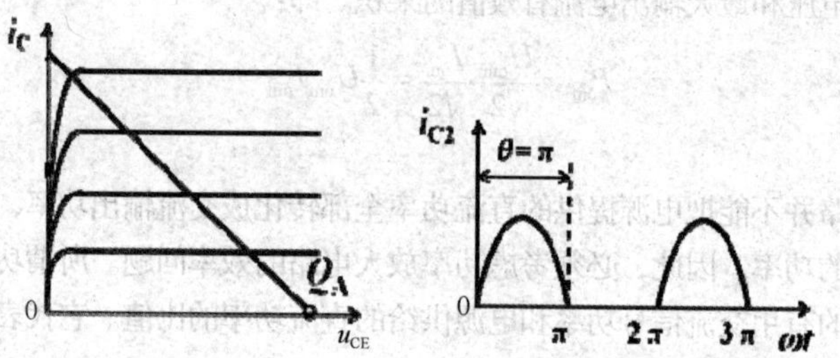

图 4.1.2 乙类功率放大电路

3．甲乙类功率放大电路

当静态工作点略高于截止区时，在输入正弦信号的一个周期内，三极管超过半个周期的时间是导通的，这类放大电路称为甲乙类功率放大电路，或称 AB 类放大电路，如图 4.1.3 所示。甲乙类功率放大电路的特点如下：①由于静态工作点略高于截止区，故有静态电流，但数值很小，静态功耗也非常小。②由于有很小的静态功耗，故能量转换效率仍较高。③功率管的导电角 θ 满足：π< θ < 2π。由两个三极管组成的甲乙类功率互补对称功率放大器具有无失真和省电的优点，被广泛应用于音频功率放大电路中。

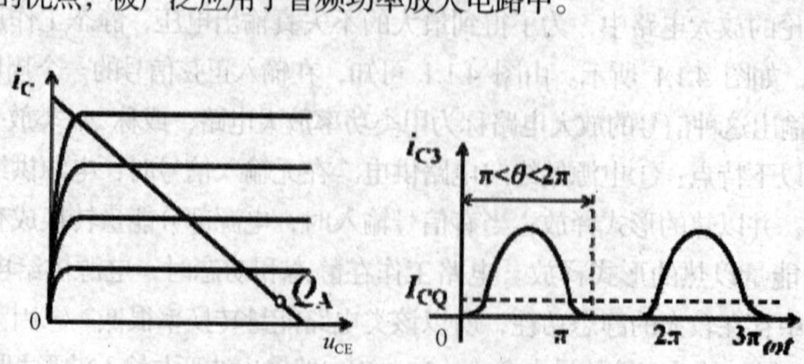

图 4.1.3 甲乙类功率放大电路

此外，还有丙类、丁类、戊类等功率放大电路（详见本章【拓展知识】部分），其三极管的导通时间均小于信号的半个周期，因此效率更高、失真更大，只适用于高频放大电路中。

提示：放大电路的效率与其分类有关，其中丁类功率放大电路的效率最高，甲类功率放大电路效率最低。

第二节 互补推挽功率放大电路

一、乙类互补推挽功率放大电路

1．电路组成

乙类互补推挽功率放大电路如图 4.2.1（a）所示，它由两个工作在乙类的射极输出器构成。图中，VT_1和 VT_2分别为 NPN 管和 PNP 管，两管的特性和参数相同；电路采用对称的正负电源供电。

2．工作原理

由于该电路无基极偏置，所以静态时（$u_i=0$），VT_1、VT_2均处于截止状态，电路无静态功耗。输出电压为零，负载R_L上的功率也为零。

动态时，当输入信号 u_i在正半周期间，VT_1发射结正偏、VT_2发射结反偏，因此 VT_1导通、VT_2截止。VT_1的集电极电流 i_{C1}流过负载 R_L，其方向由 VT_1发射极到地，所以输出电压 u_o上正下负，如图 4.2.1（b）所示。负载 R_L得到的功率由电源$+V_{CC}$提供。当输入信号 u_i在负半周期间，VT_2导通、VT_1截止，负载 R_L获得负半周电流 i_{C2}，方向与 i_{C1}相反，输出电压 u_o上负下正，如图 4.2.1（c）所示。负载 R_L得到的功率由电源$-V_{CC}$提供。在输入信号的整个周期内，VT_1、VT_2两管轮流导通，在负载 R_L上得到一个完整周期的输出信号，减小了非线性失真。由于电路中两个三极管一个在正半周工作、另一个在负半周工作，两管相互补充，从而在负载上得到一个完整的波形，故该功率放大电路称为互补电路。互补电路有效解决了乙类放大电路中效率与失真的矛盾。

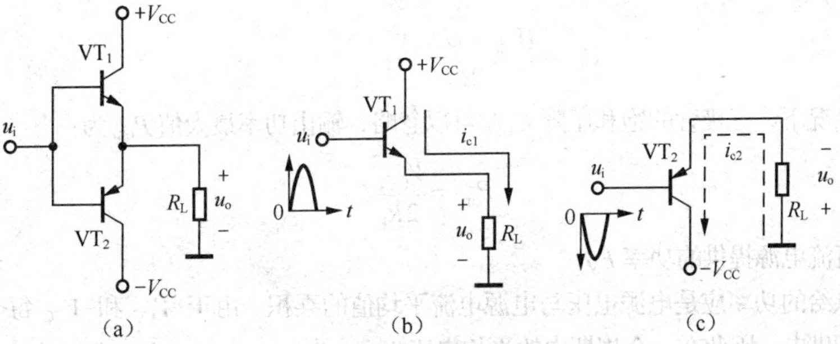

图 4.2.1 乙类互补推挽功率放大电路

为了使负载上得到的波形正、负半周大小相同，还要求两个管子的特性必须完全一致，即工作性能对称。所以图 4.2.1 所示电路通常称为乙类互补对称电路，双电源乙类互补对称电路又称 OCL 电路。

3．性能指标

图 4.2.2 表明了电路的工作情况。图中以 Q 点处的线为界，左上图是 VT_1管的特性曲线，右

下图是 VT_2 管的特性曲线。由于管子工作在乙类状态，两个曲线的交点是静态工作点 Q，即 $u_{CE}=V_{CC}-U_{CES}$ 处。负载线通过 Q 点，其斜率为 $-1/R_L$。假设 $u_{BE}>0$ 时，管子立即导通，则 i_C 随输入信号的变化而变化，i_C 最大值为 $\frac{(V_{CC}-U_{CES})}{R_L}$；$u_o$ 随 i_C 变化而变化，u_o 最大值等于（$V_{CC}-U_{CES}$）。

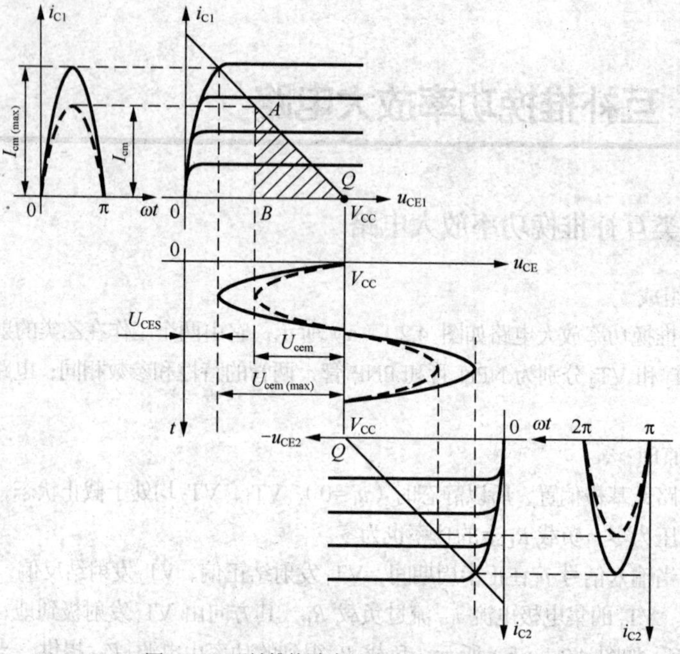

图 4.2.2　互补推挽功率放大电路的工作情况

（1）输出功率 P_o

输出功率是输出电压有效值 U_o 和输出电流有效值 I_o 的乘积，即：

$$P_o=U_oI_o=\frac{1}{2}U_{om}I_{om}=\frac{U_{om}^2}{2R_L} \tag{4.2.1}$$

如果输入信号足够大，使输出电压的幅值达到最大值（$V_{CC}-U_{CES}$），则输出功率也达到最大值 P_{om}，即：

$$P_{om}=\frac{(V_{CC}-U_{CES})^2}{2R_L} \tag{4.2.2}$$

理想情况下，三极管的饱和压降 U_{CES} 可以忽略，输出功率最大值 P_{om} 为：

$$P_{om}=\frac{V_{CC}{}^2}{2R_L} \tag{4.2.3}$$

（2）直流电源提供的功率 P_V

电源供给的功率应是电源电压与电源电流平均值的乘积。由于 $+V_{CC}$ 和 $-V_{CC}$ 每个电源只在半个周期供电，因此在一个周期内的平均电流 $I_{C(AV)}$ 为：

$$\begin{aligned}I_{C(AV)}&=\frac{1}{2\pi}\int_0^{\pi}i_C\mathrm{d}\omega t=\frac{1}{2\pi}\int_0^{\pi}I_{cm}\sin\omega t\mathrm{d}\omega t\\&=\frac{1}{2\pi R_L}\int_0^{\pi}U_{om}\sin\omega t\mathrm{d}\omega t\\&=\frac{1}{\pi}\frac{U_{om}}{R_L}\end{aligned}$$

两个电源提供的总功率为：

$$P_V = 2V_{CC} I_{C(AV)} = \frac{2V_{CC} U_{om}}{\pi R_L} \quad (4.2.4)$$

可见，电源提供的功率随输出信号的增大而增大，这和甲类功率放大电路相比有着本质的区别。当获得最大不失真输出时，电源提供的最大功率 P_{Vm} 为：

$$P_{Vm} = \frac{2V_{CC}(V_{CC} - U_{CES})}{\pi R_L} \approx \frac{2V_{CC}^2}{\pi R_L} \quad (4.2.5)$$

（3）能量转化效率 η

直流电源提供的直流功率转换成交流输出功率的效率为：

$$\eta = \frac{P_o}{P_V} = \frac{\dfrac{U_{om}^2}{2R_L}}{\dfrac{2V_{CC}U_{om}}{\pi R_L}} = \frac{\pi}{4}\frac{U_{om}}{V_{CC}} \quad (4.2.6)$$

式（4.2.6）表明，能量转换效率与输出电压大小有关。在理想情况下，当获得最大不失真输出幅值时，$U_{om} \approx V_{CC}$，则可得到放大电路的最大效率，即：

$$\eta_m = \frac{P_{om}}{P_V} \times 100\% = \frac{\pi}{4} \times 100\% \approx 78.5\% \quad (4.2.7)$$

提示：在互补推挽功率放大电路的计算中应注意输出功率、效率分别与最大输出功率以及最大效率的区别。

（4）晶体管的耗散功耗

在忽略其他元件的损耗时，电源供给的功率与放大器输出功率之差，就是两个管子的管耗，即：

$$P_T = P_V - P_o = \frac{2V_{CC}U_{om}}{\pi R_L} - \frac{U_{om}{}^2}{2R_L} \quad (4.2.8)$$

可见，管子的损耗 P_T 是输出电压振幅 U_{om} 的二次函数。当无信号时，管子的损耗为零。现将 P_T 对 U_{om} 求导，可得出最大管耗 P_{Tm}，即：

$$\frac{dP_T}{dU_{om}} = \frac{1}{R_L}\left(\frac{2V_{CC}}{\pi} - U_{om}\right) = 0$$

得出，当 $U_{om} = \frac{2}{\pi}V_{CC}$ 时，管子的损耗最大。

两只管子总的最大管耗为：

$$P_{Tm} = \frac{2}{\pi^2}\frac{V_{CC}{}^2}{R_L} \approx 0.4P_{om} \quad (4.2.9)$$

因此，每只管子最大管耗为：

$$P_{T1m} = P_{T2m} \approx 0.2P_{om} \quad (4.2.10)$$

4．功率管的选择

在功率放大电路中，为了输出较大的信号功率，管子承受的电压要高，通过的电流要大，功率管损坏的可能性也就比较大，所以功率管的参数选择不容忽视。使用时必须满足如下要求。

（1）已知 P_{om} 及 R_L，选择管子允许的最大管耗 P_{Tm}

对于功率管而言，其最大管耗为 $P_{Tm} \geqslant 0.2P_{om}$。例如，负载要求的最大功耗 P_{om}=10 W，那么只要选择一个功耗 P_{Tm} 大于 $0.2P_{om}$=2 W 的功率管就行了。

（2）功率管的最大耐压 $|U_{(BR)CEO}|$

由互补推挽功率放大电路可知，当一只管子导通时，另外一只管子截止。导通后负载的

最大电压幅值近似为 V_{CC}，而截止管的集电极电压为电源电压，所以截止管的发射极与集电极之间承受的最高电压近似为 $2V_{CC}$。因此，要求功率管的击穿电压 $|U_{(BR)CEO}| \geqslant 2V_{CC}$。

（3）功率管集电极最大允许电流 I_{CM}

由于导通管集电极最大可能流过的电流近似等于 V_{CC}/R_L，所以集电极最大允许电流 I_{CM} 不能低于此值，否则电流过大将使管子放大能力变差。

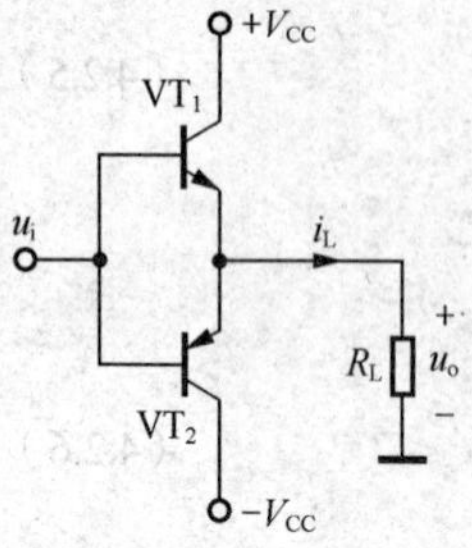

图 4.2.3　例 4.1 的电路

提示：在实际选择管子时，其极限参数要留有充分的余地。

例 4.1　电路如图 4.2.3 所示，已知电源电压 V_{CC}=15V，R_L=8W，输入信号是正弦波。问：（1）假设 U_{CES}=0 V，负载可能得到的最大输出功率和能量转换效率最大值分别是多少？（2）当输入信号 $u_i=10\sin\omega t$ V 时，求此时负载得到的功率和能量转换效率。

解：（1）忽略 U_{CES}，由输出功率和效率的最大值公式（4.2.5）、（4.2.7）可得：

$$P_{om} \approx \frac{1}{2}\frac{V_{CC}^2}{R_L} = \frac{15^2}{2\times 8}\ \text{W} = 14.06\ \text{W}$$

$$\eta_m = \frac{\pi}{4} = 78.5\%$$

（2）当 $u_i=10\sin\omega t$ V 时，求 P_o 和 η：

对每半个周期来说，电路可等效为共集电极电路，故 $A_u \approx 1$，$u_o=u_i=10\sin\omega t$，U_{om}=10 V，则：

$$P_o = \frac{1}{2}\frac{U_{om}^2}{R_L} = \frac{10^2}{2\times 8}\ \text{W} = 6.25\ \text{W}$$

$$\eta = \frac{P_O}{P_V} = \frac{\pi}{4}\frac{U_{om}}{V_{CC}} = \frac{3.14\times 10}{4\times 15} = 52.33\%$$

二、甲乙类互补推挽功率放大电路

1．乙类互补对称功率放大电路的交越失真

理想情况下，乙类互补对称功率放大电路的输出没有失真。实际的乙类互补对称电路，由于没有静态偏置，而三极管的输入特性曲线上存在死区电压（NPN 硅管约为 0.5 V，PNP 锗管约为 0.1 V），当输入信号 u_i 的幅值低于这个数值时，VT_1 和 VT_2 都截止，i_{c1} 和 i_{c2} 基本为零，负载 R_L 上无电流通过，出现一段死区。只有当输入信号 u_i 的幅值大于死区电压时，管子才能导通，输出信号的波形才随输入信号变化，如图 4.2.4 所示。由于这种失真发生在输入信号正负半周交变时，故称为交越失真。

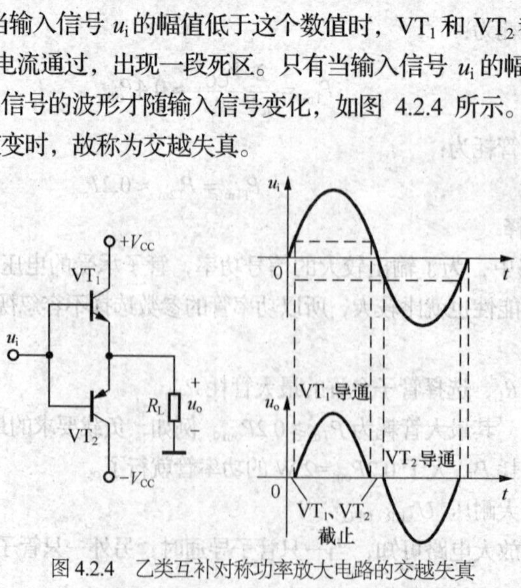

图 4.2.4　乙类互补对称功率放大电路的交越失真

2．甲乙类双电源互补对称电路

（1）基本电路

为了克服乙类互补对称电路的交越失真，需要对电路进行改进，即给电路中 VT_1 和 VT_2 管设置合适的直流偏置，使两个管子的静态偏压略大于死区电压，有一个很小的静态电流，即静态工作点略高于截止区。这样既可以消除交越失真，又不会产生过多的静态损耗。此时管子工作在甲乙类状态，所以电路称为甲乙类互补推挽功率放大电路，如图 4.2.5 所示。

将图 4.2.5 与图 4.2.1 对比，可知，VT_3 管组成前置放大级（注意，图中未画出 VT_3 管的偏置电路），给功放提供足够的偏置电流。VT_1 和 VT_2 组成互补对称输出级。静态时，在 VD_1、VD_2 上产生的压降为 VT_1、VT_2 提供了一个适当的偏压，使两管处于微导通，工作在甲乙类状态。由于电路结构对称，静态时 $I_{C1}=I_{C2}$，因此 R_L 中无静态电流流过，输出电压仍然为零。有输入信号时，VD_1、VD_2 的动态电阻很小，故在其上的交流压降也很小，基本上不影响动态特性。这样，即使 u_i 很小，依然可以被功放管放大，从而克服了交越失真。

上述电路偏置方法的缺点是偏置电压不易调整，改进方法可采用 U_{BE} 扩大电路。

（2）U_{BE} 扩大电路

U_{BE} 扩大电路如图 4.2.6 所示。图中，由于流入 VT_3 的基极电流远小于流过 R_2、R_3 的电流，而 VT_3 的 U_{BE3} 基本不变（硅管约 0.7 V），所以由图可知：

$$U_{B1B2}=U_{BE3}(1+\frac{R_2}{R_3}) \quad (4.2.11)$$

只要适当调节 R_1、R_2 的比值，即可改变两个管子 VT_1 和 VT_2 的发射结偏置电压。

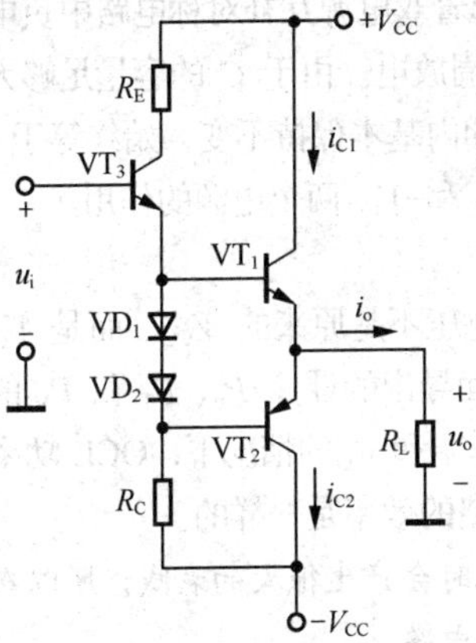

图 4.2.5　甲乙类双电源互补对称电路

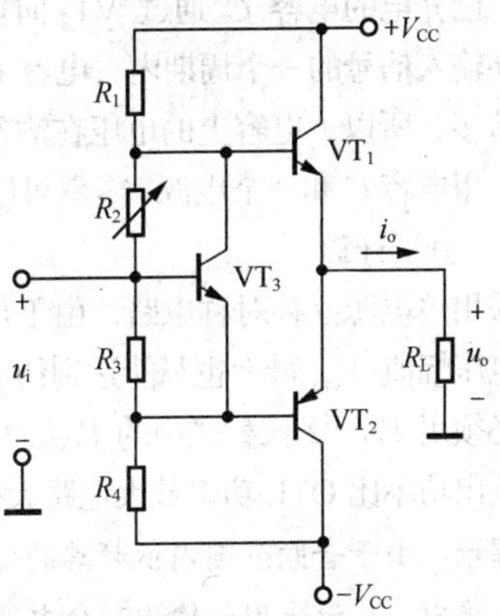

图 4.2.6　利用 U_{BE} 扩大电路实现偏置的功放电路

三、单电源功率放大电路

OCL 电路的低频响应好、便于集成化，但是需要两个独立的正负电源，有时候不是很方便。当仅有一路电源时，可在电路的输出端接一个大容量的电容，用它来代替一个直流电源，构成单电源互补对称功率放大电路，简称无输出变压器（OutputTransformerless，OTL）电路。OTL 电路具有频响宽、失真小、输出功率大等优点，有利于小型化、集成化，目前得到了广泛的应用。OTL 电路也有乙类和甲乙类区别，同样，为了消除交越失真，在实际电路中采用了甲乙类功率放大电路。

1．电路组成

甲乙类单电源功率放大电路如图 4.2.7 所示，图中，VT_3 组成前置放大级，VT_1 和 VT_2 组成互补对称电路输出级，在两管的发射极和负载之间接入一个大电容。利用已充电电容 C（电容器的容量足够大）代替图 4.2.5 电路中的负电源$-V_{CC}$。

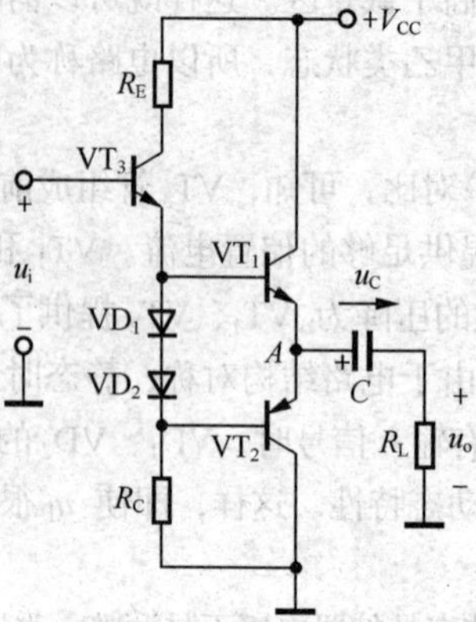

图 4.2.7　甲乙类单电源互补对称电路

2．工作原理

由于电路上下对称，当 $u_i=0$ 时，改变前级晶体管 VT3 的静态工作点，就可使 VT_1 和 VT_2 公共发射极 A 点电位为 $V_A=V_{CC}/2$。此时，电容 C 两端的电压 u_C 也等于 $V_{CC}/2$。

当 $u_i\neq0$ 时，在输入信号的负半周，VT_3 集电极电位为正，VT_1 导通、VT_2 截止，电源通过 VT_1 向负载 R_L 提供电流，同时向电容 C 充电。在输入信号的正半周，VT_2 管导通、VT_1 截止，已充电的电容 C 通过 VT_2 向负载 R_L 放电，起着双电源互补对称电路中负电源的作用。在输入信号的一个周期内，电容 C 半周充电、半周放电。由于 C 的容量足够大，存储的电荷多，所以，电容上的电压在输入信号的整个周期内基本保持不变，始终等于 $V_{CC}/2$。这样，用电容 C 和一个电源 V_{CC} 就可以起到原来的$+V_{CC}$和$-V_{CC}$两个电源的作用。

3．分析计算

采用单电源互补对称电路，由于每只管子的工作电压不是原来的 V_{CC}，而是 $V_{CC}/2$，即输出电压幅值 V_{om} 最大也只能达到约 $V_{CC}/2$，所以前面导出的计算 P_o、P_T 和 P_V 的各项公式，必须用 $V_{CC}/2$ 代替式中的 V_{CC}。可见，在同样的 V_{CC} 和 R_L 的情况下，OCL 功率放大电路的输出功率比 OTL 功率放大电路大得多；但两种电路的效率是一样的。

提示：由于音频范围内低频端的信号通过耦合电容时会产生很大的衰减，所以在高保真音响系统中，广泛采用无输出耦合电容的 OCL 功率放大电路。

四、功率放大电路的 Multisim 仿真

应用 Multisim 仿真软件对乙类、甲乙类互补推挽功率放大电路进行仿真，电路及仿真波形分别如图 4.2.8 和图 4.2.9 所示。

在图 4.2.8（a）是乙类互补推挽功率放大电路，当输入信号从零开始正弦波变化时，在输出端负载 R_L 上产生了非线性的交越失真，仿真波形如图 4.2.8（b）所示。

为了克服交越失真，在 T_1 和 T_2 两只管子的基极间添加了两只二极管 VD_1、VD_2，为 VT_1 和 VT_2 提供一定的直流偏置，如图 4.2.9（a）所示。仿真结果如图 4.2.9（b）所示，由输出波形可知，甲乙类推挽功率放大电路有效地克服了交越失真。

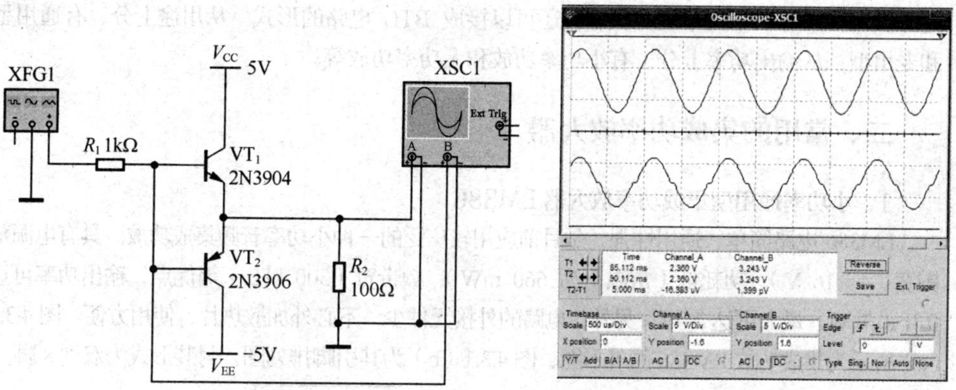

（a）乙类互补推挽功放电路　　　　（b）仿真波形

图 4.2.8　乙类互补推挽功率放大电路及仿真

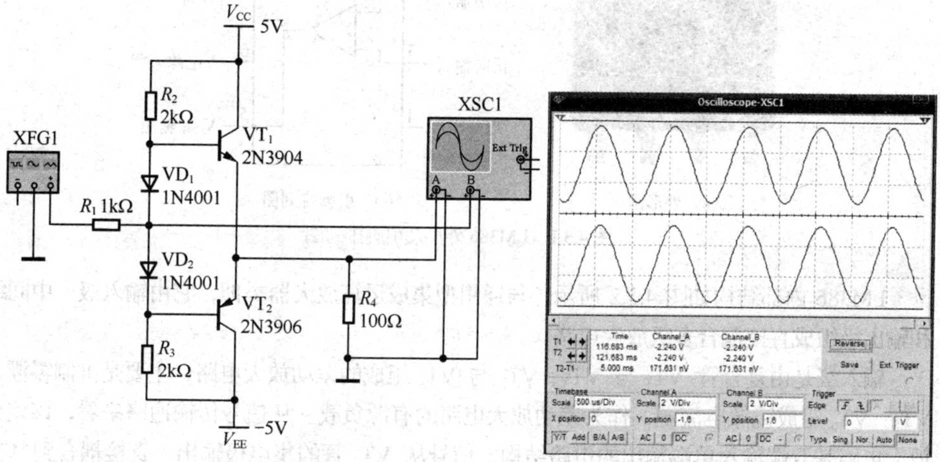

（a）甲乙类互补推挽功放电路　　　　（b）仿真波形

图 4.2.9　甲乙类互补推挽功率放大电路及仿真

第三节　集成功率放大器

一、集成功率放大器概述

集成功率放大电路大多数工作在音频范围，除了具有可靠性高、使用方便、性能好、质量轻、造价低等集成电路的一般特点外，还具有功耗小、非线性失真小、温度稳定性好以及有各种过流、过压保护电路等优点，被称为“傻瓜”型集成功放，使用更加方便安全。集成功率放大器广泛应用于各种电器电子设备中。

从电路结构来看，集成功放由集成运放发展而来。和集成运算放大器相似，它包括前置级、驱动级、功率输出级以及偏置电路、稳压、过流过压保护等附属电路。除此之外，基于功率放大器输出功率大的特点，在内部电路的设计上还需要满足一些特殊的要求。由于功率器件散热是重点问题，所以一般需要在功率器件附近安装散热片。

集成功率放大器品种繁多，输出功率从几十毫瓦至几百瓦，有些集成功放既可以采用双电源供电，又可以采用单电源供电，还可以接成 BTL 电路的形式。从用途上分，有通用型和专用型；从输出功率上分，有小功率功放和大功率功放等。

二、常用的集成功率放大器

1．小功率通用型集成功率放大器 LM386

LM386 电路简单、通用性强，是目前应用较广泛的一种小功率音频集成功放。具有电源范围宽（4～16 V）、功耗低（常温下为 660 mW）、频带宽（300 kHz）等优点，输出功率可达 0.3～0.7 W，最大可达 2 W。另外，电路的外接元件少，不必外加散热片，使用方便。图 4.3.1（a）所示为集成功放 LM386 的外形图，图 4.3.1（b）为其引脚排列图，封装形式为双列 8 脚。

（a）外形图

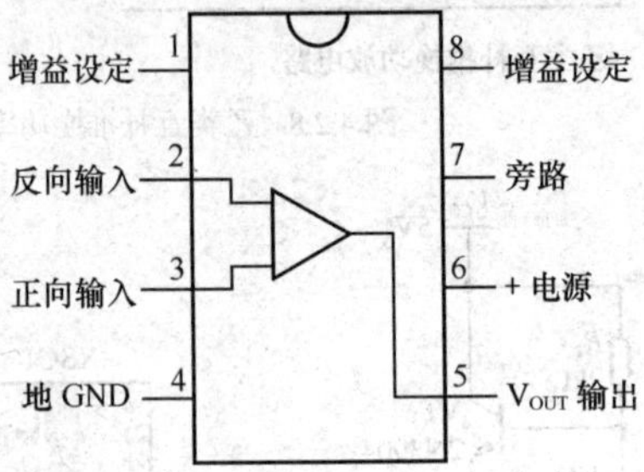

（b）引脚排列图

图 4.3.1　LM386 外形及引脚排列图

LM386 内部结构如图 4.3.2 所示，与通用型集成运算放大器类似，它由输入级、中间级和输出级组成直接耦合多级放大电路。

输入级是由复合管 VT_1 与 VT_3、VT_2 与 VT_4 组成的差动放大电路，主要是抑制零漂。VT_5、VT_6 组成镜像电流源，作为差动放大电路的有源负载。从信号传输通路来看，该差分放大电路是双端输入单端输出的电路结构，信号从 VT_2 管的集电极输出，直接耦合到 VT_7 的基极。VT_7 管组成共射极放大电路作为推动级，是 LM386 的主增益级，实现电压放大，恒流源 I 作为其有源负载，可以有效提高电压放大倍数。输出级由 VT_8、VT_9 复合成 PNP 管，与 VT_{10} 组成准互补推挽功率放大电路。二极管 VD_1、VD_2 为输出级提供合适的直流偏置电压，使输出级工作于甲乙类状态，以消除交越失真。

R_7 是级间负反馈电阻，形成电压串联负反馈，起到稳定静态工作点和电压放大倍数的作用。R_3 与⑦引脚外接的电解电容形成直流电源去耦滤波电路。R_6 是差分放大电路的发射极反馈电阻，所以在①、⑧两引脚间外接一个阻容串联电路，构成差放管射极的交流反馈，通过调节电阻的阻值就可以调节该电路的放大倍数。对于模拟集成电路来说，其增益调节大都通过调整外接元件来实现。其中，①、⑧引脚开路时，负反馈量最大，电压放大倍数最小，约为 20；①、⑧引脚间短路或只外接一个 10 μF 电容时，电压放大倍数最大，约为 200。改变阻容值，则电压增益可在 20～200 之间任意选取，其中电阻阻值越小，电压增益越大。如当电阻 R_2=1.2 kΩ 时，电路的电压增益 A_{uf}=50。

图 4.3.3 所示为 LM386 典型应用电路，电路中所有的电容耐压值均应大于 25 V。接在①、⑧引脚间的 C_2、R_p 可调节电路的电压增益，C_4 为耦合电容，与 R_1 组成容性负载，抵消扬声器音圈电感的部分感性，防止信号突变时，音圈的反电势击穿输出管。在小功率输出时，C_4、R_1 也可以不接。C_6 为电源的去耦滤波电容，当电路的输出功率不大、电源的稳定性能又好时，只需一个输出端的耦合电容和放大倍数调节电路就可以使用，所以 LM386 广泛应用于收音机、对讲机、双电源转换、方波和正弦波发生器等电子设备的功放电路中。

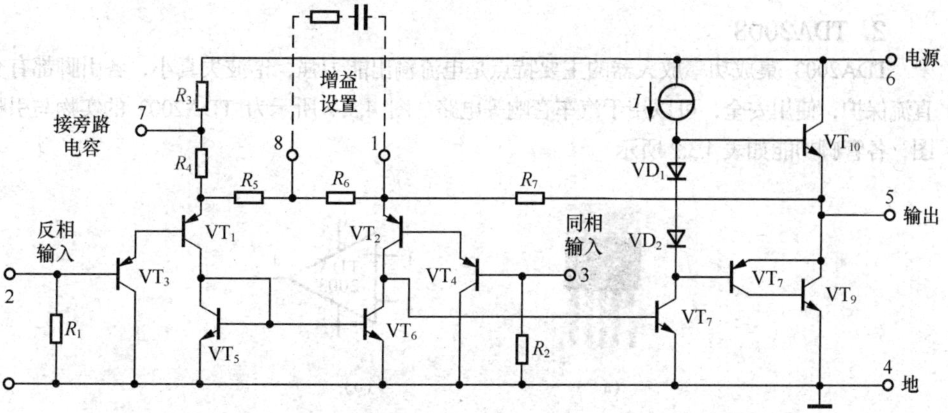

图 4.3.2 集成功率放大器 LM386 内部结构

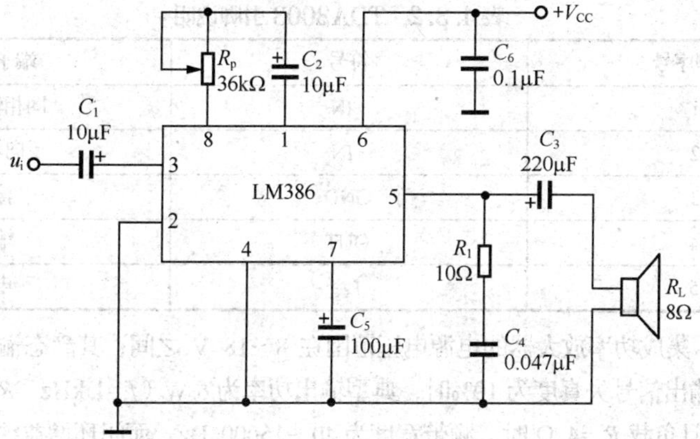

图 4.3.3 LM386 典型应用电路

LM386 的主要性能参数如表 4.3.1 所示。

表 4.3.1 LM386 的主要性能参数

参数		测试条件	最小值	典型值	最大值
工作电源电压/V	LM386		4		12
	LM386N-4	LM386 的改进型	5	—	18
静态电流 I_o/mA		V_{CC}=6 V，U_i=0	—	4	8
输出增益 P_o/mW	LM386N-1	V_{CC}=6 V，R_L=8 Ω，THD=10%	250	325	—
	LM386-3	V_{CC}=9 V，R_L=8 Ω，THD=10%	500	700	—
	LM386N-4	V_{CC}=6 V，R_L=32 Ω，THD=10%	700	1 000	—
电压增益 A_{uf}/dB		V_{CC}=6 V，f=1 kHz ①、⑧脚间接 10μF 电容	—	26 46	—
频带宽度 BW/kHz		①、⑧脚间开路，V_{CC}=6V	—	300	—
谐波失真 THD/%		V_{CC}=6 V，R_L=8 Ω，P_o=125 mW，f=1kHz	—	0.2	—
纹波抑制 RR/dB		V_{CC}=6 V，f=1 kHz，C_B=10 μF，①、⑧脚间开路	—	50	—
输入电阻 R_i/kΩ			—	50	—
输入偏流 I_B/nA		V_s=6 V，②、③脚开路	—	250	—

2. TDA2003

TDA2003 集成功率放大器的主要特点是电流输出能力强，谐波失真小，各引脚都有交直流保护，使用安全，可以用于汽车音响等电路。图 4.3.4 所示为 TDA2003 的实物与引脚图，各管脚功能如表 4.3.2 所示。

(a)

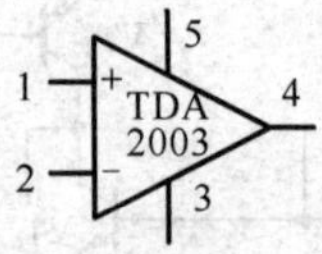

(b)

图 4.3.4　TDA2003 实物及引脚

表 4.3.2　TDA2003 引脚说明

引脚序号	符号	端子名称
1	+IN	同相输入端
2	−IN	反向输入端
3	GND	接地
4	OUT	输出
5	V_{CC}	电源

TDA2003 集成功率放大器的电源电压范围在 8～18 V 之间；其静态输出电压的典型值为 6.9 V；在输出信号失真度为 10%时，典型输出功率为 6 W（f=1 kHz，R_L=8 Ω）。当输出功率 P_o=1 W 且负载 R_L=4 Ω 时，频带宽度为 40～15000 Hz，而闭环增益约为 40 dB。芯片效率约在 65%～69%之间（与输出功率和负载的大小有关）。表 4.3.3 是该芯片的极限参数。

图 4.3.5 为 TDA2003 的典型应用电路和推荐的元器件参数。其中，C_1 为耦合电容，C_2 为抑制纹波电容，C_4 为输出电容，典型值为 1 000 μF，若小于典型值，下限截止频率会升高；R_3 和 C_5 的作用是提高频率的稳定性；电阻 R_X 和电容 C_X 决定电路的上限截止频率，其典型值由 R_X=20R_2 与 $C_X \approx 1/(2\pi BR_1)$ 关系式确定，其中 B 是带宽，电阻 R_1 用来设置增益，其典型值由 R_1=（A_u−1）R_2 关系式确定。

表 4.3.3　TDA2003 极限参数（T_a = 25℃）

参数名称	符号	参数值	单位
峰值电源电压（50 ms）	V_{CC}	40	V
直流电源电压	V_{CC}	28	V
工作电源电压	V_{CC}	18	V
输出峰值电流（重复）	I_o	3.5	A
输出峰值电流（非重复）	I_o	4.5	A
功耗（T_a=90℃）	P_D	20	W
工作环境温度	T_{opz}	−30～+75	℃
储存温度、结温	T_{stg}，T_j	−40～+150	℃

注：峰值电源电压（50 ms）指在 50 ms 内芯片能够承受的最大电压值；直流电源电压指芯片的最大直流电压值。

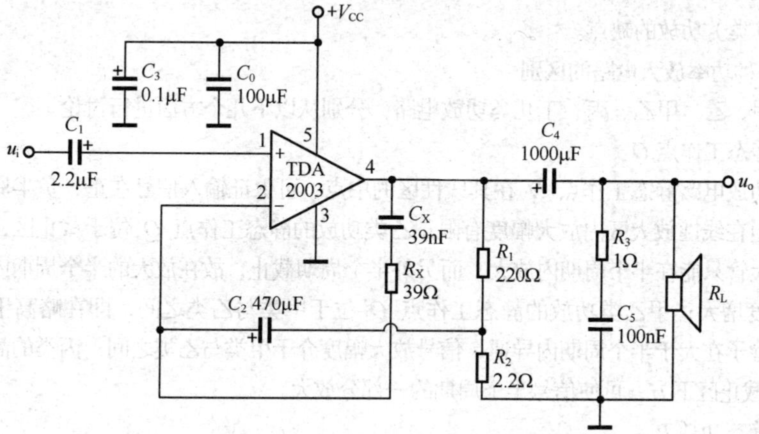

图 4.3.5　TDA2003 单电源功放电路

【拓展知识】

1．提高功率放大电路效率的方法

电源提供的功率一般分成信号的输出功率和功率管的损耗，而功率管的损耗属于人们不希望的功耗，因此降低管子的功耗就能够有效提高功率放大电路的效率。由功率放大电路工作状态分类可知，当输入信号为零时，直流偏置提供了静态电流，它流经功率管，就会产生功耗，因此，只要降低静态电流即可降低管耗。而静态电流由静态工作点决定，因此降低静态工作点，让静态电流为零或很小，就能够提高功放电路的效率，这也是为什么功放电路经常工作在乙类（B 类）或甲乙类（AB 类）状态的原因。

工作在乙类（B 类）或甲乙类（AB 类）的功放电路，虽然能够使管子的功耗降低，效率提高，但却使输出波形产生了严重的失真，即交越失真。因此，为了既要使管子的静态功耗小，还要使输出波形不产生交越失真，人们采用了互补推挽功率放大电路。

2．其他类型的功率放大电路

（1）丙类（C 类）功放电路

丙类功放电路是指晶体管导通时间小于半个周期的工作方式。丙类功放电路的工作效率高于甲类和乙类，其电流波形失真太大，只适于以调谐回路为负载的窄带放大。一般多用于高频或射频放大，如无线发射机中。

（2）丁类（D 类）功放电路

丁类功放电路也称开关功放电路，其工作原理基于开关晶体管，即断续地转换器件的开通状态，可在极短时间内完全导通或完全截止，其频率超过音频，适用于高频工作模式。因两只晶体管不会同时导通，故静态损耗很小。该类型的功放电路体积小，效率极高（90%左右），在理想情况下可达 100%。相比之下，甲乙类放大器最高仅能达到 78.5%（π/4）。不过，开关工作模式也会产生输出信号的失真。可将 D 类功放电路的高效率特性利用在电池作为电源的便携式设备中。

（3）戊类（E 类）功放电路

戊类（E 类）功放电路是单管工作于开关状态。它的特点是选取适当的负载网络参数，以使它的瞬态响应最佳。也就是说，当开关导通（或断开）的瞬间，只有当器件的电压（或电流）降为零后，才能够导通（或断开）。这样，即使开关转换时间与工作周期已相当长，也能够避免开关器件内同时产生大的电压或电流，避免了在开关转换瞬间器件的功耗，克服了丁类（D类）功放的缺点。

3．各种功率放大电路的区别

针对甲、乙、甲乙、丙、丁几类功放电路，分别从以下几个方面进行讨论。

（1）静态工作点 Q

甲类功放电路静态工作点 Q 在其线性区的中点，可保证输入信号在正、负半周期内线性放大，但在线性放大区内放大幅度有限；乙类功放的静态工作点 Q 位于截止区，使输入信号经放大管只能在半个周期内放大，而另外半个周期截止，故在放大的半个周期内可使信号放大幅度增大；甲乙类功放的静态工作点 Q 位于甲类与乙类之间，即在略高于截止区处，可使管子在大于半个周期内导通，信号放大幅度介于甲类与乙类之间；丙类的静态工作点 Q 位于截止区下方，可使信号半个周期的一部分放大。

（2）静态功耗 P_c

甲类：由于 Q 点在放大区，所以晶体管会始终存在偏置电流供电，导致在有信号输入时，偏置电源能量一部分转换成输出的有用功率，一部分转换成热量的形式在电路中消耗；在没有信号输入时，电源能量消耗在电路内部，故存在较大的静态功耗 P_c。

乙类：Q 点位于截止区，理论上晶体管没有静态偏置电流，$P_c=0$。

甲乙类：由于 Q 点位于略高于截止区处，静态偏置电流很小，管子消耗的功率 P_c 也较小，粗略情况下近似等于乙类功耗。

丙类：Q 点位于截止区下方，理论上静态偏置电流为零，$P_c=0$。

丁类：其工作原理基于开关晶体管，管子可在极短的时间内完全导通或完全截止，且两只晶体管不会在同一时刻导通，故静态功耗很小。

（3）导通角 φ（即根据放大器集电极电流导通时间划分）

甲类：$\varphi=360°$，在整个信号周期内，晶体管集电极电流 I_c 一直导通。

乙类：$\varphi=180°$，在整个周期内，放大器两个晶体管轮流导通，各自导通半个周期，故集电极电流在半个周期内导通。

甲乙类：$180°<\varphi<360°$，静态工作点 Q 略高于截止区，导致晶体管在大于半周期又小于整个周期内导通。

丙类：$\varphi<180°$，Q 点位于截止区下方，导致信号仅有半个周期中的一部分放大，故导通角小于半个周期。

丁类：$\varphi=90°$，管子工作于开关状态，可在极短的时间内完全导通或完全截止。

（4）输出效率

甲类：由于存在较大的静态功耗 P_c，故能量转换效率很低，实际中一般不大于 25%，且信号越小，效率越低。

乙类：由于没有偏置电流，且两管子轮流导通，故静态功耗 $P_c=0$，能量转换效率较高，理论上可达 78%，实际中效率一般在 50%左右。

甲乙类：由于存在较小的偏置电流，故放大器在低电平驱动时，放大器为甲类工作状态，存在静态功耗；当提高驱动电平时，转为乙类工作，没有静态功耗。故它的输出效率比甲类高得多，比乙类稍低，约接近乙类效率。

丙类：丙类放大器的输出效率高于甲类和乙类放大器，一般效率可达 85%。

丁类：管子工作在开关状态，放大器效率极高（90%左右），在理想情况下可达 100%，故其产生的热量很低，不需要很大的散热器，是目前效率最高的放大器。

甲、乙、丙类放大器就是沿着不断减小电流导通角 φ 的途径，来不断提高放大器效率的，在一定范围内，电流导通角越小，效率越高。但是 φ 减小是有限的，当 φ 减小到一定程度时，反而会减小输出功率。而丁类放大器则是固定 φ =90°，同时尽量减小管子的消耗功率来提高功效。

（5）失真度大小

甲类：线性放大不失真。因为 Q 点位于线性放大区中点，信号可以完全地不失真线性放大。

乙类：非线性严重失真。因为两个管子交替导通，故输入信号只能够在半个周期内线性放大，同时，两个半个周期的输出信号合并后会产生非线性交越失真，不能直接应用。

甲乙类：失真度较大，比甲类大得多，比乙类稍小。

丙类：失真度较小。

丁类：由于工作在开关工作模式下，故存在较高噪声、较高失真。

本章小结

◆ 功率放大器有三大主要特点：①要求功率放大电路既能够向负载提供足够大的输出功率，又具有较高的转换效率；②功率器件通常工作在大信号状态，既要尽可能地减小输出波形的非线性失真，又要注意功率器件的各项极限参数不要超过最大值，以确保功率放大电路的工作安全；③功率放大电路的分析方法通常采用图解法，而不采用微变等效电路法。

◆ 根据管子的工作状态，放大电路可以分为甲类（A 类）、乙类（B 类）和甲乙类（AB 类）。甲类功放电路的失真度小，但是转换效率较低；乙类功放电路优点是效率高（理想状态下达 78.5%），但会产生交越失真；采用甲乙类功放电路可有效地改善交越失真，分析计算时与乙类功放电路一致。

◆ 由于集成功率放大电路具有温度稳定性好、体积小、效率高、功耗低、增益可调及使用方便等优点，目前在电子技术领域中广泛应用。集成功放的产品型号较多，本章主要介绍了 LM386、TDA2003 等常用的集成功率放大器。

附表 1　互补对称电路的基本性能参数比较表

分类	OCL 电路	OTL 电路
电路原理图	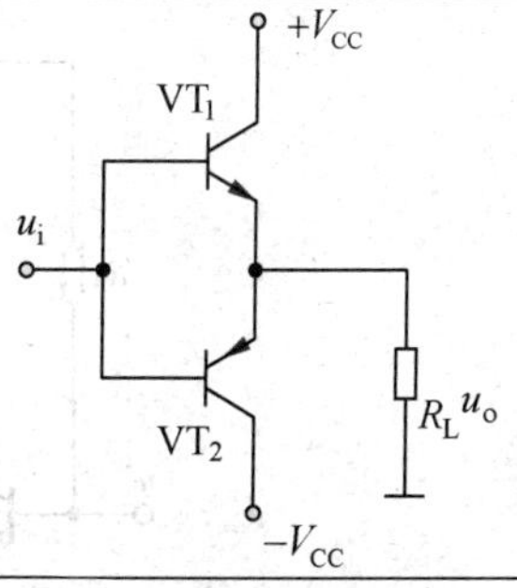	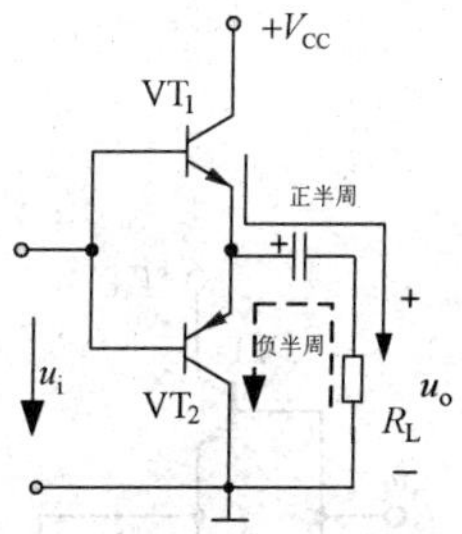
输出功率 P_o	$P_o=\frac{U_{om}^2}{2R_L}$	$P_o=\frac{U_{om}^2}{2R_L}$
最大输出功率（忽略 U_{CES}）	$P_{om}=\frac{V_{CC}^2}{2R_L}$	$P_{om}=\frac{V_{CC}^2}{8R_L}$
电源提供的最大功率 P_{Vm}	$P_{Vm}\approx\frac{2V_{CC}^2}{\pi R_L}$	$P_{Vm}\approx\frac{V_{CC}^2}{2\pi R_L}$

续表

分类		OCL 电路	OTL 电路
功率管的选择	每管最大功耗	$P_{Tm} \geqslant 0.2P_{om}$	$P_{Tm} \geqslant 0.2P_{om}$
	每管承受最高反压	$U_{(BR)CEO} \geqslant 2V_{CC}$	$U_{(BR)CEO} \geqslant V_{CC}$
电路静态工作点		$V_{AQ}=0$	$V_{AQ}=V_{CC}/2$

习题

1. 功率放大电路与电压放大电路有什么区别？

2. 晶体管按照工作状态可以分为哪几类？各自有什么特点？

3. 何谓交越失真？如何克服交越失真？

4. 乙类互补推挽功放电路如题图 4.1 所示。已知 u_i 为正弦电压，R_L=8Ω，要求最大输出功率为 16W。假设功率管 VT_1 和 VT_2 特性对称，管子的饱和压降 $U_{CES}=0$。试求：

（1）正、负电源 V_{CC} 的最小值；

（2）当输出功率最大时，电源供给的功率；

（3）当输出功率最大时的输入电压的有效值。

5. 功率放大电路如题图 4.2 所示。已知 V_{CC}=12V，R_L=8Ω，静态时输出电压为零，忽略 U_{CES}，求：

（1）电路的最大输出功率是多少？

（2）VT_1、VT_2 的最大管耗 P_{VT1m} 和 P_{VT2m} 是多少？

（3）电路的最大效率是多少？

（4）VT_1 和 VT_2 的耐压 $|U_{(BR)CEO}|$ 至少应为多少？

（5）二极管 VD_1 和 VD_2 的作用是什么？

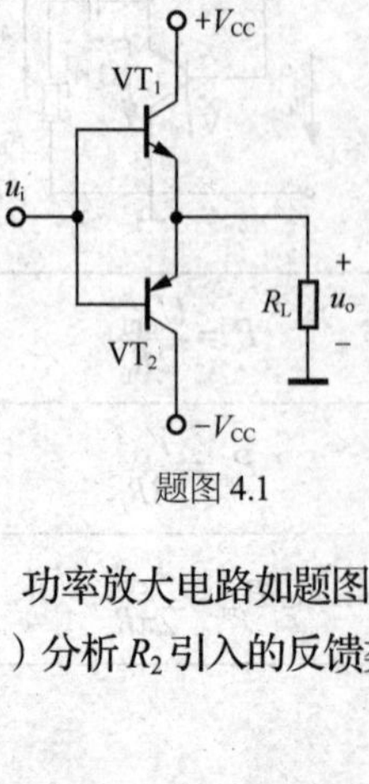

题图 4.1

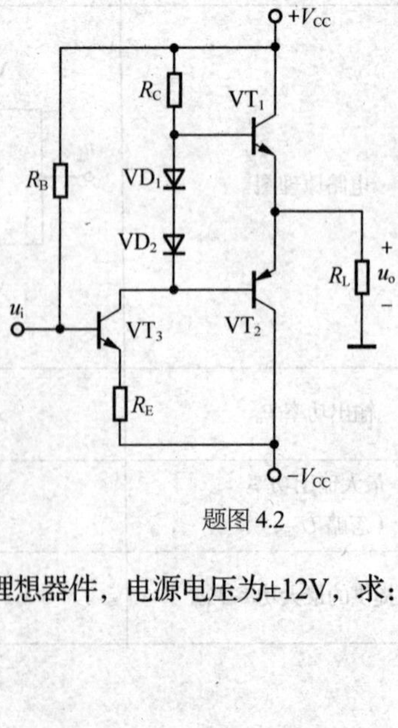

题图 4.2

6. 功率放大电路如题图 4.3 所示，假设运放为理想器件，电源电压为±12V，求：

（1）分析 R_2 引入的反馈类型；

（2）$A_{uf}=U_o/U_i$的值；

（3）$u_i=\sin\omega t$ V 时的输出功率 P_o、电源提供的功率 P_V 及能量转换效率 η 的值。

7. 互补推挽功率放大电路如题图 4.4 所示，其中 V_{CC}=12 V。假设 U_{CES}=0，试求 P_{om}的值。

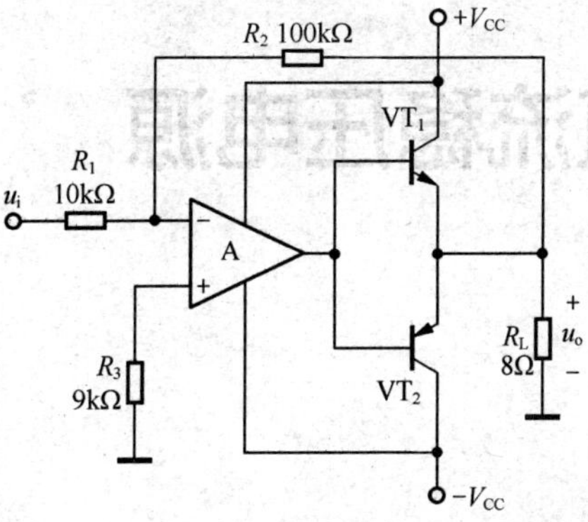

题图 4.3

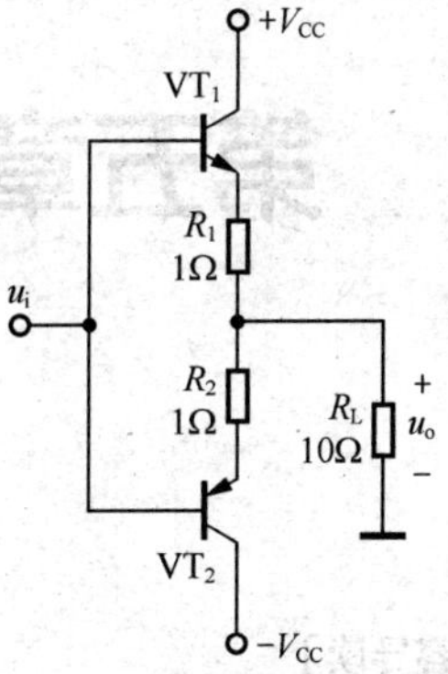

题图 4.4

8. 功率放大电路如题图 4.5 所示，若电路输出最大功率 P_{om}=100 mW，负载电阻 R_L=80 Ω，试求电源电压 V_{CC}的值。

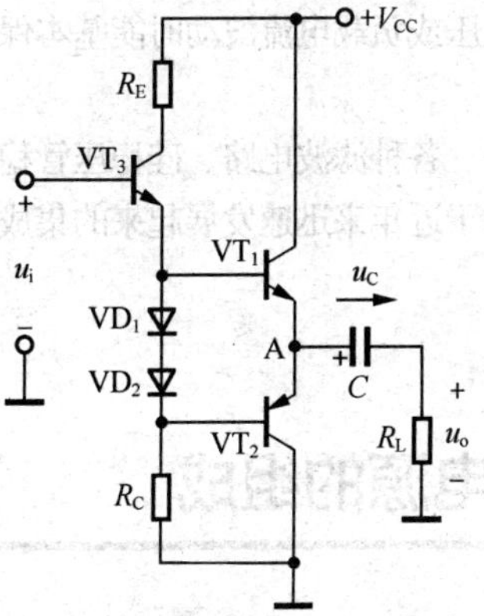

题图 4.5

第五章　直流稳压电源

【内容导读】

任何电子设备都需要用直流电源供电，获得直流电源的方法较多，如干电池、蓄电池、直流电机等。但比较经济实用的办法是将交流电网提供的 50Hz、220V 的正弦交流电经整流、滤波和稳压后变换成直流电。对于直流电源的主要要求是：直流输出电压平滑，脉动成分小；电压幅值稳定，当电网电压或负载电流波动时能基本保持不变；交流电变换成直流电时的转换效率高。

本章主要介绍单相整流电路、各种滤波电路、硅稳压管稳压电路以及串联型直流稳压电路的工作原理、主要指标等；对于近年来迅速发展起来的集成化稳压电源以及开关型稳压电源也将做简单介绍。

第一节　直流稳压电源的组成

一般的小功率直流稳压电源由电源变压器、整流电路、滤波电路和稳压电路 4 个部分组成。其框图及各部分的输出波形如图 5.1.1 所示。下面简要介绍各部分的功能。

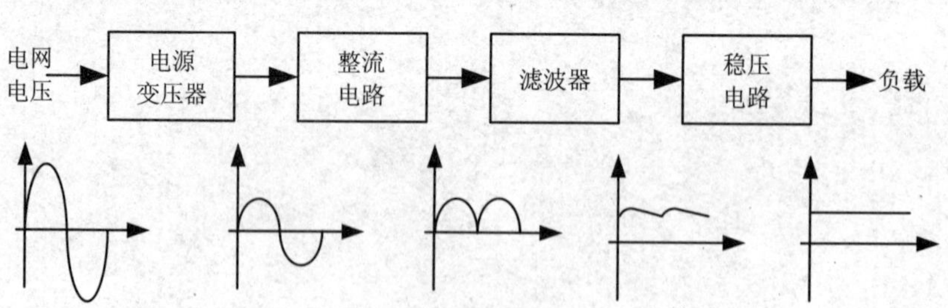

图 5.1.1　直流电源的组成

1．电源变压器

交流电网提供 50 Hz、220 V（单相）或 380 V（三相）的正弦电压，但各种电子设备所需直流电压的幅值却各不相同。为此，常常需要将电网电压先经过电源变压器进行降压，将 220 V 或 380 V 的交流电变成大小合适的交流电以后再进行交直流转换。当然，有的电源不是利用变压器而是利用其他方法进行降压。

2．整流电路

整流电路的主要任务是利用二极管的单向导电性，将变压器副边输出的正、负交替的正弦交流电压整流成单方向的脉动直流电压。但是，这种单向脉动直流电压往往包含着很大的交流成分，距离理想的直流电压还差得很远，故不能直接供给电子设备使用。

3．滤波电路

滤波电路一般由电容、电感等储能元件组成。它的作用是滤除整流电路输出的单向脉动直流电压中的交流成分，输出比较平滑的直流电压。但是，当电网电压或负载电流发生变化时，滤波电路输出直流电压的幅值也将随之变化，在要求比较高的电子设备中，这种直流电压是不符合要求的。

4．稳压电路

稳压电路往往是利用自动调整的原理，使得输出直流电压在电网电压或负载电流发生变化时保持稳定。

下面分别介绍各部分的具体电路和它们的工作原理。

第二节 整流电路

整流电路是利用二极管的单向导电性，将正负交替的正弦交流电压变换成单方向的脉动直流电压。在小功率的直流电源中，整流电路的主要形式有单相半波整流电路、单相全波整流电路和单相桥式整流电路。其中，单相桥式整流电路用得最为普遍。

一、单相全波整流电路

单相全波整流电路是在半波整流电路（见第一章图 1.3.1）的基础上改进得到的。其原理图如图 5.2.1（a）所示。利用具有中心抽头的变压器与两个二极管配合，电路使两个二极管在u_2的正半周和负半周轮流导通，而且两种情况下流过 R_L 的电流保持同一方向，从而使正、负半周在负载上均有输出电压，完成全波整流。图中变压器的两个副边电压大小相等，同名端如图 5.2.1（a）所示。在u_2的正半周，整流管 VD_1 导通，电流 i_{VD1} 经过 VD_1 流向负载 R_L，在 R_L 上产生上正下负的单向脉动电压，此时 VD_2 因承受反向电压而截止；在u_2的负半周，整流管 VD_2 导通，电流 i_{VD2} 经过 VD_2 流向负载 R_L，在 R_L 上也产生上正下负的单向脉动电压，此时 VD_1 因承受反向电压而截止。这样，在u_2的整个周期内，R_L 上均能得到单方向的脉动直流电压，故称之为全波整流电路，其波形如图 5.2.1（b）所示。

由图 5.2.1（b）所示的波形可见，全波整流电路输出电压u_o的波形所包围的面积是半波整流电路的两倍，其平均值也是半波整流的两倍。另外，全波整流输出波形的脉动成分比半波整流时有所下降。但是，由如图 5.2.1（a）所示的全波整流电路可知，在u_2的负半周时，VD_2 导通、VD_1 截止，此时变压器副边两个绕组的电压全部加到二极管 VD_1 的两端，二极管承受的反向电压较高，其最大值等于 $2\sqrt{2}U_2$。此外，全波整流电路必须采用具有中心抽头的变压器，而且每个线圈只有一半时间通过电流，可见变压器的利用率不高。

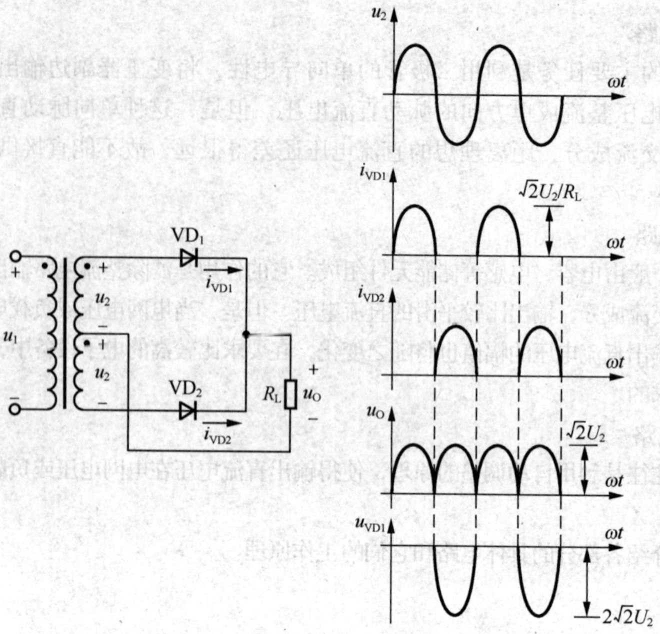

（a）电路　　　　（b）波形

图 5.2.1　单相全波整流电路

二、单相桥式全波整流电路

针对单相全波整流电路的缺点，希望仍用只有一个副边线圈的变压器就能达到全波整流的目的。为此，提出了如图 5.2.2（a）所示的单相桥式整流电路，图中采用了 $VD_1 \sim VD_4$ 4 只二极管，并且接成电桥形式，电路由此得名。

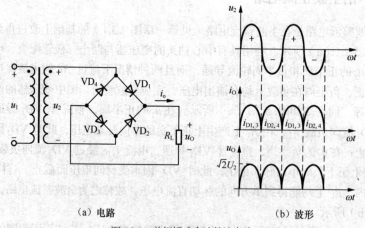

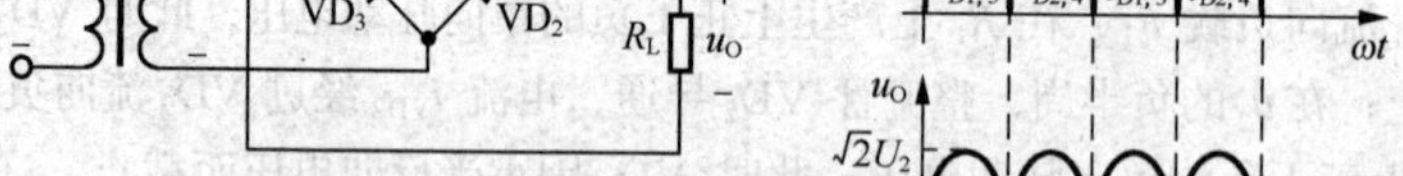

（a）电路　　　　（b）波形

图 5.2.2　单相桥式全波整流电路

假定变压器和二极管均为理想元器件，根据二极管的单向导电特性可知：当 u_2 为正半周时，VD_1、VD_3 正偏导通，VD_2、VD_4 反偏截止，提供给负载的电流 $i_O = i_{VD1,3}$；反之，当 u_2 为负半周时，则 VD_2、VD_4 正偏导通，VD_1、VD_3 反偏截止，提供给负载的电流 $i_O = i_{VD2,4}$。$i_{VD1,3}$ 和 $i_{VD2,4}$ 同一方向流过负载 R_L，故 u_O 为单向脉动直流电压。电流、电压波形如图 5.2.2（b）所示。由于 u_2 的正、负半周都有整流电流流过负载，因此，该电路常称为全波桥式整流电路。

三、整流电路的主要参数

在给出整流电路的主要参数前，先给出输出信号的解析表达式及其谐波分解形式。设 u_2 的有效值为 U_2，即：

$$u_2 = U_{2m}\sin\omega t = \sqrt{2}U_2\sin\omega t$$

在理想条件下，整流输出电压可表示为：

$$u_O = U_{Om}|\sin\omega t| = \sqrt{2}U_2|\sin\omega t| \quad (5.2.1)$$

将 u_O 用傅氏级数分解可得：

$$u_O = \sqrt{2}U_2\left(\frac{2}{\pi} - \frac{4}{3\pi}\cos 2\omega t - \frac{4}{15\pi}\cos 4\omega t - \cdots\right) \quad (5.2.2)$$

由式（5.2.2）可见，u_O 由直流分量（即平均值）和一系列偶次谐波分量组成。

1．整流输出电压的平均值 U_O

输出电压的平均值就是式（5.2.2）中的直流分量，即：

$$u_O = \frac{2\sqrt{2}}{\pi}U_2 \approx 0.9U_2 \quad (5.2.3)$$

2．纹波系数 K_v

纹波系数是指输出电压 u_O 中谐波分量总的有效值 U_{ov} 和直流分量 U_o 之比值。因为 $U_{ov} = \left(U_{o2}^2 + U_{o4}^2 + \cdots\right)^{0.5}$（其中 U_{o2}、U_{o4}、…为 2 次、4 次等偶次谐波分量的有效值）和 $U_{o2}^2 = U_o^2 + U_{ov}^2$，因此可得：

$$K_V = \frac{U_{ov}}{U_o} = \frac{\sqrt{U_2^2 - U_o^2}}{U_o} = \sqrt{\left(\frac{U_2}{U_o}\right)^2 - 1} \approx 0.48 \quad (5.2.4)$$

3．整流二极管的平均电流 I_D 和最大反向电压 U_{RM}

在桥式整流电路中，由于 VD_1、VD_3 和 VD_2、VD_4 两组二极管各提供负载电流 i_O 的一半，因此每个二极管的平均电流为负载电流平均值 I_o 的一半，即：

$$I_{VD} = \frac{1}{2}I_o = \frac{U_O}{2R_L} \quad (5.2.5)$$

二极管在截止时所承受的最大反向电压可以从图 5.2.2（a）所示电路中直接推出，为

$$U_{RM} = \sqrt{2}U_2 \quad (5.2.6)$$

在选用整流二极管时，所选二极管的最大整流电流和最高反向工作电压应分别大于式（5.2.5）和式（5.2.6）计算出的 I_D 和 U_{RM} 值。

桥式整流电路的优点是输出电压高、波纹电压较小，二极管承受的最大反向电压较低。其他整流电路还有倍压整流电路和晶闸管整流电路。

例 5.1　如图 5.2.2 所示的单相桥式整流电路，若要求在负载上得到 24 V 直流电压、110mA 的直流电流，求整流变压器次级电压 U_2，并选出整流二极管。

解：

$$U_2 = \frac{U_L}{0.9} = \frac{24}{0.9} \approx 26.7\text{V}$$

$$U_{RM} = \sqrt{2}U_2 = 37.5\text{V}$$

根据上述数据，可选出最大整流电流为 110 mA，最高反向工作电压为 50 V 的整流二极管 2CZ52B。

第三节　滤波电路

整流电路只是将交流电变换为单方向的脉动直流电压（或电流），其中仍含有较多的交流分量，通常还需在整流电路输出端接入滤波电路，滤除交流分量，以得到实用的平滑直流电压。

电容和电感是最基本的滤波元件，利用它们对于交流信号和直流信号所呈现的电抗不同的特性，将它们合理地连接在电路中，可以达到滤除交流分量、保留直流分量的目的，实现滤波作用。

一、电容滤波电路

利用电容两端电压不能突变的特性，将电容量足够大的电容与负载并联，如图 5.3.1（a）所示，便能取得较好的滤波效果。

1．工作原理

设滤波电容 C 两端的初始电压为零。当空载（开关 SW 断开）时，在 u_2 的正负半周，VD_1、VD_3 和 VD_2、VD_4 轮流导通，均有单方向电流对电容充电。由于整流电路的内阻 R_{im}（包括变压器次级的直流电阻和二极管的正向电阻）很小，电容 C 很快可充电到接近 u_2 的最大值，即 $u_C \approx \sqrt{2}U_2$，并保持不变。u_C 对于二极管来说是反偏压。其波形如图 5.3.1（b）所示。

当接上负载 R_L（开关 SW 闭合）后，设 u_2 从零开始上升，在 $u_2 < u_C$ 时，二极管均反偏截止，电容 C 对 R_L 放电，放电时间常数 $\tau_d = R_L C$ 通常很大，u_C 按指数规律缓慢下降，如图 5.3.1（b）中的 u_C 波形的 ab 段。当 u_2 上升至 $u_2 > u_C$ 时，VD_1、VD_3 正偏导通，$i_{VD1,3}$ 的其中一部分提供负载电流，另一部分对 C 充电。充电时间常数 $\tau_c = (R_{im} // R_L)C \approx R_{im}C$，其值较小，$u_C$ 上升较快，如图 5.3.1（b）中 u_C 波形的 bc 段。而当 u_2 下降到低于图中 c 点的 u_C 电压值，即 $u_2 < u_C$ 时，VD_1、VD_3 反偏截止，C 又对 R_L 放电，如图 5.3.1（b）中 u_C 波形的 cd 段。在 u_2 的负半周，当 $|u_2|$ 上升到 $|u_2| > u_C$ 时，则 VD_2、VD_4 正偏导通，$i_{VD2,4}$ 的其中一部分提供负载电流，另一部分对 C 充电，u_C 又上升，如图 5.3.1（b）中 u_C 波形的 de 段。而当 $|u_2|$ 下降到 $|u_2| < u_C$ 时，VD_2、VD_4 又反偏截止，电容 C 又对 R_L 放电。如此周而复始，电容 C 反复快速充电和缓慢放电，负载上便得到比没有电容滤波时平滑得多的输出电压 u_O（即 u_C）波形。

2．性能分析

（1）输出电压平均值

由上面的分析可知，放电过程与 $\tau_d = R_L C$ 的大小有关，τ_d 越大，输出电压平均值越高。若负载开路（$R_L C = \infty$），u_C 充电到 u_2 的最大值，因电容 C 没有放电回路，输出电压保持不变，$U_O = \sqrt{2}U_2$。所以对半波整流电容滤波电路，U_O 在 $(0.45 \sim \sqrt{2})U_2$ 之间；而对全波整流电容滤波电路，U_O 在 $(0.9 \sim \sqrt{2})U_2$ 之间。一般工程上，常采用经验公式来估算滤波电路的输出电压。

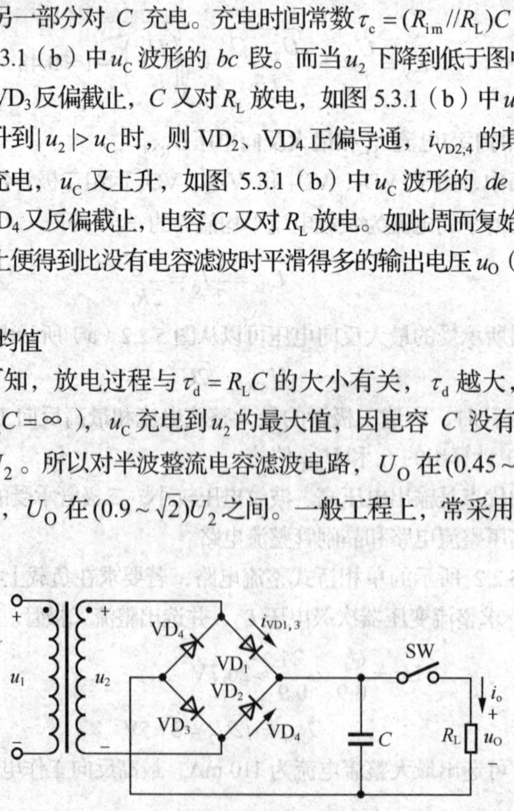

（a）原理电路

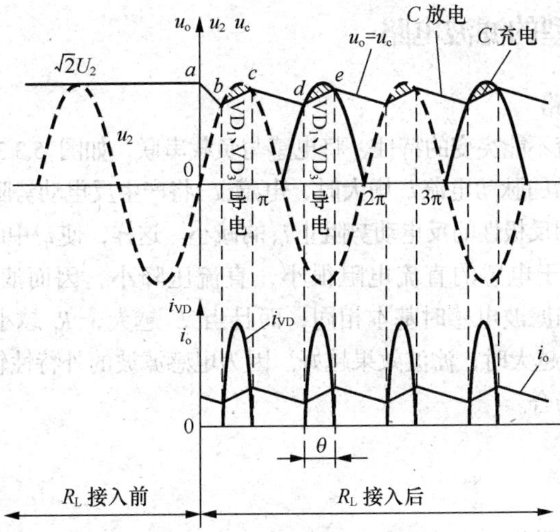

（b）工作波形图

图 5.3.1 单相桥式整流电容滤波电路

半波整流电容滤波电路：

$$U_o \approx U_2 \tag{5.3.1}$$

全波整流电容滤波电路：

$$U_o \approx 1.2U_2 \tag{5.3.2}$$

为了得到较好的滤波效果，通常选取 C 使放电时间常数满足下列关系式：

$$\tau_d = R_L C \geqslant (3\sim5)T/2 = (3\sim5)\frac{1}{2f}$$

提示：在 R_L 一定的情况下，滤波电容常选用几十微法至几千微法的电解电容。接入电路时，应注意电解电容的极性，将其正极接整流电路的高电位端，负极接低电位端。

例 5.2 已知单相桥式整流电容滤波电路如图 5.3.1（a）所示。要求 U_o=12V，I_o=10mA，电网工作频率为 50 Hz。试计算整流变压器次级电压有效值 U_2，并计算 R_L 和 C 的值。

解：

$$U_2 = \frac{U_O}{1.2} = \frac{12}{1.2} = 10(\text{V})$$

$$R_L = \frac{U_O}{I_O} = \frac{12}{10} = 1.2(\text{k}\Omega)$$

$$C \geqslant (3\sim5)\frac{T}{2R_L} = (3\sim5)\frac{0.02}{2\times1.2\times10^3} = (24.3\sim41.5)(\mu\text{F})$$

$$U_C \geqslant (1.5\sim2)U_2 = 15\sim20\ (\text{V})$$

（2）输出特性

输出特性是指整流滤波电路直流输出电压与输出电流之间的关系曲线，亦称为外特性。如前所述，在桥式整流电容滤波电路中，当整流二极管导通时，电容 C 充电；二极管截止时，电容 C 对负载 R_L 放电，提供负载电流。显然，负载 R_L 越小，直流输出电流 I_o 越大，放电时间常数 $\tau_d = R_L C$ 越小，放电速度愈快，输出电压降低愈多，纹波愈大。因此，输出电压的平均值 U_o 越小。电容滤波电路的外特性如图 5.3.2 所示。由图可知，该电路直流输出电压随输出电流增大而下降得很快，外特性较差。此外，电容的快速充电会导致整流管产生较大的冲击电流。因此，电容滤波电路一般只适用于负载电流较小而且负载变化不大的场合。

二、其他类型的滤波电路

1．电感滤波电路

利用电感中电流不能突变的特性，将电感与负载串联，如图 5.3.3 所示，便构成电感滤波电路。当整流后的脉动电流 i_O 增大时，电感 L 将产生反电动势阻止 i_O 的增大；当 i_O 减小时，L 又产生相反极性的反电动势阻止 i_O 的减小。这样，使 i_O 中的脉动分量大大减小达到滤波目的。由于电感的直流电阻很小，直流压降小，因而滤波输出的直流电压 $U_o \approx 0.9U_2$，与不加滤波电感时基本相同；而且当 L 越大，R_L 越小（直流负载电流越大），即 $\omega L/R_L$ 比值越大时，滤波效果越好。因为电感滤波的外特性较好，所以特别适用于负载电流较大的场合。

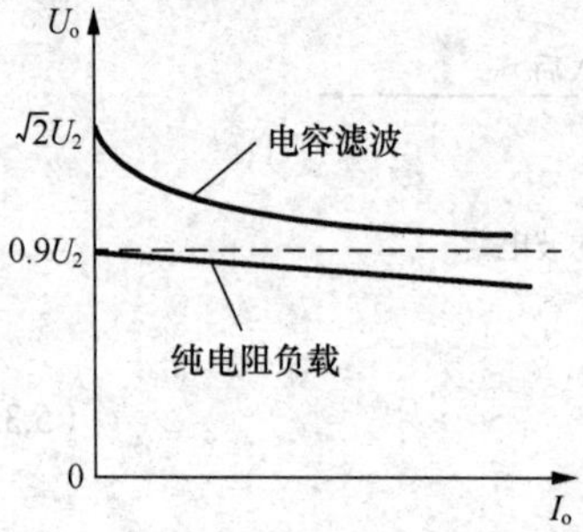

图 5.3.2　桥式整流电容滤波电路的外特性

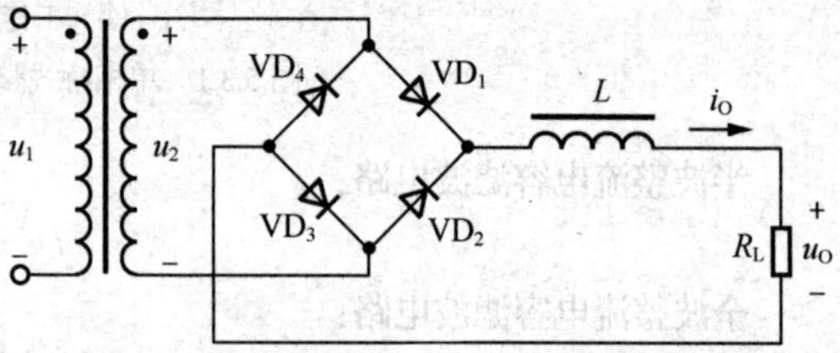

图 5.3.3　桥式整流电感滤波电路

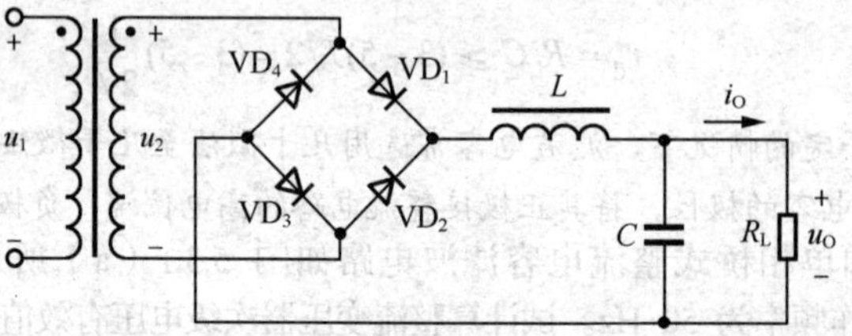

图 5.3.4　LC 滤波电路

2．LC滤波电路

图 5.3.4 所示为 LC 滤波电路，它是将 L 和 C 两种滤波元件组合使用而构成的滤波电路。整流输出的脉动电压先经电感 L 滤波，再经电容 C 滤波，其滤波效果比采用单电感或单电容滤波要好得多。

值得注意的是，当 L 值很小，R_L 又很大（直流负载电流很小）时，电路实际的滤波特性与电容滤波相似。为使电路在负载电流较大或较小时都具有良好的滤波特性，一般要求 L 的取值应满足 $R_L < 3\omega L$（ω 为电网电压角频率）。整流滤波输出的直流电压与无滤波时相同，即 $U_o \approx 0.9U_2$。

3．π 型滤波电路

图 5.3.5 所示为两种 π 型滤波电路。其中，图 5.3.5（a）为 $LC-\pi$ 型滤波电路，它可以看成是电容 C_1 滤波和 LC_2 滤波的组合。整流输出的脉动电压经两次滤波后，滤波效果更好。由于整流输出端接电容 C_1，因而输出直流电压得到提高，当 C_1、C_2 容量足够大且忽略 L 上的直流损耗时，$U_o \approx 1.2U_2$。但它的外特性较差，而且整流管将产生较大的冲击电流。

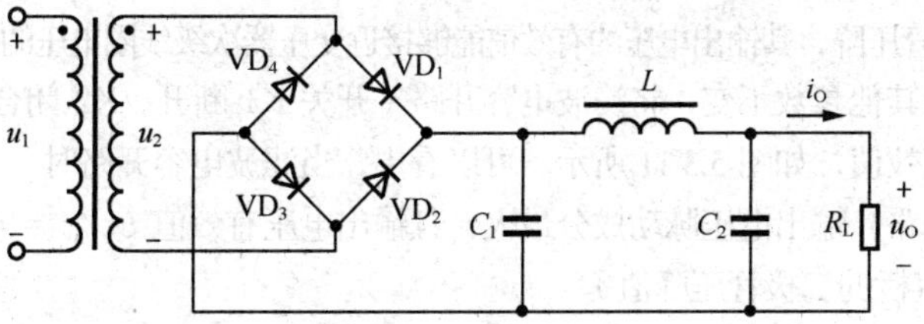

（a）*LC*-π 型滤波电路

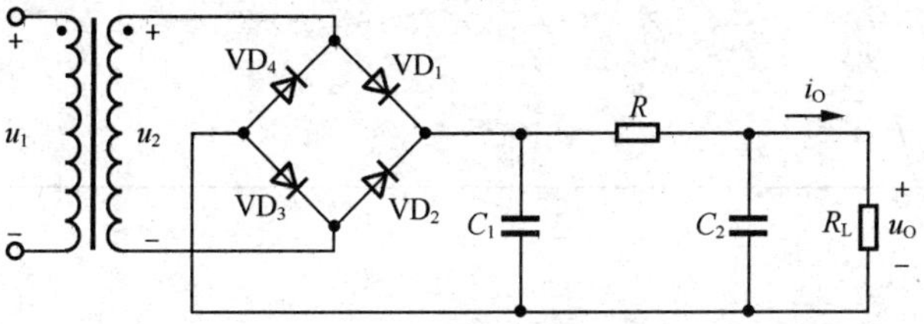

（b）*RC*-π 型滤波电路

图 5.3.5　π 型滤波电路

在实际应用中，也可以用电阻 R 代替电感 L，构成 $RC-\pi$ 型滤波电路，如图 5.3.5（b）所示。这样既可减小体积、降低成本，又不存在磁干扰（电感 L 会产生磁干扰）。但电阻将消耗功率，并使输出电压降低。滤波特性亦不如 $LC-\pi$ 型电路。

三、整流滤波电路的 Multisim 仿真

在 Multisim 中构建一个桥式整流电容滤波电路，如图 5.3.6 所示，电路中变压器次级线圈电压的有效值 U_2=20V，负载电阻 R_L=250Ω，滤波电容 C=220 μF。

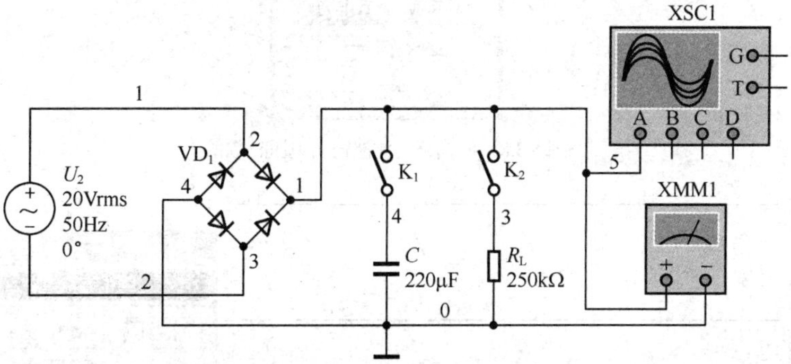

图 5.3.6　桥式整流滤波电路

电路正常工作时（开关 K1 和 K2 闭合），利用虚拟示波器观察输出电压 U_o 的波形如图 5.3.7 所示，从波形中可以看到滤波电容的充放电过程。用虚拟电压表测量输出的直流电压有效值如图 5.3.8 所示，即 $U_{o(av)}$=24.82 V≈1.24 U_2。

保持电路的其他参数不变，将滤波电容减小，改为 C=22 μF，再次观察输出波形和输出电压的有效值，如图 5.3.9 所示。可以看出，由于充放电时间常数减小，输出波形的脉动成分明显增加，输出波纹增大，且输出电压的有效值降低到 $U_{o(av)}$=19.18 V≈0.96U_2。

保持电路的滤波电容 C=220 μF 不变，将负载开路（开关 K1 闭合，K2 断开），观察输出波形和输出电压的有效值，如图 5.3.10 所示。可以看出，当负载开路时，滤波电容被充电至最大值后不再有放电回路进行放电，输出电压脉动成分为零，且输出电压有效值 $U_{o(av)}$=27.46 V，考虑

到整流桥的二极管压降，其输出电压的有效值能够接近变压器次级线圈电压的最大值 $20\sqrt{2}$ V。

保持电路的其他参数不变，将滤波电容开路（开关 K1 断开，K2 闭合），观察输出波形和输出电压的有效值，如图 5.3.11 所示。可以看出，当滤波电容开路时，电路为桥式整流电路，没有滤波电路，输出电压脉动成分最大，且输出电压有效值 $U_{o(av)}$=16.50 V，其值接近 $0.9U_2$（除去整流桥的二极管压降值）。

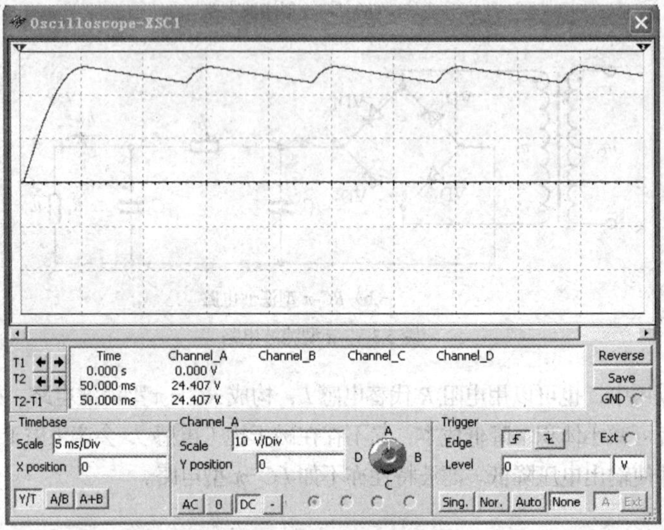

图 5.3.7　桥式整流滤波正常工作时输出波形

图 5.3.8　桥式整流滤波输出电压有效值

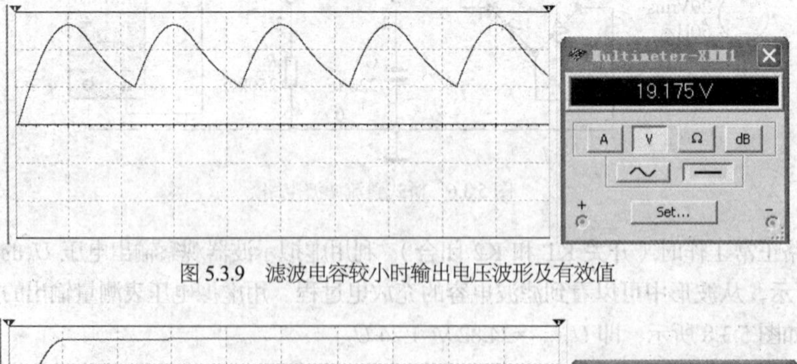

图 5.3.9　滤波电容较小时输出电压波形及有效值

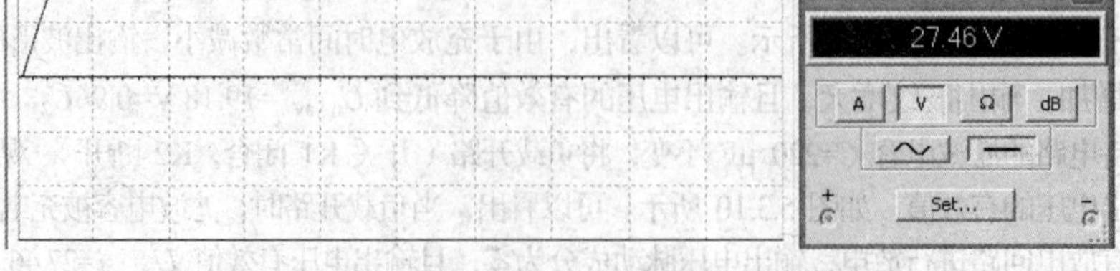

图 5.3.10　负载开路时输出电压波形及有效值

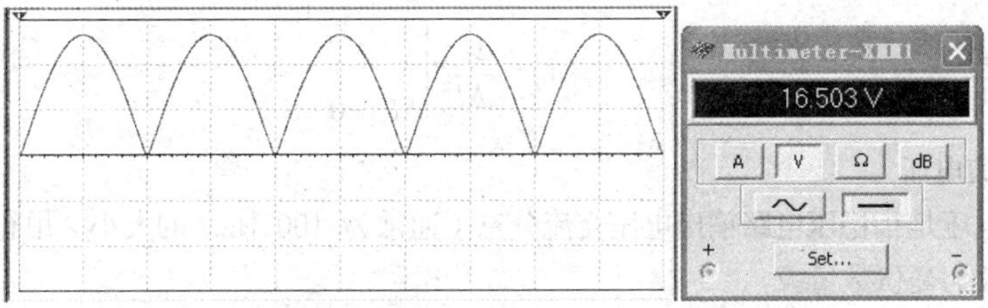

图 5.3.11 滤波电容开路时输出电压波形及有效值

第四节 串联型直流稳压电路

稳压电路有多种电路形式。根据稳压电路与负载的联接方式，可分为串联型和并联型两类稳压电路。本节主要介绍串联型稳压电路的原理。

稳压管稳压电路结构简单、调整方便，但它也存在着如下缺点：一是受稳压管最大稳定电流的限制，负载取用电流不能太大，否则会使输出电压不能稳定在 VD_Z 上；二是输出电压不能调节；三是输出电压稳定度不够高。所以，稳压管稳压电源只能用在负载固定、对输出电压稳定度要求较低的场合。串联型稳压电源克服了以上缺点，所以得到了广泛应用。但优越的电路性能是以复杂的电路结构为代价的，它正日益被集成稳压电源所取代。

一、稳压电路的主要性能指标

稳压电路的主要性能指标有两项：稳压系数 S_r 和内阻 R_o，此外还有纹波电压和温度系数等。

1．稳压系数 S_r

在负载电阻 R_L 不变时，输出电压的相对变化量与输入电压相对变化量之比称为稳压系数，用 S_r 表示。估算稳压系数的等效电路如图 5.4.1 所示。由图可知：

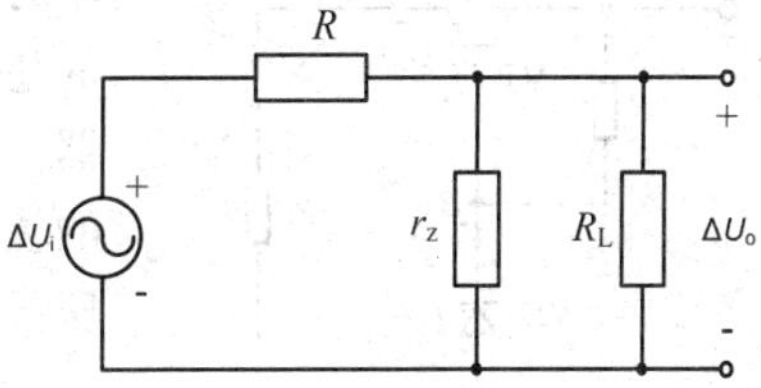

图 5.4.1 估算稳压系数的等效电路

$$\Delta U_o = \frac{r_z // R_L}{(r_z // R_L) + R} \times \Delta U_i$$

当满足条件 $r_z=R_L$，$r_z=R$ 时，上式可简化为：

$$\Delta U_o \approx \frac{r_z}{R} \Delta U_i$$

则：

$$S_r = \frac{\Delta U_o / U_o}{\Delta U_i / U_i} = \frac{\Delta U_o}{\Delta U_i} \times \frac{U_i}{U_o} \approx \frac{r_z}{R} \times \frac{U_i}{U_o} \tag{5.4.1}$$

由式（5.4.1）可知，r_z 越小、R 越大，则 S_r 越小，即电网电压波动时，稳压电路的稳压性能愈好。

2．输出电阻 R_o

稳压电路内阻的定义为直流输入电压 U_i 不变时，输出端的 ΔU_o 与 ΔI_o 之比，即：

$$R_o = \frac{\Delta U_o}{\Delta I_o}\bigg|_{\Delta U_i=0}$$

3. 纹波电压

纹波电压是指稳压电路输出电压交流分量（通常为 100 Hz）的大小，用有效值或幅值表示，一般为毫伏数量级。

提示： 稳压系数较小的稳压电路，其输出波纹电压也较小。

二、串联型直流稳压工作原理

串联型稳压电源是将调整元件与负载串联而成，其原理电路如图 5.4.2 所示。在图 5.4.2（a）中，设想用一可调电阻 R 与负载 R_L 串联，当输入电压 U_I 或负载变动时，可通过调整电阻 R，使输出电压 U_O 保持基本稳定。这就是串联型稳压电路电压调整的基本思路。但是如果利用人工调整 R，则不可能达到精度和速度的要求。为了实现自动调节，可用晶体管来代替可调电阻 R，如图 5.4.2（b）所示。控制晶体管的基极电流 I_B，即可调整其集－射电压 U_{CE} 或发射极电流 I_E，从而使负载电压 U_O 保持稳定。

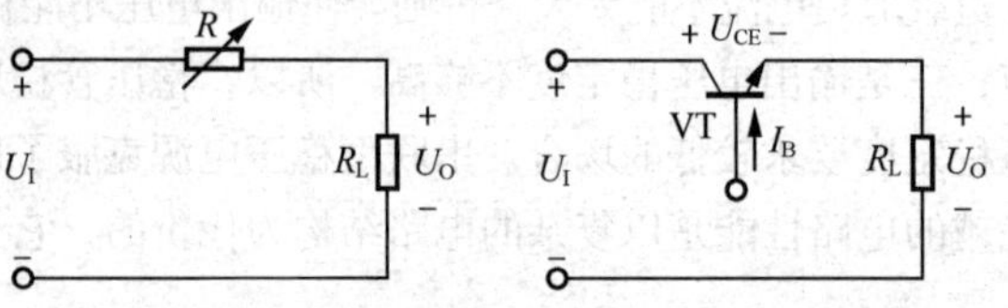

（a）电阻调压　　（b）晶体管调压

图 5.4.2　串联型稳压电源的原理电路

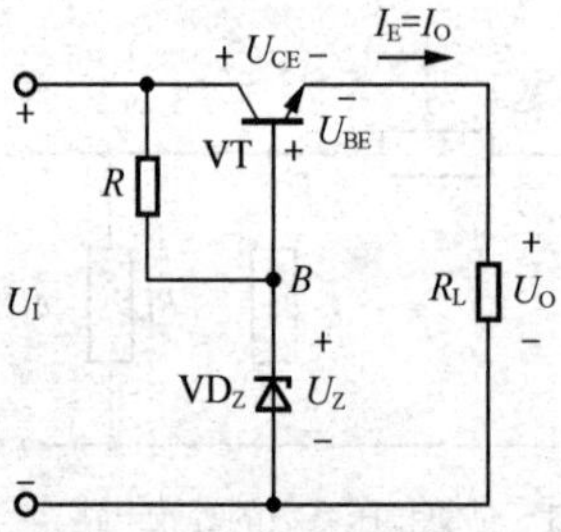

图 5.4.3　简单的串联型稳压电路

根据上述稳压原理，利用图 5.4.3 所示电路可实现最简单的串联型稳压。从电路结构上看，稳压管接在晶体管 VT 的基极上，即将基极电位 U_B 固定。而晶体管接成射极跟随器，使发射极电位 U_E 跟随 U_B 变化，可保证输出电压 $U_O=U_E$ 的基本稳定。电阻 R 是三极管 VT 的偏置电阻，同时兼作稳压管 VD_Z 的限流电阻。

实际上，三极管为一调整元件。当输入电压 U_I 或负载 R_L 变化时，三极管可根据具体情况进行自动调节。假设由于电网电压波动引起输入电压 U_I 上升，造成输出电压 U_O 上升。由于三极管基极电位 $U_B=U_Z$ 被认为是稳定的，故发射结电压 U_{BE} 减小，引起 I_B、I_C 减小，U_{CE} 增加，并且 U_{CE} 的增加量基本上抵消了输入电压 U_I 的增加量，从而保证了 U_O 的基本稳定。上述调整过程可归纳如下：

$$U_I\uparrow \rightarrow U_O\uparrow \rightarrow U_E\uparrow \xrightarrow{U_E=U_Z\text{不变}} U_{BE}\downarrow \rightarrow I_B\downarrow$$

$$U_O\downarrow \xleftarrow{U_O=U_I-U_{CE}} U_{CE}\uparrow \leftarrow I_C\downarrow \lrcorner$$

其中，箭头“↑”表示增大，箭头“↓”表示减小，这一调整过程是在瞬间完成的。

若 U_I 降低或负载 R_L 减小，则上述调整过程中每个量的变化方向（即箭头方向）相反。

三、改进的串联型直流稳压电源

图 5.4.4 所示为串联型直流稳压电路。它由基准电压源、比较放大电路、调整电路和采

样电路 4 部分组成。三极管 VT 接成射极输出器形式，主要起调整作用。因为它与负载 R_L 相串联，所以这种电路称为串联型直流稳压电源。

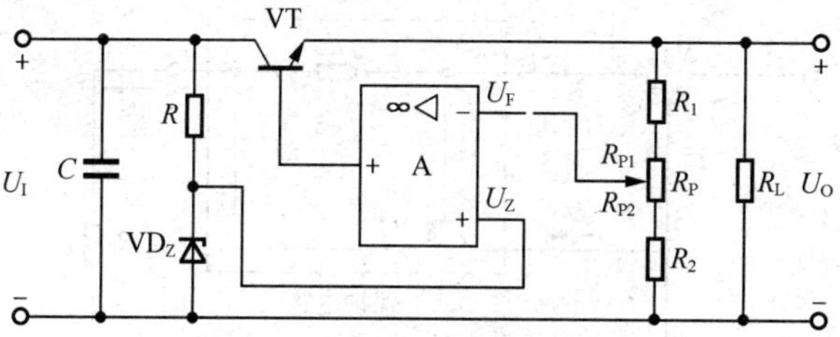

图 5.4.4　串联型直流稳压电源

稳压管 VD_Z 和限流电阻 R 组成基准电压源，提供基准电压 U_Z。运算放大器 A 组成比较放大电路。电阻 R_1、R_P 和 R_2 组成采样电路。当输出电压变化时，采样电阻将其变化量的一部分 U_F 送到比较放大电路。采样电压 U_F 和基准电压 U_Z 分别送至运算放大器 A 的反相输入端和同相输入端，进行比较放大，其输出端与调整管的基极相接，以控制调整管的基极电位。

当电网电压的波动使 U_I 升高或者负载变动使 I_L 减小时，输出电压 U_O 随之升高，采样电压 U_F 也升高，基准电压 U_Z 基本不变，它与 U_F 比较放大后，使调整管基极电位降低，调整管的集电极电流减小，集电极－发射极之间电压增大，从而使输出电压 U_O 基本不变。

同理，当 U_I 下降或者 I_L 增大时，输出电压 U_O 随之下降，采样电压 U_F 也减小，它与基准电压 U_Z 比较放大后，使调整管基极电位升高，调整管的集电极电流增大，集电极-发射极间电压减小，从而使输出电压 U_O 保持基本不变。由此可见，电路的稳压实质上是通过负反馈使输出电压维持稳定的过程。

四、输出电压的调节范围

改变采样电路中间电位器 R_P 抽头的位置，可以调节输出电压的大小。设 A 是理想运算放大器，它工作在线性放大区，故有 $U_F=U_Z$。从采样电路可知：

$$U_F = \frac{R_2 + R_{P2}}{R_1 + R_2 + R_P} \times U_O$$

所以

$$U_O = \frac{R_1 + R_2 + R_P}{R_2 + R_{P2}} \times U_Z$$

当电位器抽头调至 R_P 的上端时，$R_{P2}=R_P$，此时输出电压最小。即：

$$U_{o\min} = \frac{R_1 + R_2 + R_P}{R_2 + R_P} \times U_Z$$

当电位器抽头调至 R_P 的下端时，$R_{P2}=0$，此时输出电压最大。即：

$$U_{o\max} = \frac{R_1 + R_2 + R_P}{R_2} \times U_Z$$

需要注意的是，串联型稳压电路中，由于调整管与负载相串联，一旦出现输出端过载或短路的情况，调整管将承受很大的电压和电流，从而导致调整管的功耗超过其额定值而发热烧毁，因此，必须进行限流保护。

图 5.4.5 是最常用的三极管限流保护电路。VT_2 是限流保护管，检测电阻 R 串接在调整管与负载之间。当 I_O 较小时，$U_R<U_{BE2}$，VT_2 截止，电路正常工作；当 I_O 增大并接近最

大允许值时，VT_2 导通。VT_2 集电极电流 I_{C2} 对调整管基极电流 I_{B1} 分流；I_{B1} 减小，限制了 I_O 的增大。

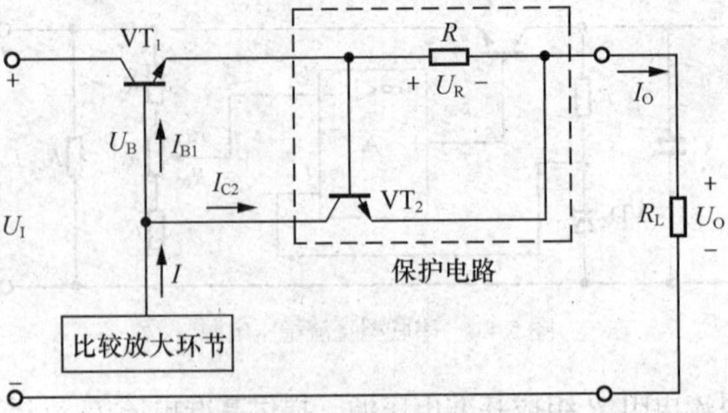

图 5.4.5　三极管限流保护电路

第五节　集成串联型直流稳压电路

一、集成稳压电路概述

集成稳压器是将稳压电路集成在一块芯片上构成的组件。通常它的电路结构比较复杂，功能也比较完善。近年来集成稳压电源发展很快，集成度提高，输出功率增大。由于它具有体积小、重量轻、稳压效果好、可靠性高、安装与调整方便等优点，因此得到了广泛的应用。

集成稳压电源常用的电路型式也有两种：根据调整管与负载并联或串联而划分为并联型或串联型。与稳压管稳压电路类似，并联型稳压电源的缺点是负载电流不能太大，只适用于负载比较固定的应用场合。所以串联型稳压电源使用更加普遍。串联型稳压电源又分为正输出和负输出、固定输出和可调输出、基准电压源等不同的电路形式。其中使用最简便的是固定输出的三端稳压器。下面从三端集成稳压器入手，介绍几种典型的集成稳压器的应用。

二、三端集成稳压器简介

三端集成稳压器是单片集成稳压电源，它只有 3 个引出端，故而得名。正压固定输出三端稳压器为 CW7800 系列（后两位数字为输出电压值，如 CW7809 表示稳压器输出 9 V 稳定电压）；负压固定输出三端稳压器为 CW7900 系列。其常见外形有金属封装和扁平塑料封装两种，如图 5.5.1 所示。

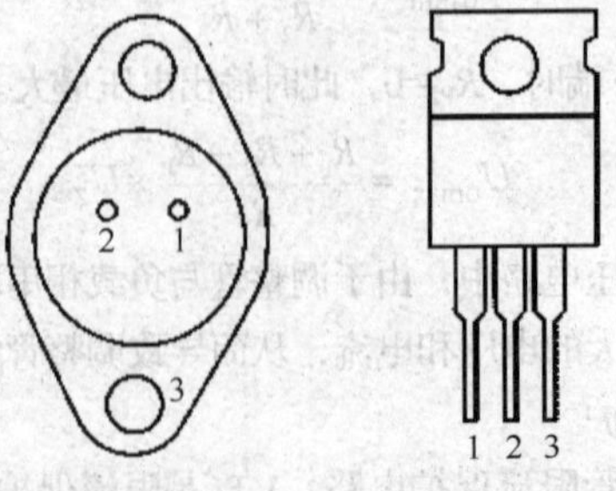

（a）金属封装　　（b）塑料封装

图 5.5.1　三端稳压器的外形图

三端集成稳压器的结构框图如图 5.5.2 所示。三端集成稳压器的内部是由启动电路、基准电源、放大电路、调整管、采样电路和保护电路 6 部分组成。其中启动电路的作用是在刚接通直流输入电压时，使调整管、放大电路和基准电源等建立起各自的工作电流，而当稳压电路正常工作时启动电路被断开，以免影响稳压电路的性能。三端集成稳压器实际上是由串联型直流稳压电路和保护电路所构成的。由于它只有输入端、输出端和公共端 3 个引出端，故通常称为三端集成稳压器。

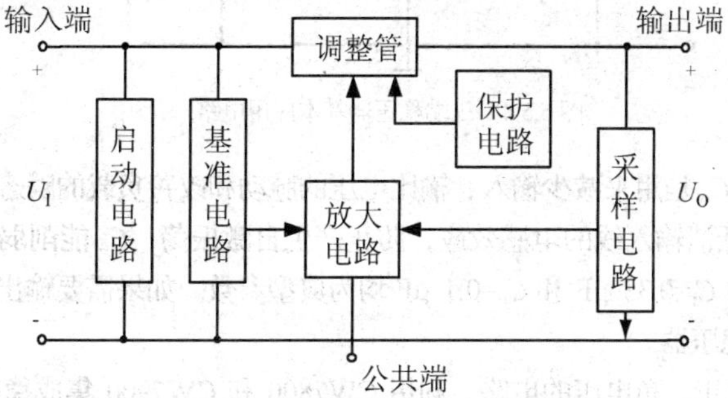

图 5.5.2　三端集成稳压器的结构方框图

三、三端稳压器的参数

集成稳压器的主要性能参数包括极限参数、工作参数和质量参数 3 个方面。

极限参数是稳压器所能承受的最大安全工作条件，主要有最大输入电压 U_{Imax}、最大输出电流 I_{Omax} 和最大耗散功率 P_{cm} 等。

工作参数反映了集成稳压器能正常工作的范围和正常工作所必需的条件。主要有：输出电压 U_O，如 CW7800 系列有 5 V、9 V、12 V、24 V 等不同固定正压输出，对可调输出的集成稳压器则为输出电压范围 U_{Omin}～U_{Omax}；最大输出电流 I_{Omax}，如 CW78L00 系列，I_{Omax} 为 100 mA，CW78M00 系列，I_{Omax} 为 0.5A，CW7800 系列为 1.5A；最小输入—输出电压差$(U_I - U_O)_{min}$；最大输入—输出电压差$(U_I - U_O)_{max}$；最小输出电流 I_{Omin} 等。

质量参数是反映集成稳压器基本性能的参数，可作为使用者选择器件的依据。主要有稳压系数 S_U、输出电阻 r_o 和输出电压温度系数 S_r 等。

为了在电路中便于表示三端稳压器，用图 5.5.3 所示的符号来代表集成稳压器电路。CW7800 的输出端对地（GND）为正压输出，CW7900 的输出端对地为负压输出。

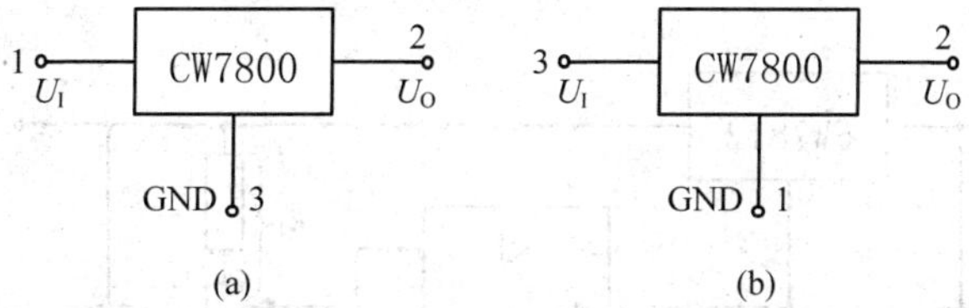

（a）CW7800 系列　　（b）CW7900 系列

图 5.5.3　三端稳压器的电路符号

四、三端稳压器的应用

（1）基本稳压电路。三端固定输出稳压器的用法很简单，可根据输出电压 U_O 和最大输

出电流 I_{Omax} 来选择。若需要输出 U_O=12 V，I_0≤1.5 A 的稳压器，即可选 CW7812，其电路接法如图 5.5.4 所示。

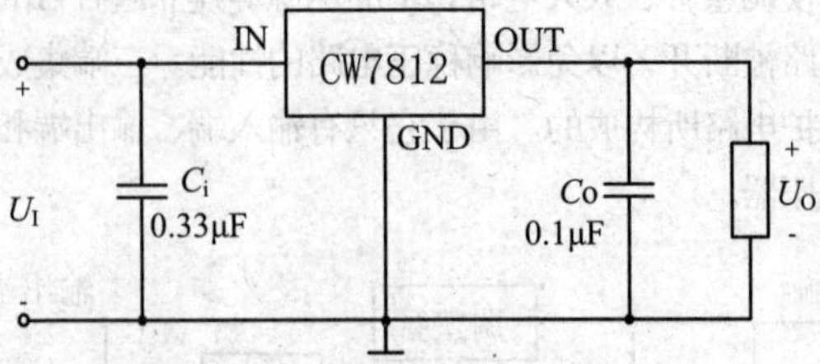

图 5.5.4　三端稳压器基本应用电路

电路图中 C_i 和 C_o 是用来减少输入、输比电压的脉动和改善负载的瞬态响应的。在输入线路较长时，C_i 可抵消输入线的电感效应，防止产生自激振荡；C_o 能削弱由于负载突变引起的高频噪声。图中 C_i=0.33 μF 和 C_o=0.1 μF 均为典型参数。如果需要输出固定负电压，可选用 CW7900 系列稳压器。

（2）可同时输出正、负电压的电路。利用 CW7800 和 CW7900 集成稳压器，按图 5.5.5 连接，即可同时输出对地为正和负两个电压。当选用输出电压相同的稳压器（如选 CW7812 和 CW7912）时，则可同时输出对地正负对称的电压。

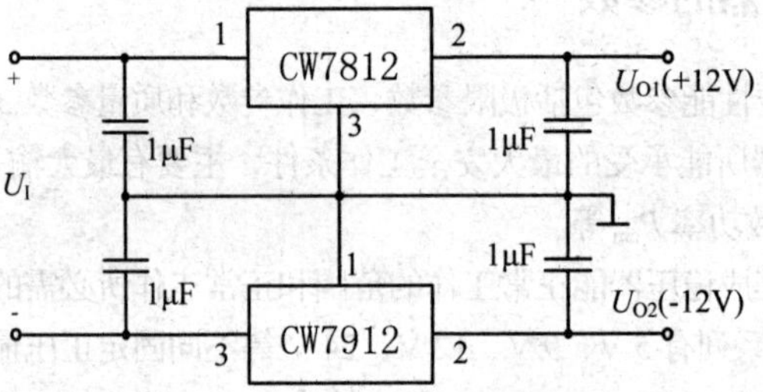

图 5.5.5　可同时输入出正、负电压的电路

（3）输出电压可调的电路。CW7800 和 CW7900 是输出固定电压的稳压电路，在某些要求输出电压可变的场合，则使用不够方便，采用图 5.5.6 所示电路形式，可解决这个问题。将单电源集成运放接成同相跟随器，其同相输入端接电位器的滑动端，使电路的输出电压可调。电阻 R_1 上的电压等于三端稳压器 CW78xx 的标称输出电压 Uxx，故电路的输出电压为：

$$U_O = \left(1+\frac{R_2}{R_1}\right)U_{XX} \tag{5.5.1}$$

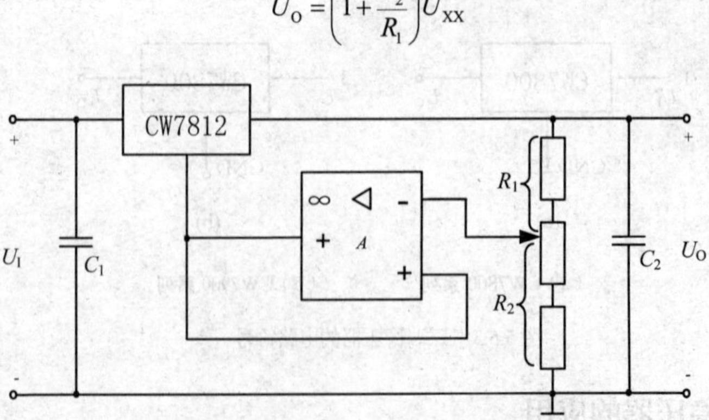

图 5.5.6　输出电压可调的电路

该电路接入集成运放的目的，是利用运放的隔离作用来消除电阻分压器对输出电压稳定性的影响，从式（5.5.1）可看出，利用此电路还可使输出电压高于稳压器的输出电压。

（4）扩大稳压器输出电流的电路。如果三端稳压器的最大输出电流不能满足负载的要求，可利用外接功率管的方法，进一步增大输出电流，如图 5.5.7 所示。

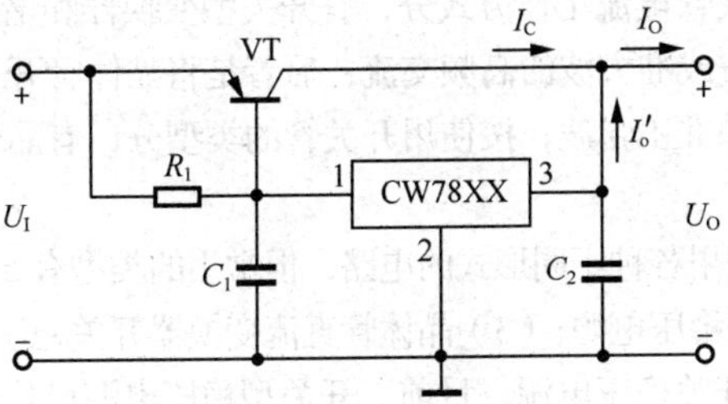

图 5.5.7　输出电流扩展电路

例 5.3　在图 5.5.6 所示稳压电路中，设稳压管工作电压 $U_Z = 6$ V，采样单元中 $R_1 = R_2 = R_P$，试估算输出电压的调节范围。

解：由图可估算出：

$$U_{Omax}=\frac{R_1+R_2+R_P}{R_2}U_Z=3\times6=18\text{（V）}$$

$$U_{Omin}=\frac{R_1+R_2+R_P}{R_2+R_P}U_Z=\frac{3}{2}\times6=9\text{（V）}$$

故：该串联型稳压电路的输出电压可在 9 V ~ 18 V 之间调节。

例 5.4　由固定输出三端集成稳压器 CW7815 组成的稳压电路如图 5.5.8 所示。其中，$R_1 = 1$ kΩ，$R_2 = 1.5$ kΩ，三端集成稳压器本身的工作电流 I_Q=2 mA，U_I 值足够大。试求输出电压 U_O 值。

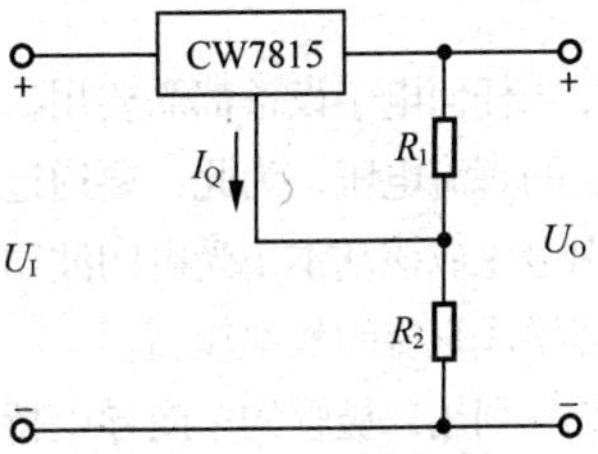

图 5.5.8　例 5.4 电路

解：

$$\begin{aligned}U_O&=U_{R1}+U_{R2}\\&=15+(\frac{15}{R_1}+I_Q)R_2\\&=40.5(\text{V})\end{aligned}$$

【拓展知识】

开关型稳压电源的特点和分类

串联型稳压电源具有结构简单、调整方便、输出电压稳定、纹波小等优点，但它的主要缺点是效率低。由于电路中的调整管工作时始终处于线性放大状态，故称这一类稳压电源为线性稳压电源。线性稳压电源的效率仅为 40%～60%，尤其当负载电流较大而输出电压较低时，调整管本身的功率损耗很大。

开关型稳压电源正是为了克服线性稳压电源的缺点应运而生的。它可以根据电网电压和负载电流的大小，通过控制调整管的通、断时间来稳定输出电压。由于调整管工作在截止和饱和交替的开关状态，稳压电路的功率损耗主要产生于开关状态转换的过程中，因而使其效率大大提高，达到 70%～95%。调整管的功率损耗较小，导致散热器随之减小，并且通常开关电源的工作频率为几百赫兹至几万赫兹，变压器比工频变压器体积减小，滤波电感、电容的参数和体积也较小，因此具有效率高、体积小、重量轻和允许环境温度高等优点。

随着开关电源技术的不断突破，出现了许多不同种类的开关稳压电源。按激励方式分，有自激式和他激式；按调制方式分，有脉宽调制型、频率调制型和混合调制（即脉宽一频率调制）型；按开关管电流工作方式分，有开关型变换器和谐振型变换器，前者是用开关管将直流变换成方波或准方波的高频交流，后者是将晶体管开关连接在 *LC* 谐振电路上，开关电流为正弦波和准正弦波；按使用开关管的类型分，有晶体管、VMOS 管和晶闸管型。

开关稳压电源可以采用各种不同形式的电路，但常用的类型有 5 种：（1）串联型开关稳压电源；（2）并联型开关稳压电源；（3）晶体管直流变换器开关稳压电源；（4）组合式开关稳压电源；（5）集成化开关稳压电源。目前，开关型稳压电源已广泛用于空间技术、计算机、通信、家用电器和许多仪器设备中。开关型稳压电源的缺点是调整管的驱动控制电路比较复杂，输出电压的纹波较大，瞬态响应较差，易对其他设备产生高频脉冲干扰等，所以它的应用也受到一定限制。

本章小结

任何电子设备都需要用稳定的直流电源供电，最常用的方法是将交流电网电压转换成稳定的直流电压，为此，要通过整流、滤波、稳压等环节来实现。一个高质量的直流电源的输出电压应该基本不受电网波动、负载变化和温度等因素的影响，脉动成分较小，而且由交流转换成直流的效率较高。

利用二极管的单向导电特性可组成各种形式的整流电路。最常用的是桥式整流电路，除了具有一般全波整流电路的优点外，变压器的利用率高，因此在实际中被广泛采用。

利用电容两端电压不能突变或电感中电流不能突变的特性，将电容与负载并联或者将电感与负载串联可组成最简单的滤波电路。前者适用于小负载电流，后者适用于大负载电流的情况。将二者结合起来接成 LC-π 型电路，可以获得较为理想的滤波效果。

利用硅稳压管的稳压特性，将其与负载并联，可组成最简单的稳压电路，但存在输出电压不可调，输出电流变化范围小的缺点。串联型稳压电路实质上是电压负反馈电路，加入各种改进措施，可做成性能较完善的稳压电路。具有输出电压可调、输出电流大、带负载能力强、输出纹波小等优点，但其功率转换效率较低。

集成稳压器具有体积小、重量轻，设计、组装、调试方便等优点，而且性能稳定可靠。其中三端稳压器是最普通、最常用的集成稳压器，但一般用于功率较小的场合。

习题

5.1 填空题

（1）直流电源是将电网电压的________转换成________的能量转换电路。

（2）三端集成稳压器 7805 输出电压________，7915 输出电压________。

（3）直流电源一般由下列四部分组成，它们分别为：电源变压器、________电路、滤波电路和________电路。稳压集成电路 CW7810 输出电压________。

（4）将交流电变换成脉动直流电的电路称为整流电路；半波整流电路输出的直流电压平均值等于输入的交流电压（即变压器副边电压）有效值的________倍；全波整流电路输出的直流电压平均值等于输入的交流电压（即变压器副边电压）有效值的________倍。

（5）串联型稳压电路中的放大环节所放大的对象是________。

（6）开关型直流电源比线性直流电源效率高的原因是________。

（7）串联反馈式稳压电路由________、________、________、________四部分组成。

5.2 简答题

（1）直流稳压电源由哪些单元电路组成，试简述各单元电路的作用。

（2）整流二极管的反向电阻不够大，并且正向电阻不够小时，对整流效果有何影响？

（3）在整流滤波电路中，滤波电路的主要作用是什么？电容滤波电路和电感滤波电路各有什么特点？各适用于何种场合？

（4）具有电容滤波的整流电路，当负载一定时，如果增大滤波电容，对整流二极管的要求有何变化？

（5）指出图题 5.2 所示桥式整流电容滤波电路的错误。

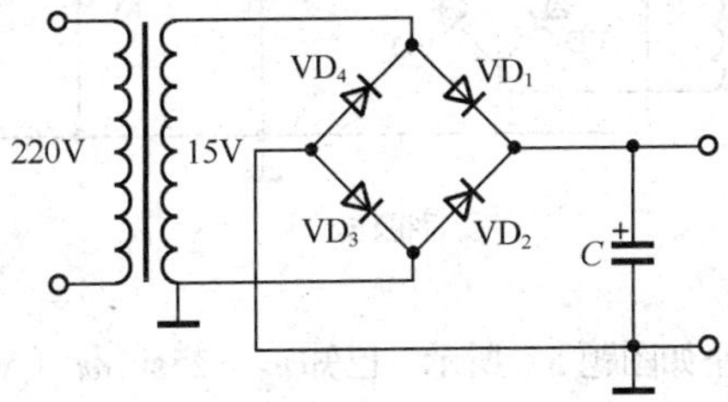

图题 5.2

（6）纯电阻负载的桥式整流电路与有电容滤波的桥式整流电路相比，哪个外特性更好？

（7）表征直流稳压电源性能的技术指标有哪几项？你能说出它们的含义吗？

（8）串联反馈型稳压电路由哪几部分组成？试简述各部分的作用。

（9）试分别说明线性稳压电路和开关型稳压电路各自的优缺点。

5.3 电路如图题 5.3 所示，变压器副边电压有效值为 $2U_2$。

（1）画出 u_2、u_{D1} 和 u_O 的波形；

（2）求出输出电压平均值 U_O 和输出电流平均值 I_L 的表达式；

（3）二极管的平均电流 I_D 和所承受的最大反向电压 U_{Rmax} 的表达式。

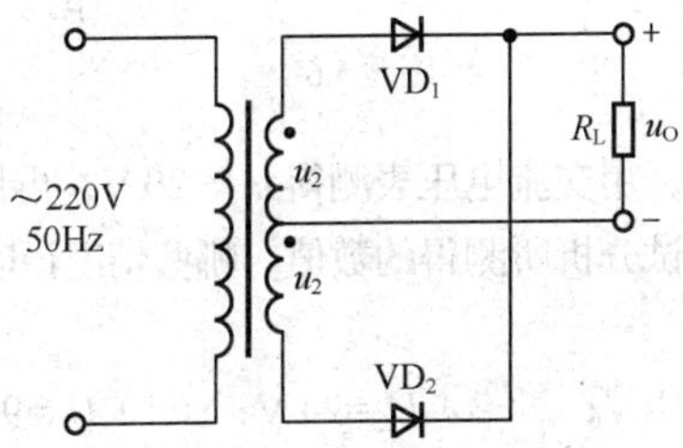

图题 5.3

5.4　桥式整流、电容滤波电路如图题 5.4 所示，已知 $u_2=20\sqrt{2}\sin\omega t$ （V）。在下列情况时，说明输出端对应的直流电压平均值 U_O 应为多少。

（1）电容 C 因虚焊未接上；

（2）有电容，但 R_L 开路；

（3）整流桥中有一个二极管因虚焊断路，有电容 C，$R_L=\infty$。

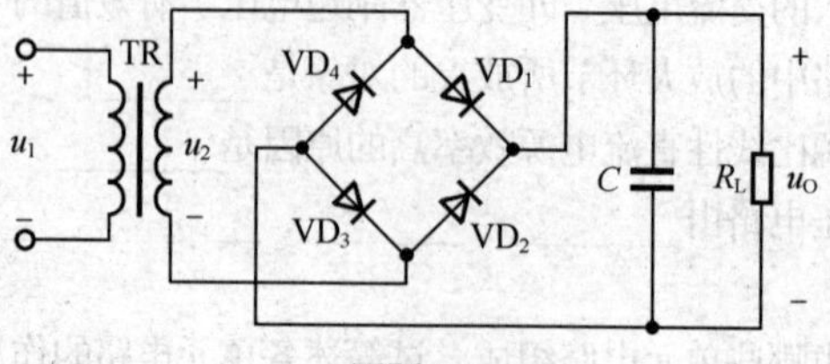

图题 5.4

5.5　图题 5.5 所示是一个输出 6 V 正电压的稳压电路，试指出图中有哪些错误，并在图上加以改正。

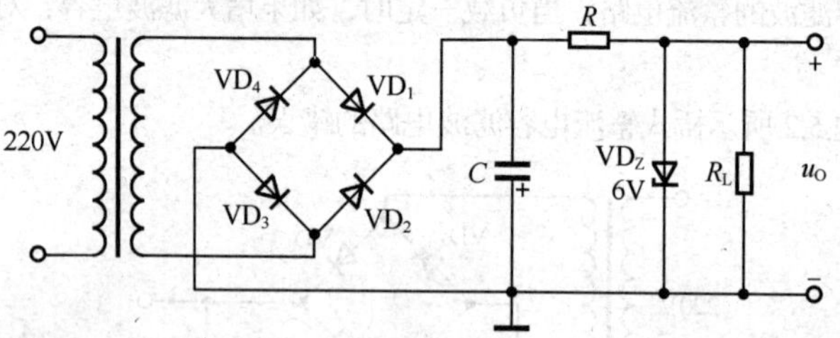

图题 5.5

5.6　单相桥式整流电路如图题 5.6 所示，已知 $u_2=25\sin\omega t$ （V），f=50 Hz。

（1）当 R_LC=（3～5）$T/2$ 时，估算输出电压 U_O；

（2）当 $R_L\to\infty$时，输出电压 U_O 有何变化？

（3）当滤波电容开路时，输出电压 U_O 有何变化？

（4）当二极管 VD_1 开路或短路时，输出电压 U_O 有何变化？

（5）如果二极管 VD_1～VD_4 中有一个二极管的正、负极接反了，将产生什么后果？

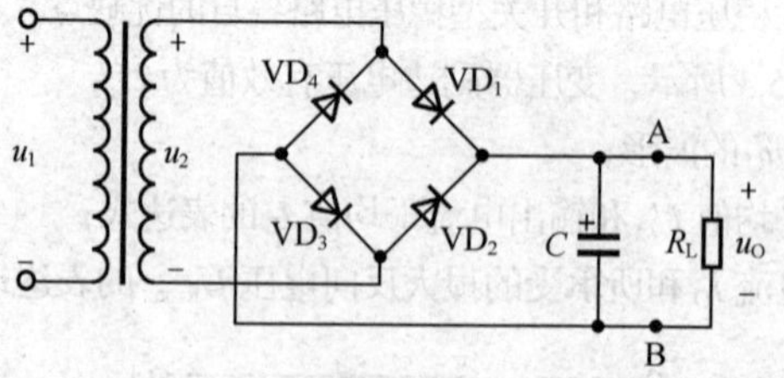

图题 5.6

5.7　电路如图题 5.6 所示，用交流电压表测得 $u_2=20$ V，再用直流电压表测量 A、B 两点之间的电压情况如下所列，试分析所测得的数值，哪些情况说明电路正常，哪些情况说明电路出了故障，并指出原因。

（1）U_O=28 V；（2）U_O=18 V；（3）U_O=24 V；（4）U_O=9 V。

5.8　桥式整流、电容滤波电路，已知 U_i=220 V、50 Hz，R_L=50 Ω，要求输出直流电压为 24 V，纹波较小。（1）求整流管的平均电流和最大反向电压；（2）选择滤波电容（容量和耐压）；（3）确定变压器副边的电压和电流。

5.9　串联型稳压电路如图题 5.7 所示，已知三极管 β=100，R_1=600 Ω，R_2=400 Ω，I_{zmin}=100 mA。

（1）分析运放 A 的作用。

（2）若 U_Z=5 V，U_O 为多少？

（3）若运放 I_{max}=1.5 mA，计算 I_{Lmax}=?

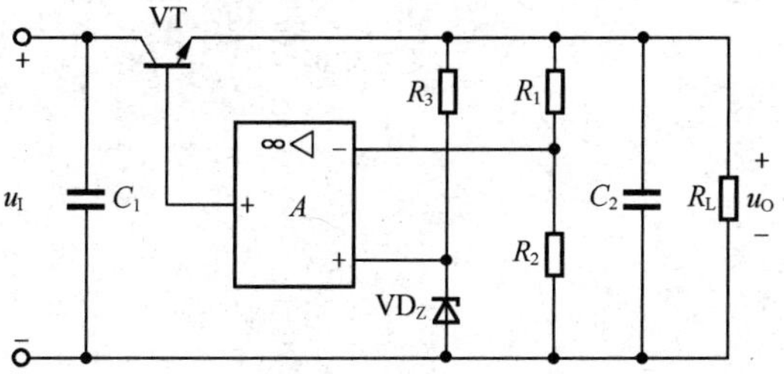

图题 5.7

5.10　如图直流稳电压源是否有错误，如有错，请加以改正。要求输出电压、电流如图题 5.8 所示。

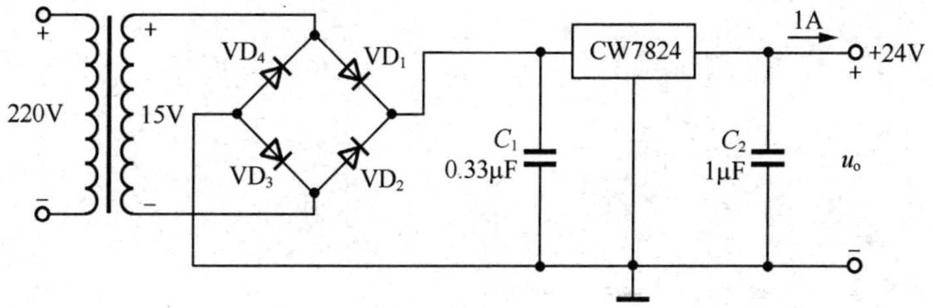

图题 5.8

5.11　电路如图题 5.9 所示，求输出电压和输出电流的表达式，并说明该电路具有什么作用。

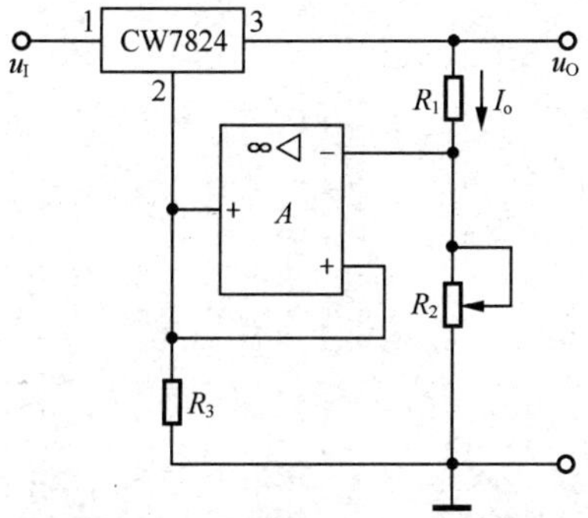

图题 5.9

5.12　图题 5.10 中画出了两个用三端集成稳压器组成的电路，已知静态电流 I_Q=2 mA。

（1）写出图 5.10（a）中电流 I_O 的表达式，并算出其具体数值；

（2）写出图 5.10（b）中电压 U_O 的表达式，并算出当 R_2=0.51 kΩ 时的具体数值；

（3）说明这两个电路分别具有什么功能？

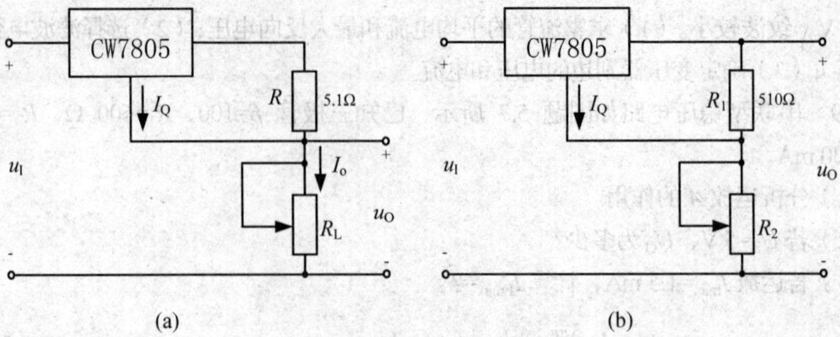

图题 5.10

第六章　逻辑代数基础

【内容导读】

数字电子技术是当前发展最快的学科之一，经过数字设备运算、处理的结果便于人们识别，更好地实现人机对话。本章将介绍数字电路的基础知识：数制、代码以及逻辑代数。主要讲述常用数制及其相互转换，常用代码，介绍基本的逻辑运算和逻辑函数化简方法，最后介绍基本逻辑单元——门电路。

自然界中的物理量就其变化规律而言，不外乎以下两大类。一类是在时间上或在数值上连续的物理量，称为模拟量。表示模拟量的信号称为模拟信号，而工作在模拟信号下得电子电路则称为模拟电路。另一类是在时间上和在数值上都是离散的物理量（其数值的变化都是某一个最小数量单位的整数倍），称为数字量。把表示数字量的信号称为数字信号，对数字信号进行传递、处理、运算和存储的电路称为数字电路。

数字电路研究的是电路输入输出之间的逻辑关系，又称逻辑电路，相应的研究工具是逻辑代数。数字电路中包含的基本电路元器件是逻辑门电路和触发器，包含的电路分为两大类：组合逻辑电路和时序逻辑电路。例如：加法器、编码器、译码器和数据选择器是组合逻辑电路，寄存器和计数器是时序逻辑电路。

数字电路与模拟电路相比有很大的不同，数字电路主要对数字信号进行逻辑运算和数字处理，这些运算和处理是相当复杂的，主要通过软件来处理。数字电路有以下几个特点。

（1）数字电路采用二值信息，即高电平和低电平，所以数字电路在结构、工作状态和分析方法上都与模拟电路不同。

（2）数字电路中晶体管工作在饱和状态和截止状态。

（3）数字电路是由几种基本的单元电路组成的，这些基本单元对元件的要求不高。数字信号只有“1”和“0”两种状态，因而数字电路结构简单，便于集成，稳定性高、使用方便。

（4）数字电路所研究的对象是输出变量和输入变量之间的逻辑关系，因而不能采用模拟电路的分析方法，比如微变等效变换法就不适用了。数字电路的主要分析工具是逻辑代数，表达电路的功能主要是真值表、逻辑表达式及波形图等。

（5）数字电路能够对数字信号进行逻辑运算和算术运算。

数字电路与模拟电路的比较如表 6.1 所示。

表 6.1　数字电路与模拟电路的比较

比较内容	模拟电路	数字电路
工作信号	模拟信号	数字信号
管子工作状态	放大	饱和或截止
研究对象	放大性能	逻辑功能
基本单元电路	放大器	逻辑门、触发器
分析工具	图解法、微变等效法	真值表、卡诺图、表达式、波形图、状态图

数字电路的分类

一、按电路类型分类

数字电路按电路类型分为组合逻辑电路和时序逻辑电路，组合逻辑电路的输出只与当时的输入有关；时序逻辑电路的输出不仅与当时的输入有关，还和原来的状态有关。

二、按集成度分类

集成电路按集成度来分，可分为小规模集成电路(SSI)、中规模集成电路(MSI)、大规模集成电路(LSI)及超大规模集成电路(VLSI、SLSI)，如表 6.2 所示。

表 6.2　按集成度分类

规模 种类	SSI	MSI	LSI	VLSI	SLSI
双极性数字电路	10 门/片以下	10～100 门/片	100～1 000 门/片	1 000～10 000 门/片	10 000 门/片以上
MOS-FET	100 元件/片以下	10～100 元件/片	100～1 000 元件/片	10 000～100 000 元件/片	100 000 元件/片以上
模拟电路	50 元件/片以下	50～100 元件/片			
存储器		256 位/片以下			

三、按电路所用器件的不同分类

数字电路按照电路所用器材的不同可分为双极性（晶体三极管型）和单极性（场效应管型）两大类。其中双极性电路常用的类型又有标准型 TTL、高速型 TTL、低速型 TTL、肖特基型 TTL 等；单极性电路又有 JEFT、NMOS、PMOS、CMOS 等。

第一节　数制与代码

数字系统常常遇到计数问题。人们日常习惯采用十进制计数；在数字系统中，则常用二进制，有时也会用到八进制或十六进制。

一、进位计数制的基本概念

将数字符号按序排列成数位，并遵照某种由低位到高位进位的方法进行计数，并表示数值的方式，称作进位计数制。比如，我们常用的是十进位计数制，简称十进制，就是按照“逢十进一”的原则进行计数的。

进位计数制的表示主要包含 3 个基本要素：数位、基数和位权。

数位是指数码在一个数中所处的位置，如十进制中的个位、百位等。

基数是指在某种进位计数制中，每个数位上所能使用的数码的个数，例如十进位计数制中，每个数位上可以使用的数码为 0、1、2、3…9 十个数码，即其基数为 10。

位权是指某个数位上数码为 1 时所表征的数值大小。各个数位的位权值均可表示成 R^i 的形式，其中 R 是进位基数，i 是各数位的序号。各数位的序号 i 按如下方法确定：整数部分，以小数点为起点，自右向左依次为 0，1，2，…，n−1；小数部分，以小数点为起点，自左向右依次为−1，−2，…，$-m$。n 是整数部分的位数，m 是小数部分的位数。数码所处的位置不同，位权也不同。例如在十进位计数制中，小数点左边第一位的位权为 10^0，左边第二位的位权为 10^1，左边第三位的位权为 10^2，以此类推；小数点右边第一位的位权为 10^{-1}，小数点右边第二位的位权为 10^{-2}，以此类推。

二、常用进位计数制

1．十进制

十进位计数制简称十进制，有 10 个不同的数码符号：0、1、2、3、4、5、6、7、8、9。每个数码符号根据它在这个数中所处的位置（数位），按“逢十进一”来决定其实际数值，即各数位的位权是以 10 为底的幂次方。

十进制用下标“D”或“10”来表示，也可省略。例如：

$$(215.48)_D = 2\times10^2 + 1\times10^1 + 5\times10^0 + 4\times10^{-1} + 8\times10^{-2}$$

提示：上面的多项式称为按权展开式，可简写为 $(N)_R = \sum_{i=-m}^{n-1} a_i \times R^i$。

2．二进制

在数字电路中，数以电路的状态来表示。找一个具有 10 种不同状态的电子器件很困难，而找一个具有两种状态的器件很容易，故数字电路中广泛使用二进制。二进制的数码只有两个，即 0 和 1。进位规律是“逢二进一”。二进制用下标“B”或“2”来表示。例如：

$$(11001.01)_B = 1\times2^4 + 1\times2^3 + 0\times2^2 + 0\times2^1 + 1\times2^0 + 0\times2^{-1} + 1\times2^{-2} = (25.25)_{10}$$

3．八进制

八进位计数制简称八进制，有 8 个不同的数码符号：0、1、2、3、4、5、6、7。每个数码符号根据它在这个数中所处的位置（数位），按“逢八进一”来决定其实际数值，即各数位的位权是以 8 为底的幂次方。八进制用下标“O”或“8”来表示，例如：

$$(162.4)_O = 1\times8^2 + 6\times8^1 + 2\times8^0 + 4\times8^{-1} = (114.5)_{10}$$

4．十六进制

十六进位计数制简称十六进制，有 16 个不同的数码符号：0、1、2、3、4、5、6、7、8、9、A、B、C、D、E、F。每个数码符号根据它在这个数中所处的位置（数位），按“逢十六进一”来决定其实际数值，即各数位的位权是以 16 为底的幂次方。十六进制用下标

“H”或“16”来表示,例如:

$$(2BC.48)_H = 2\times16^2 + B\times16^1 + C\times16^0 + 4\times16^{-1} + 8\times16^{-2} = (700.28125)_{10}$$

二进制实现起来简单可靠，运算规则也容易操作，便于数码的存储、分析和传输；其缺点是表示数据时位数太多，使用不方便。因此在计算机应用系统中，二进制主要用于机器内部的数据处理，八进制和十六进制主要用于书写程序，十进制主要用于人机界面。

总结以上 4 种进位计数制，可以将它们的特点概括为：每一种计数制都有一个固定的基数，每一个数位可取基数中的不同数值；每一种计数制都有自己的位权，并且遵循“逢基数进一”的原则。

三、常用进位计数制的转换

1．非十进制数转换为十进制数

非十进制数转换成十进制数一般采用的方法是按权展开相加法，这种方法是按照十进制数的运算规则，将非十进制数各位的数码乘以对应的位权再相加求和。

例 6.1　将$(1101.101)_2$转换成十进制数。

解：$(1101.101)_2 = (2^3 + 2^2 + 2^0 + 2^{-1} + 2^{-3})_{10}$

$= (8 + 4 + 1 + 0.5 + 0.125)_{10}$

$= (13.625)_{10}$

例 6.2　$(2A.8)_H=(\ ?\ )_D$

解　$(2A.8)_H=2\times16^1+A\times16^0+8\times16^{-1}=32+10+0.5=(42.5)_D$

2．十进制数到非十进制数的转换

将十进制数转换成非十进制数时，整数部分的转换一般采用除基取余法，小数部分的转换一般采用乘基取整法。

（1）整数部分转换

例 6.3　将$(41)_{10}$转换成二进制数。

解：41/2 = 20　　余数为 1，　$A_0 = 1$

20/2=10　　余数为 0，　$A_1 = 0$

10/2=5　　余数为 0，　$A_2 = 0$

5/2=2　　余数为 1，　$A_3 = 0$

2/2=1　　余数为 0，　$A_4 = 0$

1/2=0　　余数为 1，　$A_5 = 1$

所以，$(41)_{10} = (10001)_2$

提示：将各步求得的余数转换成 R 进制的数码时，应按照和运算过程相反的顺序排列。

（2）小数部分转换

例 6.4　将$(0.625)_{10}$转换成二进制数。

解：$0.625\times2 = 1 + 0.25$　　$A_{-1} = 1$

$0.25\times2 = 0 + 0.5$　　$A_{-2} = 0$

$0.5\times2 = 1 + 0$　　$A_{-3} = 1$

所以，$(0.625)_{10} = (0.101)_2$

提示：将各步求得的整数转换成 R 进制的数码时，应按照和运算过程相同的顺序排列。

由于不是所有的十进制小数都能用有限位 R 进制小数来表示；因此，在转换过程中按照精度要求取一定的位数即可。若要求误差小于 R^{-n}，则转换取小数点后 n 位就能满足要求。

例 6.5　将$(0.7)_{10}$转换成二进制数，要求误差小于 2^{-6}。

解：$0.7\times2=1+0.4$　　$A_{-1}=1$

$0.4\times2=0+0.8$　　$A_{-2}=0$

$0.8\times2=1+0.6$　　$A_{-3}=1$

$0.6\times2=1+0.2$　　$A_{-4}=1$

$0.2\times2=0+0.4$　　$A_{-5}=0$

$0.4\times2=0+0.8$　　$A_{-6}=0$

所以，$(0.7)_{10}=(0.101100)_2$

由于最后剩下未转换的部分，即误差在转换过程中扩大了 2^6，所以真正的误差应该是：0.8×2^{-6}，满足精度要求。

3．二进制数转换成八进制数或十六进制数

二进制数转换成八进制数（或十六进制数）时，其整数部分和小数部分可以同时进行转换。其方法是：以二进制数的小数点为起点，分别向左、向右，每 3 位（或 4 位）分一组。对于小数部分，最低位一组不足 3 位（或 4 位）时，必须在有效位右边补 0，使其足位。对于整数部分，最高位一组不足位时，可在有效位的左边补 0，也可不补。最后，把每一组二进制数转换成八进制（或十六进制）数，并保持原排序。

例 6.6　将$(1010110.0101)_2$转换成八进制数。

解：001　010　110.010　100

↓　↓　↓　↓　↓

1　2　6．2　4

所以，$(1010110.0101)_2=(126.24)_8$

例 6.7　将$(1011111.101101)_2$转换成十六进制数。

解：0101　1111.1011　0100

↓　↓　↓　↓

5　F.　B　4

所以，$(1011111.101101)_2=(5F.B4)_{16}$

4．八进制数或十六进制数转换成二进制数

八进制（或十六进制）数转换成二进制数时，只要把八进制（或十六进制）数的每一位数码分别转换成 3 位（或 4 位）的二进制数，并保持原排序即可。整数最高位一组左边的 0，及小数最低位一组右边的 0，均可以省略。

例 6.8　将$(354.72)_8$转换成二进制数。

解：3　5　4　.　7　2

↓　↓　↓　↓　↓

011　101 100 . 111　010

所以，$(354.72)_8=(011101100.111010)_2$

例 6.9　将$(8E.3A)_{16}$转换成二进制数。

解：8　E　.　3　A

↓ ↓ ↓ ↓

1000 1110 . 0011 1010

所以，$(8E.3A)_{16} = (10001110.00111010)_2$

四、常用代码

在数字系统中，数值和文字符号通常采用特定的二进制数码来表示，这些二进制码称为代码，建立代码与数值或文字符号之间一一对应关系的过程称为编码。下面介绍几种常用的代码。

1．二—十进制码（BCD 码）

二—十进制编码是用 4 位二进制码的 10 种组合表示十进制数 0~9，简称 BCD 码（Binary Coded Decimal）。这种编码的方法很多，但常用的是 8421 码、5421 码和余 3 码等。表 6.1.1 给出了几种常用 BCD 码和十进制数之间的对应关系。

表 6.1.1　几种常用的 BCD 码

十进制数	8421BCD 码	5421BCD 码	2421BCD 码	余 3BCD 码	BCD Gray 码
0	0000	0000	0000	0011	0000
1	0001	0001	0001	0100	0001
2	0010	0010	0010	0101	0011
3	0011	0011	0011	0110	0010
4	0100	0100	0100	0111	0110
5	0101	1000	1011	1000	0111
6	0110	1001	1100	1001	0101
7	0111	1010	1101	1010	0100
8	1000	1011	1110	1011	1100
9	1001	1100	1111	1100	1000

（1）8421 码

8421 码是最常用的一种十进制数编码，它是用 4 位二进制数 0000 到 1001 来表示十进制数中的 0~9，10 个数码。由于代码中的每一位都有固定的权，这种代码称为有权码。从左到右，代码中各位的权依次为：2^3、2^2、2^1、2^0，即 8、4、2、1。可以看出，8421 码对十进数的 10 个数字符号的编码表示和二进制数中表示的方法完全一样，但不允许出现 1010 到 1111 这六种编码，因为没有相应的十进制数字符号和其对应。

（2）余 3 码

余 3 码也是用 4 位二进制数表示一位十进制数，但对于同样的十进制数字，其表示比 8421 码多 3（0011），所以叫余 3 码。余 3 码用 0011 到 1100 这 10 种编码表示十进制数的十个数码。余 3 码表示不像 8421 码那样直观，各位也没有固定的权。但余 3 码是一种对 9 的自补码，即将一个余 3 码按位变反，可得到其对 9 的补码，这在某些场合是十分有用的。两个余 3 码也可直接进行加法运算；如果对应位的和小于 10，结果减 3 校正；如果对应位的和大于 9，可以加上 3 校正；最后结果仍是正确的余 3 码。

提示：余 3 码是一种无权码。

（3）5421 码

5421 码是有权码，各位权值分别为 5、4、2、1。它的 0 和 9、1 和 8、2 和 7、3 和 6、4 和 5 分别相加为 1100。

用 BCD 码表示十进制数时，只要把十进制数的每一位数码，分别用 4 位 BCD 码取代即可，反之，

若要知道 BCD 码代表的十进制数，只要把 BCD 码以小数点为起点向左、向右每 4 位分为一组，再写出每一组代码代表的十进制数，并保持原排序即可。

例 6.10 $(902.45)_D=(?)_{8421BCD}$

解 $(902.45)_D=(100100000010.01000101)_{8421BCD}$

2. 可靠性代码

表示信息的代码在形成、存储和传送过程中，由于某些原因可能会出现错误。为了提高信息的可靠性，需要采用可靠性编码。可靠性编码具有某种特征或能力，使得代码在形成过程中不容易出错，或者在出错时能发现，有的还能纠正错误。常用的可靠性代码有格雷码和奇偶校验码。

（1）格雷码

格雷码（Gray）也叫循环码，具有多种编码形式，但都有一个共同的特点，就是任意两个相邻的码组仅有一位码元不同（码距为 1），因此又称为单位距离码。格雷码的单位距离特性有着非常重要的意义，它可以降低发生错误的概率，并且能提高运行速度。例如 4 位二进制计数器，在从 0101 变成 0110 时，最低两位都要发生变化。但两位可能同时变化，若最低位先变，次低位后变，就会出现一个短暂的误码 0100。采用循环码表示时，因为只有一位发生变化，就可以避免出现这类错误。

格雷码是一种无权码，每一位都按一定的规律循环。表 6.1.2 给出了一种 4 位循环码的编码方案。可以看出，任意两个相邻的编码仅有一位不同，而且存在一个对称轴（在 7 和 8 之间），对称轴上边和下边的编码，除最高位是互补外，其余各个数位都是以对称轴为中线镜像对称的。

表 6.1.2 格雷码

十进制数	二进制数	格雷码
0	0000	0000
1	0001	0001
2	0010	0011
3	0011	0010
4	0100	0110
5	0101	0111
6	0110	0101
7	0111	0100
8	1000	1100
9	1001	1101
10	1010	1111
11	1011	1110
12	1100	1010
13	1101	1011
14	1110	1001
15	1111	1000

（2）奇偶校验码

为了提高存储和传送信息的可靠性，广泛使用一种称为校验码的编码。校验码是将有效信息位和校验位按一定的规律编成的码。校验位是为了发现和纠正错误添加的冗余信息位。在存储和传送信息时，将信息按特定的规律编码，在读出和接收信息时，按同样的规律检测，看规律是否破坏，从而判断是否有错。

奇偶校验码是一种最简单的校验码，它的编码规律是在有效信息位上添加一位校验位，使编码中 1 的个数是奇数或偶数。编码中 1 的个数是奇数的称为奇校验码，1 的个数是偶数的称为偶校验码。

在读出和接收到奇偶校验码时，检测编码中 1 的个数是否符合奇偶规律，如不符合则是错码。奇偶校验码可以发现错误，但不能纠正错误。当出现偶数个错误时，奇偶校验码也不能发现错误。由于多位同时出错的概率要小得多，而且奇偶校验码容易实现，因而该码被广泛采用。

表 6.1.3　带奇偶校验的 BCD 码

十进制数	8421BCD 码奇校验		8421BCD 码偶校验	
	信息位	校验位	信息位	校验位
0	0000	1	0000	0
1	0001	0	0001	1
2	0010	0	0010	1
3	0011	1	0011	0
4	0100	0	0100	1
5	0101	1	0101	0
6	0110	1	0110	0
7	0111	0	0111	1
8	1000	0	1000	1
9	1001	1	1001	0

3．字符代码

ASCII 码是美国国家信息交换标准代码（American National Standard Code For Information Interchange）的简称，是当前计算机中使用最广泛的一种字符编码，主要用来为英文字符编码。当用户将包含英文字符的源程序、数据文件、字符文件从键盘上输入到计算机中时，计算机接收并存储的就是 ASCII 码。计算机将处理结果送给打印机和显示器时，除汉字以外的字符一般也是用 ASCII 码表示的。

ASCII 码包含 52 个大、小写英文字母，10 个十进制数字字符，32 个标点符号、运算符号、特殊号，还有 34 个不可显示打印的控制字符编码，一共是 128 个编码，正好可以用 7 位二进制数进行编码。也有的计算机系统使用由 8 位二进制数编码的扩展 ASCII 码，其前 128 个是标准的 ASCII 码字符编码，后 128 个是扩充的字符编码。表 6.1.4 给出了标准的 7 位 ASCII 码字符表。

表 6.1.4　字符代码

高位 / 低位	000	001	010	011	100	101	110	111
0000	NUL	DLE	SP	0	@	P	`	p
0001	SOH	DC1	!	1	A	Q	a	q

续表

高位 低位	000	001	010	011	100	101	110	111
0010	STX	DC2	“	2	B	R	b	R
0011	ETX	DC3	#	3	C	S	c	s
0100	EOT	DC4	$	4	D	T	d	t
0101	ENQ	NAK	%	5	E	U	e	u
0110	ACK	SYN	&	6	F	V	f	v
0111	BEL	ETB	‘	7	G	W	g	w
1000	BS	CAN	(	8	H	X	h	x
1001	HT	EM	)	9	I	Y	i	y
1010	LF	SUB	*	:	J	Z	j	z
1011	VT	ESC	+	;	K	[	k	{
1100	FF	PS	,	<	L	\	l	|
1101	CR	GS	-	=	M	]	m	}
1110	SO	RS	.	>	n	^	n	~
1111	SI	US	/	?	O	_	o	DEL

【拓展知识】

1．原码、反码和补码

在数字系统中表示机器数的方法很多，但常用的主要有原码、反码和补码。数的正负通常采用的方法是在二进制数真值的前面增加一位符号位，符号位为 0 表示这个数是正数，符号位为 1 表示这个数是负数，这种形式的数称为原码。反码的编码规律为：正数的符号位用 0 表示，负数的符号位用 1 表示，数位部分则是正数同真值一样，负数要将真值的各位按位取反。补码是计算机中使用最多的一种编码。正数的补码与原码相同；负数的补码是对应的反码加 1。

2．二进制算术运算的方法

当两个二进制数码表示两个数量大小时，它们之间可以进行数值的加、减、乘、除运算，这种运算称为算术运算。二进制算术运算和十进制算术运算的规则基本相同，唯一的区别在于二进制数是“逢二进一”。

加法运算：

$$\begin{array}{r} 10101101 \\ +\,00101100 \\ \hline 11011001 \end{array}$$

减法运算：

$$\begin{array}{r} 11011001 \\ -\,01001100 \\ \hline 10010001 \end{array}$$

第二节　逻辑代数基础

逻辑代数是研究因果关系的一种代数，它采用逻辑变量和一套逻辑运算符组成逻辑函数来描述事物的因果关系，是分析和设计数字电路的数学基础。逻辑代数由英国数学家乔治·布尔首先系统提出，因此也称布尔代数。虽然逻辑代数和普通代数一样，可以写成下面的表达形式：

$$Y=F(A、B、C、D)$$

但两种代数中的变量和函数值有着本质的区别。逻辑代数中的变量称为逻辑变量，其值只有“0”和“1”两个，且这两个值不表示数值的大小，只表示事物对立的性质或状态。上式中的 A、B、C、D 称为自变量，Y 称为因变量，描述因变量和自变量之间逻辑关系的函数称为逻辑函数，逻辑函数的值也只有“0”和“1”两个。

在逻辑电路中，通常规定“1”代表高电平，“0”代表低电平，是正逻辑。如果规定“0”代表高电平，“1”代表低电平，则称为负逻辑。在以后内容中如没有专门声明时，指的都是正逻辑。

逻辑函数有 3 种基本运算，它们是与运算、或运算和非运算。

一、基本逻辑运算

1．与逻辑（与运算、逻辑乘）

决定某一结论的所有条件同时成立，结论才成立，这种因果关系叫做与逻辑。与逻辑的例子在日常生活中经常会遇到，例如图 6.2.1 所示的串联开关电路，灯 F 亮的条件是开关 A 和 B 必须同时接通。如果 1 表示开关闭合，0 表示开关断开；1 表示灯亮，0 表示灯灭。则灯和开关之间的逻辑关系可表示为：

$$F=A\cdot B \tag{6.2.1}$$

式中的小圆点“·”表示逻辑变量 A、B 的与运算，也表示逻辑乘，可省略不写。实现与运算的电路叫做与门，其逻辑符号如图 6.2.2 所示。

与运算的规则可用表 6.2.1 说明，该表称为真值表，它是反映所有自变量全部可能的组合和运算结果之间一一对应关系的表格。真值表在以后的逻辑电路分析和设计中是十分有用的。图 6.2.3 是与运算的波形图。

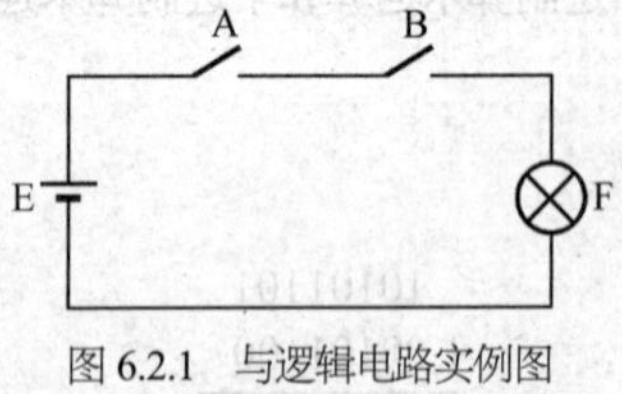

图 6.2.1　与逻辑电路实例图

逻辑函数可以用逻辑表达式、逻辑电路、真值表、卡诺图、波形图等多种方法表示。

表 6.2.1　与逻辑真值表

A	B	F
0	0	0
0	1	0
1	0	0
1	1	1

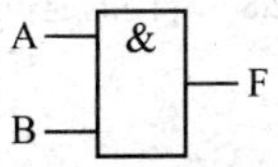

图 6.2.2 与门的逻辑符号

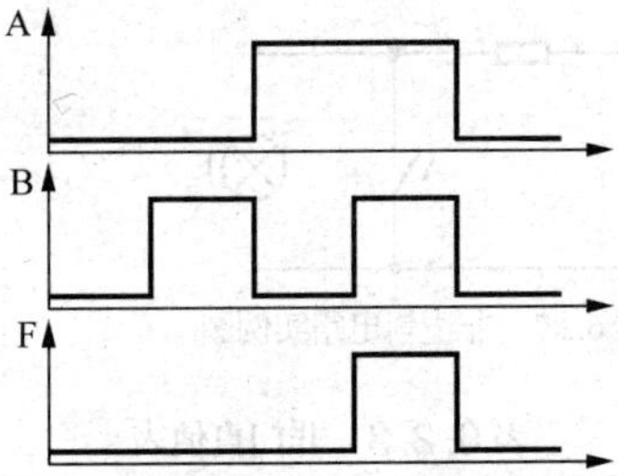

图 6.2.3 与逻辑波形图

2．或逻辑（或运算、逻辑加）

决定某一结论的所有条件中，只要有一个成立，结论就成立，这种因果关系叫做或逻辑。或逻辑的例子在日常生活中也会经常遇到，例如图 6.2.4 所示电路，灯 F 亮的条件是只要有一个开关或一个以上的开关接通就可以。灯和开关之间的逻辑关系可表示为：

$$F = A + B \qquad (6.2.2)$$

式中的符号“+”表示逻辑变量 A、B 的或运算，也表示逻辑加。实现或运算的电路叫做或门，其逻辑符号如图 6.2.5 所示。

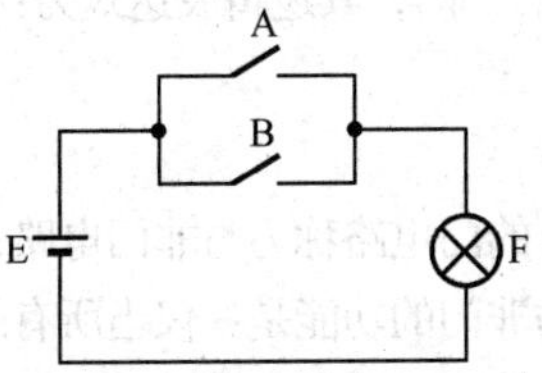

图 6.2.4 或逻辑电路实例图

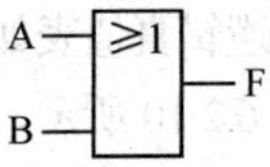

图 6.2.5 或门的逻辑符号

或运算的真值表如表 6.2.2 所示，波形图如图 6.2.6 所示。

表 6.2.2 或门真值表

A	B	F
0	0	0
0	1	1
1	0	1
1	1	1

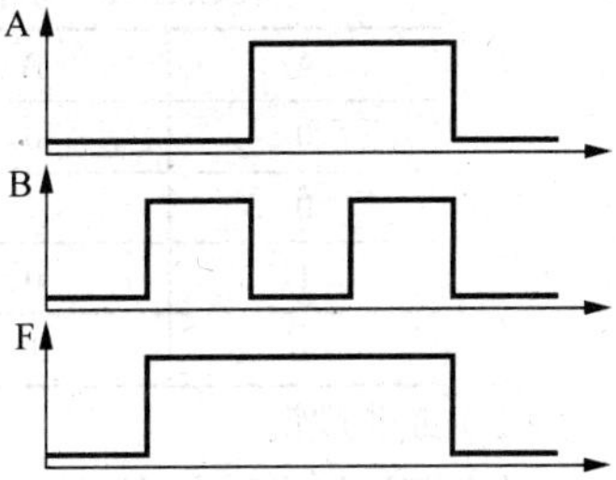

图 6.2.6 或逻辑波形图

3．非逻辑（非运算、逻辑反）

若前提条件为“真”，则结论为“假”；若前提条件为“假”，则结论为“真”，即结论是对前提条件的否定，这种因果关系叫做非逻辑。图 6.2.7 所示电路反映了灯 F 和开关 A 之间的非运算关系。如果闭合开关，则灯不亮；如果断开开关，则灯会亮。灯和开关之间的逻辑关系可表示为：

$$F = \overline{A} \qquad (6.2.3)$$

式中字母 A 上方的符号“—”表示非运算。实现非运算的电路叫做非门，其逻辑符号如图 6.2.8 所示。

非运算的真值表如表 6.2.3 所示，即“见 1 出 0，见 0 出 1”。波形图如图 6.2.9 所示。

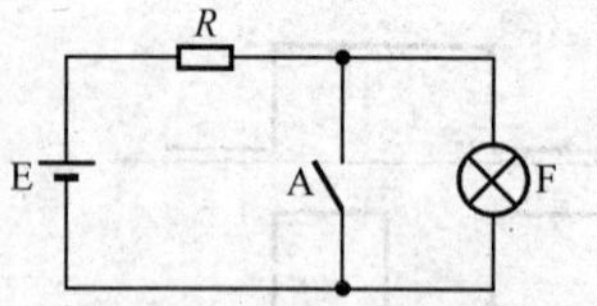

图 6.2.7　非逻辑电路实例图

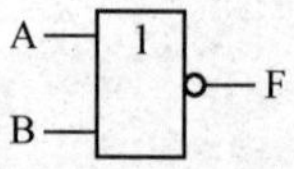

图 6.2.8　非门的逻辑符号图

表 6.2.3　非门真值表

A	F
0	1
1	0

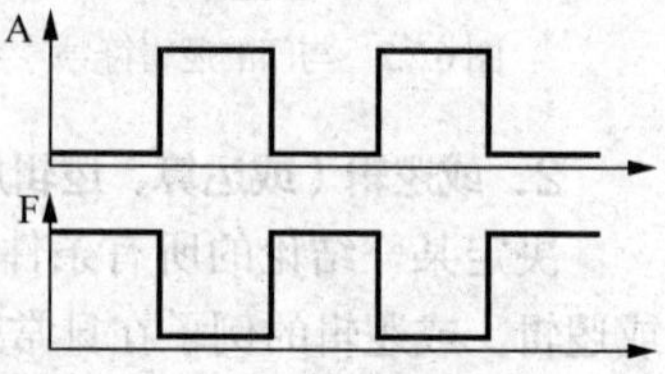

图 6.2.9　非逻辑波形图

4．常用复合逻辑关系

在实际应用中，利用与运算、或运算和非运算之间的不同组合可完成复合逻辑运算。常见的复合逻辑关系有与非、或非、与或非、异或和同或等。

（1）与非逻辑

与非逻辑相当于与运算和非运算的组合，先“与”后“非”，其逻辑表达式为：

$$F=\overline{A\bullet B} \tag{6.2.4}$$

与非逻辑真值表如表 6.2.4 所示，实现与非逻辑运算的门电路称为与非门电路，其逻辑符号如图 6.2.10 所示。对与非门完成的运算分析可知，与非门的功能是：仅当所有的输入端是高电平时，输出端才是低电平。只要输入端有低电平，输出必为高电平。

表 6.2.4　与非逻辑真值表

A	B	Y
0	0	1
0	1	1
1	0	1
1	1	0

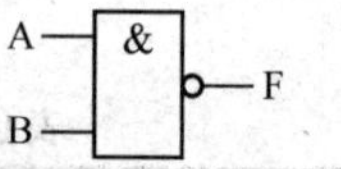

图 6.2.10　与非门的逻辑符号

（2）或非逻辑

或非逻辑相当于或运算和非运算的组合，先“或”后“非”，其逻辑表达式为：

$$\mathrm{F}=\overline{A+B} \tag{6.2.5}$$

或非逻辑真值表如表 6.2.5 所示，实现或非逻辑运算的门电路称为或非门电路，其逻辑符号如图 6.2.11 所示。对或非门完成的运算分析可知，仅当所有的输入端是低电平时，输出端才是高电平。只要输入端有高电平，输出必为低电平。

表 6.2.5　或非逻辑真值表

A	B	Y
0	0	1
0	1	0
1	0	0
1	1	0

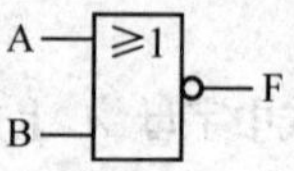

图 6.2.11　或非门的逻辑符号

（3）与或非逻辑

与或非逻辑关系相当于与运算、或运算和非运算的组合，先“与”再“或”最后“非”，其逻辑表达式为：

$$F=\overline{AB+CD} \quad (6.2.6)$$

与或非逻辑真值表如表 6.2.6 所示，与或非门电路的逻辑符号如图 6.2.12 所示。与或非门电路也可以由多个与门和一个或门、一个非门组合而成，从而具有更强的逻辑运算功能。

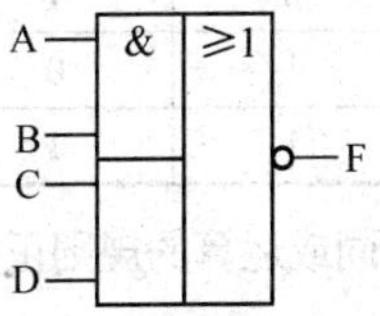

图 6.2.12　与或非门的逻辑符号

表 6.2.6　与或非逻辑真值表

A	B	C	D	F
0	0	0	0	1
0	0	0	1	1
0	0	1	0	1
0	0	1	1	0
0	1	0	0	1
0	1	0	1	1
0	1	1	0	1
0	1	1	1	0
1	0	0	0	1
1	0	0	1	1
1	0	1	0	1
1	0	1	1	0
1	1	0	0	0
1	1	0	1	0
1	1	1	0	0
1	1	1	1	0

（4）异或逻辑

异或逻辑运算的符号用“⊕”表示。异或运算逻辑表达式为：

$$F=A\oplus B \quad (6.2.7)$$

异或运算的规则如下：

$$0\oplus 0=0 \qquad 0\oplus 1=1$$

$$1\oplus 0=1 \qquad 1\oplus 1=0$$

对异或运算的规则分析可得出结论：当两个变量取值相同时，运算结果为 0；当两个变量取值不同时，运算结果为 1。如推广到多个变量异或时，当变量中 1 的个数为偶数时，运算结果为 0；1 的个数为奇数时，运算结果为 1。异或门电路用图 6.2.13 所示的逻辑符号表示，表 6.2.7 说明逻辑表达式 $F=A\overline{B}+\overline{A}B$ 也可完成异或运算。

提示：异或运算也可以用与、或、非运算的组合完成。

（5）同或逻辑

同或逻辑运算符号是“⊙”。同或运算的逻辑表达式为：

$$F=A\odot B \quad (6.2.8)$$

表 6.2.7　异或逻辑真值表

A	B	$F=A\oplus B$	$F=A\overline{B}+\overline{A}B$
0	0	0	0
0	1	1	1
1	0	1	1
1	1	0	0

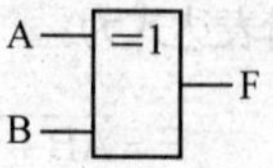

图 6.2.13　异或门的逻辑符号

同或运算的规则正好和异或运算相反，同或门电路用图 6.2.14 所示的逻辑符号表示。

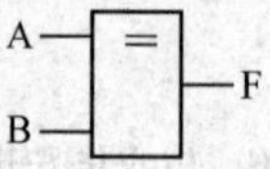

图 6.2.14　同或门的逻辑符号

二、逻辑代数的基本公式和常用公式

表 6.2.8 列出了布尔代数常用的基本公式。每一个定律都会由两个或三个变量来表达，但是变量的个数不局限于此。

表 6.2.8　基本公式

公式名称	公式	
1. 0-1 律	$A\bullet 0=0$	$A+1=1$
2. 自等律	$A\bullet 1=A$	$A+0=A$
3. 等幂律	$A\bullet A=A$	$A+A=A$
4. 互补律	$A\bullet\overline{A}=0$	$A+\overline{A}=1$
5. 交换律	$A\bullet B=B\bullet A$	$A+B=B+A$
6. 结合律	$A\bullet(B\bullet C)=(A\bullet B)\bullet C$	$A+(B+A)=(A+B)+C$
7. 分配律	$A(B+C)=AB+AC$	$A+BC=(A+B)(A+C)$
8. 吸收律（1）	$(A+B)(A+\overline{B})=A$	$AB+A\overline{B}=A$
9. 吸收律（2）	$A(A+B)=A$	$A+AB=A$
10. 吸收律（3）	$A(\overline{A}+B)=AB$	$A+\overline{A}B=A+B$
11. 多余项定律	$(A+B)(\overline{A}+C)(B+C)=(A+B)(\overline{A}+C)$	$AB+\overline{A}C+BC=AB+\overline{A}C$
12. 求反律	$\overline{AB}=\overline{A}+\overline{B}$	$\overline{A+B}=\overline{A}\bullet\overline{B}$
13. 否否律	$\overline{\overline{A}}=A$	

表中的 A、B、C 可以表示一个单变量，也可是变量的组合。由表中可看出，它们互为对偶式。表中前 6 个公式比较直观，这里不再证明，对于其余的公式，证明对偶式中的一个即可。

分配律的前一种形式与代数一样，易理解；后一种分配关系是加对乘的分配，是普通代数中没有的，故又称为特殊分配律，它的正确性可用真值表验证，如表 6.2.9 所示。

表 6.2.9 证明分配律的真值表

ABC	A+B	A+C	(A+B)(A+C)	BC	A+BC
000	0	0	0	0	0
001	0	1	0	0	0
010	1	0	0	0	0
011	1	1	1	1	1
100	1	1	1	0	1
101	1	1	1	0	1
110	1	1	1	0	1
111	1	1	1	1	1

由表中可知：

$$A + BC = (A + B)(A + C)$$

吸收律（3）只证第二式：

$$A + \overline{A}B = (A + \overline{A})(A + B) = A + B$$

吸收律在逻辑函数化简中十分有用，特别是吸收律（3）是卡诺图化简的基础。

求反律又称摩根定律，表述为：变量乘积的反码等于变量反码的或运算；另一种表述为：两个或者多个变量进行与运算后的反码等于单个变量反码后再进行或运算。它的正确性可用表 6.2.10 证明。

表 6.2.10 求反律的真值表

AB	$\overline{A+B}$	$\overline{A}\overline{B}$	$\overline{AB}$	$\overline{A}+\overline{B}$
00	1	1	1	1
01	0	0	1	1
10	0	0	1	1
11	0	0	0	0

上述我们讲的是公式的基本形式，在应用时要注意推广。例如多余项定律可推广为：

$$AB + \overline{A}C + BCEFG = AB + \overline{A}C$$

因为

$$\begin{aligned} AB + \overline{A}C + BCEFG &= AB + \overline{A}C + BC + BCEFG \\ &= AB + \overline{A}C + BC(1 + EFG) \\ &= AB + \overline{A}C \end{aligned}$$

只有灵活运用基本公式，才能较好地利用上述公式化简或变换逻辑函数。

三、逻辑函数的基本定理

1. 代入法则

逻辑等式中的任何变量 A，用另一个函数 Z 代替，等式仍然成立。

例 6.11 用代入定理证明摩根定律也适用于多变量的情况。

解：已知二变量的摩根定律为：

$$\overline{A + B} = \overline{A}\bullet\overline{B} \text{ 或 } \overline{A\bullet B} = \overline{A} + \overline{B}$$

若将等式两边的 B 用 $B+C$ 代入便得到：

$$\overline{A + (B + C)} = \overline{A}\bullet\overline{(B + C)} = \overline{A}\bullet\overline{B}\bullet\overline{C}$$

$$\overline{A\cdot(B\cdot C)}=\overline{A}+\overline{(B\cdot C)}=\overline{A}+\overline{B}+\overline{C}$$

同理可将摩根定律推广到 n 个变量：

$$\overline{A_1+A_2+\ldots+A_n}=\overline{A_1}\cdot\overline{A_2}\cdot\ldots\cdot\overline{A_n}$$

$$\overline{A_1A_2\ldots A_n}=\overline{A_1}+\overline{A_2}+\ldots+\overline{A_n}$$

2．对偶法则

若两逻辑式相等，则它们的对偶式也相等，这就是对偶定理。

对于任何一个逻辑函数表达式 F，将其中的“+”换成“·”，“·”换成“+”，“1”换成“0”，“0”换成“1”，并保持原来的逻辑优先级，变量不变，两变量以上的非号不动，则可得原函数 F 的对偶式 G，且 F 和 G 互为对偶式。由此可知，原式 F 成立，则其对偶式也一定成立。这样，我们只需要记忆基本公式的一半，另一半按对偶法则即可求出。需要注意，在求对偶式时，为保持原式的逻辑优先关系，应正确使用括号，否则会发生错误。如：

$$AB+\overline{A}C$$

其对偶式为：

$$(A+B)\cdot(\overline{A}+C)$$

如果不加括号，就变成：

$$A+B\overline{A}+C$$

这明显就是错误的。

3．反演法则

对于任意一个逻辑式 F，若将其中所有的“·”换成“+”，“+”换成“·”，“0”换成“1”，“1”换成“0”，原变量换成反变量，反变量换成原变量，长非号即两个或两个以上变量的非号不变，即可得到反函数。

在使用反演定理时还需注意遵守以下两个原则：

（1）仍需遵守“先括号，然后乘，最后加”的运算优先次序。

（2）长非号应保留不变。

例 6.12 若 $F=A+\overline{B+\overline{C}+\overline{D+\overline{E}}}$，求反函数 $\overline{F}$。

解：依据反演定理可直接写出：

$$\overline{F}=\overline{A}\cdot\overline{\overline{B}\cdot C\cdot\overline{\overline{D}\cdot E}}$$

【拓展知识】

二极管构成的逻辑电路

由于二极管正向导通时电阻很小，理想情况下可以近似为零，相当于开关接通；而反向截止时电阻很大，理想情况下可以看成无穷大，相当开关断开。故在数字电路中，利用二极管的开关特性，构成各种逻辑电路。如图 6.2.15 为二极管与门电路，若二极管为理想的，则当 A、B 两端加 3 V 电压（高电平）时，两个二极管 VD_A、VD_B 同时导通，则输出电压 u_F= 3V，为高电平；当 A 点加 3 V 电压、B 点加 0 V 电压时，D_B 所加的正电压要比 VD_A 大，故 VD_B 优先导通，使得输出电压 $u_F=0$ V，为低电平；当 A 点加 0 V 电压、B 点加 3 V 电压时，同理，$u_F=0$ V，为低电平；当 A 和 B 点同时加 0 V

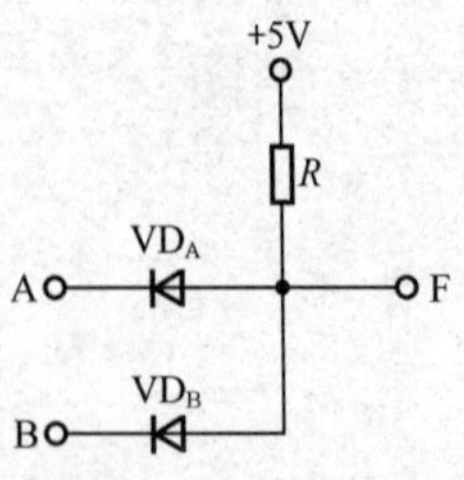

图 6.2.15 二极管与门电路

电压时，VD_A、VD_B 同时导通，$u_F = 0$ V，为低电平。也就是说 A、B 两端只要有一个是低电平，输出为低电平；只有 A、B 两端同时为高电平，输出才为高电平。

第三节 逻辑函数的化简

逻辑函数化简没有一个严格的原则，通常遵循以下几条原则。

（1）逻辑电路所用的门最少；

（2）各个门的输入端要少；

（3）逻辑电路所用的级数要少；

（4）逻辑电路能可靠地工作。

原则的第（1）、（2）条主要从成本上考虑，第（3）条是从速度上考虑，第（4）条是针对可靠性方面来考虑的。它们之间是矛盾的，如门数少，往往其可靠性要降低。因此，实际情况要具体对待。为了便于比较，确定化简的标准，我们以门数最少和输入端数最少作为化简的标准。

一、代数化简法

1．应用吸收律（1）（ $AB + A\overline{B} = A$ ）

任何两个相同变量的逻辑项，只有一个变量取值不同（一项以原变量形式出现，另一变量以反变量形式出现），我们称之为逻辑相邻项。如 AB 和 $A\overline{B}$ ，ABC 和 $\overline{A}BC$ 都是相邻关系。如果函数存在相邻项，可利用吸收定律（1），将它们合并为一项，同时消去一个变量。

例 6.13　化简 $F = A\overline{B}C + A\overline{B}\overline{C}$ 。

解　令 $A\overline{B} = G$ ，则：

$$F = GC + G\overline{C} = G = A\overline{B}$$

例 6.14　化简 $F = \overline{A}\overline{B}\overline{C} + \overline{A}B\overline{C} + A\overline{B}\overline{C} + AB\overline{C}$ 。

解　原式$= \overline{A}\overline{C} + A\overline{C} = \overline{C}$

2．应用吸收律（2）、（3）（ $A + AB = A$ ； $A + \overline{A}B = A + B$ ）

例 6.15　化简 $F = \overline{B} + AB + A\overline{B}CD$

解：　原式$= \overline{B} + AB$

$= \overline{B} + A$

例 6.16　化简 $F = A\overline{C} + AB\overline{C}D(E + F)$

解：　令 $A\overline{C} = G$ ，则

$$F = G + GBD(E + F)$$

$$= G = A\overline{C}$$

3．应用多余项定律（ $AB + \overline{A}C + BC = AB + \overline{A}C$ ）

例 6.17　化简 $F = AB + \overline{A}CD + BCDE$

解：　原式$= AB + \overline{A}CD$

4．综合应用举例

例 6.18　化简 $F = AD + A\overline{D} + AB + \overline{A}C + BD + ACEG + \overline{B}EG + DEGH$ 。

解：　原式$= A + AB + \overline{A}C + BD + ACEG + \overline{B}EG + DEGH$　　($AB + A\overline{B} = A$)

$= A + \overline{A}C + BD + \overline{B}EG + DEGH$　　($A + AB = A$)

$= A + C + BD + \overline{B}EG + DEGH$　　($A + \overline{A}B = A + B$)

$= A + C + BD + \overline{B}EG$　　(多余项定律)

例 6.19　化简 $F = \overline{AB + AC} + \overline{A}\,\overline{B}C$。

解：　原式$= \overline{AB} \bullet \overline{AC} + \overline{A}\,\overline{B}C$　　(摩根定理)

$= (\overline{A} + \overline{B})(\overline{A} + \overline{C}) + \overline{A}\,\overline{B}C$　　(摩根定理)

$= \overline{A}\,\overline{A} + \overline{A}\,\overline{C} + \overline{A}\,\overline{B} + \overline{B}\,\overline{C} + \overline{A}\,\overline{B}C$　　(分配律)

$= \overline{A} + \overline{A}\,\overline{C} + \overline{A}\,\overline{B} + \overline{B}\,\overline{C}$　　($A + AB = A$)

$= \overline{A} + \overline{A}\,\overline{B} + \overline{B}\,\overline{C}$　　($A + AB = A$)

$= \overline{A} + \overline{B}\,\overline{C}$

有些逻辑函数用基本逻辑公式不能化简时，可使用一些特殊方法进行化简。

5．拆项法

例 6.20　化简 $F = A\overline{B} + B\overline{C} + \overline{B}C + \overline{A}B$。

解：拆项法就是用($x + \overline{x}$)去乘某一项，将某一项拆成两项，再利用公式与别的项合并达到化简的目的。

$$原式= A\overline{B} + B\overline{C} + \overline{B}C(A + \overline{A}) + \overline{A}B(C + \overline{C})$$

$$= A\overline{B} + B\overline{C} + A\overline{B}C + \overline{A}\,\overline{B}C + \overline{A}BC + \overline{A}B\overline{C}$$

$$= A\overline{B} + \overline{A}C + B\overline{C}$$

6．添项法

在函数中加入零项因子 $x \bullet \overline{x}$ 或 $x \bullet \overline{x} f(AB \cdots)$，利用加进的新项，进一步化简函数。

例 6.21　化简 $F = AB\overline{C} + \overline{ABC} \bullet \overline{AB}$

解　　原式$= AB\overline{AB} + AB\overline{C} + \overline{ABC} \bullet \overline{AB}$

$= AB(\overline{AB} + \overline{C}) + \overline{ABC}\,\overline{AB}$

$= AB\overline{ABC} + \overline{ABC}\,\overline{AB}$

$= \overline{ABC}$

由例 6.21 可以看出，代数化简法没有一个统一的规范步骤可循，主要是看对公式的熟练掌握程度和运用技巧，而且化简结果很难判断是否为最简形式。为此，下面将介绍一种既简便又直观的化简方法：图形化简法，即用卡诺图化简逻辑函数的方法。

二、卡诺图化简法

卡诺图法对变量较少（小于 4 变量）的逻辑函数化简，比代数法简便、直观，规律性强，容易掌握。在介绍该方法之间，先了解两个有关概念——逻辑函数的最小项标准式和卡诺图。

1．最小项标准式

（1）最小项

对于一个 n 变量的逻辑函数，如果一个乘积项包含了所有变量、且每个变量只以原变量或反变量的形式出现一次，那么该乘积项称为 n 个变量的最小项。最小项是构成逻辑函数的基本单元。

一个变量 A 的最小项：$A, \overline{A}$

两个变量 AB 的最小项：$AB, \overline{A}B, A\overline{B}, \overline{A}\,\overline{B}$

3 个变量 ABC 的最小项：$\mathrm{ABC}, \bar{\mathrm{A}}\mathrm{BC}, \mathrm{A}\bar{\mathrm{B}}\mathrm{C}, \mathrm{AB}\bar{\mathrm{C}}, \bar{\mathrm{A}}\bar{\mathrm{B}}\mathrm{C}, \mathrm{A}\bar{\mathrm{B}}\bar{\mathrm{C}}, \bar{\mathrm{A}}\mathrm{B}\bar{\mathrm{C}}, \bar{\mathrm{A}}\bar{\mathrm{B}}\bar{\mathrm{C}}$

以此类推，可知道 4 个变量共有 $2^4=16$ 个最小项。n 个变量共有 2^n 个最小项。我们在说最小项时，首先明确几个变量的问题。例如 AB 在二变量中是最小项，但在三变量中就是一般项。

提示：我们在说最小项时，首先应明确几个变量的问题。例如 AB 在二变量中是最小项，但在三变量中就是一般项。

（2）最小项标准式

由最小项组成的与或式，便是最小项标准式（不一定由全部最小项组成）。例如：

$$\mathrm{F(ABC)}=\bar{\mathrm{A}}\bar{\mathrm{B}}\bar{\mathrm{C}}+\bar{\mathrm{A}}\bar{\mathrm{B}}\mathrm{C}+\bar{\mathrm{A}}\mathrm{B}\bar{\mathrm{C}}+\bar{\mathrm{A}}\mathrm{BC}+\mathrm{ABC}$$

是最小项标准式，而

$$\mathrm{F(ABC)}=\bar{\mathrm{A}}\bar{\mathrm{B}}\bar{\mathrm{C}}+\bar{\mathrm{A}}\mathrm{C}+\bar{\mathrm{A}}\mathrm{BC}$$

不属于最小项标准式，而属于一般式。

（3）由一般式获得最小项标准式

任何逻辑函数的最小项标准式只有一个，它和逻辑函数的真值表有着严格的一一对应关系。为了找出逻辑函数的逻辑相邻关系，首先要解决如何由函数的一般式得到最小标准式。通常有两种方式获得最小项标准式。

①代数法。对逻辑函数的一般式采用添项法，例如：

$$\mathrm{F}=\bar{\mathrm{A}}\bar{\mathrm{B}}\bar{\mathrm{C}}+\mathrm{BC}+\mathrm{A}\bar{\mathrm{C}}$$

可看出，第二项缺少变量 A，第三项缺少变量 B，我们可以分别用 $A+\bar{A}$ 和 $B+\bar{B}$ 乘第二项和第三项，其逻辑功能不变。

$$\begin{aligned}\mathrm{F}&=\bar{\mathrm{A}}\bar{\mathrm{B}}\bar{\mathrm{C}}+\mathrm{BC}(\mathrm{A}+\bar{\mathrm{A}})+\mathrm{A}\bar{\mathrm{C}}(\mathrm{B}+\bar{\mathrm{B}})\\&=\bar{\mathrm{A}}\bar{\mathrm{B}}\bar{\mathrm{C}}+\mathrm{ABC}+\bar{\mathrm{A}}\mathrm{BC}+\mathrm{AB}\bar{\mathrm{C}}+\mathrm{A}\bar{\mathrm{B}}\bar{\mathrm{C}}\end{aligned}$$

这样我们就获得了具有同一逻辑功能的最小项标准式。

②真值表法。将原输入变量 A、B、C 取不同值组合得其真值表，而最小项标准式是将输出变量 F=1 对应的那些项相或得到，如表 6.3.1 所示。从真值表可得：

$$\mathrm{F}=\bar{\mathrm{A}}\bar{\mathrm{B}}\bar{\mathrm{C}}+\mathrm{ABC}+\bar{\mathrm{A}}\mathrm{BC}+\mathrm{AB}\bar{\mathrm{C}}+\mathrm{A}\bar{\mathrm{B}}\bar{\mathrm{C}}$$

这与代数法得到的结果一致。

为了方便，可对全部最小项进行编号，如表 6.3.2 所示。其编号与变量的取值组合对应，以便从它的编号联想到它的名称。当变量取值为 0 时，它以反变量形式出现在最小项中；反之，当变量取值为 1 时，它以原变量形式出现在最小项中。这样取值组合所表示的二进制数，就是最小项编号的下标。例如变量取值为 010，最小项名称为 $\bar{\mathrm{A}}\mathrm{B}\bar{\mathrm{C}}$，它的标号为 m_2。

表 6.3.1　函数真值表

ABC	$\bar{\mathrm{A}}\bar{\mathrm{B}}\bar{\mathrm{C}}$	BC	$\mathrm{A}\bar{\mathrm{C}}$	F
000	1	0	0	1
001	0	0	0	0
010	0	0	0	0
011	0	1	0	1
100	0	0	1	1
101	0	0	0	0
110	0	0	1	1
111	0	1	0	1

表 6.3.2　三变量最小项的编号

序号	*ABC*	最小项名称	编号
0	000	$\bar{A}\bar{B}\bar{C}$	m_0
1	001	$\bar{A}\bar{B}C$	m_1
2	010	$\bar{A}B\bar{C}$	m_2
3	011	$\bar{A}BC$	m_3
4	100	$A\bar{B}\bar{C}$	m_4
5	101	$A\bar{B}C$	m_5
6	110	$AB\bar{C}$	m_6
7	111	ABC	m_7

（4）最小项的性质

① 对任何变量的函数式来讲，全部最小项之和为 1，即：

$$\sum_{i=0}^{2^n-1} m_i = 1 \qquad (6.3.1)$$

② 两个不同最小项之积为 0，即：

$$m_i \cdot m_j = 0\ (i \neq j) \qquad (6.3.2)$$

③ n 变量有 2^n 项最小项，且对每一最小项而言，有 n 个最小项与之相邻。

2．卡诺图

卡诺图是以其发明者美国贝尔实验室的工程师卡诺（Karnaugh）而命名的。它比代数法简便、直观，规律性强，容易掌握。

卡诺图是由真值表变换而来的一种方格图。卡诺图上的每一个小方格代表真值表上的一行，即一个最小项。真值表有多少行，卡诺图就有多少个小方格。当然卡诺图并不是简单地将真值表图形化，其区别是真值表中的最小项是按递增规律(00、01、10、11)排列的，而卡诺图的最小项是按相邻规律(00、01、11、10)排列的。也就是说，卡诺图的最大特点是用几何位置上的相邻性形象地表达了各最小项之间逻辑上的相邻性。根据此原则，画出一、二、三、四变量的卡诺图，如图 6.3.1 所示。

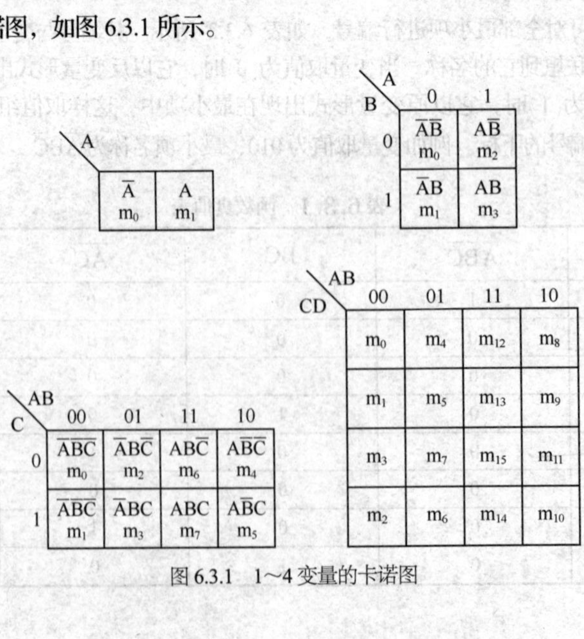

图 6.3.1　1～4 变量的卡诺图

可以看出，卡诺图有如下特点：

① 对于 n 变量函数，卡诺图中有 2^n 个小方格与 2^n 个最小项一一对应。

② 卡诺图中行、列变量按循环码规律排列，以保证几何位置的相邻性对应最小项逻辑上的相邻性。

③ 卡诺图中的相邻情况有：相接相邻——小方格在上下、左右的几何位置上紧挨着；对边相邻——同一行或同一列的两头也是相邻最小项。

④ 左上角的第一个小方格必须处于各变量的反变量区。

⑤ 变量的位置是以高位到低位因子的次序，按先列后行的序列排列。

C \ AB	00	01	11	10
0	0	0	1	0
1	1	0	1	1

图 6.3.2　用卡诺图表示逻辑函数

若将逻辑函数式化成最小项表达式，则可在相应变量的卡诺图中表示出这个函数。如 $F = ABC + AB\overline{C} + A\overline{B}C + \overline{A}\,\overline{B}C = m_7 + m_6 + m_5 + m_1$，在卡诺图相应的方格中填上 1，其余填上 0，上述函数可用卡诺图表示成图 6.3.2。

提示：如果逻辑函数是一般式，首先展开成最小项标准式。实际中，一般函数式可直接用卡诺图表示。

例 6.22　用卡诺图表示逻辑函数 $F = A\overline{C} + \overline{A}C + B\overline{C} + \overline{B}C$。

解：将 F 化成最小项之和的形式：

$$F = A\overline{C} + \overline{A}C + B\overline{C} + \overline{B}C = m_4 + m_6 + m_1 + m_3 + m_2 + m_5$$

在画出的四变量卡诺图中，将对应的各最小项的方格位置上填入 1，其余方格位置上填入 0，就得到了如图 6.3.3 所示的函数 F 的卡诺图。

例 6.23　用卡诺图表示逻辑函数 $F = \overline{A}\,\overline{B}\,\overline{C}D + \overline{A}B\overline{D} + ACD + A\overline{B}$。

解法 1：将 F 化成最小项之和的形式：

$$F = \overline{A}\,\overline{B}\,\overline{C}D + \overline{A}B\overline{D} + ACD + A\overline{B} = m_1 + m_4 + m_6 + m_8 + m_9 + m_{10} + m_{11} + m_{15}$$

在画出的四变量卡诺图中，将对应的各最小项的方格位置上填入 1，其余方格位置上填入 0，就得到了如图 6.3.4 所示的函数 F 的卡诺图。

C \ AB	00	01	11	10
0	0	1	1	1
1	1	1	0	1

图 6.3.3　直接用卡诺图表示逻辑函数

CD \ AB	00	01	11	10
00	0	1	0	1
01	1	0	0	1
11	0	0	1	1
10	0	1	0	1

图 6.3.4　直接用卡诺图表示逻辑函数

解法 2：直接根据与或式填卡诺图。

第一个乘积项是 $\overline{A}\,\overline{B}\,\overline{C}D$，即 ABCD=0001，为最小项 m_1，可填入 1。

第二个乘积项是 $\overline{A}B\overline{D}$，即 $\overline{A}B$ 表示 AB=01，最小项在第二列，$\overline{D}$ 表示 D=0，最小项在

第一行和第四行，行和列相交的方格是该乘积项对应的两个最小项，即 m_4 、 m_6 填入 1。同理，第 3 个乘积项 ACD 是第 3 列、第 4 列于第 3 行的相交方格；第 4 个乘积项是第 4 列所有方格填入 1。

3．卡诺图化简

由于卡诺图中几何相邻的最小项在逻辑上也相邻，而逻辑相邻的两个最小项只有一个因子不同，根据吸收定律可将它们合并，消去不同的因子，留下公共因子，这就是卡诺图化简的依据。

相邻最小项的合并规则是：两个相邻最小项可合并为一项，消去一个变量；4 个相邻最小项可合并为一项，消去两个变量；8 个相邻最小项可合并为一项，消去 3 个变量。图 6.3.5 所示为两个、4 个、8 个相邻最小项合并为一项的例子。

（1）用卡诺图化简逻辑函数的步骤如下。

① 画出并填写函数的卡诺图。

② 根据最小项合并规律进行合理圈组。

③ 每个卡诺圈对应写出一个乘积项。即提取圈中各最小公因子，变量取值为 1 时，写成原变量；取值为 0 时，写成反变量。

④ 将所有乘积项求和即得到化简后的最简函数。

（2）为了保证结果的最简性和正确性，在画卡诺圈时，应遵循以下几个原则。

① 将所有为 1 的最小项圈完为止。

② 卡诺圈里面的相邻最小项方格的个数应为 2^n

③ 卡诺圈越大越好。

④ 卡诺圈的个数越少越好。

⑤ 同一个 1 可被多次使用，但每个圈中至少有一个 1 未被圈过，否则为多余圈。

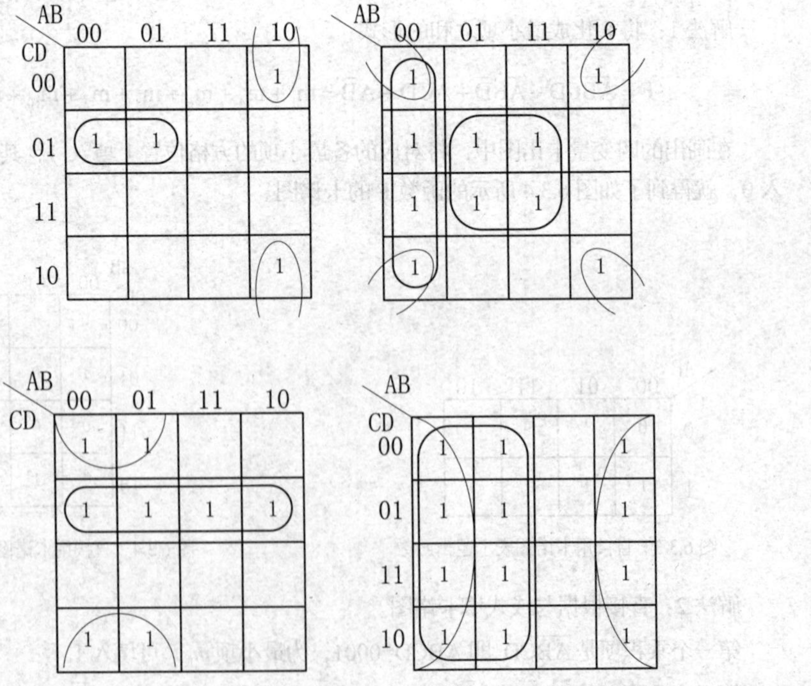

图 6.3.5　相邻最小项合并规律

例 6.24 利用卡诺图化简 $F = A\overline{C} + \overline{A}C + B\overline{C} + \overline{B}C$。

解：第一步，用卡诺图表示该逻辑函数，如图 6.3.6 所示。

第二步，画卡诺圈，将相邻为 1 的方格合并；

第三步，写出化简结果：

$$F = A\overline{C} + \overline{A}B + \overline{B}C$$

例 6.25 利用卡诺图化简 $F = \overline{B}CD + B\overline{C} + \overline{A}\,\overline{C}D + A\overline{B}C$。

解：第一步，用卡诺图表示该逻辑函数，如图 6.3.7 所示；

第二步，画卡诺圈，将相邻为 1 的方格合并；

第三步，写出化简结果：

$$F = \overline{A}\,\overline{B}D + A\overline{B}C + B\overline{C}$$

例 6.26 化简函数 $F(ABCD) = \sum(1,5,6,7,11,12,13,15)$。

解：函数的卡诺图如图 6.3.8 所示，化简结果为：

$$F = AB\overline{C} + \overline{A}CD + \overline{A}BC + ACD$$

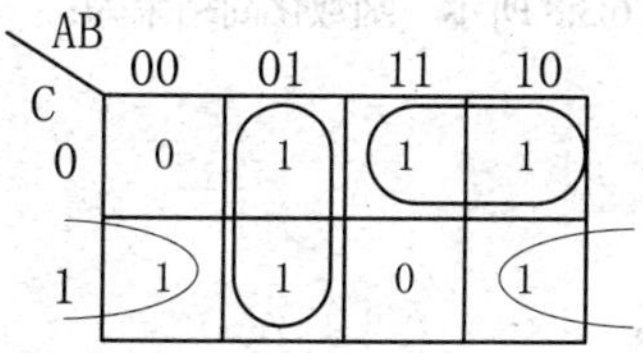

图 6.3.6 例 6.25 的化简过程

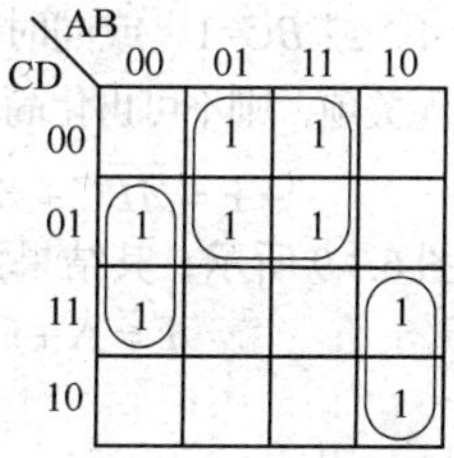

图 6.3.7 例 6.26 的化简过程

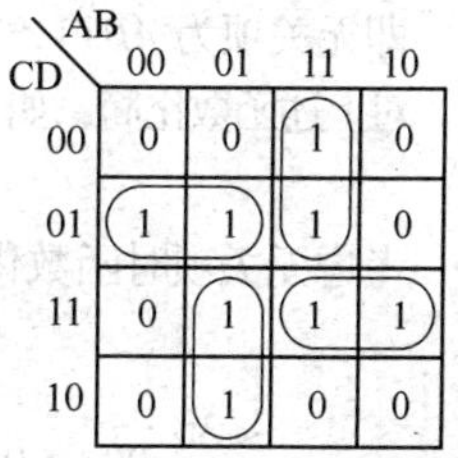

图 6.3.8 例 6.27 的化简过程

【拓展知识】

无关项及其应用

逻辑问题分完全描述和非完全描述两种。在输入变量的每一组取值下，函数 F 都有确定的值，不是“1”就是“0”，如表 6.3.3 所示，这类问题就是完全描述。

表 6.3.3 完全描述

A	B	C	F
0	0	0	0
0	0	1	0
0	1	0	0
0	1	1	1
1	0	0	0
1	0	1	0
1	1	0	1
1	1	1	0

在实际问题中，变量的某些取值不允许出现，或者是变量之间具有一定的制约关系，我们将这类问题称为非完全描述，如表 6.3.4 所示。

与函数无关的最小项称为无关项，有时也称为禁止项、约束项、任意项。无关项的处理是任意的，可以认为是“1”，也可以认为是“0”。

表 6.3.4　非完全描述

A	B	C	F
0	0	0	0
0	0	1	1
0	1	0	0
0	1	1	X
1	0	0	1
1	0	1	0
1	1	0	X
1	1	1	X

对于含有无关项的逻辑函数，可表示为：

$$F(ABC)=\sum(1,4)+\sum_d(3,5,6,7)$$

也可表示为：

$$\begin{cases}F=\overline{A}\,\overline{B}C+A\overline{B}\,\overline{C}\\ \text{约束条件为}AB+AC+BC=0\end{cases}$$

即无关项为 AB=1，或 AC=1，或 BC=1，或同时为 1。

对上述函数化简，如不考虑无关项，则不可再化简，如图 6.3.8 所示。函数化简结果为：

$$F=\overline{A}\,\overline{B}C+A\overline{B}\,\overline{C}$$

考虑无关项时函数化简如图 6.3.9 所示，其结果为：

$$F=A+C$$

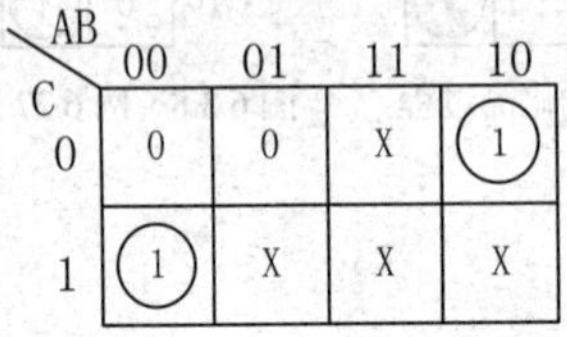

图 6.3.9　不考虑无关项的函数化简

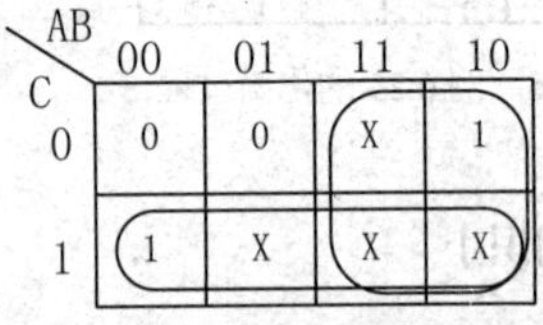

图 6.3.10　考虑无关项的函数化简

可见，利用无关项常常可以进一步化简逻辑函数。利用无关项化简逻辑函数时，仅仅将对化简有利的无关项圈进卡诺圈，对化简无利的无关项不要圈进来。

例 6.27　化简 $F(ABCD)=\sum(5,6,7,8,9)+\sum_d(10,11,12,13,14,15)$ 。

解：卡诺图化简过程如图 6.3.11 所示，化简函数为：

$$F=A+BD+BC$$

例 6.28　化简 $F=\overline{A}B\overline{C}+\overline{B}\,\overline{C}, AB=0$ 为约束条件 。

解：AB=0 即表示 A 与 B 不能同时为 1，则 AB=11 所对应的最小项应视为无关项。其卡诺图及化简过程如图 6.3.12 所示。化简函数为：

$$F=\overline{C}$$

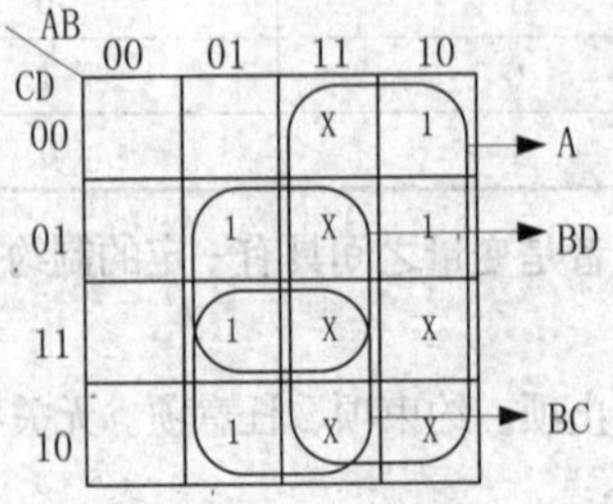

图 6.3.11　例 6.28 的化简过程

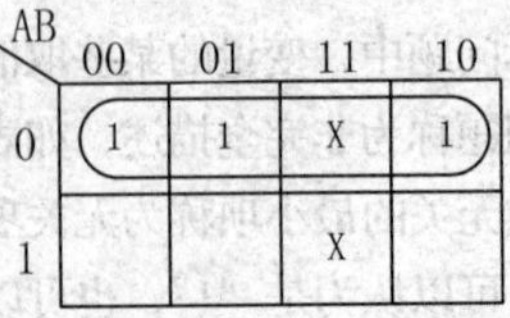

图 6.3.12　例 6.29 的化简过程

第四节 门电路

能够实现各种基本逻辑运算和复合逻辑运算的单元电路统称为逻辑门电路，它是构成数字系统的最基本的单元电路。

把若干个有源器件和无源器件及其连线，按照一定的功能要求制作在同一块半导体基片上，这样的产品称为集成电路。若它完成的功能是逻辑功能或数字功能，则称为逻辑集成电路或数字集成电路。最简单的数字集成电路是集成逻辑门。集成逻辑门，按照其组成的有源器件的不同可分为两大类：一类是双极性晶体管逻辑门；另一类是单极性绝缘栅场效应管逻辑门，简称 MOS 门。

双极性晶体管逻辑门主要有 TTL 门（晶体管-晶体管逻辑门）、ECL 门（射极耦合逻辑门）和 T^2L 门（集成注入逻辑门）等。

单极性 MOS 门主要有 PMOS 门（P 沟道增强型 MOS 管构成的逻辑门）、NMOS 门（N 沟道增强型 MOS 管构成的逻辑门）和 CMOS 门（利用 PMOS 管和 NMOS 管形成的互补电路构成的门电路，故又叫做互补 MOS 门）。

一、TTL 与非门

1．电路结构

典型的 TTL 与非门电路如图 6.4.1（a）所示，由三部分组成。多发射极晶体管 V_1 和电阻 R_1 构成输入级，其功能是对输入变量 A、B、C 实现“与运算”，如图 6.4.1（b）所示。晶体管 V_2 和电阻 R_2、R_3 构成中间级，其集电极和发射极各输出一个极性相反的电平，分别用来控制晶体管 V_3、V_4 和 V_5 的工作状态。晶体管 V_3、V_4、V_5 和电阻 R_4、R_5 构成输出级，用于驱动负载。其功能是非运算。正常工作时，V_4、V_5 总是一个截止，另一个饱和。

2．工作原理

设输入信号的高、低电平分别为 U_{IH}=3.6 V，U_{IL}=0.3 V。

（1）输入端至少有一个为低电平

当输入信号至少有一个为低电平时，相应低电位的发射结正偏，V_1 的基极电位 $U_{B1}=U_{BE1}+U_{IL}=0.7+0.3=1(\text{V})$。此时 V_2 和 V_5 截止（为使 V_1 的集电结及 V_2 和 V_5 的发射结同时导通，U_{B1} 至少应等于 2.1 V），所以 R_2 中的电流很小，V_2 集电极的电位 $U_{C2}≈U_{CC}$=5 V，足以使 V_3、V_4 导通，因此输出为高电平：

$$U_O=U_{OH}=U_{c2}-U_{be3}-U_{be4}\approx 5-0.7-0.7=3.6(\text{V})$$

当 $U_O=U_{OH}$ 时，称为与非门处于关门状态。

（2）输入端全部为高电平

当输入信号全部为高电平时，由于 V_1 的基极电压 $U_{B1}=U_{BC1}+U_{BE2}+U_{BE5}$，最多不能超过 2.1 V；所以 V_1 所有的发射结反偏。这时，U_{cc} 通过 R_1 使 V_1 的集电结及 V_2 和 V_5 的发射结同时导通，从而使 V_2 和 V_5 处于饱和状态。V_2 的集电极电位为：

$$U_{C2}=U_{CES2}+U_{BE5}\approx 0.3+0.7=1(\text{V})$$

这个电压加至 V_3 管基极，可以使 V_3 导通。此时 V_3 射极电位 $U_{E3}=U_{C2}-U_{BE3}≈0.3(\text{V})$，它不能驱动 V_4，所以 V_4 截止。V_5 由 V_2 提供足够的电流，处于饱和状态，因此输出为低电平：

$$U_O=U_{OL}=U_{CES5}\approx 0.3\text{V}$$

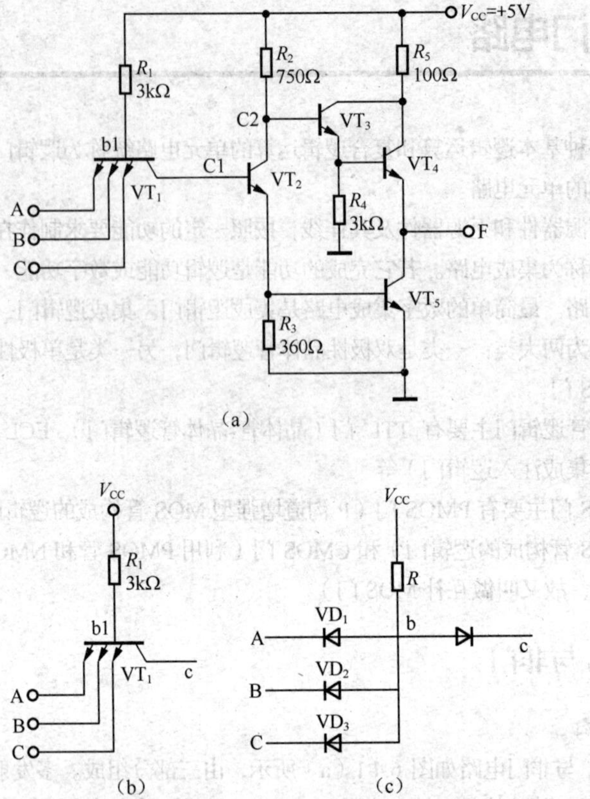

图 6.4.1　TTL 与非门电路

当 $U_0=U_{OL}$ 时，称与非门处于开门状态。

综上所述，当输入端全部为高电位（3.6 V）时，输出为低电位（0.3 V），这时 V_5 饱和，电路处于开门状态；当输入端至少有一个为低电位（0.3 V）时，输出为高电位（3.6 V），这时 V_5 截止，电路处于关门状态。由此可见，电路的输出和输入之间满足与非逻辑关系：

$$F=\overline{A\bullet B\bullet C}$$

提示：在模拟电路中，晶体管一般工作在线性放大区；在数字电路中，三极管工作在开关状态，即工作在饱和区和截止区。

（3）输入端全部悬空

当输入端全部悬空时，V_1 管的发射结全部截止。U_{cc} 通过 R_1 使 V_1 的集电结及 V_2 和 V_5 的发射结同时导通，从而使 V_2 和 V_5 处于饱和状态，则 $U_{B3}=U_{C2}=U_{CES2}+U_{BE5}\approx 0.3+0.7=1(V)$；由于 R_4 的作用，V_3 导通，故 U_{BE3}=0.7 V。此时 V_4 的发射结电压为：

$$U_{BE4}=U_{B4}-U_{E4}=U_{E3}-U_{CES5}=1-0.7-0.3=0(V)$$

所以 V_4 处于截止状态。

可见该电路在输入端全部悬空时，V_4 截止，V_5 饱和。故其输出电压 U_0=0.3V。所以输入端全部悬空和输入端全部接高电平时，该电路的工作状态完全相同。故 TTL 电路的某输入端悬空，可以等效地看作该端接入了逻辑高电平。实际电路中，悬空容易引起干扰，所以应对悬空段做相应的处理。

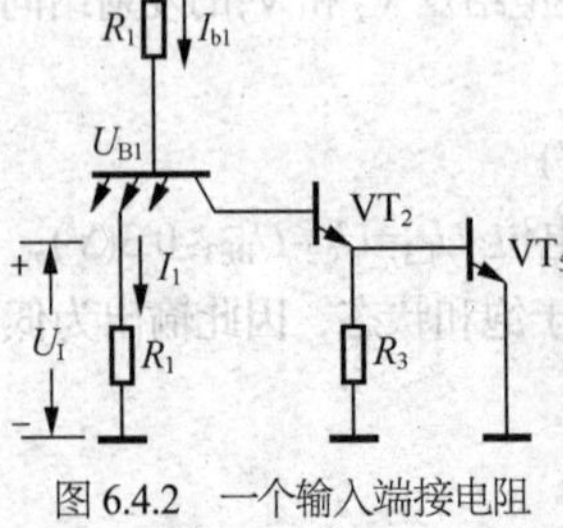

图 6.4.2　一个输入端接电阻

（4）一个数入端通过电阻 R_I 接地，其他输入端接高电平，如图 6.4.2 所示。实验测知，只要 $R_I\leqslant 0.7k\Omega$ 其端电压相当于逻辑低电平。当$R_I \geqslant 2\text{k}\Omega$，相当于在该端接入了高电平。

3．主要参数

（1）输出高电平 U_{OH} 和输出低电平 U_{OL}

电压传输特性的截止区的输出电压 U_{OH}=3.6 V，饱和区的输出电压 U_{OL}=0.3 V。一般产品规定 U_{OH}≥2.4 V、U_{OL} < 0.4 V 时即为合格。

（2）开门电平 U_{ON} 和关门电平 U_{OFF}

开门电平 U_{ON} 是保证输出电平达到额定低电平（0.3 V）时，所允许输入高电平的最低值，即只有当 $U_I > U_{ON}$ 时，输出才为低电平。通常 U_{ON}=1.4 V，一般产品规定 U_{ON} ≤1.8 V。

关门电平 U_{OFF} 是保证输出电平为额定高电平（2.7 V 左右）时，允许输入低电平的最大值，即只有当 $U_I \leqslant U_{OFF}$ 时，输出才是高电平。通常 $U_{OFF} \approx 1$ V，一般产品要求 $U_{OFF} \geqslant 0.8$ V。

（3）噪声容限 U_{NL}、U_{NH}

实际应用中，由于外界干扰、电源波动等原因，可能使输入电平 U_I 偏离规定值。为了保证电路可靠工作，应对干扰的幅度有一定限制，称为噪声容限。

低电平噪声容限是指在保证输出高电平的前提下，允许叠加在输入低电平上的最大噪声电压（正向干扰），用 U_{NL} 表示：

$$U_{NL}=U_{OFF}-U_{IL}$$

若 U_{OFF}=0.8 V，U_{IL}=0.3 V，则 U_{NL}=0.5 V。

高电平噪声容限是指在保证输出低电平的前提下，允许叠加在输入高电平上的最大噪声电压（负向干扰），用 U_{NH} 表示：

$$U_{NH}=U_{IH}-U_{ON}$$

若 U_{ON}=1.8 V，U_{IH}=3 V，则 U_{NH} =1.2 V。

（4）平均延迟时间 t_{pd}

平均延迟时间是衡量门电路速度的重要指标，它表示输出信号滞后于输入信号的时间。

通常将输出电压由高电平跳变为低电平的传输延迟时间称为导通延迟时间 t_{PHL}，将输出电压由低电平跳变为高电平的传输延迟时间称为截止延迟时间 t_{PLH}。t_{PHL} 和 t_{PLH} 是以输入、输出波形对应边上等于最大幅度 50%的两点时间间隔来确定的，如图 6.4.3 所示。t_{pd} 为 t_{PLH} 和 t_{PHL} 的平均值：

$$t_{pd}=\frac{1}{2}(t_{PHL}+t_{PLH})$$

通常，TTL 门的 t_{pd} 在 3～40ns 之间。

（5）空载功耗

输出端不接负载时，门电路消耗的功率称为空载功耗。

功耗有静态和动态之分。动态功耗是门电路的输出状态由高电平变为低电平（或相反）时，门电路消耗的功率。

静态功耗是门电路的输出状态不变时，门电路消耗的功率。静态功耗又称为截止功耗(P_{OFF})和导通功耗(P_{ON})。作为门电路的功耗指标通常是指空载导通功耗 P_{ON}。

（6）功耗延迟积 M

门的平均延迟时间 t_{pd} 和空载导通功耗 P_{ON} 的乘积称为功耗延迟积，也叫品质因素，记作 M，即：

$$M=t_{pd}\cdot P_{ON}$$

M 越小，其品质越高。

（7）输入短路电流 I_{IS} 和输入漏电流 I_{IH}

当 U_I=0 时的输入电流称为输入短路电流，典型值约为-1.5mA。把与非门的一个输入端接高电平时，流入该输入端的电流称为输入漏电流，即 V_1 倒置工作时的反向漏电流，其电流值很小，约为 10 μA。

（8）最大灌电流 I_{OLMAX} 和最大拉电路 I_{OHMAX}

I_{OLMAX} 是保证与非门输出标准低电平的前提下，允许流进输出端的最大电流，一般为十几毫安；I_{OHMAX} 是保证与非门输出标准高电平的前提下，允许流出输出端的最大电流，一般为几毫安。

（9）扇入系数 N_I 与扇出系数 N_O

扇入系数是指门的输入端数。

扇出系数 N_O 是指一个门能驱动同类型门的个数。当 TTL 门的某个输入端为低电平时，其输入电流约等于 I_{IS}（输入短路电流）；当输入端为高电平时，输入电流为 I_{IH}（输入漏电流）。而 I_{IS} 比 I_{IH} 大得多，因此按最坏的情况考虑，当测出输出端为低电平时，允许灌入的最大负载电流 I_{Lmax} 后，则可求出驱动门的扇出系数 N_O：

$$N_O = \frac{I_{Lmax}}{I_{IS}}$$

（10）最小负载电阻 R_{Lmin}

最小负载电阻 R_{Lmin} 是为保证门电路输出正确的逻辑电平，在其输出端允许接入的最小电阻。对于 TTL 标准系列，R_{Lmin} 的阻值范围为 150～200 Ω，为留余地，R_{Lmin} 一般取≥200 Ω。

（11）输入高电平 U_{IH} 和输入低电平 U_{IL}

一般取 U_{IH}≥2V，U_{IL}≤0.8V。

常用到的 74 系列集成与非门有 74LS00、74LS04、74LS20、74LS03 等。其中 74LS00 是四 2 输入与非门，74LS20 是二 4 输入与非门，管脚图如图 6.4.3 所示。

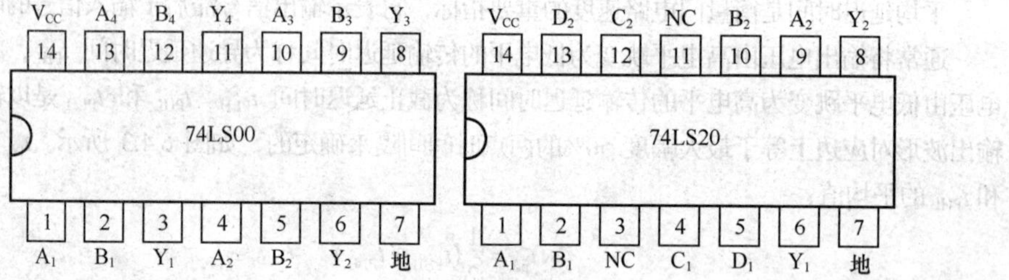

图 6.4.3　74LS00、74LS20 管脚图

（12）TTL 集成电路的使用

① TTL 集成电路的电源电压允许变化的范围很窄，一般为 4.5～5.5 V。典型值 V_{cc}=5 V，使用时 V_{cc} 不得超出范围。

② TTL 集成电路的各个输入端不能直接与高于+5.5 V 和低于-0.5 V 的电源直接连接。对多余的输入端不要悬空，要做适当的处理。例如可将与非门的多余输入端直接接到电源 V_{CC} 上，也可将不同的输入端公用一个电阻连接到电源 V_{CC} 上，或将多余的输入端并联使用。

③ TTL 集成电路的输出端不允许并联使用。

二、OC 门和三态门

在实际使用时，TTL 与非门的输出端不能直接和地线或电源线（+5V）相连。因为当输出端与地短路时，会造成 V_3、V_4 管的电流过大而损坏；当输出端与+5 V 电源线短接时，V_5 管会因电流过大而损坏。

两个 TTL 门的输出端也不能直接“线与”（即并接在一起）。因为当两个门直接“线与”时，若一个门输出为高电平，另一个门输出为低电平，就会有一个很大的电流从截止门的 V_4 管流到导通门的 V_5 管（如图 6.4.4 所示）。这个电流不仅会使导通门输出的低电平抬高，造成逻辑混乱，而且会使它因功耗过大而损坏。

集电极开路门和三态门是允许输出端直接并联在一起的两种 TTL 门，并且用它们还可以构成线与逻辑及线或逻辑。

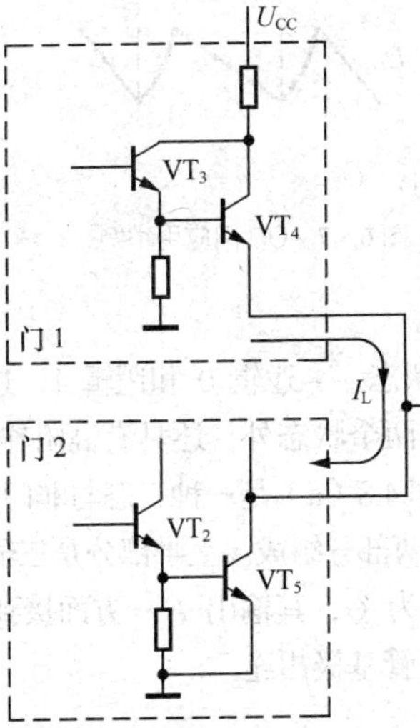

图 6.4.4　TTL 门输出端并联情况

1．集电极开路门

集电极开路门又称 OC（Open Collector）门，其电路及符号如图 6.4.5 所示。

OC 门的特点是其输出管的集电极开路。使用时，必须外接电源 U_{cc} 和上拉电阻 R_C。OC 门的输出端可以直接并接，如图 6.4.6 所示。图中只要有一个门的输出为低电平，则 F 输出为低，只有所有门的输出为高电平，F 输出才为高，因此相当在输出端实现了线与的逻辑功能：

$$F=\overline{AB}\cdot\overline{CD}=\overline{AB+CD}$$

提示： 多个 OC 门输出端相连时，共用一个上拉电阻 RC。

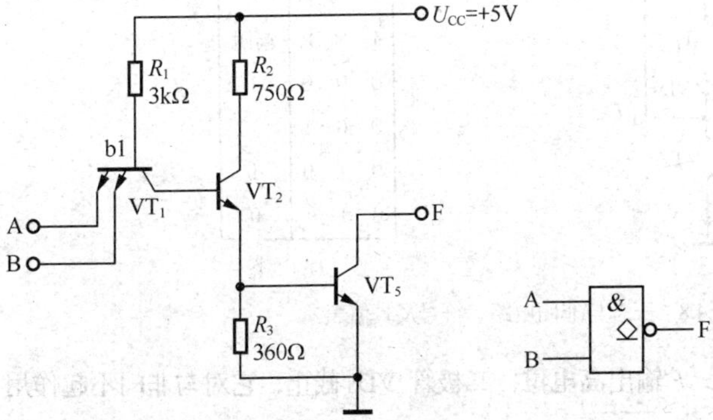

图 6.4.5　OC 门电路

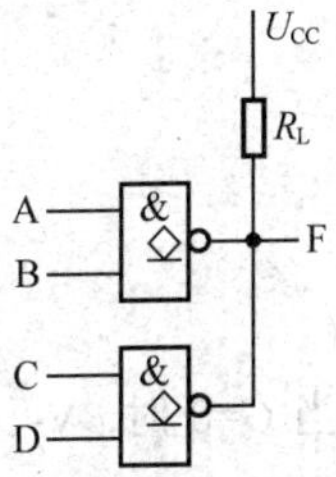

图 6.4.6　多个 OC 门并联

外接上拉电阻 R_C 的选取应保证输出高电平时，不低于输出高电平的最小值 U_{OHmin}；输出低电平时，不高于输出低电平的最大值 U_{OLmax}。

利用 OC 门可以方便地构成锯齿波发生器，如图 6.4.7（a）所示；也可以驱动发光二极管，如图 6.4.7（b）所示。但由于有上拉电阻 R_L 存在，降低了系统的开关速度，故 OC 门只适用于速度不高的场合。

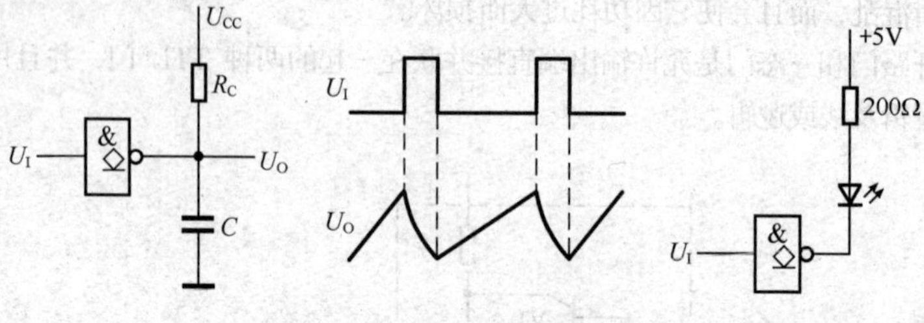

（a）　　　　（b）

图 6.4.7　OC 门应用举例

2．三态门

普通 TTL 门的输出只有两种状态——逻辑 0 和逻辑 1，这两种状态都是低阻输出。三态逻辑（TSL）输出门除了具有这两个状态外，还具有高阻输出的第三状态（或称禁止状态），这时输出端相当于悬空。图 6.4.8（a）是一种三态与非门的电路图，其符号如图 6.4.8（b）所示。从电路图中看出，它由两部分组成。上半部分是三输入与非门，下半部分为控制部分，是一个快速非门，控制输入端为 G，其输出 F' 一方面接到与非门的一个输入端，另一方面通过二极管 V_{D1} 和与非门的 V_3 管基极相连。

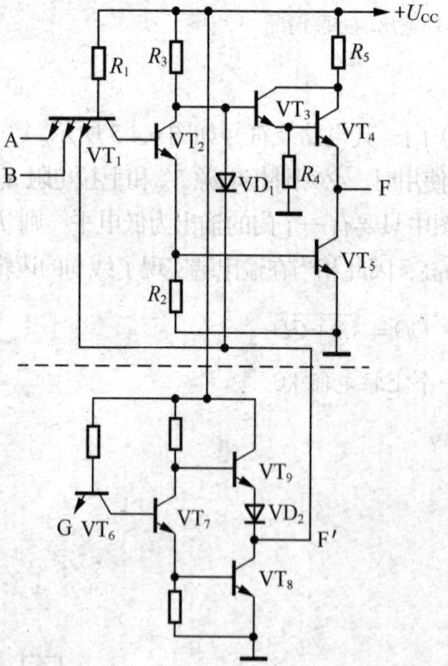

（a）

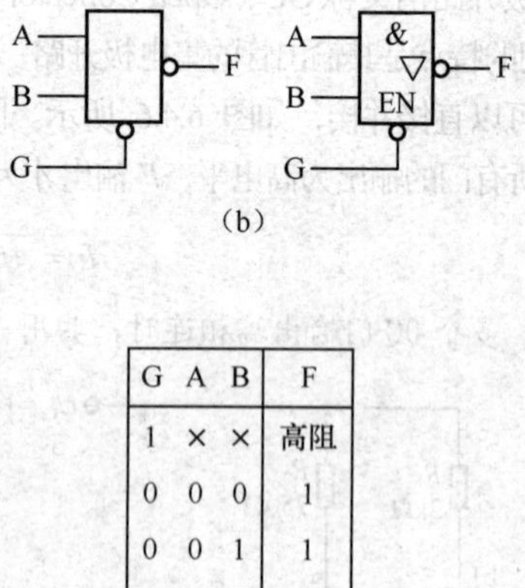

（b）

G	A	B	F
1	×	×	高阻
0	0	0	1
0	0	1	1
0	1	0	1
0	1	1	0

（c）

图 6.4.8　三态与非门电路、符号及真值表

当 G=0 时，V_7、V_8 管截止，F' 输出高电位，二极管 VD_1 截止，它对与非门不起作用，这时三态门和普通与非门一样，$F=\overline{A\cdot B}$。

当 G=1 时，V_7、V_8 饱和，F' 输出为低电位，这时因 V_1 的一个输入为低，使 V_2、V_5 截

止；同时因 F'=0，V_{D1} 导通，使 U_{c2} 被钳制在 1 V 左右，致使 V_4 也截止。这样 V_4、V_5 都截止，输出端呈现高阻抗，相当于悬空或断路状态。该电路的真值表如图 6.4.8（c）所示。

三态门有两种控制模式：一种是控制端 G 为低电平时，三态门工作，G 为高电平时禁止，如图 6.4.9（a）所示；另一种是控制端 G 为高电平时三态门工作，G 为低电平时禁止，如图 6.4.9（b）所示。

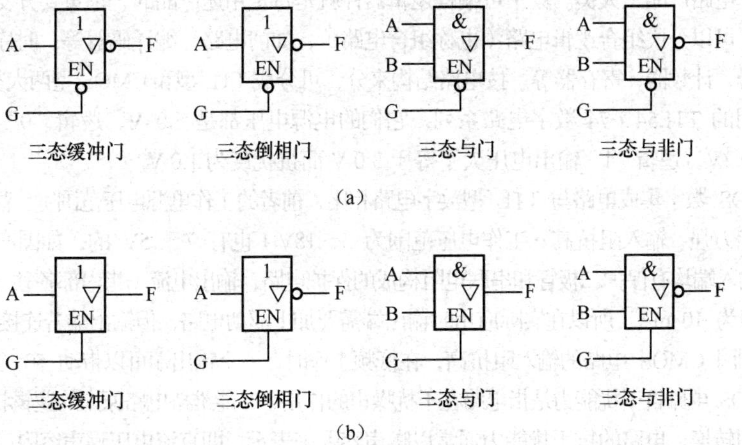

图 6.4.9 各种三态逻辑门的符号

三态门的主要用途是可以实现在同一个公用通道上轮流传送 n 个不同的信息，如图 6.4.10（a）所示，这个公共通道通常称为总线，各个三态门可以在控制信号的控制下与总线相连或脱离。挂接总线的三态门任何时刻只能有一个控制端有效，即一个门传输数据，因此特别适用于将不同的输入数据分时传送给总线的情况。

也可以利用三态门实现双向传输，如图 6.4.10（b）所示。当 G=0 时，1 门工作，2 门禁止，数据从 A 传送到 B；当 G=1 时，1 门禁止，2 门工作，数据可以从 B 传送到 A。

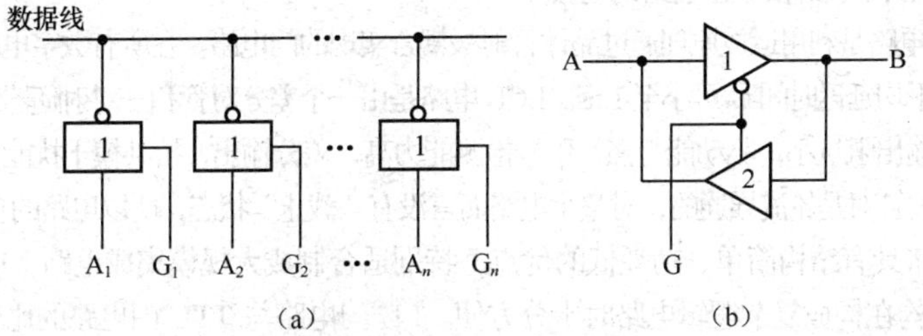

图 6.4.10 三态门应用

3．三态门和 OC 门的性能比较

（1）三态门的开关速度比 OC 门快。因为输出高电平时，三态门是按射极输出器的方式工作，其输出电阻小，输出端的分布电容充电速度快；而 OC 门其输出电阻约等于外接的上拉电阻，相对来说大很多，故对输出分布电容的充电速度慢。在输出低电平时，两者的输出电阻基本相等。

（2）允许接到总线上的三态门的个数，原则上不受限制，但允许接到总线上的 OC 门的个数受到上拉电阻的取值条件的限制。

（3）OC 门可以实现“线与”逻辑，而三态门的多个输出端并联在一起，不能同时选通。

【拓展知识】

1．数字集成电路的分类及特点

随着数字集成电路的应用日益广泛，数字电路产品的种类愈来愈多，其分类方法若按用途来分，可分成通用型的集成电路（中小规模集成电路）产品，微处理器（MPU）产品和特定用途的集成电路产品三大类。其中可编程逻辑器件就是特定用途产品的一个重要分支。按逻辑功能来分，可以分成组合逻辑电路（也称组合电路），如门电路，编译码器等；时序逻辑电路，如触发器、计数器、寄存器等。按电路结构来分，可分成 TTL 型和 CMOS 型两大类。

常用的 TTL54／74 数字电路系列，它们的电源电压都是 5.0 V，逻辑“0”输出电压小于等于 0.2V，逻辑“l”输出电压大于等于 3.0 V 而抗扰度为 1.0 V。

CMOS 数字集成电路与 TTL 型数字电路相比，前者的工作电源电压范围宽，静态功耗低、抗干扰能力强、输入阻抗高。工作电压范围为 3～18V（也有 7～15V 的，如国产的 C000 系列），输入端均有保护二极管和串联电阻构成的保护电路，输出电流（指内部各独立功能的输出端）一般为 10 mA，所以在实际应用时输出端需要加上驱动电路，但输出端若连接的是 CMOS 电路，则因 CMOS 电路的输入阻抗高，在低频工作时，一个输出端可以带动 50 个以上的接入端。CMOS 电路抗干扰能力是指电路在干扰噪声的作用下，能维持电路原来的逻辑状态并正确进行状态的转换。电路的抗干扰能力通常以噪声容限来表示，即直流电压噪声容限、交流（指脉冲）噪声容限和能量噪声（指输入端积累的噪声能量）3 种。直流噪声容限可达电源电压的 40% 以上，所以使用的电源电压越高，抗干扰能力越强。这是工业中使用 CMOS 逻辑电路时，都采用较高的供电电压的原因。TTL 相应的噪声容限只有 0.8 V（因 TTL 工作电压为 5 V）。

数字集成电路的产品型号的前缀为公司代号，如 MC、CD、uPD、HFE 分别代表飞思卡尔半导体（Freescale）、美国无线电（RCA）、日本电气（NEC）、飞利浦等公司。各产品的中间数字相同的型号均可互换。一般习惯（不严格）通称谓：74XX 、74HCXX、54XX 、40XX、 45XX。如果电路对元件要求比较严格，就要对厂家提供的资料进行分析再作决定。

2．ECL 门电路和 I^2L 电路的特点

ECL 门电路是利用运放原理通过晶体管射极耦合实现的门电路。在所有数字电路中，它工作速度最高，其平均延迟时间 t_{pd} 可小至 1 ns。ECL 电路是由一个差分对管和一对射随器组成的，所以输入阻抗大，输出阻抗小，驱动能力强，信号检测能力高，差分输出，抗共模干扰能力强。但是由于单元门的开关管对是轮流导通的，对整个电路而言没有“截止”状态，所以电路的功耗较大。

I^2L 电路具有结构简单、功耗低的优点，特别适合制成大规模集成电路。I^2L 电路的多集电极输出结构在构成复杂逻辑电路时十分方便。I^2L 门电路与 TTL 门电路的比较，I^2L 电路的优点主要表现在：①I^2L 电路能在低电压、微电流下工作。②I^2L 门电路结构简单。③各逻辑单元之间不需要隔离。I^2L 电路的缺点主要表现在：①开关速度慢。②抗干扰能力差。

3．使用 CMOS 集成电路时应注意的事项

数字集成电路在电子产品中使用得十分广泛，但因其功能及结构的特殊性，如果使用不当，极易损坏，下面介绍一下使用数字集成电路时应注意的事项。

（1）CMOS 电路的栅极与基极之间有一层绝缘的二氧化硅薄层，厚度仅为 0. 1～0. 2μm。由于 CMOS 电路的输入阻抗很高，而输入电容又很小，当不太强的静电加在栅极上时，其电场强度将超过 105 V／com。这样强的电场极易造成栅极击穿，导致永久性损坏。因此防止静电对保护 CMOS 集成电路是很重要的，要求在使用时注意以下几点：①人体能感应出几十伏的交流电压，人衣服的摩擦也会产生上千伏的静电，故尽量不要用手接触 CMOS 电路的引脚。②焊接时宜使用

20 W 内热式电烙铁，电烙铁外壳应接地。为安全起见，也可先拔下电烙铁插头，利用电烙铁余热进行焊接。焊接的时间不要超过 5s。③长期不使用的 CMOS 集成电路，应用锡纸将全部引脚短路后包装存放，待使用时再拆除包装。④更换集成电路时应先切断电源。⑤所有不使用的输入端不能悬空，应按工作性能的要求接电源或接地。⑥使用的仪器及工具应良好地接地。

（2）电源极性不得接反，否则将会导致 CMOS 集成电路损坏。使用 IC 插座时，集成电路引脚的顺序不得插反。

（3）CMOS 集成电路输出端不允许短路，包括不允许对电源和对地短接。

（4）在 CMOS 集成电路尚未接通电源时，不允许将输入信号加到电路的输入端，必须在加电源的情况下再接通外信号电源，断开时应先关断外信号电源。

（5）接线时，外围元件应尽量靠近所连引脚，引线应尽量短。避免使用平行的长引线，以防引入较大的分布电容形成振荡。若输入端有长引线和大电容，应在靠近 CMOS 集成电路输入端接入一个 10 kΩ 限流电阻。

（6）CMOS 集成电路中的 V_{nn} 表示漏极电源电压极性，一般接电源的正极。V_{ss} 表示源极电源电压，一般接电源的负极。

【相关链接】

1．人物介绍

乔治·布尔（George Boole，1815.11.2～1864）是皮匠的儿子，1815 年 11 月 2 日生于英格兰的林肯。由于家境贫寒，布尔不得不在协助养家的同时为自己能受教育而奋斗，不管怎么说，他成了 19 世纪最重要的数学家之一。尽管他考虑过以牧师为业，但最终还是决定从教，而且不久就开办了自己的学校。在备课的时候，布尔不满意当时的数学课本，便决定阅读伟大数学家的论文。在阅读伟大的法国数学家拉格朗日的论文时，布尔有了变分方面的新发现。变分是数学分析的分支，它处理的是寻求优化某些参数的曲线和曲面。

1848 年，布尔出版了《TheMathematicalAnalysis of Logic》，这是他对符号逻辑诸多贡献中的第一次。1849 年，他被任命位于爱尔兰科克的皇后学院（现 National University of Ireland,College Cork 或 UCC）的数学教授。1854 年，他出版了《The Laws of Thought》，这是他最著名的著作。在这本书中，布尔介绍了现在以他的名字命名的布尔代数。布尔撰写了微分方程和差分方程的课本，这些课本在英国一直使用到 19 世纪末。

2．计算机小知识

在微处理器中，算术逻辑单元（ALU）根据程序的指令，对数字数据执行算术和布尔逻辑运算。逻辑运算等价于熟知的基本逻辑门的运算，但是每次至少处理 8 位。布尔逻辑指令的例子是与、或、非和异或，它们被称为助记符。汇编语言程序使用助记符来指定运算。另一个称为汇编器的程序把助记符翻译成可以被微处理器理解的二进制代码。

本章小结

1. 数字电路是二值系统，“0”和“1”仅代表两种截然不同的状态。

2. 除十进制外，数字电路常用的是二进制和十六进制，要能熟练掌握它们之间的转换，常用的BCD码是8421BCD码。

3. 基本逻辑运算有与、或、非3种。常用的逻辑运算还有与非、或非、与或非、异或和同或。

4. 3种常用的逻辑函数表示方法是逻辑表达式、真值表和逻辑图，而且这3种表示方法之间可以相互转换。

5. 主要讲了两种表示方法，即公式化简法和卡诺图化简法。公式化简法没有固定的步骤可循，必须非常熟练地掌握逻辑代数的基本公式和基本定理，所以在化简一些比较复杂的逻辑函数时有一定难度。卡诺图化简法的优点是简单、直观，而且有一定的化简步骤可循。

6. 门电路是构成各种复杂数字电路的基本逻辑单元，掌握各种门电路的外部特性，对于正确使用数字集成电路是十分必要的。

7. TTL门电路由双极型晶体管组成，具有速度高、带负载能力强、抗干扰性能好等优点。本章介绍了TTL与非门的工作原理、特性（包括电压传输特性、输入特性、输出特性和动态特性等）及其主要参数。集电极开路门能够实现“线与逻辑”，还可用来驱动需要一定功率的负载。三态门有高电平、低电平和高组态3种输出状态，可以用来实现总线结构。

习题

6.1 填空题

（1）十进制数如用8421BCD码表示，则1位十进制数可用______位二进制表示。

（2）格雷码又称______。

（3）二进制数1101的循环码是______。

（4）十六进制数E5H对应的二进制数为______B。

（5）二进制数101011B对应的8421BCD码为______。

（6）与二进制数0.1011B等值的十进制数是______。

（7）与十六进制数7A.8H等值的十进制数是______。

（8）(11110001.0101)2421BCD表示的十进制数为______。

（9）(1100.00010100)5211BCD表示的十进制数为______。

（10）(11000110. 0111)余3BCD表示的十进制数为______。

（11）二进制数1101011.011B对应的十六进制数为______。

（12）十进制数36的余3循环BCD码是______。

（13）与二进制数10101等值的十进制数为______。

（14）十进制数254转换成8421BCD码为______。

（15）8421BCD码0011 0111 1000转换成十进制数为______。

（16）晶体三极管作为电子开关时，其工作状态必须为______状态或______状态。

（17）74LSTTL电路的电源电压值和输出电压的高、低电平值依次约为______。74TTL电路的电源电压值和输出电压的高、低电平值依次约为______。

（18）OC门称为______门，多个OC门输出端并联到一起可实现______功能。

（19）______门电路的输入电流始终为零。

（20）CMOS 门电路的闲置输入端不能________，对于与门应当接到________电平，对于或门应当接到________电平。

6.2 求下列二进制代码的奇校验位：

（1）1010101　　（2）100100100　　（3）1111110

6.3 指出下列逻辑函数式中 A、B、C 取哪些值时，F=1。

（1）$F(ABC)=AB+\overline{A}C$

（2）$F(ABC)=\overline{A+B\overline{C}}(A+B)$

（3）$F(ABC)=\overline{A}B+ABC+\overline{A}B\overline{C}$

6.4 将下列各函数式化为最小项之和的形式。

$$F=A\overline{B}\,\overline{C}D+B\overline{C}D+\overline{A}D$$

$$F=\overline{A}B+\overline{\overline{BC}\cdot\overline{\overline{C}+\overline{D}}}$$

6.5 有 3 个入信号 A、B、C，若 3 个同时为 0 或只有两个信号同时为 1 时，输出 F 为 1，否则 F 为 0。列出其真值表，写出逻辑表达式。

6.6 用真值表证明下列等式

（1）$\overline{A+B}=\overline{A}\cdot\overline{B}$

（2）$\overline{A}B+A\overline{B}=(A+B)(\overline{A}+\overline{B})$

6.7 直接根据对偶规则和反演规则，写出下列逻辑函数的对偶函数和反函数。

（1）$F=\overline{A}+\overline{\overline{B}C+\overline{A}(B+C\overline{D})}$

（2）$F=\overline{A}\,\overline{B}+BC+A\overline{C}$

（3）$F=(\overline{A}+\overline{B})\overline{(B+C)(A+\overline{C})}$

（4）$F=\overline{A}B\overline{(\overline{C}+\overline{B}C)}+A(B+\overline{C})$

6.8 用逻辑函数公式，将下列函数化简成最简的“与或”式。

（1）$F=AB+ABD+\overline{A}C+BCD$

（2）$F=\overline{\overline{AC+\overline{B}C}+B(A\overline{C}+\overline{A}C)}$

6.9 用卡诺图化简下列函数，并写出最简与或表达式，用与门、或门实现。

（1）$F(ABC)=\sum(0,1,3,4,5,7)$　　（2）$F(ABC)=\sum(0,2,4,6)$

（3）$F(ABCD)=\sum(0,2,8,10)$

6.10 用卡诺图化简下列函数，并写出最简与非表达式，用与非门实现。

（1）$F(ABCD)=\sum(0,1,5,7,8,11,14)+\sum_d(3,9,15)$

（2）$\begin{cases}F_1(ABC)=\sum(1,2,3,4,5,7)\\ F_2(ABC)=\sum(0,1,3,5,6,7)\end{cases}$

6.11 对应图题 6.11（a）的波形，画出图题 6.11（b）中各电路的输出波形。

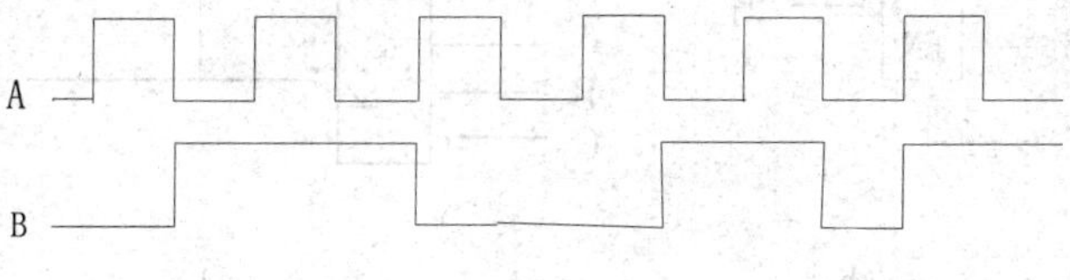

（a）

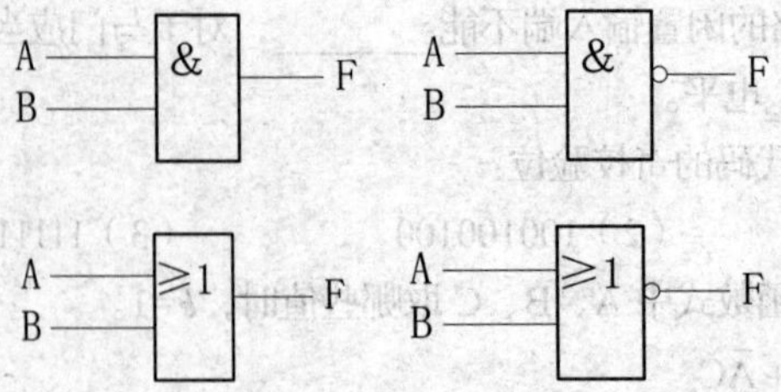

（b）

图题 6.11

6.12 对应题图 6.12（a）的波形，画出题图 6.12（b）中各电路的输出波形。

6.13 对应题图 6.13（a）所示波形，画出题图 6.13（b）、（c）的输出波形。

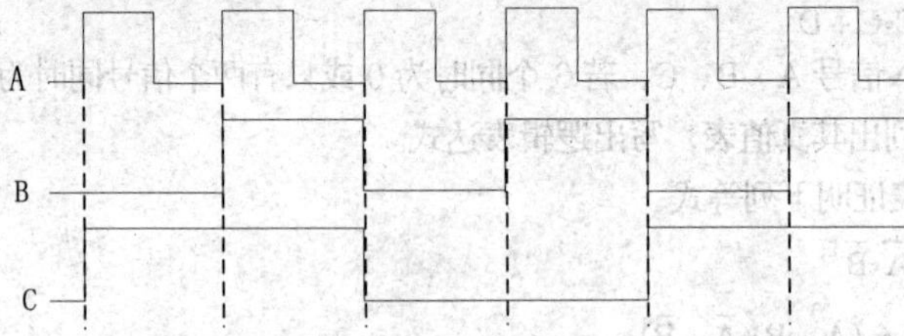

（a）

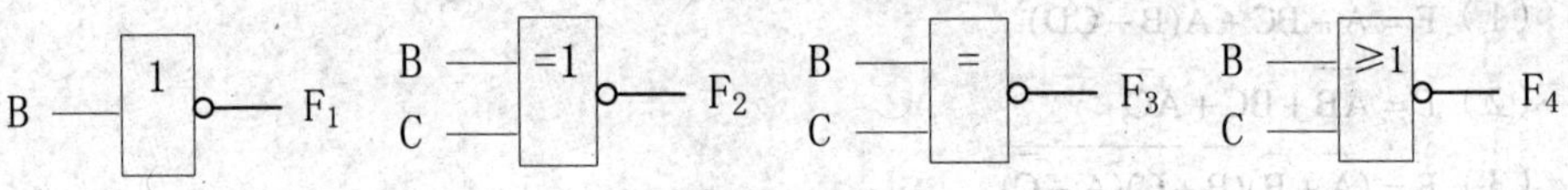

（b）

图题 6.12

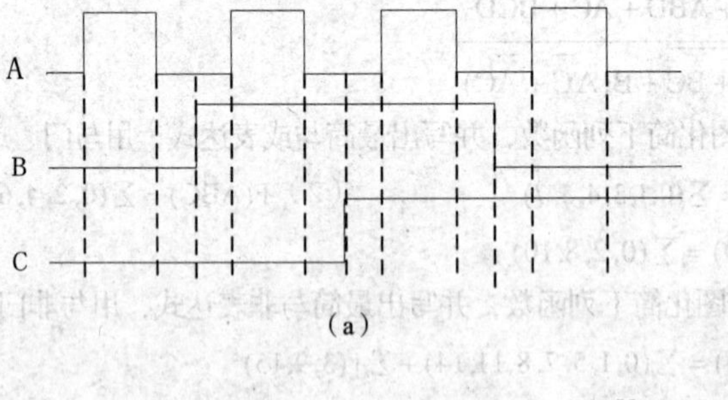

（a）

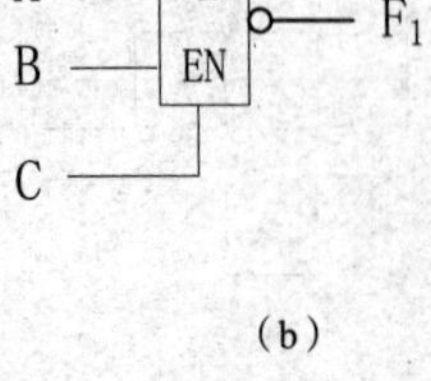

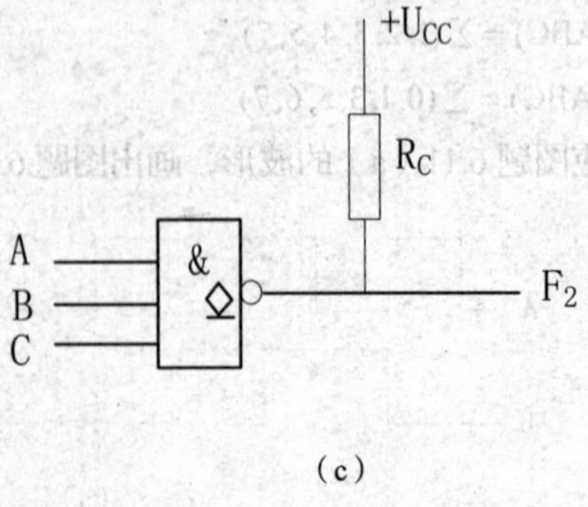

（b） （c）

图题 6.13

第七章　组合逻辑电路

【内容导读】

根据逻辑功能和电路结构的不同特点，数字电路一般可以分为组合逻辑电路和时序逻辑电路两大类。组合逻辑电路的特点是电路在任意时刻的输出状态完全由当前的输入状态决定。本章主要介绍组合逻辑电路的基本分析方法和设计方法，并介绍加法器、译码器、编码和数据选择器等常用中规模集成电路的功能和应用。对于数字集成电路的内部电路结构，一般来说没有必要做很深的研究，只要掌握其外部性能，并能熟练应用就足够了，基于此，本章对一些集成电路只介绍其外部功能。

组合逻辑电路的输出信号只是该时刻输入信号的函数，与电路该时刻以前的状态无关。这种电路无记忆功能，其在电路结构上的特点是：

① 电路不包含存储单元，由逻辑门组成。

② 只有输入到输出的传输通路，没有从输出到输入的反馈电路。

我们可以用图 7.1 所示的方框图表示组合逻辑电路。

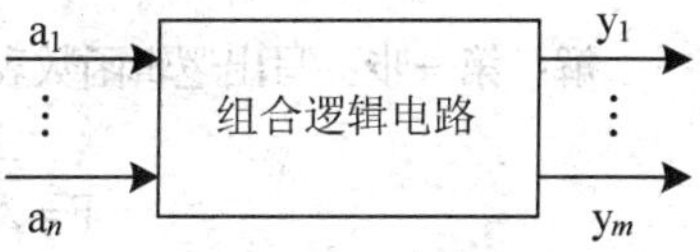

图 7.1　组合逻辑电路框图

该方框图中 a_1，a_2，…，a_n 表示组合逻辑电路的 n 个输入端，y_1，y_2，…，y_m 表示组合逻辑电路的 m 个输出端，输出与输入之间的关系可用下面的函数来描述：

$$y_1=f_1(a_1, a_2,\ldots, a_n)$$
$$y_2=f_2(a_1, a_2,\ldots, a_n)$$

◇

·

◇

·

◇

·

$$y_m=f_m(a_1, a_2,\ldots, a_n)$$

由于组合逻辑电路的输出是且仅仅是输入的函数，因而其输出会随输入的变化而立即变化。在实际的学习和工作中，关于组合逻辑电路我们会碰到的情况通常有两种：组合逻辑电路的分析和组合逻辑电路的设计。

第一节　组合逻辑电路分析

组合逻辑电路的分析，就是找出给定逻辑电路的输出和输入之间的逻辑关系，确定电路的逻辑功能。组合逻辑电路的分析过程一般可按下列步骤进行。

① 根据给定的逻辑电路，从输入端开始，逐级推导出其输出逻辑函数表达式并化简。

② 根据输出函数表达式列出真值表。

③ 观察真值表，分析并用文字概括出电路的逻辑功能。

分析过程举例说明如下。

例 7.1　已知逻辑电路如图 7.1.1 所示，分析其功能。

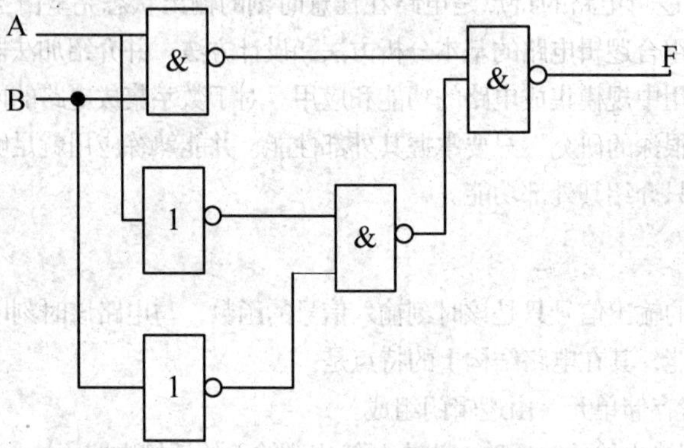

图 7.1.1　例 7.1 逻辑电路图

解：第一步：写出逻辑函数表达式。

$$F=\overline{\overline{A\cdot B}\cdot\overline{\overline{A}\cdot\overline{B}}}=\overline{\overline{A\cdot B}}+\overline{\overline{\overline{A}\cdot\overline{B}}}=A\cdot B+\overline{A}\cdot\overline{B}$$

第二步：列出真值表，如表 7.1.1 所示。

表 7.1.1　例 7.1 真值表

A	B	F
0	0	1
0	1	0
1	0	1
1	1	1

第三步：逻辑功能描述。由真值表可以看出，当 A、B 输入相同时，输出为 1，输入不同时，输出为 0，故该电路可概括为同或门。

例 7.2　已知逻辑电路如图 7.1.2 所示，分析其功能。

解：第一步：写出逻辑函数表达式。

$$P=\overline{AB}$$

$$Q=\overline{\overline{A}+C}$$

$$S=\overline{AB}\cdot\overline{\overline{A}+C}$$

$$R=B\oplus\overline{C}$$

$$F=\overline{S+R}=\overline{\overline{AB}\cdot\overline{\overline{A}+C}+(B\oplus\overline{C})}$$

$$=\overline{\overline{AB}\cdot\overline{\overline{A}+C}}\cdot\overline{B\oplus\overline{C}}$$

$$=(AB+\overline{A}+C)(B\overline{C}+\overline{B}C)$$

$$=AB\overline{C}+\overline{A}B\overline{C}+\overline{A}\,\overline{B}C+\overline{B}C$$

$$=B\overline{C}+\overline{B}C$$

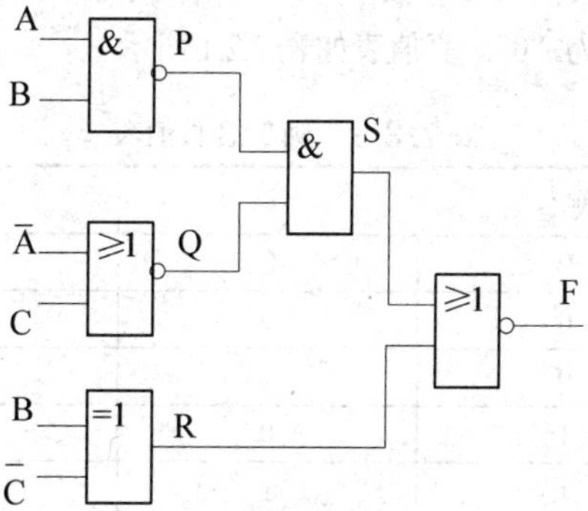

图 7.1.2　例 7.2 逻辑电路图

第二步：列出真值表，如表 7.1.2 所示。

表7.1.2　例7.2真值表

ABC	$AB\overline{C}$	$\overline{A}B\overline{C}$	$\overline{A}\,\overline{B}C$	$\overline{B}C$	F
000	0	0	0	0	0
001	0	0	1	1	1
010	0	1	0	0	1
011	0	0	0	0	0
100	0	0	0	0	0
101	0	0	0	1	1
110	1	0	0	0	1
111	0	0	0	0	0

第三步：逻辑功能描述。由真值表可以看出，此逻辑电路是一个二变量的异或电路。

经分析发现，该电路不是最简设计，我们可对其进行改进，只用一个异或门即可实现原电路功能。

第二节　组合逻辑电路设计

组合逻辑电路的设计，就是根据给出的实际逻辑问题，求出实现该逻辑功能的最简单的逻辑电路。组合逻辑电路的设计过程一般可按下列步骤进行：

① 将文字描述的逻辑命题进行逻辑抽象，转换成真值表。首先要分析逻辑命题，确定输入、输出变量；然后用二值逻辑的 0、1 两种状态分别对输入、输出变量进行逻辑赋值，即确定 0、1 的具体含义；最后根据输出与输入之间的逻辑关系列出真值表。

② 根据真值表写出逻辑函数式，并化简。化简形式应根据选择的门电路而定。

③ 根据化简得到的逻辑函数表达式，画出逻辑电路图。

设计过程举例说明如下：

例 7.3 设计 3 人表决电路（A、B、C）。每人一个按键，如果同意则按下，不同意则不按。结果用指示灯表示，多数同意时指示灯亮，否则不亮。

解：第一步：列出真值表。

输入变量为 3 个按键 A、B、C，按下为“1”，不按为“0”。输出变量为指示灯 F 灯亮（多数赞成）为“1”，不亮为“0”。真值表如表 7.2.1 所示。

表 7.2.1 例 7.3 真值表

输入			输出
A	B	C	Y_1
0	0	0	0
0	0	1	0
0	1	0	0
0	1	1	1
1	0	0	0
1	0	1	1
1	1	0	1
1	1	1	1

第二步：列写逻辑函数并化简。

假设我们选用与非门来实现题目所要求的逻辑功能。画出卡诺图，其化简过程如图 7.2.1 所示。

$$F = AB + BC + AC = \overline{\overline{AB + BC + AC}}$$
$$= \overline{\overline{AB} \cdot \overline{BC} \cdot \overline{AC}}$$

第三步：画出逻辑电路图，如图 7.2.2 所示。

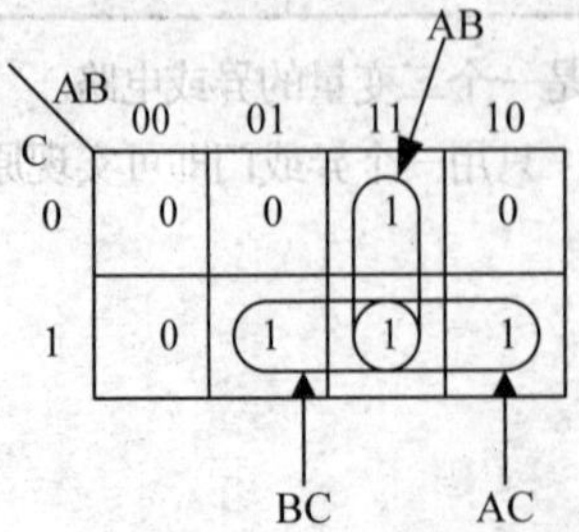

图 7.2.1 例 7.3 化简过程

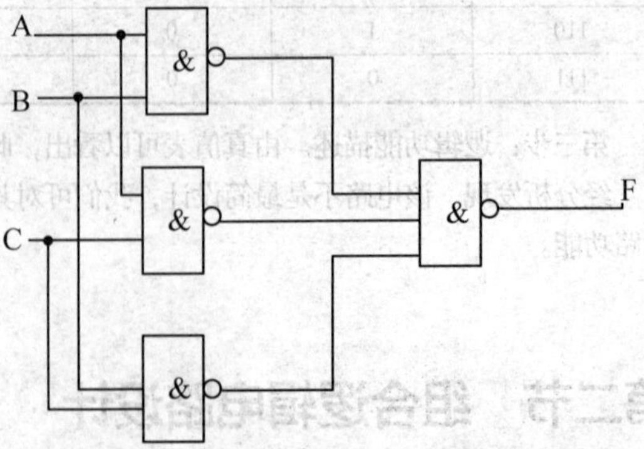

图 7.2.2 用与非门实现逻辑电路

例 7.4 某工厂有 3 条生产线，耗电分别为 1 号线 10 kW，2 号线 20 kW，3 号线 30

kW，生产线的电力由两台发电机提供，其中 1 号机 20 kW，2 号机 40 kW。试设计一个供电控制电路，根据生产线的开工情况启动发电机，使电力负荷达到最佳配置。

解：第一步：列出真值表。

输入变量：1-3 号生产线以 A、B、C 表示，生产线开工为 1，停工为 0；输出变量：1～2 号发电机以 Y_1、Y_2表示，发电机启动为 1，关机为 0；真值表如表 7.2.2 所示。

表 7.2.2 例 7.4 真值表

输入			输出	
A	B	C	Y_1	Y_2
0	0	0	0	0
0	0	1	0	1
0	1	0	1	0
0	1	1	1	1
1	0	0	1	0
1	0	1	0	1
1	1	0	0	1
1	1	1	1	1

第二步：写出逻辑函数并化简。我们选用与或门来实现。画出卡诺图，其化简过程如图 7.2.3 所示。

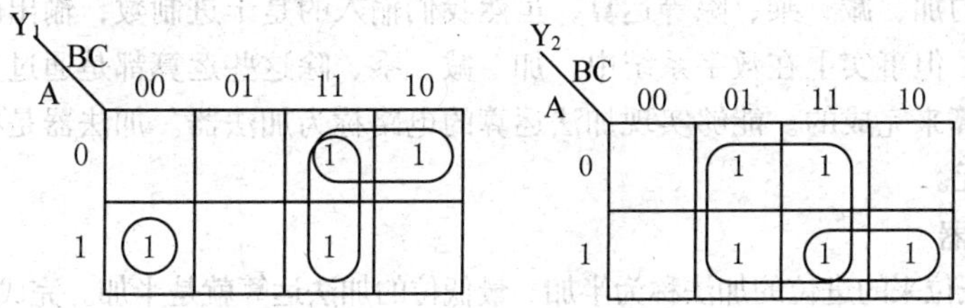

图 7.2.3 例 7.4 化简过程

$$Y_1 = \overline{A}B + BC + A\overline{B}\overline{C}$$

$$Y_2 = C + AB$$

第三步：画出逻辑电路图。

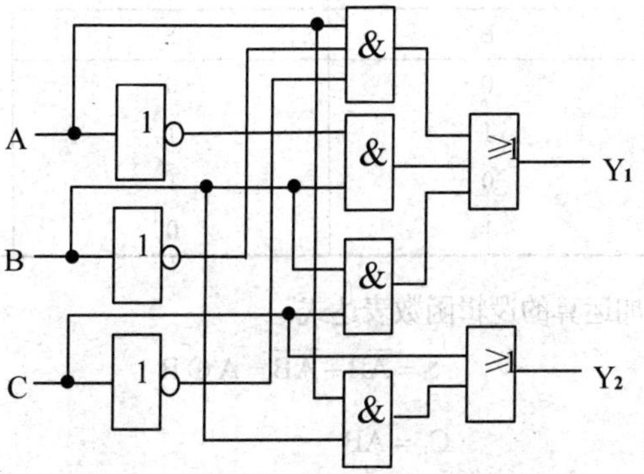

图 7.2.4 例 7.4 逻辑图

提示：在实际组成逻辑电路时，还需要考虑几个问题：①输入信号既可以原变量形式出现，也可以反变量形式出现；②电路结构应尽量紧凑，即应根据具体情况，尽可能减少所用元器件的数量和种类；③要考虑实际元件，必要时应对最简表达式进行变换；④实际中还应考虑信号的传输时间和门电路的带负载能力。

第三节　常用中规模组合逻辑电路

随着集成技术的发展，在一个基片上集成的电子元器件数目越来越多。根据每个基片上包含电子元器件数目的不同，集成电路分为小规模集成电路（SSI）、中规模集成电路（MSI）、大规模集成电路（LSI）及超大规模集成电路（VLSI、SLSI）。MSI 和 LSI 的应用，使数字设备的设计过程大为简化，改变了用 SSI 进行设计的传统方法。在有了系统框图及逻辑功能描述后，即可合理地选择模块，再用传统的方法设计其他辅助连接电路。这一节主要介绍常用的中规模组合逻辑器件，它们是加法器、编码器、译码器以及数据选择器。

一、加法器

数字系统的基本任务之一就是进行算术运算。日常生活中，我们经常使用计算器来完成数字的加、减、乘、除等运算，虽然我们输入的是十进制数，输出的结果仍然是十进制数，但事实上在数字系统中，加、减、乘、除这些运算都是通过二进制数转化成加法运算来完成的。能够实现加法运算的电路称为加法器。加法器是构成运算电路的基本单元。

1．半加器

不考虑低位来的进位的加法称为半加。最低位的加法运算就是半加。完成半加功能的电路称为半加器。半加器有两个输入端，分别为两个加数 A 和 B；输出端也是两个，分别为和数 S 和向高位的进位 C。由二进制数的运算规则可以列写出半加运算的真值表，如表 7.3.2 所示。

表 7.3.2　半加器真值表

输入		输出	
A	B	S	C_i
0	0	0	0
0	1	1	0
1	0	1	0
1	1	0	1

由真值表可写出半加运算的逻辑函数表达式：

$$S=\overline{A}B+A\overline{B}=A\oplus B$$

$$C_i=AB$$

由逻辑函数式得半加器逻辑电路如图 7.3.1 所示，其逻辑符号如图 7.3.2 所示。

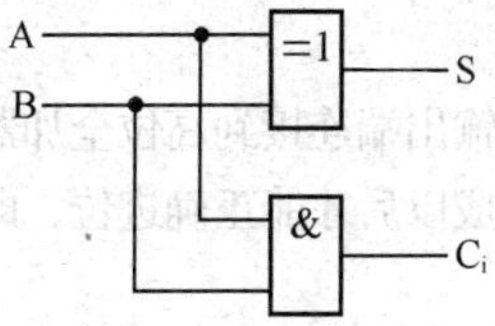

图 7.3.1 半加器逻辑电路图

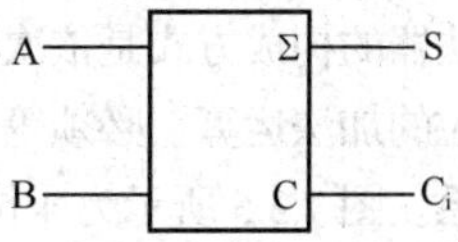

图 7.3.2 半加器逻辑符号

2．全加器

考虑低位来的进位的加法称为全加。除最低位外，其他位的加法运算都需要考虑低位向本位的进位，因而都是全加。完成全加功能的电路称为全加器。实现两个一位二进制数全加的全加器有 3 个输入端，分别为两个加数 A_i 和 B_i，以及一个低位来的进位 C_{i-1}；输出端有两个，分别为全加和数 S_i 和向高位的进位 C_i。由二进制数的运算规则可以列写出该全加运算的真值表如表 7.3.3 所示。

表 7.3.3 全加器真值表

输入			输出	
A_i	B_i	C_{i-1}	S_i	C_i
0	0	0	0	0
0	0	1	1	0
0	1	0	1	0
0	1	1	0	1
1	0	0	1	0
1	0	1	0	1
1	1	0	0	1
1	1	1	1	1

由真值表可写出全加运算的逻辑函数表达式，并化简转换得：

$$
\begin{aligned}
S_i &= \overline{A}_i\overline{B}_iC_{i-1} + \overline{A}_iB_i\overline{C_{i-1}} + A_i\overline{B}_i\overline{C_{i-1}} + A_iB_iC_{i-1} \\
&= \overline{(A_i \oplus B_i)}C_{i-1} + (A_i \oplus B_i)C_{i-1} = A_i \oplus B_i \oplus C_{i-1} \\
C_i &= \overline{A}_iB_iC_{i-1} + A_i\overline{B}_iC_{i-1} + A_iB_i\overline{C}_{i-1} + A_iB_iC_{i-1} \\
&= A_iB_i + (A_i \oplus B_i)C_{i-1}
\end{aligned}
$$

实现两个一位二进制数全加的全加器逻辑电路如图 7.3.3 所示，其逻辑符号如图 7.3.4 所示。

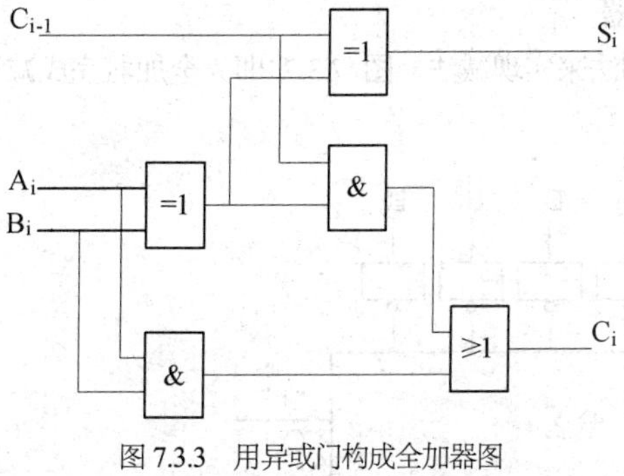

图 7.3.3 用异或门构成全加器图

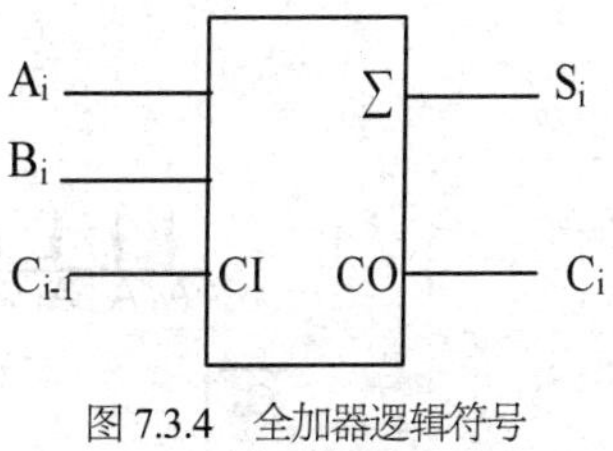

图 7.3.4 全加器逻辑符号

3．多位二进制加法器

实现两个 n 位二进制数相加就需要 n 位全加器。n 位全加器按其进位方式可分为两种，即串行进位加法器和超前进位加法器。

串行加法器的构成方式是依次将低位全加器的进位输出端连接到高位全加器的进位输入端，因而高位的加法运算，必须等到低位的加法运算完成以后才能正确进位，即进位各级之间是串联关系。图 7.3.5 所示为 4 位串行进位加法器。

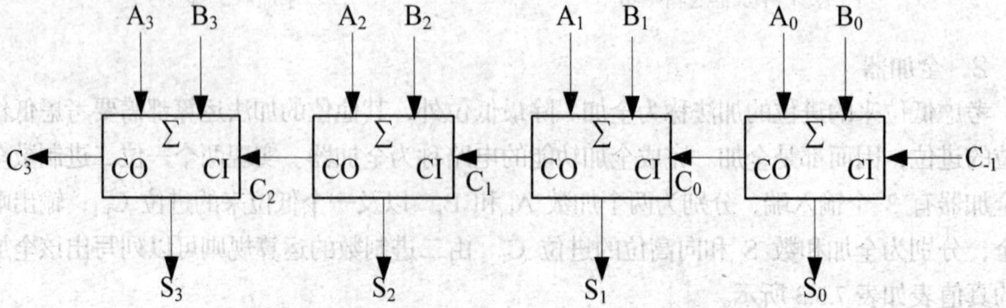

图 7.3.5　四位串行进位加法器

这种电路比较简单，但当位数很多时运算速度较慢，因而它只能被用于不要求运算速度的场合，主要在一些中低速数字设备中采用。4 位串行进位加法器的集成产品最常见的有 74LS83。

超前进位加法器是事先由两个加数构成各级加法器所需要的进位，这样各级进位都可同时产生，每位加法不必等待低位运算结果，故提高了运算速度。常见的超前进位 4 位加法器集成产品为 74LS283，其逻辑符号如图 7.3.6 所示。

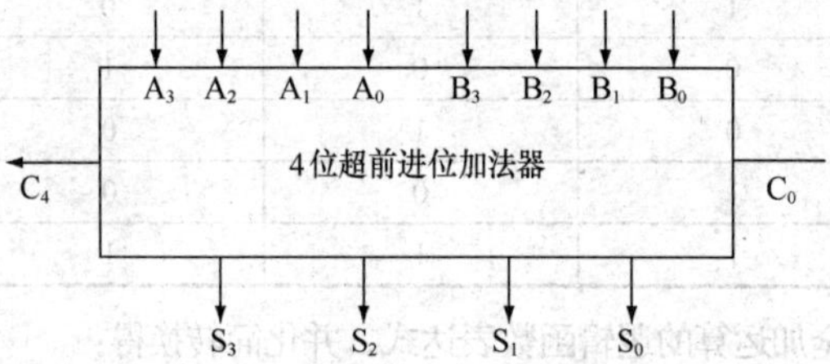

图 7.3.6　4 位超前进位全加器 74LS283 的逻辑符号

4．全加器的应用

全加器除了可实现二进制的加法运算外，还可以实现其他逻辑功能，如二进制的减法运算、乘法运算，BCD 码的加法运算、减法运算，码组变换，数码比较，奇偶校验等，下面举例说明。

例 7.5　试用全加器构成二进制减法器。

解：利用“加补”的概念，即可用加法来实现减法。图 7.3.7 即为全加器完成减法功能的电路。

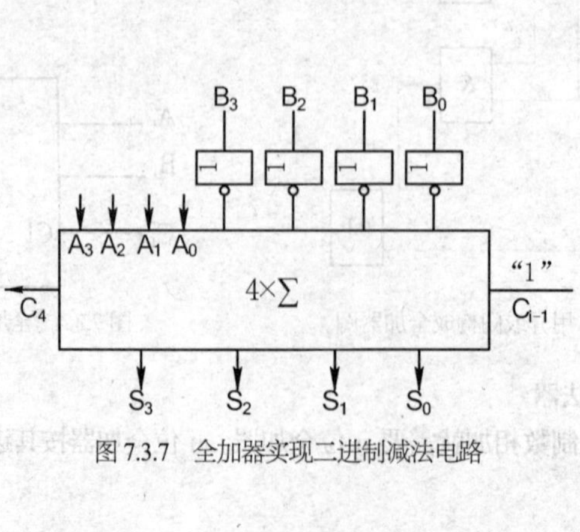

图 7.3.7　全加器实现二进制减法电路

提示：“加补”是指两个数相减的差就等于被减数与减数补码相加的和。

例 7.6 采用 4 位全加器完成 8421BCD 码到余 3 代码的转换。

解：由于 8421BCD 码加 0011 即为余 3 代码，所以可用加法电路实现该转换，如图 7.3.8 所示。

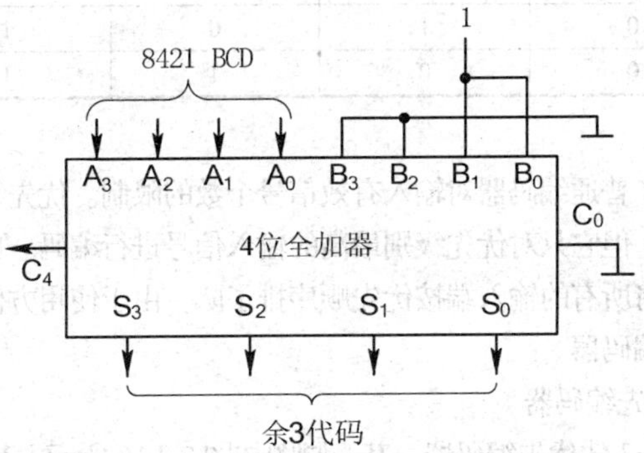

图 7.3.8 8421BCD 码到余 3 代码的转换电路图

二、编码器

所谓编码，就是用二进制代码来表示给定的数字、字符等具有某种特定含义信息的过程。能实现编码功能的逻辑电路称为编码器。编码器有若干个输入端，这些输入端各对应一个要被编码的输入信号，每个有效的输入信号，在输出端都会有一组唯一的二进制代码与之相对应。

一位二进制码有 0 和 1 两种状态，可以用来表示两个不同的信息，n 位二进制码有 2^n 种不同的组合形式，即 2^n 种不同的状态，可以用来表示 2^n 个不同的信息。编码就是对 2^n 种状态进行人为的数值指定，给每一种状态指定一个具体的信息。例如 3 位二进制代码有 8 种不同的状态，我们可以指定用它们来表示 8 个数字，也可指定用它们来表示 8 种颜色等。容易理解，这种指定是任意的，所以编码的方案也是多种多样的。在对 N 个信息进行编码时，应当按照 $2^n \geqslant N$ 的关系来确定使用的二进制代码的位数 n。

按照编码方式的不同，可以将编码器分为普通编码器和优先编码器。按照输出代码的种类不同，又可以将编码器分为二进制编码器和二－十进制编码器。

1．普通编码器

普通编码器在任何时刻，其所有的输入端只允许有一个输入端输入有效信号，而其他输入端都必须输入无效信号，即不允许两个或两个以上输入端同时输入有效信号，否则在输出端将会发生混乱。

下面以两位二进制编码器为例分析编码器的工作原理。图 7.3.9 所示是由或门构成的两位二进制编码器电路。由于该编码器有 4 根输入线、2 根输出线，所以一般称其为 4 线-2 线编码器。表 7.3.4 所示为该两位二进制编码器的编码表。

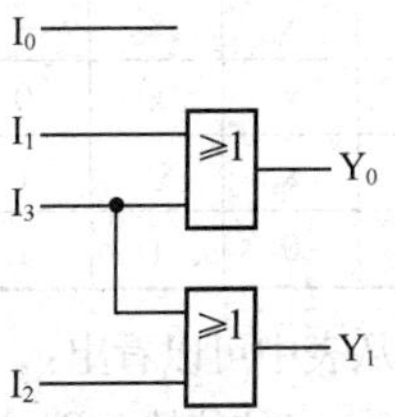

图 7.3.9 两位二进制编码器电路

该编码器输入信号为高电平有效。当一个输入端接收到高电平信号（此时其他 3 个输入端必须均为低电平）时，输出端 Y_1Y_0 会输出相应的高电平或低电平，表示该输入端对应的编码。例如当输入端 I_1 为有效输入“1”，其他 3 个输入端均为无效输入“0”时，编码器输出端 Y_1Y_0 为“01”，表示输入端 I_1 的有效信息被编码为“01”。

表 7.3.4　两位二进制编码器编码表

输入				输出	
I_0	I_1	I_2	I_3	Y_1	Y_0
1	0	0	0	0	0
0	1	0	0	0	1
0	0	1	0	1	0
0	0	0	1	1	1

2. 优先编码器

优先编码器克服了普通编码器对输入有效信号个数的限制。优先编码器允许在多个输入端同时输入有效电平，但它只对优先级别最高的输入信号进行编码。也就是说，在设计优先编码器时，已经预先将所有的输入端按优先顺序排了队。由于使用方便，目前常用的中规模集成编码器都是优先编码器。

（1）8 线－3 线优先编码器

74LS148 是 8 线－3 线优先编码器。其管脚图如图 7.3.10 所示，其中，0～7 为输入信号端，E_I 是使能输入端，$A_2-A_1-A_0$ 是 3 个输出端，CS、E_0 是用于扩展功能的输出端。74LS148 的功能表如表 7.3.5 所示。

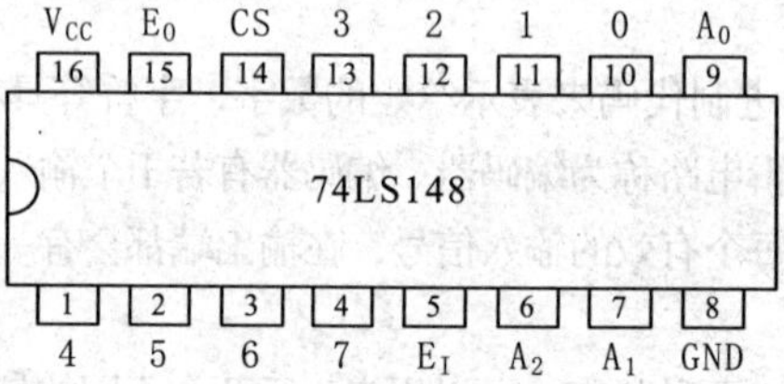

图 7.3.10　74LS148 管脚图

表 7.3.5　优先编码器 74LS148 的功能表

输入									输出				
E_I	0	1	2	3	4	5	6	7	A_2	A_1	A_0	CS	E_0
1	x	x	x	x	x	x	x	x	1	1	1	1	1
0	1	1	1	1	1	1	1	1	1	1	1	1	0
0	x	x	x	x	x	x	x	0	0	0	0	0	1
0	x	x	x	x	x	x	0	1	0	0	1	0	1
0	x	x	x	x	x	0	1	1	0	1	0	0	1
0	x	x	x	x	0	1	1	1	0	1	1	0	1
0	x	x	x	0	1	1	1	1	1	0	0	0	1
0	x	x	0	1	1	1	1	1	1	0	1	0	1
0	x	0	1	1	1	1	1	1	1	1	0	0	1
0	0	1	1	1	1	1	1	1	1	1	1	0	1

从表中可以看出：

① 当使能输入端 E_I=1 时，编码器处于禁止状态，所有的输出端均被封锁为高电平，输出 $A_2A_1A_0$=111，CS=E_o=1。只有当使能端 E_I=0 时，编码器才能正常工作。

② 编码器的输入是低电平有效，所有输入端都接高电平时，代表编码器输入端没有有效信号输入，即没有编码请求，此时输出 $A_2A_1A_0$=111，CS=1，E_o=0。

③ 当多个输入端同时输入有效信号时，按优先级别，只对优先级别最高的输入端进行编码。

输入端 7 的优先级别最高，0 的级别最低。只要 7 端输入为低电平，不管其他输入端是低电平还是高电平，编码器只对 7 端进行编码。只有当 7 端输入高电平时，才会对 6 端输入的低电平进行编码，依此类推，只有当优先级高的 7～1 端都输入高电平时，才会对 0 脚输入的低电平进行编码。

④ 编码器输出端输出的代码是二进制反码。如编码器 7 端输入低电平时，由功能表可见，编码输出 $A_2A_1A_0$=000，而且此时 CS=0，E_0=1。由此可见，有编码信号输出时，CS 才输出有效的低电平。

我们看到，在功能表中出现了 3 个 $A_2A_1A_0$=111 的情况，这时需要根据 CS 和 E_0 的输出状态来区分对应的编码器状态，具体情况如表 7.3.6 所示。

表 7.3.6

CS	E_0	对应的编码器状态
1	1	编码器处于禁止状态，芯片不工作（E_1 接高电平）
1	0	编码器处于工作状态，但没有信号输入 （E_1 接低电平，所有输入端为高电平）
0	1	编码器处于工作状态，对 0 脚进行编码 （E_1 接低电平，输入端只有 0 脚接低电平，其他都接高电平）

（2）10 线－4 线优先编码器

74LS147 是 10 线－4 线优先编码器，其管脚图如图 7.3.11 所示。其中，1～9 为 9 个十进制信号输入端，A_3、A_2、A_1、A_0 是二进制代码输出端。

74LS147 的功能如表 7.3.7 所示。输入低电平有效，9 的优先级别最高，1 的优先级别最低，A_3、A_2、A_1、A_0 为 BCD 反码输出端。

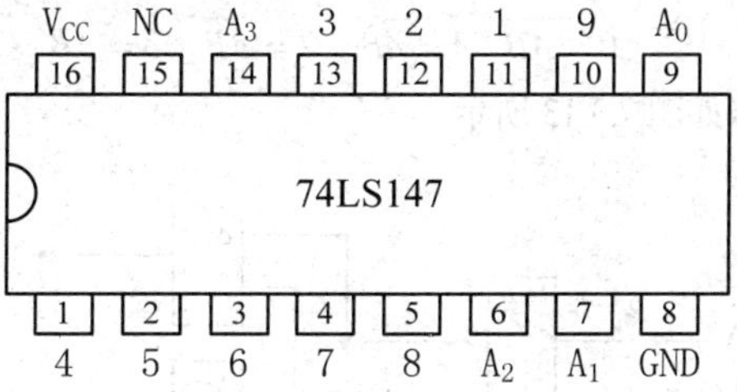

图 7.3.11　74LS147 管脚图

表 7.3.7　优先编码器 74LS147 的功能表

输入									输出			
1	2	3	4	5	6	7	8	9	A_3	A_2	A_1	A_1
1	1	1	1	1	1	1	1	1	1	1	1	1
x	x	x	x	x	x	x	x	0	0	1	1	0
x	x	x	x	x	x	x	0	1	0	1	1	1
x	x	x	x	x	x	0	1	1	1	0	0	0
x	x	x	x	x	0	1	1	1	1	0	0	1
x	x	x	x	0	1	1	1	1	1	0	1	0
x	x	x	0	1	1	1	1	1	1	0	1	1
x	x	0	1	1	1	1	1	1	1	1	0	0
x	0	1	1	1	1	1	1	1	1	1	0	1
0	1	1	1	1	1	1	1	1	1	1	1	0

三、译码器

译码是编码的逆过程，即是将二进制代码所表示的特定信息翻译出来的过程。能够实现译码功能的电路称为译码器。常用的译码器有二进制译码器、二－十进制译码器和显示译码器3类。

1. 二进制译码器

能把二进制代码的各种状态按照其原意转换成对应的信息输出，这种电路叫做二进制译码器。二进制译码器是最简单的一种译码器。

（1）二进制译码器的设计

我们以二位二进制译码电路为例对二进制译码器的设计进行说明。二位二进制译码器有两个代码输入端和 4 个信息输出端，因此也叫 2 线－4 线译码器。二位二进制译码器的译码矩阵和译码表分别如图 7.3.12 和表 7.3.8 所示。

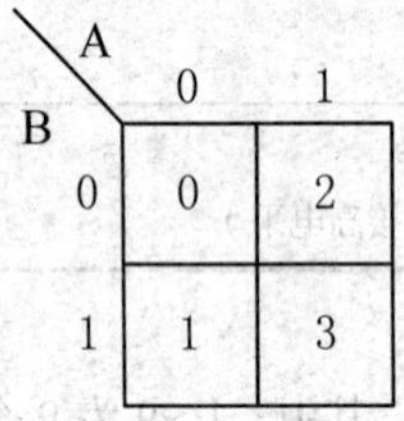

图 7.3.12　二位二进制译码矩阵

表 7.3.8　二位二进制译码表

A	B	N
0	0	0
0	1	1
1	0	2
1	1	3

译码表中每个方格都由一个数据占有，没有多余的状态，所以每个译码函数都由一个最小项组成，即：

$$0=\overline{A}\overline{B}\quad 1=\overline{A}B\quad 2=A\overline{B}\quad 3=AB$$

按此可得到逻辑电路如图 7.3.13 所示。

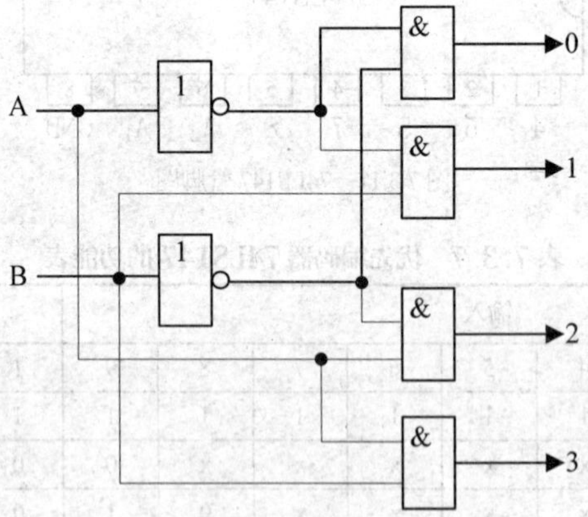

图 7.3.13　二位二进制译码器

其他二进制译码器（如 3 位、3 位二进制译码器）的设计方法与上相同。

（2）集成二进制译码器

考虑到集成电路的特点，集成译码器有以下几个问题需要注意。

① 为了减轻输入信号的负担，集成译码器电路的输入端一般采用缓冲级，这样，输入信号就只需要驱动一个门。

② 为了降低功率损耗，集成译码器的输出端常常采用反码输出，即输出端低电平有效。

③ 为了便于扩展功能，集成译码器增加了使能端。

3 位二进制译码器有 3 个代码输入端和 8 个信息输出端，因此也叫 3 线–8 线译码器。图 7.3.14 所示是集成 3 线–8 线译码器（74LS138）的管脚图。

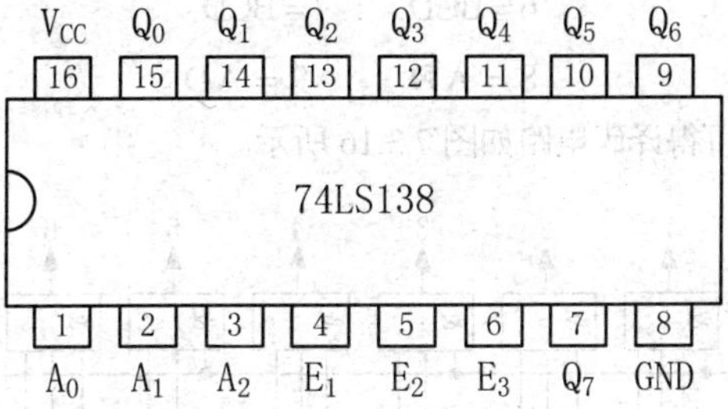

图 7.3.14　74LS138 管脚图

其中，E_1、E_2、E_3 是使能输入端，A_2、A_1、A_0 是 3 个输入端，Q_0～Q_7 是 8 个输出端。表 7.3.9 是 3 线－8 线译码器的功能表。

从功能表中可以看出，只有当 $E_1=1$，$E_2=E_3=0$ 时，器件才工作，输出由输入的二进制代码决定。

表 7.3.9　3 线－8 线译码器功能表

输入					输出							
E_1	E_2+E_3	A_2	A_1	A_0	0	1	2	3	4	5	6	7
0	Φ	Φ	Φ	Φ	1	1	1	1	1	1	1	1
Φ	1	Φ	Φ	Φ	1	1	1	1	1	1	1	1
1	0	0	0	0	0	1	1	1	1	1	1	1
1	0	0	0	1	1	0	1	1	1	1	1	1
1	0	0	1	0	1	1	0	1	1	1	1	1
1	0	0	1	1	1	1	1	0	1	1	1	1
1	0	1	0	0	1	1	1	1	0	1	1	1
1	0	1	0	1	1	1	1	1	1	0	1	1
1	0	1	1	0	1	1	1	1	1	1	0	1
1	0	1	1	1	1	1	1	1	1	1	1	0

2．二－十进制译码器

二－十进制译码器也称 BCD 译码器，它的功能是将输入的 BCD 码（4 位二进制码）译成代表十进制数码的 10 个高、低电平输出信号。二－十进制译码器有 4 个代码输入端和 10 个信息输出端，因此也叫 4 线－10 线译码器。下面我们以 8421BCD 码为例对二－十进制译码器的设计进行说明。

CD \ AB	00	01	11	10
00	0	4	X	8
01	1	5	X	9
11	3	7	X	X
10	2	6	X	X

图 7.3.15　8421BCD 码译码矩阵

8421BCD 码的译码矩阵如图 7.3.15 所示。由于 4 位二进制码有 16 种状态，而十进制数码共有 0～9 10 个数码，很显然有 6 个多余状态，由译码矩阵列写译码函数关系时可将这 6 个多余状态作为无关项考虑，则可以得到如下译码函数关系：

$$0=\overline{A}\,\overline{B}\,\overline{C}\,\overline{D}\qquad 1=\overline{A}\,\overline{B}\,\overline{C}D$$
$$2=\overline{B}C\overline{D}\qquad 3=\overline{B}CD$$
$$4=B\overline{C}\,\overline{D}\qquad 5=B\overline{C}D$$
$$6=BC\overline{D}\qquad 7=BCD$$
$$8=A\overline{D}\qquad 9=AD$$

由译码函数表达式可得译码电路如图 7.3.16 所示。

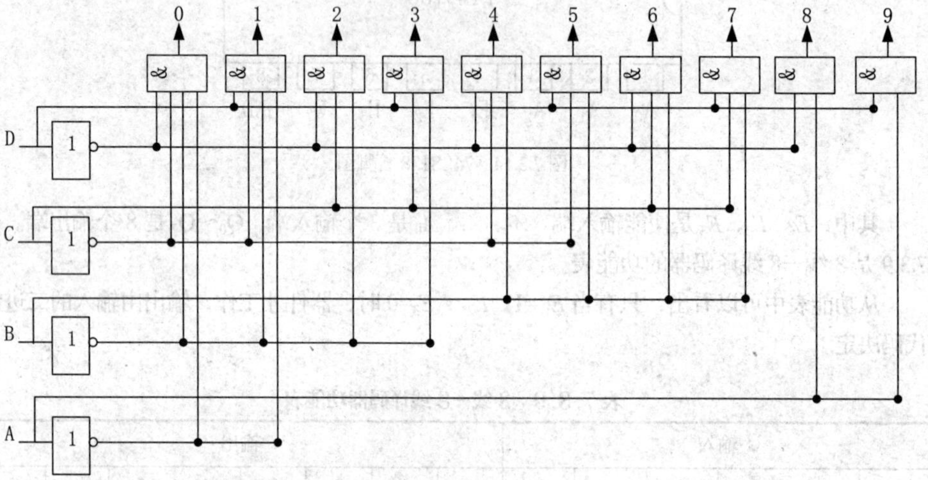

图 7.3.16　8421BCD 码译码器电路

3．显示译码器

显示译码器是用来驱动字符显示器件的 MSI。在数字电路中，数字量都是以一定的代码形式出现的，所以它们要先经过译码电路译码，然后再送到数字显示器上去显示，这样才能便于我们识别，这种把数字量代码翻译成数字显示器能识别的信息的译码器就称为数字显示译码器。

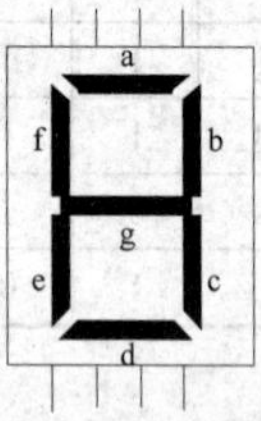

图 7.3.17　LED 数码管

字符显示器根据发光段数可分为七段字符显示器和八段字符显示器，下面我们以驱动七段字符显示器为例来介绍显示译码器。

七段字符显示器用 7 个发光二极管封装成 a、b、c、d、e、f、g 7 个笔画段，如图 7.3.17 所示。

字符显示器的每一段只要加上适当正向电压即可发光，其内部有共阳极（a）和共阴极（b）两种接法，如图 7.3.18 所示。

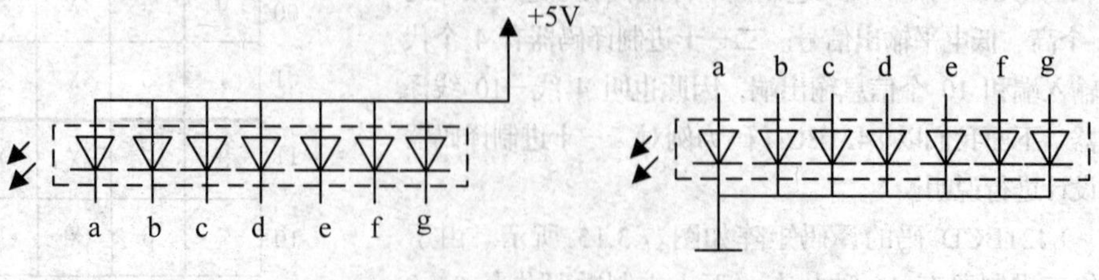

（a）　　　　(b)

图 7.3.18　LED 的两种接法

要使上述字符显示器的对应段发光，前一种接法应使该段阴极接低电平，后一种接法应使该段阳极接高电平。

字符显示器必须要显示译码器的驱动才能正常工作。驱动七段字符显示器的译码器就叫做七段显示译码器。显示译码器有很多集成产品，下面简单介绍驱动七段共阴极字符显示器的七段显示译码器 7448。

表 7.3.10 是七段显示译码器 7448 的真值表。$A_3A_2A_1A_0$ 表示显示译码器输入的 BCD 代码，Y_a～Y_g 表示输出的七位二进制代码，该输出即为可以驱动字符显示器发光段的信号。为了鉴别输入情况，表中除列出了 BCD 代码的 10 个状态与 Y_a～Y_g 状态的对应关系外，还列出了输入为 1010～1111 这 6 个多余状态与 Y_a～Y_g 状态的对应关系，此时字符显示器也对应显示一定的字形。七段字符显示器显示的字形如图 7.3.19 所示。

表 7.3.10　七段显示译码器 7448 的真值表

输入					输出						
数字	A_3	A_2	A_1	A_0	Y_a	Y_b	Y_c	Y_d	Y_e	Y_f	Y_g
0	0	0	0	0	1	1	1	1	1	1	0
1	0	0	0	1	0	1	1	0	0	0	0
2	0	0	1	0	1	1	0	1	1	0	1
3	0	0	1	1	1	1	1	1	0	0	1
4	0	1	0	0	0	1	1	0	0	1	1
5	0	1	0	1	1	0	1	1	0	1	1
6	0	1	1	0	0	0	1	1	1	1	1
7	0	1	1	1	1	1	1	0	0	0	0
8	1	0	0	0	1	1	1	1	1	1	1
9	1	0	0	1	1	1	1	0	0	1	1
10	1	0	1	0	0	0	0	1	1	0	1
11	1	0	1	1	0	0	1	1	0	0	1
12	1	1	0	0	0	1	0	0	0	1	1
13	1	1	0	1	1	0	0	1	0	1	1
14	1	1	1	0	0	0	0	1	1	1	1
15	1	1	1	1	0	0	0	0	0	0	0

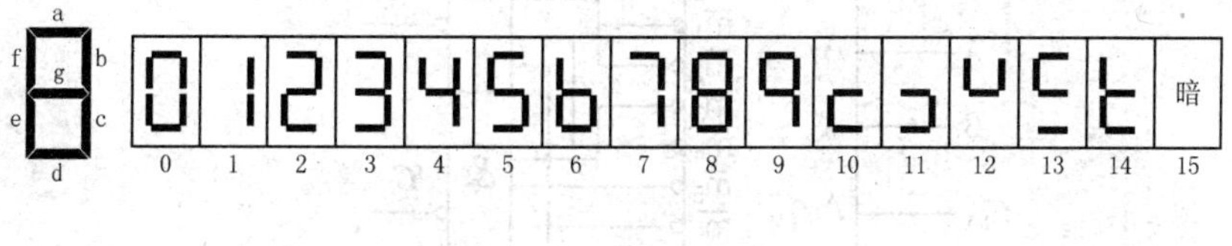

图 7.3.19　七段字符显示器显示的字形

图 7.3.20 为七段显示译码器 7448 的逻辑符号。A_3、A_2、A_1、A_0 表示显示译码器的 4 个 BCD 代码输入端，Y_a～Y_g 表示显示译码器的 7 个二进制代码输出端，在驱动七段字符显示器时，Y_a～Y_g 与字符显示器的 a、b、c、d、e、f、g 7 个端子一一对应连接。另外，集成时为了扩大功能，还增加了灯测试信号端 LT′、灭零信号端 RBI′、特殊控制端 BI′/RBO′。

关于 7448 附加控制端的功能和用法介绍如下。

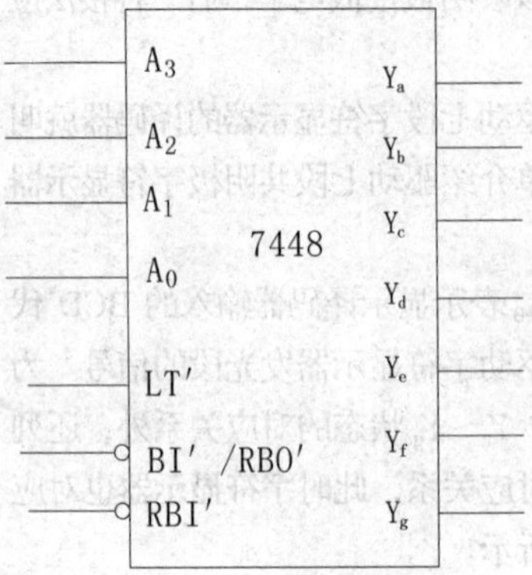

图 7.3.20　7448 的逻辑符号

灯测试输入信号 LT′：主要用来检测显示器是否损坏。当输入信号 LT′=0 时，无论译码器输入 $A_3A_2A_1A_0$ 为任何信号，输出端 Y_a～Y_g 将全部输出高电平，此时被该译码器驱动的数码管的 7 段同时点亮。即就是说，只要令 LT′=0，便可检查译码器所驱动的数码管各段能否正常发光。平时应使 LT′=1。

灭零输入信号 RBI′：主要用来熄灭无效的前零和后零。当输入信号 RBI′=0 时，若输入 $A_3A_2A_1A_0$=0000，此时译码器输出 Y_a～Y_g 全为低电平，即被该译码器驱动的显示器并不显示“0”，而是 7 段全部熄灭，但若输入 $A_3A_2A_1A_0$ 为其他各种组合时，显示器则正常显示字符。

特殊控制 BI′/RBO′：这是一个双功能的输入/输出端，既可当作熄灭输入信号端 BI′，也可当作灭“0”输出端 RBO′。当 BI′输入“0”时，无论其他输入状态怎样，被驱动显示器的各段全部熄灭，不显示数字。当输入 RBI′=0，$A_3A_2A_1A_0$=0000 时，本位的“0”熄灭，此时 RBO′输出“0”，指示该芯片正处于灭零状态。在多位显示系统中，RBO′与下一位的 RBI′相连，通知下一位若为零也可熄灭。

4．译码器的应用

译码器除了用来驱动显示器件外，还可用来实现存储系统和其他数字系统的地址译码，组成脉冲分配器、程序计数器、代码转换器以及逻辑函数发生器等。

例 7.8　用 3-8 译码器设计两个一位二进制数的全加器。

解　由全加器真值表可得

$$
\begin{aligned}
S &= \bar{A}\,\bar{B}C_{i-1} + \bar{A}B\bar{C}_{i-1} + A\bar{B}\,\bar{C}_{i-1} + ABC_{i-1}\\
&= m_1 + m_2 + m_4 + m_7\\
&= \overline{\bar{m}_1 \cdot \bar{m}_2 \cdot \bar{m}_4 \cdot \bar{m}_7}
\end{aligned}
$$

$$
\begin{aligned}
C_i &= \bar{A}BC_{i-1} + A\bar{B}C_{i-1} + AB\bar{C}_{i-1} + ABC_{i-1}\\
&= m_3 + m_5 + m_6 + m_7 = \overline{\bar{m}_3 \cdot \bar{m}_5 \cdot \bar{m}_6 \cdot \bar{m}_7}
\end{aligned}
$$

用 3-8 线译码器组成的全加器如图 7.3.21 所示。

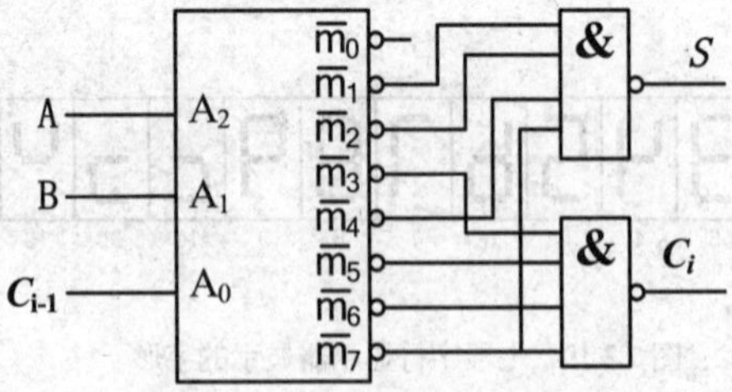

图 7.3.21　用 3-8 译码器组成全加器

例 7.9　用 4-10 译码器（8421BCD 码译码器）实现单“1”检测电路。

解：单“1”检测的函数式为：

$$
\begin{aligned}
F &= \bar{A}\,\bar{B}\,\bar{C}D + \bar{A}\,\bar{B}C\bar{D} + \bar{A}B\bar{C}\,\bar{D} + A\bar{B}\,\bar{C}\,\bar{D}\\
&= m_1 + m_2 + m_4 + m_8 = \overline{\bar{m}_1 \cdot \bar{m}_2 \cdot \bar{m}_4 \cdot \bar{m}_8}
\end{aligned}
$$

其电路如图 7.3.22 所示。

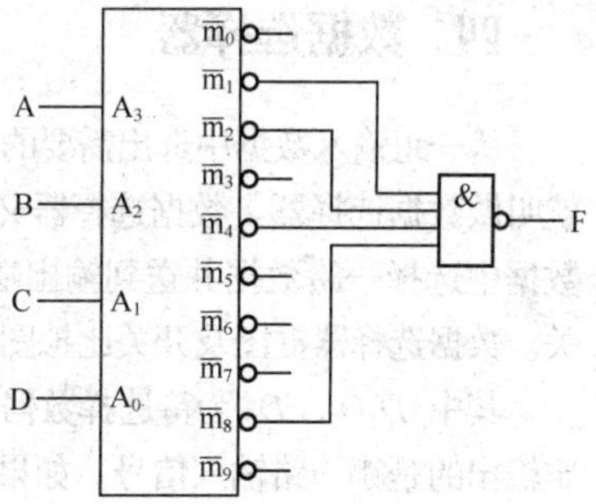

图 7.3.22 单“1”检测电路

5．译码器的 Multisim 仿真

（1）测试 74LS138 的逻辑功能

如图 7.3.23 所示，74LS138 的输入端 A、B、C 接逻辑信号产生仪，输出端接测试灯，观察输出端的高低电平。可以通过逻辑信号产生仪获取输入信号 000～111，例如图中，输入信号为 011，输出端灯 X_3 不亮，说明输出端 Y_3 为低电平，其余各端为高电平。

（2）用 3-8 译码器实现逻辑函数

$$F_1 = \boldsymbol{\Sigma} m(1,2,3,7)$$

$$F_2 = \overline{A} + B + C = \overline{m}_4 = Y_4$$

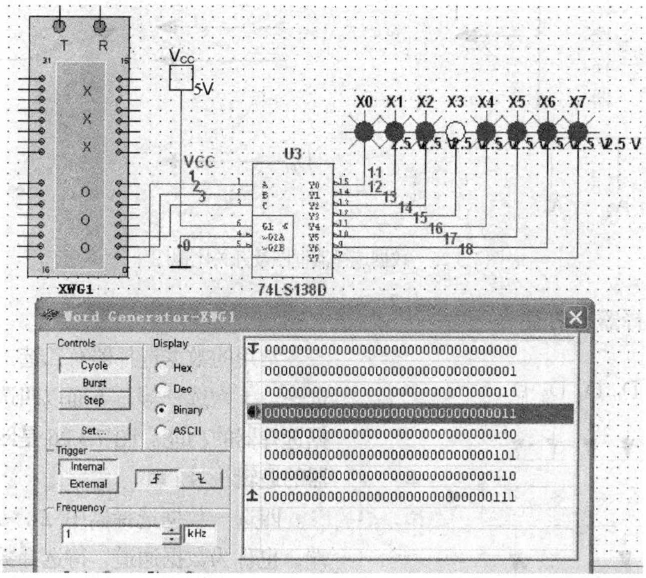

图 7.3.23 74LS138 逻辑功能测试原理图

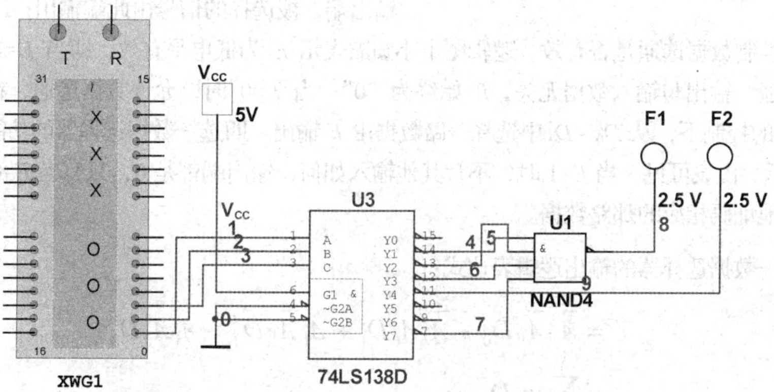

图 7.3.24 用译码器 74LS138 实现逻辑函数仿真电路图

四、数据选择器

从一组输入数据中选出需要的一个数据的过程叫做数据选择，具有数据选择功能的电路就叫做数据选择器。数据选择器又称多路选择器(简称 MUX)，它能够按照要求从多路输入数据中选择一路数据并送到输出端输出，这种功能类似于单刀多位开关，故又称为多路开关。数据选择器框图及开关比拟图如图 7.3.25 所示。

其中 $D_1D_2\ldots D_n$ 为待选择数据。$A_1A_2\ldots A_n$ 称为地址变量，由它们决定开关位置，以便决定输出的是哪一路输入信号。如果地址变量有两个（A_1A_0），则它有 4 种组合，即就是有 4 个地址，可以选择 4 路信息；如果地址变量有 3 个（$A_2A_1A_0$），则它有 8 种组合，即就是有 8 个地址，可以选择 8 路信息。按照这个道理我们很容易理解，当要选择 2^n 路信息时，则需要 n 位地址变量。

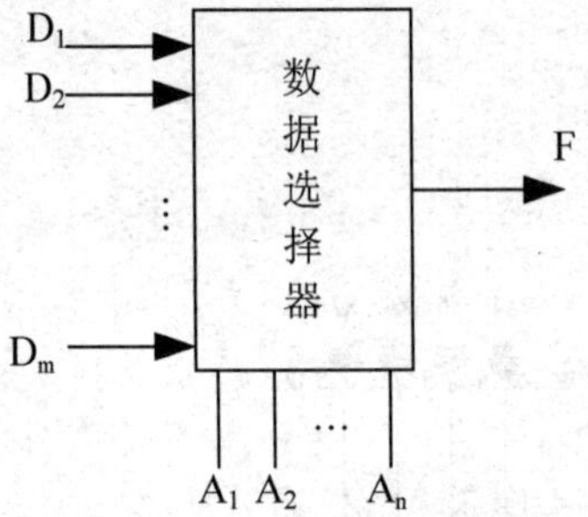

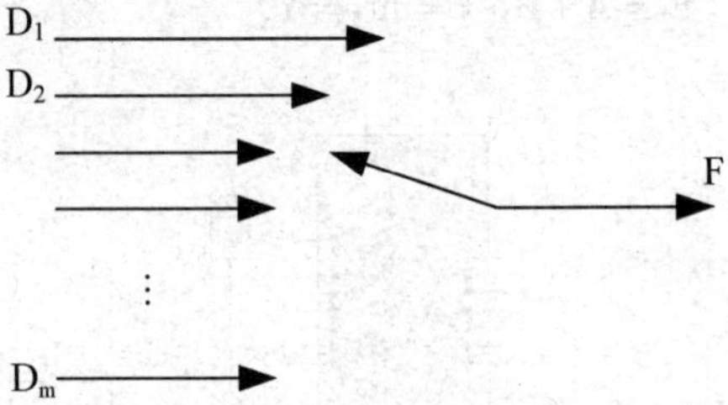

图 7.3.25　数据选择器框图及开关比拟图

1．数据选择器的功能

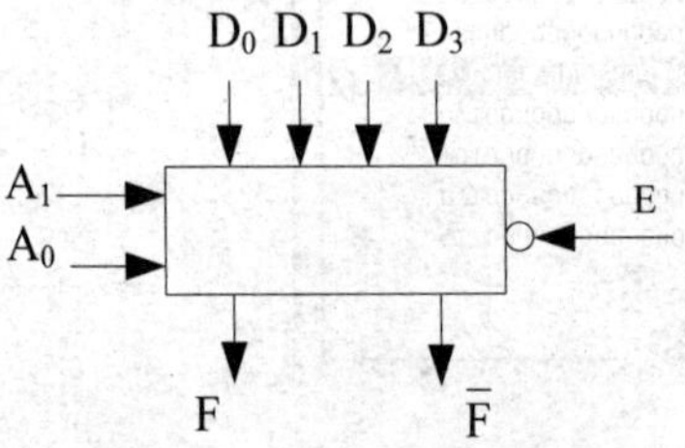

图 7.3.26　四选一数据选择器

常用的数据选择器有二选一、四选一、八选一、十六选一等，下面以四选一为例介绍数据选择器的功能。图 7.3.26 是四选一数据选择器的逻辑符号。

四选一数据选择器中 D_0～D_3 是数据输入端，也称为数据通道，待选择数据由此通道输入；A_1、A_0 是地址变量输入端，或称数据选择控制端，数据选择控制信号由此端输入；F 是输出端，被选择的信号由此端输出；E 是使能端，由它控制数据选通是否有效。逻辑图中小圆圈表示 E 为低电平有效，即当 E=1 时，禁止数据选通，输出与输入数据无关，F 始终为“0”；当 E=0 时，允许数据选通，在地址输入 A_1、A_0 的控制下，从 $D_0 \sim D_3$ 中选择一路数据由 F 输出。四选一数据选择器的功能表如表 7.3.11 所示。由表可见，当 E=1 时，不管其他输入如何，输出端都是 0，只有当 E=0 时，才能输出与地址码相应的那路数据。

四选一数据选择器的输出逻辑表达式：

$$Y = \overline{A}_1\overline{A}_0D_0 + \overline{A}_1A_0D_1 + A_1\overline{A}_0D_2 + A_1A_0D_3$$

$$= \sum_{i=0}^{3} m_iD_i$$

表 7.3.11　四选一数据选择器功能表

地址		选通	数据	输出
A_1	A_0	E	D	F
X	X	1	X	0
0	0	0	$D_0 \sim D_3$	D_0
0	1	0	$D_0 \sim D_3$	D_1
1	0	0	$D_0 \sim D_3$	D_2
1	1	0	$D_0 \sim D_3$	D_3

当输入数据较多时，则可以选用八选一或者十六选一数据选择器，也可以由上述选择器级联扩大功能而构成其他的数据选择器，如三十二选一，六十四选一等。

集成数据选择器有如下几种：

① 二位四选一数据选择器 74LS153；

② 四位二选一数据选择器 74LS157；

③ 八选一数据选择器 74LS151；

④ 十六选一数据选择器 74LS150。

2．数据选择器的应用

数据选择器除了用来选择输出信号，实现时分多路通信外，还可以作为函数发生器，用来实现组合逻辑电路。这里主要介绍用数据选择器实现组合逻辑电路的方法，实现方法有代数法和卡诺图法两种。

（1）代数法

观察四选一数据选择器的输出函数式：

$$
\begin{aligned}
Y &= \overline{A}_1\overline{A}_0D_0 + \overline{A}_1A_0D_1 + A_1\overline{A}_0D_2 + A_1A_0D_3 \\
&= \sum_{i=0}^{3} m_iD_i
\end{aligned}
$$

可以看出，该式中的 m_i 是由数据选择器的地址变量组成的最小项，事实上所有数据选择器的输出函数式都是如此。由前面的学习可知，任何逻辑函数 F 都可以用其输入变量的最小项之和来表示。比较数据选择器的输出函数 Y 和要实现的逻辑函数 F，不难理解，只要将 F 的输入变量加至数据选择器的地址变量输入端，并适当选择数据输入端 D_i 的值（可为常量、变量、布尔函数），使得 $Y=F$，就可以用数据选择器实现逻辑函数 F。下面通过例子说明该方法。

例 7.10　用四选一数据选择器实现二变量异或表示式。

解：四选一数据选择器的输出函数式为：

$$
Y = (\overline{A}_1\overline{A}_0D_0 + \overline{A}_1A_0D_1 + A_1\overline{A}_0D_2 + A_1A_0D_3)
$$

先确定二变量异或函数 F 的输入变量对应为四选一数据选择器的地址变量 A_1、A_0，则待实现二变量异或函数式为：

$$
F = A_1\overline{A_0} + \overline{A_1}A_0
$$

为便于比较，将二变量异或真值表和四选一数据选择器功能同列于表 7.3.12 中。

表 7.3.12

A_1	A_0	F	Y
0	0	0	D_0
0	1	1	D_1
1	0	1	D_2
1	1	0	D_3

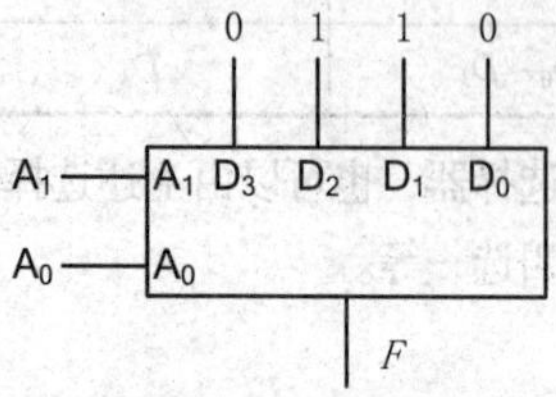

图 7.3.27　例 7.10 图

由表中可看出，只要让 D_0=0，D_1=1，D_2=1，D_3=0，就满足关系 Y=F，即四选一数据选择器实现了异或逻辑功能。根据上述分析，用四选一数据选择器实现二变量异或功能的逻辑图如图 7.3.27 所示。

例 7.11　用八选一数据选择器实现三变量多数表决器。

解：先确定三变量多数表决器逻辑函数 F 的输入变量对应为八选一数据选择器的地址变量 A_2、A_1、A_0。三变量多数表决器真值表及八选一数据选择器功能同列于表 7.3.13 中。

表 7.3.13

A_2	A_1	A_0	F	Y
0	0	0	0	D_0
0	0	1	0	D_1
0	1	0	0	D_2
0	1	1	1	D_3
1	0	0	0	D_4
1	0	1	1	D_5
1	1	0	1	D_6
1	1	1	1	D_7

由表中可看出，只要让 D_0= D_1= D_2= D_4=0，D_3= D_5= D_6= D_7=1，就满足关系 Y=F，即八选一数据选择器实现了三变量多数表决逻辑功能。其逻辑电路图如图 7.3.28 所示。

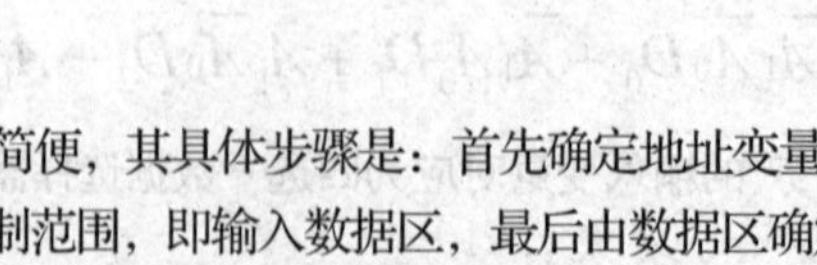

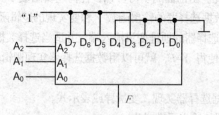

图 7.3.28　例 7.11 电路图

（2）卡诺图法

卡诺图法比较直观、简便，其具体步骤是：首先确定地址变量对应的输入变量，然后在卡诺图上确定地址变量的控制范围，即输入数据区，最后由数据区确定每一数据输入端的连接。

例 7.12　用四选一数据选择器实现三变量多数表决器。

解：三变量表决器有 3 个输入变量 A_2、A_1、A_0，选定其中的 A_2、A_1 依次对应数据选择器的地址变量 A_1、A_0，另一个变量 A_0 连接数据输入端。三变量多数表决功能卡诺图及确定输入数据区如图 7.3.29 所示。

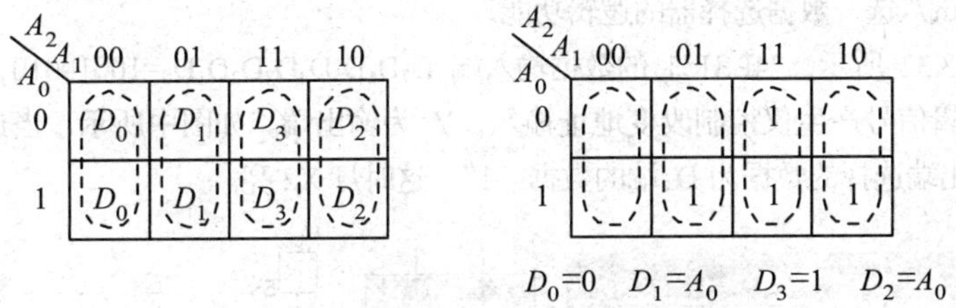

图 7.3.29 用卡诺图确定例 7.12

在控制范围内求得 D_i 为：D_0=0，D_1=A_0，D_2=A_0，D_3=1。逻辑连线图略。

例 7.13 用四选一数据选择器实现如下逻辑函数：

$$F=\sum(0,1,5,6,7,9,10,14,15)$$

解：F 有 4 个输入变量 A、B、C、D，选定其中的 A、B 依次对应选择器的地址变量 A_1、A_0，则变量 C、D 将反映在数据输入端。

由卡诺图确定输入数据区及逻辑连线图如图 7.3.30 所示。

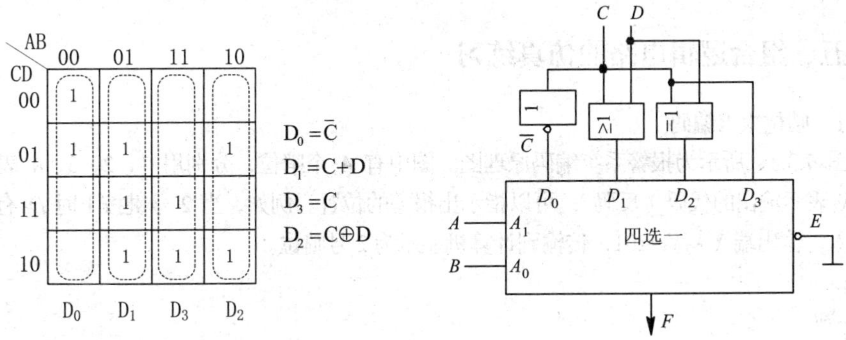

图 7.3.30 用卡诺图设计例 7.13

3．数据选择器的 Multisim 仿真

（1）测试四选一数据选择器的逻辑功能

如图 7.3.31 所示，74LS153 的数据输入端 $1C_31C_21C_11C_0$=1001，地址端 A、B 用逻辑信号产生仪控制改变地址输入，1Y 为输出端。如图中所示，当选择地址端为 11 时，输出端选择的数据为 $1C_3$ 端的数据“1”，这时灯 X1 亮。

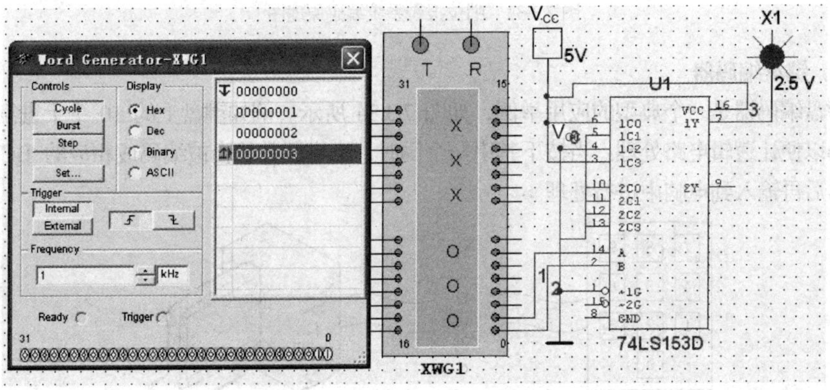

图 7.3.31 四选一数据选择器功能测试原理图

（2）测试八选一数据选择器的逻辑功能

如图 7.3.32 所示，74LS151 的数据输入端 $D_7D_6D_5D_4D_3D_2D_1D_0$=10010010，地址端 C、B、A 用逻辑信号产生仪控制改变地址输入，Y 为输出端。如图中所示，当选择地址端为 100 时，输出端选择的数据为 D_4端的数据“1”，这时灯 X2 亮。

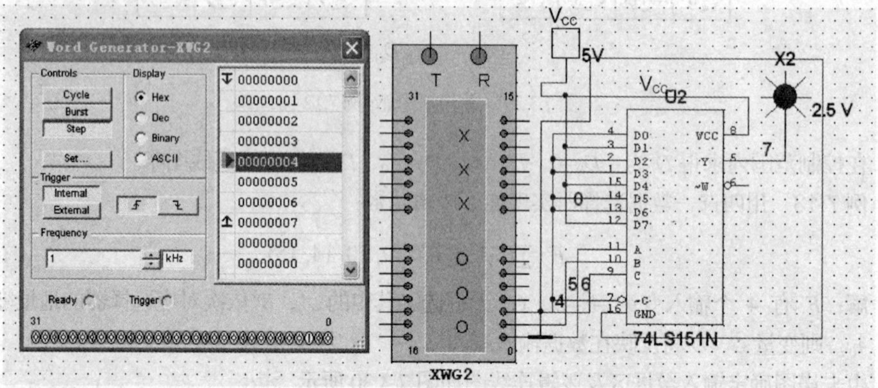

图 7.3.32　八选一数据选择器功能测试原理图

五、组合逻辑电路的仿真练习

1．哨位报警编码

图 7.3.33 所示为报警系统编码原理图。图中有 4 个哨位，分别用 1、2、3、4 表示，$X_1X_2X_3$表示输出的代码（反码），可以指示出报警的位置。例如，当 2 号键按下时 D_2有低电平输入，输出端 $X_1X_2X_3$=101，传输到计算机显示为 2 号哨位。

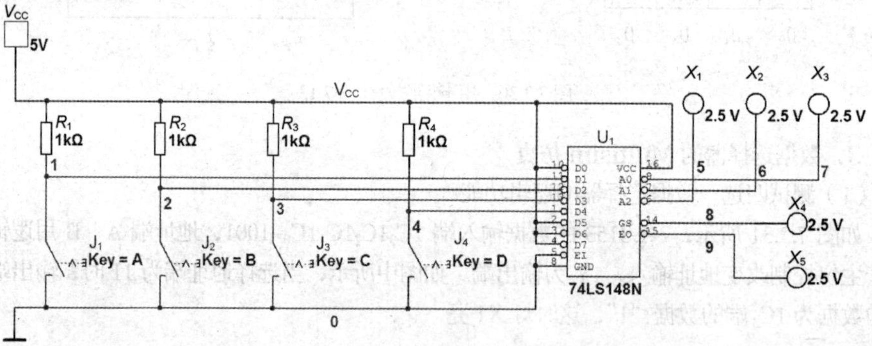

图 7.3.33　哨位报警系统编码原理图

2．键盘编码器

键盘编码器是一个典型的应用举例，如图 7.3.34 所示。例如键盘上的 10 个十进制数必须编码以便让逻辑电路处理。当按下其中一个键时，十进制数就会被编码成相应的 BCD 代码，然后再输入到电脑中进行处理。

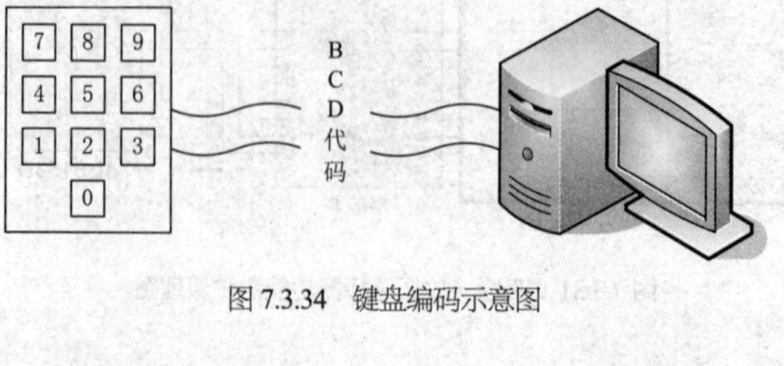

图 7.3.34　键盘编码示意图

仿真电路如图 7.3.35 所示，当键盘按下时，输入的是低电平，否则输入的是高电平。当按下其中一个键，74LS147 就对它进行编码，输出反码，再经过反相器输出原码。例如，当按下 5 号键，74LS147 的 5 号端口输入低电平，其他端口为高电平，芯片对 5 进行编码，输出端 $DCBA$=1010，再经过反相器后，$X_1X_2X_3X_4$=0101,所以，X_1、X_3 的灯不亮，X_2、X_4 的灯亮。这样，我们就能根据指示灯的亮灭来得到输出的代码，从而判断输入端的信号输入情况。

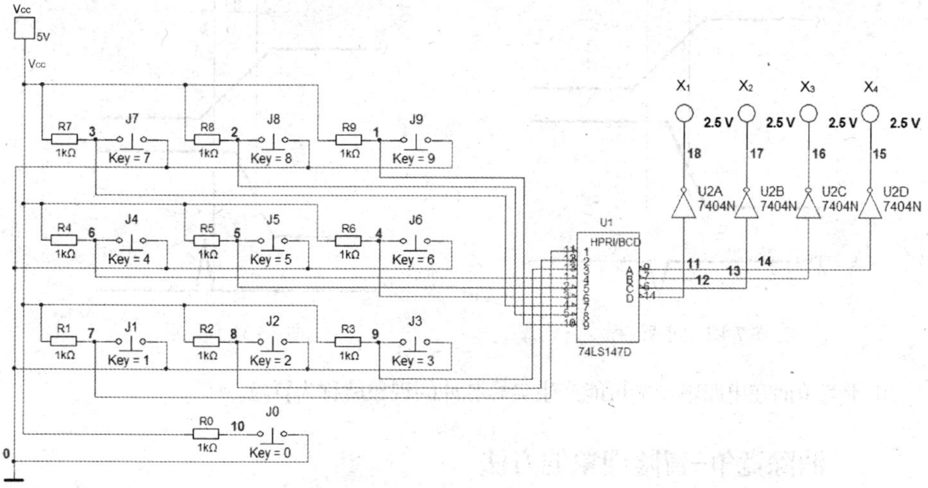

图 7.3.35　键盘编码仿真电路图

*第四节　组合逻辑电路中的竞争—冒险现象

在实际电路中，由于信号变化的过渡过程不一致和门电路的传输延迟的存在，会影响电路的工作情况，基于此，我们有必要观察一下当输入信号逻辑电平发生变化瞬间电路的工作情况。

一、竞争-冒险现象及其成因

如图 7.4.1 所示，中间变量 $T=\overline{AB}$，输出变量 $Y=\overline{\overline{AB}\cdot B}$。稳定状态下，无论 A=1，B=0，还是 A=0，B=1，与非门 G_1 的输出 T 总是 1。由于不同输入信号的上升和下降的过渡过程一般不完全一致，如果 A 和 B 的信号同时发生变化，A 由 1 变化为 0，同时，B 由 0 变化为 1，假设 A 下降的速度比 B 的上升速度慢，则会在一个极短的时间间隔 Δt 内，A 和 B 的信号电平都大于与非门 G_1 输入阈值电压，此时 T 就会产生一个极窄的负向尖峰脉冲，如图 7.4.2 所示，显然，这个尖峰脉冲是与非门 G_1 的错误输出，会对整个逻辑电路的正常逻辑功能造成未知的错误。

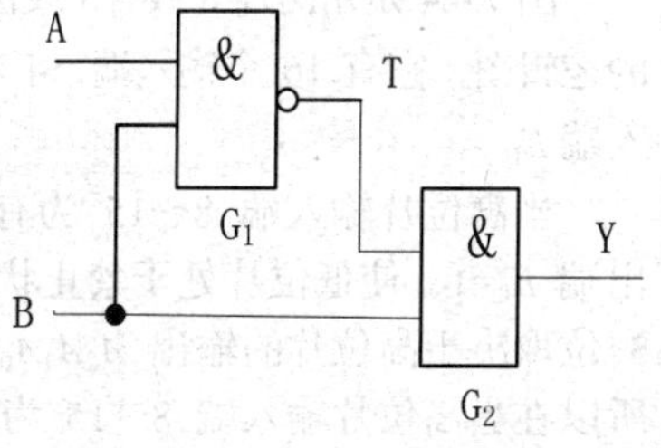

图 7.4.1　逻辑图

假设 A 为 1 不变，稳态下，无论 B 信号是否发生变化，电路都输出 $Y=\overline{B}\cdot B=0$。然而，当 B 信号由 0 变为 1 时，B 信号在一个门的传输延迟 t_{pd}之后传输到 T 点，使之由 1 变化为 0。在这个延迟间隔内，与门 G_2 的两个输入都为高电平，因此，电路输出会产生一个正向尖峰脉冲，如图 7.4.3 所示，显然，这也是不符合电路逻辑功能的错误输出。

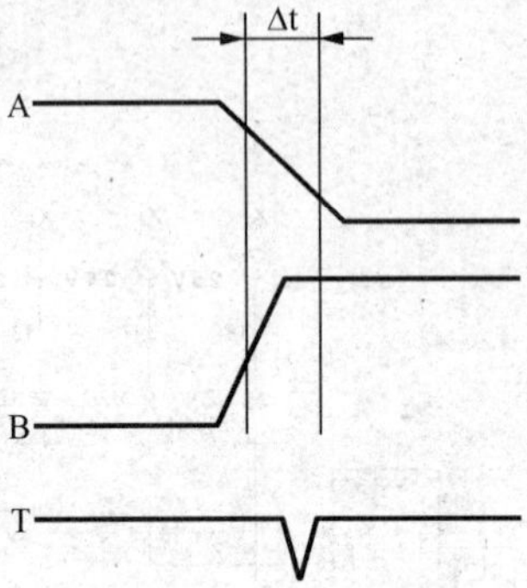

图 7.4.2　过渡过程

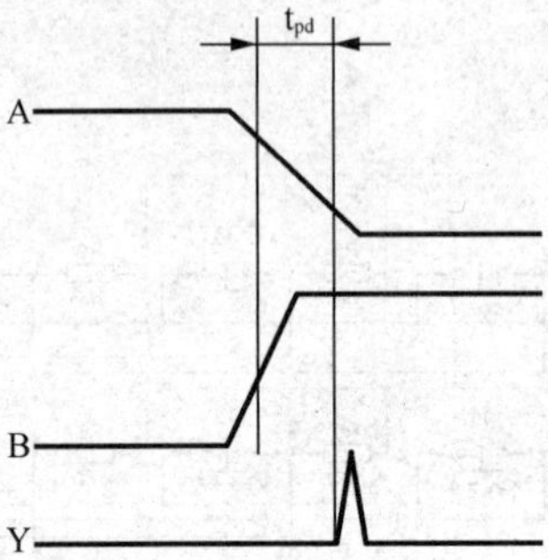

图 7.4.3　门延迟

由于竞争而在电路输出端可能产生尖峰脉冲的现象就称为冒险。

二、消除竞争-冒险现象的方法

1．输出接入滤波电容

由于竞争-冒险而产生的尖峰脉冲一般都很窄，多在几十纳秒以内，所以，只要在可能产生冒险的输出端并接一个很小的滤波电容 C_f，一般在 4 ~ 20pF，就足以把尖峰脉冲的幅度消弱至门电路的阈值电压下。这种方法的优点是简单易行，而缺点是增加了输出电压波形的上升时间和下将时间，使波形有可能变坏。

2．引入选通脉冲

第二种常用的方法是在电路中引入一个选通脉冲，当输入信号变换完成，进入稳态后，才启动选通脉冲，将输出门打开。这样，输出就不会出现冒险现象。

【拓展知识】

1．8 线－3 线优先编码器 74LS148 的功能扩展

在实际应用中，往往会遇到需要对十几个甚至几十个信号进行编码的情况，这时单个芯片不能满足要求，需要联合使用多个芯片进行功能扩展。在进行功能扩展时，通常是利用芯片的使能端和输出端，使多个芯片共同协作，完成更复杂的工作。

图 7.4.4 是用两片 8 线－3 线优先编码器 74LS148 扩展成为一个 16 线-4 线优先编码器的逻辑图，它有 16 个输入端，4 个输出端。高位片的使能输出端 E_0 接至低位片的使能输入端 E_I。

当高位片输入端 8～15 为有效电平输入（低位片输入状态任意）时，它的使能输出端 $E_0=1$，使低位片处于禁止状态，于是低位片的输出 $A_2A_1A_0=111$，则输出代码的低 3 位取决于高位片的输出 $A_2A_1A_0$。同时高位片的 CS=0，即输出代码的最高位 $A_3=0$，所以在当高位片输入端 8～15 为有效电平输入时，输出代码的范围是 0000～0111（是 15～8 的二进制反码输出）。例如，高位片 13 脚有低电平输入（15、14 脚输入高电

平，其他输入管脚 12～0 任意），则高位片输出端 E_0=1、CS=0、$A_2A_1A_0$=010，由于 E_0=1，使低位片 E_1=1，则低位片输出端 $A_0=A_1=A_2$=CS=1，所以输出代码为 $A_3A_2A_1A_0$=0010，CS=0。

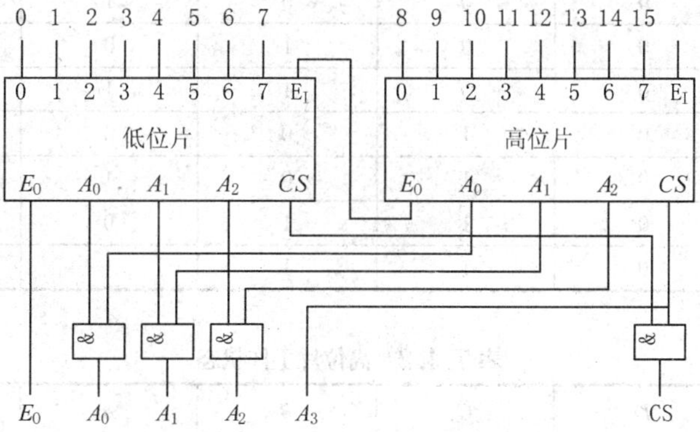

图 7.4.4 两片 8-3 优先编码器扩展为 16-4 优先编码器的连接图

当高位片输入端无信号输入、低位片输入端 0～7 为有效电平输入时，它的使能输出端 E_0=0，使低位片处于工作状态，而此时高位片的输出 $A_2A_1A_0$=111，则输出代码的低 3 位取决于低位片的输出 $A_2A_1A_0$。同时高位片的 CS=1，即输出代码的最高位 A_3=1，所以在当低位片输入端 0～7 为有效电平输入时，输出代码的范围是 1000～1111（是 7～0 的二进制反码输出）。例如，高位片输入都是高电平，低位片 7 脚有低电平输入（其他输入管脚 6～0 任意），则高位片输出端 E_0=0、CS=1、$A_2A_1A_0$=111，由于 E_0=0，使低位片 E_1=0，则低位片输出端 $A_0A_1A_2$=000、CS=0，所以输出代码为 $A_3A_2A_1A_0$=1000，CS=0。

2．集成 3 线－8 线译码器 74LS138 的功能扩展

图 7.4.5 所示是将 3-8 译码器扩展为 4-16 译码器的连接图。通过此图可看出使能端在扩大功能上的用途。

E_3 作为使能端，低位片中 E_2 和高位片中 E_1 相连作为第 4 变量 D 的输入端。在 E_3=0 的前提下，当 D=0 时，低位片选中，高位片禁止，输出由低位片决定。

当 D=1 时，低位片禁止，高位片工作，输出由高位片决定，其关系如表 7.4.1 和表 7.4.2 所示。

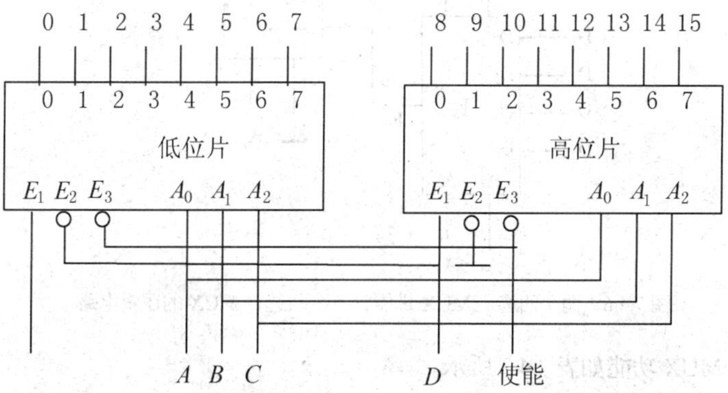

图 7.4.5 3-8 译码器扩大为 4-16 译码器

表 7.4.1 低位片工作状态

	D	C	B	A	输出
低位片工作	0	0	0	0	0
	0	0	0	1	1
	0	0	1	0	2
	0	0	1	1	3
	0	1	0	0	4
	0	1	0	1	5
	0	1	1	0	6
	0	1	1	1	7

表 7.4.2 高位片工作状态

	D	C	B	A	输出
高位片工作	1	0	0	0	8
	1	0	0	1	9
	1	0	1	0	10
	1	0	1	1	11
	1	1	0	0	12
	1	1	0	1	13
	1	1	1	0	14
	1	1	1	1	15

3．数据选择器的功能扩展

（1）不用使能端将两个四选一 MUX 扩展为一个八选一 MUX，逻辑连线如图 7.4.6 所示。

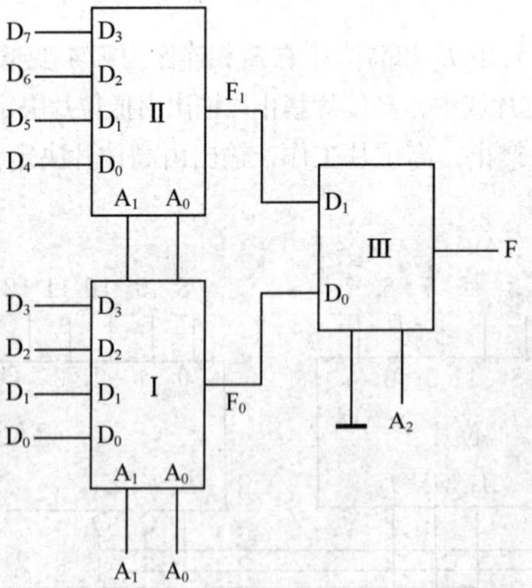

图 7.4.6 两个四选一 MUX 扩展为一个八选一 MUX 的逻辑电路

该八选一 MUX 功能如表 7.4.3 所示。

（2）使用使能端将 4 个四选一 MUX 扩展为一个十六选一 MUX，逻辑连线如图 7.4.7 所示。

表 7.4.3 八选一 MUX 功能

A_2	A_1	A_0	输出
0	0	0	D_0
0	0	1	D_1
0	1	0	D_2
0	1	1	D_3
1	0	0	D_4
1	0	1	D_5
1	1	0	D_6
1	1	1	D_7

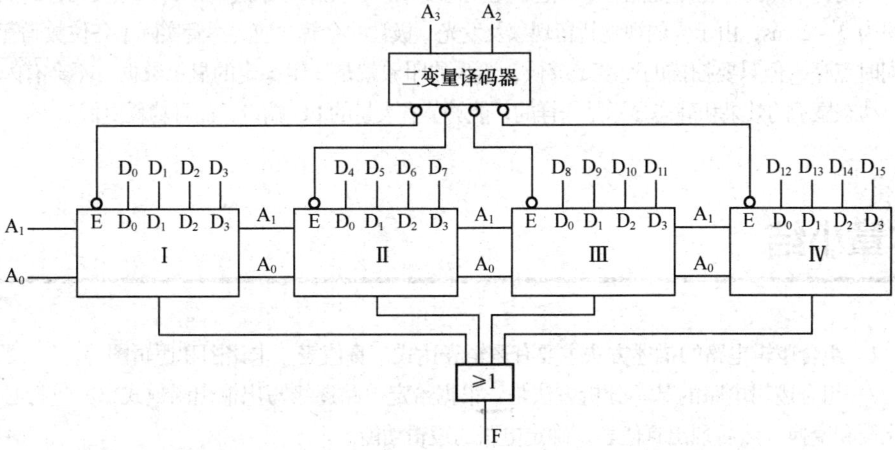

图 7.4.7 4 个四选一 MUX 扩展为一个十六选一 MUX 的逻辑电路

【相关链接】

数码管知识

数码管是一种半导体发光器件，其基本单元是发光二极管。LED 数码管（LED Segment Displays）是由多个发光二极管封装在一起组成“8”字型的器件，颜色有红、绿、蓝、黄等几种，其引线已在内部连接完成，只需引出它们的各个笔划的公共电极。数码管按段数可分为七段数码管和八段数码管，八段数码管比七段数码管多一个发光二极管单元（多一个小数点显示）；按能显示多少个“8”可分为 1 位、2 位、3 位、4 位、5 位、6 位、7 位等数码管。LED 数码管根据 LED 的接法不同分为共阴和共阳两类，共阳数码管是指将所有发光二极管的阳极接到一起形成公共阳极(COM)的数码管，共阳数码管在应用时应将公共极 COM 接到+5 V，当某一字段发光二极管的阴极为低电平时，相应字段就点亮，当某一字段的阴极为高电平时，相应字段就不亮。共阴数码管是指将所有发光二极管的阴极接到一起形成公共阴极(COM)的数码管，共阴数码管在应用时应将公共极 COM 接到地线 GND 上，当某一字段发光二极管的阳极为高电平时，相应字段就点亮，当某一字段的阳极为低电平时，相应字段就不亮。了解 LED 的这些特性，对编程是很重要的，因为不同类型的数码管，除了它们的硬件电路有差异外，编程方法也是不同的。LED 数码管广泛用于仪表、时钟、车站、家电等场合。选用时要注意产品尺寸、颜色、功耗、亮度和波长等。

数码管要正常显示，就要用驱动电路来驱动数码管的各个段码，从而显示出我们要的数字，因此根据数码管驱动方式的不同，可以分为静态式和动态式两类。静态驱动也称直流驱动。静态驱动是指每个数码管的每一个段码都由一个单片机的 I/O 端口进行驱动，或者使用如 BCD 码二－十进制译码器译码进行驱动。静态驱动的优点是编程简单，显示亮度高；缺点是占用 I/O 端口多，如驱动 5 个数码管静态显示则需要 5×8=40 根 I/O 端口来驱动，实际应用时必须增加译码驱动器进行驱动，增加了硬件电路的复杂性。数码管动态显示接口是单片机中应用最为广泛的一种显示方式之一，动态驱动是将所有数码管的 8 个显示笔划的同名端连在一起，另外为每个数码管的公共极 COM 增加位选通控制电路，位选通由各自独立的 I/O 线控制，当单片机输出字形码时，所有数码管都接收到相同的字形码，但究竟是哪个数码管会显示出字形，取决于单片机对位选通 COM 端电路的控制，所以我们只要将需要显示的数码管的选通控制打开，该位就显示出字形，没有选通的数码管就不会亮。通过分时轮流控制各个数码管的 COM 端，就使各个数码管轮流受控显示，这就是动态驱动。在轮流显示过程中，每位数码管的点亮时间为 1～2 ms，由于人的视觉暂留现象及发光二极管的余辉效应，尽管实际上各位数码管并非同时点亮，但只要扫描的速度足够快，给人的印象就是一组稳定的显示数据，不会有闪烁感，动态显示的效果和静态显示是一样的，能够节省大量的 I/O 端口，而且功耗更低。

本章小结

1. 组合逻辑电路的描述方法主要有逻辑表达式、真值表、卡诺图和逻辑图等。

2. 组合逻辑电路的基本分析方法是：根据给定电路逐级写出输出函数式，并进行必要的化简和变换，然后列出真值表，确定电路的逻辑功能。

3. 组合逻辑电路的基本设计方法是：根据给定设计任务进行逻辑抽象、逻辑赋值，列出真值表，然后写出输出函数式，并进行适当的化简和变换，求出最简表达式，从而画出最佳逻辑电路。除了可以用基本的逻辑门设计组合逻辑电路外，还可以用 MSI 来实现组合逻辑电路。

4. 加法器、编码器、译码器和数据选择器等是常用的 MSI 组合逻辑部件，学习时应重点掌握其逻辑功能及应用。

（1）加法器用于实现加法运算，其单元电路有半加器和全加器，其集成电路主要有串行进位加法器和超前进位加法器。

（2）编码器的作用是将有特定含义的信息编成相应的二进制代码输出，常用的编码器可分为普通编码器和优先编码器两类。

（3）译码器的作用是将表示特定含义信息的二进制代码翻译出来，常用的有二进制译码器、二-十进制译码器和字符显示译码器。

习题

7.1 填空题

（1）若要实现逻辑函数 $F = AB + BC$，可以用一个_______门；或者用_______个与非门；或者用______个或非门。

（2）半加器有______个输入端，______个输出端；全加器有______个输入端，______个输出端。

（3）半导体数码显示器的内部接法有两种形式：共______接法和共______接法。

（4）对于共阳接法的发光二极管数码显示器，应采用______电平驱动的七段显示译码器。

7.2　单项选择题

（1）组合逻辑电路的输出取决于（　　）。

A. 输入信号的现态　　B. 输出信号的现态

C. 输入信号的现态和输出信号变化前的状态

（2）编码器译码器电路中（　　）电路的输出是二进制代码。

A. 编码　　B. 译码　　C. 编码和译

（3）全加器是指（　　）。

A. 两个同位的二进制数相加　　B. 不带进位的两个同位的二进制数相加

C. 两个不同位的二进制数及来自低位的进位三者相加

（4）二-十进制的编码器是指（　　）。

A. 将二进制代码转换成 0~9 十个数字

B. 将 0~9 十个数字转换成二进制代码电路

C. 二进制和十进制电路

（5）二进制译码器指（　　）。

A. 将二进制代码转换成某个特定的控制信息

B. 将某个特定的控制信息转换成二进制数

C. 具有以上两种功能

（6）组合电路的竞争冒险是指（　　）。

A. 输入信号有干扰时，在输出端产生了干扰脉冲

B. 输入信号改变状态时，输出端可能出现的虚假信号

C. 输入信号不变时，输出端可能出现的虚假信号

7.3 组合电路如图题 7.3 所示，写出逻辑函数表达式，分析该电路的逻辑功能。

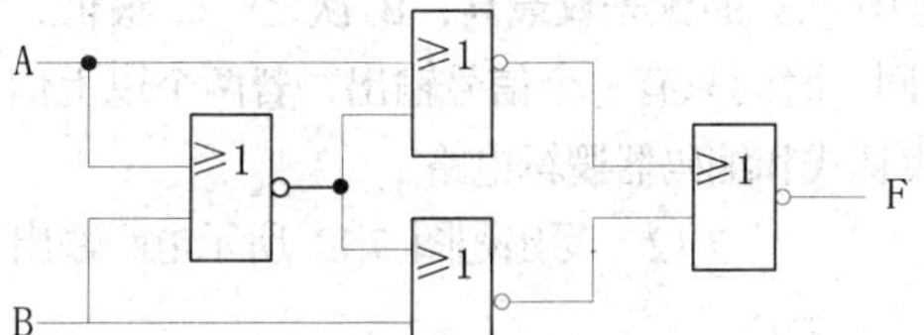

题图 7.3

7.4　组合电路如图题 7.4 所示，分析该电路的逻辑功能。

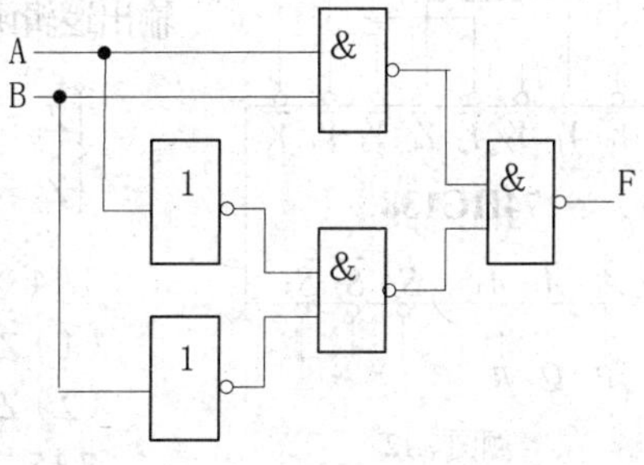

题图 7.4

7.5　已知输入信号 a、b、c、d 的波形如题图 7.5 所示，选择集成逻辑门设计实现产生输出 F 波形的电路。

7.6　试设计一个带控制端的 4 输入、4 输出逻辑电路。对于每一路输入信号，当控制信号 C=0 时，对

应的输出信号与输入信号相反；C=1 时，对应的输出信号与输入信号相同。

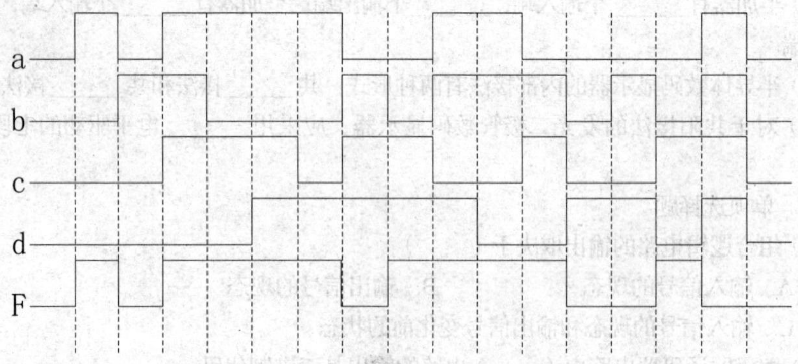

题图 7.5

7.7 用与非门设计逻辑电路实现如下功能：

（1）四变量的多数表决器（四变量中有多数变量为 1 时，其输出为 1）；

（2）三变量的判奇电路（三变量中奇数个变量为 1 时，其输出为 1）。

（3）三变量的一致电路（当变量全部相同时输出为 1，否则为 0）。

7.8 用与非门实现将余 3 代码转换为 8421BCD 码的电路。

7.9 设计一个如题图 7.9 所示五段 LED 数码管显示电路。输入为 A 、B ，要求能显示英文 Error 中的 3 个字母 E 、r、o（并要求 A 、B =1 时全暗），列出真值表，用与非门画出逻辑图。

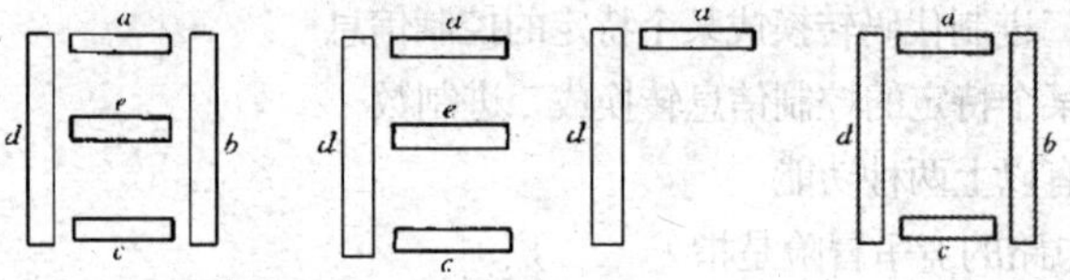

显示 E　　显示 r　　显示 o

题图 7.9

7.10 利用 4 位集成全加器实现将余 3 代码转换为 8421BCD 码，画出电路图。

7.11 3 个输入信号中，A 的优先权最高，B 次之，C 最低，它们通过编码器分别由 F_A、F_B、F_C 输出。要求同一时间只有一个信号输出，若两个以上信号同时输入时，优先权高的被输出，试求输出表达式和编码器逻辑电路。

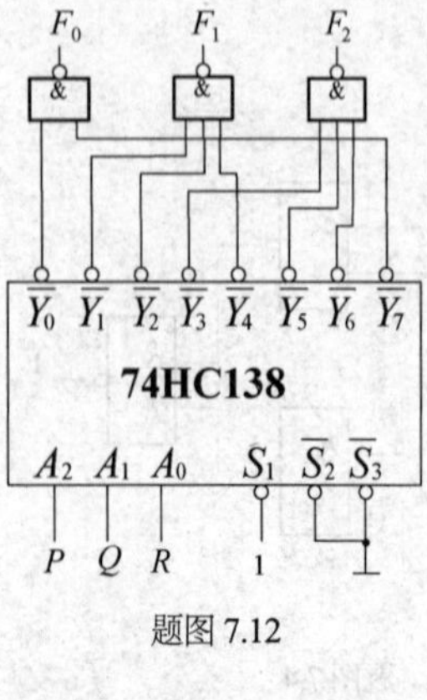

题图 7.12

7.12 写出题图 7.12 所示电路输出 F_1、F_2、F_3 的逻辑函数式。

7.13 试用 3 线-8 线译码器 74HC138 和与非门实现如下多输出逻辑函数：

$$\begin{cases} Z_1 = A\overline{B} + C \\ Z_2 = \overline{A}\,\overline{B} + \overline{A}C + AB\overline{C} \end{cases}$$

7.14 用八选一数据选择器实现下列函数：

（1）Z(ABCD)=Σ(0,2,5,7,8,10,13,15)；

（2）Z(ABCD)=Σ(0,2,4,5,9,10,12,13)。

7.15 用四选一数据选择器实现下列函数：

（1）$F(ABC)=\sum(0,2,4,5)$；

（2）$F(ABC)=\sum(0,2,12,13,14)$；

（3）$F(ABC)=\sum(1,3,5,7)$；

（4）$F(ABCD)=\sum(1,2,2,12,15)$。

7.16　试用双四选一数据选择器 74HC153 组成八选一数据选择器。

7.17　试设计一个能实现两个 1 位二进制全加运算和全减运算的组合逻辑电路。要求用以下器件分别构成电路。

（1）用适当的门电路；

（2）用 3 线－8 线译码器 74HC138 及必要的门电路；

（3）用双 4 选 1 数据选择器 74HC153 及必要的门电路。

第八章 触发器

【内容导读】

数字系统中除了有组合逻辑电路外，还有时序逻辑电路。组合逻辑电路的基本单元是门电路，而时序逻辑电路的基本单元则是触发器。触发器是一种具有记忆功能、可以保存1位二值信息的双稳态电路，它是构成各种复杂时序逻辑电路的基本逻辑单元。本章首先介绍各种触发器的逻辑功能及表示方法，然后介绍几种典型集成触发器的应用。

第一节 概述

数字电路可以分为两大类：一类是前面介绍过的组合逻辑电路，另一类是时序逻辑电路。时序逻辑电路的特点是：在任何时刻，电路产生的稳定输出信号不仅与当时电路的输入信号有关，还与电路过去的状态有关。也就是说，时序逻辑电路具有"记忆功能"。所以，在时序逻辑电路中必须有存储电路，再加上必要的组合逻辑电路。存储器件的种类很多，最常用的是触发器。

触发器（Flip Flop，FF）是构成时序逻辑电路的基本单元，是一种具有记忆功能的逻辑部件，也就是说，它的输出状态不仅与现在的输入信号有关，还与电路过去的状态有关。此外，触发器还具有以下特点。

① 触发器有两个互补输出端 Q 和 $\overline{Q}$，规定用 Q 的逻辑值作为触发器的输出状态，即 Q=0、$\overline{Q}$=1 的状态称为触发器的"0"态，Q=1、$\overline{Q}$=0 的状态称为触发器的"1"态。触发器具有"0"和"1"两个稳定状态。

② 在输入信号作用下，触发器可以被置成"0"态或"1"态，还可以由一个状态转变成另一个状态。但其状态的变化不仅受输入信号的影响，也受其本身所记忆的原状态影响。

③ 触发器具有记忆功能。当输入信号的触发作用消失后，触发器建立的新状态能够保持不变。一个触发器能够保存一位二进制信息。

④ 触发器两个输出端的状态必须相反，即一个为高电平时，另一个必须为低电平；反之亦然。否则，表明触发器已不能正常工作。

触发器的种类很多，根据电路结构的不同，触发器可分为基本 RS 触发器、主从触发器、维持阻塞触发器和边沿触发器等。电路结构决定了触发器的脉冲工作特性。根据触发方式的不同，触发器可分为电平触发触发器和边沿触发触发器。不同触发方式的触发器，它们受时钟信号控制的方式是不同的，掌握触发器的时钟控制方式是正确使用触发器的前提。此外，还可以根据逻辑功能把触发器分为 RS 触发器、D 触发器、JK 触发器、T 触发器等类型，不同的逻辑功能反映在特定的输入条件下，现态与次态的关系不同。

提示：触发器的逻辑功能和电路结构是两个不同的概念。同一电路结构可组成不同逻辑功能的触发器；同一逻辑功能的触发器也可由不同的电路结构来实现。对于使用者来说，只需掌握各种触发器的逻辑功能、触发方式等外部应用特性即可，这是正确使用触发器的前提。

第二节　RS 触发器

一、基本 RS 触发器

基本 RS 触发器是各种触发器中结构形式最简单的一种，它也是构成各种功能触发器的最基本单元，所以称为基本触发器。基本 RS 触发器可以由与非门构成，也可以由或非门构成，其逻辑功能一致，本节以与非门构成的基本 RS 触发器为例进行分析(或非门构成的基本 RS 触发器参见本节【扩展知识】)。

1．电路结构和逻辑符号

基本 RS 触发器的逻辑电路图和逻辑符号如图 8.2.1 所示。

从逻辑电路图可以看到，电路由两个与非门组成：R_d 和 S_d 是两个信号输入端(或称激励端)，Q 和 $\bar{Q}$ 为两个互补输出端。每个与非门除了有自己的一个输入端（R_d 或 S_d）外，还通过反馈线将另一个与非门的输出状态作为输入信号。正是由于引入了反馈，才使电路具有记忆功能，即它的输出状态不只与此时的输入信号有关，还与原来的输出状态有关。

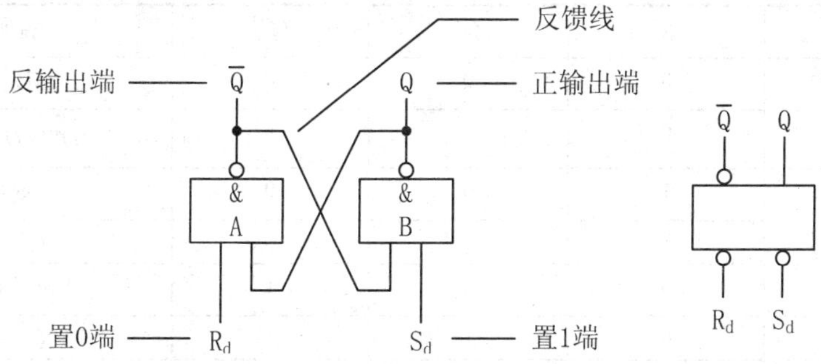

(a) 逻辑电路图　　(b) 逻辑符号

图 8.2.1　基本 RS 触发器的逻辑图和逻辑符号

在逻辑符号中 R_d 和 S_d 端的小圆圈表示它们是低电平有效，即仅当低电平作用于输入端时，触发器的状态才会发生变化。当 R_d 和 S_d 都输入高电平时，该触发器可以将当时的输出状态（“1”状态或“0”状态）一直保持不变，所以它是具有两个稳定状态的双稳态触发器。

2．工作原理

当输入信号变化时，触发器可以从一个稳定状态转换到另一个稳定状态。我们把触发器接收输入信号之前所处的状态称为“现态”（现在状态），用 Q^n 表示；把触发器接收输入信号之后建立的新状态称为“次态”（下一状态），用 Q^{n+1} 表示。

下面我们分别讨论在不同输入信号的作用下，基本 *RS* 触发器的输出状态会如何变化。

（1）R_d 和 S_d 都为高电平（$R_d=S_d=1$）时，触发器的输出状态保持不变（$Q^{n+1}=Q^n$），所以，对与非门构成的基本 RS 触发器来说，R_d 和 S_d 输入高电平是无效电平，低电平才是有效电平。这里要说明一点：不同结构的 RS 触发器（例如用或非门组成的电路），其有效电平也可能不同，有的是高电平有效，有的是低电平有效。

（2）当 R_d 为有效电平（低电平）、S_d 为无效电平（高电平）（$R_d=0$，$S_d=1$）时，不论现态 Q^n 是"0"状态还是"1"状态，次态 Q^{n+1} 都一定为"0"状态（$Q^{n+1}=0$）。所以，称触发器处于置 0 或复位状态，称 R_d 为"置 0 端"或"复位端"。

（3）当 S_d 为有效电平（低电平）、R_d 为无效电平（高电平）（$R_d=1$，$S_d=0$）时，不论现态 Q^n 是"0"状态还是"1"状态，次态 Q^{n+1} 都一定为"1"状态（$Q^{n+1}=1$）。所以，称触发器处于置 1 或置位状态，称 S_d 为"置 1 端"或"置位端"。

（4）当 R_d 和 S_d 都为有效电平（低电平）（$R_d=S_d=0$）时，触发器的次态 $Q^{n+1}=\overline{Q}^{n+1}=1$，触发器既不是"1"状态，也不是"0"状态，是逻辑混乱状态，应当禁止出现。正常工作时，不允许出现 R_d 和 S_d 同时为 0 的情况，并以此作为输入信号的约束条件。

综上所述，基本 RS 触发器可以按照输入信号实现"保持"、"置 0"和"置 1"3 种功能，并且输入信号有约束条件。

3．逻辑功能

时序逻辑电路的逻辑关系表示方法与组合逻辑电路不太一样。在分析触发器的功能时，我们一般用状态真值表、状态转换图、特征方程和波形图等来描述其逻辑功能。

（1）状态真值表

将触发器的次态 Q^{n+1} 与现态 Q^n、输入信号之间的逻辑关系用表格的形式表示出来，这个表格称为状态真值表。根据对基本 RS 触发器工作原理的分析，我们可以得到它的状态真值表如表 8.2.1 所示。

表 8.2.1　基本 RS 触发器的状态真值表

R_d	S_d	Q^n	Q^{n+1}	说明
0	0	0	×	不允许
0	0	1	×	$Q^{n+1}=\overline{Q}^{n+1}=1$
0	1	0	0	置 0
0	1	1	0	$Q^{n+1}=0$
1	0	0	1	置 1
1	0	1	1	$Q^{n+1}=1$
1	1	0	0	保持
1	1	1	1	$Q^{n+1}=Q^n$

将基本 RS 触发器的状态真值表化简，可得到功能表如表 8.2.2 所示。

表 8.2.2　基本 RS 触发器的功能表

R_d	S_d	Q^{n+1}	说明
0	0	×	不允许
0	1	0	置 0
1	0	1	置 1
1	1	Q^n	保持

它们与组合电路的真值表相似，不同的是触发器的次态 Q^{n+1} 不仅与输入信号 R_d 和 S_d 有关，还与它的现态 Q^n 有关，这正体现了时序电路的特点。

（2）特征方程

基本 RS 触发器的次态 Q^{n+1} 与现态 Q^n 及输入信号之间的逻辑关系也可以用逻辑函数表示，描述触发器逻辑功能的函数表达式称为特征方程，又称状态方程或次态方程。

由基本 RS 触发器的状态真值表可以画出次态 Q^{n+1} 的卡诺图，如图 8.2.2 所示。

利用无关项化简后写出特征方程为：

$$\begin{cases} Q^{n+1} = \overline{S}_d + R_d Q^n \\ \overline{R}_d \overline{S}_d = 0 \quad \text{约束条件} \end{cases} \tag{8.2.1}$$

式中，约束条件 $\overline{R}_d \overline{S}_d = 0$ 表示 R_d 和 S_d 不能同时为 0。

在遵守约束条件的前提下，可以根据输入信号 R_d、S_d 的取值和现态 Q^n，利用特征方程（8.2.1）计算次态 Q^{n+1}。

（3）状态转换图

描述触发器的状态转换关系及转换条件的图形称为状态转换图，简称状态图。图中用两个圆圈分别代表触发器的两个稳定状态，用箭头表示在输入信号作用下状态转换的方向，同时在箭头的旁边注明了状态转换前的条件。根据基本 RS 触发器的工作原理，得到它的状态转换图如图 8.2.3 所示。

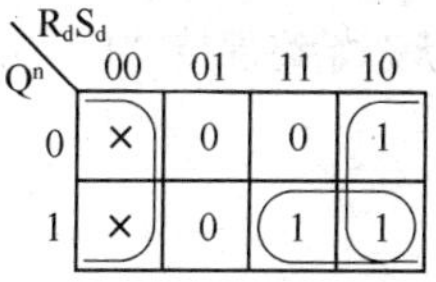

图 8.2.2　次态 Q^{n+1} 的卡诺图

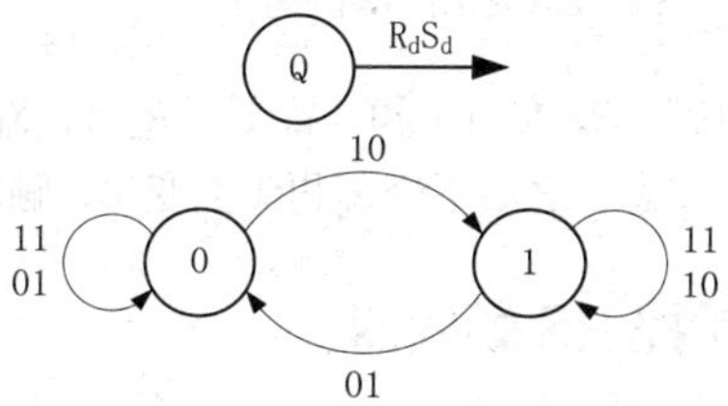

图 8.2.3　基本 *RS* 触发器的状态转换图

（4）波形图

波形图又称时序图，它反映了触发器的输出状态随时间和输入信号变化的规律，是可以用示波器等实验仪器观察到的波形。波形图可以直观、形象地显示触发器的输出状态与输入信号之间的关系。

基本 RS 触发器的波形图如图 8.2.4 所示。图中，触发器初始状态为“0”状态。当 $R_d=S_d=1$ 时，触发器保持前一时刻的状态不变；当 $R_d=1$，$S_d=0$ 时，触发器被置成“1”状态；当 $R_d=0$，$S_d=1$ 时，触发器被置成“0”状态。

在 $t_1 \sim t_2$ 时段，出现了输入信号为 $R_d=S_d=0$（R_d 和 S_d 均有效）的情况，此时 $Q=\overline{Q}=1$，处于逻辑混乱状态。在随后的 $t_2 \sim t_3$ 时段，输入信号同时变化为 $R_d=S_d=1$（R_d 和 S_d 均无效），那么将无法确定触发器的输出状态，所以在图中用虚框表示为“状态不定”。这个状态一直持续到 t_3 时刻，此时 $R_d=1$，$S_d=0$，触发器被置成“1”状态，恢复正常。

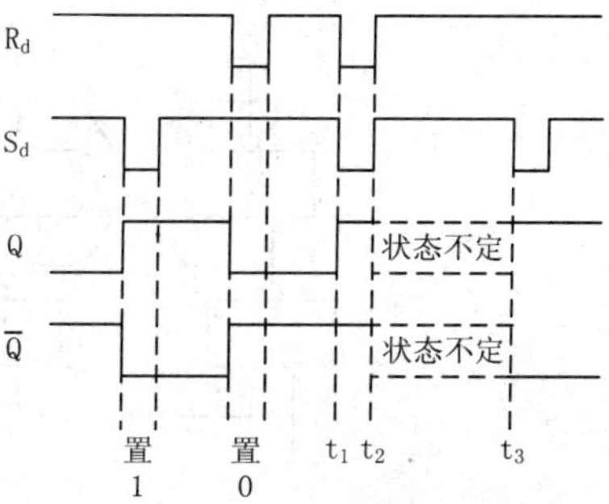

图 8.2.4　基本 RS 触发器的波形图

4．应用举例——触点抖动消除器

基本 RS 触发器的典型应用是在计算机和各种

仪器中，消除机械开关的接触抖动，构成无抖动开关。对于任何一个机械开关，当按下或拨动开关，使开关的两个触点接触而发生撞击时，不可避免地会发生几次物理振动或抖动，然后才能形成稳定的接触，如图 8.2.5 所示。虽然这种不稳定的抖动只是持续若干微秒，但是这些抖动所产生的尖脉冲往往被误认为是一连串的输入数据而导致系统误动作；因此，为了保证电子电路可靠工作，必须消除开关接触抖动的影响。

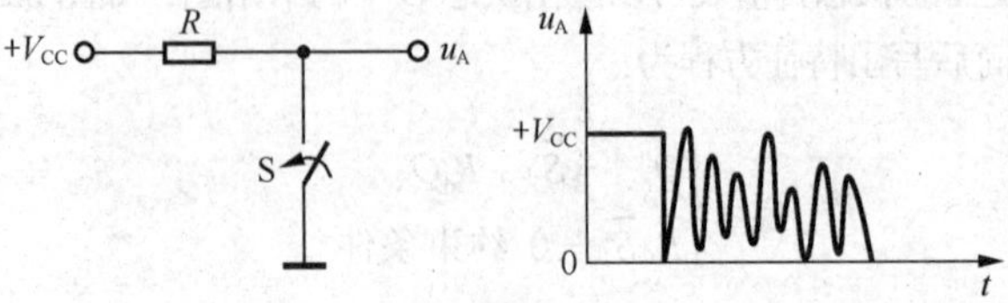

图 8.2.5　机械开关的接触抖动

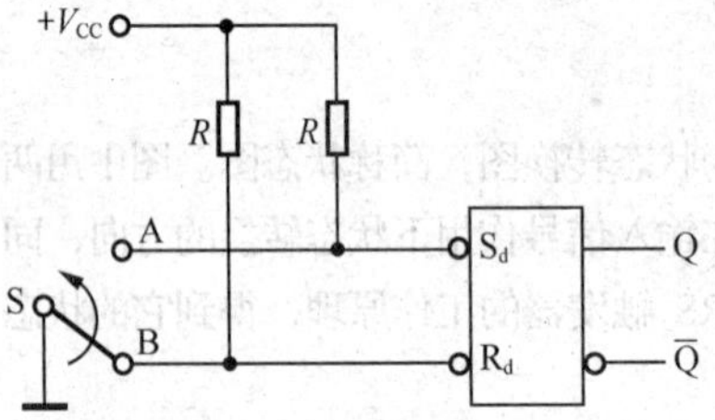

图 8.2.6　基本 RS 触发器构成的无抖动开关

利用基本 RS 触发器的记忆功能，可以消除开关抖动的影响。在开关和输出端之间接入一个基本 RS 触发器，如图 8.2.6 所示。假设初始状态是开关 S 接 B 端，此时基本 RS 触发器的输入信号是 R_d=0，S_d=1，触发器被设置成“0”状态。当开关由 B 端打到 A 端时，在 A 端会产生接触抖动，即 S_d 的输入信号在 0 和 1 之间来回变动。但是，因为此时 B 端悬空，触发器 R_d 的输入信号始终为 1，所以触发器只能实现“保持”（R_d=S_d=1）和“置 1”（R_d=1，S_d=0）功能。也就是说，一旦 S_d 为 0，将触发器置成“1”状态，之后不论 S_d 再怎么变化，触发器的输出状态始终保持“1”状态不变。

二、钟控 RS 触发器

基本 RS 触发器的输出状态是由输入信号直接控制的，当输入信号发生变化时，触发器的状态就会立即改变。但在实际使用中，通常要求触发器按一定的时间节拍动作，即触发器的输出状态在规定的时刻按照输入信号发生变化。为此，在基本 RS 触发器的基础上，引入了决定触发器动作时间的信号，称为时钟脉冲或时钟信号（简称时钟，用 CP 表示）。只有时钟信号允许时，触发器的状态才能改变，而改变成何种状态由此时的输入信号决定，这样的触发器称为钟控触发器。按照逻辑功能，钟控触发器可分为 RS、JK、D、T 等类型。

1．电路结构和逻辑符号

钟控 RS 触发器的逻辑图和逻辑符号如图 8.2.7 所示。

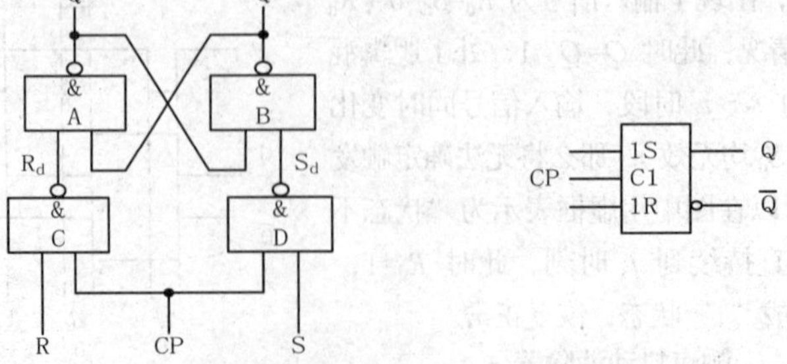

(a) 逻辑图　　(b) 逻辑符号

图 8.2.7　钟控 RS 触发器的逻辑图和逻辑符号

从逻辑图可以看到，电路由基本 RS 触发器（A、B 门）和触发引导电路（C、D 门）构成，R 是置 0 端，S 是置 1 端，CP 是时钟输入端。在逻辑符号中，R、S 端和 CP 端都没有小圆圈，表示它们是高电平有效；如果有小圆圈则表示低电平有效。

2．工作原理

当 CP=0 时，与非门 C 和 D 被封锁，不论输入信号 R 和 S 为何值，输出均为 1，即基本 RS 触发器的输入信号 $R_d=S_d=1$，触发器的状态保持不变。

当 CP=1 时，与非门 C 和 D 被打开，输入信号 R 和 S 经反相后加到基本 RS 触发器上，决定触发器的次态。所以，钟控 RS 触发器也可以按照输入信号实现“保持”、“置 0”和“置 1”3 种功能，并且输入信号有约束条件。只是输入信号的有效电平为高电平。

可以看到，时钟脉冲 CP 控制着触发器状态转换的时刻，即何时发生状态转换。只有 CP 为有效电平时，触发器的状态才能发生改变，这种触发方式称为电平触发方式。触发电平根据触发器电路结构的不同，可以是高电平，也可以是低电平。在 CP 为有效电平时，输入信号 R、S 决定触发器状态转换的方向，即转换成何种状态。

3．逻辑功能

（1）状态真值表

当 CP=1 时，钟控 RS 触发器的状态真值表如表 8.2.3 所示。可以看到，钟控 RS 触发器的有效电平是高电平。

表 8.2.3 钟控 RS 触发器的状态真值表

R	S	Q^n	Q^{n+1}	说明
0	0	0	0	保持
0	0	1	1	$Q^{n+1}=Q^n$
0	1	0	1	置 1
0	1	1	1	$Q^{n+1}=1$
1	0	0	0	置 0
1	0	1	0	$Q^{n+1}=0$
1	1	0	×	不允许
1	1	1	×	$Q^{n+1}=\overline{Q}^{n+1}=0$

（2）状态转换图

根据钟控 RS 触发器的工作原理，当 CP=1 时，它的状态转换图如图 8.2.8 所示。

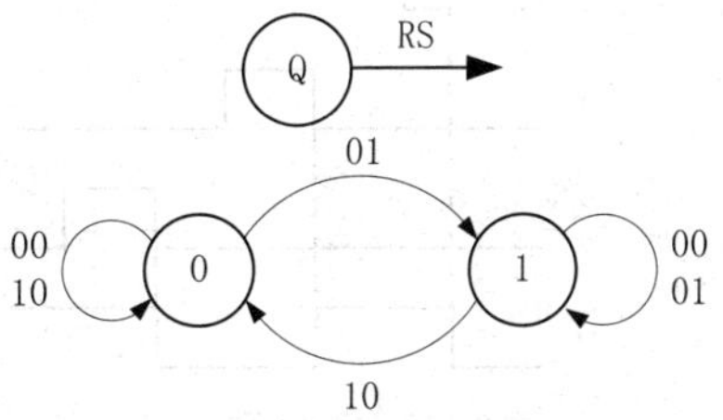

图 8.2.8 钟控 RS 触发器的状态转换图

（3）特征方程

将基本 RS 触发器特征方程式（8.2.1）里的 $\overline{R}_d$ 和 $\overline{S}_d$ 换成 R 和 S，就得到 CP=1 时的钟控 RS 触发器。

$$\begin{cases} Q^{n+1} = S + \overline{R}Q^n \\ RS = 0 \text{约束条件} \end{cases} \tag{8.2.2}$$

（4）波形图

若已知时钟 CP、输入信号 R 和 S 的波形，钟控 RS 触发器的输出波形如图 8.2.9 所示。图中，触发器初始状态为“0”状态。当 CP=0 时，触发器保持前一时刻的状态不变；当 CP=1 时，触发器的状态才会随输入信号 RS 变化。

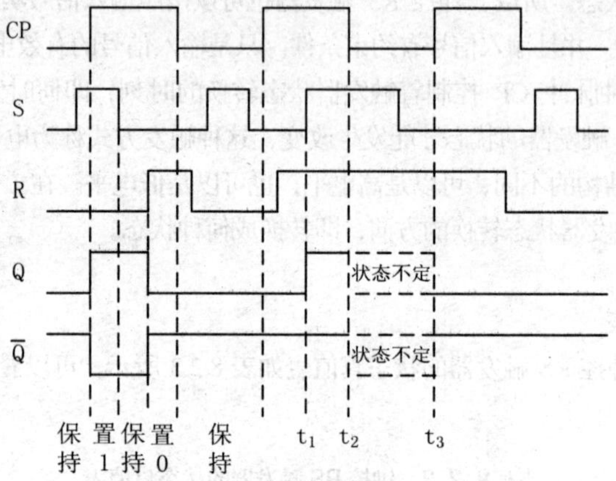

图 8.2.9　钟控 RS 触发器的波形图

在 t_1～t_2 时段，CP=1 时出现了 R=S=1 的情况，使得基本 RS 触发器的输入信号 R_d=S_d=0，因此 Q=$\overline{Q}$=1，处于逻辑混乱状态。在随后的 t_2～t_3 时段，虽然 RS 没变，但 CP 由 1 变成 0，这使得基本 RS 触发器的输入信号同时由 R_d=S_d=0 变化为 R_d=S_d=1，触发器“状态不定”。这个状态一直持续到 t_3 时刻，CP=1，R=1，S=0，触发器被置成“0”状态，恢复正常。

例 8.1　钟控 RS 触发器的逻辑符号和输入端的波形图如图 8.2.10 所示，试画出钟控 RS 触发器输出端 Q 的波形图，触发器的初始状态为 0。

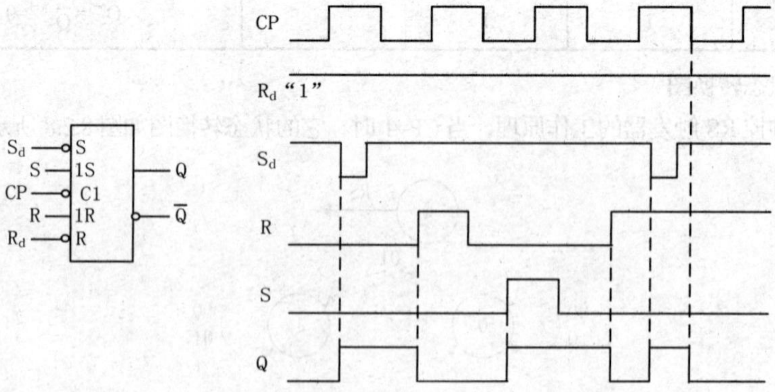

图 8.2.10　例 8.1 图

解：首先，注意到这个触发器有直接置 0 端 R_d 和直接置 1 端 S_d，其中 R_d 输入的一直是无效电平（高电平），而 S_d 有两个负脉冲输入。所以，在 S_d=0，R_d=1 的时间段里，输出状态都是 1 状态。

然后从左至右，在 CP=0 的区间里，根据输入的 R 和 S 信号，确定触发器的输出状态；在 CP=1 的区间里，输出保持其现态（观察时间点左边的状态）不变。最后，得到触发器输出端 Q 的波形图如图 8.2.10 所示。

由例 8.1 可以看出，对于电平触发方式的触发器，画波形图时一般按以下步骤进行。

（1）如果触发器有直接置 0 端 R_d 和直接置 1 端 S_d，并且输入了有效电平，则在有效电平的起始点和终止点向下画垂线，在这两根垂线划分的区间里，输出状态被置为 0 或 1，与时钟 CP 和输入信号无关。

（2）如果没有直接置 0 端 R_d 和直接置 1 端 S_d 或者在它们输入无效电平的区间，则以时钟 CP 的有效电平为基准，在有效电平的起始点和终止点向下画垂线，划分出时钟 CP 的有效区间。

（3）从左至右，在 *CP* 的有效区间里，找到每一个输入信号变化的时间点，在这些点的位置向下画垂线，在这些垂线划分的若干区间里，根据输入信号和触发器的功能，画出触发器的输出状态。在 *CP* 无效的区间里，输出状态保持其左边的状态不变。

提示：这样画出的波形图中会有很多条垂线，显得比较繁乱。所以，在掌握了作图的方法后，有些垂线可以省略。但在输出状态发生变化的时间点上，一定要有垂线指示出输入信号与输出状态之间的对应关系。

三、边沿 RS 触发器

电平触发方式要求触发器在时钟脉冲 *CP* 为有效电平期间输入信号的取值应保持不变。如果在 *CP* 为有效电平期间，钟控 RS 触发器的输入信号发生多次变化时，可能会引起触发器输出状态发生两次或多次翻转的现象（如图 8.2.10 中第一个 *CP* 有效期内的情况），这种现象称为空翻。空翻常会引起电路的误动作。

为了避免空翻现象，解决的思路是将触发器的时钟触发方式由电平触发改成边沿触发。边沿触发方式是利用 *CP* 脉冲的边沿（上升沿或下降沿）来触发触发器，即在触发边沿这一时刻，触发器的输出状态按其输入信号进行转换，而在触发边沿前后的时间里，输入信号的变化对输出状态无影响，触发器保持现态不变。这样，将 *CP* 脉冲的有效时间缩短为一瞬间，就不会出现由于 *CP* 的有效时间过长而引起的空翻现象。因此，边沿触发方式具有工作可靠、抗干扰能力强的优点。

1. 逻辑符号

边沿 RS 触发器的逻辑符号如图 8.2.11 所示。在逻辑符号中，R 和 S 是输入信号，受时钟脉冲控制，R 和 S 端没有小圆圈表示它们是高电平有效。CP 是时钟脉冲，CP 端有个“>”符号，表示是边沿触发方式，加个小圆圈表示 CP 下降沿触发，如果没有小圆圈则表示上升沿触发。

在实际应用中，有时需要将触发器预先设置成某一初始状态。为此在触发器电路中都设有专门的直接置位端 S_d 和直接复位端 R_d。这两个输入端的小圆圈表示只要在 S_d 或 R_d 加低电平，就能完成置 1 或置 0 功能，而不受时钟脉冲 CP 和输入信号 R、S 的限制，因此也称 S_d 和 R_d 为异步置位端和异步复位端，它们具有最高优先级。也正是因为这一点，在完成初始状态的预置后，S_d 和 R_d 应处于高电平，使触发器能进行正常工作。

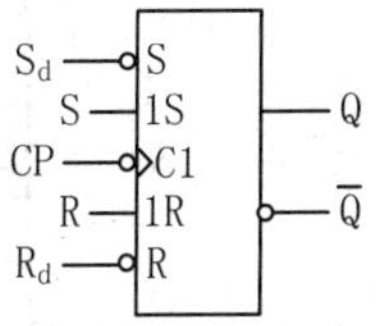

图 8.2.11 边沿 RS 触发器的逻辑符号

2. 逻辑功能

CP 下降沿触发的 RS 触发器，只在 CP 出现下降沿这一时刻，其输出状态会随输入信号而改变；在 CP 的其他状态下，其输出状态始终保持不变。

（1）功能表

直接置位端 S_d 和直接复位端 R_d 都是低电平有效，其功能参见表 8.2.2（与非门构成的基本 RS 触发器的功能表）。

当直接置位端 S_d 和直接复位端 R_d 都接高电平时，边沿 RS 触发器正常工作，其功能表如表 8.2.4 所示。在表中，CP 栏中的“↓”表示 CP 下降沿触发，如果是上升沿触发则用“↑”表示。

表 8.2.4 边沿 RS 触发器的功能表

CP	R	S	Q^{n+1}	说明
↓	0	0	Q^n	保持
↓	0	1	1	置 1
↓	1	0	0	置 0
↓	1	1	×	不允许

（2）状态转换图

因为状态转换图只能表示触发器状态变化的方向和条件，不能体现时钟脉冲 CP 的控制方式，所以输入信号 R、S 高电平有效的边沿 RS 触发器的状态转换图和图 8.2.9 一样。

（3）特征方程

输入信号 RS 高电平有效的边沿 RS 触发器的特征方程为：

$$\begin{cases} Q^{n+1} = S + \overline{R}Q^n \\ RS = 0 \text{约束条件} \end{cases} \tag{8.2.3}$$

（4）波形图

边沿 RS 触发器的波形图如图 8.2.12 所示。在图中直接置位端 S_d 和直接复位端 R_d 只要出现低电平，触发器就立即被置 1 或被置 0，不受 CP 和 R、S 的影响，优先级最高。尤其在图中第一个 CP 下降沿时刻，虽然 RS=01，是置 1 功能，但由于此时 R_d=0，所以触发器的输出状态只能是“0”状态。而在 R_d 恢复为高电平之后，虽然输入信号还是 RS=01，但此时已错过 CP 的下降沿，所以还是不能将触发器置 1。

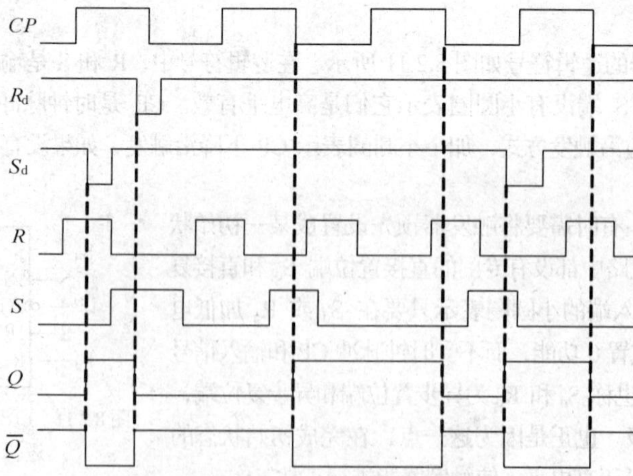

图 8.2.12 边沿 RS 触发器的波形图

当直接置位端和直接复位端 S_dR_d=11 时，在每个 CP 下降沿，触发器会根据输入信号 R、S 实现置 0、置 1、保持等功能，并将状态保持一个 CP 周期。所以，如果直接置位端 S_d

和直接复位端 R_d 不起作用的话，触发器每个输出状态的持续时间是 CP 周期的整数倍。

【拓展知识】

1．或非门构成的基本 RS 触发器

我们除了可以用与非门构成基本 RS 触发器，还可以用或非门构成具有相同功能的触发器，其逻辑图和逻辑符号如图 8.2.13 所示。

按照相同的分析方法，可以得到它的状态真值表如表 8.2.5 所示。

可以看到，或非门构成的基本 RS 触发器具有和与非门构成的基本 RS 触发器相同的功能，即“保持”、“置 0”和“置 1”3 种功能，并且输入信号有约束条件。但是，比较表 8.2.5 和表 8.2.1 会发现，要实现相同的功能，加在两个触发器输入端的信号却正好完全相反，这是因为两个触发器输入信号的有效电平相反，与非门构成的基本 RS 触发器是低电平有效，而或非门构成的基本 RS 触发器是高电平有效。

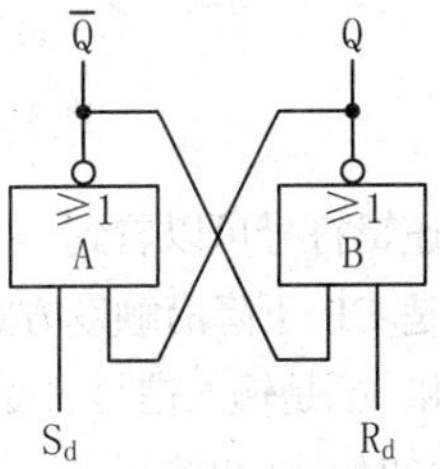

图 8.2.13　或非门构成的基本 RS 触发器

表 8.2.5　或非门构成的基本 RS 触发器的状态真值表

R_d	S_d	Q^n	Q^{n+1}	说明
0	0	0	0	保持
0	0	1	1	$Q^{n+1}=Q^n$
0	1	0	1	置 1
0	1	1	1	$Q^{n+1}=1$
1	0	0	0	置 0
1	0	1	0	$Q^{n+1}=0$
1	1	0	×	不允许
1	1	1	×	$Q^{n+1}=\overline{Q}^{n+1}=0$

由状态真值表得到特征方程为

$$\begin{cases} Q^{n+1}=Sd+\overline{R}dQ^n \\ R_dS_d=0\text{约束条件} \end{cases} \quad (8.2.4)$$

所以说，同一类型、不同结构的触发器其有效电平可能不同，在使用触发器之前，一定要把这一点弄清楚，才能正确使用触发器。

第三节　其他常用触发器

一、JK 触发器

1．逻辑符号

JK 触发器是一种功能完善、应用极广泛的触发器。以 74LS112 为例，其管脚图和逻辑符号如图 8.3.1 所示，它是一个双 JK 触发器芯片，也就是说，在一块芯片中集成了两个 JK

触发器，而且两个 JK 触发器是各自独立工作的。

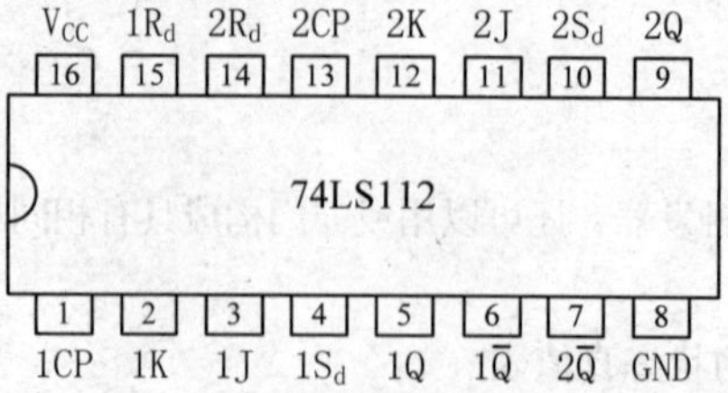

(a) 管脚图

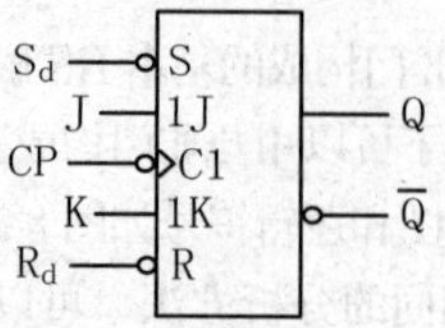

(b) 逻辑符号

图 8.3.1　双 JK 触发器 74LS112 的管脚图和逻辑符号

从逻辑符号可以看到，时钟脉冲输入端 CP 有个“>”符号，而且有个小圆圈，表示该触发器是 CP 下降沿触发方式，即只有在 CP 脉冲下降沿时刻，触发器的输出端才会改变状态。J 和 K 是输入信号，受时钟脉冲控制。直接置位端 S_d 和直接复位端 R_d 都是低电平有效，不受时钟脉冲控制。

2．逻辑功能

（1）状态真值表

JK 触发器的状态真值表如表 8.3.1 所示。

表 8.3.1　JK 触发器的状态真值表

J	K	Q^n	Q^{n+1}	说明
0	0	0	0	保持
0	0	1	1	$Q^{n+1}=Q^n$
0	1	0	0	置 0
0	1	1	0	$Q^{n+1}=0$
1	0	0	1	置 1
1	0	1	1	$Q^{n+1}=1$
1	1	0	1	翻转
1	1	1	0	$Q^{n+1}=\overline{Q}^n$

提示：JK 触发器的两个输入信号 J、K 没有约束条件。当 J=K=1 时，每输入一个时钟脉冲，触发器翻转一次，此时，触发器工作在计数状态，由触发器的翻转次数可计算出时钟脉冲的输入个数。

（2）特征方程

由 JK 触发器的状态真值表 8.3.1 可以推导出 JK 触发器的特征方程：

$$Q^{n+1}=J\overline{Q^n}+\overline{K}Q^n \tag{8.3.1}$$

（3）状态转换图

JK 触发器的状态转换图如图 8.3.2 所示。

（4）波形图

假设触发器初始状态为“0”状态，JK 触发器的波形图如图 8.3.3 所示。可以看到输出状态只在 CP 脉冲的下降沿时刻（在图中用虚线标出）才根据 J 和 K 的输入发生变化。

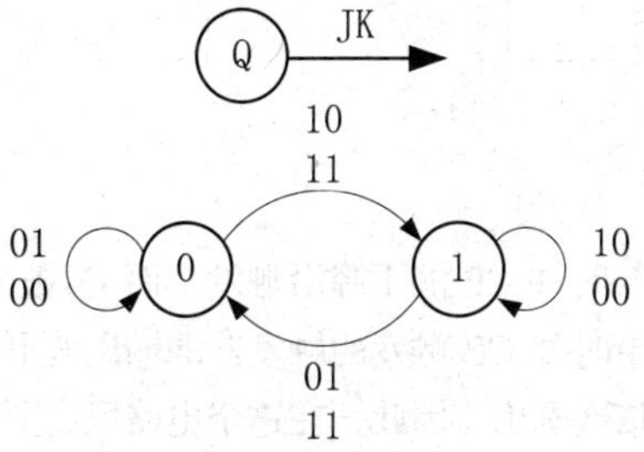

图 8.3.2　JK 触发器的状态转换图

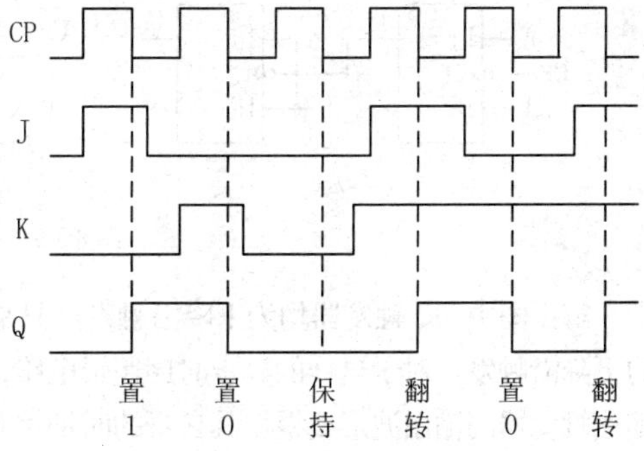

图 8.3.3　JK 触发器的波形图

例 8.2　边沿 JK 触发器的逻辑符号和输入波形分别如图 8.3.4（a）、（b）所示，试画出 Q_1 的输出波形。设电路初始状态均为 0 。

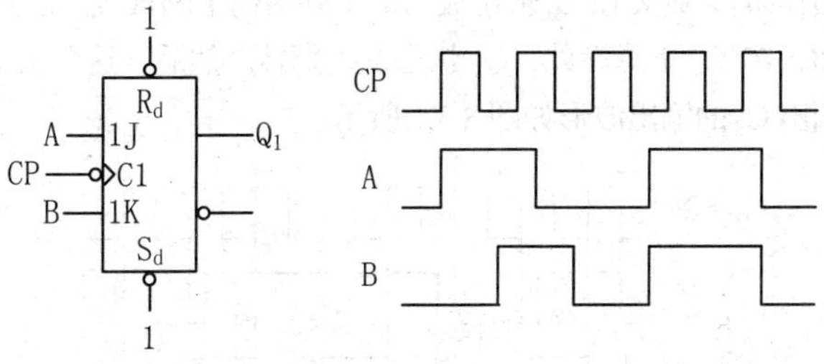

(a)　(b)

图 8.3.4　例 8.2 图

解：JK 触发器为下降沿触发，而且直接置 0 端 R_d 和直接置 1 端 S_d 都输入无效电平。因此，首先在每个 CP 下降沿向下画垂线，根据 CP 下降沿之前的输入信号和现态决定 JK 触发器的次态。例如第一个 CP 下降沿之前 AB=JK=10，是置 1 功能，所以在 CP 下降沿之后 Q_1 为 1，该状态会一直保持到第二个 CP 下降沿。依此类推可画出 Q_1 的波形如图 8.3.5 所示。

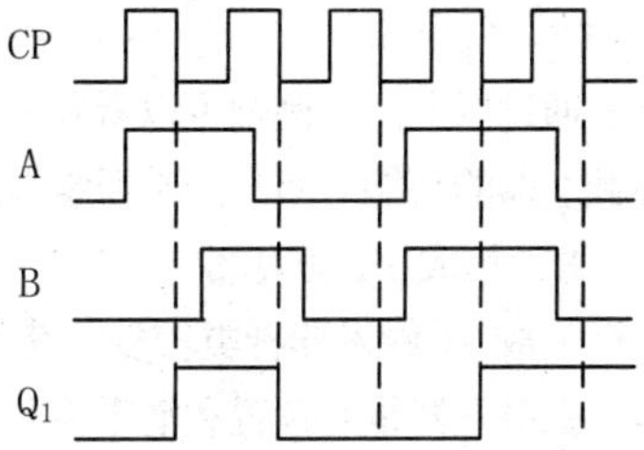

图 8.3.5　例 8.2 图解

对于边沿触发方式的触发器，画波形图时一般按以下步骤进行。

（1）如果触发器有直接置 0 端 R_d 和直接置 1 端 S_d，并且输入了有效电平，则在有效电平的起始点和终止点向下画垂线，在这两根垂线划分的区间里，输出状态被置为 0 或 1，与时钟 CP 和输入信号无关。

（2）如果没有直接置 0 端 R_d 和直接置 1 端 S_d 或者在它们输入无效电平的区间，则在时钟 CP 的每个触发边沿向下画垂线。CP 触发边沿之前（左边）的输出状态为现态，触发边沿之后（右边）的输出状态为次态。根据每个 CP 触发边沿之前的输入信号和现态与触发器的功能，确定触发器的次态，并且该状态一直保持到下一个 CP 触发边沿。

提示：相同逻辑功能的触发器，如果触发方式不同，其输出状态对输入信号的响应是不同的。因此，画时序波形时，首先要注意触发器的触发方式。

例 8.3　试画出图 8.3.6（a）所示电路 Q_1、Q_2 端的输出波形，其输入波形如图 8.3.6（b）所示，设电路初始状态为 0。

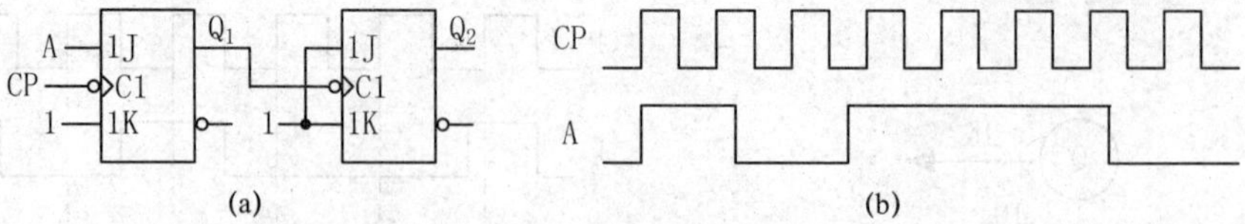

图 8.3.6　例 8.3 图

解：图中 JK 触发器均为下降沿触发。只是，Q_1 被时钟 CP 的下降沿触发，而 Q_2 被 Q_1 的下降沿触发。对于这样的异步时序逻辑电路，先画由时钟 CP 触发的触发器的输出波形，其他触发器的输出波形要根据其自身的时钟控制信号依次画出。因此，在这个电路里，要先画 Q_1 的输出波形，再画 Q_2 的输出波形。

画 Q_1 的输出波形时，首先在每个 CP 下降沿向下画垂线。已知 $K_1=1$，根据 JK 触发器的功能可知，在 CP 下降沿处，若 A=1，则 Q_1 状态发生翻转；若 A=0，则 Q_1 被置 0。然后，这个状态一直保持到下一个 CP 下降沿。画出 Q_1 的输出波形如图 8.4.9 所示。

画 Q_2 的输出波形时，则要在 Q_1 输出波形的下降沿向下画垂线。已知 $J_2=K_2=1$，根据 JK 触发器的功能可知，在 Q_1 下降沿处，Q_2 状态发生翻转。然后，这个状态一直保持到 Q_1 的下一个下降沿。画出 Q_2 的输出波形如图 8.3.7 所示。

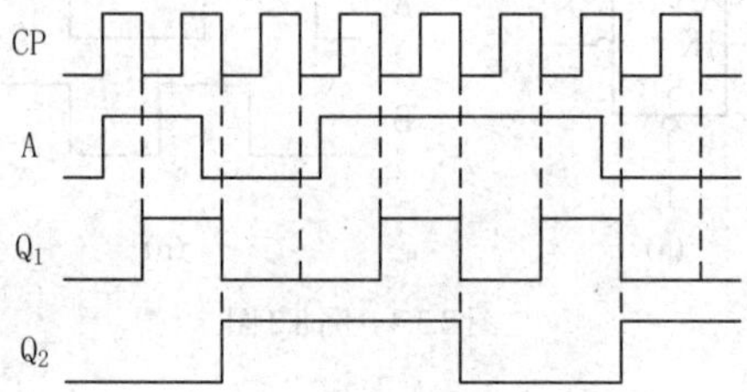

图 8.3.7　例 8.3 图解

通过以上两个例题可以看到，正确画出波形图的必要条件有两个，一个是要熟练掌握各种触发器的功能，另一个是要掌握触发器的触发方式对输出状态的影响。

3．集成 JK 触发器

集成 JK 触发器种类较多，其中 74LS112 是边沿 JK 触发器，其逻辑功能表如表 8.3.1 所示，该触发器带有预置和清零输入。功能表的前 3 行表示了触发器直接置位端 S_d 和直接复位端 R_d 的功能，它们是低电平有效。当它们输入低电平时，不论 CP 和 J、K 是什么状态，输出状态都直接发生变化。也就是说，当异步输入端工作时，CP 和 J、K 均不起作用（在表里用“×”表示）。

当 $S_d=R_d=1$ 并且 CP 下降沿到来时（表 8.3.1 中用“↓”表示），触发器正常工作，即按照特性方程 $Q^{n+1}=J\overline{Q^n}+\overline{K}Q^n$ 的规定，在时钟脉冲 CP 的操作下转换状态。从功能表看到，根据输入信号 J、K 的不同情况，JK 触发器能够实现“保持”、“置 0”、“置 1”和“翻转”4 种功能。正是因为集成 JK 触发器功能完善、使用灵活，因而得到了广泛应用。

表 8.3.1　JK 触发器 74LS112 的功能表

输入					输出	
R_d	S_d	CP	J	K	Q^{n+1}	说明
0	0	×	×	×	×	不允许
0	1	×	×	×	0	异步置 0
1	0	×	×	×	1	异步置 1

续表

输入					输出	
R_d	S_d	CP	J	K	Q^{n+1}	说明
1	1	↓	0	0	Q^n	保持
1	1	↓	0	1	0	置 0
1	1	↓	1	0	1	置 1
1	1	↓	1	1	$\overline{Q^n}$	翻转

二、D 触发器

1．逻辑符号

D 触发器也是一种应用极为广泛的触发器。以 74LS74 为例，其管脚图和逻辑符号如图 8.3.8 所示，它是一个双 D 触发器芯片，芯片中的两个 D 触发器各自独立工作。

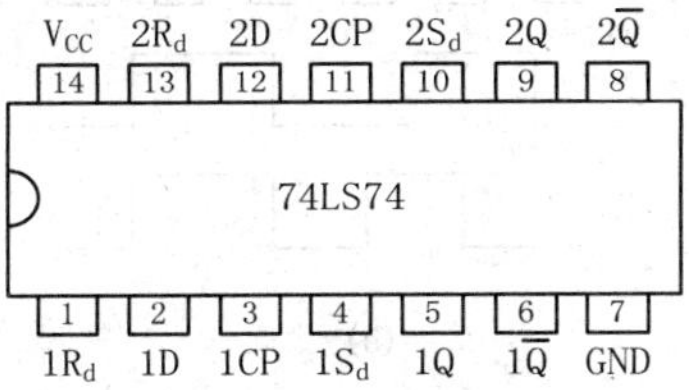

(a) 管脚图

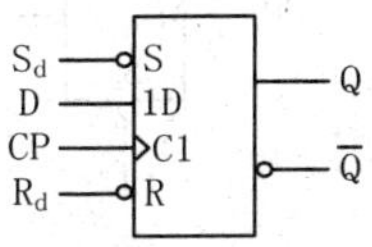

(b) 逻辑符号

图 8.3.8　双 D 触发器 74LS74 的管脚图和逻辑符号

从逻辑符号可以看到，时钟脉冲输入端 CP 有个“>”符号，但没有小圆圈，表示该触发器是 CP 上升沿触发方式。D 是输入信号，受时钟脉冲控制。直接置位端 S_d 和直接复位端 R_d 都是低电平有效，不受时钟脉冲控制。

2．逻辑功能

（1）状态真值表

D 触发器的状态真值表如表 8.3.2 所示。

表 8.3.2　D 触发器的状态真值表

D	Q^n	Q^{n+1}	说明
0	0	0	置 0
0	1	0	$Q^{n+1}=0$
1	0	1	置 1
1	1	1	$Q^{n+1}=1$

（2）特征方程

由 D 触发器的状态真值表 8.3.4 可以推导出 D 触发器的特征方程：

$$Q^{n+1}=D \tag{8.3.2}$$

（3）状态转换图

D 触发器的状态转换图如图 8.3.9 所示。

（4）波形图

假设触发器初始状态为“0”状态，D 触发器的波形图如图 8.3.10 所示。可以看到，只在 CP 脉冲的上升沿时刻（在图中用虚线标出），输出状态才根据 D 的输入发生变化。

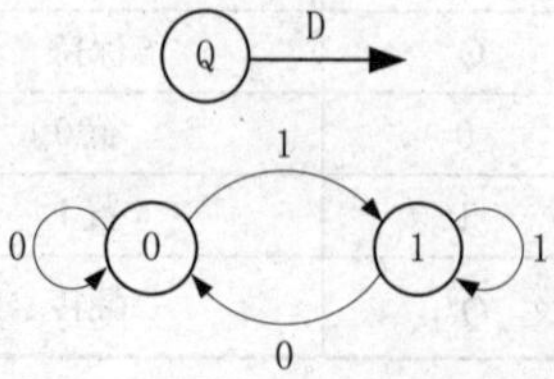

图 8.3.9　D 触发器的状态转换图

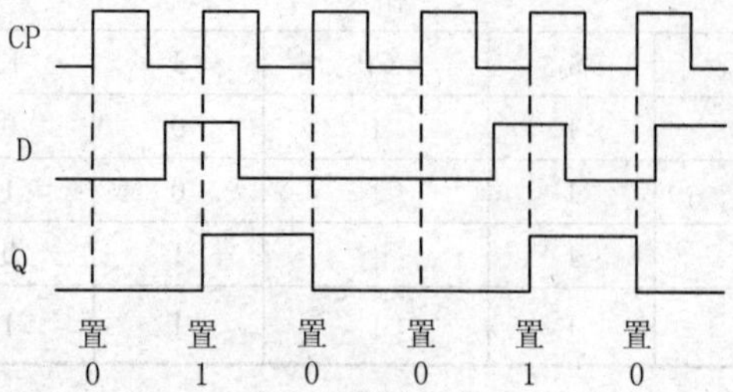

图 8.3.10　D 触发器的波形图

例 8.4　边沿 D 触发器的逻辑符号和输入波形分别如图 8.3.11（a）、（b）所示，试画出 Q_2 的输出波形。设电路初始状态均为 0。

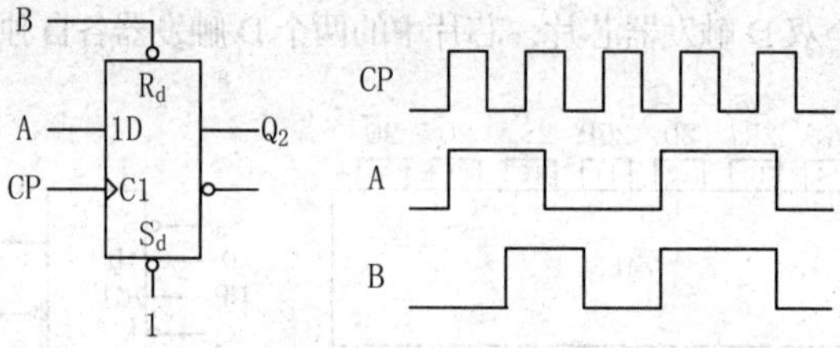

(a)　(b)

图 8.3.11　例 8.4 图

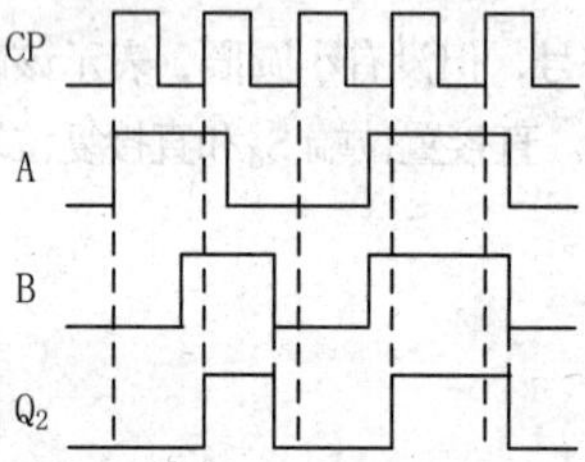

图 8.3.12　例 8.4 图解

解：D 触发器为上升沿触发，且直接置 0 端 R_d 输入了负脉冲。因此，首先确定 B=0 的区间所对应的输出都为 0 状态，然后在每个 CP 上升沿向下画垂线，根据 CP 上升沿之前的输入信号和现态决定 D 触发器的次态。例如第二个 CP 上升沿之前 B=1，A=1，是置 1 功能，所以在 CP 上升沿之后 Q_2 为 1，该状态本应该一直保持到第三个 CP 上升沿，但在第三个 CP 上升沿之前又出现 B=0 的输入，所以输出状态直接被置成 0 状态。依此类推可画出 Q_2 的波形如图 8.3.12 所示。

例 8.5　边沿 D 触发器组成的电路如图 8.3.13（a）所示，其输入波形如图 8.3.13（b）所示，试画出输出端 Q 的波形。设电路初始状态为 0。

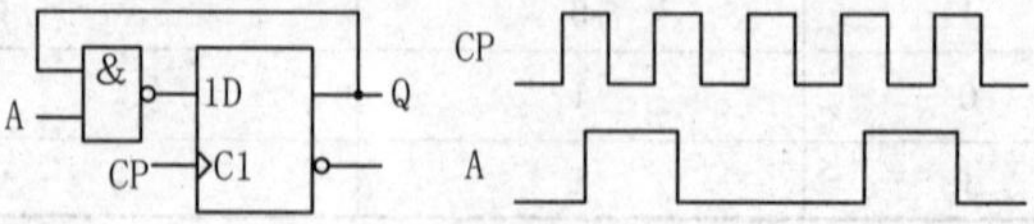

(a)　(b)

图 8.3.13　例 8.5 图

解：图中 D 触发器为上升沿触发。因此，在每个 CP 上升沿向下画垂线，将 CP 上升沿之前的输入信号 A 和现态 Q^n 进行与非运算后送入 D 输入端，决定 D 触发器的次态，即：

$$Q^{n+1} = D = \overline{A \cdot Q^n}$$

例如第二个 CP 上升沿之前 A=1，Q^n=1，所以 Q^{n+1}=D=0；在 CP 上升沿之后 Q 为 0，该状态一直保持到第三个 CP 上升沿。依此类推可画出 Q 的波形如图 8.3.14 所示。

3．集成D触发器

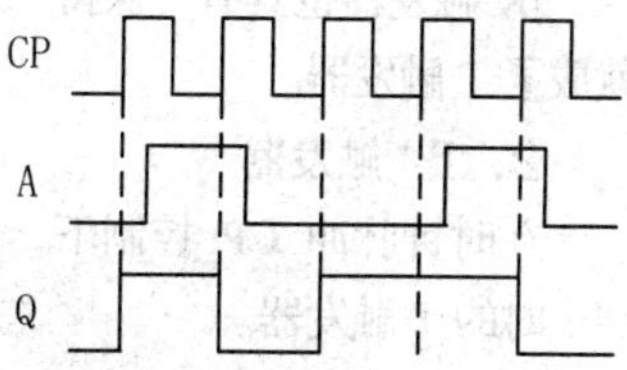

图 8.3.14　例 4.5 图解

74LS74 集成 D 触发器集成了两个触发器单元，它们都是 CP 上升沿触发的边沿 D 触发器，其逻辑功能表如表 8.3.3 所示。直接置位端 S_d 和直接复位端 R_d 为异步输入端，低电平有效。当 S_d=R_d=1 且 CP 上升沿到来时（在表里用"↑"表示），触发器按照 D 的输入实现"置 0"和"置 1"两种功能，即把加在 D 端的信号锁存起来，并送到输出端。虽然 D 触发器的功能没有 JK 触发器完善（D 触发器没有翻转功能），但其使用方便简单，所以也得到了广泛的应用。

表 8.3.3　D 触发器 74LS74 的功能表

输入				输出	
R_d	S_d	CP	D	Q^{n+1}	说明
0	0	×	×	×	不允许
0	1	×	×	0	异步置 0
1	0	×	×	1	异步置 1
1	1	↑	0	0	置 0
1	1	↑	1	1	置 1

提示：异步输入端工作时，CP 和 D 均无效。

三、T触发器与T′触发器

1．T触发器

在时钟脉冲 CP 控制下，根据输入信号 T 取值的不同，具有"保持"和"翻转"功能的触发器称为 T 触发器。T=0 时，T 触发器输出状态保持不变；T=1 时，T 触发器输出状态翻转。T 触发器的状态真值表如表 8.3.4 所示，由状态真值表可得 T 触发器的特征方程为：

$$Q^{n+1} = T\overline{Q^n} + \overline{T}Q^n = T \oplus Q^n \qquad (8.3.3)$$

表 8.3.4　T 触发器的状态真值表

T	Q^n	Q^{n+1}	说明
0	0	0	保持
0	1	1	Q^{n+1}=Q^n
1	0	1	翻转
1	1	0	$Q^{n+1}=\overline{Q^n}$

T 触发器的状态转换图和波形图分别如图 8.3.15、图 8.3.16 所示。

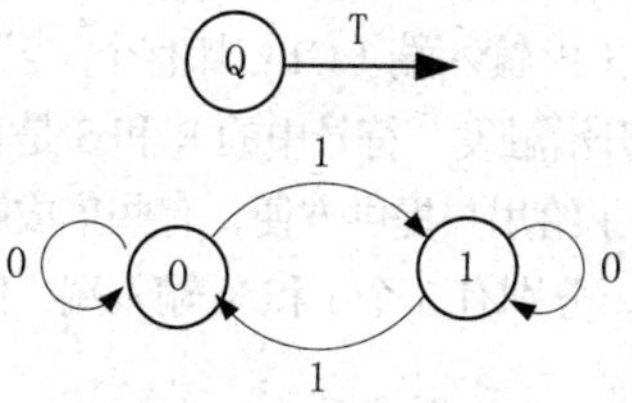

图 8.3.15　T 触发器的状态转换图

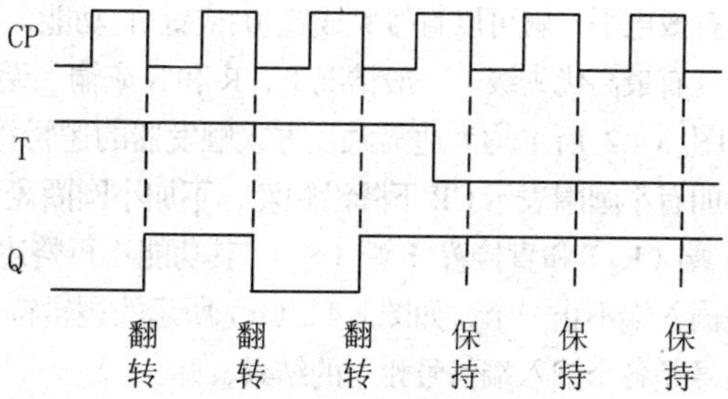

图 8.3.16　T 触发器的波形图

JK 触发器也具有“保持”和“翻转”功能，将 JK 触发器的 JK 输入并联作为 T 输入，就成了 T 触发器。

2．T' 触发器

在时钟脉冲 CP 控制下，只具有“翻转”功能的触发器称为 T'触发器。T'触发器就是 T=1 时的 T 触发器。

T'触发器的特征方程为：

$$Q^{n+1}=\overline{Q^n} \tag{8.3.4}$$

由于 T 触发器和 T'触发器的功能比较简单，所以并无独立产品，一般是由其他触发器转换而来。用 JK 触发器和 D 触发器转换成 T'触发器的电路如图 8.3.18 所示。

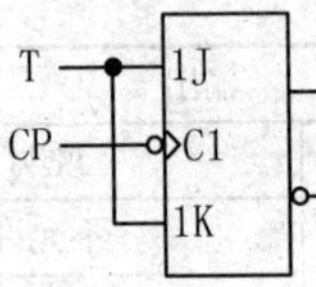

图 8.3.17　JK 触发器 T 触发器

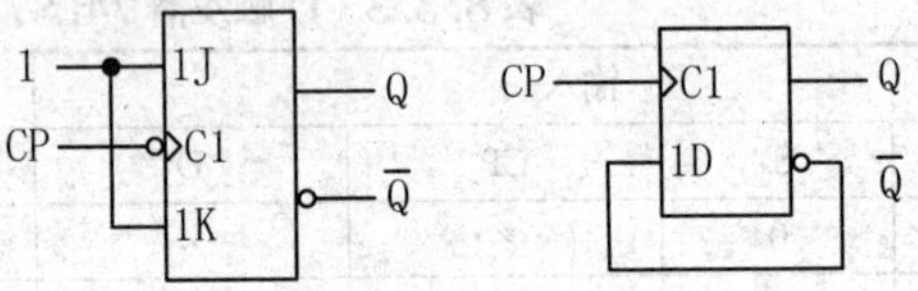

图 8.3.18　T'触发器

第四节　触发器的使用

一、触发器的逻辑符号

图 8.4.1 所示均为电平触发方式触发器的逻辑符号。CP 输入端（C1）加有小圆圈表示 CP 低电平触发，不加小圆圈表示 CP 高电平触发。所谓高电平触发，是指当 CP=1 时，触发器接收输入信号，输出状态按其功能发生变化；当 CP=0 时，触发器不接收信号，输出状态保持不变。而低电平触发则与之相反。

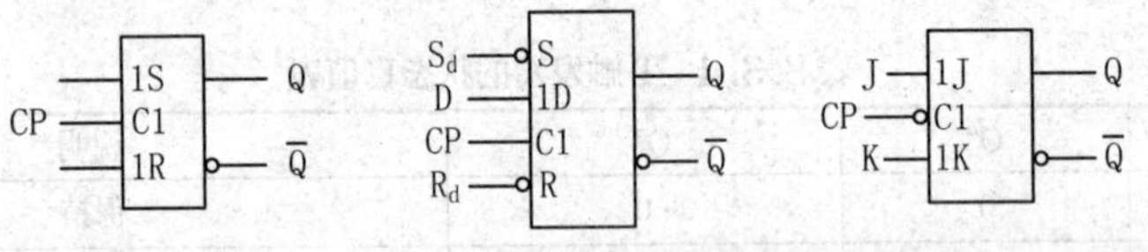

(a) 高电平触发 RS 触发器　(b) 高电平触发 D 触发器　(c) 低电平触发 JK 触发器

图 8.4.1　电平触发方式触发器的逻辑符号

图 8.4.1 所示逻辑符号中的 R 和 S 是直接置 0 端（R_d）和直接置 1 端（S_d），输入端加有小圆圈表示低电平有效，不加小圆圈表示高电平有效。这两个输入端为异步输入端，只要接入有效电平，就可以直接完成置 0 或置 1 功能，而不受时钟脉冲 CP 和输入端信号的限制，具有最高优先级。一般情况下，R 和 S 应输入无效电平，以保证触发器正常工作。

图 8.4.2 所示均为边沿触发方式触发器的逻辑符号，CP 输入端（C1）都有个“>”符号，加有小圆圈表示 CP 下降沿触发，不加小圆圈表示上升沿触发。符号中的 R 和 S 是直接置 0 端（R_d）和直接置 1 端（S_d），其功能不再赘述。为了给用户提供方便，有些集成触发器的输入端不止一个，如图 8.4.2（c）所示的逻辑符号中，分别有 3 个 J 和 K 输入端，则输入信号是各个输入端信号相与的结果，即：

$$J=J_1J_2J_3 \quad K=K_1K_2K_3$$

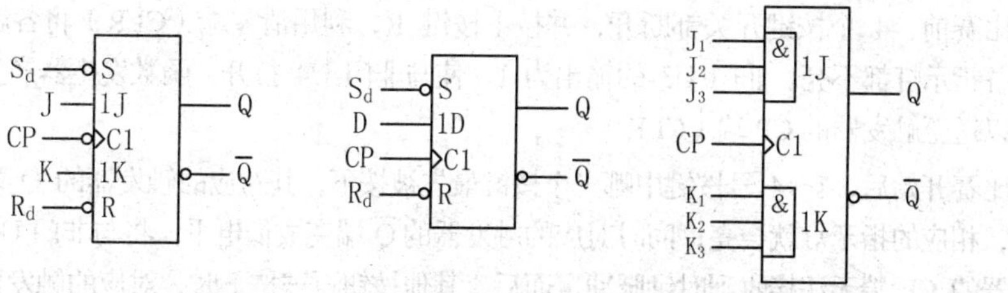

(a) 下降沿触发 JK 触发器　(b) 上升沿触发 D 触发器　(c) 多输入端上升沿触发 JK 触发器

图 8.4.2　边沿触发方式触发器的逻辑符号

提示：与电平触发方式相比，边沿触发方式只有在时钟脉冲的上升边沿或下降边沿时，触发器才能接收输入端的控制信号进行状态转换；而在 CP=0 或 CP=1 期间，输入端控制信号的任何变化都不会对触发器起作用。因此，边沿触发器抗干扰能力极强，工作很可靠。

二、触发器的选用

各种触发器具有不同的逻辑功能。即使功能相同，不同系列的触发器在结构、性能等方面也有差异。因此在选用时应针对实际需要加以选择，并在使用中注意处理好一些实际问题，现综述如下。

（1）实用的集成钟控触发器的电路结构各不相同，各具特点，但各种结构的电路都可以做成 RS、D、JK、T、T′这 5 种功能的触发器，而且这些功能可以互相转换。

（2）在使用触发器时，必须注意电路的逻辑功能及其触发方式，这是分析触发器电路的两个重要依据。电平触发的触发器有空翻现象，只能用在时钟脉冲作用期间输入信号不变的场合。而边沿触发方式无空翻，抗干扰能力强，使用这种触发器时需要严格要求时钟脉冲的边沿，如果时钟信号的边沿时间过长，则电路无法正常工作。

（3）由于电路实际上存在传输延迟时间，所以要求信号输入在 CP 有效作用沿前后一段时间内保持不变。

（4）常用的集成触发器有 TTL 和 CMOS 两种。在选用时应根据需要从速度、功耗、功能和触发方式等方面权衡考虑。

【仿真练习】4 人抢答电路

智力竞赛中的 4 人抢答电路如图 8.4.3 所示。电路的中心元件为集成四 D 触发器 74LS175，其内部有 4 个 D 触发器，它们共用一个时钟输入端和一个清零端。

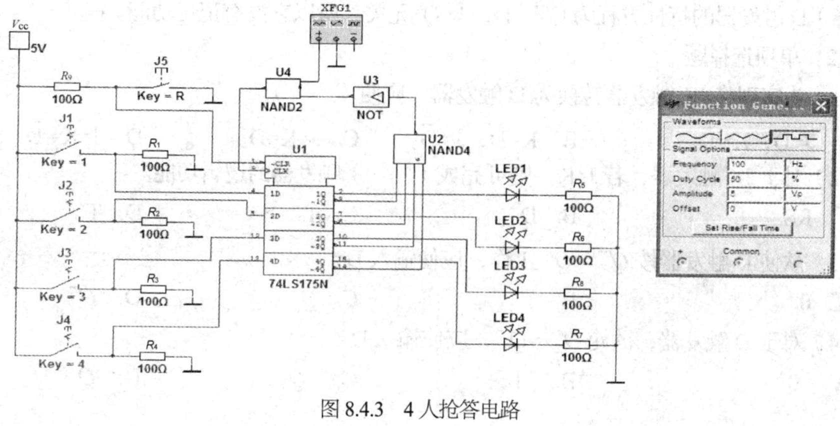

图 8.4.3　4 人抢答电路

比赛前，4 个按键开关都断开，并按下按键 R，利用清零端（CLR）将各触发器都清零，各指示灯都不亮。非门 U3 的输出为 1，使与非门 U4 打开，函数发生器产生的时钟脉冲可以送至触发器的 CP 端（CLK）。

比赛开始后，1～4 号按键中哪一个按键最先被按下，其对应的触发器的 Q 端就输出高电平，相应的指示灯就会亮；同时对应的触发器的 $\overline{Q}$ 端变成低电平，将与非门 U4 封锁，使触发器的 CP 端无法接收到时钟脉冲。而后，其他按钮再被按下时，对应的触发器也会因无时钟脉冲而无法触发，Q 端输出的还是低电平，对应的指示灯也不会亮。

本章小结

1. 触发器是时序逻辑电路的基本逻辑单元。双稳态触发器有 0 和 1 两个稳定的输出状态，是具有记忆功能的元件。在外界信号的作用下，其状态可以保持，也可以翻转。

2. 根据逻辑功能的不同，触发器可分为 RS、JK、D、T 等类型。

3. 触发器的逻辑功能可以用状态真值表、功能表、状态转换图、特征方程和波形图等方式来表示。

4. 触发器的触发方式有电平触发和边沿触发两种。不同触发方式的触发器在状态的翻转过程中具有不同的动作特点。从应用的角度出发，我们要会识别各类触发器的逻辑符号，掌握其逻辑功能，了解它的触发方式，并能熟练地应用。

习题

8.1 判断题

（1）由两个 TTL 或非门构成的基本 RS 触发器，当 R=S=0 时，触发器的状态为不定。（ ）

（2）RS 触发器的约束条件 RS=0 表示不允许出现 R=S=1 的输入。（ ）

（3）对边沿 JK 触发器，在 CP 为高电平期间，当 J=K=1 时，状态会翻转一次。（ ）

（4）同步触发器存在空翻现象，而边沿触发器和主从触发器克服了空翻。（ ）

（5）D 触发器的特性方程为 $Q^{n+1}=D$，与 Q^n 无关，所以它没有记忆功能。（ ）

8.2 单项选择题

（1）为实现将 JK 触发器转换为 D 触发器，应使（ ）。

A. J=D，K=$\overline{D}$　　B. K=D，J=$\overline{D}$　　C. J=K=D　　D. J=K=$\overline{D}$

（2）对于 JK 触发器，若 J=K，则可完成（ ）触发器的逻辑功能。

A. RS　　B. D　　C. T　　D. T′

（3）欲使 D 触发器按 $Q^{n+1}=\overline{Q^n}$ 工作，应使输入 D=（ ）。

A. 0　　B. 1　　C. Q　　D. $\overline{Q^n}$

（4）对于 D 触发器，欲使 $Q^{n+1}=Q^n$，应使输入 D=（ ）。

A. 0　　B. 1　　C. Q　　D. $\overline{Q}$

8.3 画出题图 8.3 所示由与非门组成的基本 RS 触发器输出端 Q、$\overline{Q}$ 的电压波形，输入端$\overline{S}_D$、$\overline{R}_D$ 的电压波形如图中所示。

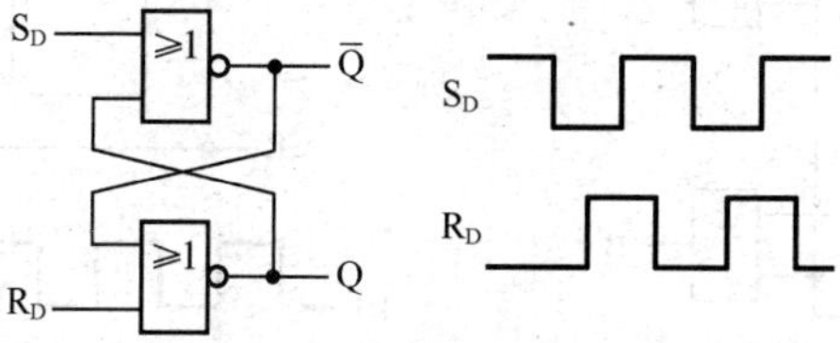

题图 8.3

8.4 题图 8.4 所示为一个防抖动输出的开关电路。当拨动开关 S 时，由于开关触点接触瞬间发生振颤，$\overline{S}_D$、$\overline{R}_D$ 的电压波形如图中所示，试画出 Q、$\overline{Q}$ 端对应的电压波形。

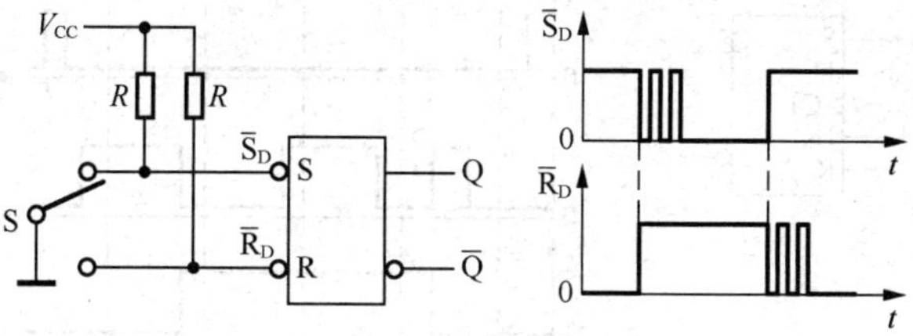

题图 8.4

8.5 由 TTL 与非门构成的同步 RS 触发器（CP、R、S 均为高电平有效），已知输入 R、S 波形如题图 8.5 所示，画出输出 Q 端的波形。

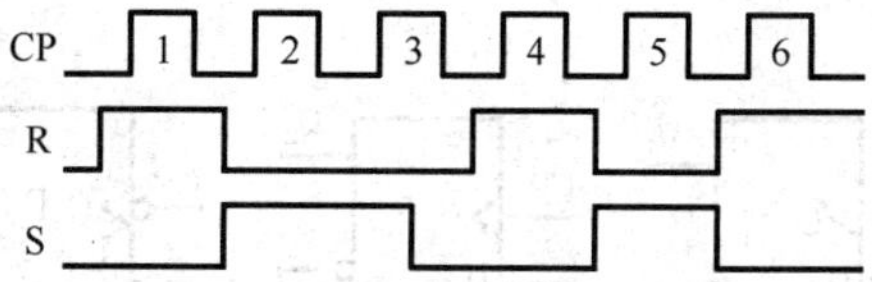

题图 8.5

8.6 由两个边沿 JK 触发器组成如题图 8.6（a）所示的电路，若 CP、A 的波形如题图 8.7（b）所示，试画出 Q_1、Q_2 的波形。设触发器的初始状态均为零。

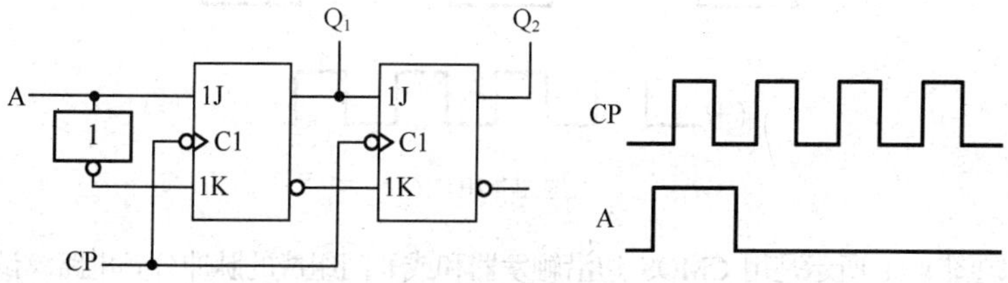

（a）　　　　（b）

题图 8.6

8.7 题图 8.7 电路是由 D 触发器和与门组成的移相电路，在时钟脉冲作用下，其输出端 A、B 输出两个频率相同，相位差为 90° 的脉冲信号。试画出 Q、$\overline{Q}$ 、A、B 端的时序图。

8.8 电路如题图 8.10 所示，设触发器初始状态均为零，试画出在 CP 作用下 Q_1 和 Q_2 的波形。

8.9 已知 CMOS 边沿触发结构 JK 触发器各输入端的电压波形如题图 8.11 所示，试画出 Q、$\overline{Q}$ 端对应的电压波形。

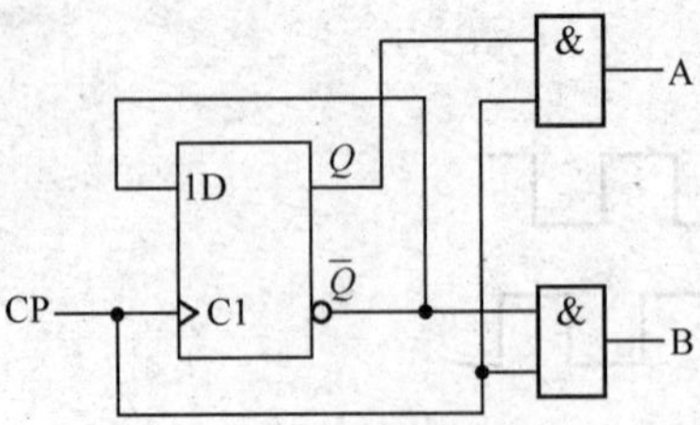

题图 8.7

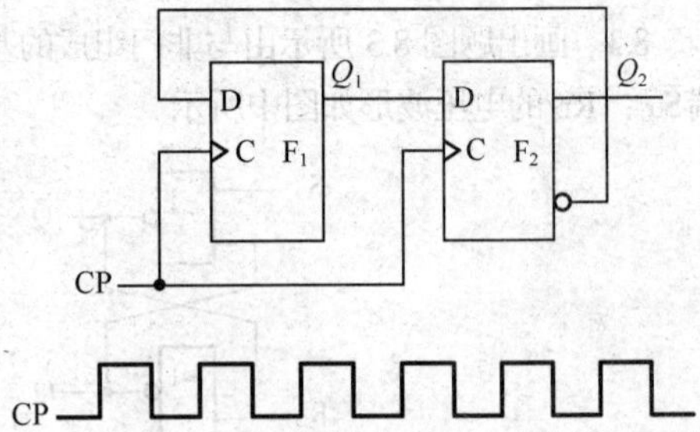

题图 8.8

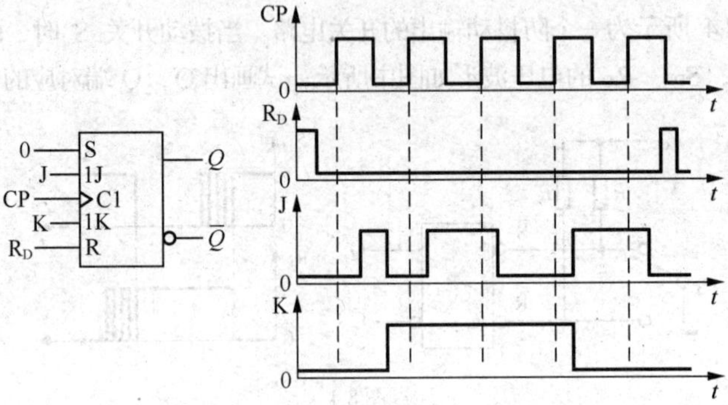

题图 8.9

8.10　各触发器的 CP 波形如图 8.9 所示，试画出各触发器输出端 Q 波形。设各触发器的初态为 0。

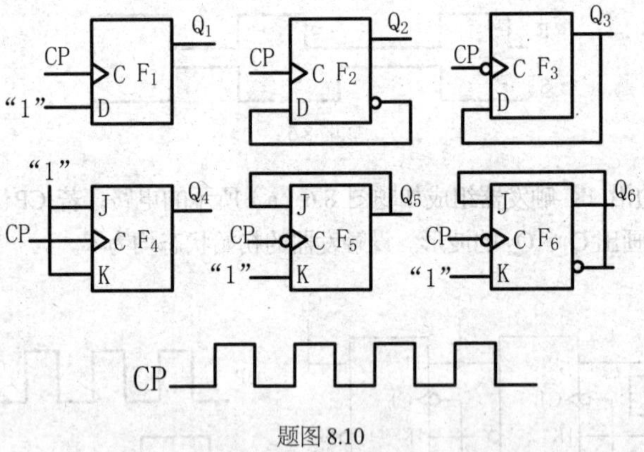

题图 8.10

8.11　题图 8.11 所示是用 CMOS 边沿触发器和或非门组成的脉冲分频电路。试画出在一系列 CP 脉冲作用下，Q_1、Q_2 和 Z 端对应的输出电压波形。设触发器的初始状态皆为 Q = 0。

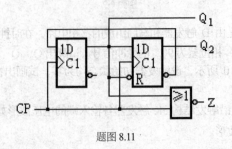

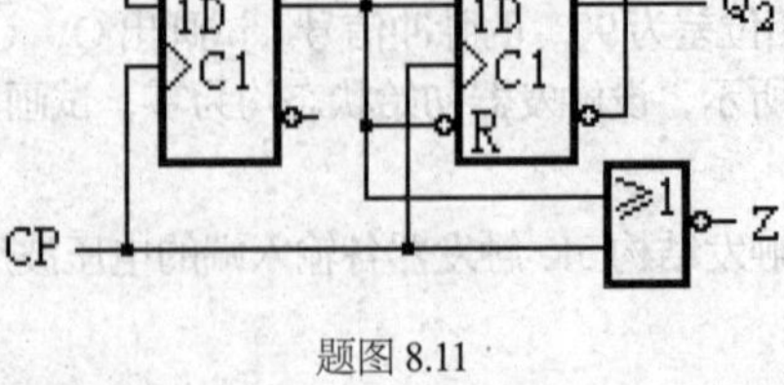

题图 8.11

8.12 题图 8.12 所示是用维持阻塞结构 D 触发器组成的脉冲分频电路。试画出在一系列 CP 脉冲作用下输出端 *Y* 对应的电压波形。设触发器的初始状态均为 Q = 0。

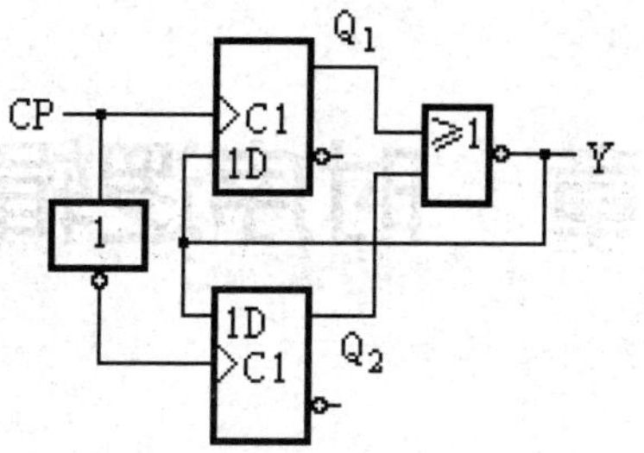

题图 8.12

8.13 试画出题图 8.13 电路输出 Y、Z 的电压波形，输入信号 A 和时钟 CP 的电压波形如图中所示，设触发器的初始状态均为 Q = 0。

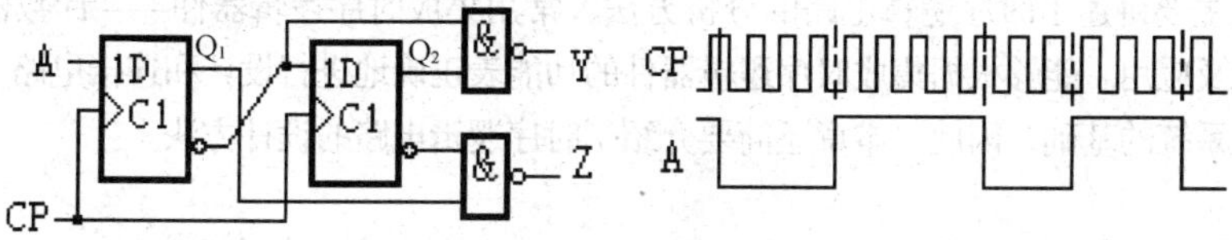

题图 8.13

8.14 试画出题图 8.14 电路在一系列 CP 信号作用下 Q_1、Q_2、Q_3 端输出电压的波形，触发器为边沿触发结构，初始状态为 Q = 0。

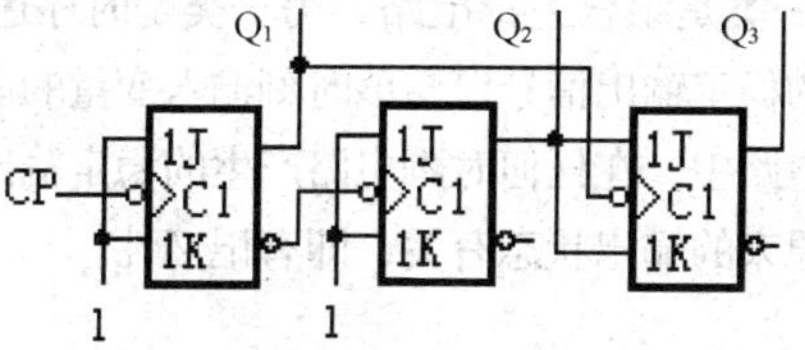

题图 8.14

8.15 试画出题图 8.15 电路在图中所示 CP、$\overline{R}_D$ 信号作 用下 Q_1、Q_2、Q_3 的输出电压波形，并说明 Q_1、Q_2、Q_3 输出信号的频率与 CP 信号频率之间的关系。

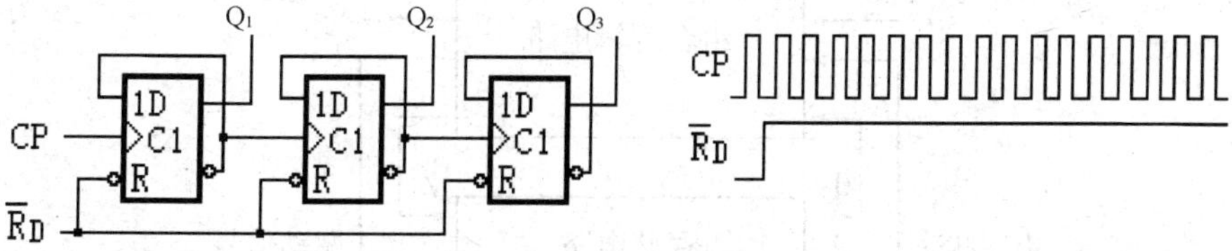

题图 8.15

第九章 时序逻辑电路

【内容导读】

本章主要讲述了时序逻辑电路的分析方法，常用集成时序逻辑器件——计数器和寄存器的功能及应用。能够根据集成时序逻辑器件的功能表正确地进行设计和连接电路，是设计小型数字系统的基础，因此，本章还简要介绍了时序逻辑电路的设计方法。

第一节 概述

逻辑电路分为两类：一类是组合逻辑电路，另一类是时序逻辑电路。在组合逻辑电路中，在任何时刻电路产生的稳定输出信号仅与该时刻输入变量的取值有关，与电路原来的输出状态无关；在时序逻辑电路中，在任何时刻电路产生的稳定输出信号不仅与该时刻输入变量的取值有关，还与电路原来的输出状态有关，即有记忆性。

一、时序逻辑电路的组成

时序逻辑电路的框图如图 9.1.1 所示。

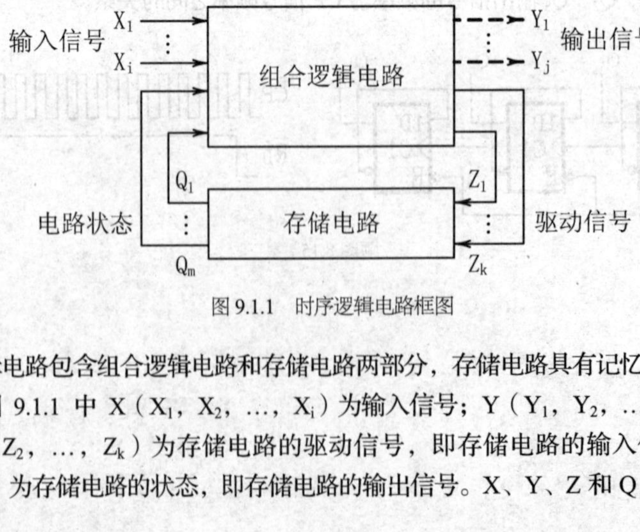

图 9.1.1 时序逻辑电路框图

时序逻辑电路包含组合逻辑电路和存储电路两部分，存储电路具有记忆功能，通常由触发器组成。图 9.1.1 中 X（X_1，X_2，…，X_i）为输入信号；Y（Y_1，Y_2，…，Y_j）为输出信号；Z（Z_1，Z_2，…，Z_k）为存储电路的驱动信号，即存储电路的输入信号；Q（Q_1，Q_2，…，Q_m）为存储电路的状态，即存储电路的输出信号。X、Y、Z 和 Q 之间的关系可以用3个函数来表示：

输出方程：$Y=F[X, Q^n]$

驱动方程：$Z=H[X, Q^n]$

状态方程：$Q^{n+1}=G[Y, Q^n]$

其中，F、H、G 分别为 Y、Z、Q 的系数矩阵，Q^n 是存储电路的现态，Q^{n+1} 是存储电路的次态。

从以上关系式不难看出：时序逻辑电路某时刻的输出 Y 取决于该时刻的外部输入 X 和内部状态 Q^n，而时序逻辑电路的次态 Q^{n+1} 同样取决于 X 和 Q^n。时序逻辑电路的工作过程实质上就是在变化的输入信号的作用下，内部状态不断更新的过程。而且由于时序逻辑电路具有记忆性，所以电路状态的变化是按一定顺序进行的。

二、时序逻辑电路的特点

与组合逻辑电路相比，时序逻辑电路有以下特点。

（1）时序逻辑电路包含组合逻辑电路和存储电路两部分，具有记忆过去状态的功能。

（2）时序逻辑电路加入了反馈通道。将存储电路的状态输出反馈到组合逻辑电路的输入端，与外部输入信号共同决定组合逻辑电路的输出信号。所以时序逻辑电路任意时刻的输出由输入信号和电路的现态共同决定。

（3）组合逻辑电路的输出除包含外部输出 Y 外，还包含连接到存储电路的内部输出 Z，Z 将控制存储电路状态的转换。

三、时序电路的分类

按照电路触发方式的不同，时序逻辑电路分为同步时序逻辑电路和异步时序逻辑电路两大类。同步时序逻辑电路内的所有触发器都由唯一的时钟脉冲 CP 控制，所有触发器的状态变化都是在 CP 控制下同时发生的。异步时序逻辑电路内的触发器没有统一的时钟脉冲，触发器状态的变化也不是同时发生的。也就是说，同步时序逻辑电路有统一的“号令”（就是 CP 脉冲），所有触发器根据“号令”在同一时间动作（改变状态），是有纪律有组织的；而异步时序逻辑电路中的触发器则各行其是，只要触发条件具备，就各自独立动作，是散兵游勇。在现代数字系统设计中，时序逻辑系统的设计几乎都是同步时序逻辑系统，这是由现代数字系统的大规模和高速特性决定的。

按照电路输出信号与输入信号的关系，时序逻辑电路分为米利（Mealy）型时序逻辑电路和摩尔（Moore）型时序逻辑电路。如果时序逻辑电路的输出信号是输入信号和电路状态的函数，则称其为 Mealy 型时序逻辑电路；如果时序逻辑电路的输出信号仅仅是电路状态的函数，则称其为 Moore 型时序逻辑电路。

第二节　时序逻辑电路的分析方法

时序逻辑电路的分析就是根据所给的逻辑电路图，确定电路的功能和工作特点，即找出电路的状态和输出变量在输入变量和时钟信号作用下的变化规律。分析时，只要将时序电路中的状态变量和输入信号一样当作逻辑函数的输入变量处理，则组合电路的一些分析方法仍然可以使用。但由于时序电路中状态变量的取值与电路的历史有关，所以其分析过程要比组合电路复杂。为便于描述时序电路的状态及其转换规律，需要引入一些新的表示方法和分析方法。

在本章第一节讲过，时序电路的逻辑功能可以用输出方程、驱动方程和状态方程来全面描述。因此，分析电路时，需要写出给定电路的上述 3 个方程，并根据这 3 个方程求出在任意给定输入变量和电路状态下电路的输出变量和次态，即可完成电路逻辑功能的分析。

分析时序逻辑电路可按下列步骤进行。

（1）观察电路。根据逻辑电路图，确定该电路是同步时序逻辑电路还是异步时序逻辑电路，看清电路中所用触发器的类型和触发方式。

（2）写出方程。根据逻辑图，写出驱动方程、状态方程和输出方程。驱动方程是每个触发器输入信号的逻辑函数式；状态方程又称为次态方程，是将各触发器的驱动方程代入触发器的特征方程得到的，输出方程是组合逻辑电路部分的输出变量的函数表达式。对于异步时序逻辑电路，还要写出时钟方程，即各触发器的时钟信号的函数表达式。

（3）列出状态真值表。将时序逻辑电路的输入信号和触发器的现态当作输入变量，将时序逻辑电路的输出信号和触发器的次态当作输出变量，将状态方程和输出方程转换成真值表，就得到状态真值表。注意：在状态真值表的每一行中，左边是触发器的现态和电路的输入信号，右边是触发器的次态和电路的输出信号。

（4）画出状态转换图，因为状态转换图很直观，可以将电路在一系列时钟信号作用下状态转换的全部过程表现出来，更容易分析时序逻辑电路的功能，所以要根据状态真值表，画出状态转换图，并概括说明电路的逻辑功能。

（5）描述电路的功能。根据状态转换图，概括说明电路的逻辑功能。

一、同步时序逻辑电路的分析方法

下面通过一个例题具体说明同步时序电路的分析方法和步骤。

例 9.1　分析图 9.2.1 所示时序逻辑电路的功能。

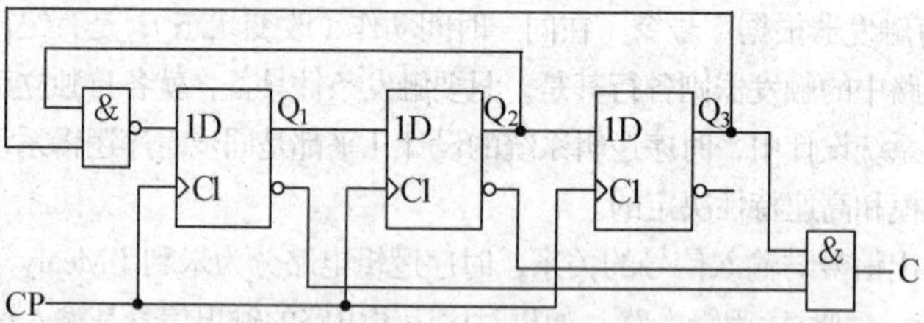

图 9.2.1　例 9.1 时序逻辑电路

解：

（1）观察电路。电路中采用的 3 个触发器都是上升沿触发的 D 触发器，并且都由同一个 CP 脉冲触发，是同步时序逻辑电路。

（2）写出方程。

驱动方程：$D_1=\overline{Q_3^n\cdot Q_2^n}$，$D_2=Q_1^n$，$D_3=Q_2^n$；

状态方程：$Q_1^{n+1}=D_1=\overline{Q_3^n\cdot Q_2^n}$，$Q_2^{n+1}=D_2=Q_1^n$，$Q_3^{n+1}=D_3=Q_2^n$；

输出方程：$C=Q_3^n\cdot\overline{Q_2^n}\cdot\overline{Q_1^n}$。

（3）列出状态真值表。按照状态方程和输出方程，列出 3 个触发器的次态和输出变量 C

的状态真值表，如表 9.2.1 所示。

表 9.2.1　例 9.1 状态真值表

Q_3^n	Q_2^n	Q_1^n	Q_3^{n+1}	Q_2^{n+1}	Q_1^{n+1}	C
0	0	0	0	0	1	0
0	0	1	0	1	1	0
0	1	0	1	0	1	0
0	1	1	1	1	1	0
1	0	0	0	0	1	1
1	0	1	0	1	1	0
1	1	0	1	0	0	0
1	1	1	1	1	0	0

（4）画出状态转换图。在状态真值表中，每一行的左边是电路的现态，右边是电路的次态。按顺序画出所有状态的转换关系，得到状态转换图如图 9.2.2 所示。

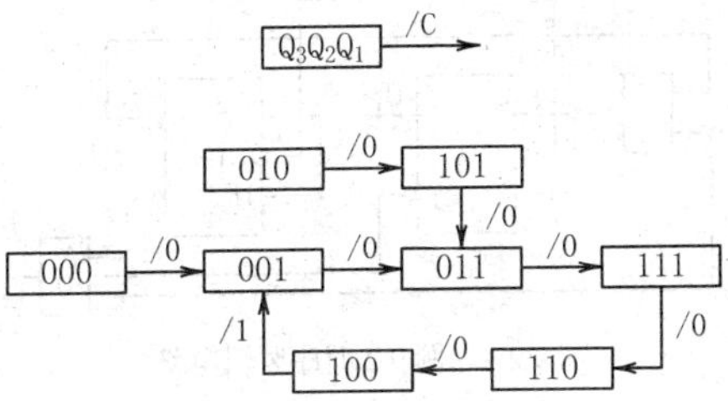

图 9.2.2　例 9.1 状态转换图

（5）描述电路的功能。

从图 9.2.2 所示状态转换图可以清楚地看到，有 5 个状态（001、011、111、110 和 100）构成了循环。利用这个循环，我们可以实现对 CP 脉冲的五进制计数。从 001 状态开始，电路每接收一个 CP 脉冲，电路状态就依次变化一次，经过 5 个 CP 周期，电路状态就完成一次循环。所以，我们可以把 001 状态看作计数的起始值 0，把 011 状态看作 1，111 状态看作 2，110 状态看作 3，100 状态看作 4。根据电路的状态就可以知道电路接收了几个 CP 脉冲，实现对 CP 脉冲的计数。

提示： 图 9.2.2 中箭头旁表明了状态转换前输入变量取值和输出值。通常输入变量取值写在斜线以上，输出值写在斜线以下。由于图 9.2.1 电路没有输入变量，所以斜线以上没有标注。

另外，我们注意到，只有在循环的最后一个状态 100，C 才会输出 1；而在电路的其他状态，C 都为 0。所以 C 可以作为计数电路的进位信号，当 C 由 1 变成 0 时，表示一次计数循环完成，电路状态由最后一个状态恢复为起始状态。

电路中能够实现对 CP 脉冲计数的状态循环称为有效计数循环，这个循环之外的状态是计数电路的无效状态。如果计数电路的有效计数循环包含 m 个电路状态，则该电路就是 m 进制计数器。

如果接通电源后，无论电路处于何种状态，在 CP 脉冲的触发下，电路状态均能自动进入有效计数循环，则称该计数电路有自启动能力。从状态转换图来看，一个电路如果有自启动能力，那么所有电路状态都通过箭头指向有效计数循环。反之，如果电路的某些无效状态自己构成循环，而不指向有效计数循环，那么这个电路就没有自启动能力，这种电路在使用前，要先通过触发器的直接置 1 端和直接置 0 端设置一个合适的起始状态，才能进行计数。

所以，这是一个有自启动能力的五进制计数器。

计数器又称为分频器，从图 9.2.3 所示波形图可以看出，触发器输出信号的频率为输入 CP 脉冲频率的五分之一，所以五进制计数器又称为五分频电路。

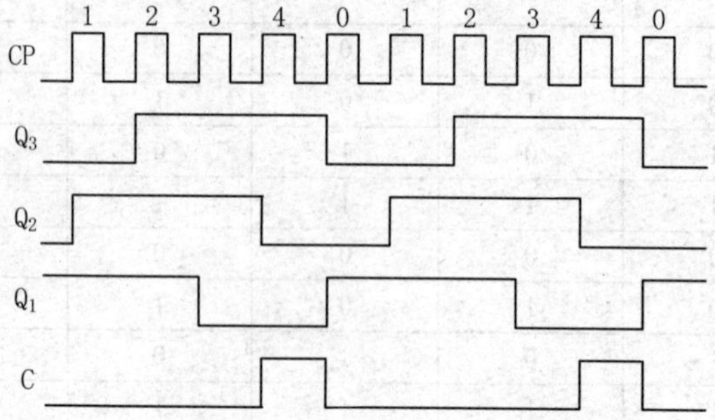

图 9.2.3　例 9.1 波形图

例 9.2　分析图 9.2.4 所示时序逻辑电路的功能。

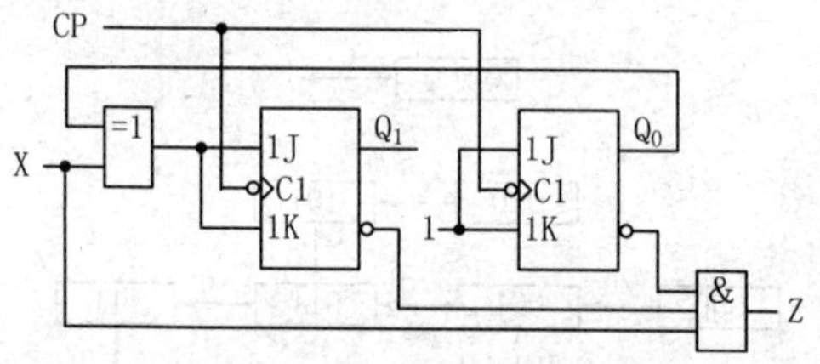

图 9.2.4　例 9.2 时序逻辑电路

解：

（1）看清电路。电路中使用的两个触发器都是下降沿触发的 *JK* 触发器，并且都由同一个 CP 脉冲触发，是同步时序逻辑电路。

（2）写出方程。

驱动方程：$J_1 = K_1 = X \oplus Q_0^n$，$J_0 = K_0 = 1$；

状态方程：$Q_1^{n+1} = J_1\overline{Q_1^n} + \overline{K_1}Q_1^n = (X \oplus Q_0^n)\cdot\overline{Q_1^n} + \overline{X \oplus Q_0^n}\cdot Q_1^n = X \oplus Q_0^n \oplus Q_1^n$，

$Q_0^{n+1} = J_0\overline{Q_0^n} + \overline{K_0}Q_0^n = \overline{Q_0^n}$；

输出方程：$Z = X \cdot \overline{Q_1^n} \cdot \overline{Q_0^n}$。

（3）列出状态真值表。按照状态方程和输出方程，列出两个触发器的次态和输出变量 *Z* 的状态真值表，如表 9.2.2 所示。

表 9.2.2　例 9.2 状态真值表

X	Q_1^n	Q_0^n	Q_1^{n+1}	Q_0^{n+1}	Z
0	0	0	0	1	0
0	0	1	1	0	0
0	1	0	1	1	0
0	1	1	0	0	0
1	0	0	1	1	1
1	0	1	0	0	0
1	1	0	0	1	0
1	1	1	1	0	0

（4）画出状态转换图。画出所有状态的转换关系，得到状态转换图如图 9.2.5 所示。

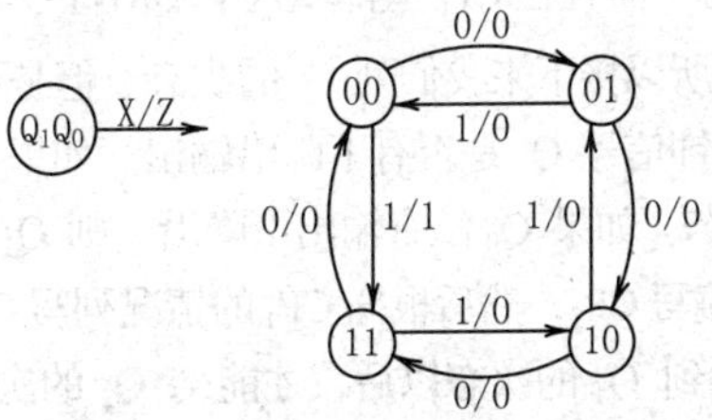

图 9.2.5 例 9.2 状态转换图

（5）描述电路的功能。

从状态转换图可以看出，当 X=0 时，电路状态按 00→01→10→11→00 顺序变化，实现四进制加法计数器的功能；当 X=1 时，状态转移按 00→11→10→01→00 顺序变化，实现四进制减法计数器的功能。所以，该电路是一个同步四进制可逆计数器。X 为加/减控制信号，Z 为减法计数方式下的借位输出。

*二、异步时序逻辑电路的分析方法

在异步时序电路中，每次电路状态发生转换时并不是所有触发器都有时钟信号。只有那些有时钟信号的触发器才需要用特征方程去计算次态，没有时钟信号的触发器则保持原来的状态不变。所以，异步时序电路的分析比同步时序电路复杂。分析时需要找出每次电路状态转换时哪些触发器有时钟信号，哪些触发器没有时钟信号，即写出各触发器时钟信号的函数表达式（时钟方程）。

例 9.3　分析图 9.2.6 所示时序逻辑电路的功能。

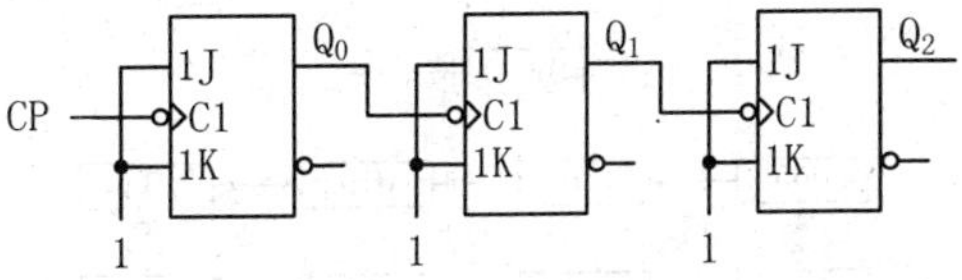

图 9.2.6 例 9.3 时序逻辑电路

解：

（1）观察电路。电路中使用的 3 个触发器都是下降沿触发的 JK 触发器，但是它们的时钟信号都不相同，所以是一个异步时序逻辑电路。

（2）写出方程。因为是异步时序逻辑电路，所以，除了要写出驱动方程和状态方程，还要写出时钟方程。

驱动方程：$J_2 = K_2 = 1$，$J_1 = K_1 = 1$，$J_0 = K_0 = 1$；

状态方程：$Q_2^{n+1} = J_2\overline{Q_2^n} + \overline{K_2}Q_2^n = \overline{Q_2^n}$，

$Q_1^{n+1} = J_1\overline{Q_1^n} + \overline{K_1}Q_1^n = \overline{Q_1^n}$，

$Q_0^{n+1} = J_0\overline{Q_0^n} + \overline{K_0}Q_0^n = \overline{Q_0^n}$；

时钟方程：$CP_2 = Q_1^n$，$CP_1 = Q_0^n$，$CP_0 = CP$。

（3）列出状态真值表。对于异步时序逻辑电路，列状态真值表时要按照时钟方程依次列出各个触发器的次态。而且各个触发器仅在其时钟脉冲的下降沿改变状态，其余时刻触发器的状态保持不变。

由于$CP_0 = CP$，只要外接的CP脉冲有下降沿输入，Q_0就按照其状态方程发生变化，所以，我们先列出Q_0的次态，而且在CP_0里都填入下降沿符号。

然后，由于$CP_1 = Q_0^n$，所以接下来我们列Q_1的次态。但是不能直接按状态方程写出Q_1的次态，而应当先考察其时钟信号Q_0是否有下降沿输出。如果Q_0由1变成0（下降沿），则按状态方程得出Q_1的次态；如果Q_0没有输出下降沿，则Q_1保持现态不变。所以，我们首先根据Q_0的次态和现态填写CP_1，然后根据CP_1的情况列写Q_1的次态。

由于$CP_2 = Q_1^n$，所以得到Q_1的次态以后，才能列Q_2的次态。同样，也必须先考察触发器的时钟信号Q_1是否有下降沿输出，然后再列写Q_2的次态。方法不再赘述。最后得到该电路的状态真值表如表9.2.3所示。

表9.2.3　例9.3状态真值表

Q_2^n	Q_1^n	Q_0^n	Q_2^{n+1}	Q_1^{n+1}	Q_0^{n+1}	CP_2	CP_1	CP_0
0	0	0	0	0	1	0	↑	↓
0	0	1	0	1	0	↑	↓	↓
0	1	0	0	1	1	1	↑	↓
0	1	1	1	0	0	↓	↓	↓
1	0	0	1	0	1	0	↑	↓
1	0	1	1	1	0	↑	↓	↓
1	1	0	1	1	1	1	↑	↓
1	1	1	0	0	0	↓	↓	↓

（4）画出状态转换图。按照状态真值表的每一行左边是现态、右边是次态的规律，得到状态转换图如图9.2.7所示。

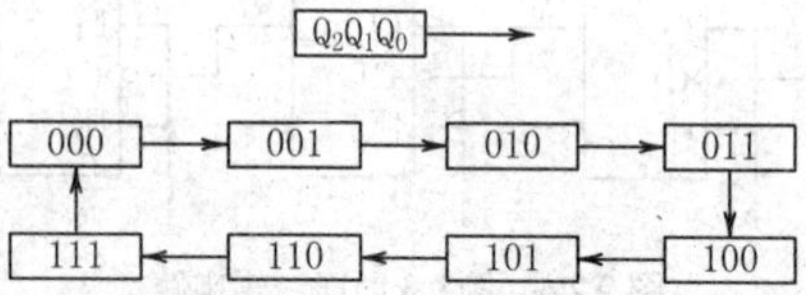

图9.2.7　例9.3状态转换图

（5）描述电路的功能。

从状态转换图可以看出，该电路是一个异步八进制加法计数器。

现在，我们再看一下这个电路的特点：电路中每一个触发器都是下降沿触发方式，而且都接成T′触发器(具有翻转功能)，低位触发器的输出作为相邻高位触发器的时钟脉冲。这样，每个高位触发器的翻转出现在相邻低位从1翻转为0时，以此实现"逢二进一"，所以3个触发器构成了八进制（2^3）计数器。按照这种规律，我们可以设计出n位二进制计数器（计数模数为2^n）。例如，图9.2.8（a）所示的四位二进制（十六进制）异步加法计数器，图9.2.8（b）所示的三位二进制异步加法计数器。

在图9.2.8（b）所示的三位二进制异步加法计数器中，我们注意到电路使用的D触发器是CP上升沿触发方式。但是要实现加法计数，要求用低位触发器输出的下降沿去触发高位触发器，即在低位触发器由1变0时，高位触发器受到触发而改变状态，从而实现二进制计数中低位向高位的进位。所以我们将低位触发器的$\overline{Q}$端连接到高位触发器的时钟输入端，这样就将Q的下降沿转变成一个上升沿信号，达到触发高位触发器的目的。

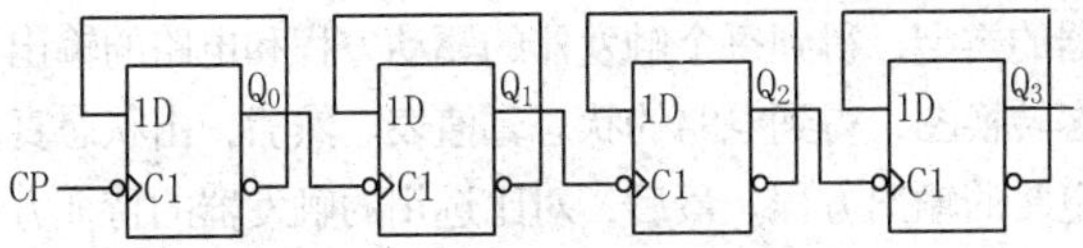

(a) 四位二进制异步加法计数器

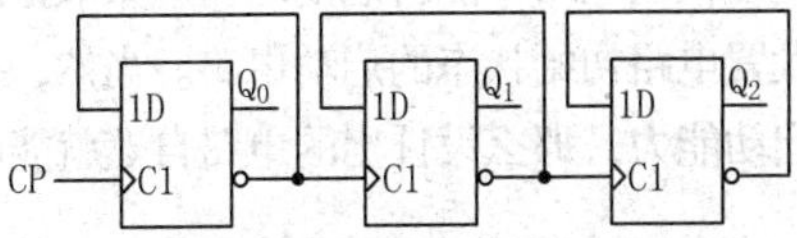

(b) 三位二进制异步加法计数器

图 9.2.8 二进制异步加法计数器

如果用低位触发器输出的上升沿触发高位触发器，上述二进制异步加法电路的功能会变成什么样呢？答案是二进制异步减法计数器，计数器的模数没有变化，只是计数趋势变成了递减。具体分析过程与加法计数器相同，这里不再赘述。

*第三节 同步时序逻辑电路的设计方法

同步时序逻辑电路的设计是指根据给定的具体逻辑功能要求，通过设计得到满足要求的同步时序逻辑电路。一般情况下，同步时序逻辑电路的设计包括以下几个步骤。

（1）逻辑抽象，建立状态转换图。

① 根据设计要求进行逻辑抽象，画出原始状态转换图。分析给定的逻辑问题，确定电路的输入变量、输出变量和电路的状态数，定义输入、输出变量和每个电路状态的含义，并将电路状态顺序编号。在这个步骤中，应当本着“宁多勿漏”的原则确定电路出现的所有状态（每个状态代表着电路要记忆的信息），并确定状态之间的转换关系。从文字描述的命题到原始状态图的建立往往没有明显的规律可循，因此，在时序电路设计中这是较关键的一步。

② 状态化简。在建立原始状态转换图时，将重点放在正确地反映设计要求上，因而原始状态转换图通常不是最简的，可能会多设置了一些电路状态。若两个电路状态在相同的输入下有相同的输出，并且转换到同样一个次态，则这两个状态为等价状态，可以合并为一个。对于时序逻辑电路来说，所需触发器的个数 n 与电路状态个数 M 满足关系式：$2^{n-1} < M \leq 2^n$。可见，减少电路状态数目会使触发器的数目减少并简化电路。因此，状态简化的目的就是要消去多余状态，以得到最简状态转换图。

③ 状态分配。状态分配又称状态编码。时序逻辑电路的状态是用触发器状态的组合来表示的，状态分配就是给电路的每一个状态分配一个二进制代码，把一组适当的二进制代码分配给最简状态转换图。如果触发器的个数为 n，则一共有 2^n 种不同代码。若要将 2^n 种代码分配到 M 个电路状态中去，状态分配方案的个数为 $N=\dfrac{(2^n-1)!}{(2^n-M)!n!}$。然而，要从这么多种分配方案中找到最佳分配方案是很困难的。虽然人们已提出了许多算法，但也都还不成熟，因此在理论上这个问题还没解决，只能根据经验进行。状态分配合适与否，虽然不影响触发器的级数，但对电路中组合逻辑电路部分的复杂程度有一定的影响。为了便于记忆和识别，一般选用的状态编码和它们的排列顺序都遵循一定的规律。

（2）选择触发器的类型，得到每个触发器的驱动方程和电路的输出方程。首先，根据状态编码后的最简状态转换图，得到电路的状态真值表。然后，由状态真值表化简得到每个触发器的状态方程和电路的输出方程。最后，对比选用的触发器的特征方程，写出每个触发器的驱动方程。

（3）检查电路能否自启动。当电路不能自启动时，应采取措施予以解决，可以修改状态转换图，也可以增加一个设置电路初始状态的启动电路。当然，也可以在建立原始状态转换图时，就考虑到电路的自启动能力，那么设计出的电路自然就能够自启动，不必在这一步进行检查。

（4）根据驱动方程和输出方程画出逻辑电路图。

提示：不同类型触发器设计出的电路不一样。在选择触发器类型时应力求减少系统中使用触发器的种类。

例 9.4　试分别用 D 触发器和 JK 触发器设计一个五进制加法计数器。

解：（1）建立状态转换图。

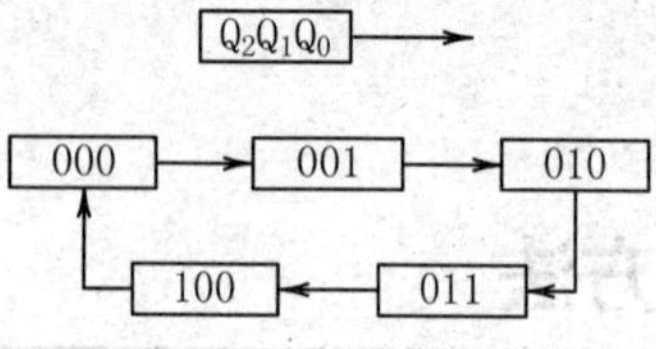

图 9.3.1　例 9.4 状态转换图

根据设计要求，画出状态转换图如图 9.3.1 所示。因为 $2^2<5<2^3$，所以需要 3 个触发器。3 个触发器有 8 种状态组合，取前 5 个构成加法计数器的有效计数循环，其他 3 个状态作为无效状态。由状态转换图得到状态真值表如表 9.3.1 所示，3 个无效状态作为无关项。

表 9.3.1　例 9.4 状态真值表

Q_2^n	Q_1^n	Q_0^n	Q_2^{n+1}	Q_1^{n+1}	Q_0^{n+1}
0	0	0	0	0	1
0	0	1	0	1	0
0	1	0	0	1	1
0	1	1	1	0	0
1	0	0	0	0	0
1	0	1	×	×	×
1	1	0	×	×	×
1	1	1	×	×	×

（2）用 D 触发器设计电路

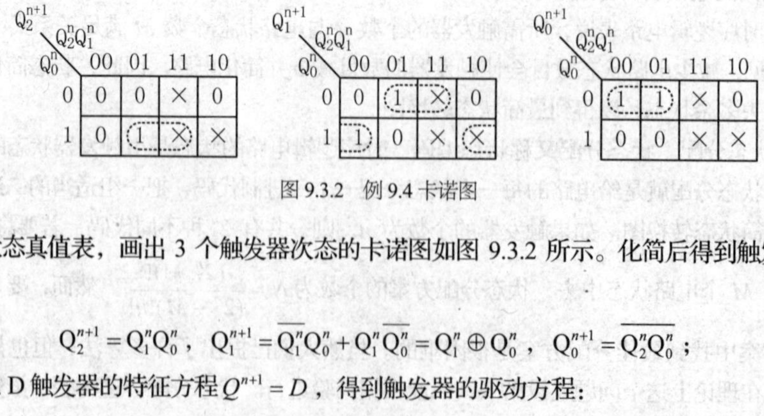

图 9.3.2　例 9.4 卡诺图

由状态真值表，画出 3 个触发器次态的卡诺图如图 9.3.2 所示。化简后得到触发器的状态方程：

$$Q_2^{n+1}=Q_1^nQ_0^n,\quad Q_1^{n+1}=\overline{Q_1^n}Q_0^n+Q_1^n\overline{Q_0^n}=Q_1^n\oplus Q_0^n,\quad Q_0^{n+1}=\overline{Q_2^nQ_0^n};$$

对比 D 触发器的特征方程 $Q^{n+1}=D$，得到触发器的驱动方程：

$$D_2=Q_1^nQ_0^n,\quad D_1=\overline{Q_1^n}Q_0^n+Q_1^n\overline{Q_0^n}=Q_1^n\oplus Q_0^n,\quad D_0=\overline{Q_2^nQ_0^n}。$$

接下来，检查电路的自启动能力。将无效状态 101、110、111 代入状态方程，得到它们的次态，分别为 010、010、100，均为有效状态，所以电路具有自启动能力，无需改动。

最后，画逻辑电路图。先将 3 个 D 触发器的时钟输入端连接在一起，受同一个 CP 脉冲控制，构成同步时序逻辑电路。然后，按照驱动方程画出相应的组合逻辑电路，给每个触发器的输入端连接合适的输入信号。得到的逻辑图如图 9.3.3 所示。

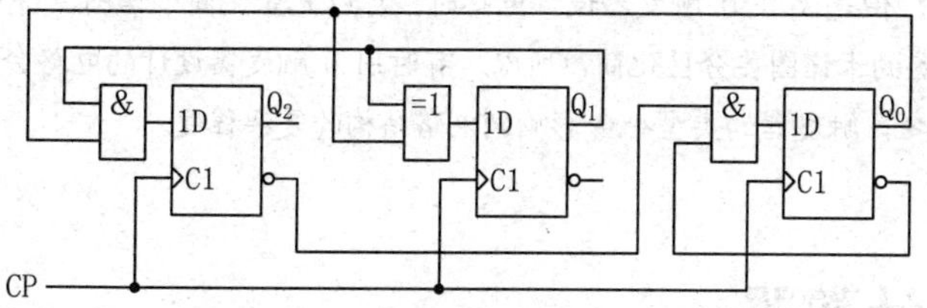

图 9.3.3　D 触发器构成的五进制加法计数器

（3）用 JK 触发器设计电路

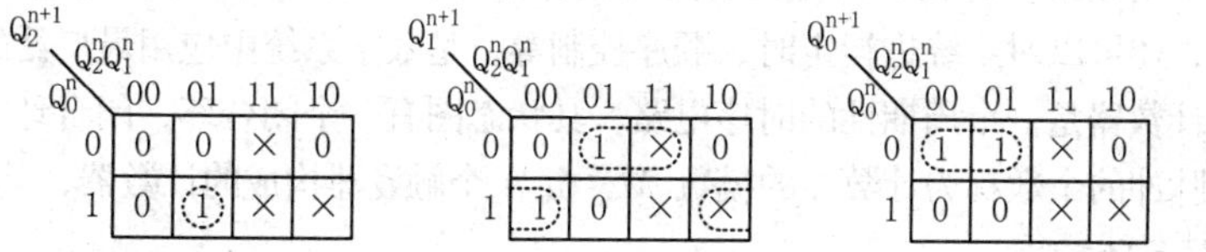

图 9.3.4　例 9.4 卡诺图

由状态真值表，画出 3 个触发器次态的卡诺图如图 9.3.4 所示。化简后得到触发器的状态方程：

$$Q_2^{n+1}=Q_1^nQ_0^n\overline{Q_2^n}，\quad Q_1^{n+1}=Q_0^n\overline{Q_1^n}+\overline{Q_0^n}Q_1^n，\quad Q_0^{n+1}=\overline{Q_2^nQ_0^n}；$$

对比 JK 触发器的特征方程 $Q_i^{n+1}=J_i\overline{Q_i^n}+\overline{K_i}Q_i^n$，得到触发器的驱动方程：

$$J_2=Q_1^nQ_0^n，\quad J_1=Q_0^n，\quad J_0=\overline{Q_2^n}；$$

$$K_2=1，\quad K_1=Q_0^n，\quad K_0=1。$$

请注意：在图 9.3.4 中对 Q_2^{n+1} 进行化简时，没有将 $Q_1^nQ_0^n\overline{Q_2^n}$ 和相邻的无关项合并化简成 $Q_1^nQ_0^n$。只是因为考虑到 JK 触发器的特征方程 $Q_2^{n+1}=J_2\overline{Q_2^n}+\overline{K_2}Q_2^n$，如果化简得到的状态方程中的与项既不含 Q_2^n 又不含 $\overline{Q_2^n}$，则不方便确定 J_2 和 K_2。所以，在这里卡诺图化简是分区域进行的，即分成含 Q_2^n（Q_2^n=1）的区和含 $\overline{Q_2^n}$（Q_2^n=0）的区。左边两列化简得到的与项中都含有 $\overline{Q_2^n}$，用来确定 J_2；右边两列化简得到的与项中都含有 Q_2^n，用来确定 K_2。

接下来，检查电路的自启动能力。将无效状态 101、110、111 代入状态方程，得到它们的次态，分别是 010、010、000，所以电路具有自启动能力，无需改动。

最后，画逻辑电路图。先将 3 个 JK 触发器构成同步时序逻辑电路。然后，按照驱动方程给每个触发器连接合适的输入信号，得到逻辑电路图如图 9.3.5 所示。

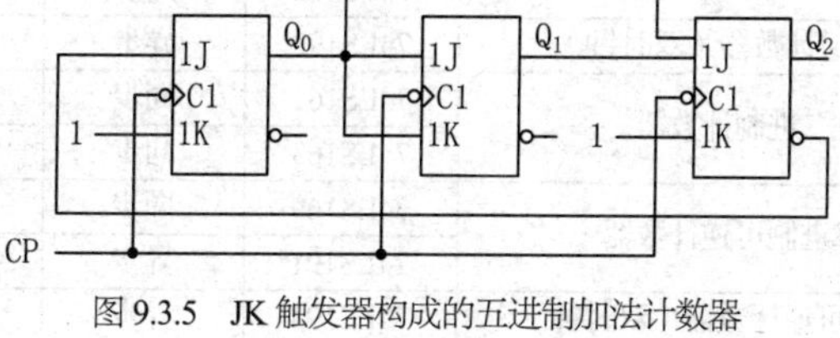

图 9.3.5　JK 触发器构成的五进制加法计数器

另外，如果需要有进位信号输出 C，那么应当由 100 状态产生 C=1 的输出，而在其他状态下 C=0。所以 $C = Q_2^n\overline{Q_1^n Q_0^n}$。

提示： 在这个例子里，同样是五进制加法计数器，与 D 触发器设计的电路相比，用 JK 触发器设计的电路用到的逻辑门更少，这是因为在设计中利用了 JK 触发器的特征方程，所以得到较简单的驱动方程。但是，用 D 触发器设计电路时，可以充分化简卡诺图，得到最简状态方程，而不像 JK 触发器的卡诺图要分区化简，所以，有时用 D 触发器设计的电路会比用 JK 触发器设计的更简单。总之，触发器的类型也会影响到电路结构的复杂程度。

第四节 计数器

在数字电路中，计数器的主要功能是累计输入 CP 脉冲的个数。它不仅可以用来计数、分频，还可以对系统进行定时、顺序控制等，是数字系统中应用最广泛的时序逻辑部件之一。计数器是一个周期性的时序电路，其状态图有一个闭合环，闭合环循环一次所需要的时钟脉冲的个数称为计数器的模数 M。由 n 个触发器构成的计数器，其模数 M 一般应满足 $2^{n-1} < M \leqslant 2^n$。

计数器有许多不同的类型。按时钟控制方式来分，有异步计数器和同步计数器两大类；按计数过程中数值的增减趋势来分，有加法计数器、减法计数器和可逆计数器三类；按模数来分，有二进制计数器、十进值计数器和任意进制计数器。

在之前的章节中，我们已经学习了由触发器和逻辑门构成的计数器的分析和设计方法，在这一节我们主要讨论一下集成计数器的功能特点和使用方法。

集成计数器具有功能较完善、通用性强、功耗低、工作速度高、可以扩展级联等许多优点，因而得到广泛应用。目前由 TTL 和 CMOS 电路构成的中规模集成（MSI）计数器都有许多品种，表 9.4.1 列出了几种常用 TTL 型 MSI 计数器的型号及工作特点。

表 9.4.1 常用 TTL 型 MSI 计数器

类型	名称	型号	置数		清零	
			方式	电平	方式	电平
异步计数器	二-五-十进制计数器	74LS90	异步置 9	高	异步	高
		74LS290	异步置 9	高	异步	高
		74LS196	异步	低	异步	低
	二-八-十六进制计数器	74LS293	无		异步	高
		74LS197	异步	低	异步	低
	双四位二进制计数器	74LS393	无		异步	高
同步计数器	十进制计数器	74LS160	同步	低	异步	低
		74LS162	同步	低	同步	低
	十进制可逆计数器	74LS190	异步	低	无	
		74LS168	同步	低	无	
	十进制可逆计数器（双时钟）	74LS192	异步	低	异步	高
	四位二进制计数器	74LS161	同步	低	异步	低
		74LS163	同步	低	同步	低
	四位二进制可逆计数器	74LS169	同步	低	无	
		74LS191	异步	低	无	
	四位二进制可逆计数器（双时钟）	74LS193	异步	低	异步	高

集成计数器分为异步计数器和同步计数器两大类，通常集成计数器为 BCD 码十进制计数器或四位二进制（十六进制）计数器，并且分为可逆计数器和不可逆计数器。另外，集成计数器还具有置数功能和清零功能，如果置数功能（或清零功能）不受时钟脉冲的控制，则称为异步置数（或异步清零）；反之，受时钟控制的称为同步置数（或同步清零）。而且根据计数器的型号，置数（或清零）电平也有高低之分。

一、常用集成计数器

1．异步十进制计数器 74LS90

74LS90 是二-五-十进制异步计数器，其逻辑框图如图 9.4.1 所示。它包含两个独立的下降沿触发的计数器，即模 2（二进制）和模 5（五进制）计数器，采用这种结构可以增加使用的灵活性，74LS196、74LS293 等异步计数器也多采用这种结构。74LS90 的引脚图和逻辑符号分别如图 9.4.2（a）、（b）所示。

74LS90 的功能表如表 9.4.2 所示。其功能如下。

① 异步清零。当 $R_{01}R_{02}=1$，$S_{91}S_{92}=0$ 时，无论时钟输入和电路原先的状态如何，输出 $Q_DQ_CQ_BQ_A$ 立刻变为 0000。这说明 74LS90 的清零功能是异步操作，所以称 R_{01} 和 R_{02} 为异步清零端。

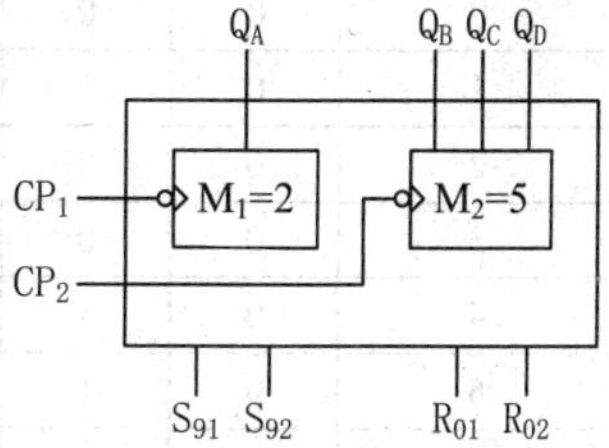

图 9.4.1　74LS90 的逻辑框图

② 异步置 9。当 $R_{01}R_{02}=0$，$S_{91}S_{92}=1$ 时，无论时钟输入和电路原先的状态如何，输出 $Q_DQ_CQ_BQ_A$ 立刻变为 1001。这说明 74LS90 的置 9 功能是异步操作，所以称 S_{91} 和 S_{92} 为异步置 9 端。要注意，$R_{01}R_{02}$ 和 $S_{91}S_{92}$ 不能同时有效（同时输入“1”），这个情况与 RS 触发器的 R_d 和 S_d 不能同时有效是一样的。

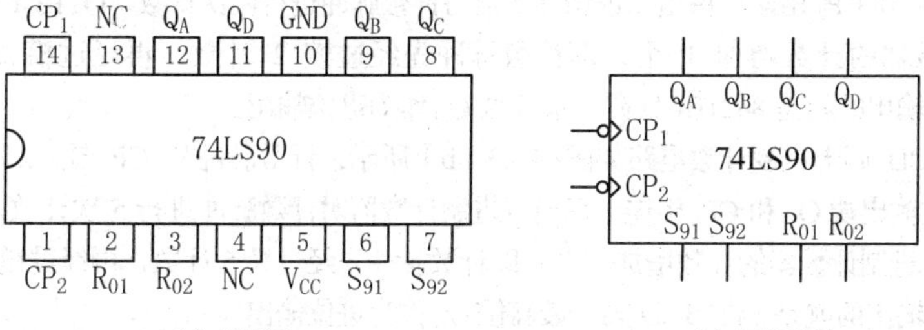

(a) 引脚图　　(b) 逻辑符号

图 9.4.2　异步计数器 74LS90

表 9.4.2　74LS90 功能表

输入						输出				说明
R_{01}	R_{02}	S_{91}	S_{92}	CP_1	CP_2	Q_D	Q_C	Q_B	Q_A	
1	1	0	×	×	×	0	0	0	0	异步清零
1	1	×	0	×	×	0	0	0	0	
0	×	1	1	×	×	1	0	0	1	异步置 9
×	0	1	1	×	×	1	0	0	1	
$R_{01}R_{02}=0$		$S_{91}S_{92}=0$		↓	0	二进制计数				Q_A
				0	↓	五进制计数				$Q_DQ_CQ_B$
				↓	Q_A	8421BCD 码十进制计数				$Q_DQ_CQ_BQ_A$
				Q_D	↓	5421BCD 码十进制计数				$Q_AQ_DQ_CQ_B$

③ 加法计数。当 $R_{01}R_{02}=0$，$S_{91}S_{92}=0$ 时，74LS90 才能执行计数操作。根据 CP_1、CP_2 的各种接法可以分别实现二、五、十进制计数功能。即：

当计数脉冲从 CP_1 输入时，Q_A 端输出二分频信号，构成一位二进制计数器。此时 CP_2 不加计数脉冲，在功能表里用 0 表示除下降沿以外的输入，可以是高电平也可以是低电平。

当计数脉冲从 CP_2 输入时，$Q_DQ_CQ_B$ 实现五进制计数。同样，在功能表里用 0 表示 CP_1 没有输入下降沿，输入高电平或低电平。

实现十进制计数有两种电路连接方法，分别实现 8421BCD 码和 5421BCD 十进制计数，两种十进制计数电路的状态转换表（也称态序表）如表 9.4.3 所示。

表 9.4.3　74LS90 两种十进制计数电路的状态转换表

CP 顺序	8421BCD 码计数				5421BCD 码计数				十进制数
	Q_D	Q_C	Q_B	Q_A	Q_A	Q_D	Q_C	Q_B	
0	0	0	0	0	0	0	0	0	0
1	0	0	0	1	0	0	0	1	1
2	0	0	1	0	0	0	1	0	2
3	0	0	1	1	0	0	1	1	3
4	0	1	0	0	0	1	0	0	4
5	0	1	0	1	1	0	0	0	5
6	0	1	1	0	1	0	0	1	6
7	0	1	1	1	1	0	0	1	7
8	1	0	0	0	1	0	1	1	8
9	1	0	0	1	1	1	0	0	9

8421BCD 码十进制计数电路如图 9.4.3（a）所示，计数脉冲从 CP_1 输入，二进制计数器的输出端 Q_A 和 CP_2 相连。每当二进制计数器对计数脉冲进行两次计数，Q_A 由 1 变回 0 时，五进制计数器的计数增加 1 个，即计数脉冲先经过模 2 计数，再经过模 5 计数。由 $Q_DQ_CQ_BQ_A$ 输出的就是 8421BCD 码，最高位 Q_D 作为进位输出。

5421BCD 码十进制计数电路如图 9.4.3（b）所示，计数脉冲从 CP_2 输入，五进制计数器的最高位输出端 Q_D 和 CP_1 相连。每当五进制计数器对计数脉冲进行 5 次计数，Q_D 由 1 变回 0 时，二进制计数器的计数增加 1 个，即计数脉冲先经过模 5 计数，再经过模 2 计数。由 $Q_AQ_DQ_CQ_B$ 输出的就是 5421BCD 码，最高位 Q_A 作为进位输出。

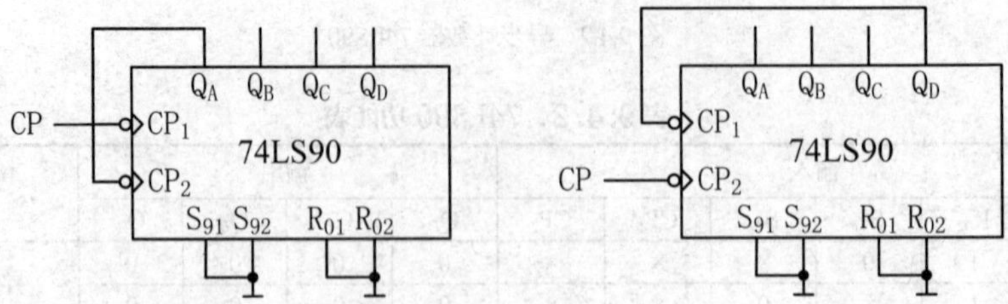

(a) 8421BCD 码十进制计数　　(b) 5421BCD 码十进制计数

图 9.4.3　74LS90 的两种十进制计数电路

2．同步四位二进制计数器 74161

74LS161 是模 16（四位二进制）同步计数器，具有计数、保持、置数、清零功能，其引脚图及逻辑符号分别如图 9.4.4（a）和（b）所示。

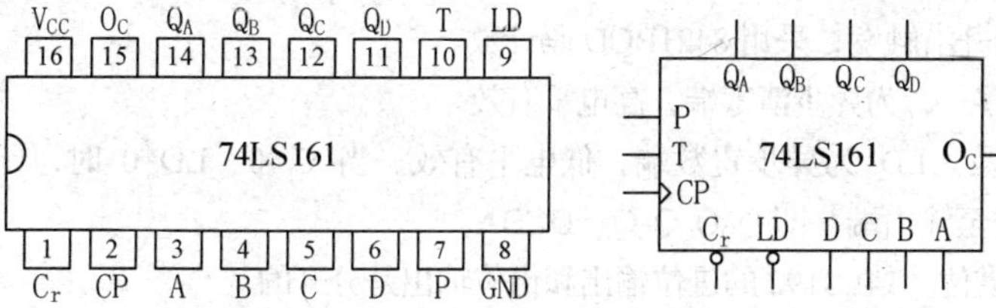

(a) 引脚图　　(b) 逻辑符号

图 9.4.4　同步计数器 74LS161

表 9.4.4 所示为 74LS161 的功能表，其功能如下。

表 9.4.4　74LS161 功能表

输入									输出			
CP	C_r	LD	P	T	D	C	B	A	Q_D	Q_C	Q_B	Q_A
×	0	×	×	×	×	×	×	×	0	0	0	0
↑	1	0	×	×	d	c	b	a	d	c	b	a
×	1	1	0	1	×	×	×	×	保持			
×	1	1	×	0	×	×	×	×	保持（O_C=0）			
↑	1	1	1	1	×	×	×	×	二进制加法计数			

① 异步清零。C_r 为异步清零端，低电平有效。只要 C_r=0，立即实现清零功能，即 $Q_DQ_CQ_BQ_A$=0000，与 CP 无关。

② 同步置数。LD 为同步置数端，低电平有效，当 C_r=1，LD=0，并且在 CP 上升沿到来时，才能将预置数输入端的数据送至输出端，即 $Q_DQ_CQ_BQ_A$=DCBA。

③ 保持。P、T 为计数器允许控制端，高电平有效。当 P 和 T 中有一个为低电平时，计数器处于保持状态。P 和 T 的区别是：T=0 会影响进位输出 O_C，而 P=0 不影响 O_C。

④ 计数。只有当 C_r=LD=1，P=T=1 时，计数器才能对 CP 的上升沿进行加法计数，$Q_DQ_CQ_BQ_A$ 是计数输出，Q_D 为最高位。

⑤ 进位。O_C 为进位输出端，当 T=1 且计数状态为 1111 时，O_C 才变成高电平，产生进位信号。若 T=0，那么即使计数状态为 1111，O_C 也是低电平。

3．十进制双时钟可逆计数器 74LS192

74LS192 是同步十进制可逆计数器，其引脚图和逻辑符号分别如图 9.4.5（a）和（b）所示。

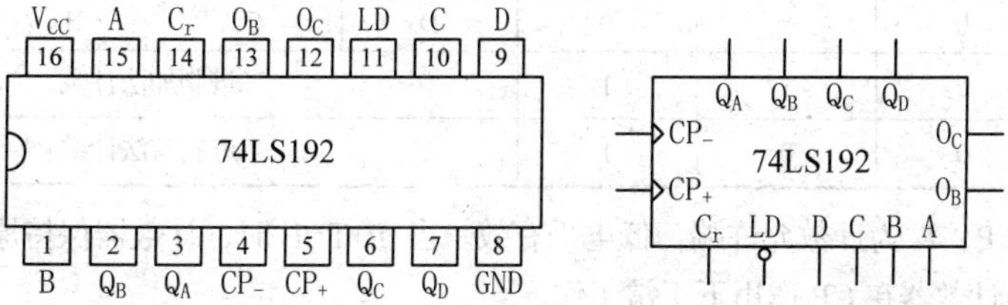

(a) 引脚图　　(b) 逻辑符号

图 9.4.5　可逆计数器 74LS192

74LS192 的功能表如表 9.4.5 所示，其功能如下。

① 可逆计数。该器件为双时钟工作方式，CP_+是加法计数时钟输入，CP_-是减法计数时

钟输入，均为上升沿触发，采用 8421BCD 码计数。

② 异步清零。C_r为异步清零端，高电平有效。

③ 异步置数。LD 为异步置数端，低电平有效。当 C_r=0、LD=0 时，预置数输入端 DCBA 的数据送至输出端，即 $Q_DQ_CQ_BQ_A$=DCBA。

④ 进位和借位。74LS192 的进位输出和借位输出是分开的。

O_C为进位输出，加法计数时，进入 1001 状态后有负脉冲输出，脉宽为一个时钟周期；

O_B为借位输出，减法计数时，进入 0000 状态后有负脉冲输出，脉宽为一个时钟周期。

表 9.4.5　74LS192 功能表

CP_+	CP_-	LD	C_r	Q_D	Q_C	Q_B	Q_A
×	×	×	1	0	0	0	0
×	×	0	0	D	C	B	A
↑	1	1	0	十进制加法计数			
1	↑	1	0	十进制减法计数			
1	1	1	0	保持			

4．四位二进制可逆计数器 74LS169

74LS169 是同步可置数四位二进制可逆计数器，其引脚图和逻辑符号分别如图 9.4.6（a）和（b）所示。

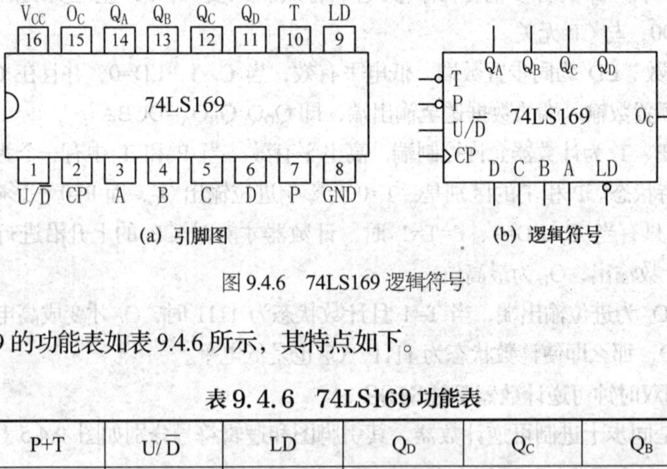

(a) 引脚图　　(b) 逻辑符号

图 9.4.6　74LS169 逻辑符号

74LS169 的功能表如表 9.4.6 所示，其特点如下。

表 9.4.6　74LS169 功能表

CP	P+T	$U/\overline{D}$	LD	Q_D	Q_C	Q_B	Q_A
×	1	×	×	保持			
↑	0	×	0	D	C	B	A
↑	0	1	1	二进制加法计数			
↑	0	0	1	二进制减法计数			

① 保持。P、T 为计数允许端，低电平有效。当 P+T=1 时，计数器保持原状态不变；当 P+T=0 时，计数器在 CP 作用下正常工作。

② 同步置数。LD 为同步置数端，低电平有效。当 P=T=0，LD=0 时，预置数输入端 DCBA 的数据送至输出端，即 $Q_DQ_CQ_BQ_A$=DCBA。

③ 清零。没有清零端，但清零功能可以通过置数 0000 来实现。

④ 可逆计数。该器件为加减控制型的可逆计数器，$U/\overline{D}$=1 时进行加法计数，$U/\overline{D}$=0

时进行减法计数。计数模数为 16，时钟上升沿触发。

⑤ 进位和借位。进位输出和借位输出都从同一个输出端 O_C 输出。加法计数时，进入 1111 状态后，O_C 端有负脉冲输出；减法计数时，进入 0000 状态后，O_C 端有负脉冲输出。输出的负脉冲与时钟上升沿同步，宽度为一个时钟周期。

二、集成计数器的级联

在使用计数器时，经常会遇到需要一个模数很大的计数器的情况，例如一百进制计数器。显然，这时一个集成计数器是不能满足需要的，要将两个甚至多个计数器级联起来，增大计数模数。

当我们把 i 个计数器级联起来时，最后得到的计数器的模数 M 应当等于参与级联的各个计数器的模数 N_i 的乘积，即 $M=N_1\times N_2\times N_3\times\ldots\times N_i$，就像 74LS90 中二进制计数器和五进制计数器级联得到十进制计数器一样。计数器级联的方式有异步级联和同步级联两种方式，下面分别介绍它们。

1．异步级联

异步级联方式是用前一级计数器的输出作为后一级计数器的时钟信号。这个信号可以取自前一级的进位（或借位）输出，也可直接取自前一级的高位输出端。并且后一级计数器的计数允许控制端应处于允许计数状态。

图 9.4.7 是两片 74LS90 按异步级联方式组成的一百进制计数器。图中每片 74LS90 构成 8421BCD 码十进制计数器，第二级（右边的）计数器的时钟信号由第一级（左边的）计数器的最高位输出端 Q_D 提供。第一级计数器对 CP 脉冲的下降沿进行十进制加法计数，当第 10 个 CP 下降沿到来时，第一级计数器的计数状态由 1001 变成 0000，最高位输出端 Q_D 向第二级计数器提供一个下降沿，使第二级计数器的计数状态加一，从而实现第一级计数器向第二级计数器的“逢十进一”。当两个触发器都为 1001 状态（即累计 99 个 CP 脉冲）时，再输入一个 CP 下降沿，首先第一级计数器变成 0000 状态，其 Q_D 输出的下降沿又使第二级计数器变成 0000 状态，完成一次计数循环。在这个计数循环中，从 8421BCD 码 00000000（十进制数 0）状态到 10011001（十进制数 99）状态，共有 100 个状态，所以是一个异步 8421BCD 码一百进制加法计数器。

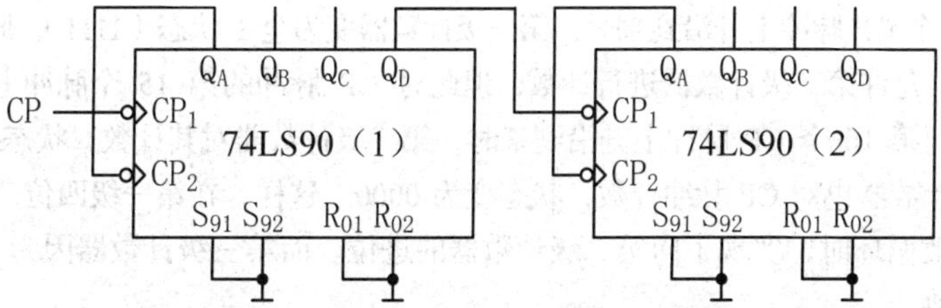

图 9.4.7 异步 8421BCD 码一百进制加法计数器

另外，也可以用两片 74LS90 构成 5421BCD 码一百进制计数器，如图 9.4.8 所示。其原理与 8421BCD 码一百进制计数器相同，只是要注意，在 5421BCD 码计数方式下，每个触发器的 CP_1 连接到 Q_D 端，时钟脉冲由 CP_2 输入；由于输出的最高位是 Q_A，所以将第一级计数器的 Q_A 连接到第二级计数器的 CP_2 端。另外，电路的计数状态是 5421BCD 码形式，要与 8421BCD 码相区别，例如 5421BCD 码的 10011001 是十进制数 66，5421BCD 码的 11001100 才是十进制数 99。

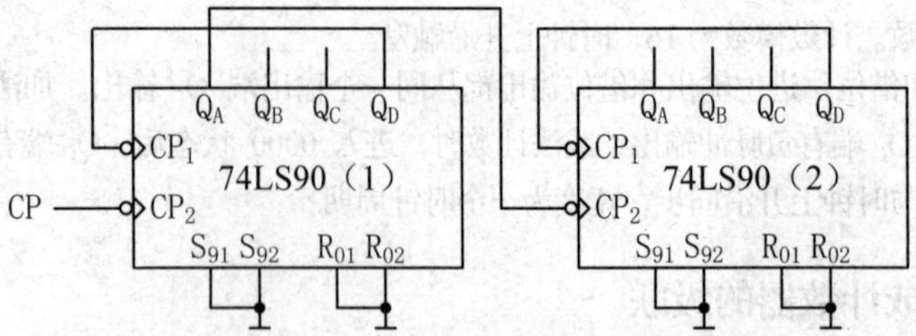

图 9.4.8　异步 5421BCD 码一百进制加法计数器

2．同步级联

同步级联时，计数时钟脉冲同时接到每个计数器的时钟输入端，用前一级计数器的进位（或借位）输出信号作为下一级计数器的工作控制信号（计数允许或使能信号）。只有当前一级计数器的进位（借位）信号为计数允许或使能信号的有效电平时，后一级计数器才能对时钟脉冲进行计数。

图 9.4.9 是 3 片 74LS161 按同步级联方式组成的十二位二进制（模数为 4096）计数器。图中的芯片利用 T 端串行级联，即除第一级计数器外，每一个高位计数器的 T 端信号由相邻低位计数器的 O_C 输出决定。

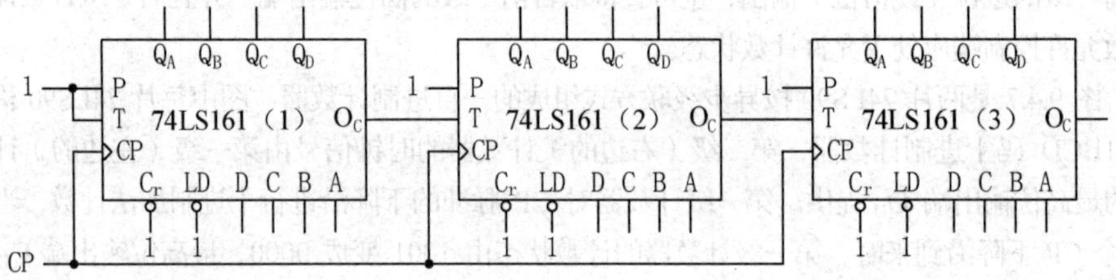

图 9.4.9　同步十二位二进制加法计数器

虽然三级计数器同时有 CP 脉冲输入，但是由于高位计数器能够正常计数的条件是 P=T=1，所以，只有低位计数器的计数状态为全 1，其 O_C 输出为 1 时，高位计数器才能对下一个 CP 脉冲上升沿进行计数；否则 O_C 为 0，高位计数器只能保持状态不变。

假设电路从全零状态开始，当第一个 CP 脉冲上升沿到来时，只有第一级计数器（P_1=T_1=1）可以对其进行加法计数，第二级和第三级计数器保持状态不变。

当第 15 个 CP 脉冲上升沿到来时，第一级计数器变为全 1 状态（1111），同时 O_{C1} 变为 1，即 T_2=1，允许第二级计数器进行计数，但此时 CP 脉冲的第 15 个脉冲上升沿已经过去，只能等到第 16 个 CP 脉冲上升沿到来时，第二级计数器对其计数，状态变为 0001，同时第一级计数器也对 CP 脉冲计数，状态变为 0000，这样，在第一级四位二进制计数器完成一次计数循环时，实现了向第二级计数器的进位。而第三级计数器因为 T_3=0，保持 0000 状态不变。

当第 255 个 CP 脉冲上升沿到来时，第一级和第二级计数器都变为全 1 状态（11111111），此时 O_{C2} 变为 1，即 T_3=1，允许第三级计数器进行计数（要注意，由于 *T* 端为 0 时会使 O_C 端输出 0，所以，仅当第二级计数器的状态为全 1 时，是不会令 T_3=1 的）。所以，等到第 256 个 CP 脉冲上升沿到来时，第三级计数器对其计数，状态变为 0001，同时第一级和第二级计数器也对 CP 脉冲计数，状态变为 00000000。这样，在第一级和第二级计数器构成的八位二进制计数器完成一次计数循环时，实现了向第三级计数器的进位。

当三级计数器为全 1 状态（累计 4 095 个 CP 脉冲）时，T_1=T_2=T_3=1，三级计数器都处于允许计数状态，此时再输入一个 CP 上升沿，则三级计数器恢复到全 0 状态。三级计数器完成从 000000000000（十进制数 0）到 111111111111（十进制数 4 095）共 4 096 个计数状态组成的循环。

三、任意进制计数器

目前，市场上能买到的集成计数器只有四位二进制计数器和 8421BCD 码十进制计数器，但我们常需要用到除此之外的任意进制计数器，如电子钟里的二十四进制计数器、六十进制计数器等。对于这样的需求，我们可以在现有计数器的基础上，增加适当的反馈电路来控制集成计数器的清零端或置数端，即采用反馈清零法或反馈置数法来得到任意进制计数器。设计的思路为：假设现有的计数器的最大计数值为 N（包括多个计数器级联的情况），若要得到一个模值为 M（$<N$）的计数器，则只要在 N 进制计数器的顺序计数过程中，通过清零或置数的方法使之跳过 N-M 个状态，有效计数循环只有 M 个状态就可以了。

1．反馈清零法

这种方法的基本思想是：计数器从全零状态开始计数，计满 M 个状态后反馈电路产生有效的清零信号来控制计数器的直接清零端，使计数器恢复到全零状态重新开始计数，并重复上述过程。根据计数器清零方式的不同，反馈清零法又分为同步清零和异步清零两种方式，其示意图如图 9.4.10 所示。

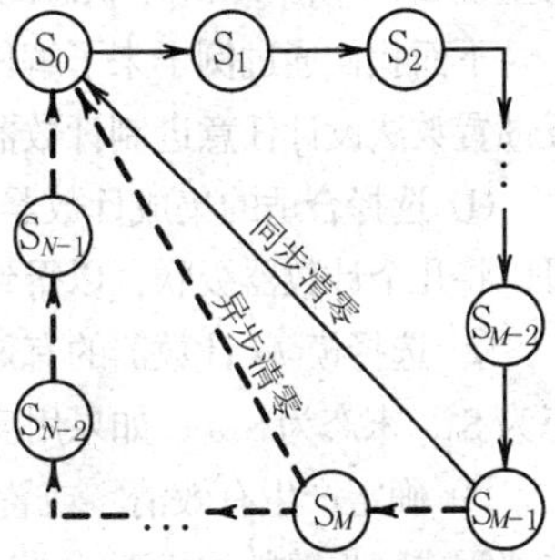

图 9.4.10　反馈清零法示意图

（1）异步清零。集成计数器从 S_0 状态开始计数，当计数器进入 S_M 状态时，通过反馈电路产生有效的清零信号输入到计数器的异步清零端，使计数器立即返回 S_0 状态。其示意图如图 9.4.10 中虚线所示。由于是异步清零，S_M 状态一出现便立即被置成 S_0 状态，因此 S_M 状态只在极短的瞬间出现，通常称它为“过渡状态”，在计数器的稳定计数状态中不包含 S_M 状态，S_M 状态和取代它的 S_0 状态共占一个 CP 周期。所以，有效循环状态是 S_0～S_{M-1} 共 M 个状态的循环。

提示： SM 状态虽然是极短暂的过渡状态（只有几十纳秒），但它是不可缺少的，否则就无法产生归零信号。

（2）同步清零。集成计数器从 S_0 状态开始计数，当计数器进入第 M 个状态 S_{M-1} 状态时，利用 S_{M-1} 状态产生有效的清零信号输入到计数器的同步清零端。因为是同步清零方式，所以要等下一个时钟周期来到时，才能完成清零动作，使计数器返回 S_0 状态。然后再重复 S_0 ~ S_{M-1} 共 M 个状态的循环，其示意图如图 9.4.10 中实线所示。可见，同步清零方式没有过渡状态，产生清零信号的 S_{M-1} 状态是一个有效计数状态。

提示： 反馈清零法构成 N 进制计数器最大的优点是简单方便。两片 4 位二进制计数器可以获得 1 ~ 256 中的任意一种进制计数器；两片十进制计数器可以获得 1 ~ 100 中的任意一种进制计数器。

2．反馈置数法

反馈置数法和反馈清零法的不同之处在于：由于置数操作可以将计数器设置为任意状态，因此计数器不一定从全 0 状态 S_0 开始计数，而是使计数器从某个预置状态 S_i 开始计数。同样的，计数器计满 M 个状态后产生有效的置数信号去控制计数器的直接置数端，使计数器又进入预置状态 S_i，然后再重复上述过程。根据计数器置数方式的不同，反馈置数法

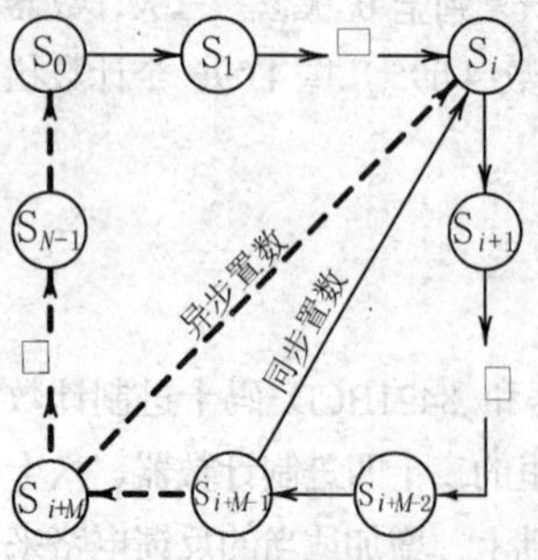

图 9.4.11　反馈置数法示意图

也分为同步置数和异步置数两种方式，其示意图如图 9.4.11 所示。

（1）异步置数。对于异步置数方式的计数器，其有效置数信号 LD 应由 S_{i+M} 状态产生。当 S_{i+M} 状态出现时，置数信号 LD 有效，立即就将预置数置入计数器，使计数器返回 S_i 状态。然后再重复计数状态的循环，如图 9.4.11 中虚线所示。同样，由于异步置数不受 CP 脉冲控制，所以 S_{i+M} 状态是“过渡状态”，它只在极短的瞬间出现，就立刻被 S_i 状态代替，稳定状态循环中不包含 S_{i+M} 状态。该计数器的有效循环状态是 S_i～S_{i+M-1} 共 M 个计数状态的循环。

（2）同步置数。对于同步置数方式的计数器，由 S_{i+M-1} 状态产生有效的置数信号 LD 后，要等到下一个 CP 周期到来时，才能将预置数置入计数器，使计数器返回 S_i 状态。然后再重复 S_i～S_{i+M-1} 共 M 个状态的循环，如图 9.4.11 中实线所示。

下面我们通过例子来了解任意进制计数器的设计方法。一般情况下，采用反馈清零法或反馈置数法设计任意进制计数器都需要经过以下 4 个步骤。

① 选择合适的集成计数器，集成计数器的模数 N 要大于目标计数器的模数 M。必要时可以将几个计数器级联，以得到较大的 N。

② 选择模 M 计数器的有效计数循环状态，确定初态和末态。如果用反馈清零法，则初态为 S_0，末态为 S_{M-1}；如果用反馈置数法，则初态为 S_i，末态为 S_{i+M-1}。

③ 确定产生有效清零或置数信号的计数状态，然后根据选中的状态设计反馈电路。同步清零或同步置数方式下，由计数循环的末态产生有效的清零或置数信号；异步清零或异步置数方式下，要在计数循环的末态之后找一个过渡状态，由过渡状态产生有效的清零或置数信号。

④ 画出模 M 计数器的逻辑电路图。

例 9.5　试用 74LS90 设计一个七进制计数器。

解：因为 74LS90 有异步清零和异步置 9 功能，并且有 8421BCD 码和 5421BCD 码两种计数方式，所以有 4 种设计方案。首先 74LS90 的计数模数可以是 10，而目标计数器的模数是 7，所以用一片 74LS90 就能实现模 7 计数器。

① 异步清零法。因为是异步清零方式，计数范围是 0～6，过渡状态 7 用来产生有效的清零信号。

表 9.4.7　异步清零法状态转换表

CP	8421BCD 码计数				5421BCD 码计数				
	Q_D	Q_C	Q_B	Q_A	Q_A	Q_D	Q_C	Q_B	
0	0	0	0	0	0	0	0	0	←
1	0	0	0	1	0	0	0	1	
2	0	0	1	0	0	0	1	0	
3	0	0	1	1	0	0	1	1	M=7
4	0	1	0	0	0	1	0	0	
5	0	1	0	1	1	0	0	0	
6	0	1	1	0	1	0	0	1	
7	(0	1	1	1)	(1	0	1	0)	过渡状态

如果采用 8421BCD 码计数方式（$Q_DQ_CQ_BQ_A$），则有效计数循环的初态为 0000，末态为 0110，过渡状态是 0111。由 0111 状态产生一个高电平送到清零端 R_{01} 和 R_{02}，因此反馈电路为 $R_{01}=R_{02}=Q_CQ_BQ_A$。其状态转换表如表 9.4.7 所示，逻辑图和波形图分别如图 9.4.12（a）和（b）所示。从波形图中可看出，在第 7 个 CP 脉冲下降沿到来时，过渡态 0111 只在极短的时间内出现，很快被 0000 状态代替。

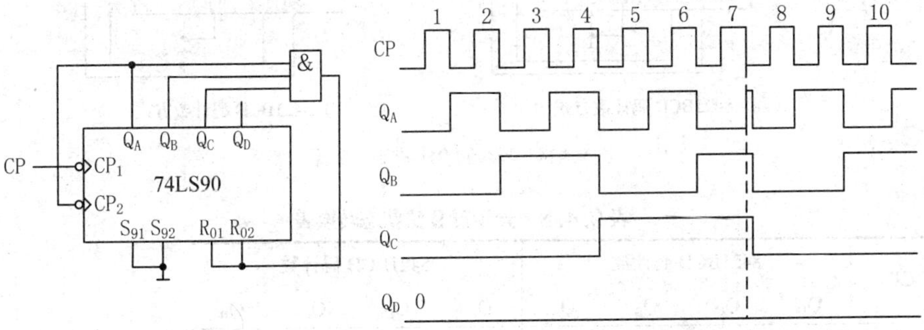

(a) 逻辑图　　(b) 波形图

图 9.4.12　8421BCD 码异步清零七进制计数器

如果采用 5421BCD 码计数方式（$Q_AQ_DQ_CQ_B$），则有效计数循环的初态为 0000，末态为 1001，过渡状态是 1010。由 1010 状态产生有效的清零信号，因此反馈电路为 $R_{01}=R_{02}=Q_AQ_C$。其状态转换表如表 9.4.7 所示，逻辑图和波形图分别如图 9.4.13（a）和（b）所示。在逻辑图中，将 Q_A 和 Q_C 分别接到两个置零端 R_{01} 和 R_{02}，这样利用 R_{01} 和 R_{02} 固有的“与逻辑”关系代替了与门的使用。

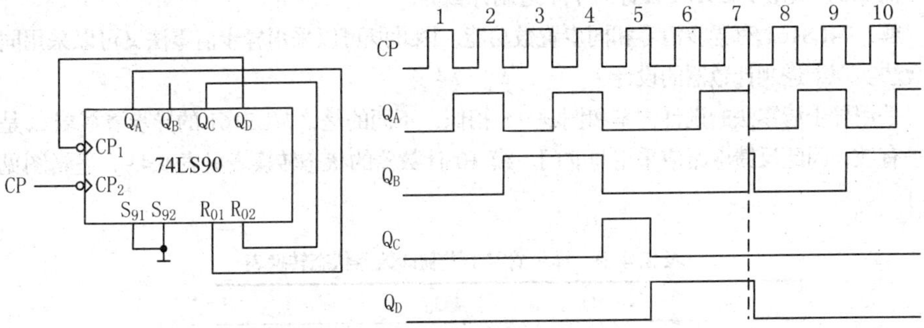

(a) 逻辑图　　(b) 波形图

图 9.4.13　5421BCD 码异步清零七进制计数器

② 异步置 9 法。以 9 为起始状态，按 9、0、1、2、3、4、5 7 个状态循环计数，过渡状态 6 用来产生有效的置 9 信号。

如果采用 8421BCD 码计数方式（$Q_DQ_CQ_BQ_A$），则有效计数循环的初态为 1001，末态为 0101，过渡状态为 0110。由 0110 状态产生一个高电平送到两个置 9 端 S_{91} 和 S_{92}，因此反馈电路为 $S_{91}=S_{92}=Q_CQ_B$。其状态转换表如表 5.4.8 所示，逻辑图如图 9.4.14（a）所示。

如果采用 5421BCD 码计数方式（$Q_AQ_DQ_CQ_B$），则有效计数循环的初态为 1100，末态为 1000，过渡状态为 1001。由 1001 状态产生有效的置 9 信号，因此反馈电路为 $S_{91}=S_{92}=Q_AQ_B$。其状态转换表如表 9.4.8 所示，逻辑图如图 9.4.14（b）所示。

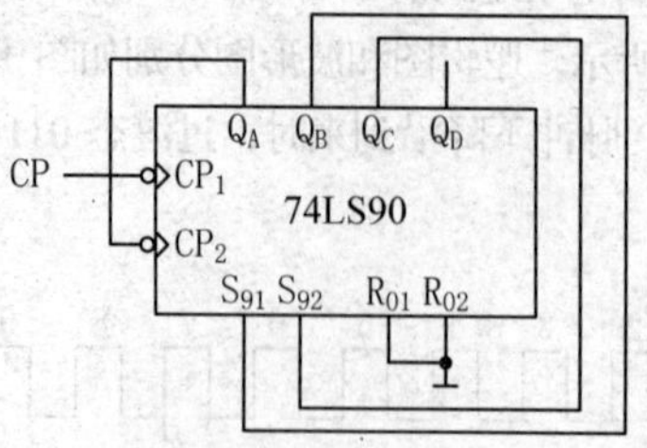

(a) 8421BCD 码计数方式

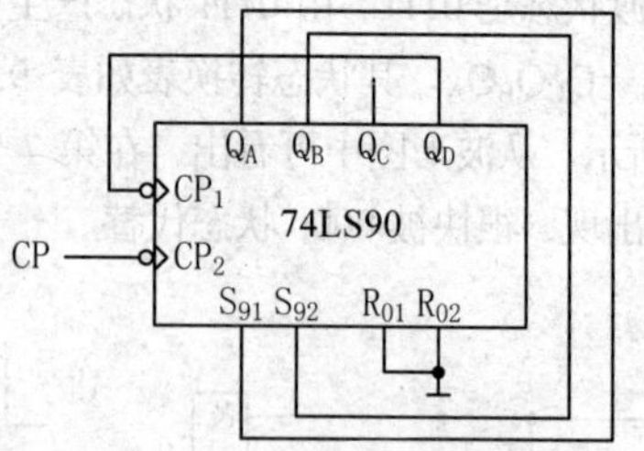

(b) 5421BCD 码计数方式

图 9.4.14　异步置 9 七进制计数器

表 9.4.8　异步置 9 法状态转换表

CP	8421BCD 码计数				5421BCD 码计数				
	Q_D	Q_C	Q_B	Q_A	Q_A	Q_D	Q_C	Q_B	
0	1	0	0	1	1	1	0	0	M=7
1	0	0	0	0	0	0	0	0	
2	0	0	0	1	0	0	0	1	
3	0	0	1	0	0	0	1	0	
4	0	0	1	1	0	0	1	1	
5	0	1	0	0	0	1	0	0	
6	0	1	0	1	1	0	0	0	
7	(0	1	1	0)	(1	0	0	1)	过渡状态

例 9.6　试用 74LS161 设计一个十进制计数器。

解：74LS161 有异步清零和同步置数功能，因此既可以采用异步清零法又可以采用同步置数法实现十进制计数器的设计。

采用异步清零法的设计方案和例题 9.5 相似，不同的是，74LS161 的异步清零端 C_r 是低电平有效，因此反馈电路应采用与非门。模 10 计数器的状态转换表见表 9.4.9，逻辑图见图 9.4.15。

表 9.4.9　异步清零十进制计数器状态转换表

Q_D	Q_C	Q_B	Q_A	
0	0	0	0	M=10
0	0	0	1	
0	0	1	0	
0	0	1	1	
0	1	0	0	
0	1	0	1	
0	1	1	0	
0	1	1	1	
1	0	0	0	
1	0	0	1	
(1	0	1	0)	过渡状态

反馈置数法是通过控制置数端 LD 和预置数输入端 DCBA 来实现任意进制计数器的设

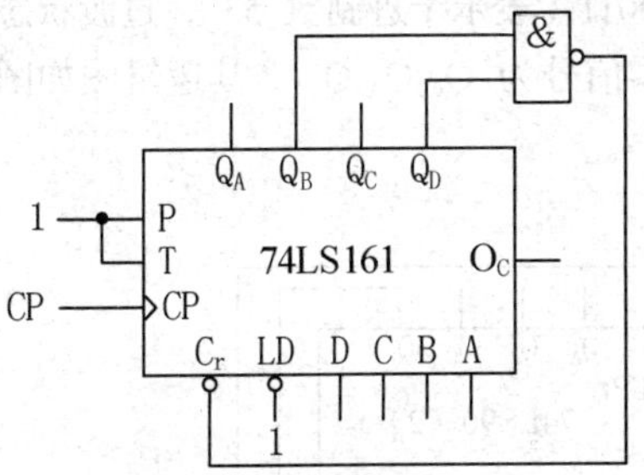

图 9.4.15 异步清零十进制计数器

计。由于预置数状态可在 N 个状态中任选，因此实现的方案很多。选择有效计数循环状态时，可以选前 10 个状态，也可以选后 10 个状态，还可以选中间任意连续的 10 个状态，具体设计方案如下。

74LS161 是四位二进制计数器。如果选前 10 个状态，则后 6 个状态无效，当计数 N=9，计数器的输出状态为 $Q_DQ_CQ_BQ_A$=1001，这是计数循环的末态。所以，将 Q_D 和 Q_A 经过与非门反馈给同步置数端，使 LD=0。这样，再来一个时钟脉冲时，计数器的预置数 DCBA=0000 就被送到输出端上，将计数器设置为 $Q_DQ_CQ_BQ_A$=0000，这是计数循环的初态。然后计数器的输出就在 0000 ~ 1001 10 个状态循环，这种方法类似于反馈清零法。逻辑电路图如图 9.4.16（a）所示。

如果选后 10 个状态，则前 6 个状态无效，当计数 N=9，计数器的输出状态为 $Q_DQ_CQ_BQ_A$=1111，这是计数循环的末态，且进位输出端 O_C=1。所以，将 O_C 经过非门反馈给同步置数端，使 LD=0。这样，再来一个时钟脉冲时，将计数器设置为 $Q_DQ_CQ_BQ_A$=0110，这是计数循环的初态。然后计数器的输出就在 0110 ~ 1111 10 个状态循环，逻辑电路图如图 9.4.16（b）所示。

我们也可以选中间 10 个状态，则前 3 个状态和后 3 个状态无效，计数器的输出就在 0011～1100 10 个状态循环，即采用余 3 代码，逻辑电路图如图 9.4.16（c）所示。当然，还有其他选中间 10 个状态的方案，大家可以自己尝试设计一下。

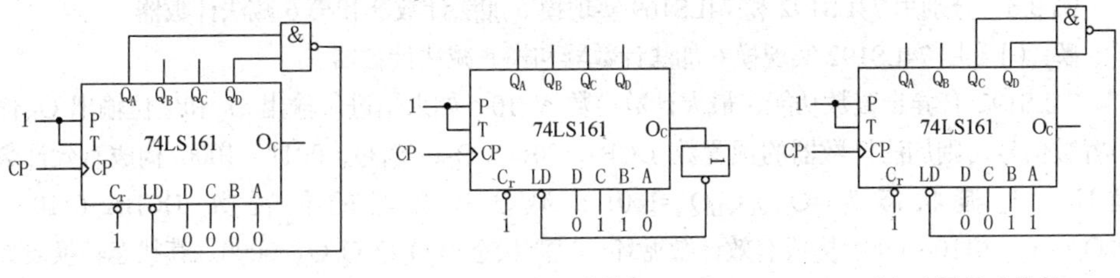

(a) 前 10 个状态　　(b) 后 10 个状态　　(c) 中间 10 个状态

图 9.4.16 同步置数十进制计数器

如果目标计数器的模数 M 超过单片集成计数器的模数 N，那么必须将多片集成计数器级联，才能实现模 M 计数器。常用的方法有两种：

① 将模数 M 分解为 $M=M_1\times M_2\times\cdots\times M_n$，用 n 片集成计数器分别实现模值为 M_1、M_2、…、M_n 的计数器，然后再将它们以异步级联方式组成模 M 计数器。

② 先将 n 片集成计数器级联，组成最大计数值 $N>M$ 的计数器，然后采用整体清零或整体置数的方法实现模 M 计数器。

***例 9.7** 试用 74LS90 组成模 54 计数器。

解：因一片 74LS90 的最大计数值为 10，故实现模 54 计数器需要用两片 74LS90。

① 模数分解法。可将模数 M 分解为 54=6×9，用两片 74LS90 分别组成 8421BCD 码模 6 计数器和模 9 计数器，然后异步级联组成模 54 计数器，其逻辑图如图 9.4.17(a)所示。注意，图中的模 6 计数器的进位信号应从 Q_{C1} 输出。

② 整体清零法。先将两片 74LS90 组成 8421BCD 码一百进制计数器，然后加反馈电路产生异步清零信号，实现模 54 计数器。计数器的初态是 $Q_{D2}Q_{C2}Q_{B2}Q_{A2}Q_{D1}Q_{C1}Q_{B1}Q_{A1}$=

00000000，末态是 $Q_{D2}Q_{C2}Q_{B2}Q_{A2}Q_{D1}Q_{C1}Q_{B1}Q_{A1}$=01010011（表示十进制数 53），过渡状态 $Q_{D2}Q_{C2}Q_{B2}Q_{A2}Q_{D1}Q_{C1}Q_{B1}Q_{A1}$=01010100，所以反馈清零信号为 $Q_{C2}Q_{A2}Q_{C1}$。其逻辑图如图 9.4.17（b）所示。

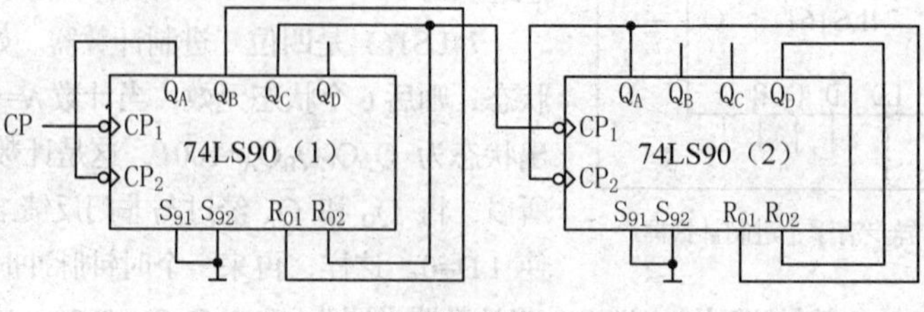

(a) 模数分解法

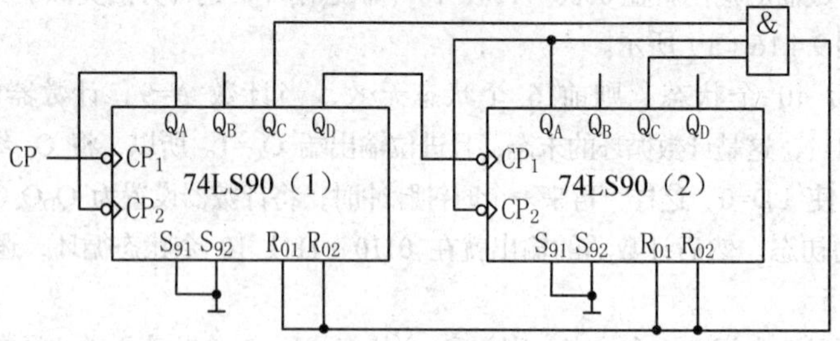

(b) 整体清零法

图 9.4.17　用 74LS90 组成模 54 计数器

例 9.8　分别用 74LS192 和 74LS169 实现模 6 加法计数器和模 6 减法计数器。

解：（1）用 74LS192 实现模 6 加法计数器和模 6 减法计数器。

74LS192 有异步置数功能，最大计数模数 N=10。如果用进位输出 O_C 和借位输出 O_B 作为置数信号，则加法计数器的预置数 DCBA=0011，$Q_DQ_CQ_BQ_A$=0011～1000 构成有效计数循环，过渡状态为 $Q_DQ_CQ_BQ_A$=1001；减法计数器的预置数 DCBA=0110，$Q_DQ_CQ_BQ_A$=0110～0001 构成有效计数循环，过渡状态为 $Q_DQ_CQ_BQ_A$=0000。其状态转换表如表 9.4.10 所示，逻辑图如图 9.4.18（a）和（b）所示。

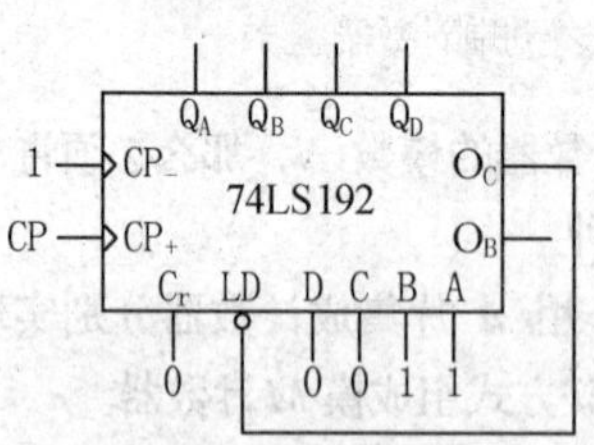

(a) 加法计数

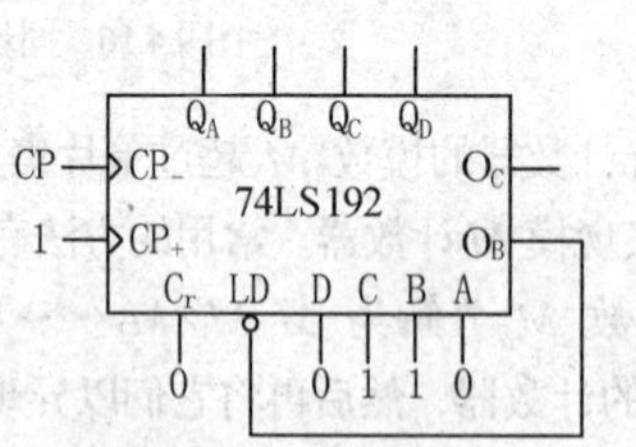

(b) 减法计数

图 9.4.18　用 74LS192 实现模 6 计数器

（2）用 74LS169 实现模 6 加法计数器和模 6 减法计数器。

74LS169 有同步置数功能，最大计数模数 N=16。如果也用进位（借位）输出 O_C 作为置数信号，则加法计数器的预置数 DCBA=1010，$Q_DQ_CQ_BQ_A$=1010～1111 构成有效计数循环，无过渡状态；减法计数器的预置数 DCBA=0101，$Q_DQ_CQ_BQ_A$=0101～0000 构成有效计数循环，无过渡状态。其状态转换表如表 9.4.11 所示，逻辑图如图 9.4.19（a）和（b）所示。

表 9.4.10 用 74LS192 实现模 6 计数器的状态转换表

CP	加法计数				减法计数				
	Q_D	Q_C	Q_B	Q_A	Q_D	Q_C	Q_B	Q_A	
0	0	0	1	1	0	1	1	0	M=6
1	0	1	0	0	0	1	0	1	
2	0	1	0	1	0	1	0	0	
3	0	1	1	0	0	0	1	1	
4	0	0	1	1	0	0	1	0	
5	1	0	0	0	0	0	0	1	
6	(1	0	0	1)	(0	0	0	0)	过渡状态

表 9.4.11 用 74LS169 实现模 6 计数器的状态转换表

CP	加法计数				减法计数				
	Q_D	Q_C	Q_B	Q_A	Q_D	Q_C	Q_B	Q_A	
0	1	0	1	0	0	1	0	1	M=6
1	1	0	1	1	0	1	0	0	
2	1	1	0	0	0	0	1	1	
3	1	1	0	1	0	0	1	0	
4	1	1	1	0	0	0	0	1	
5	1	1	1	1	0	0	0	0	

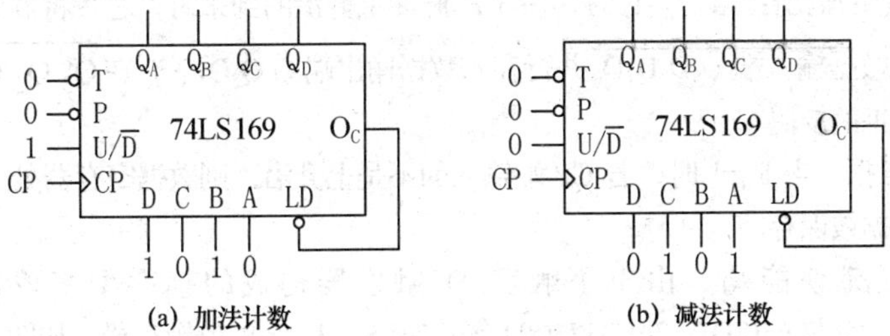

图 9.4.19 用 74LS169 实现模 6 计数器

第五节 寄存器

寄存器用于暂时存放二进制代码（如计算机中的数据和指令等），被广泛用于各类数字系统和数字计算机中。因为任何数字系统，都需要把处理的数据、代码先寄存起来，以便随时取用。寄存器的主要组成部分是具有记忆功能的双稳态触发器。因为一个触发器可以存储一位二进制代码，所以要存储 n 位二进制代码，需要用 n 个触发器组成寄存器。

从功能上分，寄存器可以分为数据寄存器和移位寄存器两种。数据寄存器能实现对数据的清除、输入、保存和输出等功能（只能并行输入和并行输出），移位寄存器还具有数据移位的功能。它可以并行输入、并行输出，或串行输入、串行输出，也可以并行输入、串行输出，或串行输入、并行输出，十分灵活，用途很广。

一、数据寄存器

数据寄存器通常分为两类。一类是由多个边沿触发 D 触发器组成的触发型集成寄存器，如 74LS171(4D) 、74LS175(4D) 、74LS174(6D) 、74LS273(8D)等。图 9.5.1 是 74LS175 的引脚图，该芯片内部由 4 个 D 触发器组成，是具有互补输出端的 4 位数据寄存器。在图 9.5.1 中，R_d 为异步清零端，D_3、D_2、D_1、D_0 为数据输入端，Q_3、Q_2、Q_1、Q_0 为数据输出端，CP 为时钟输入端。

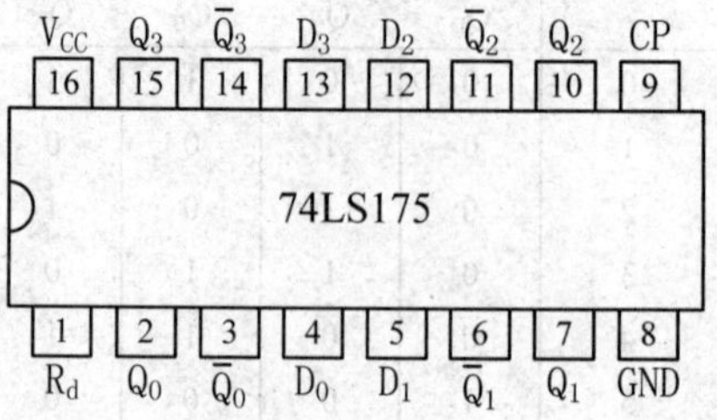

图 9.5.1　74LS175 的引脚图

74LS175 的功能表如表 9.5.1 所示，其功能如下。

表 9.5.1　74LS175 的功能表

R_d	CP	D_i	Q_i	$\overline{Q_i}$	说明
0	×	×	0	1	异步清零
1	↑	0	0	1	存入数据
1	↑	1	1	0	
1	0	×	Q_i^n	$\overline{Q_i^n}$	保存数据

① 异步清零：当 R_d=0 时，数据输出端 $Q_3Q_2Q_1Q_0$ 全部清零。

② 并行输入/输出：当 R_d=1 时，在 *CP* 脉冲上升沿的到来时，芯片将需要存入寄存器的 4 位数据从数据输入端 $D_3D_2D_1D_0$ 并行存入数据输出端 $Q_3Q_2Q_1Q_0$，在 $\overline{Q_3\ Q_2\ Q_1\ Q_0}$ 可以同时获得所存数据的反码。

③ 保存数据：当 R_d=1 时，若 CP 端输入的不是上升沿，则数据寄存器处于保持状态，之前存入的数据被保存。

另一类是带使能端、由电平触发 D 触发器构成的锁存型集成寄存器，如 74LS375(4D)、74LS363(8D)、74LS373(8D)等。74LS373 是 8 位锁存器，如图 9.5.2（a）所示，其内部有 8 个 D 触发器作为寄存单元，具有三态输出结构，其引脚图如图 9.5.2（b）所示。EN 是输出控制端，CP 是锁存控制端，D_7～D_0 是 8 个数据输入端，Q_7～Q_0 是 8 个数据输出端。

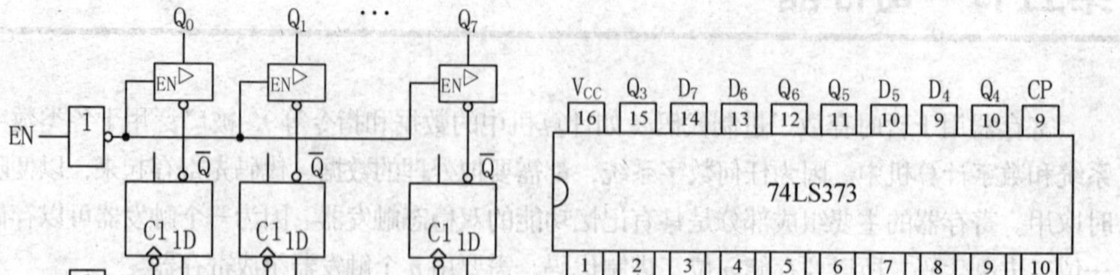

图 9.5.2　锁存器 74LS373

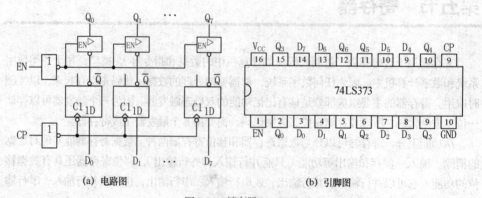

74LS373 的功能表如表 9.5.2 所示，其功能如下。

表 9.5.2　74LS373 的功能表

EN	CP	D_i	Q_i	说明
1	×	×	Z	高阻状态
0	0	×	Q_i^n	保存数据
0	1	0	0	存入数据
0	1	1	1	

① 当 EN=1 时，输出端的三态门处于禁止状态，因此输出端为高阻状态。

② 当 EN=0，CP=0 时，输出 Q_i 不随输入 D_i 变化，保持之前存入的数据不变。

③ 当 EN=0，CP=1 时，输出 Q_i 随输入 D_i 变化，存入数据。

提示：在往寄存器寄存数据之前，必须先将寄存器清零，否则有可能出错。

二、移位寄存器

在数字系统中，数据传送体系有两种：串行传送体系和并行传送体系。在串行传送体系中，每一时钟周期，电路只传送一位信息，N 位数据需 N 个时钟周期才能传送出去；而在并行传送体系中，N 位数据在一个时钟周期内同时被传送出去。数字系统中，两种传送系统均存在，例如计算机主机对信息的处理和加工采用的是并行传送数据方式，而数字信息的传播采用的是串行传送数据方式。对于并行数据，可以采用前面所述的并行输入输出的数据寄存器进行保存；对于串行数据，则要采用移位寄存器在串行输入输出方式下进行保存。

移位寄存器除了具有存储数据的功能以外，还具有数据移位功能，即在时钟脉冲的作用下将存储的数据逐位左移或右移，而且有些移位寄存器具有并行输入输出方式。因此，移位寄存器除了可以用于存储数据，还可以用于数据的串行—并行转换、数据的运算和处理等。

移位寄存器的功能和电路形式较多，按移位方向来分，有单向移位寄存器和双向移位寄存器，单向移位寄存器又有左移寄存器和右移寄存器两种；按接收数据的方式分，有串行输入和并行输入两种；按输出方式分，有串行输出和并行输出两种。

1. 单向移位寄存器

图 9.5.3 所示电路是由 D 触发器构成的 4 位单向移位（右移）寄存器，其中触发器 FF_0 的输入端 D_0 接收外加数据，其余的触发器输入端均与前一级的输出端相连。S_R 为串行输入端，Q_3 为串行输出端，输出端 $Q_3Q_2Q_1Q_0$ 可以并行输出数据，CP 为时钟脉冲输入端（或称移位脉冲输入端），清零端 R_d=0 将使寄存器清零（$Q_3Q_2Q_1Q_0$=0000）。

在该电路中，各触发器的激励方程为：

$$D_3 = Q_2^n,\ D_2 = Q_1^n,\ D_1 = Q_0^n,\ D_3 = S_R$$

次态方程为：

$$Q_3^{n+1} = Q_2^n,\ Q_2^{n+1} = Q_1^n,\ Q_1^{n+1} = Q_0^n,\ Q_3^{n+1} = S_R$$

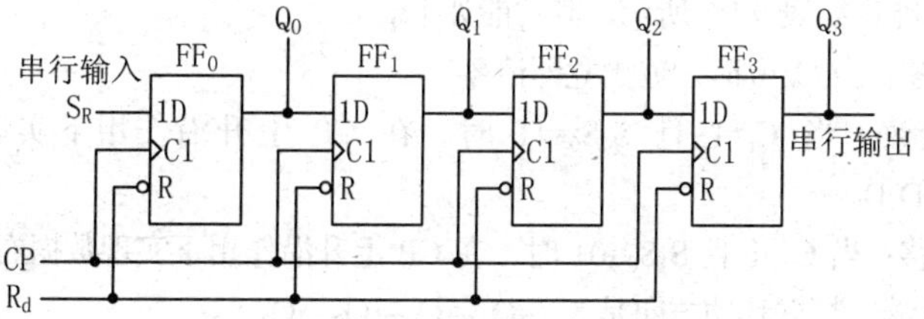

图 9.5.3　由 D 触发器构成的 4 位右移寄存器

所以，每来一个 CP 脉冲，寄存器里的数据向右移动一位，同时将 S_R 端输入的数据存入寄存器。这是串行输入方式，如果要存入 4 位二进制数据，必须经过 4 个时钟脉冲才能完成。假设移位寄存器清零后，要存入数据 S_R=1101，那么在 CP 脉冲的作用下，移位寄存器中数据移位的过程可以用图 9.5.4 所示的示意图来表示。经过 4 个 CP 脉冲后，从 S_R 端输入的 4 位串行数据全部存入移位寄存器中，在 4 个触发器的输出端可同时得到这 4 位数据；因此，移位寄存器可以实现串行数据和并行数据的转换。再经过 4 个 CP 脉冲后，从 Q_3 端可以依次接收到寄存器中的 4 位数据，所以，移位寄存器也可以实现数据的串行输出。

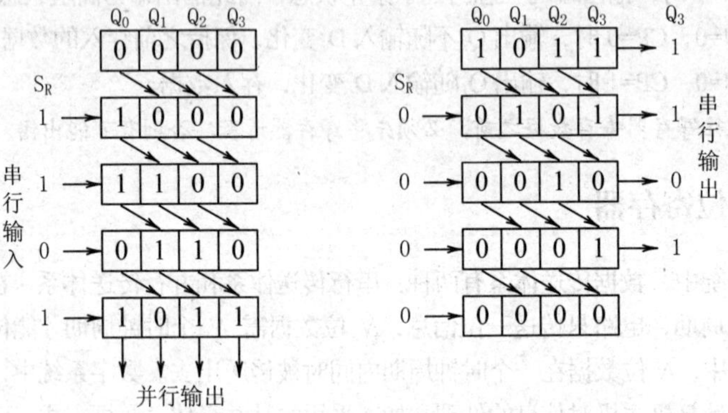

图 9.5.4　移位寄存器输入输出数据

2．常用集成移位寄存器

常用的集成移位寄存器有 8 位移位寄存器 74LS164、74LS165、74LS166，4 位双向移位寄存器 74LS194，8 位双向移位寄存器 74LS198。

74LS194 是 4 位双向移位寄存器，具有左移、右移、并行置数、保持、清零等多种功能，其引脚图和逻辑符号分别如图 9.5.5（a）和（b）所示，其中 $D_3D_2D_1D_0$ 为并行数码输入端，C_r 为异步清零端（低电平有效），S_1 和 S_0 为工作方式控制端，S_R 为右移串行数码输入端，S_L 为左移串行数码输入端。

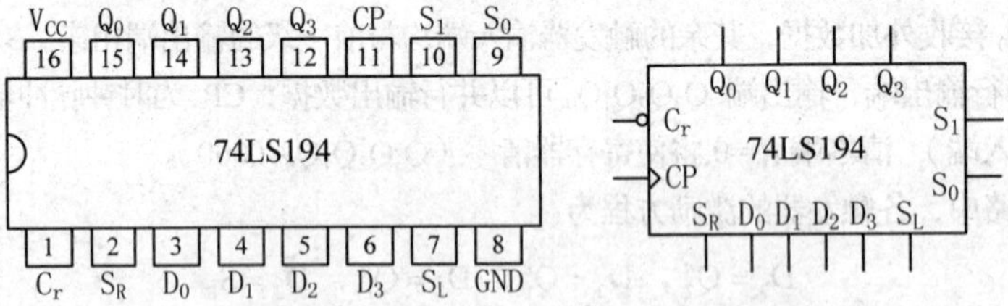

图 9.5.5　双向移位寄存器 74LS194

74LS194 功能表如表 9.5.3 所示，其功能如下。

① 异步清零：当 C_r=0 时，输出立即清零。

② 并行置数：当 C_r=1 且 S_1S_0=11 时，在 CP 上升沿作用下实现并行置数，即 $Q_3Q_2Q_1Q_0=D_3D_2D_1D_0$。

③ 数据右移：当 C_r=1 且 S_1S_0=01 时，在 CP 上升沿作用下实现数据右移操作，S_R 为右移串行数码输入端，数据移动方向是 $S_R \to Q_0 \to Q_1 \to Q_2 \to Q_3$。

④ 数据左移：当 C_r=1 且 S_1S_0=10 时，在 CP 上升沿作用下实现数据左移操作，S_L 为左移串行数码输入端，数据移动方向是 $S_L \to Q_3 \to Q_2 \to Q_1 \to Q_0$。

⑤ 数据保持：当 C_r=1 且 S_1S_0=00 时，或者当 C_r=1，但 CP 不是上升沿时，输出端 $Q_3Q_2Q_1Q_0$ 的数据保持不变。

表 9.5.3 74LS194 的功能表

C_r	S_1	S_0	CP	S_L	S_R	D_0	D_1	D_2	D_3	Q_0	Q_1	Q_2	Q_3	说明
0	×	×	×	×	×	×	×	×	×	0	0	0	0	清零
1	×	×	0	×	×	×	×	×	×		保	持		保持
1	1	1	↑	×	×	a	b	c	d	a	b	c	d	置数
1	0	1	↑	×	R	×	×	×	×	R	Q_0^n	Q_1^n	Q_2^n	右移
1	1	0	↑	L	×	×	×	×	×	Q_1^n	Q_2^n	Q_3^n	L	左移
1	0	0	×	×	×	×	×	×	×		保	持		保持

三、移位寄存器的应用

1．实现数据的串-并行转换

在数字系统中，信息的传播通常是串行的，而信息的处理往往是并行的，因此经常要进行输入、输出的串-并行转换。使用移位寄存器可以将一组串行代码转换成并行代码输出，也可以将并行代码转换成串行代码输出。

提示：我们常说的计算机的“串口”（即串行通信口），就是靠移位寄存器来实现串行数据的传输。

2．实现算术运算

在进行二进制数据的乘法和除法运算时，利用移位寄存器将数据左移一位，相当于将数据乘以 2；将数据右移一位，相当于除以 2。

3．实现脉冲延时

当移位寄存器工作在串行输入、串行输出方式下，输入信号经过 n 级移位后才到达输出端，因此输出信号比输入信号延迟了 n 个脉冲周期。通过设置移位级数 n 和时钟脉冲周期，可以设定延迟时间。

4．构成移位型计数器

所谓移位型计数器，就是以移位寄存器为主体构成的同步计数器。移位型计数器的一般结构如图 9.5.6 所示，其中移位寄存器必须具有移位功能，而组合逻辑电路根据移位寄存器的输出状态决定寄存器要移入“1”或者“0”，从而决定计数器的下一状态。

简言之，将移位寄存器的输出通过一定方式反馈到串行输入端，可构成移位型计数器。常用的移位型计数器有环形计数器和扭环形计数器两种。

（1）环形计数器

环形计数器的特点是：将移位寄存器的最高位输出端直接连接到串行输入端，反馈函数 $F=Q_n$，构成的计数器的进位模数与移位寄存器的位数 n 相等。n 位环形计数器由 n 位移位寄存器组成。

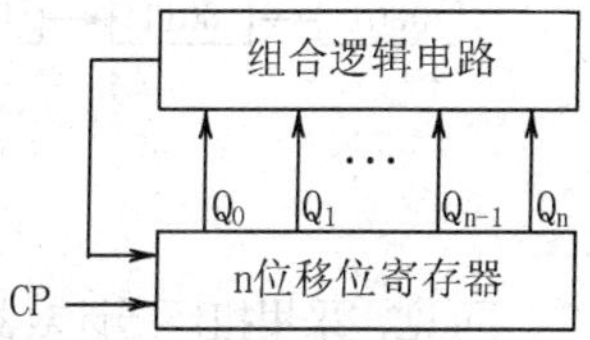

图 9.5.6 移位型计数器的一般结构

由 74LS194 构成的 4 位环形计数器如图 9.5.7（a）所

示，在数据右移工作状态下，将最高位输出端 Q_3 连接到串行输入端 S_R，其状态转换图如图 9.5.7（b）所示。可以看到，4 位环形计数器可以实现模 4 计数，而且有 3 种循环方式，由电路的起始状态来决定具体由哪个循环来实现模 4 计数。另外，电路存在无效循环和死态，状态利用率低，n 位移位寄存器（即 n 个触发器）只能构成 n 进制计数器，有 2^n-n 个无效状态。

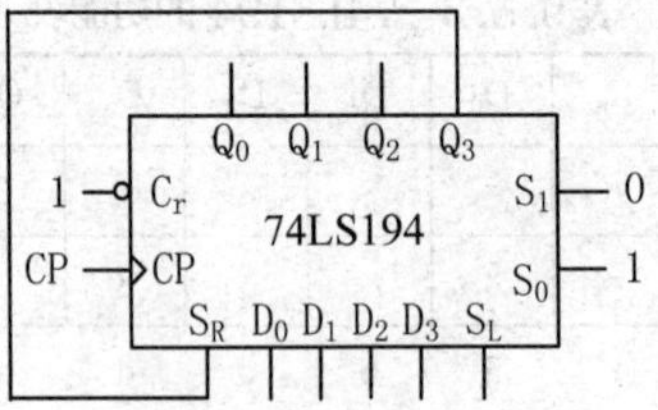

(a) 逻辑图

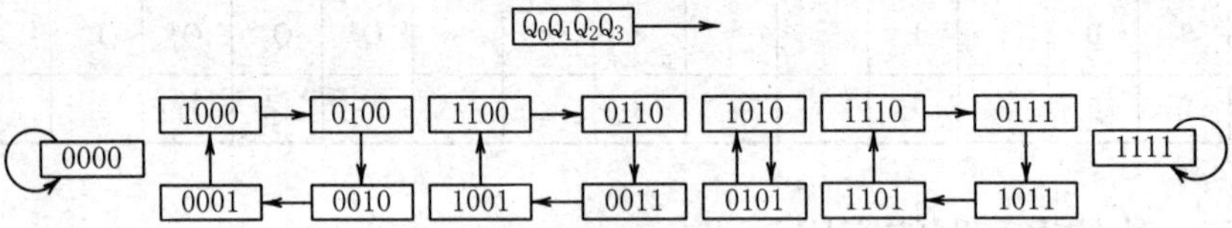

(b) 状态转换图

图 9.5.7　4 位环形计数器

（2）扭环形计数器（又称约翰逊计数器）

扭环形计数器的特点是：将移位寄存器的最高位输出端取反后连接到串行输入端，反馈函数 $F=\overline{Q_n}$，构成的计数器的进位模数是移位寄存器位数 n 的 2 倍，即 $2n$。

由 74LS194 构成的 4 位扭环形计数器如图 9.5.8（a）所示，在数据右移工作状态下，将最高位输出端 Q_3 取反后连接到串行输入端 S_R。其状态转换图如图 9.5.8（b）所示。由图可知，4 位扭环形计数器可以实现模 8 计数，而且有两个循环，由电路的起始状态选择其中一个循环来实现模 8 计数，另一个就是一个无效循环，所以电路无自启能力。

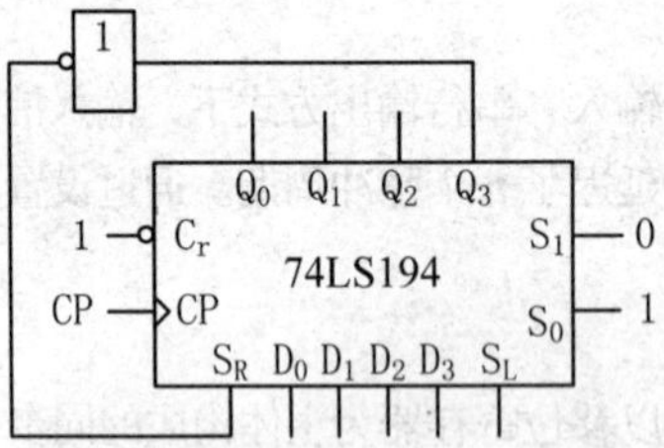

(a) 逻辑图

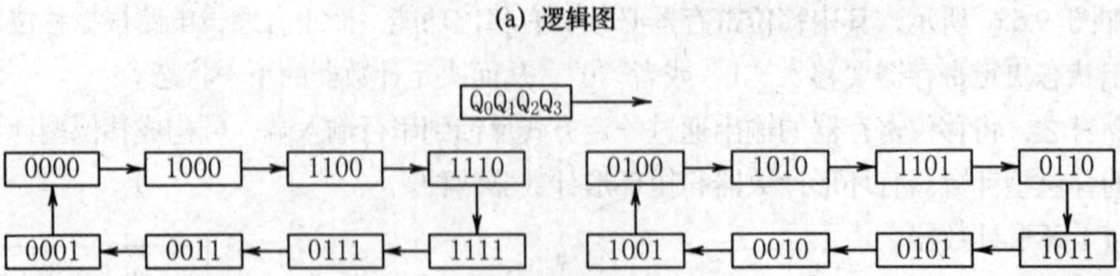

(b) 状态转换图

图 9.5.8　4 位扭环形计数器

可见，采用扭环形计数器可以方便地获得进位模数为偶数的计数器。如果要获得进位模数为奇数的计数器，则需要将扭环形计数器的反馈函数加以变化，变成 $F=\overline{Q_{m-1}Q_m}$。例如，在右移方式下，若 $F=\overline{Q_0Q_1}$，则为模 3 计数器；若 $F=\overline{Q_1Q_2}$，则为模 5 计数器；若 $F=\overline{Q_2Q_3}$，则为模 7 计数器。可以看到，在右移方式下，反馈函数 $F=Q_{m-1}Q_m$ 中的 m 为（进位模数-1）/2。若要得到模数大于 7 的计数器，则要将移位寄存器扩展到更高位数。

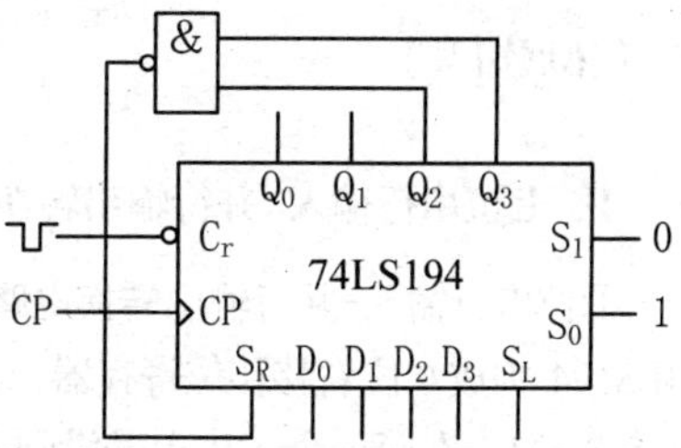

图 9.5.9 例 9.9 题图

例 9.9　用 74LS194 构成的计数器电路如图 9.5.9 所示，请列出该电路的状态转换表，并说明其功能。

解：图中 $S_1S_0=01$，移位寄存器工作在右移方式下，$S_R=\overline{Q_2Q_3}$。在电路初始时，C_r 输入负脉冲，移位寄存器被清零，所以起始状态为 0000。列出状态转换表如表 9.5.4 所示。

表 9.5.4　例 9.9 的状态转换表

$S_R=\overline{Q_2Q_3}$	Q_0	Q_1	Q_2	Q_3	
1	0	0	0	0	清零
1	1	0	0	0	←
1	1	1	0	0	
1	1	1	1	0	
0	1	1	1	1	M=7
0	0	1	1	1	
0	0	0	1	1	
1	0	0	0	1	

可以看出，这是一个七进制计数器。

图 9.5.10 所示分别为三进制、五进制、十三进制移位计数器电路，请按照上述方法进行分析。注意，图 9.5.10（a）是左移方式。

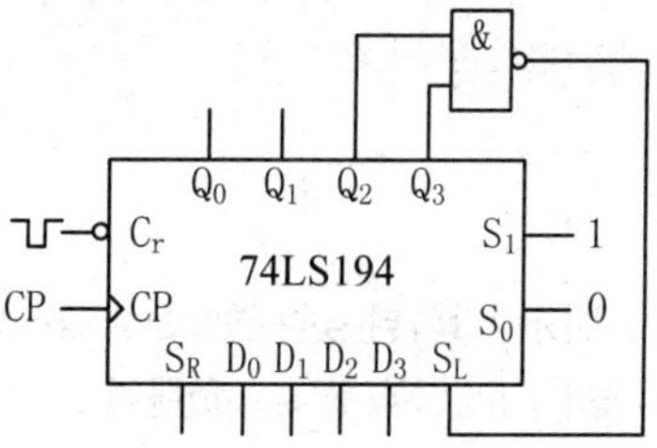

(a) 三进制移位计数器

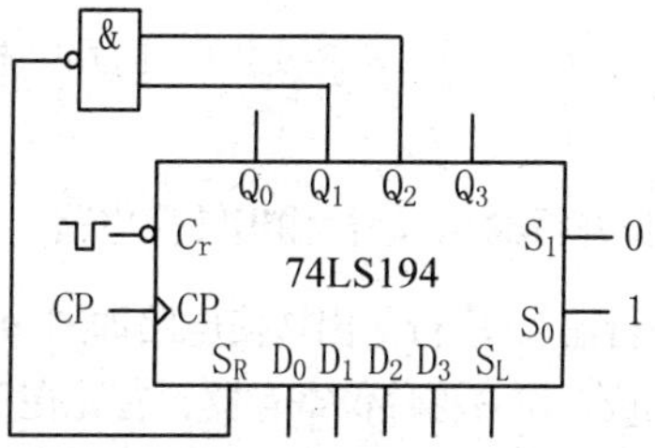

(b) 五进制移位计数器

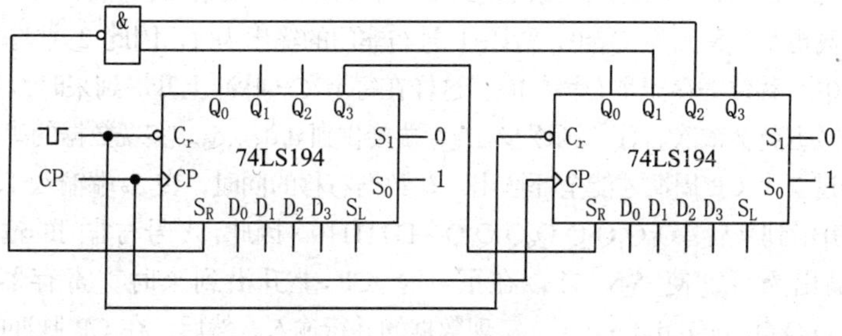

(c) 十三进制移位计数器

图 9.5.10　移位计数器举例

【拓展知识】

1．七位串行输入-并行输出转换电路

七位串行输入-并行输出转换电路如图 9.5.11 所示，其转换过程如表 9.5.5 所示。两片 74LS194 构成八位右移移位寄存器，首先在 C_r 端输入负脉冲将寄存器清零。因为 Q_7=0，所以 S_1S_0=11，在第一个 CP 上升沿到来时，寄存器被置数为 $Q_0Q_1Q_2Q_3Q_4Q_5Q_6Q_7$=01111111，其中唯一的 0 被当作转换结束标志码。因为 Q_7=1，所以 S_1S_0=01，移位寄存器是右移功能。此时将串行输入数据 $d_6d_5\dots d_0$ 依次从 1 号芯片的 S_R 端输入（先输入高位数据 d_6），这样在每个 CP 脉冲上升沿到来时，串行数据被依次存入移位寄存器，同时转换结束标识码 0 也被逐步右移。经过 7 个 CP 周期后，转换结束标识码 0 到达 Q_7 端，表示 7 位数据全部存入移位寄存器，此时就可以在输出端并行输出移位寄存器中存储的七位数据，实现串行输入-并行输出转换。之后，因为 Q_7=0，所以 S_1S_0=11，在下一个 CP 上升沿到来时，寄存器又被置数为 $Q_0Q_1Q_2Q_3Q_4Q_5Q_6Q_7$= 01111111，准备进行下一次的转换。

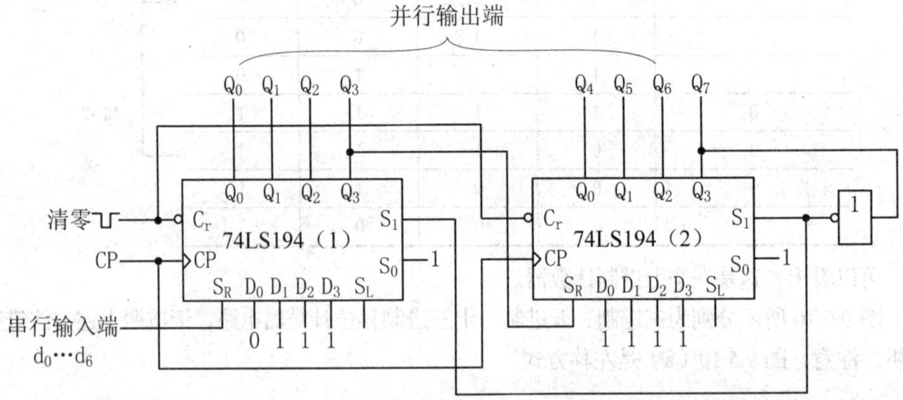

图 9.5.11　七位串行输入-并行输出转换电路

2．七位并行输入-串行输出转换电路

七位并行输入-串行输出转换电路如图 9.5.12 所示，其转换过程如表 9.5.6 所示。两片 74LS194 构成八位右移移位寄存器，首先在 2 号与非门的置数端输入负脉冲，使 S_1S_0=11。所以，在第一个 CP 上升沿到来时，寄存器被置数为 $Q_0Q_1Q_2Q_3Q_4Q_5Q_6Q_7$=0$d_0d_1d_2d_3d_4d_5d_6$，实现数据的并行输入，同时在 Q_7 端接收到第一个串行输出数据 d_6。然后，将 2 号与非门的置数端恢复高电平，又因为 Q_0=0，所以 1 号与非门的输出为 1，因此 2 号与非门的输出为 0，使 S_1S_0=01，移位寄存器是右移功能。这样在每个 *CP* 脉冲上升沿到来时，并行输入存在寄存器中的数据就会依次右移，则逐步在 Q_7 端接收到 $d_6d_5\dots d_0$，实现数据的串行输出。7 位数据需要经过 7 个 CP 周期才能全部输出。在数据右移的同时，在 S_R 端输入 1，所以，在第 8 个 CP 上升沿到来后，$Q_0Q_1Q_2Q_3Q_4Q_5Q_6Q_7$=11111110。因此，1 号与非门的输出为 0，2 号与非门的输出为 1，使 S_1S_0=11，在下一个 CP 上升沿到来时，寄存器又被置数为 $Q_0Q_1Q_2Q_3Q_4Q_5Q_6Q_7$=0$d_0d_1d_2d_3d_4d_5d_6$，实现数据的并行输入，然后，在 CP 脉冲的控制下转换成串行输出。

表 9.5.5　七位串行输入-并行输出转换电路的状态转换表

CP	S_R	Q_0	Q_1	Q_2	Q_3	Q_4	Q_5	Q_6	Q_7	说明	
0	×	0	0	0	0	0	0	0	0	清零	
1	×	0	1	1	1	1	1	1	1	置数	
2	d_6	d_6	0	1	1	1	1	1	1	串行输入右移7次	
3	d_5	d_5	d_6	0	1	1	1	1	1		
4	d_4	d_4	d_5	d_6	0	1	1	1	1		
5	d_3	d_3	d_4	d_5	d_6	0	1	1	1		
6	d_2	d_2	d_3	d_4	d_5	d_6	0	1	1		
7	d_1	d_1	d_2	d_3	d_4	d_5	d_6	0	1		
8	d_0	d_0	d_1	d_2	d_3	d_4	d_5	d_6	0		并行输出
9	×	0	1	1	1	1	1	1	1	置数	

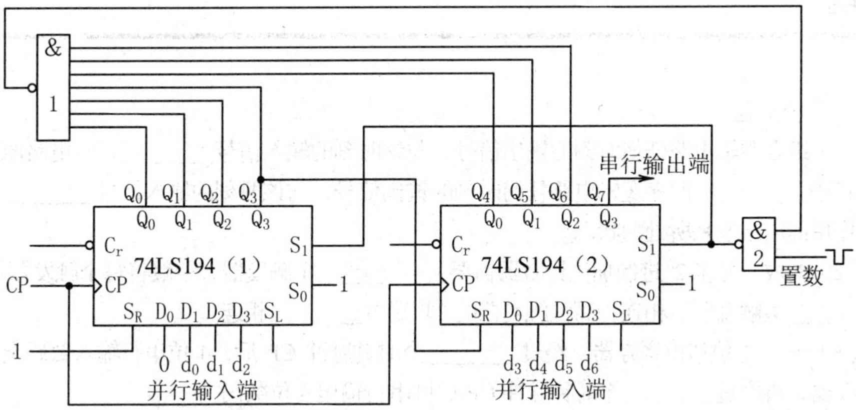

图 9.5.12　七位并行输入-串行输出转换电路

表 9.5.6　七位并行输入-串行输出转换电路的状态转换表

CP	S_R	Q_0	Q_1	Q_2	Q_3	Q_4	Q_5	Q_6	Q_7	说明	
1	×	0	d_0	d_1	d_2	d_3	d_4	d_5	d_6	置数	并行输入
2	1	1	0	d_0	d_1	d_2	d_3	d_4	d_5	右移7次	串行输出
3	1	1	1	0	d_0	d_1	d_2	d_3	d_4		
4	1	1	1	1	0	d_0	d_1	d_2	d_3		
5	1	1	1	1	1	0	d_0	d_1	d_2		
6	1	1	1	1	1	1	0	d_0	d_1		
7	1	1	1	1	1	1	1	0	d_0		
8	1	1	1	1	1	1	1	1	0		
9	×	0	d_0	d_1	d_2	d_3	d_4	d_5	d_6	置数	并行输入

本章小结

1. 时序逻辑电路由组合逻辑电路和具有记忆功能的触发器组成。它的特点是输出状态不仅与现时的输入信号有关，还与电路的原状态有关。时序逻辑电路分为同步时序逻辑电路和异步时序逻辑电路两大类。

2. 时序逻辑电路的分析就是根据所给的逻辑图，写出驱动方程、时钟方程、输出方程和状态方程，再使用状态真值表、状态转换图或时序图对电路的状态进行分析，概括出电路的逻辑功能。

3. 本章介绍了设计同步时序逻辑电路的方法，是分析方法的逆过程。

4. 常用的集成时序逻辑器件有许多种，本章主要介绍了常用的计数器、寄存器和移位寄存器。通过分析这些电路的基本工作原理，要求掌握它们的逻辑功能和应用。

习题

9.1 填空题

（1）组合逻辑电路任何时刻的输出信号，与该时刻的输入信号________，与电路原来所处的状态________；时序逻辑电路任何时刻的输出信号，与该时刻的输入信号________，与信号作用前电路原来所处的状态________。

（2）构成一异步 2^n 进制加法计数器需要__________个触发器，一般将每个触发器接成_________型触发器。相连，高位触发器的 CP 端与________相连。

（3）一个 4 位移位寄存器，经过________个时钟脉冲 CP 后，4 位串行输入数码全部存入寄存器；再经过________个时钟脉冲 CP 后可串行输出 4 位数码。

（4）要组成模 15 计数器，至少需要采用_________个触发器。

9.2 已知题图 9.2 所示单向移位寄存器的 CP 及输入波形如图所示，试画出 Q_0、Q_1、Q_2、Q_3 波形（设各触发初态均为 0）。

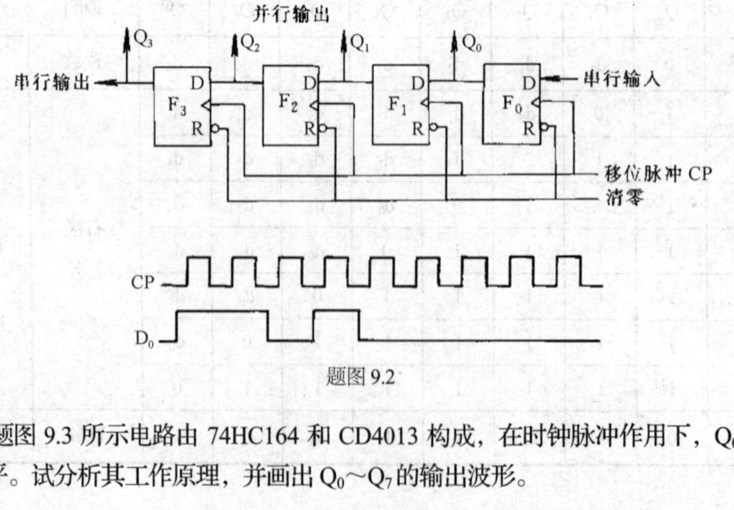

题图 9.2

9.3 题图 9.3 所示电路由 74HC164 和 CD4013 构成，在时钟脉冲作用下，Q_0～Q_7 依次变为高电平。试分析其工作原理，并画出 Q_0～Q_7 的输出波形。

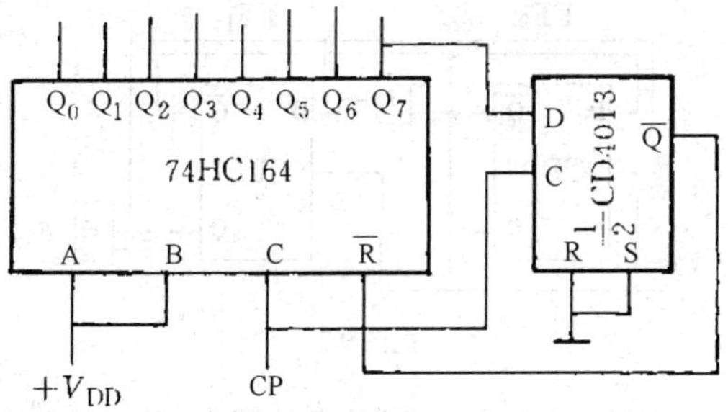

题图 9.3

9.4 试分析题图 9.4 所示电路的逻辑功能，并画出 Q_0、Q_1、Q_2 的波形。设各触发器的初始状态均为 0。

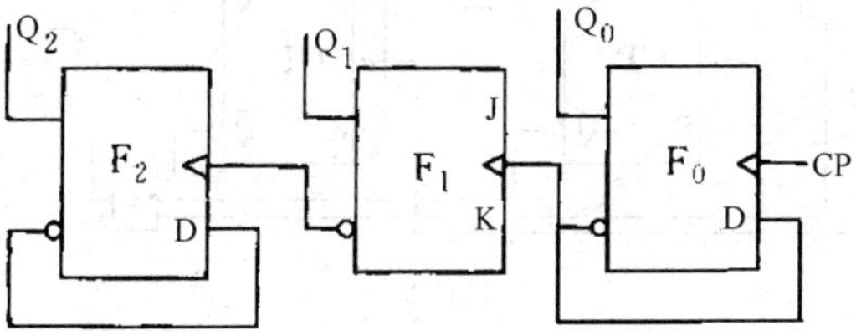

题图 9.4

9.5 试分析题图 9.5 所示的时序电路的逻辑功能，写出电路的驱动方程、状态转移方程，画出状态转移图，说明电路是否具有自启动特性和逻辑功能。设各触发器的初始状态均为 0。

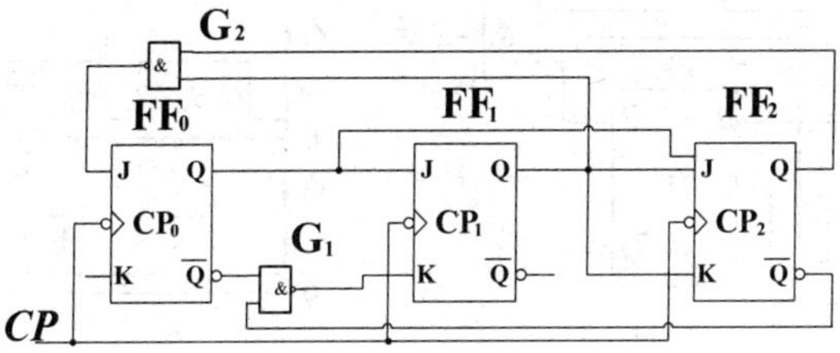

题图 9.5

9.6 试分析题图 9.6 所示的时序电路的逻辑功能，写出电路的驱动方程、状态转移方程，画出状态转移图，说明电路是否具有自启动特性和逻辑功能。设各触发器的初始状态均为 0。

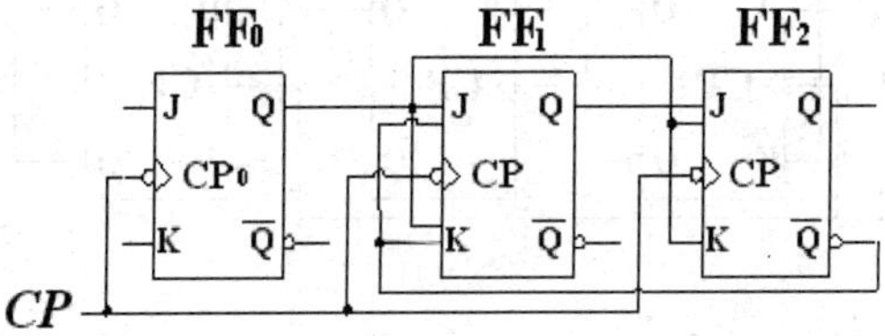

题图 9.6

9.7 试分析题图 9.7 所示的时序电路的逻辑功能，写出电路的驱动方程、状态转移方程和输出方程，画出状态转移图，说明电路是否具有自启动特性和逻辑功能。设各触发器的初始状态均为 0。

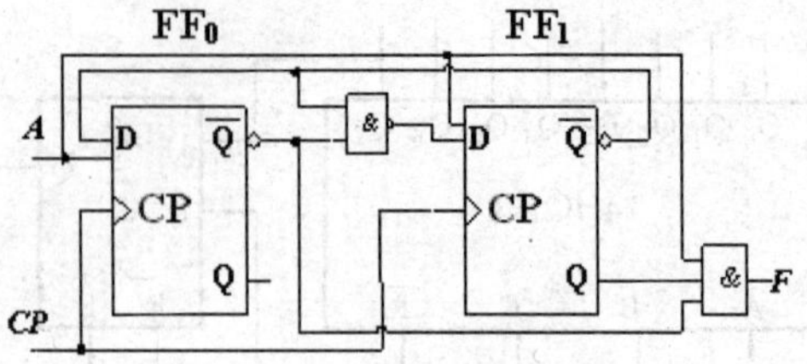

题图 9.7

9.8　试分析题图 9.8 所示时序电路，写出电路的驱动方程、状态转移方程和输出方程，画出状态转移图，说明电路逻辑功能。设各触发器的初始状态均为 0。

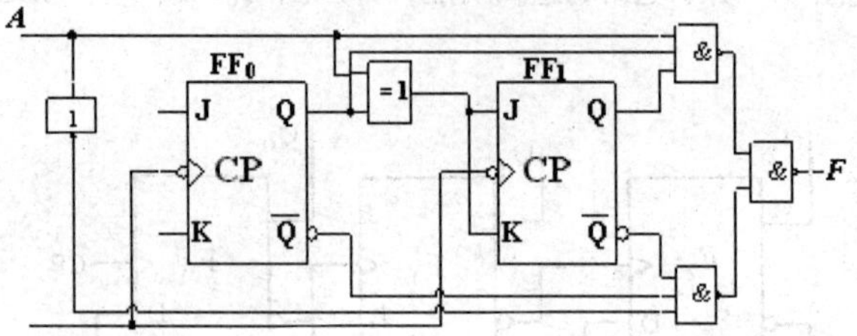

题图 9.8

9.9　试分析题图 9.9 所示时序电路，写出电路的驱动方程、状态转移方程和输出方程，画出状态转移图。设各触发器的初始状态均为 0。

9.10　试用负边沿 JK 触发器和最少的门电路，实现题图 9.10 所示的 Z_1 和 Z_2 输出波形。

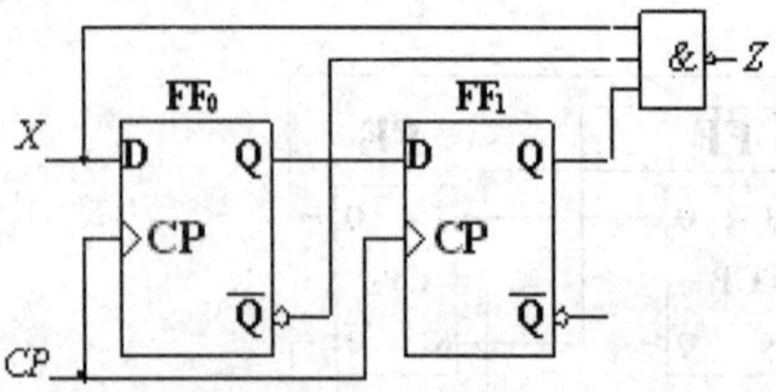

题图 9.9

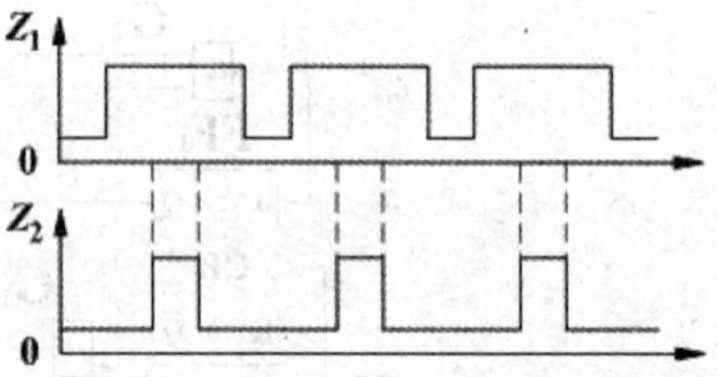

题图 9.10

9.11　已知电路如题图 9.11 所示，设触发器初态为 0，试画出各触发器输出端 Q_0、Q_1、Q_2 的波形。

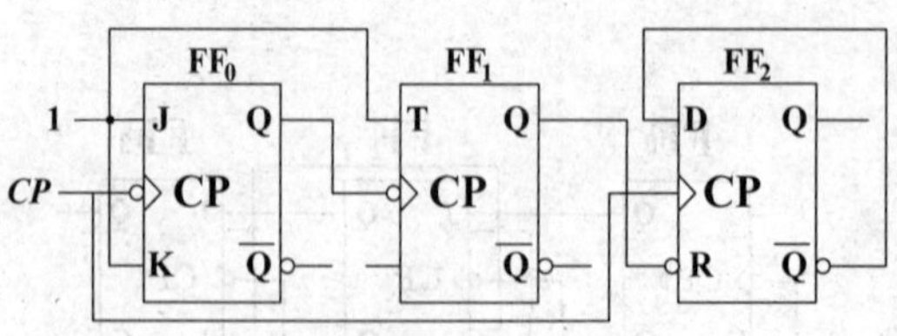

题图 9.11

9.12　已知电路如题图 9.12 所示，设触发器初态为 0，试画出在连续 7 个时钟脉冲 CP 作用下输出端 Q_0、Q_1、Q_2 和 Z 的波形，分析输出 Z 与时钟脉冲 CP 的关系。

9.13　题图 9.13 是由两个 4 位左移寄存器 A、B、“与门” C 和 JK 触发器 F_D 组成，A 寄存器的初始状态为 $Q_3Q_2Q_1Q_0$=1010，B 寄存器的初始状态为 $Q_3Q_2Q_1Q_0$=1011，F_D 的初态 Q_D=0，试画出在 CP 作用下图中 Q_{3A}、Q_{3B}、Y_C、Q_D 的波形。

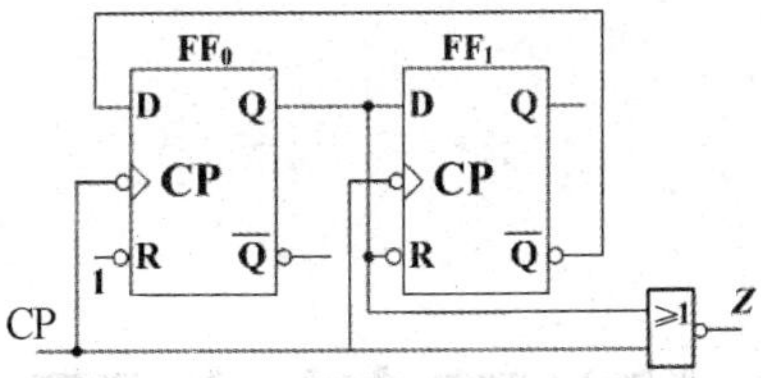

题图 9.12

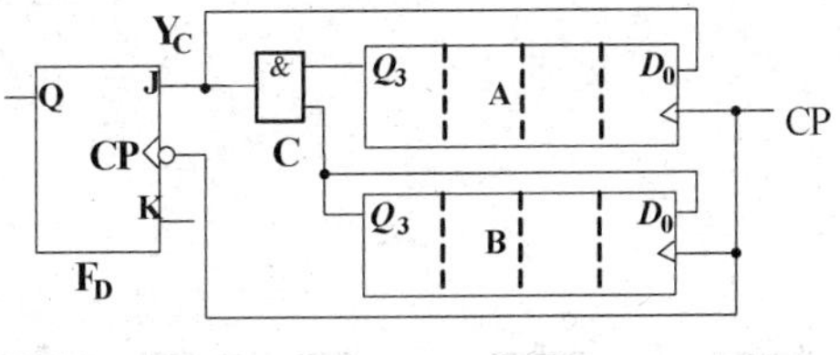

题图 9.13

9.14　试分析如题图 9.14 所示逻辑图，构成模几的计数分频电路。

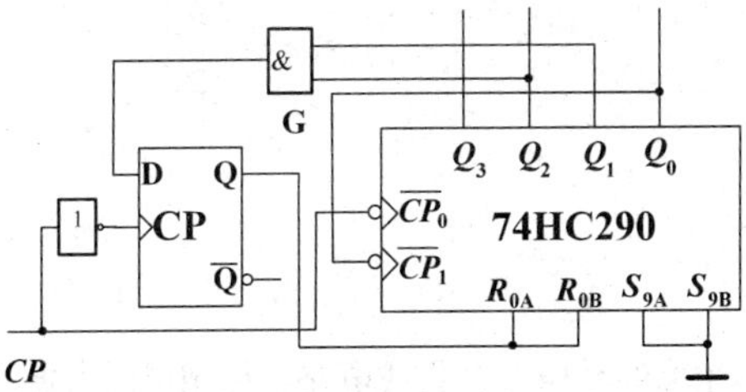

题图 9.14

9.15　试用集成中规模 4 位二进制计数器 74HC161 采用复位法（异步清除）及置数法（同步置数）分别设计模 M=12 的计数分频电路。

9.16　由两片 74HC161 组成的同步计数器如题图 9.16 所示，试分析其分频比（即 Y 与 CP 之频比），当 CP 的频率为 20 kHz，Y 的频率为多少？

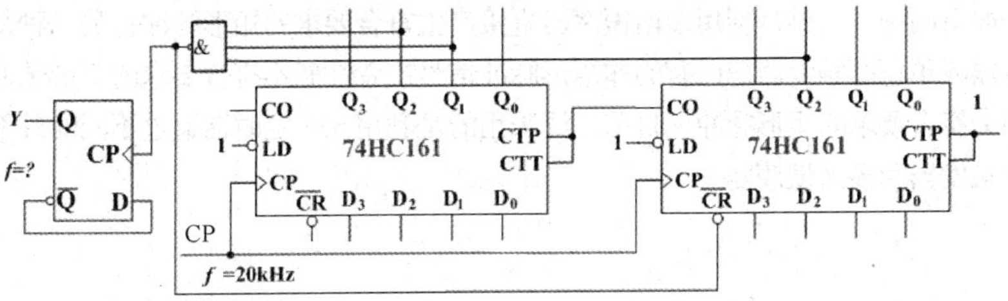

题图 9.16

9.17　试分析如题图 9.17 所示由两片 4 位双向移位寄存器 74HC194 器件构成的 7 位串行-并行变换电路的工作过程。

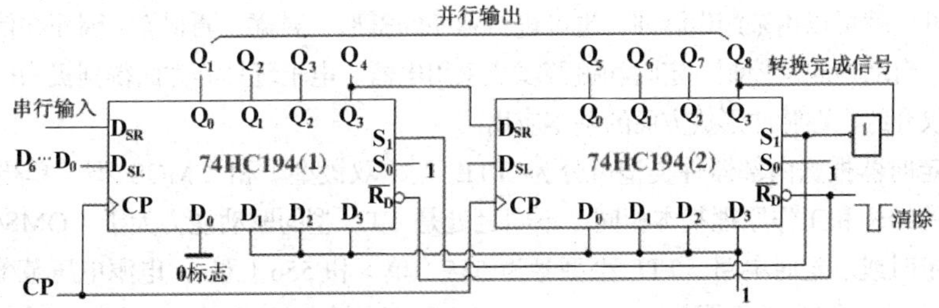

题图 9.17

第十章 555 定时器及其应用

【内容导读】

555 定时器是一种多用途的数模混合集成电路，使用灵活方便，应用广泛。本章讲述了 555 定时器的结构、工作原理和应用，考虑到脉冲波形产生及整形电路在仪器仪表、自动控制、检测等方面应用很广，本章重点讲述了由 555 定时器、门电路等构成的矩形脉冲信号产生电路——多谐振荡器的性能及其应用，矩形脉冲信号的整形电路——施密特触发器和单稳态触发器的性能及其应用。

在数字系统中，常常需要用到上升沿和下降沿陡峭的矩形脉冲信号。获得矩形脉冲信号的方法一般有两种：一种是利用多谐振荡器直接产生符合要求的矩形脉冲；另一种是通过施密特触发器或单稳态触发器把已有的非矩形脉冲信号或者性能不符合要求的矩形脉冲信号整形、变换为符合要求的矩形脉冲。目前广泛采用的是利用 555 定时器通过不同的外部连接构成单稳态触发器和多谐振荡器。

第一节 555 定时器

555 定时器是一种模拟电路和数字电路相结合的中规模集成电路。只要外接少量的电阻和电容元件，就可以用来产生脉冲，也可进行脉冲的整形、展宽、调制等，因而在信号的产生与变换、自动检测及控制、定时和报警以及家用电器、电子玩具等方面得到极为广泛的应用。本章仅介绍它在脉冲形成方面的基本应用。

555 定时器根据内部器件类型可分为 TTL 型（双极型）和 CMOS 型（单极型）两类，它们的结构和工作原理基本相同，不同之处是 TTL 型的驱动能力大于 COMS 型。它们均有单定时或双定时电路。TTL 型型号为 555（单）和 556（双），电源电压范围为 5～16 V，输出最大负载电流可达 200 mA。CMOS 型型号为 7555（单）和 7556（双），电源电压范围为 3～18 V，但输出最大负载电流仅为 4 mA。我们以 CMOS 集成定时器 CC7555 为例进行介绍。

一、555 定时器的组成

555 集成定时器的电路图和引脚图分别如图 10.1.1（a）和（b）所示，它由分压器、电压比较器、基本 RS 触发器、放电管和输出缓冲门组成。*TH*（高电平触发端）和 *TR*（低电平触发端）为输入端，*OUT* 为输出端，*CO* 为控制端，*R* 为清零端，*D* 为放电管漏极。

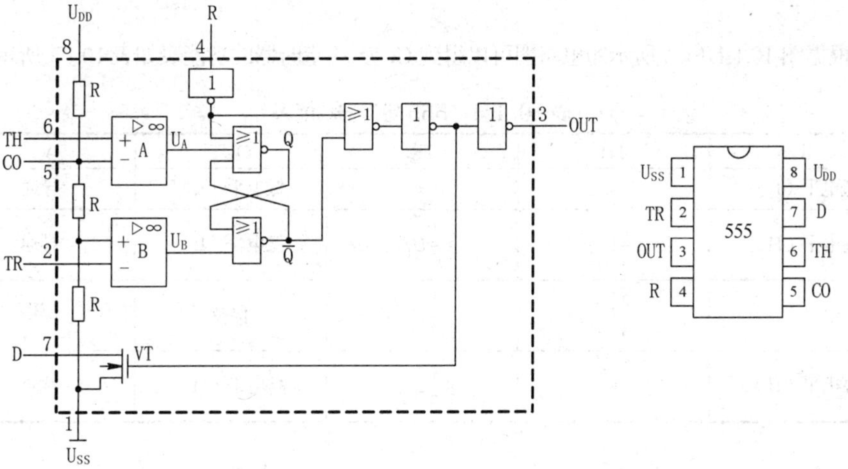

(a) 电路图　　　(b) 引脚图

图 10.1.1　CC7555 定时器

（1）分压器。由 3 个 5 kΩ 电阻组成，555 因此而得名，它为两个比较器提供基准电平。当 *CO*（5 号管脚）悬空时，分压器为电压比较器 A 和 B 提供的基准电平分别为 $\frac{2}{3}U_{DD}$ 和 $\frac{1}{3}U_{DD}$。如果 *CO* 端接入电平 U_{CO}，则为电压比较器 A 和 B 提供的基准电平变为 U_{CO} 和 $\frac{1}{2}U_{CO}$，通过改变 U_{CO} 就可以改变电压比较器的基准电平。如果 *CO* 端通过 10kΩ 电阻接地，则电压比较器 A 和 B 的基准电平分别为 $\frac{1}{2}U_{DD}$ 和 $\frac{1}{4}U_{DD}$。*CO* 端不用时，通常将它通过一个 0.01～0.1 μF 的电容接地，以防干扰信号影响 *CO* 端的电压值。

（2）电压比较器。电压比较器 A、B 是两个结构完全相同的高精度电压比较器。根据输入电平与基准电平的比较结果输出高电平或低电平。当 $U_{TH}>\frac{2}{3}U_{DD}$ 时，U_A 为高电平（逻辑 1）；当 $U_{TH}<\frac{2}{3}U_{DD}$ 时，U_A 为低电平（逻辑 0）。当 $U_{TR}>\frac{1}{3}U_{DD}$ 时，U_B 为低电平（逻辑 0）；当 $U_{TR}<\frac{1}{3}U_{DD}$ 时，U_B 为高电平（逻辑 1）。A、B 的输出直接控制基本 RS 触发器的动作。

（3）基本 RS 触发器。RS 触发器由两个或非门组成，它的状态由两个比较器输出控制，根据基本 RS 触发器的工作原理，就可以决定触发器输出端的状态。从图 10.1.1（a）可以看到，U_A=0，U_B=0 时，触发器维持现态；U_A=1，U_B=0 时，Q=0，$\overline{Q}$=1，触发器置 0；U_A=0，U_B=1 时，Q=1，$\overline{Q}$=0，触发器置 1；U_A=1，U_B=1 时，$Q=\overline{Q}$=1，触发器逻辑混乱。另外，*R* 是专门设置的从外部进行置 0 的复位端，当 *R*=0 时，输出 *OUT*=0。

（4）开关放电管和输出缓冲级。放电管 VT 是 N 沟道增强型的 MOS 管，其状态受 $\overline{Q}$ 控制。当 $\overline{Q}$=0 时，控制栅为低电平，VT 截止；当 $\overline{Q}$=1 时，控制栅为高电平，VT 导通。两级反相器构成输出缓冲级，反相器的设计使电路有较大的电流驱动能力，一般可驱动两个 TTL 门电路。同时，输出级还到起隔离负载对定时器的影响的作用。

CC7555 定时器具有静态电流较小（80 μA），输入阻抗极高（输入电流仅为 0.1 μA），电源电压范围较宽（3～18 V），功耗小（最大功耗为 300 mW）等特点。和所有 CMOS 集成电路一样，在使用时，输入电压 u_I 应确保在安全范围之内，即满足 $U_{SS}-0.5V \leqslant u_I \leqslant U_{DD}+0.5$ V。

二、555 定时器的功能

根据图 10.1.1（a）所示的电路图可以得到 CC7555 定时器的功能表如表 10.1.1 所示。

表 10.1.1　555 定时器功能表

R	TH	TR	OUT	VT
低电平（L）	×	×	低电平（L）	导通
高电平（H）	$>\frac{2}{3}U_{DD}$	$>\frac{1}{3}U_{DD}$	低电平（L）	导通
高电平（H）	$<\frac{2}{3}U_{DD}$	$>\frac{1}{3}U_{DD}$	保持	保持
高电平（H）	×	$<\frac{1}{3}U_{DD}$	高电平（H）	截止

第二节　单稳态触发器

单稳态触发器是常用的脉冲整形电路，同时也广泛应用于脉冲延时以及定时等方面。

单稳态触发器只有一个稳定状态和一个暂稳态，在外界触发脉冲的作用下，电路从稳态翻转到暂稳态，然后在暂稳态停留一段时间 T_W 后又自动返回到稳态，并在输出端产生一个宽度为 T_W 的矩形脉冲。T_W 只与电路本身的参数有关，而与触发脉冲的宽度和幅度无关。通常把 T_W 称为脉冲宽度。

一、CC7555 构成的单稳态触发器

用 CC7555 构成的单稳态触发器如图 10.2.1（a）所示，其波形图如图 10.2.1（b）所示。图中电阻 R 和电容 C 为外接定时元件，输入触发信号 u_I 加至低电平触发输入端 TR（2 脚），控制端 CO（5 脚）通过 0.01 μF 电容接地，以防干扰。OUT 端（3 脚）输出正脉冲暂态信号。

1．工作原理

（1）静止期：在此期间没有触发信号，u_I 为高电平，电路工作在稳定状态，即 $Q=0$，$\overline{Q}=1$。

u_O 为低电平，VT 饱和导通。

（2）暂态期：外加触发信号 u_I 的下降沿到达时，电路被触发。由于 $U_{TR}=u_I<\frac{1}{3}U_{DD}$，$Q=1$，$\overline{Q}=0$，因此 $u_O=1$，VT 截止，电路进入暂稳态。

因为此时 VT 截止，U_{DD} 通过电阻 R 开始向电容 C 充电，使 u_C 不断上升。当 $u_C=\frac{2}{3}U_{DD}$ 时，若 u_I 的触发负脉冲已消失，即 $U_I>\frac{1}{3}U_{DD}$，则电压比较器 A 输出 0，将基本 RS 触发器复位为 0 状态，即 $Q=0$，$\overline{Q}=1$，则 $u_O=0$，VT 饱和导通，电路结束暂稳态。

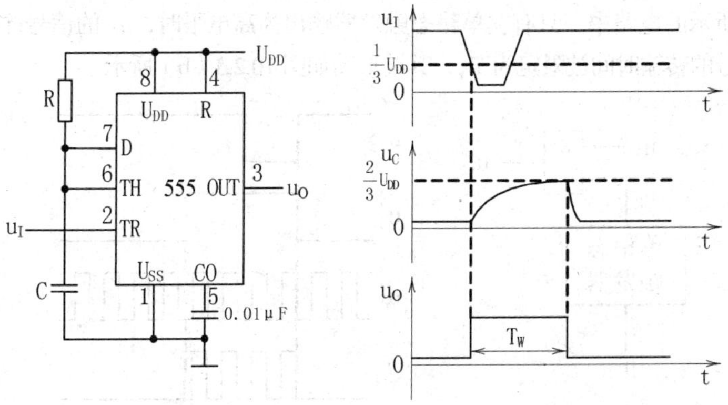

(a) 电路图　　　　(b) 波形图

图 10.2.1　CC7555 构成的单稳态触发器

（3）恢复期：VT 导通后，电容 C 通过 VT 迅速放电，使 $u_C=0$，电路又恢复到稳态（$u_{TH}>\frac{2}{3}U_{DD}$，$U_{TR}>\frac{1}{3}U_{DD}$），进入静止期。恢复期 T_R 由下式决定：

$$T_R=(3\sim5)r_d\cdot C \tag{10.2.1}$$

等到下一个触发负脉冲到来时，电路又重复上述过程。输出电压 u_O 和电容 C 上电压 u_C 的工作波形如图 10.2.1（b）所示。

2．输出脉冲宽度 T_W

根据以上分析可知，输出脉冲宽度 T_W 是暂稳态的持续时间，也是电容 C 的充电时间，推导可得：

$$T_W=RC\cdot\ln3=1.1RC \tag{10.2.2}$$

其中，外接电阻 R 的范围为 2 kΩ～20 MΩ，定时电容 C 为 100 pF～1000 μF。因此单稳态触发器的延迟时间 T_W 的变化范围可以由几微秒至几小时，精度可达 0.1%，当然还可以增大电阻 R 和电容 C 的值，使延时更长，但这将导致定时精度降低。

图 10.2.1（a）所示电路对输入触发负脉冲的宽度有一定要求，即它必须小于单稳态触发器的输出脉冲宽度 T_W。若输入触发脉冲宽度大于 T_W，那么即使电容 C 的电平 $u_C=u_{TH}>\frac{2}{3}U_{DD}$，但由于 $U_{TR}=u_I<\frac{1}{3}U_{DD}$，所以 $u_O=1$，电路仍会保持暂稳态直到 u_I 的负脉冲结束。这样电路不能正常工作。解决的方法是在 u_I 输入端再加一个微分电路，如图 10.2.2 所示电路中的 R_i 和 C_i。有微分环节的单稳态触发器是由触发信号 u_I 的下降沿触发的。

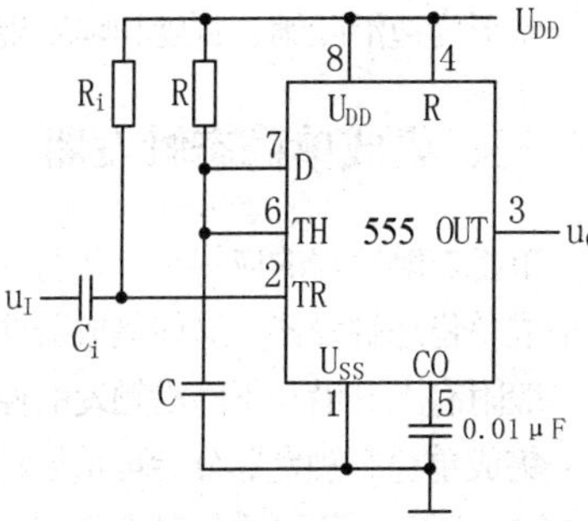

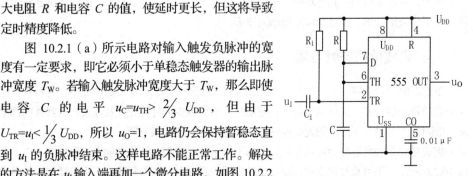

图 10.2.2　有微分环节的的单稳态触发器

二、单稳态触发器的应用

单稳态触发器的主要应用是定时、延时和波形变换。

1．脉冲定时

单稳态触发器能够产生脉冲宽度为 T_W 的矩形脉冲，利用这个脉冲去控制某个电路，使其仅在单稳态触发器输出高电平期间工作，则被控电路的工作时间就被限定为 T_W。在图

10.2.3（a）所示的电路中，只有在单稳态触发器输出为高电平时，u_A 的信号才能送到输出端，所以信号的传输时间被限定为 T_W，其波形图如图 10.2.3（b）所示。

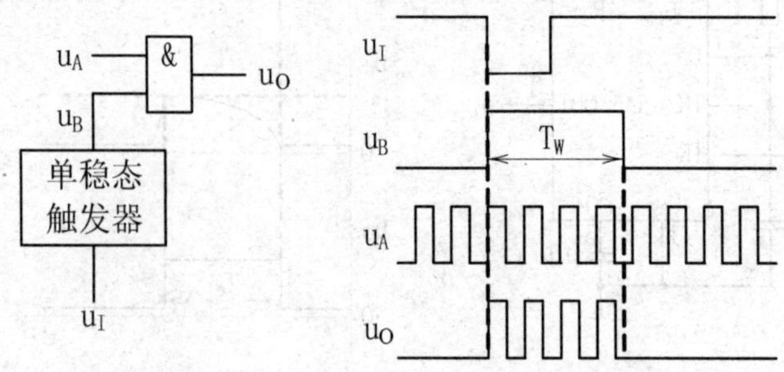

(a) 原理框图　　(b) 波形图

图 10.2.3　用单稳态触发器进行脉冲定时

2．脉冲延时

如果需要延迟脉冲的触发时间，也可以用单稳态触发器来实现。例如，要在触发信号 u_I 的下降沿到来后延迟 1s 再产生一个脉冲宽度为 3s 的矩形脉冲，就可以用两个带微分环节的单稳态触发器级联来实现。原理框图如图 10.2.4（a）所示，波形图如图 10.2.4（b）所示。

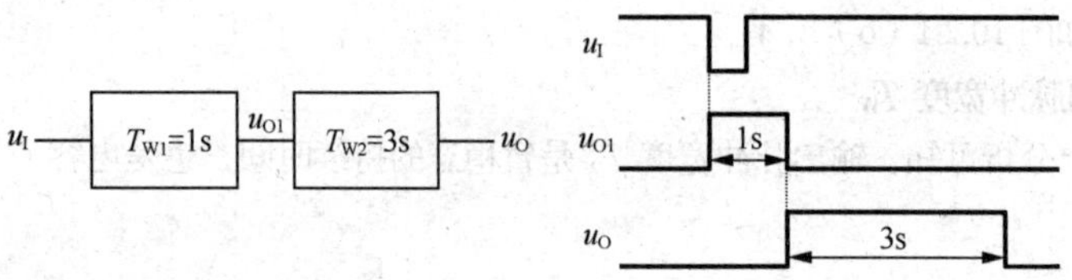

（a）原理框图　　（b）波形图

图 10.2.4　用单稳态触发器进行脉冲延时

此外，在许多自动检测电路中，单稳态触发器还可以用于波形整形，即将传感器输出的信号整形为边沿陡峭、宽度和幅度规则的波形。

三、集成单稳态触发器

单稳态触发器的应用十分普遍，因此在 TTL 电路和 CMOS 电路的产品中，有各种类型的集成单稳态触发器。这些集成器件在使用时，只需很少的外接元件及连线；且器件内部电路一般附有上升沿与下降沿触发的控制和置零等功能，使用很方便。

集成单稳态触发器分为可重复触发型和不可重复触发型，符号和触发波形如图 10.2.5 和图 10.2.6 所示。不可重复触发型的单稳态触发器一旦被触发进入暂稳态，则后续加入的触发脉冲不会影响电路的工作过程和输出状态，只有在暂稳态结束以后输入的触发脉冲才能起到触发作用。而可重复触发型的单稳态触发器在被触发进入暂稳态之后，如果再有触发脉冲输入，则电路将被重新触发，使输出脉冲宽度再扩展一个 T_W。

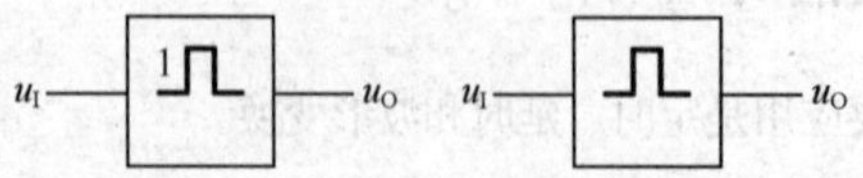

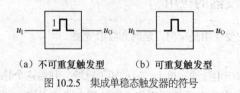

（a）不可重复触发型　　（b）可重复触发型

图 10.2.5　集成单稳态触发器的符号

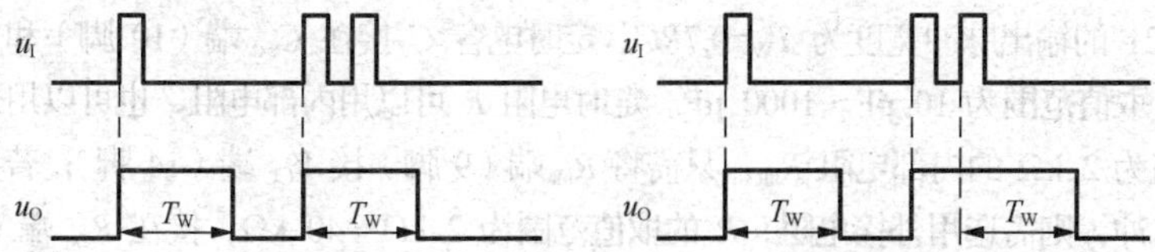

（a）不可重复触发型　　（b）可重复触发型

图 10.2.6　集成单稳态触发器的波形图

常用的不可重复触发的单稳态触发器有 74LS121、74LS221、7HC221 等，常用的不可重复触发的单稳态触发器 74LS122、74LS123、74HC23 等。

【拓展知识】

1．不可重复触发单稳态触发器 74LS121

不可重复触发的单稳态触发器 74LS121 的引脚图和逻辑符号如图 10.2.7（a）和（b）所示。其中，A_1 和 A_2 是下降沿触发输入端，B 是上升沿触发输入端，Q 和 $\overline{Q}$ 是触发器输出端，C_{ext} 和 R_{ext} 是外接定时元件引脚，R_{int} 是内部电阻引脚。该集成电路内部采用了施密特触发输入结构，因此对于边沿较差的输入信号也能输出一个宽度和幅度恒定的矩形脉冲。

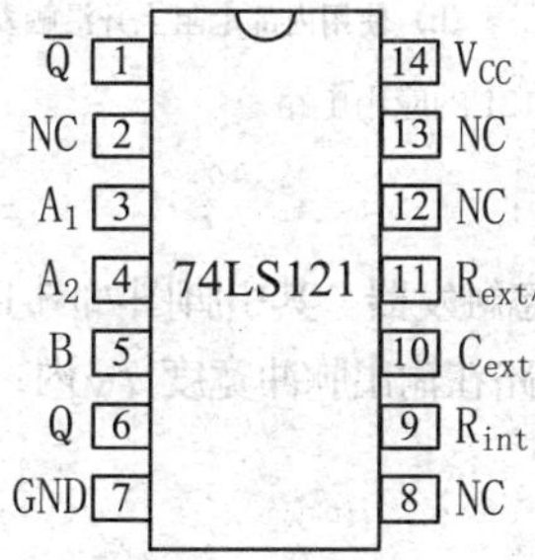

(a) 引脚图

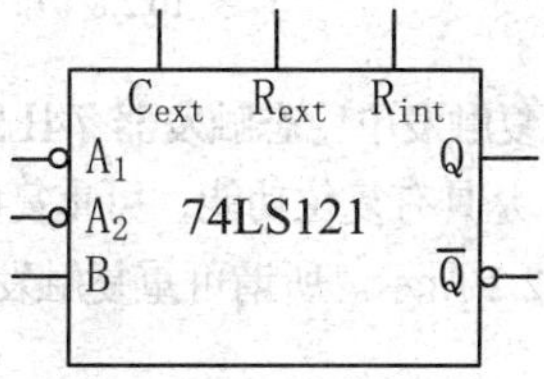

(b) 逻辑符号

图 10.2.7　集成触发器 74LS121

表 10.2.1 所示为 74LS121 的功能表。可以看出，74LS121 的稳态为 0，暂稳态为 1。在输入信号 A_1、A_2 和 B 的所有静态输入组合下，电路均处于稳态。74LS121 有两种边沿触发方式，即下降沿触发和上升沿触发。74LS121 可以下降沿触发，当 A_2=1，B=1 时，利用 A_1 端实现下降沿触发；当 A_1=1，B=1 时，利用 A_2 实现下降沿触发；或者在 B=1 时，将 A_1 和 A_2 端并接实现下降沿触发。74LS121 也可以上升沿触发，当 A_1=0 或 A_2=0 时，利用 B 端实现上升沿触发。当 74LS121 被触发时，在 Q 端可以输出一个正脉冲、$\overline{Q}$ 端输出一个负脉冲。

表 10.2.1　74LS121 的功能表

A_1	A_2	B	Q	$\overline{Q}$
0	×	1	0	1
×	0	1	0	1
×	×	0	0	1
1	1	×	0	1
1	↓	1	正脉冲	负脉冲
↓	1	1	正脉冲	负脉冲
↓	↓	1	正脉冲	负脉冲
0	×	↑	正脉冲	负脉冲
×	0	↑	正脉冲	负脉冲

74LS121 的输出脉冲宽度为 T_W=0.7RC。定时电容 C 接在 C_{ext} 端（10 脚）和 R_{ext} 端（11 脚）之间，取值范围为 10 pF～1000 μF。定时电阻 R 可以用内部电阻，也可以用外接电阻。若选用阻值为 2 kΩ 的内部电阻 R_{int}，只需将 R_{int} 端（9 脚）接 V_{CC} 端（14 脚）；若要得到比较宽的输出脉冲，则需选用外接电阻，R 的取值范围为 2 kΩ～40 kΩ，接在 R_{ext} 端（11 脚）和 V_{CC} 端（14 脚）之间，R_{int} 端悬空。两种典型电路分别如图 10.2.8（a）和（b）所示。

电路工作中存在死区时间。在输出脉冲宽度为 T_W 的正脉冲之后，定时电容 C 有一段充电恢复时间 T_D。如果在此恢复时间内又输入触发信号，则再次输出的正脉冲的脉冲宽度就会小于 T_W。因此要得到精确的定时，则两个触发脉冲之间的最小间隔应大于 T_W+T_D。死区时间 T_D 的存在，限制了这种单稳态触发器的应用场合。

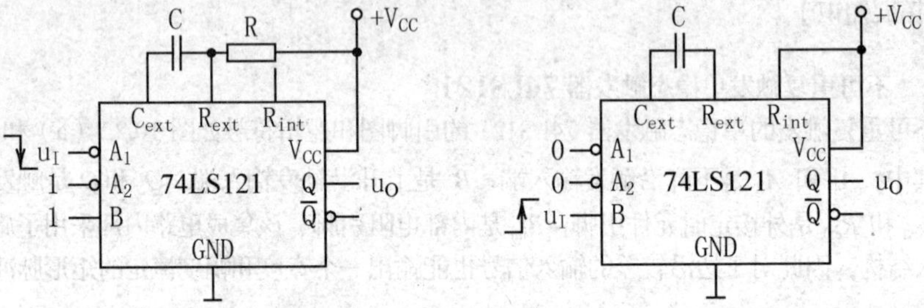

(a) 使用外接电阻下降沿触发　　(b) 使用内部电阻上升沿触发

图 10.2.8　集成触发器 74LS121 的应用电路

2．可重复触发单稳态触发器 74LS123

74LS123 是具有复位功能、可重复触发的单稳态触发器。其引脚图如图 10.2.9 所示，功能表如表 10.2.2 所示。所谓可重复触发，是指该电路在输出脉冲宽度 T_W 内，可被输入脉冲重新触发。

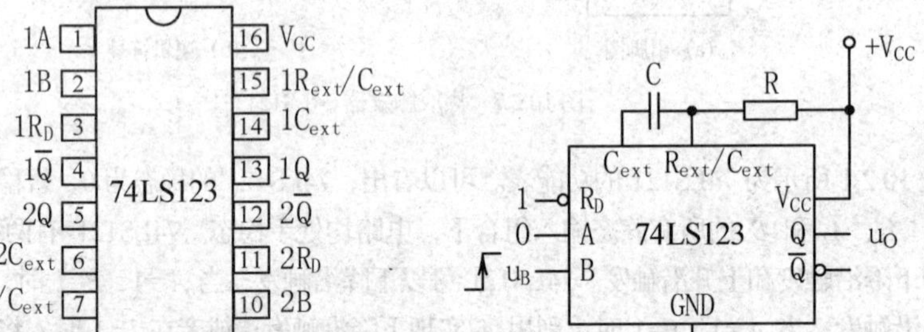

(a) 引脚图　　(b) 应用电路举例

图 10.2.9　集成触发器 74LS123

表 10.2.2　74LS123 的功能表

R_D	A	B	Q	$\overline{Q}$	说明
0	×	×	0	1	复位
×	1	×	0	1	稳态
×	×	0	0	1	
1	↓	1	⎍	⊔	触发
1	0	↑	⎍	⊔	
↑	0	1	⎍	⊔	

74LS123 有 3 种控制输出脉冲宽度的方法。一是通过选择合适的外接定时电容 C 和电阻 R 来确定脉冲宽度 T_W。外接定时电阻 R 的取值范围为 5 kΩ～50 kΩ，外接定时电容 C>1 000 pF 时，输出脉宽为：

$$T_W = 0.28RC(1+\frac{0.7}{R})$$

其中，R 的单位为 kΩ，C 的单位为 pF，T_W 的单位为 ns。C≤1000 pF 时，T_W 可通过查找有关图表求得。

二是利用 74LS123 的重复触发功能，通过负触发输入端 A 或正触发输入端 B 的重复触发延长输出脉冲宽度。三是利用 74LS123 的直接复位功能，在直接复位端 R_D 输入负脉冲提前结束暂稳态，缩短输出脉冲宽度。工作波形图如图 10.2.10 所示。

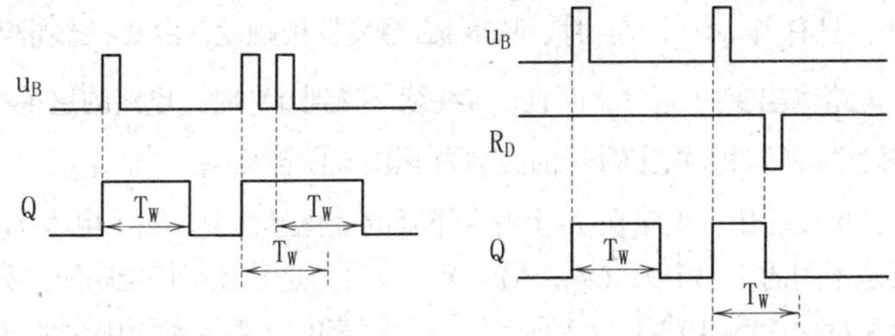

(a) 重复触发功能　　(b) 直接复位功能

图 10.2.10　74LS123 工作波形

第三节　施密特触发器

施密特触发器是一种常用的脉冲波形变换电路，有两个稳定的输出状态。它的性能有两个重要特点：(1) 输入信号从低电位上升时电路状态的转换电平 U_{TH} 和从高电位下降时电路状态的转换电平 U_{TL} 不同；(2) 电路状态转换时，通过电路内部的正反馈过程使输出波形的边沿变得更陡。施密特电路可以将变化缓慢的输入波形整形成为适合数字电路使用的矩形脉冲。由于该电路具有滞回特性，因此抗干扰能力较强。

一、施密特触发器工作原理

将 CC7555 定时器的低电平触发端 TR 和高电平触发端 TH 并接在一起，作为触发电平输入端，就构成一个反相输出的施密特触发器，如图 10.3.1（a）所示。若在输入端加三角波，则可在输出端得到矩形脉冲，波形图如图 10.3.1（b）所示。其工作过程如下。

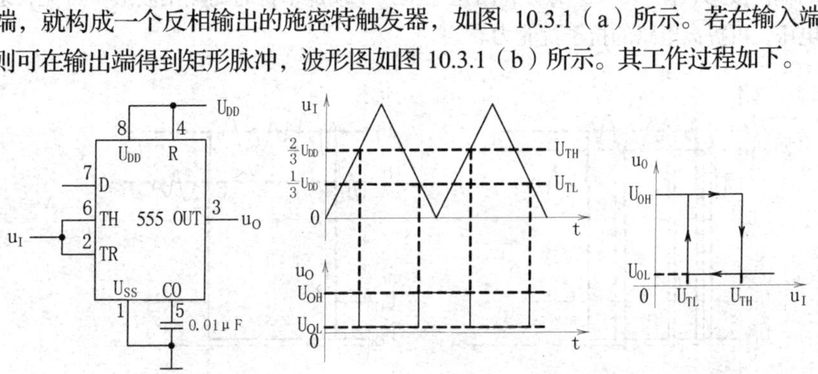

(a) 电路图　　(b) 波形图　　(c) 电压传输特性

图 10.3.1　用 555 定时器构成的施密特触发器

u_I=0 V 时，555 内基本 *RS* 触发器工作在 1 状态，即 Q=1，$\overline{Q}$=0，三极管 *VT* 截止，u_O 输出高电平。

在输入信号的上升阶段，当 $u_I < \frac{1}{3}U_{DD}$ 时，$u_{TH} < \frac{2}{3}U_{DD}$，$U_{TR} < \frac{1}{3}U_{DD}$，所以电路输出为 u_O=1；当 u_I 未到达 $\frac{2}{3}U_{DD}$ 以前，电路的这种状态不会改变，所以 u_O=1 保持不变；当 $u_I > \frac{2}{3}U_{DD}$ 时，$u_{TH} > \frac{2}{3}U_{DD}$，$U_{TR} > \frac{1}{3}U_{DD}$，基本 RS 触发器被触发，由 1 状态翻转为 0 状态，即 Q=0，$\overline{Q}$=1；所以输出电平 u_O=0，从 U_{OH} 变为 U_{OL}。输出状态发生翻转时，相应的 u_I 幅值称为上限阈值电压 $U_{TH}=\frac{2}{3}U_{DD}$。

此后，在输入信号的下降阶段，当 $u_I > \frac{2}{3}U_{DD}$ 时，u_O=0；当 u_I 未下降到 $\frac{1}{3}U_{DD}$ 以前，u_O=0 保持不变；只有当 $u_I < \frac{1}{3}U_{DD}$ 时，基本 RS 触发器被触发，由 0 状态翻转为 1 状态，即 Q=1，$\overline{Q}$=0；电路输出变为 u_O=1。而且，u_I 继续下降到 0 V 时，电路的这种状态都不会改变。输出状态发生翻转时，相应的 u_I 幅值称为下限阈值电压 $U_{TL}=\frac{1}{3}U_{DD}$。

从以上分析可以看出，电路在 u_I 上升和下降的变化过程中，输出电压 u_O 翻转时所对应的输入电压值是不同的，一个为 U_{TH}，另一个为 U_{TL}。这是施密特电路所具有的滞回特性，画出其电压传输特性如图 10.3.1（c）所示。上限阈值电压 U_{TH} 和下限阈值 U_{TL} 电压之差称为回差电压：

$$\Delta U_T = U_{TH} - U_{TL} \tag{10.3.1}$$

改变 555 定时器控制端 *CO*（5 脚）的电压值便可改变回差电压，一般来说，U_{CO} 越高，回差电压 ΔU_T 越大，施密特触发器的抗干扰能力越强，但灵敏度也会相应降低。

二、施密特触发器的应用

施密特触发器应用很广，常用于波形变换、脉冲整形和脉冲鉴幅等方面。

（1）波形变换。可以将幅值变化缓慢的周期性信号（如正弦波、三角波、锯齿波等）变换成边沿很陡的矩形脉冲信号，变换后得到的矩形脉冲与输入信号有相同的周期，如图 10.3.1（b）所示。

（2）脉冲整形。在数字系统中，矩形脉冲在传输过程中往往会受到干扰发生波形畸变。只要施密特触发器设置合适的阈值电压，就可以将这些不规则的电压波形整形为矩形波。对顶部有干扰的输入信号进行整形的波形图如图 10.3.2 所示，图 10.3.2（a）为回差电压较小情况下的输出波形，图 10.3.2（b）为回差电压大于顶部干扰时的输出波形。可见，适当增大回差电压，可提高电路的抗干扰能力。

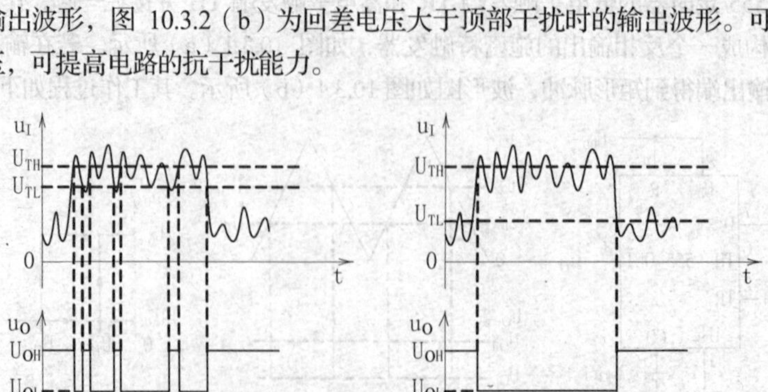

(a) 回差电压较小　　(b) 回差电压较大

图 10.3.2　用施密特触发器进行脉冲整形

（3）脉冲鉴幅。如果将一系列幅值不同的脉冲信号加到施密特触发器输入端，得到的波形如图 10.3.3 所示。只有那些幅值大于上限阈值电压 U_{TH} 的脉冲，才能在输出端产生输出信号。因此，施密特触发器能将幅值大于 U_{TH} 的脉冲挑选出来，即具有脉冲鉴幅的功能。

【拓展知识】

1．多谐振荡器

多谐振荡器是一种典型的矩形脉冲产生电路。它是一种自激振荡器，在接通电源以后，不需要外加触发信号，就能自动地产生矩形脉冲信号。由于矩形波中含有丰富的高次谐波分量，所以习惯上又把矩形波振荡器叫做多谐振荡器。

（1）石英晶体多谐振荡器

石英晶体不仅选频特性极好，而且谐振频率十分稳定，其稳定度可达 10^{-10} ~ 10^{-11}。其符号及电抗频率特性分别如图 10.3.4（a）和（b）所示，当频率为谐振频率 f_0 时，石英晶体的等效阻抗最小，信号最容易通过，而其他频率的信号均被衰减掉，因此振荡电路的工作频率仅决定于石英晶体的谐振频率 f_0，而与电路中的 R、C 数值无关。在对频率稳定性要求高的场合需使用石英晶体多谐振荡器。

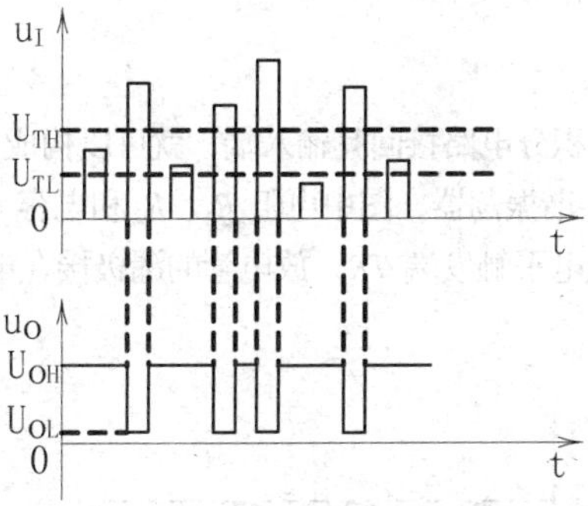

图 10.3.3　用施密特触发器进行脉冲鉴幅

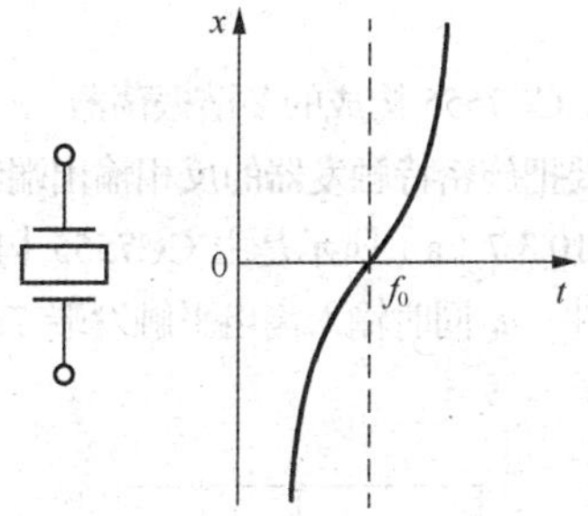

（a）符号　　（b）电抗频率特性

图 10.3.4　石英晶体

用石英晶体组成的多谐振荡器分为串联型和并联型两种。

图 10.3.5（a）所示是并联多谐振荡器。R_F 是偏置电阻，对于 TTL 门电路，R_F 通常在 0.7～2 kΩ 之间；对于 CMOS 门电路，R_F 通常在 10～100 MΩ 之间。石英晶体、C_1、C_2 和 G_1、R_F 构成电容三点式振荡电路，电路在晶体并联谐振频率处产生自激振荡。改变电容 C_1 可微调振荡频率，电容 C_2 是温度补偿电容。门电路 G_2 起到整形缓冲作用，因为振荡电路的输出接近正弦波，需要经 G_2 整形之后才能成为矩形脉冲，同时 G_2 还可以隔离负载对振荡电路的影响。

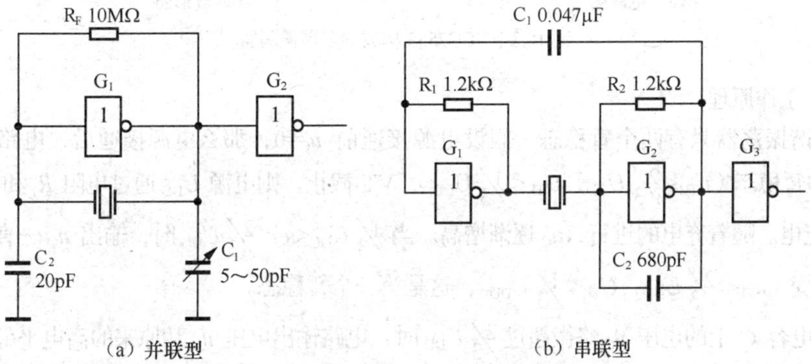

（a）并联型　　（b）串联型

图 10.3.5　石英晶体多谐振荡器

串联型多谐振荡器如图 10.3.6（b）所示。R_1 和 R_2 是偏置电阻，电容 C_1 用于耦合两个反相器，C_2 的作用是抑制高次谐波，保证输出波形的频率稳定。电路的振荡频率只取决于晶体的串联谐振频率，而与电路中的电阻和电容的参数无关。

多谐振荡器可以产生一定频率、一定幅值的矩形波或方波，广泛应用于时钟、计时、音响、报警等方面。图 10.3.6 所示是走时很准的秒信号产生电路。其中，多谐振荡器产生的基准振荡频率为 f_0=32 768 Hz，经过 T′触发器构成的 15 级二分频电路后，f=32 768/2^{15}=1，即可得到稳定度极高的 1 Hz 秒脉冲信号，这个秒信号可作为各种计时系统的基准信号源。

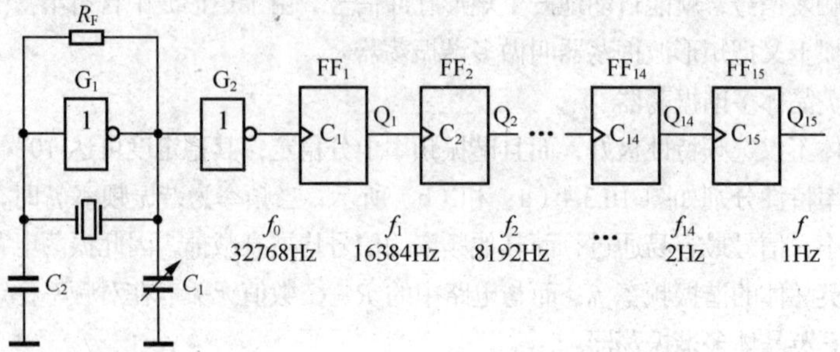

图 10.3.6　秒信号产生电路

（2）CC7555 构成的多谐振荡器

只要把施密特触发器的反相输出端经 RC 积分电路接回其输入端，就可以构成多谐触发器。图 10.3.7（a）所示是由 CC7555 构成的多谐振荡器，图中电阻 R_1、R_2 和电容 C 是外接定时元件，u_C 同时输入高电平触发端 TH 和低电平触发端 TR，放电管的漏极接在电阻 R_1 和 R_2 之间。

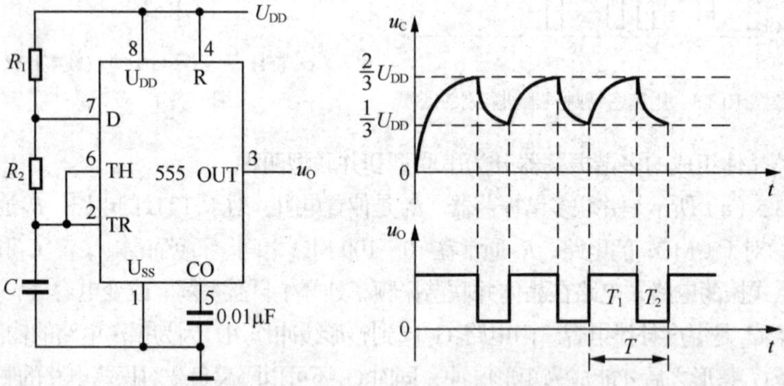

（a）电路图　　　　（b）波形图

图 10.3.7　CC7555 构成的多谐振荡器

① 工作原理。

多谐振荡器只有两个暂稳态。假设电源接通前 u_C=0，那么电源接通后，电路输出为 u_O=1 的暂稳态（$u_{TH}<\frac{2}{3}U_{DD}$，$U_{TR}<\frac{1}{3}U_{DD}$），VT 截止。则电源 U_{DD} 通过电阻 R_1 和 R_2 对电容 C 充电。随着充电的进行，u_C 逐渐增高。当 $\frac{1}{3}U_{DD}<u_C<\frac{2}{3}U_{DD}$ 时，输出 u_O 一直保持高电平不变（$u_{TH}<\frac{2}{3}U_{DD}$，$U_{TR}<\frac{1}{3}U_{DD}$），这是第一个暂稳态。

当电容 C 上的电压 u_C 略微超过 $\frac{2}{3}U_{DD}$ 时，电路输出电压 u_O 从原来的高电平翻转到低电平，即 u_O=0（$u_{TH}>\frac{2}{3}U_{DD}$，$U_{TR}>\frac{1}{3}U_{DD}$），VT 导通饱和，于是电容 C 通过 R_2 和 VT 放

电。随着电容 C 放电，u_C 逐渐下降，当 $\frac{1}{3}U_{DD}<u_C<\frac{2}{3}U_{DD}$ 时，输出 u_O 一直保持低电平不变（$u_{TH}<\frac{2}{3}U_{DD}$，$U_{TR}>\frac{1}{3}U_{DD}$），这是第二个暂稳态。

当 u_C 下降到略微低于 $\frac{1}{3}U_{DD}$ 时，电路输出又翻转为 $u_O=1$ 的暂稳态（$u_{TH}<\frac{2}{3}U_{DD}$，$U_{TR}<\frac{1}{3}U_{DD}$），VT 截止，电容 C 再次充电，又重复上述过程，电路输出便得到周期性的矩形脉冲。其工作波形如图 10.3.7（b）所示。

② 振荡周期 T 和占空比 D。

多谐振荡器的振荡周期为两个暂稳态的持续时间之和，即 $T=T_1+T_2$，也是电容 C 充电时间和放电时间之和。推导可知：

$$T_1=(R_1+R_2)C\cdot\ln 2$$

即 $T_1=0.7(R_1+R_2)C$。

$$T_2=R_2C\cdot\ln 2$$

即 $T_2=0.7R_2C$。

因此，多谐振荡器的振荡周期为：

$$T=T_1+T_2=0.7(R_1+2R_2)C$$

占空比为：

$$D=\frac{T_1}{T_1+T_2}=\frac{0.7(R_1+R_2)C}{0.7(R_1+2R_2)C}=\frac{R_1+R_2}{R_1+2R_2}$$

提示： 该多谐振荡器的占空比大于 50%。改变 R_1 或 R_2 的阻值，可以改变占空比，但振荡周期也同时被改变。

③ 占空比可调的多谐振荡器。

占空比可调的多谐振荡器如图 10.3.8 所示。该电路利用两个二极管将电容 C 的充电电路和放电电路分开，再加上电位器调节，就构成了振荡周期不变、占空比可调的多谐振荡器。电源通过 R_A、VD_1 向电容 C 充电，充电时间为 $0.7R_AC$；电容 C 通过 VD_2、R_B 和 555 内部的放电管放电，放电时间为 $0.7R_BC$。因此，该电路的振荡周期为：

$$T=0.7(R_A+R_B)C$$

占空比为：

$$D=\frac{R_A}{R_A+R_B}$$

当改变 R_A 或 R_B 的阻值时，可以改变占空比，但振荡周期不变。

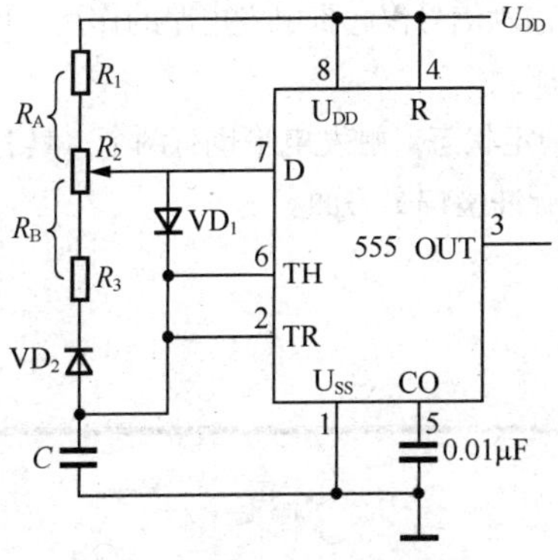

图 10.3.8　占空比可调的多谐振荡器

2．多谐振荡器的应用

用两个多谐振荡器可以组成如图 10.3.9（a）所示的模拟声响电路。适当选择定时元件，使多谐振荡器 A 的振荡频率 f_A=1 Hz，多谐振荡器 B 的振荡频率 f_B=1 kHz。由于低频振荡器 A 的输出 U_{o1} 接至高频振荡器 B 的复位端 R，所以，当 U_{o1} 输出高电平时，振荡器 B 才能振荡；U_{o1} 输出低电平时，振荡器 B 被复位，停止振荡。因此，扬声器发出 1 kHz 的间歇声响。其工作波形如图 10.3.9（b）所示。

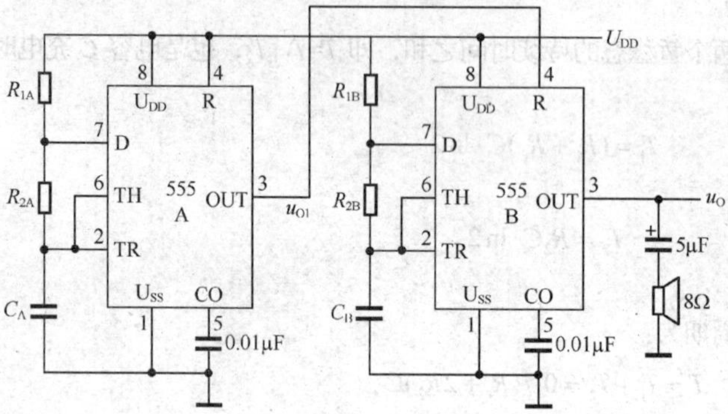

（a）电路图

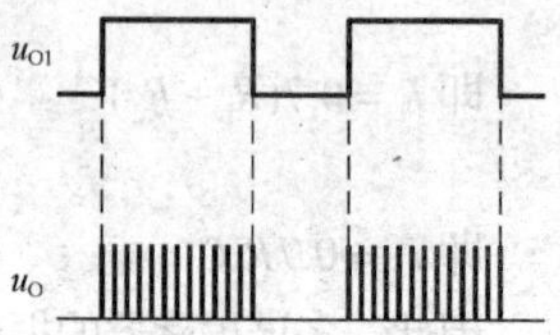

（b）波形图

图 10.3.9　模拟声响电路

本章小结

1．有两种方法产生矩形脉冲。一种是利用脉冲整形电路把三角波、正弦波等周期性信号通过整形，变换为所要求的矩形脉冲信号。施密特触发器和单稳态触发器是最常用的两种整形电路。另一种方法是用脉冲产生电路自动产生矩形脉冲信号，多谐振荡器就是最典型的矩形脉冲产生电路。

2．555 定时器是一种模拟电路和数字电路相结合的中规模集成电路。它使用方便，只要外接几个元件就可以很方便地构成施密特触发器、单稳态触发器和多谐振荡器，是一种在自动控制、仪表设备、家电产品中都用途很广的集成电路。

3．单稳态触发器有一个稳定状态和一个暂稳状态。单稳态触发器可以将输入触发脉冲转换为宽度一定的输出脉冲，输出脉冲的宽度（暂稳态持续时间）仅取决于电路本身的参数，而与输入触发信号无关，输入信号仅起到触发电路的作用。单稳态触发器有波形整形、脉冲延时和脉冲定时等应用功能。

4．施密特触发器有两个稳定状态，触发电平也有两个，具有滞回特性。施密特触发器可用于波形变换、脉冲整形和脉冲鉴幅等方面。

习题

10.1　填空题

（1）单稳态触发器有______个稳定状态和______个暂稳态。

（2）单稳态触发器______外加触发脉冲的作用。

（3）单稳态触发器的暂稳态持续时间取决于______，而与外触发信号的宽度无关。

（4）施密特触发器的特点是，输入信号幅值增大时的触发阈值电压和输入信号幅值减少时的触发阈值电压______。

（5）典型施密特触发器的回差电压是______伏。

（6）利用施密特触发器可以把正弦波、三角波等波形变换成______波形。

（7）555 定时器的 4 脚为复位端，在正常工作时应接______电平。

（8）555 定时器的 5 脚悬空时，电路内部比较器 C_1、C_2 的基准电压分别是________和______。

（9）当 555 定时器的 3 脚输出高电平时，电路内部放电三极管 VT 处于______状态。3 脚输出低电平时，三极管 VT 处于______状态。

（10）TTL555 定时器的电源电压为______伏。

（11）555 定时器构成单稳态触发器时，稳定状态为______，暂稳状态为______。

（12）555 定时器可以配置成 3 种不同的应用电路，它们是______。

（13）555 定时器构成单稳态触发器时，要求外加触发脉冲是负脉冲，该负脉冲的幅度应满足______，且其宽度要满足______条件。

10.2　试比较单稳态触发器、施密特触发器的工作特点，并说明每种电路的主要用途。

10.3　两片 555 定时器构成题图 10.3 所示的电路。

（1）在图示元件参数下，估算 U_{O1}、U_{O2} 端的振荡周期 T 各为多少？

（2）定性画出 U_{O1}、U_{O2} 端的波形，说明电路具备何种功能？

10.4　用施密特触发器能否寄存 1 位二值数据，说明理由。

10.5　单稳态触发器的输入、输出波形如题图 10.5 所示。已知 V_{CC}=5 V，给定的电容 C=0.47 μF，试画出用 555 定时芯片接成的电路，并确定电阻 R 的取值为多少？

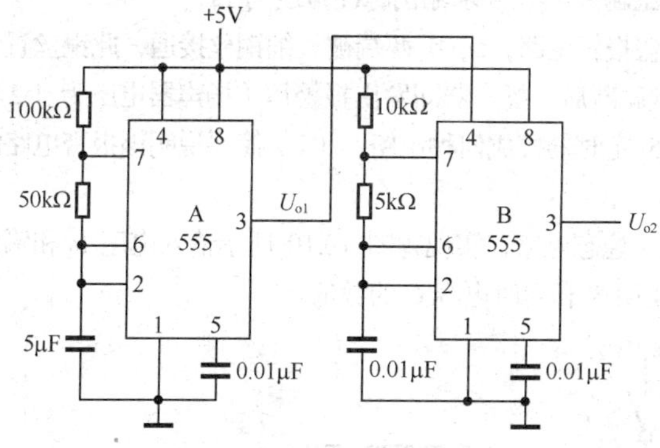

题图 10.3

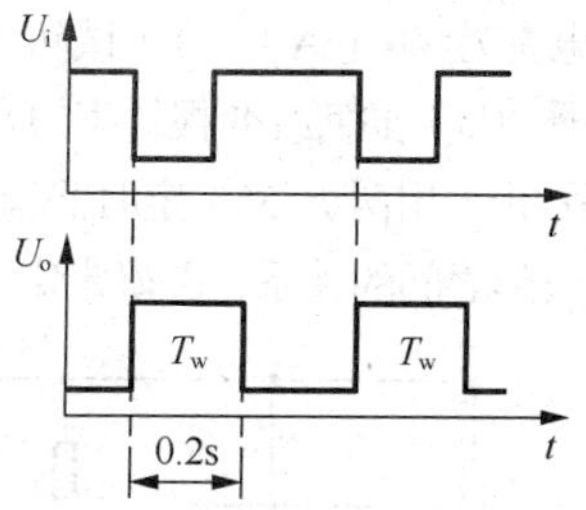

题图 10.5

10.6　题图 10.6 是由两个 555 定时器和一片 74161 构成的脉冲电路。

（1）试说明电路各部分的功能。

（2）若 555（Ⅰ）片 R_1=10 kΩ，R_2=20 kΩ，C=0.01 μF，求 U_{O1} 端波形的周期 T。

（3）74161 的 O_C 端 CP 端脉冲分频比为多少？

（4）若 555（Ⅱ）片的 R=10 kΩ，C=0.05 μF，U_O 的输出脉宽 T_w 为多少？

（5）试定性画出 U_{O1}、O_C 和 U_O 端波形图。

10.7　题图 10.7 是救护车扬声器发音电路。在图中给出的电路参数下，试计算扬声器发出声音的高、低音频率以及高、低音的持续时间。当 U_{cc} =12 V 时，555 定时器输出的高、低电平分别为 11 V 和 0.2 V，输出电阻小于 100 Ω。

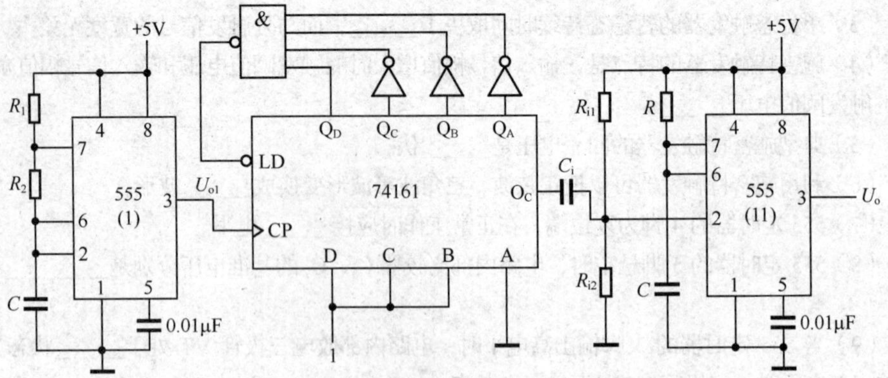

题图 10.6

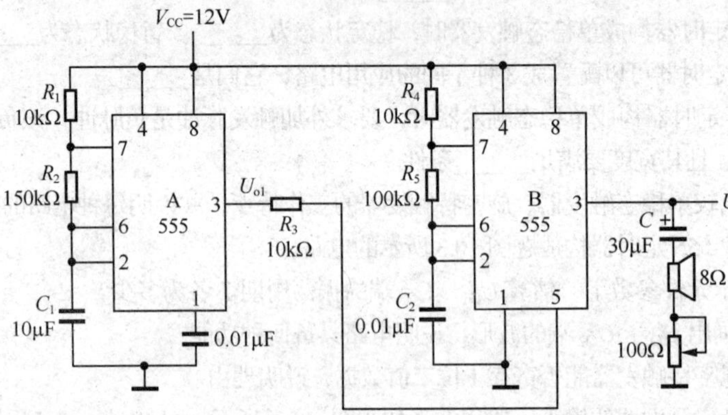

题图 10.7

10.8　使用 555 定时器设计单稳态触发器，要求输出脉冲宽度为 1s。

10.9　题图 10.9 所示为一个防盗报警电路，a、b 两端被一细铜丝接通，此铜丝置于小偷必经之处。当小偷闯入室内将铜丝碰断后，扬声器即发出报警声（扬声器电压为 1.2 V，通过电流为 40 mA）。（1）试问 555 定时器接成何种电路？（2）简要说明该报警电路的工作原理。（3）如何改变报警声的音调？

10.10　用两级 555 定时器构成单稳态电路，实现题图 10.10 所示输入电压 u_I 和输出电压 u_o 波形之间的关系，并确定定时电阻 R 和定时电容 C 的数值。

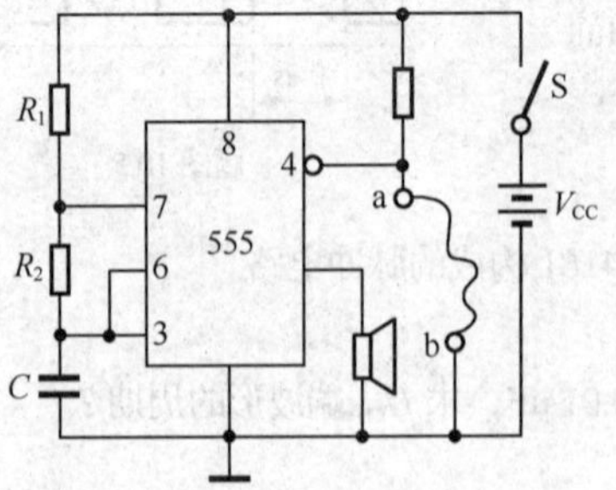

题图 10.9

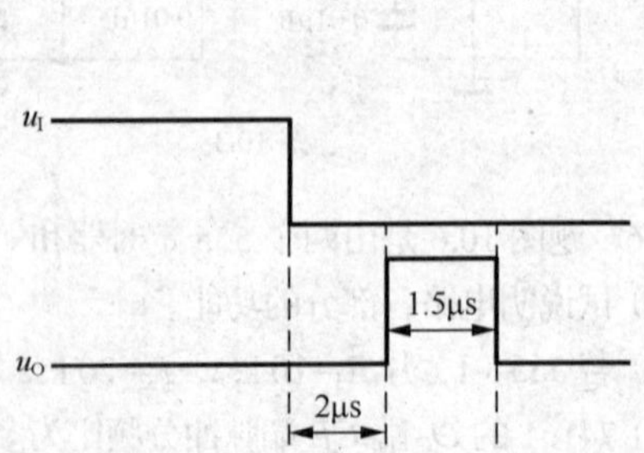

题图 10.10

第十一章　数/模与模/数转换器

【内容导读】

本章主要介绍了数/模转换和模/数转换的基本原理。在数/模转换中主要介绍了倒 T 型 ADC 和常用的集成 ADC。又以逐次比较型 DAC 为例介绍了模/数转换器的工作原理，并对集成 DAC 进行了介绍。

模拟量和数字量之间的相互转换是计算机应用于生产过程中进行自动控制的桥梁，此外也广泛应用于数字测量仪表、数字通信和遥测遥控等领域。因此，掌握集成数/模转换器和模/数转换器的功能及应用是十分必要的。

第一节　概述

由于数字电子技术的迅速发展，尤其是计算机在自动控制、自动检测以及其他许多领域中的广泛应用，用数字电路处理模拟信号的情况已经非常普遍了。

用数字电路处理模拟信号时，必须先把模拟信号转换为与之成线性正比的数字信号，才能送入数字系统（如微型计算机）进行处理。从模拟信号到数字信号的转换称为模/数转换，也称 A/D 转换（Analog to Digital）。能实现模/数转换的电路称为 A/D 转换器（ADC）。A/D 转换器广泛用于数字测量仪表中，以实现被测模拟量的数字显示。

数字电路处理后得到的数字信号要还原成相应的模拟信号才能驱动执行机构。从数字信号到模拟信号的转换称为数/模转换，也称 D/A 转换（Digital to Analog）。能够实现数/模转换的电路称为 D/A 转换器（DAC）。

图 11.1.1 是计算机控制系统的框图。温度、压力、速度等被控物理量被传感器采样后转换成电量，这个模拟信号经 ADC 转换成数字信号后才能送到计算机中去进行运算和处理，运算处理后得到的数字量再经 DAC 转换成模拟信号，用来驱动执行部件，控制被控物理量的变化方向。

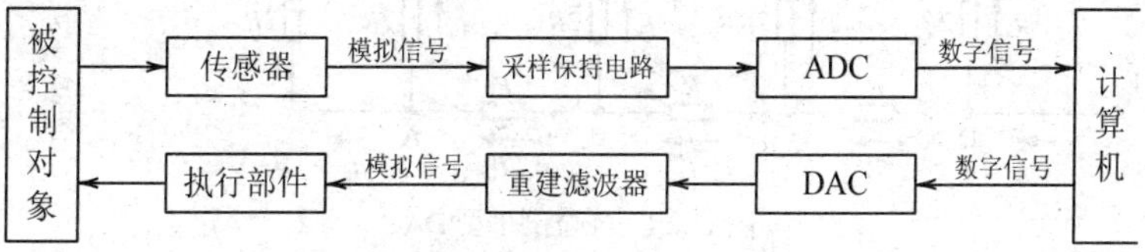

图 11.1.1　计算机控制系统的框图

所以说，ADC 和 DAC 实现了数字信号和模拟信号之间的转换，是模拟电路和数字电路之间的桥梁。ADC 和 DAC 转换器的发展方向是集成电路，目前已实现将整个转换器的电路集成在一块硅片上，并制成插件形式，使用十分方便。

第二节　数/模转换器

数/模转换器是将输入的二进制数字信号转换成模拟信号，以电压或电流的形式输出。一般常用的线性数/模转换器，其输出模拟电压 U 和输入数字量 N 之间成正比关系，即 $U=KN$，式中 K 为常数。

常见的数/模转换器分为有权电阻网络 DAC、倒 T 型电阻网络 DAC、权电流型 DAC、权电容网络 DAC 以及开关树型 DAC 等几种类型。其中倒 T 型电阻网络 DAC 结构简单、转换精度高，是目前转换速度最快的 DAC 之一，本节以此为例介绍 DAC 的工作原理。

一、倒 T 型 DAC

D/A 转换器的作用是把输入的数字量（如二进制数）转换成模拟量（电压或电流）输出。而数字量的每一个数位都具有一定的“权值”，因此实现 D/A 转换的基本思路是将数字量的每一个数位按“权值”的大小转换成相应的模拟量，将各个数位对应的模拟量相加，得到的总和就是与数字量成正比的模拟量。例如二进制数字信息 B（B_{n-1}、B_{n-2}、…、B_1、B_0），按权展开后为：

$$\begin{aligned}B &= B_{n-1}2^{n-1} + B_{n-2}2^{n-2} + \cdots + B_1 2^1 + B_0 2^0 \\ &= \sum_{i=0}^{n-1} B_i \cdot 2_i\end{aligned} \tag{11.2.1}$$

1．倒 T 型 DAC 的原理图

4 位倒 T 型 DAC 的原理图如图 11.2.1 所示。它由模拟开关、倒 T 型电阻网络、基准电压 V_{REF} 和运算放大器组成。该电路用 R 和 $2R$ 两种阻值的电阻连接成倒 T 型结构，因而称为倒 T 型电阻网络。4 个模拟开关 S_3～S_0 分别由 4 位输入数字量 D_3～D_0 控制。当 D_i=1 时，对应开关将 $2R$ 电阻支路接到运算放大器的反相端；当 D_i=0 时，对应开关将 $2R$ 电阻支路接地。

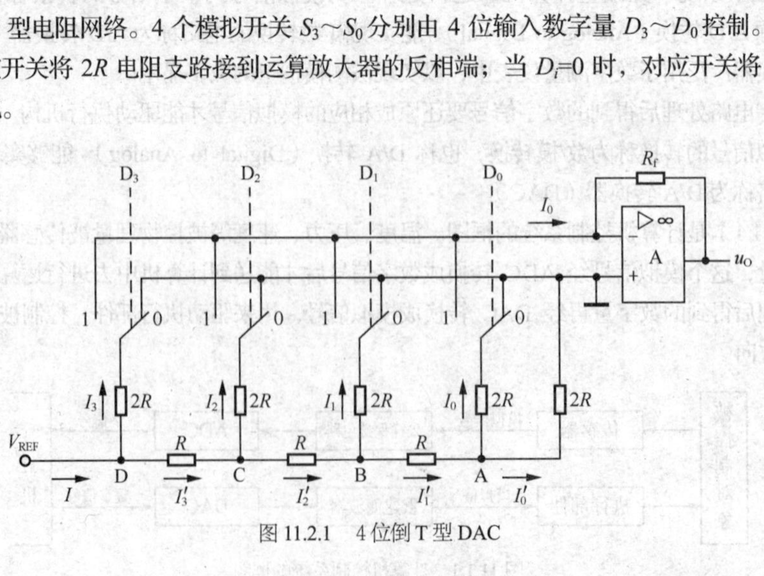

图 11.2.1　4 位倒 T 型 DAC

2．倒T型DAC的工作原理

由于运算放大器的同相输入端接地、反相输入端虚地，所以，无论输入的数字量是0还是1，2R电阻都可视为是接地的。因此，可将倒T型电阻网络等效为图11.2.2所示电路。而且，各支路的电流始终保持不变。

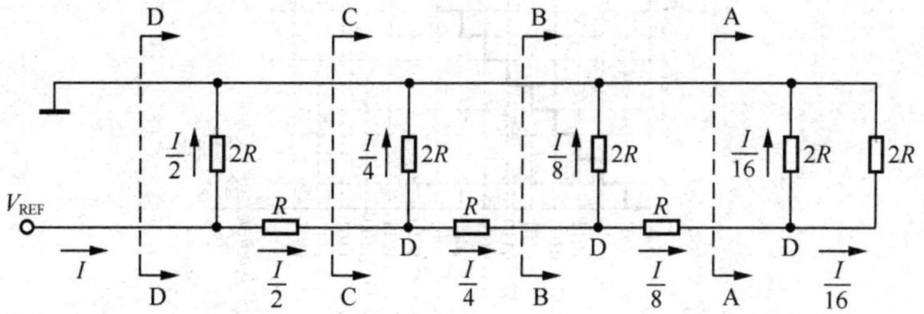

图11.2.2　倒T型电阻网络的等效电路

从A、B、C、D各节点向右看的等效电阻均为R。因此，从基准电压V_{REF}流入倒T型电阻网络的总电流为$I=V_{REF}/R$，各支路电流为：

$$I_3 = I'_3 = \frac{1}{2}I = \frac{V_{REF}}{2R} \tag{11.2.2}$$

$$I_2 = I'_2 = \frac{1}{4}I = \frac{V_{REF}}{4R} \tag{11.2.3}$$

$$I_1 = I'_1 = \frac{1}{8}I = \frac{V_{REF}}{8R} \tag{11.2.4}$$

$$I_0 = I'_0 = \frac{1}{16}I = \frac{V_{REF}}{16R} \tag{11.2.5}$$

流向运算放大器反相输入端的电流为：

$$\begin{aligned} I_O &= I_3D_3 + I_2D_2 + I_1D_1 + I_0D_0 \\ &= \frac{V_{REF}}{2^4R}(2^3D_3 + 2^2D_2 + 2^1D_1 + 2^0D_0) \\ &= \frac{V_{REF}}{2^4R}\cdot N \end{aligned} \tag{11.2.6}$$

其中N为输入的4位二进制数字量所对应的十进制数。运算放大器的输出电压为：

$$u_O = -I_fR_f = -I_OR_f = -\frac{V_{REF}}{2^4R}R_f\cdot N \tag{11.2.7}$$

若取$R=R_f$，则输出的模拟电压为：

$$u_O = -\frac{V_{REF}}{2^4}\cdot N \tag{11.2.8}$$

对于n位倒T型电阻网络DAC，其输出的模拟电压为：

$$u_O = -\frac{V_{REF}}{2^4}\cdot N = -KN \tag{11.2.9}$$

可见，数/模转换器输出的模拟电压与输入的数字量成正比，K是比例系数。

以4位DAC为例，假设V_{REF}=16 V，其特性曲线如图11.2.3所示。随着输入二进制数字量的增大，输出是一条阶梯状斜坡。

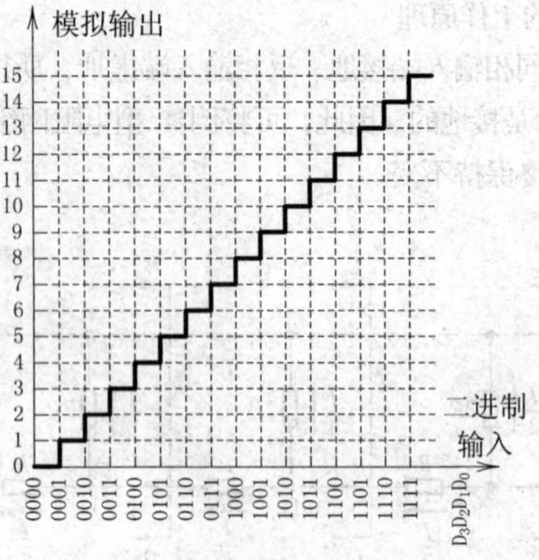

图 11.2.3　4 位 DAC 的特性曲线

例 11.1　若一个理想的 6 位 DAC 具有 10 V 的满刻度模拟输出，当输入二进制数码 100100 和 101000 时，DAC 的模拟输出分别是多少?

解：DAC 输出的模拟电压与输入的数字量成正比：

$$u_O=-KN \tag{11.2.10}$$

满刻度输出时，

$$10=-K(2^6-1) \tag{11.2.11}$$

所以，

$$K=-\frac{10}{63}=-0.159 \tag{11.2.12}$$

当输入数字量为 100100 时，

$$u_O=-KN=-(-0.159)\times(1\times2^5+1\times2^2)=5.7\text{（V）} \tag{11.2.13}$$

当输入数字量为 101000 时，

$$u_O=-KN=-(-0.159)\times(1\times2^5+1\times2^3)=6.36\text{（V）} \tag{11.2.14}$$

二、DAC 的主要技术指标

DAC 有 3 个主要技术指标：分辨率、转换精度和转换速度。

1. 分辨率

分辨率是指 DAC 的最小输出电压 V_{LSB}（输入数字量只有最低位为 1）与最大输出电压 V_{FSR}（输入数字量各位全为 1）之比。对于 n 位 DAC，其分辨率为：

$$\text{分辨率}=\frac{1}{2^n-1} \tag{11.2.15}$$

它表示了 DAC 在理论上可以达到的精度。例如设 V_{REF}=10 V，10 位 DAC 能分辨的最小电压为 $\frac{1}{2^{10}-1}V_{REF}$ =9.8 mV，而 8 位 DAC 能分辨的最小电压为 $\frac{1}{2^8-1}V_{REF}$ =39 mV。可见，DAC 的位数越多，分辨输出最小电压的能力越强，精度越高，所以，也可以用输入数字量的位数来表示分辨率，如 8 位 DAC 的分辨率为 8 位。

2. 转换精度

DAC 的转换精度是指实际输出电压与理论输出电压之差。这种差值是由转换过程中的各种误差引起的，主要指静态误差，包括非线性误差、比例系数误差和漂移误差等。转换精度取决于各种误差综合产生的总误差。通常要求误差小于 $V_{LSB}/2$。

3．转换速度

转换速度通常用转换时间来表示，是指从输入数字量开始，到输出电压或电流达到稳态值所需要的时间，一般为几纳秒到几微秒。

此外，DAC 的技术指标还有电源电压范围、基准电压范围、输入低电平和温度系数等参数，这些参数是我们选用器件的依据。

三、集成 DAC

集成 DAC 有很多产品，常用的集成 DAC 主要有 8 位分辨率的 0830、0831、0832 和 12 位分辨率的 1208、1209、1210、1230、1231 等。此外，内部含有运放的电压型 DAC 有 8 位的 DAC8228、DAC0890，10 位的 MAX503、μPC663，12 位的 DAC85H，13 位的 MAX547，16 位的 DAC700 等。

选用集成 DAC 时，首先要选择分辨率、转换精度和转换速度满足要求的集成 DAC。其次，要选择功能特征符合要求的集成 DAC，选择时要考虑以下几个方面。

（1）输入特征：不同的集成 DAC，对输入数字信号的要求是不一样的。多数集成 DAC 的输入为二进制码，但有的却是 8421BCD 码。多数集成 DAC 要求数字量并行输入，但也有要求串行输入的 DAC。

（2）输出特征：多数集成 DAC 必须外接运算放大器和基准电压，但有的 DAC 系列已经内含运算放大器和基准电压。集成 DAC 的输出电平一般是 5 ~ 10 V，电流型 DAC 的输出为 20mA 以下，但也有输出高电压或大电流的产品。

（3）控制功能：不同的集成 DAC 有不同的控制功能，如片选、锁存和电平转换等功能，这就要求使用者根据需要选用合适的集成 DAC。

（4）基准电压：集成 DAC 的基准电压分为固定的和可变的、外接的和内含的等不同形式。

现以 8 位集成 DAC 芯片 DAC0832 为例进行介绍。DAC0832 是由前美国国家半导体公司（NSC National Semiconductor Corporation）研制的，同系列的芯片还有 DAC0830 和 DAC0831，都是 8 位集成 DAC，可以相互代换。

1．DAC0832 的引脚功能

DAC0832 有 20 条引脚，双列直插式封装，引脚图如图 11.2.4 所示。下面分别介绍各引脚的功能：

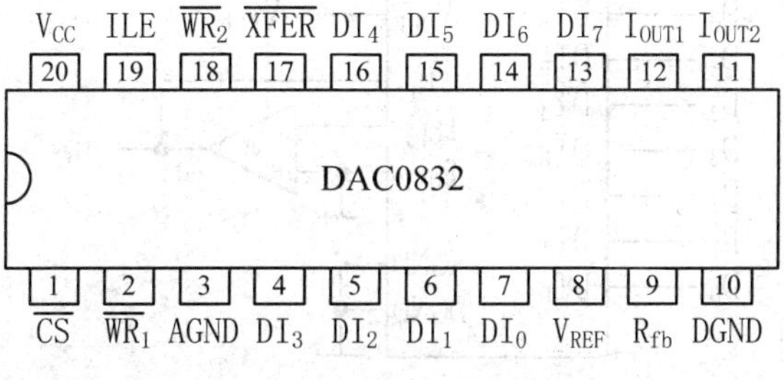

图 11.2.4　DAC0832 的引脚图

① 数字量输入端（8 条）：DI_7～DI_0 用于输入待转换的数字量，DI_7 为高位，DI_0 为低位。

② 控制端（5 条）。

$\overline{CS}$ 为片选端，低电平有效。

ILE 为允许数字量输入端。当 ILE 为高电平时，8 位输入寄存器允许输入数字量。

$\overline{XFER}$ 为数据传送控制端，低电平有效。

$\overline{WR}_1$ 和 $\overline{WR}_2$ 为两条写命令输入端。

$\overline{WR}_1$ 为输入寄存器写命令输入端，低电平有效。当 $\overline{WR}_1=\overline{CS}=0$ 且 $ILE=1$ 时，$\overline{LE}_1=1$，8 位输入寄存器接收输入数字量，输出随输入变化。当 $\overline{WR}_1=1$ 时，$\overline{LE}_1=0$，8 位输入寄存器锁存数据。

$\overline{WR}_2$ 为 D/A 寄存器写命令输入端，低电平有效。当 $\overline{WR}_2=\overline{XFER}=0$ 时，$\overline{LE}_2=1$，8 位 D/A 寄存器的输出随输入变化。当 $\overline{WR}_2=1$ 时，$\overline{LE}_2=0$，8 位 D/A 寄存器锁存数据。

③ 输出端（3 条）。

R_{fb} 为运算放大器反馈线。当需要输出电压时，R_{fb} 接到外接运算放大器的输出端，作为运放的反馈电阻，以保证输出电压在合适的范围内。

I_{OUT1} 和 I_{OUT2} 为两条模拟电流输出端。I_{OUT1} 和 I_{OUT2} 之和为常数，I_{OUT1} 随输入数字量线性变化。当输入数字量全为“1”时，I_{OUT1} 输出电流最大，约为 $\frac{255}{256}\cdot\frac{V_{REF}}{R_{fb}}$；当输入数字量全为“0”时，$I_{OUT1}$ 输出电流为 0。

④ 电源端（2 条）：

V_{CC} 为电源输入端，允许输入电压范围为+5 V～+15 V。

V_{REF} 为基准电压，一般在−10 V～+10 V 之间。

⑤ 接地端（2 条）：

DGND 为数字地端；

AGND 为模拟地端。

2．DAC0832 的应用

DAC0832 的内部无参考电压，使用时必须外接高精度的基准电源。DAC0832 是电流输出型 DAC，要获得模拟电压输出时，还需要外加一个由集成运放构成的电流-电压转换器。输出的电压信号有单极性和双极性两种。

图 11.2.5 所示为单极性输出方式的电路图，表 11.2.1 所示为单极性输出方式下，输入数字量和输出模拟量之间的对应关系。

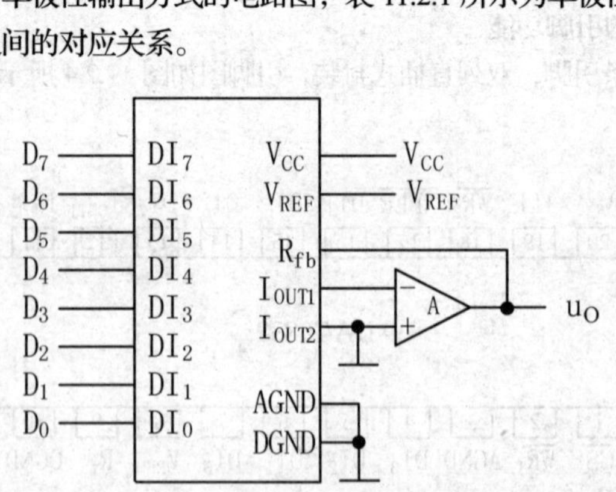

图 11.2.5　DAC0832 的单极性输出方式

图 11.2.6 所示为双极性输出方式的电路图，表 11.2.2 所示为双极性输出方式下，输入数字量和输出模拟量之间的对应关系。

表 11.2.1　单极性输出方式下输入输出关系表

数字量	模拟量
11111111	$-V_{REF}\cdot\frac{255}{256}$
10000001	$-V_{REF}\cdot\frac{129}{256}$
10000000	$-V_{REF}\cdot\frac{128}{256}$
01111111	$-V_{REF}\cdot\frac{127}{256}$
00000000	$-V_{REF}\cdot\frac{0}{256}$

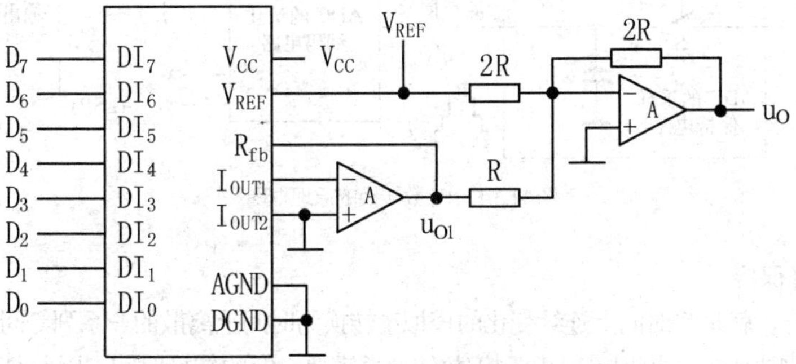

图 11.2.6　DAC0832 的双极性输出方式

表 11.2.2　双极性输出方式下输入输出关系表

数字量	模拟量
11111111	$+V_{REF}\cdot\frac{254}{256}$
10000001	$+V_{REF}\cdot\frac{2}{256}$
10000000	0
01111111	$-V_{REF}\cdot\frac{2}{256}$
00000001	$-V_{REF}\cdot\frac{254}{256}$
00000000	$-V_{REF}$

第三节　模/数转换器

模/数转换器是将模拟量转换成数字量的电路，它是数/模转换的逆过程。模/数转换器有很多类型，各种类型模/数转换器的工作原理也不尽相同，可以分为直接模/数转换器和间接模/数转换器两大类。在数字量的输出方式上，又有并行输出和串行输出两种类型。本节将以逐次比较型模/数转换器为例，介绍模/数转换器的工作原理。

一、模/数转换的一般过程

模/数转换器的输入模拟量在时间和幅值上都是连续变化的，而输出数字量在时间和幅值上都是离散的。将模拟量转换成数字量需要经过采样保持和量化编码两个步骤。模/数转换的原理框图如图 11.3.1 所示，采样保持电路将模拟量在时间上离散化，量化编码电路将模拟量在幅值上离散化，最终输出数字量。

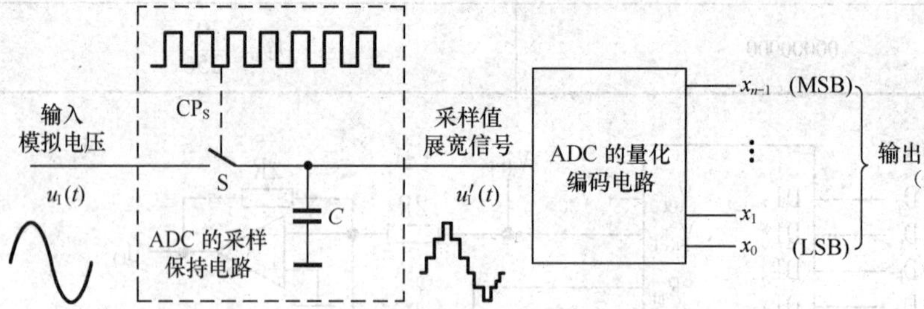

图 11.3.1 模/数转换的原理框图

1．采样保持

所谓采样，就是将时间上连续变化的模拟量转换为时间上离散的一系列等间隔的脉冲，脉冲的幅度取决于输入模拟量。由于模/数转换总需要一定的转换时间，因此每一次采样结束后，要将此次采样的模拟量保持到转换结束，以保证 ADC 有足够的时间完成正常的转换。完成这一功能的电路就是采样保持电路。

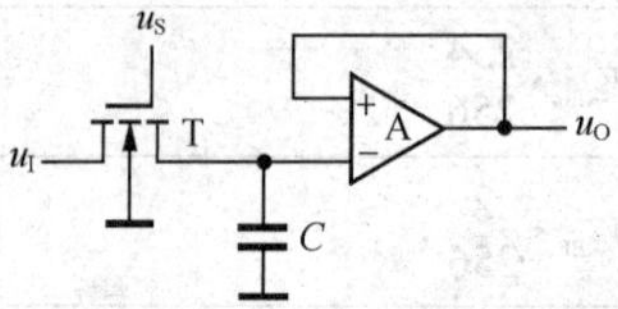

图 11.3.2 采样保持电路

常见的采样保持电路如图 11.3.2 所示。图中，u_I 是输入模拟量，T 为模拟开关，由 N 沟道增强型场效应管构成，u_S 为控制电平。C 为存储电容，用来保持信号。运放构成的电压跟随器，起到缓冲隔离负载的作用。

在采样控制电平 u_S 为高电平的时间 τ 内，场效应管 T 导通，开始采样，输入模拟量 u_I 向电容 C 充电。若充电回路的时间常数远小于 τ，那么电容 C 上的电压能及时跟上 u_I 的变化。当 u_S 变为低电平时，T 迅速截止，采样过程结束，进入保持期。电容 C 上的电压一直保持采样结束时的值，直到下一个采样脉冲到来时，再次进入采样过程。在 u_I 输入一连串采样脉冲序列后，采样保持电路的缓冲放大器输出电压 u_O 的波形是近似输入模拟量的“阶梯状”波形，如图 11.3.3 所示。

比较图 11.3.3（a）和（b）的输出 u_O 波形，可以看出，采样脉冲 u_S 的频率越高，采样保持电路输出的阶梯波形 u_O 就越接近输入的模拟信号 u_I。为了使采样输出信号 u_O 能够不失真地恢复原来的模拟信号 u_I，根据取样定理，采样脉冲 u_S 的频率 f_S 必须大于等于输入模拟信号 u_I 中包含的最高频率 f_{Imax} 的两倍，即采样频率必须满足：$f_S \geqslant 2f_{Imax}$。

提示：采样频率越高，采样保持输出的波形越接近原模拟信号；但采样频率高会增大对电路性能的要求。所以，对各种模拟信号的采样频率有专门的标准。

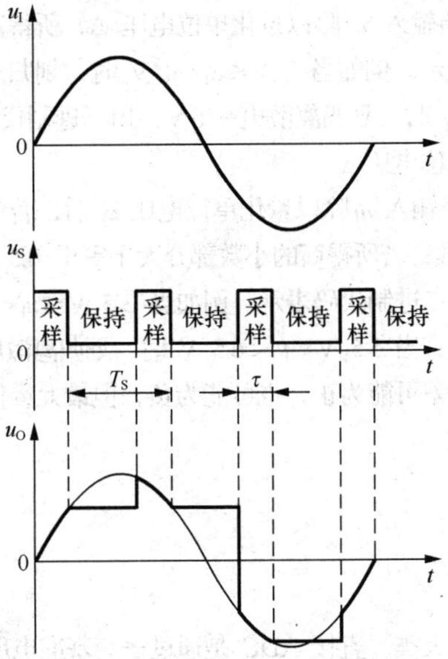

(a) 采样频率低的采样波形

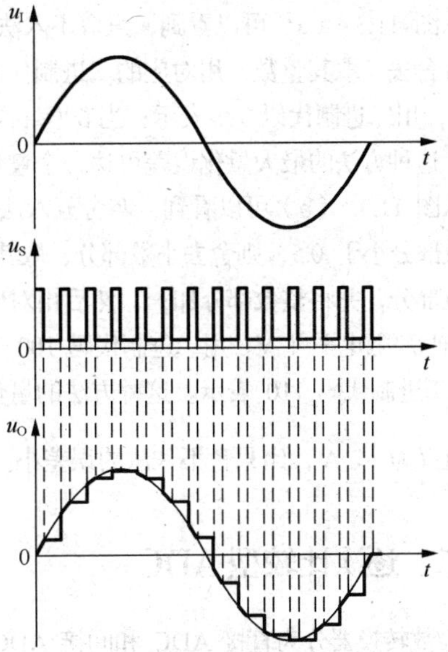

(b) 采样频率高的采样波形

图 11.3.3 用不同采样频率得到的采样波形

2. 量化编码

数字量是离散的，任何一个数字量的大小只能是某个规定的最小数量单位的整数倍。而经过采样，虽然输入模拟电压在时间上成为离散信号，但是得到的阶梯波的幅值是任意的，可以有无限个数值，因此该阶梯波仍是一个可以连续取值的模拟量。所以，还需要将模拟信号在幅值上离散化，也就是将采样电压表示为某个规定的最小单位电压的整数倍，这个过程称为量化。量化所规定的最小电压称为量化单位电压，用 Δ 表示。将量化后的有限个电压值用二进制代码表示的过程称为编码。显然，编码得到的二进制代码就是模/数转换器输出的数字量。数字量最低有效位（LSB）为 1 所代表的离散电平就等于量化单位电压 Δ。对于相同幅值的模拟电压信号，编码所用的二进制代码的位数越多，量化的等级就越细，量化单位电压 Δ 就越小。

模拟电压的幅值是连续的，因而被转换的模拟电压不一定能被量化单位电压 Δ 整除，所以，在量化过程中，将模拟电压归并到与之接近的离散电平上，就不可避免地会产生误差，这种误差称为量化误差。量化误差的大小与量化时采用的划分方法有关。

通常采用的量化方法有两种：只舍不入法和四舍五入法。如图 11.3.4 所示，用两种方法把 $0\ V \leqslant u_I < 8\ V$ 的模拟电压转换成 3 位二进制代码。设两种方法的量化单位电压 Δ 相同，都是 1 V，则离散电平为 0 V、1 V、2 V、…、7 V。

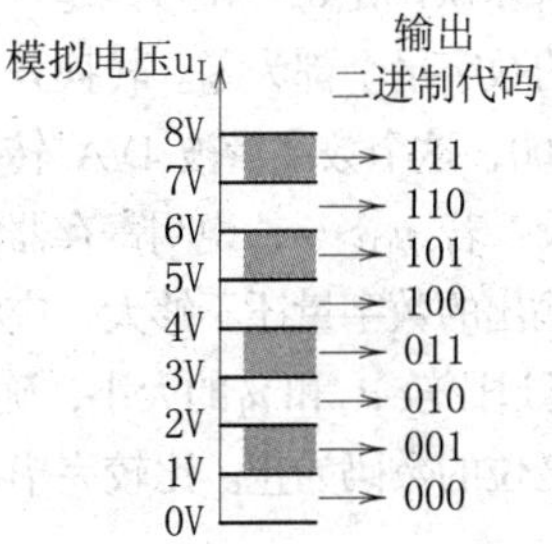

(a) 只舍不入法

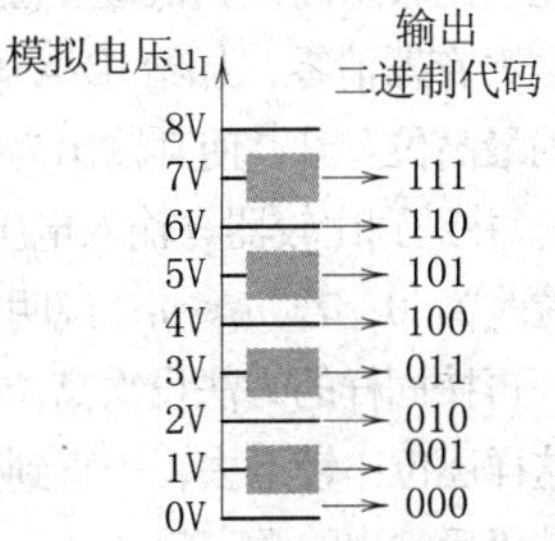

(b) 四舍五入法

图 11.3.4 两种量化方法

从图 11.3.4（a）可以看到，只舍不入法是将输入 u_I 除以量化单位电压 Δ，所得商的小数部分舍去，取其整数，用对应的二进制代码表示。例如当 3 V≤u_I<4 V 时，划归离散电平 3 V，用二进制代码 011 表示；当 6 V≤u_I<7 V 时，划归离散电平 6 V，用二进制代码 110 表示。这种方法的最大量化误差可达一个量化单位电压 Δ。

从图 11.3.4（b）可以看到，四舍五入法是将输入 u_I 除以量化单位电压 Δ 后，若所得商的小数部分小于 0.5，则舍去小数部分，取其整数；若所得商的小数部分大于等于 0.5，则舍去小数部分，并将整数部分加一，然后用对应的二进制代码表示。例如当 3.5 V≤u_I<4.5 V 时，划归离散电平 4 V，用二进制代码 100 表示；当 5.5 V≤u_I<6.5 V 时，划归离散电平 6 V，用二进制代码 110 表示。这种方法的量化误差可能为正，也可能为负，但最大量化误差绝对值仅为 $\frac{1}{2}$ Δ，比只舍不入法的误差小。

二、逐次比较型 ADC

模/数转换器分为直接 ADC 和间接 ADC 两大类。直接 ADC 是通过一套基准电压与采样保持电压进行比较，从而直接转换得到数字量。其特点是工作速度高，转换精度容易保证，一般均采用数字电路构成，所以调整也比较方便。间接 ADC 是将采样得到的模拟信号先转换成时间 t 或频率 f，然后再将 t 或 f 转换成数字量。其特点是工作速度较低，但转换精度可以做得较高，且抗干扰性强，一般在测试仪表中运用得较多。具体来说，模/数转换器有双积分型、逐次比较型、并行比较型等类型。

逐次比较型 ADC 是一种常用的直接模/数转换器，其转换速度快，每秒钟可高达几十万次。逐次比较型 ADC 的工作原理框图如图 11.3.5 所示，它由 D/A 转换器、数据寄存器、电压比较器、控制逻辑及时钟四部分组成。

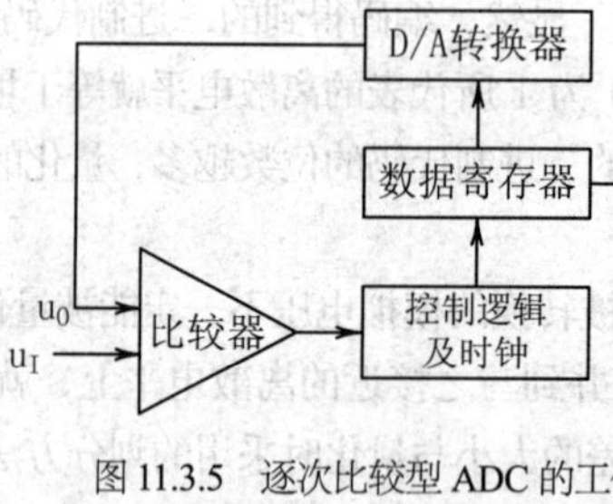

图 11.3.5　逐次比较型 ADC 的工作原理框图

逐次比较型 ADC 的转换过程类似于用天平称物体重量的过程，其主要原理是：将被转换的模拟电压 u_I 与一系列的基准电压比较，根据基准电压大于还是小于输入电压来决定增大或减小基准电压。比较从高位到低位逐位进行，并依次确定每一位数码是 1 还是 0。转换开始前，先将数据寄存器清零，加给 D/A 转换器的数字量全都为零。转换开始后，控制逻辑将数据寄存器的最高位置 1，使其输出为 100…000，这个数字量被 D/A 转换器转换成相应的模拟电压 u_O，并送到比较器与输入电压 u_I 比较。若 $u_O>u_I$，说明寄存器输出的数字量过大，应将最高位改为 0；若 $u_0 \leqslant u_I$，说明寄存器输出的数字量还不够大，应将最高位设置的 1 保留。然后，再按同样的方法设次高位为 1，通过比较 u_O 和 u_I 的大小，确定次高位的 1 是否应当保留。这样逐位比较下去，一直到确定最低位的数码为止。比较完毕后，数据寄存器中的数码就是转化后输出的数字量。

假设某逐次比较型 ADC 的数据寄存器的位数为 8 位，量化单位电压 Δ=1 mV，采用只舍不入法进行量化，则该模/数转换器能够对幅值在 0～256 mV 范围内的模拟电压 u_I 进行量化编码。若被转换模拟电压 u_I=163 mV，则该逐次比较型 ADC 的工作过程如表 11.3.1 所示。

表 11.3.1 逐次比较型 ADC 的工作过程

步骤	数据寄存器内的数码								u_O（mV）	比较结果	操作
	D_7	D_6	D_5	D_4	D_3	D_2	D_1	D_0			
1	1	0	0	0	0	0	0	0	128	$u_O \leqslant u_I$	留
2	1	1	0	0	0	0	0	0	192	$u_O > u_I$	去
3	1	0	1	0	0	0	0	0	160	$u_O \leqslant u_I$	留
4	1	0	1	1	0	0	0	0	176	$u_O > u_I$	去
5	1	0	1	0	1	0	0	0	168	$u_O > u_I$	去
6	1	0	1	0	0	1	0	0	164	$u_O > u_I$	去
7	1	0	1	0	0	0	1	0	162	$u_O \leqslant u_I$	留
8	1	0	1	0	0	0	1	1	163	$u_O \leqslant u_I$	留
输出	1	0	1	0	0	0	1	1			

三、ADC 的主要技术指标

1．分辨率

分辨率指 ADC 对输入模拟信号的分辨能力。从理论上讲，一个输出 n 位二进制代码的 ADC，其量化离散电平有 2^n 个，应能区分输入模拟电压的 2^n 个不同量级，能区分输入模拟电压的最小差异为 $\frac{1}{2^n}$ FSR（FSR 是 ADC 的满量程输入，即输入模拟电压的最大值）。所以，分辨率也可以用输出二进制代码的位数表示。在最大输入电压一定时，输出位数越多，其量化单位电压越小，转换精度越高，分辨率也越高。例如，在输入模拟电压最大值都是 5 V 的情况下，若使用 8 位 ADC，其分辨率为：

$$\text{分辨率}=\frac{1}{2^8}\times 5=19.53\ \text{mV} \tag{10.3.1}$$

而采用 10 位 ADC，分辨率为：

$$\text{分辨率}=\frac{1}{2^{10}}\times 5=4.88\ \text{mV} \tag{10.3.2}$$

显然 10 位 ADC 的分辨率比 8 位 ADC 的高。

例 11.2 某信号采集系统要对热电偶的输出电压进行模/数转换。已知热电偶输出电压范围为 0～0.025 V（对应于温度变化范围 0～450℃），要求能够分辨 0.1℃的温度变化，试问应选择输出二进制代码为多少位的 ADC?

解： 对于 0～450℃的温度变化范围，要求能够分辨 0.1℃，即要求分辨率为 $\frac{0.1}{450}=\frac{1}{4500}$，而 12 位 ADC 的分辨率为 $\frac{1}{2^{12}}=\frac{1}{4096}>\frac{1}{4500}$，因此要选择 13 位 ADC。

2．转换误差

转换误差通常是以输出误差的最大值形式给出的，它表示 ADC 实际输出的数字量和理论上的数字量之差，常用最低有效位的倍数表示。如某个 ADC 的转换误差≤±LSB/2，这就表明实际输出的数字量和理论上的数字量之间的误差小于最低位的半个字。

3．转换速度

转换速度是指 ADC 完成一次转换所需要的时间，是从接到转换启动信号开始，到输出端得到稳定的数字信号所经过的时间。不同类型的 ADC，其转换速度相差很大。双积分型 ADC 的转换速度最慢，需要几十毫秒；逐次比较型 ADC 的转换速度较快，一般为几个微秒；并联比较型 ADC 的转换速度最快，仅需几十纳秒时间。

四、集成 ADC

目前，常见的 ADC 按照有效位数分为二进制代码输出的 8 位、10 位、12 位、13 位、14 位、16 位、18 位、20 位、24 位以及 BCD 码输出的 $3\frac{1}{2}$ 位、$4\frac{1}{2}$ 位和 $5\frac{1}{2}$ 位等多种。集成芯片不但有基本的模/数转换器，还包含时钟电路、多路转换开关、基准电压源等，功能更加齐全。选用集成 ADC 主要是依据分辨率、转换误差和转换速度 3 个参数，此外还要注意其他一些特性，如输入通道数目、输出方式等。

下面以 ADC0809 为例，介绍集成 DAC 的电路和应用方法。

1．ADC0809 的引脚功能

ADC0809 是 8 位逐次比较型模/数转换器，采用 CMOS 工艺，为 28 脚双列直插式封装。与它同系列的芯片是 ADC0808，两者可以互相代换。

ADC0809 的引脚图如图 11.3.6 所示，各主要引脚功能如下。

（1）模拟信号输入端（8 条）：IN_7～IN_0 用于输入待转换的模拟电压，共 8 路输入通道，芯片会根据地址码选择其中一路信号进行转换。

（2）地址码输入端（3 条）：*C*、*B*、*A* 是模拟信号输入端的选通地址码输入端，用以决定对 8 路输入通道中的哪一路模拟电压信号进行模/数转换。地址码 *C*、*B*、*A* 与 8 路通道的对应关系如表 11.3.2 所示。

（3）控制端（4 条）：

ALE 为通道地址锁存控制端，高电平有效。当 *ALE* 为高电平时，地址码 *C*、*B*、*A* 的值送入地址锁存器，经译码后控制 8 选 1 模拟开关的工作。

START 为转换启动控制端。为了启动 A/D 转换，应在此引脚加一个正脉冲，脉冲的上升沿使内部寄存器全部清零，ADC0809 复位，脉冲的下降沿启动 A/D 转换。

EOC 为转换结束信号输出端。启动 A/D 转换后，*EOC* 的输出为低电平；A/D 转换结束后，*EOC* 的输出为高电平，表示转换得到的数据可以读出。

OE 为数据输出控制端，高电平有效。当 *OE*=1 时，打开输出数据锁存器的三态门，将转换结果送至输出端；当 *OE*=0 时，输出端为高阻状态。

（4）数字量输出端（8 条）：D_7～D_0 是 8 位数字量输出端。

（5）电源端及其他（5 条）：

V_{CC} 为电源输入端，允许输入电压范围为+5 V～+15 V。

GND 为接地端。

$V_{REF(+)}$和 $V_{REF(-)}$为基准电压的正、负输入端。由此施加基准电压，基准电压的中心点应在 $V_{CC}/2$ 附近，其偏差不应超过±0.1 V。

CLOCK 为时钟脉冲输入端。在此端加入 ADC0809 进行逐次比较所需的时钟脉冲序列，脉冲频率为 640 kHz。

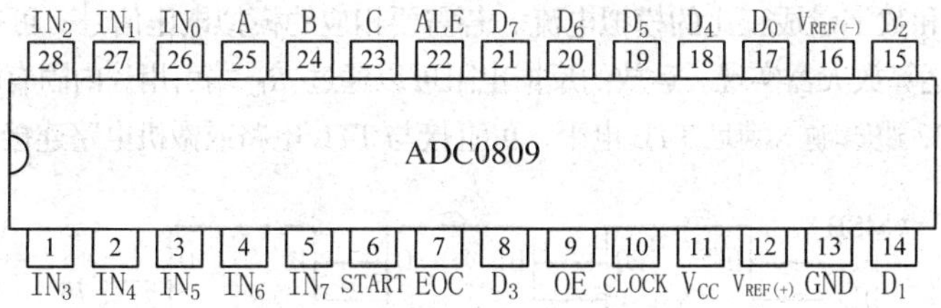

图 11.3.6　ADC0809 的引脚图

表 11.3.2　地址码与 8 路通道的对应关系

C	B	A	被选中的模拟信号输入端
0	0	0	IN_0
0	0	1	IN_1
0	1	0	IN_2
0	1	1	IN_3
1	0	0	IN_4
1	0	1	IN_5
1	1	0	IN_6
1	1	1	IN_7

2. ADC0809 的应用

图 11.3.7 所示是用 ADC0809 对温度和压力等模拟信号进行检测的电路。首先用传感器对温度和压力等物理量进行测量，传感器输出的电压由 IN_7～IN_0 输入 ADC0809。控制脉冲连接至 ALE 和 START 端，每来一个脉冲，脉冲上升沿使 ADC0809 复位，对输入电压采样；下降沿启动转换。芯片根据地址 *C*、*B*、*A* 来选通一路模拟量进行转换。转换结束后，将得到的数字量送到数字系统数据总线上，实现对温度和压力的分时检测。

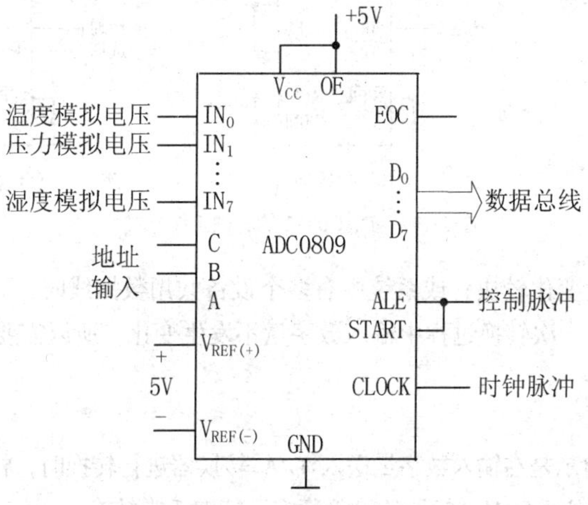

图 11.3.7　分时检测电路

【拓展知识】

1. DAC0832 的电路结构及工作方式

DAC0832 内部结构由三部分电路组成，如图 11.3.8 所示。8 位输入寄存器和 8 位 D/A 寄存器可以将输入的数字量进行两次缓冲和锁存。8 位 D/A 转换电路采用的是倒 T 型

DAC，能输出和数字量成正比的模拟电流。若需要相应的模拟电压信号，可通过一个高输入阻抗的线性运算放大器实现。运放的反馈电阻可以通过 R_{fb} 端引用片内固有电阻，也可以外接。DAC0832 逻辑输入满足 TTL 电平，可直接与 TTL 电路或微机电路连接。

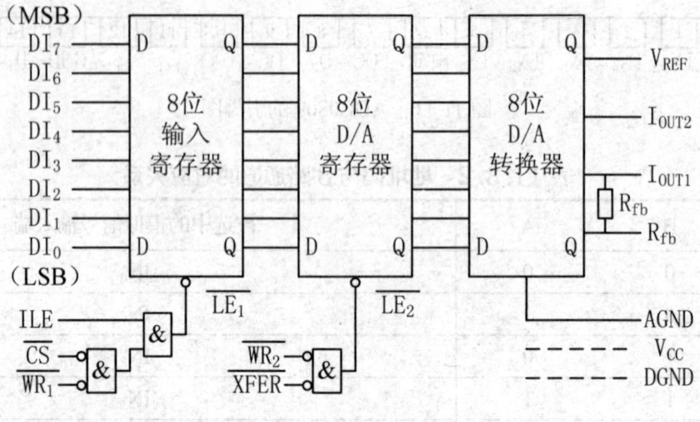

图 11.3.8　DAC0832 的结构框图

DAC0832 有 3 种工作方式：直通方式、单缓冲方式和双缓冲方式。3 种工作方式的路线图如图 11.3.9 所示。

（1）直通方式

如图 11.3.9（a）所示，在直通方式下，$\overline{CS}=\overline{WR}_1=\overline{WR}_2=\overline{XFER}=0$，$ILE=1$，使得输入寄存器和 D/A 寄存器处于不锁存（直通）状态。此时，输入的数字量可以直接送入 D/A 转换器进行转换并输出相应的模拟量。该方式适用于输入的数字量变化缓慢的情况。

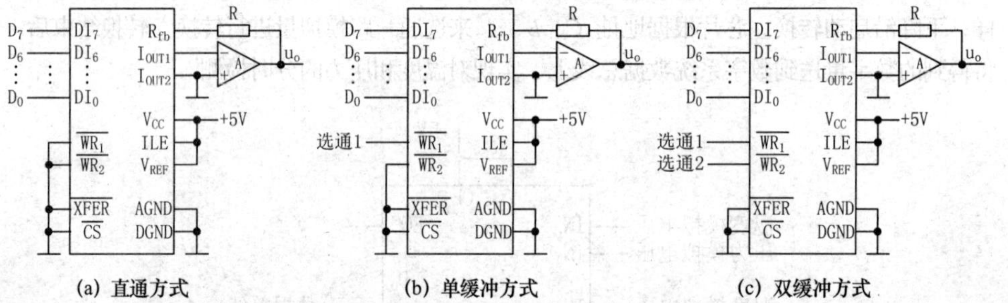

图 11.3.9　DAC0832 的 3 种工作方式

当输入的数字量变化较快，或系统中有多个设备共用数据线时，为了保证 D/A 转换器正常工作，要求在一次转换过程中输入数字量不发生变化，所以需要对输入数字量进行锁存。

（2）单缓冲方式

图 11.3.9（b）所示是在输入数字量送入 D/A 转换器进行转换时，将该数字量锁存在 8 位输入寄存器中，以保证 D/A 转换器的输入稳定，能够正常转换。

（3）双缓冲方式

在双缓冲方式下，如图 11.3.9（c）所示，输入的数字量必须经输入寄存器和 D/A 寄存器两级分别缓冲、锁存后，才送入 D/A 转换器。这种方式下，DAC0832 可以在将 D/A 寄存器里锁存的数字量转换成模拟量的同时，利用输入寄存器采集下一个数字量，从而提高转换速度。

另外，双缓冲方式还适用于多路同时输出模拟电压的情况。首先，将各路数字量分别锁存在各个 DAC 的输入寄存器里，然后，在统一的 $\overline{WR_2}$ 信号控制下，将每个 DAC 的输入寄存器中的数据同时存入 D/A 寄存器。这样，多个 DAC 能够分别接收数字量，同时输出模拟量（电压或电流），实现多通道的同步输出。

由于 DAC0832 采用了两级缓冲控制，根据实际需要，可以方便灵活地选择不同的工作方式，因此，应用十分广泛。

2．ADC0809 的电路结构

ADC0809 由 8 路模拟开关、地址锁存与译码、8 位 A/D 转换器和三态输出数据锁存器构成，其结构图如图 11.3.10 所示。

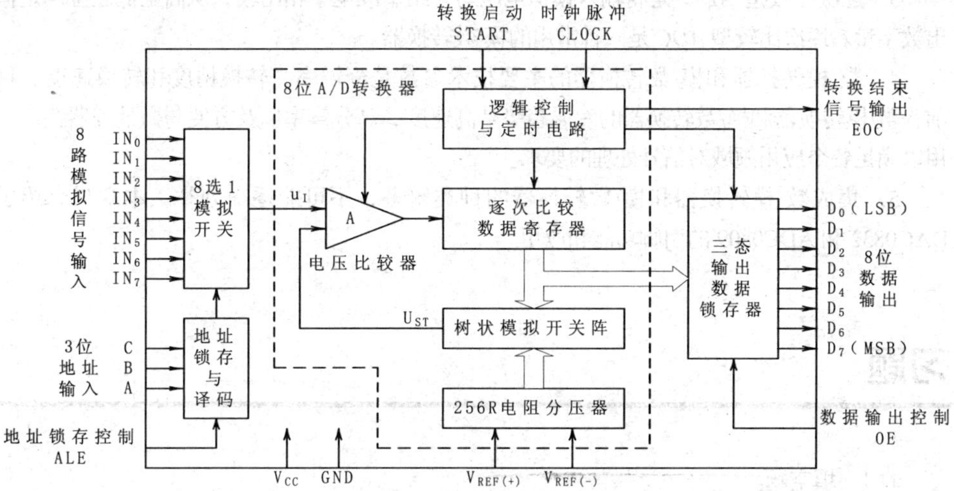

图 11.3.10　ADC0809 的结构图

（1）八路模拟开关和地址锁存与译码

ADC0809 通过 IN_7～IN_0 可输入八路模拟电压。ALE 将三位地址 CBA 进行锁存，然后由译码电路选通八路模拟输入中的某一路进行 A/D 转换。

（2）8 位 D/A 转换器

ADC0809 内部由树状模拟开关和 256R 电阻分压器构成 8 位 D/A 转换器，其输入为逐次比较数据寄存器中的 8 位二进制数，输出为与输入数字量对应的模拟电压 U_{ST}，D/A 转换器的基准电压从 $V_{REF(+)}$和 $V_{REF(-)}$输入。

（3）逐次比较数据寄存器和电压比较器

在开始转换前，数据寄存器被复位，数据为全 0。转换开始后，先使数据寄存器的最高位为 1，其余位仍为 0，树状开关输出与该数对应的电压 U_{ST}，U_{ST} 和模拟输入 U_I 送电压比较器进行比较。若 $U_{ST}>U_I$，则比较器输出逻辑 0，数据寄存器的最高位由 1 变为 0；若 $U_{ST}\leqslant U_I$，则比较器输出逻辑 1，数据寄存器的最高位保持 1。此后的过程与上述类似，进行逐位比较，直到最低位的数据被确定，模/数转换完成。

（4）三态输出寄存器

转换结束后，逐次比较数据寄存器的数字量送至三态输出数据锁存器，等到 OE=1 时，数据被送至输出端，以供读出。

（5）逻辑控制与定时电路

在整个转换过程中，逻辑控制与定时电路对电路各部分的工作起到控制和协调的作用，控制着转换过程的工作时序，是芯片中的“司令部”。

本章小结

1. 数/模转换器能将数字信号转换为模拟信号，简写为 *DAC*。模/数转换器能将模拟信号转换为数字信号，简写为 *ADC*。数/模转换器和模/数转换器是现代数字系统的重要部件，应用非常广泛。

2. 数/模转换器从工作原理上可分为权电阻网络 *DAC* 和 *T* 型电阻网络 *DAC*。倒 *T* 型 *DAC* 的转换精度和转换速度都较高，因此得到广泛应用。

3. 逐次比较型 *ADC* 是将输入模拟电压与一组基准电平相比较，从高至低逐位确定输出数字量。逐次比较型 *ADC* 是一种常用的模/数转换器。

4. 数/模转换器和模/数转换器的主要技术参数是分辨率、转换精度和转换速度。目前，数/模转换器和模/数转换器的发展趋势是高速度、高分辨率以及方便与微处理器接口，用以满足各个应用领域对信号处理的要求。

5. 集成数/模转换器和模/数转换器的种类繁多，不可能逐一列举。本章只介绍了 DAC0832 和 ADC0809 的引脚功能和应用。

习题

11.1　填空题

（1）理想的 DAC 转换特性应是使输出模拟量与输入数字量成_______。转换精度是指 DAC 输出的实际值和理论值_______。

（2）将模拟量转换为数字量，采用_______转换器，将数字量转换为模拟量，采用转换器。

（3）A/D 转换器的转换过程，可分为采样、保持及_______和_______ 4 个步骤。

（4）A/D 转换电路的量化单位为 S，用四舍五入法对采样值量化，则其 ε_{max} =_______。

（5）在 D/A 转换器的分辨率越高，分辨_______的能力越强；A/D 转换器的分辨率越高，分辨_______的能力越强。

（6）A/D 转换过程中，量化误差是指_______，量化误差是_______消除的。

11.2　要求某 DAC 电路输出的最小分辨电压 V_{LSB} 约为 5 mV，最大满度输出电压 U_m=10 V，试求该电路输入二进制数字量的位数N应是多少?

11.3　已知某 DAC 电路输入 10 位二进制数，最大满度输出电压 U_m=5 V，试求分辨率和最小分辨电压。

11.4　设 V_{REF} =+5 V，试计算当 DAC0832 的数字输入量分别为 7FH、81H、F3H 时（后缀 H 的含义是指该数为十六进制数）的模拟输出电压值。

11.5　某 8 位 D/A 转换器，试问：

（1）若最小输出电压增量为 0.02 V，当输入二进制 01001101 时，输出电压位多少伏?

（2）若其分辨率用百分数表示，则为多少?

（3）若某一系统中要求的精度由于 0.25%，则该 D/A 转换器能否使用?

11.6　已知 10 位 R-2R 倒 T 型电阻网络 DAC 的 $R_F = R$，$u_O = -55u_I$=10 V，试分别求

出数字量为0000000001和1111111111时，输出电压u_O。

11.7 设V_{REF}=5V，当ADC0809的输出分别为80H和F0H时，求ADC0809的输入电压u_{i1}和u_{i2}。

11.8 已知在逐次渐近型A/D转换器中的10位D/A转换器的最大输出电压$V_{O\max}=14.322V$，时钟频率$f_C=1MHz$。当输入电压$u_I=9.45V$时，求电路此时转换输出的数字状态及完成转换所需要的时间。

11.9 某8位ADC输入电压范围为0～+10 V，当输入电压为4.48V和7.81V时，其输出二进制数各是多少？该ADC能分辨的最小电压变化量为多少mV？

11.10 双积分型ADC中的计数器若做成十进制的，其最大计数容量，时钟脉冲频率$f_C=10kHz$，则完成一次转换最长需要多长时间？若已知计数器的计数值$N_2=(369)_{10}$，基准电压$-V_{REF}=-6V$，此时输入电压u_i有多大？

11.11 在双积分型ADC中，若计数器为8位二进制计数器，CP脉冲的频率$f_C=10kHz$，（1）计算第一次积分的时间；（2）计算u_i=3.75 V时，转换完成后，计数器的状态；（3）计算u_i=2.5 V时，转换完成后，计数器的状态。

参考文献

[1] 张虹．模拟电子技术原理与应用［M］．北京：北京大学出版社，2009.
[2] 庄效桓，李燕民．模拟电子技术［M］．北京：机械工业出版社，1998.
[3] 刘建清．从零开始学模拟电子技术［M］．北京：国防工业出版社，2007.
[4] 杨素行．模拟电子技术基础简明教程（第 3 版）教学指导书［M］．北京：高等教育出版社，2006.
[5] 刘建清．从零开始学数字电子技术［M］．北京：国防工业出版社，2007.
[6] 闫石．数字电子技术基础（第5版）［M］．北京：高等教育出版社，2005.